U0171614

层状结构岩质边坡倾倒变形机制与稳定性

吴关叶　巨能攀　郑惠峰　赵建军　著

科 学 出 版 社

北 京

内 容 简 介

本书以澜沧江苗尾水电站工程近坝边坡为例，基于作者对倾倒变形现象多年的科研工作和工程实践，系统介绍了层状结构岩质边坡倾倒变形机制与稳定性研究的基本原理和方法。主要内容包括：概括了适用于倾倒变形体现场工作的调查技术；总结了层状结构倾倒岩体结构特征，建立了倾倒变形分区分类标准与评价指标体系；根据倾倒岩体结构与变形特征，提出了倾倒岩体参数取值方法；分析了层状结构倾倒岩体变形敏感条件及其对倾倒变形的影响，总结了倾倒变形体开挖响应规律；建立了倾倒岩体稳定性综合评价体系，评价了各种工况下典型倾倒变形边坡稳定性；提出了层状倾倒岩体稳定性控制原则，在其指导下制定了典型倾倒边坡变形的具体控制措施。

本书可供水利工程、工程地质、水文地质、岩土工程、环境地质、防灾减灾等领域的科研人员、技术人员、高校教师、研究生和大中专院校学生参考。

图书在版编目(CIP)数据

层状结构岩质边坡倾倒变形机制与稳定性／吴关叶等著．—北京：科学出版社，2022.6

ISBN 978-7-03-068419-6

Ⅰ.①层…　Ⅱ.①吴…　Ⅲ.①层状结构-岩石-边坡稳定性-研究
Ⅳ.①TU457

中国版本图书馆 CIP 数据核字（2021）第 049015 号

责任编辑：韦　沁　韩　鹏　柴良木／责任校对：何艳萍
责任印制：吴兆东／封面设计：北京图阅盛世

科学出版社 出版
北京东黄城根北街 16 号
邮政编码：100717
http://www.sciencep.com
北京捷迅佳彩印刷有限公司 印刷
科学出版社发行　各地新华书店经销
*
2022 年 6 月第　一　版　开本：787×1092　1/16
2022 年 6 月第一次印刷　印张：22
字数：522 000

定价：298.00 元

（如有印装质量问题，我社负责调换）

序

在青藏高原东缘的深切峡谷地区，发育大量陡倾层状岩体产生的倾倒变形体。随着工程建设尤其是大型水电工程向西南高山峡谷深入推进，在锦屏、小湾、苗尾、黄登、古水、狮子坪等水电站，越来越多地遇到大规模深层倾倒变形体，工程施工过程中出现倾倒大变形难以控制、边坡或地下洞室岩体“小扰大动”等突出问题，倾倒变形边坡的评价与治理技术往往成为制约工程建设的关键问题。

深层倾倒变形的发育通常具有以下特点：①倾倒变形深度大：一般水平深度都在100m以上，甚至可达200~300m，且倾倒深度与边坡高度有密切的联系。②倾倒岩层种类多：普遍发育在强度低、单层厚度小的陡倾坡内的“柔性”变质岩地层中，在陡倾坡内或近直立的中-薄层状岩层中最为常见，如变质板岩、碳质板岩、云母片岩、千枚岩、变质砂岩、薄层状灰岩、大理岩等岩性或岩性组合斜坡中。③变形演化时间长：倾倒变形的演化具有典型的时效变形特征，在自然条件下，深层倾倒变形的发育与发展是一个漫长的地质历史过程，岩层可以长时间弯曲变形而不会折断，即“折而不断”，与“折而立断”的脆性倾倒形成鲜明对比，深层倾倒变形往往演化形成大型或巨型滑坡。正是由于倾倒变形的上述特点，使得倾倒变形边坡在成因机制、变形机理、失稳模式、稳定性分析与评价、加固处理等方面均与常规滑动的工程边坡失稳模式有很大差异，有其特殊性，一直以来受到学术界和工程界的持续关注和研究。

澜沧江苗尾水电站工程区发育典型的层状结构倾倒岩体，经过较为漫长地质历史时期的演化，两岸倾倒变形后缘已扩展至分水岭，其范围和深度为国内外水电工程罕见。倾倒变形边坡的稳定性成为苗尾水电站的主要工程地质问题和技术难题，受其影响，工程建设过程中，在导流洞进口边坡，左、右岸坝基边坡，电站进水口边坡与引水隧洞，库区岸坡等多处出现较大规模的倾倒拉裂变形。中国电建集团华东勘测设计研究院有限公司和成都理工大学在过去几十年里，依托澜沧江苗尾水电站工程典型倾倒变形岩质边坡问题，双方联合攻关，成功解决了苗尾水电站复杂倾倒变形岩体稳定性控制难题，在倾倒变形岩体特征与成因机制、调查技术与方法、分类标准与指标体系、变形机理与失稳模式、稳定性分析方法与评价标准、稳定性控制与技术等方面，取得了系统的创新性研究成果。《层状结构岩质边坡倾倒变形机制与稳定性》一书即是这些研究成果的集成，可为水利水电、交通、矿山等领域，以及工程边坡、灾害地质等专业的科技人员提供难得的研究数据和参考案例，是一本很有参考价值的学术著作。欣然应邀作序，以祝贺该书的出版。

中国科学院院士 [签名]

2021年10月

前 言

倾倒变形破坏是边坡工程和地质灾害的主要类型之一。在西部山区诸多大型工程建设和地质灾害事件中，出现越来越多的以“倾倒”为特征的岩质边坡变形破坏和稳定性问题，其出现的频度和造成的危害大有比肩“滑动”破坏这一边坡失稳的传统主题之势，成为困扰地质工程师和岩石力学工作者的又一难题。

倾倒变形现象在青藏高原东侧发育普遍，尤其是岷江、大渡河、雅砻江、金沙江、澜沧江等深切河谷的上游地区，而且弯曲倾倒变形发育深度可达200～300m，完全不同于之前学者认识的发育深度数十米的浅层倾倒变形。这些分布广、规模大、结构和机理复杂的倾倒现象不仅严重影响我国西部重大工程建设，而且也正在改变工程界和学术界对该地区斜坡变形破坏特点和规律的认识，人们逐渐把注意力转移到对深层倾倒变形破坏现象的认识和研究上。

澜沧江苗尾水电站工程区发育典型的层状结构倾倒变形岩体，两岸倾倒变形后缘已扩展至分水岭，其范围和深度为国内外水电工程所罕见。倾倒变形边坡的稳定性成为苗尾水电站主要的工程地质问题和技术难题。针对我国西南高山峡谷地区层状结构岩质边坡倾倒变形对工程建设带来的不利影响和危害，本书采用现场调查、数值仿真计算、物理模型试验等技术手段，对“层状结构岩质边坡倾倒变形机理研究及工程应用”问题进行了系统的研究和总结，在成功解决了苗尾复杂倾倒变形岩体的稳定性控制难题的同时，在倾倒变形体的调查技术与方法、倾倒程度分类标准与指标体系、变形演化地质力学模式、稳定性分析方法与评价标准、稳定性控制与技术等方面，开展了系统的创新性研究。本书研究成果对于我国西部大型水电工程建设提供了技术支撑，具有广泛的推广应用价值。

全书共分为七章：第1章为绪论；第2章为现场调查技术；第3章为层状倾倒变形岩体结构特征；第4章为层状倾倒岩体工程特性；第5章为层状倾倒变形岩体变形机理研究；第6章为层状倾倒岩体稳定性评价；第7章为层状倾倒岩体稳定性控制措施研究。本书内容既有系统的理论研究又有典型工程实践，具有较强的实用性和借鉴作用。

本书依托苗尾水电站工程科研项目，对中国电建集团华东勘测设计研究院有限公司与成都理工大学近三十年在层状结构倾倒变形岩体变形机制与稳定性控制方面的研究成果与工程实践进行了全面总结，孟永旭教授级高级工程师、黄泰仁教授级高级工程师等为苗尾工程倾倒变形体的勘察和设计做了大量工作，王士天教授、黄润秋教授、李渝生教授等提供了前期研究成果，赵伟华副教授参与了本项研究。本书在编著过程中，参考了国内外专家学者的相关成果，在此一并表示感谢。由于作者能力有限，书中难免存在不妥之处，请同行专家不吝赐教，以便改进。

作 者

2021年3月

目　　录

第1章 绪　　论

1.1 引　　言

1.1.1 层状结构倾倒变形概况

斜坡的破坏通常存在滑动（sliding）、倾倒（toppling）、崩塌（falls）、楔形体破坏（wedge failure）和扩离（spreading）等五种类型（张倬元等，2016；Hungr et al.，2014）。滑动是人们最熟悉，也是最为常见的斜坡破坏形式，通常受到倾向坡外的结构面或潜在滑动面控制；倾倒则主要发生在反倾向的层状结构斜坡中。人们通常认为反倾向斜坡较顺倾向斜坡更稳定，因为前者不易形成贯通性滑面，所以对反倾向斜坡的关注远不如对顺倾向斜坡多。

但随着人类活动范围的迅速扩大，近十几年来，尤其是西部山区的工程建设和灾害防治实践中，出现了越来越多的以“倾倒”为特征的岩质边坡变形破坏和稳定性问题，其频度和危害大有比肩“滑动”破坏这一边坡失稳的传统主题之势，成为困扰工程师的又一难题。实际调查还发现，大多数的大型或巨型滑坡往往发生在反倾向斜坡中，与之相伴的是反倾向斜坡的深层倾倒现象，其结构复杂、认识难度大。这样的深层倾倒现象和导致的深层滑坡在青藏高原东侧发育普遍，尤其是在岷江、大渡河、雅砻江、金沙江、澜沧江等深切河谷的上游地区，倾倒变形的深度可以达到200～300m，完全不同于之前学者（Goodman and Bray，1976；Hoek and Bray，1981；Adhikary et al.，1997；Evans and de Graff，2002；Brideau and Stead，2010；Huang，2012；Crosta et al.，2013；Lin et al.，2013）认为的发育深度数十米的浅层倾倒变形。

我国西南地区大量工程，特别是大型水电工程，多位于深切河谷地区，陡倾软硬互层的岩质边坡在长期重力作用下产生大规模深层倾倒变形，典型倾倒边坡变形破坏实例如表1.1所示（黄润秋等，2017）。这些变形触发机制复杂，其稳定性评价和变形控制对策成为制约重大工程建设的关键技术难题。

表 1.1　西南地区典型倾倒边坡变形破坏实例

序号	边坡或灾害点	边坡状态	坡高/m	坡度/(°)	岩性及其组合	岩层倾角/(°)	倾倒折断深度/m
1	雅砻江锦屏水电站解放沟-三滩坝址	倾倒变形	>500	40~50	上三叠统（T_3）变质砂岩、板岩、碳质板岩	50~60	330
2	雅砻江锦屏水电站水文站滑坡	滑坡	300	20~30	T_3 变质砂岩、板岩、碳质板岩	40~50	250
3	雅砻江锦屏水电站呷巴滑坡	滑坡	450	20~30	T_3 变质砂岩、板岩、碳质板岩	60~70	约 300
4	雅砻江锦屏水电站木里桥边坡	倾倒变形	—	—	变质砂岩、板岩	—	—
5	金沙江溪洛渡水电站库区星光三组变形体	上硬下软、倾倒变形强烈	—	32~39	泥灰、泥质细砂岩及砂质页岩	75~85	—
6	澜沧江小湾水电站钦水沟堆积体	倾倒变形（上部）	200	30~40	花岗片麻岩、绢云母片岩、板岩	70~80	150~200
7	澜沧江小湾水电站	倾倒变形	>200	35~40	花岗片麻岩	70~80	30~40
8	澜沧江苗尾水电站坝址区	倾倒变形	>300	35~45	板岩、片岩夹变质砂岩	50~60	150~200
9	澜沧江黄登水电站右岸1#沟	倾倒变形	350	35~45	—	75	—
10	澜沧江黄登水电站右岸7#沟	倾倒变形	350	35~45	—	70~80	—
11	澜沧江古水水电站	倾倒变形	>300	20~45	板岩、砂岩、变质玄武岩	75~85	—
12	澜沧江如美水电站坝址区	倾倒变形	>300	30~40	英安岩，受平行岸坡节理切割	70~80	50~70
13	黄河拉西瓦水电站	倾倒变形	500	40~50	花岗岩，受平行岸坡节理切割	70~85	30~60
14	四川杂谷脑河二古溪边坡	倾倒变形	>400	30~40	板岩、绢云母片岩夹变质砂岩	50~60	>100
15	四川杂谷脑河西山村滑坡群（10 余个）	滑坡	>500	20~35	板岩、绢云母片岩夹变质砂岩	65~75	>150
16	四川白什乡滑坡	变形体、滑坡	>400	40~50	板岩、绢云母片岩夹变质砂岩	50~60	>80
17	西藏加查	变形体、滑坡	150	>45	变质岩	30~40	20~50

总体来看，已有的关于倾倒变形体研究主要集中在对浅层倾倒变形的认识和分析，相对于复杂地质结构的大规模深层倾倒变形，以往的研究工作，尤其是倾倒变形机制与稳定性研究还不够深入。面临的问题主要有以下几方面：

（1）大规模深层倾倒变形的发生机理。中国西南，尤其是青藏高原东侧地区，为什么会有这么多的大规模倾倒变形？岩性及其组合、边坡结构等因素是如何控制倾倒发生的过程和倾倒发生的深度？如何早期识别这类变形及潜在灾害？

(2) 边坡倾倒的工程地质模型和稳定性评价方法。这是最困难和最具挑战的问题，倾倒与一般的滑动有着本质区别，它没有预先存在的滑动面或通常意义的基于“剪切强度”的滑动面形成过程。而建立在“滑动面”基础上的、目前工程界最为广泛接受的“极限平衡法”不适合倾倒边坡。那如何评价倾倒边坡的稳定性呢？针对这类边坡实际，如何开展“变形稳定性”评价？

(3) 如何有效控制倾倒边坡的稳定性。实际上就是如何有效控制倾倒的进一步发生，关键的问题是如何提出合理的变形控制指标。

1.1.2 澜沧江苗尾水电站边坡工程概况

苗尾水电站（图1.1）是澜沧江上游河段一库七级开发方案中下游的一个梯级电站，上距大华桥水电站约61km，下距功果桥水电站约45km。坝址位于云龙县旧洲镇苗尾村附近的澜沧江干流上，控制流域面积为9.39万km^2，多年平均流量为950m^3/s，多年平均悬移质为2644万t/a，推移质为132万t/a，含沙量为0.868kg/m^3。苗尾水电站是以发电为主，兼有旅游和库区航运等综合利用效益的大型水电工程，水库总库容为7.48亿m^3，正常蓄水位为1408.00m，相应库容为6.86亿m^3；死水位为1398.00m，相应库容为5.21亿m^3。枢纽工程由砾质土心墙堆石坝、左岸溢洪道、冲沙兼放空洞、引水系统及地面发电厂房等主要建筑物组成，最大坝高为131.30m，装机容量为1400MW。苗尾水电站枢纽布置见图1.2。

图1.1 苗尾水电站建成后全貌

苗尾水电站地处云南省西部横断山脉纵谷区，地层分布特征受区域构造的控制，多呈NNW向条带状展布。坝址区及工程区基岩主要由侏罗系组成，岩性主要有板岩和砂岩。

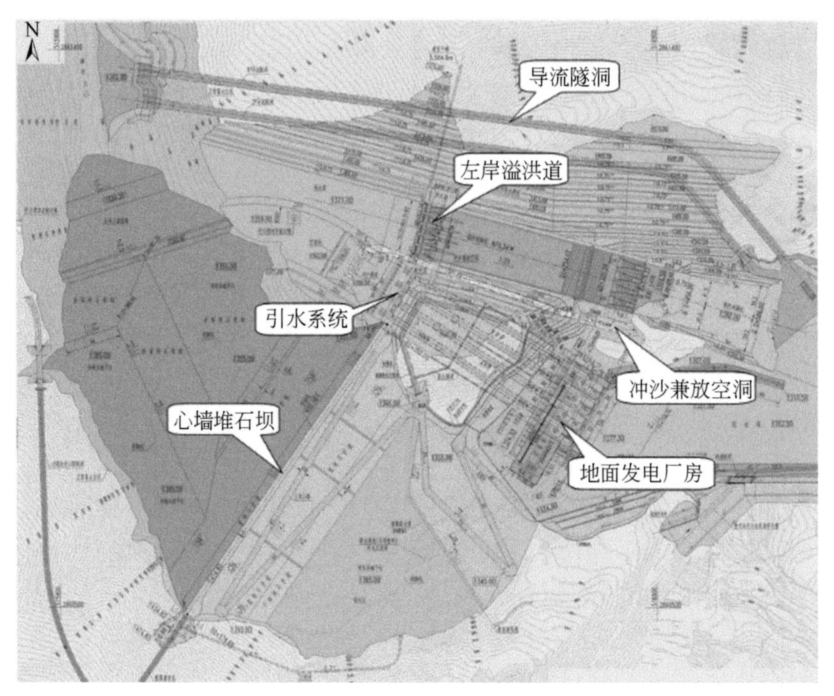

图 1.2　苗尾水电站枢纽布置图

正常岩层总体产状为 N5°～20°W/NEE∠75°～90°（走向/倾向∠倾角）。近坝库岸属纵向谷，两岸倾倒变形十分发育。

（1）右（岸）坝肩边坡：自然坡度上陡下缓，上部局部形成陡崖，下部有一定厚度的堆积物发育。开挖高程为 1285～1425m，边界处按实际基岩与覆盖层边界开挖。右坝肩边坡于 2012 年 8 月 4 日开挖至 1312m 高程，2013 年 4 月 16 日发现开口线及坡面出现大量张开裂缝；于 2013 年 5 月 14 日开挖至设计高程 1285m，2013 年 5 月 27 日在 1384～1340m 高程发生浅层滑动，滑塌体厚度为 1～3m，长度约为 45m，方量为 250～300m^3。因此，分析右坝肩边坡的变形破坏机制、评价现有支护措施在开挖、填筑、蓄水等各种工况下的有效性，成为制约苗尾水电站工程建设的关键技术问题。

（2）右（岸）坝前边坡：苗尾水电站右坝前边坡在地质历史上发生了严重的倾倒变形，水库蓄水后倾倒岩体下部位于库水位以下，在库水长期作用下，下部倾倒岩体物理力学性能降低，同时库水位变动也可能引起边坡整体变形。

（3）左岸溢洪道进水渠边坡：自然坡度较陡，在上部局部形成陡崖，边坡发育向上游的倾倒变形，上游侧发育约 10m 厚的黏土覆盖层。溢洪道边坡开挖高程为 1370～1575m，分 19 级开挖，1535～1575m 高程开挖坡比为 1∶1.2、1535m 高程以下开挖坡比为 1∶0.75，开挖面走向与倾倒方向大角度相交。边坡上游侧发育破碎岩体且上覆厚层堆积体，蓄水后上游侧软弱岩体、堆积体软化可能引起倾倒变形继续发展。

苗尾水电站倾倒变形体形成经过了较为漫长的时期，两岸倾倒变形后缘已扩展至分水岭。倾倒变形的前缘受地形（阶地）、冲沟、边坡走向等因素的影响，不同地段出露高程有一定差异。大坝基槽开挖过程中，由于工程扰动坝肩左岸、右岸边坡均产生了明显的变形，在边坡中上部地表和平硐硐中均产生多条具有反坡台坎特征的拉裂缝，说明新产生的变形具有倾倒变形特征，是前期倾倒变形的继续发展。倾倒变形是苗尾水电站的主要工程地质问题之一（图1.3）。

由于倾倒变形岩体结构十分复杂，控制变形发展的因素较多。工程建设中导流洞进口边坡以及左、右（岸）坝基边坡均发生了不同程度变形，通过工程措施，目前已处理的边坡基本稳定。工程建设完成后近坝库岸的倾倒变形边坡在库水作用下，其稳定性是否会发生变化，其变形破坏的形式和规模如何进行相应处理以保证工程长期运行安全，是目前亟须解决的工程地质问题。

图1.3 苗尾地区软硬互层岩体倾倒变形现象

1.2 倾倒变形机制研究现状

对倾倒变形形成机理和变形模式的研究，国内外都有较长的历史。Frietas 和 Watters 在1973年明确将倾倒变形归为一种特殊的边坡变形类型，并指出倾倒变形能在多种岩体类型中大范围发生。Goodman 和 Bray（1976）将层状边坡弯曲倾倒变形归纳为三种基本类型，即弯曲倾倒（flexural toppling）、块体倾倒（block toppling）和块状弯曲倾倒（block flexural toppling）。Hoek 和 Bray（1981）将次生倾倒进一步划分为滑移-坡顶倾倒、滑移-基底倾倒、滑移-坡脚倾倒、拉张-倾倒与塑流-倾倒五种类型。Cruden 和 Hu（1994）发现了斜坡中存在倾向与坡向一致、倾角比坡角陡的结构面等大量的倾倒变形现象，即顺层倾倒，并将其分为块状弯曲倾倒、多重块体倾倒和“人”字形倾倒三种基本类型。此外，国外一些学者也将自然边坡中的大规模倾倒认为是深层的蠕变变形，这类大范围的重力变形并未形成贯通性的破坏面。

国内早期有学者把反倾岩体的变形现象描述为“点头哈腰”“山腰迁移”“地表膝状褶皱”“岩体的蠕动变形”“挠曲风化层”等。在反倾岩体变形机制研究方面中国科学院地质与地球物理研究所取得了突出成就，如杜永廉（1979）、许兵、王思敬（1982）、孙玉科、黄建安等就此问题展开了一系列研究（孙玉科和牟会宠，1984；黄建安和王思敬，1986；许兵和李毓瑞，1996）。此外，庆祖荫（1979）、王耕夫（1988）、许强等（1993）也相继展开了该类问题研究。研究成果大致可分为从岩体结构控制作用、地应力作用与释放或风化作用等不同因素方面探讨反倾岩体变形破坏的机理。在“八五”国家科技攻关计划期间，王思敬、黄润秋等对反倾层状岩体的变形破坏规律及失稳机制进行了系统研究，指出岩层倾角、坡角以及岩性结构控制了反倾层状岩体边坡破坏的类型和规模，阐述了弯曲倾倒变形破坏的主要特征和充分必要条件，并提出了反倾岩体变形破坏的时效性观点。黄润秋在其多篇关于中国大型滑坡的发生机制的论著中对反倾向层状岩体边坡中大型倾倒变形及滑坡发生的基本规律进行了总结，他在大量地质调查分析的基础上将倾倒变形分为两种类型：发生在脆性坚硬岩层中的脆性折断型倾倒变形与发生在软弱地层中的延性弯曲型倾倒变形。他认为大规模倾倒变形破坏都有一个很长的孕育演化过程，这类边坡滑动面的形成完全是自身演化的结果，不存在一些先决条件的潜在滑动面，而一旦演化到滑坡阶段，由于其长期的地质历史积累，必然是深层的、大规模的。因此，对于此类深层倾倒变形斜坡的稳定性研究采用极限平衡方法是有待商榷的。这一研究成果有大量的实例支撑，地质分析深入透彻。

1.2.1　反倾层状（似层状）岩体边坡倾倒典型变形现象

倾倒变形常见于反倾层状结构岩体中，尤其是在边坡前缘较易发生，其形成机制是陡倾的板状岩体在自重产生的弯矩作用下，于前缘开始向临空方向作悬臂梁弯曲，并逐渐向内发展。弯曲的板梁之间互相错动并伴有拉裂，弯曲岩体后缘出现拉裂缝。反倾岩体边坡的倾倒变形可进一步细分为弯曲倾倒、块体倾倒与块体弯曲三种类型（图 1.4）。

弯曲倾倒发生在具有“柔性”特点的近直立薄层状、中厚层状地层中，尤以薄层状的变质板岩、片岩、千枚岩、岩性组合的斜坡中，软硬互层的斜坡中为甚，一般发育深度比较大，为深层倾倒。此类大规模的倾倒变形破坏都有一个很长的孕育演化过程，在这个过程中，岩层可以发生很大的柔性弯曲而不折断，而其破坏是变形发展到极致的产物。

块体倾倒常常发生在陡倾坚硬岩质边坡中，其变形深度总体较浅，倾倒折断后产生剪切滑移，其失稳方式常常为崩塌或者局部滑塌，一般发生在坡体表部，属于浅层倾倒。

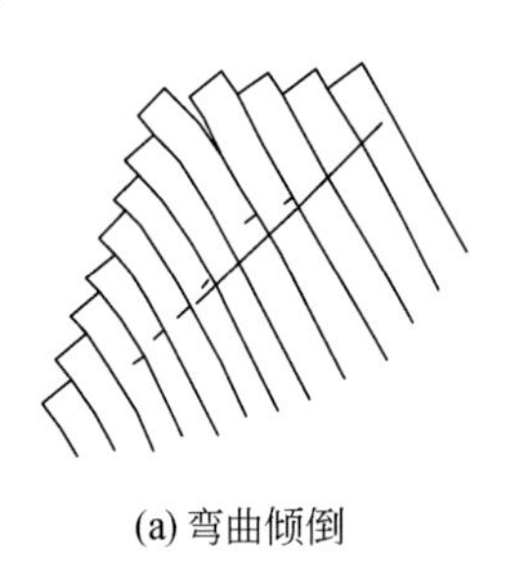

(a) 弯曲倾倒

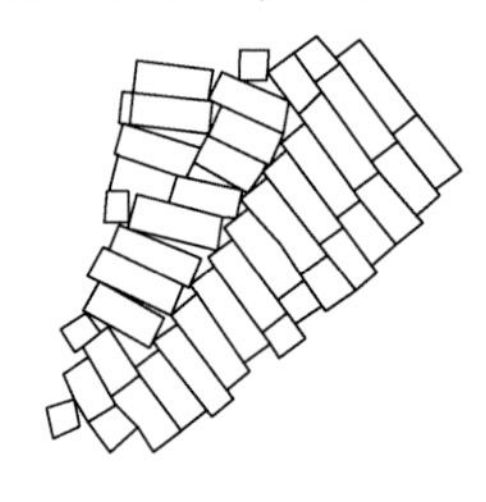

(b) 块体倾倒

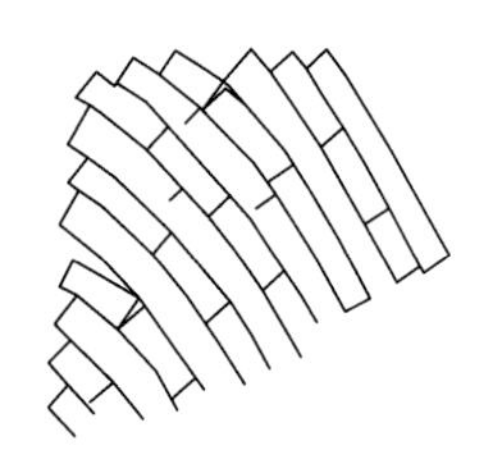

(c) 块体弯曲

图 1.4　常见倾倒变形类型

在小湾水电站，大型倾倒变形体发生于饮水沟堆积体的上部，岩性条件为花岗片麻岩，通常情况下这类变质岩表现为块状或整体块状结构。但是，在小湾水电站坝区，由于近 EW 向的陡倾构造发育，花岗片麻岩被切割成了横河陡倾的层状；而在倾倒发生的饮水沟坡体部位，EW 向构造多表现为云母片岩夹层或片岩挤压带，加之该部位 EW 向的 F_7 断层通过，因此整个饮水沟坡体部位岩体结构实际上已发生了根本性变化，即原始状态的块状结构花岗片麻岩经构造改造已经成为含软弱片岩的层状结构岩体。正是这种变化，构成了该部位山体发生大规模倾倒变形的地质结构基础。倾倒变形是向平行层面的临空面——马鹿塘沟方向发生的。地表开挖露头和排水平硐揭露的倾倒状态如图1.5所示，具有以下典型特征：①变形范围水平深达坡体内部150～200m，垂直深度约200m。②具有显著的延性变形特征，变形不仅范围大，而且倾倒非常强烈，岩层倾角从直立变为近水平，这显然与该部位坡体软弱片岩发育、岩体整体刚度大大降低有关。③具有明显的分带性。根据变形的强烈程度不同，从里向外可分为A、B、C、D四个区：A为直立岩体，即未发生变形的原始层状岩体；B为倾倒松弛岩体；C为倾倒坠伏岩体；D为倾倒堆积体。

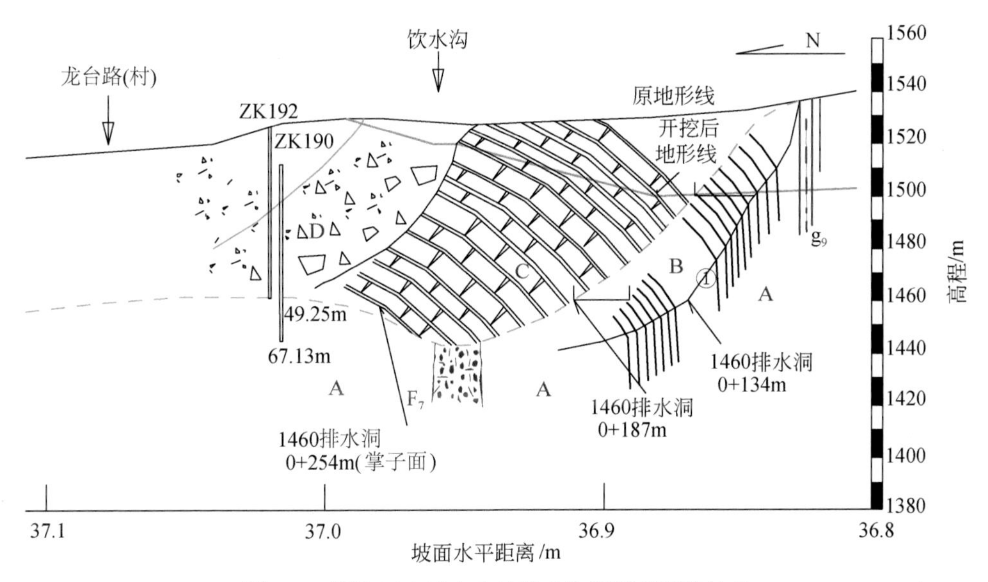

图1.5　澜沧江小湾水电站饮水沟倾倒变形体结构

A. 直立岩体；B. 倾倒松弛岩体；C. 倾倒坠伏岩体；D. 倾倒堆积体；①最大弯曲折断面；g_9. 挤压面

黄登水电站1#倾倒变形体发育于坝址区上游右岸1#沟上游侧近坝库岸。变形主体的垂向分布范围为1480～1830m，宽度为400～500m，水平发育深度为28～200m，厚度为30～104m。岩体的变形破裂特征较为复杂，变形体内部、底界及后缘深部等部位的变形类型不尽相同。归纳起来有变形体内部的“倾倒-蠕变”、变形体底部的“倾倒-滑移”、后缘及深部底界“倾倒-弯折”变形等三种基本类型。

通过对变形体发育分布、边界条件、变形破裂特征及控制性岩体结构、倾倒程度分类等诸方面的现场实测调查与研究，根据对澜沧江上游河谷岩体倾倒变形问题的长期研究与理解，初步将1#倾倒变形体典型剖面的边界条件及结构特征归纳为如图1.6所示的结构模式。

1.2.2　陡倾顺向层状岩体边坡倾倒典型变形现象

(1) 雅砻江锦屏一级水电站水文站滑坡工程地质剖面图见图1.7。河谷呈V形，谷坡陡峻，左岸坡度为35°～40°。该滑坡发育于左岸陡倾顺层坡中。坡体下部为下二叠统上段上部薄层深灰、灰黑色条纹-条带状钙质绢云母粉砂质板岩夹钙质长石石英细砂岩；坡体

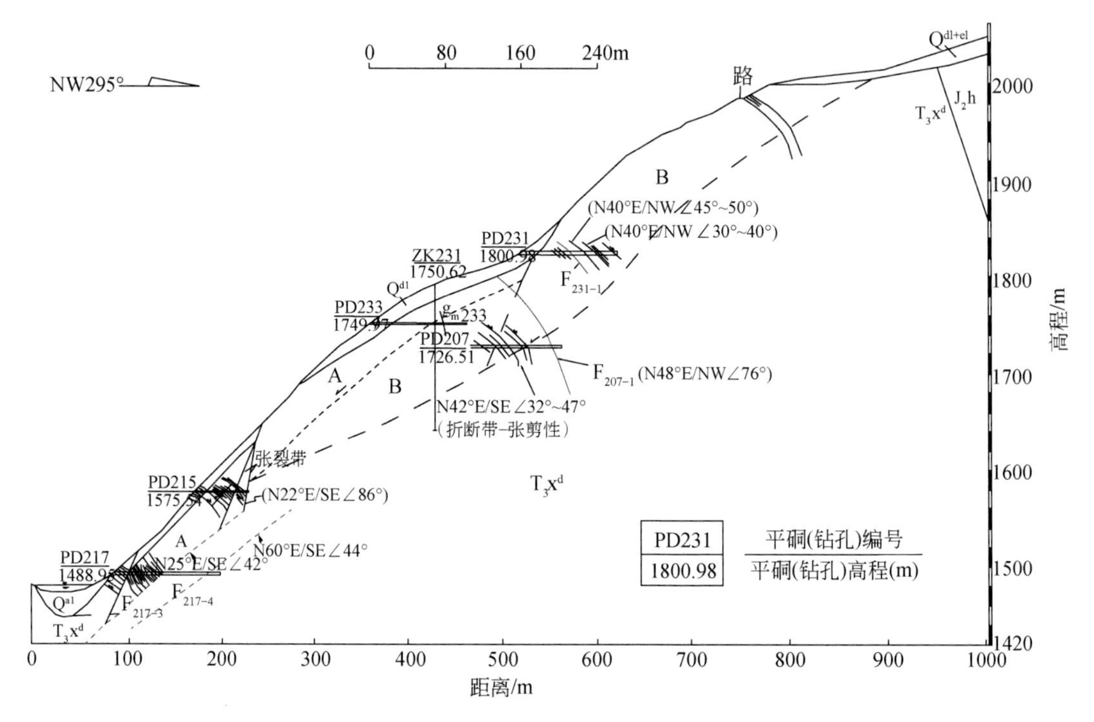

图 1.6　黄登水电站 1#倾倒变形体剖面图

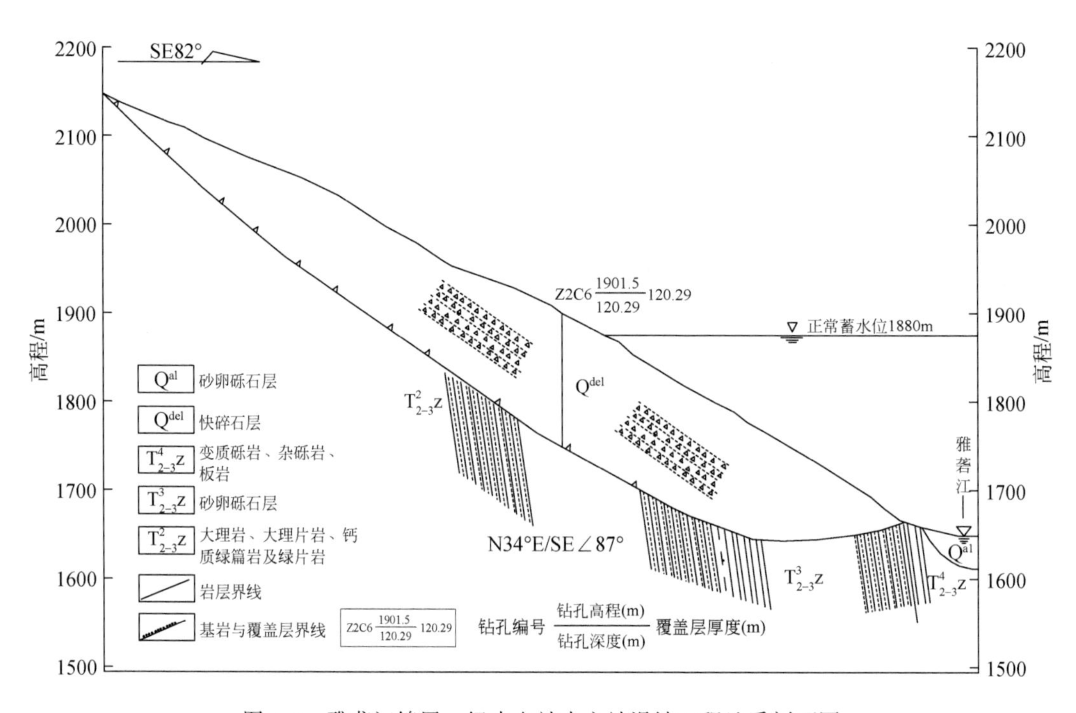

图 1.7　雅砻江锦屏一级水电站水文站滑坡工程地质剖面图

中上部为下二叠统上段中部薄层灰绿色片岩、大理片岩、厚层块状角砾状大理岩，夹有少量砂板岩。岩层总体产状为 N10°～30°E/SE∠85°。据钻孔及平硐揭露，滑体厚度为 64～120m，平均厚度为 80m，岩体弯曲变形影响的水平深度可达 220m 以上。滑坡体组成物质极不均一，主要为碎裂状板岩、片岩以及碎块石夹泥。

（2）岷江上游黑水河毛尔盖水电站右坝肩变形体。变形体发育的地层为上三叠统侏倭组（T_3zh）灰黑色千枚岩、黑色碳质千枚岩夹灰色变质砂岩的互层状，前缘一带岩层产状为 N60°W/NE∠75°～85°，为陡倾顺向坡。变形体范围内，岩层总体向山内倾，但不同的部位岩层走向和倾角也有变化，剖面结构见图 1.8。

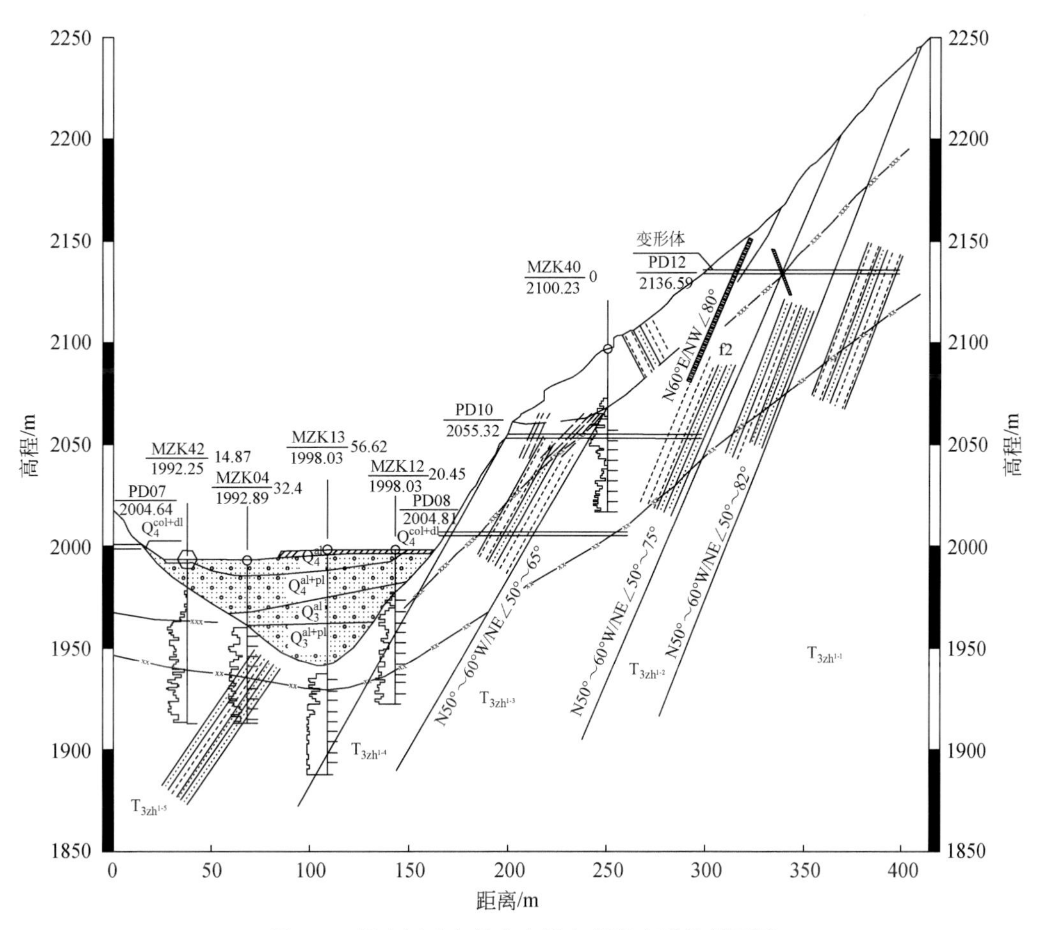

图 1.8　黑水河毛尔盖水电站右坝肩变形体剖面图

（3）黄河上游羊曲水电站中坝址近坝区发育的倾倒变形体，其范围内的岩性为下二叠统深灰、灰黑色变质长石砂岩、粉砂岩、千枚状粉砂质板岩、千枚岩夹灰岩，以及不稳定的二云石英片岩、混合岩等，岩层产状为 N30°～60°W/NE∠64°～80°，其走向与河谷边坡走向夹角为 5°～10°，属于陡倾顺层坡，倾倒岩层产状为 N10°～26°W/SW∠15°～45°。

（4）尼泊尔 Siwalik 山区，发现大量顺层边坡产生的倾倒变形，该地区大部分岩层陡倾坡内，倾倒变形的发育深度为 10～30m。该地区浅表层岩体强风化，岩性为砂岩和泥岩，砂岩呈块状，而泥岩在强风化作用下，软化、松散、碎裂。岩体的倾倒变形是随地壳不断抬升、河流下切的过程中，岸坡岩体卸荷及风化、弯曲逐渐产生的，且后缘新的崩积物致使倾倒变形进一步加剧，见图 1.9。

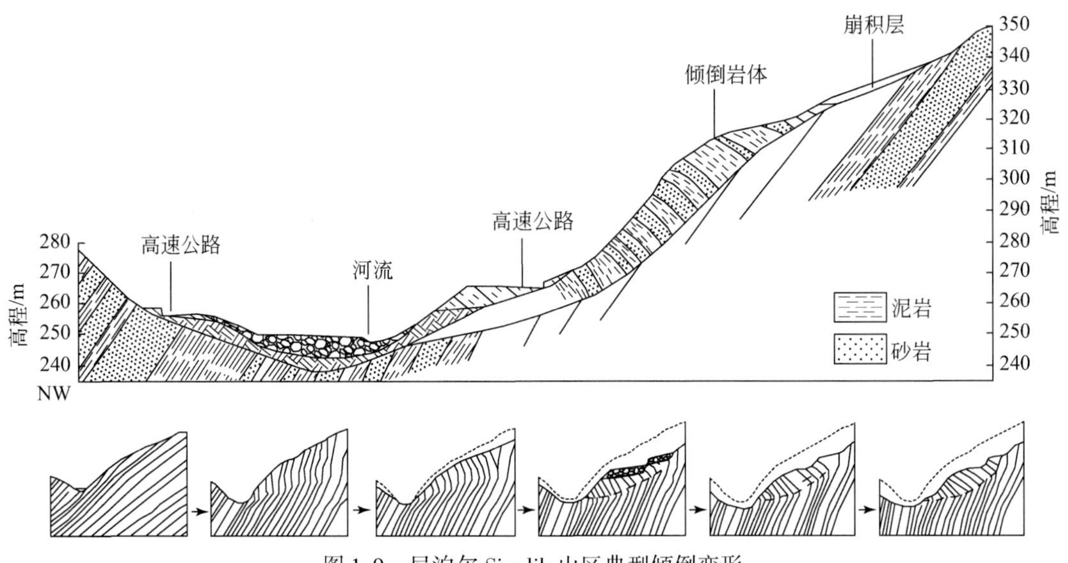

图 1.9　尼泊尔 Siwalik 山区典型倾倒变形

综上所述，目前对于倾倒变形演化阶段的模拟和划分，基本是基于定性认识或模拟手段还原斜坡变形的过程，以斜坡的变形破裂现象（如裂纹的扩展情况、弯折带形成等）及力学特征为标准划分变形阶段。以变形破裂现状为标准划分演化阶段更为直观，可以很好地与现实对照，而以力学特征为标准则可以更好地反映倾倒变形的力学机制。现阶段大多数学者对于倾倒变形的研究基本都是通过定性分析、底摩擦试验和数值模拟分析进行的，但是针对复杂工况条件下软硬岩互层的倾倒变形研究较少，如能针对此类倾倒变形边坡进行研究将对西南地区水电工程建设具有很大的实用意义。

1.3　倾倒变形边坡稳定性研究现状

国内外对于倾倒变形稳定性评价与分析的研究方法大致可以归纳为极限平衡法、数值模拟和物理模拟三大类。

1.3.1　基于极限平衡原理与悬臂梁理论的稳定性分析

1976 年，Goodman 等最早提出了基于极限平衡原理的分析方法（Goodman-Bray 法，G-B 法；Goodman and Bray，1976），此方法将倾倒体离散为若干倾斜的矩形条块（图 1.10），根据静力平衡条件分析边坡倾倒的稳定性。陈祖煜等（1996）、汪小刚等（1996）对 Goodman-Bray 法进行了改进和简化，考虑了底面和侧面不正交的情况与岩柱底滑面的连通率，定义了安全系数，改进了破坏模式的判定方法，其分析过程同时考虑了岩体结构面的具体分布特征和底滑面上岩桥的作用。

上述块体式倾倒的极限平衡法分析已较为成熟，该方法把倾倒变形考虑为块体群在自重和块体间摩擦力作用下发生的转动。但是，基于极限平衡原理的分析方法只能描述反倾边坡坡表块体的破坏状态，无法描述反倾边坡的变形过程，有很大局限性，而且这些理论人为地将倾倒岩块与下部岩体隔离开来，未考虑岩层的抗拉强度，故多用于分析块状倾倒模式。

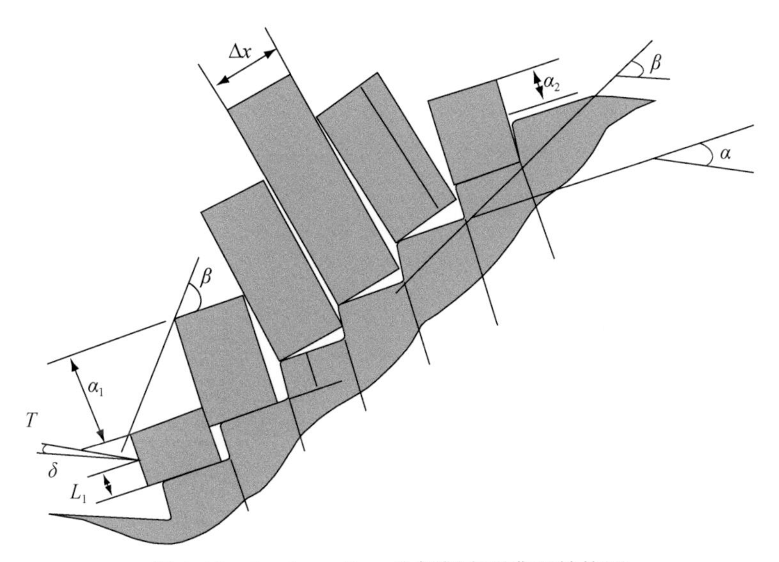

图1.10 Goodman-Bray法倾倒变形典型结构图

悬臂梁理论是孙广忠等通过野外现象观测与实验室模拟试验结果所建立的（孙广忠和张文彬，1985）。1985年，孙广忠等提出反倾向边坡倾倒破坏分析应视为多板裂体的各自倾倒，即应找其各自板裂单元的倾倒条件以及倾倒变形的极限深度，将各自极限深度连起来，形成折断面，而后分析其稳定性（图1.11）。悬臂梁理论对反倾层状结构岩体变形破坏的判据推导有弹性屈曲失稳（结构失稳型）和材料弯折破坏（强度破坏型）两种理论模型。这两种理论模型本质相同，都是岩体局部拉破坏，区别是前者考虑了挠度及其产生的附加弯矩，发生了所谓的“结构失稳”，后者未考虑挠度。许多学者围绕这两个观点展开了有意义的研究，陈红旗等基于最大拉应力准则，利用应力判据及挠度判据，实现了反倾层状边坡弯曲折断的现场判定及其控制设计（陈红旗和黄润秋，2004）。蒋良潍等在反倾斜坡岩层受力分析基础上，建立了考虑板侧层间错动阻力的下端嵌固、上端自由的斜置等厚弹性悬臂板梁模型，统一通过瑞利-里茨能量方法推导出弹性屈曲临界条件和嵌固端弯折破坏临界条件（蒋良潍和黄润秋，2006）。

悬臂梁理论能够描述反倾层状边坡从变形到破坏的过程，更加符合实际，而极限平衡分析方法仍然是目前最为常用且相对比较成熟的一种方法。因此，部分学者开始尝试基于悬臂梁理论运用极限平衡法研究反倾层状岩质边坡的变形破坏，建立既注重变形过程又注重力学分析的悬臂梁极限平衡模型。Aydan和Kawamoto（1992）采用悬臂梁弯曲模型，应用极限平衡理论，建立各岩层的力矩平衡方程，通过迭代求解得到反倾边坡坡脚剩余下滑

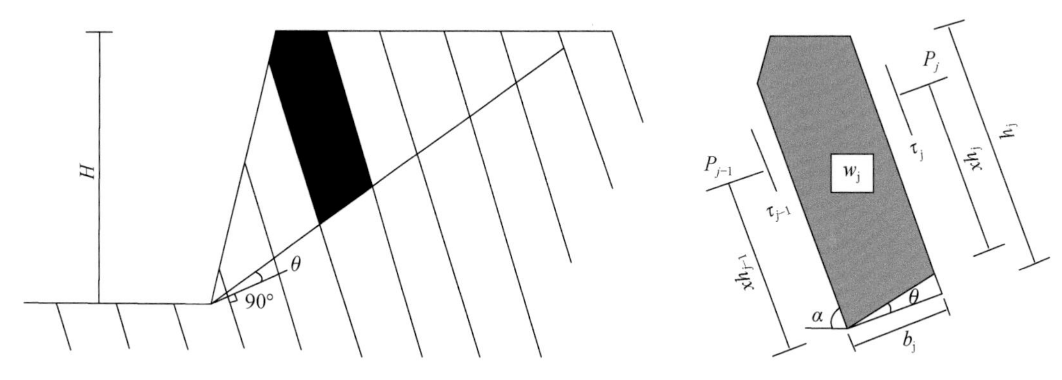

图 1.11　悬臂梁理论计算模型

力，从而形成通过剩余下滑力判断边坡稳定性评价方法，并通过室内底摩擦试验进行了验证。Adhikary 和 Dyskin 分别于 1997 年和 2007 年通过试验对 Aydan 和 Kawamoto 的研究理论进行了完善，主要针对基准面（破裂面）与层面的夹角进行了修正，认为倾倒破坏时的基准面并不垂直于层面，而是与层面法线呈 10°左右的夹角（Adhikary et al.，1997；Adhikary and Dyskin，2007）。卢海峰等（2012）针对 Adhikary 和 Dyskin 的悬臂梁极限平衡模型中存在的问题进行了探讨，对其折裂面形式、层间内聚力的影响和各层岩体重度等方面问题进行了修正，提出了以各层位剩余不平衡力作为分析反倾边坡稳定性标准的新方法。蔡静森等（2014）提出了能对反倾层状边坡变形几何空间条件进行分区的“基准面”的概念，认为破坏面的形成是弯曲拉裂和压缩剪切的共同作用结果，对悬臂梁极限平衡模型中的各参数确定给出假设或理论分析，建立了改进的悬臂梁极限平衡模型。郑允等（2015）认为岩质边坡弯曲倾倒与岩层厚度、岩层倾角、切坡角度、岩体物理力学参数等因素有关，破坏基准面的位置受上述因素控制，因此在悬臂梁弯曲模型的极限平衡分析中预先假定破坏基准面的位置是不合理的。他们尝试考虑岩层上部形状改变、破坏台阶高度和坡脚三角形岩层等影响的弯曲倾倒极限平衡方程，通过自动搜索的方式建立了岩质边坡弯曲倾倒破坏基准面的计算方法。

基于极限平衡原理的分析方法有很大局限性，适用于岩层厚度较大、边坡形状较简单和受简单荷载作用的情况，考虑的是均匀介质的简单破坏模式，这与边坡倾倒变形受反倾结构面控制的实际情况相差甚远，这些限制制约了倾倒破坏分析方法的推广应用。

1.3.2　数值模拟分析

近年来，数值模拟手段在探究倾倒变形影响因素、机制、变形特征以及稳定性等方面得到了广泛的运用。例如，韩贝传和王思敬（1999）应用弹-黏塑性模型，采用有限元模拟研究反倾边坡倾倒变形的影响因素，并最早提出对于反倾边坡，主要的危险不是在坡脚而是在坡顶，极限平衡法不适用这类边坡的稳定性研究的观点。孙东亚等（2002）运用非连续变形分析（discontinuous deformation analysis，DDA）算法对 Goodman 和 Bray 所提出的倾倒边坡变形破坏机理和失稳模式进行分析判断，基于势能原理对其合理性予以分析，并对应用DDA算法的边坡稳定性判据进行了讨论。程东幸等（2005）采用三维离散单元法程序（3DEC）对影响层状反倾岩质边坡的结构因素（坡高、坡角、岩层倾角以及岩层层厚）、岩体和层面参数因素以及地应力等进行正交数值模拟，同时提出了优势岩层倾角的范围与以位移矢量角进行界定边坡倾倒变形的思路，为反倾岩质边坡的破坏模式及稳定性分析提供了依据。张国新等（2007）对岩质边坡倾倒破坏进行了流形元模拟，证明该方法与程序可以有效地模拟考虑岩桥作用的岩质边坡倾倒破坏，他们认为数值流形法可以正确计算边坡倾倒安全系数，模拟边坡的倾倒破坏过程。蔡跃等（2008）运用通用离散单元法程序（UDEC）对日本九州某个倾倒变形边坡进行了数值计算，以讨论倾倒边坡稳定性的影响因素。结果表明，除了岩层间的力学参数以外，岩体边坡的稳定性还受岩层的厚度、倾角-走向以及人工边坡倾角的影响。宋彦辉等（2009）尝试采用具有模拟节理网络功能的有限元分析倾倒边坡的稳定性，获得了边坡倾倒破坏的部位及变形的发展趋势。

类似的研究还有很多，总体来讲，数值模拟手段简便易行、耗时低，虽然受岩体参数取值影响等因素的制约，模拟结果并不全面，但数值模拟是较有发展前景的方法。其中，连续介质方法有一定优势，模型建立简单且能考虑岩层的弯曲效应，确定合理的岩体力学参数与建立有效的屈服准则，能够对倾倒变形边坡的稳定性进行预测。非连续介质力学分析方法存在如计算量大、收敛性差等问题，特别当岩层数目过多时，模型处理会比较麻烦，但能直观反映倾倒变形边坡破坏的过程。若能把握好岩体介质模型并选择合理的参数，可以得到理想的计算结果。

1.3.3 物理模拟分析

最初用于研究反倾岩质倾倒变形的模拟方法是底摩擦试验和倾斜台面模型试验，尤其是20世纪70年代和80年代初期，此后是离心模型试验。

Hittinger（1978）认为底摩擦试验可以模拟块状倾倒，尤其能较好地模拟弯折倾倒，具有直观、简便的优点。Prichard 和 Savigny（1990）认为底摩擦试验受到模型尺寸的限制，不能模拟大型复杂的倾倒过程，不能考虑边坡的复杂地质条件，又由于使用面力代替体力，不可避免地使边坡倾倒破坏的过程受到一定的歪曲。郑达等采用底摩擦试验研究了拉裂倾倒的变形失稳机理，获得了倾倒边坡的变形演化过程。

倾斜台面模型试验最初由 Ashby（1971）用来研究节理岩体边坡的滑移和倾倒机理。Wong 和 Chiu（2001）曾开发过三维倾斜试验台用于研究倾倒变形的破坏机理。但倾斜台面也存在尺寸效应的局限，目前还很难完美解决这个问题。黄润秋等（1994）通过模型试验得出了变形深度与岩层倾角、坡角的关系，该研究较有意义，若能根据岩层倾角和坡角定性获悉变形深度情况及其变化趋势，则有助于边坡稳定性的判别和预测。

离心模型试验最初是由 Craig（1989）提出并应用于桥梁设计的。Stewart 等（1994）使用离心模型试验研究柔性边坡的倾倒破坏以及地下开挖对倾倒影响。在国内，“八五”国家科技攻关计划期间，汪小刚等（1996）以龙滩水电站左岸边坡问题为例，运用二维石膏模型的离心试验研究了岩质边坡的倾倒破坏，揭示了边坡倾倒的深层破坏现象，指出破坏面呈双折线型。左保成（2004）通过室内物理力学模型试验研究反倾岩质边坡的破坏机理，提出反倾边坡的主要变形破坏形式为倾倒变形折断破坏，破坏首先发生在坡顶，指出岩层层面的剪切强度是影响其稳定性的重要因素，而岩层倾角对变形影响不大，提出反倾边坡的变形破坏过程具有明显“组合悬臂梁”特征等。这些模型试验对工程实际皆具有指导意义。Adhikary 和 Dyskin（2007）通过离心试验发现，弯曲倾倒模式下，层面摩擦角较大时倾倒破坏为瞬时性，摩擦角较小时倾倒破坏为渐进性。

模型试验虽能较为全面地模拟实际边坡的受力及变形特点，有助于得出一些规律，但因其耗时长、费用高昂，在使用时受到了极大的限制，其结果有局限性，不一定具有普遍意义，应加强其他影响因素（地下水、与层面相交的节理分布、边坡几何形状等）的研究。故实际工程中，常常将数值模拟试验和物理模拟试验相结合，以高效准确地对倾倒变形问题进行研究。此外，倾倒边坡研究中考虑多组裂隙、地下水作用和边坡几何形状的影响也对模型设计提出了更高的要求。

1.4　倾倒变形边坡稳定性控制研究现状

1.4.1　倾倒变形边坡常见加固措施

西南地区河谷深切，岸坡岩体卸荷强烈，大量层状岩质边坡产生倾倒变形，成为威胁水电站建设的典型工程地质问题，但针对此类边坡的工程治理措施尚不完善。工程上，边坡的治理措施主要可以划分为以下几类：削坡护脚、加固与支挡、地表与地下截排水。

在削坡护脚方面，黄润秋、邹正明等学者进行了研究，且在实际倾倒变形治理工程中得到了运用。黄润秋针对皖南某高速路一个薄层板岩反倾边坡开挖过程诱发倾倒变形，提出了削坡治理措施，即适当放缓边坡开挖角度，同时将已经严重变形的倾倒-折断区岩体完全挖除。邹正明针对富溪隧道出口表部风化剧烈、岩体呈碎石状松散结构的倾倒变形岩体，提出了压脚治理措施，即运用高 20～25m 的填方路堤对隧道出口仰坡坡脚进行反压。综合来看，削坡护脚的治理措施适用于变形破坏规模较小的边坡，且岩质边坡倾倒变形强烈，表部岩体已完全折断，呈块状或碎石状松散结构。

在加固与支挡方面，主要采取的加固措施是锚索和锚杆以及预应力锚索等。赵连三针对碧口水电站的倾倒变形岩体，提出运用锚喷支护、预应力锚索和混凝土“锁口”治理措施。庞声宽通过研究发现，易倾倒的边坡在开挖形成坡面后短时间内初始变位即完成，接着发展成松弛碎裂，此时锚固的锚杆不能有效避免边坡的倾倒；首次提出运用预置锚杆在开挖前锚固边坡可以对开挖边坡的坡体回弹起到约束作用，防止边坡发生倾倒变形。黄润秋针对边坡开挖后中上部倾倒变形较大部位提出了框架锚杆支护的措施。邹正明针对表部风化剧烈、岩体呈碎石状松散结构的倾倒变形岩体提出应采用自进式中空注浆锚杆加固坡体，锚索和锚杆是加固岩质边坡常用的措施，如何确定锚索和锚杆的锚固方向成为学者研究的重点。王建锋等运用改进的 Scavia 模型研究复杂倾倒破坏岩体的稳定性，通过计算发现倾倒变形岩体边坡最优的锚固角随着岩体倾角的增大而增大，随着坡高的增大而减小，提出高陡倾倒变形岩体边坡最优的锚固方向以垂直于坡面为宜。林葵通过研究倾倒变形岩体的加固支挡治理措施，系统对比了锚杆框架、微型桩、钢筋混凝土桩和重力罩面在治理倾倒变形边坡中的优缺点。

在地表与地下截排水方面，李天扶通过分析 Goodman-Bray 公式，指出地下水压力对倾倒变形岩体产生两个方面作用：一方面是形成额外倾倒力矩，加剧岩体倾倒变形和破坏；另一方面使岩石层面上风化的片状矿物蚀变而泥化，降低其抗剪强度。因此，截排水措施在治理倾倒变形岩体过程中至关重要，且其工程造价相对较低，在边坡加固中应优先考虑。水是影响边坡稳定性的重要因素，无论采取何种治理措施都必须要进行截排水治理。

大型复杂倾倒变形岩质边坡的治理应采取综合措施，需要考虑削坡护脚、加固支挡和截排水工程等多方案的组合，选择科学合理的、综合性的治理方案。张靖峰系统研究了龙滩水电站坝址左岸大型倾倒变形体（1500 万 m^3）。综合治理该变形体的措施包括四个方面：①依据倾倒岩体变形的不同程度分带（倾倒松动带、弯曲折断带、过渡带）采取多级综合的开挖坡比；②采用超前长锚杆、系统锚杆、钢筋桩和喷混凝土加固表层岩体，采用预应力锚索加固深层岩体；③布设系统的地表、地下排水网络，卸除地下水荷载；④利用岸坡开挖的石渣对变形体底部进行压脚。

倾倒变形边坡是一种特殊的岩质边坡，其工程治理的难度较大。上述学者提出的治理措施仅是针对某一具体的倾倒变形体，很难复制到其他边坡治理工程上。任何治理措施都是为了提高边坡的稳定性，边坡处于不同的演化阶段，其稳定性不同，可以结合边坡的发展演化阶段提出有针对性的治理措施。

倾倒变形属于一种复杂的变形模式，其变形过程以及成因机制比较复杂，发生、发展至破坏往往要经历很长的地质历史过程。通过倾倒变形成因机制、空间展布以及稳定性计算的实例分析可以看出，倾倒变形对水利水电工程的威胁是巨大的，其变形失稳不单单是强度问题，更是长期稳定问题，带有强烈累进性和时间效应特点。对该类型变形体进行治理时，单一的强度分析理论以及治理措施是远远不够的，需要将多种分析模拟手段、治理措施以及长期监测手段结合在一起，方能有效治理该类倾倒变形，保证水利水电工程施工和运行安全。各倾倒变形边坡处理措施汇总于表 1.2。

表 1.2 各倾倒变形边坡处理措施

倾倒变形模式	变形控制条件	处理措施	工程实例
块体倾倒	近正交结构面、地形、水	清除破碎岩体、锚固措施、喷浆加固、截排水工程、监测手段	沙坪二级水电站Ⅲ号危岩体
压缩倾倒	软弱基座、后缘结构面、水	锚固措施、灌浆加固、抗滑桩、截排水工程、监测手段	索风营水电站 Dr2 危岩体
浅层倾倒	坡内结构面组合、水	削坡减载、锚固措施、截排水工程、监测手段	拉西瓦水电站果卜岸坡
深层倾倒	根据倾倒变形程度划分了倾倒松动带、弯曲折断带、过渡带	多级开挖坡比，超长锚杆、系统锚杆、钢筋桩和喷射混凝土加固表层岩体，预应力锚索加固深层岩体，布设系统的地表、地下排水网络利用开挖石渣压脚	龙滩水电站

1.4.2　浅层倾倒变形边坡加固措施

浅层倾倒属于弯曲倾倒的范畴，主要发育于中-厚层、中硬岩层状体斜坡，岩层陡倾内或近直立，属于脆性折断型。由于岩性较硬，岩层不需要太大的变形即可断裂，故该类型倾倒难以形成深部贯通的滑动面。其变形及稳定性主要受边坡岩体抗弯刚度、坡内缓倾外结构面以及水的影响。

基于以上认识，针对浅层倾倒变形边坡可以选择以削坡减载措施为主，配合锚固措施、截排水工程和相应的监测手段进行综合治理。通过对拉西瓦边坡的工程地质条件以及倾倒变形成因机制的调查分析，可以发现，浅层倾倒通常发生在岩性较硬的边坡当中，岩层在发生轻微弯曲的情况下即折断，表现为“折而立断”的破坏模式，故该类型倾倒变形边坡虽然坡表岩层较为破碎，稳定性较低，易出现坠覆甚至浅表滑移破坏，但出现整体失稳的可能性较小，故采用削坡减载措施可以很好地阻止倾倒变形的发展，防止已有破碎岩体倾覆甚至发生浅层滑移破坏，减轻下部岩层负重，从而改善边坡稳定性，达到治理的目的。削坡时还应注意，削坡规模应当与倾倒变形体的空间展布情况相联系，一般说来，极强倾倒破碎区（A 区）由于岩体破碎，倾倒变形程度剧烈，对边坡的整体稳定性影响较大，需要全部清除；而对于强倾倒破裂区（B 区）则需要结合实际情况，考虑支护效果以及治理成本问题，决定是否削坡以及削坡范围。同时大规模的削坡减载必然会引起边坡应力重分布，针对削坡后出现应力集中现象的部位，可以使用锚固措施及截排水工程进行加固，防止水对边坡的侵蚀，阻止局部变形。此外，为了及时反映边坡变形状况，防止突发事件的发生，实时监测对倾倒变形的治理来说也是必不可少的。浅层倾倒变形边坡加固措施示意图见图 1. 12。

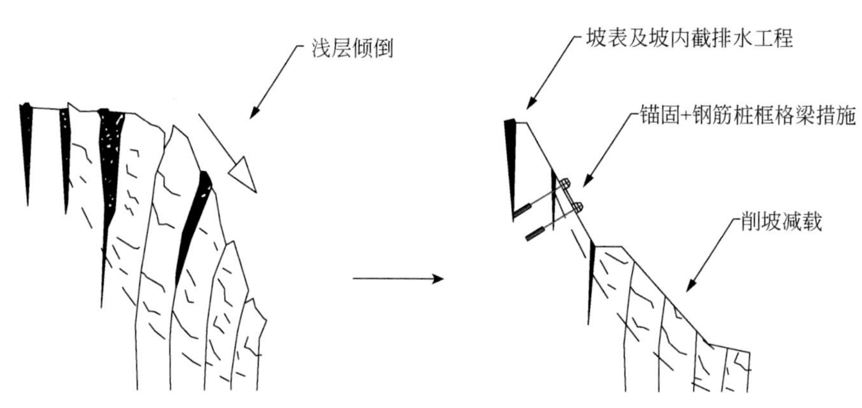

图 1. 12　浅层倾倒变形边坡加固措施示意图

1.4.3　深层倾倒变形边坡加固措施

深层倾倒变形属延性弯曲型，常见于由陡倾坡内的薄层状碳质板岩、泥质灰岩等软弱地层构成的边坡中，除了可以发生浅部的倾倒外，还可以发生深部的倾倒变形，并演化形成大型滑坡。由于该类型倾倒变形通常是在较好的临空条件下，岩层在边坡卸荷以后形成的二次应力场的作用下发生弯曲，最终切层结构面发育贯通而形成滑坡，影响该类型倾倒变形发展的因素主要有岩层的抗弯刚度、临空条件、坡体内部结构面组合，同时，水可以起到降低岩体力学性质、软化结构面、促进倾倒变形发展的作用。故治理该类型变形体应当从提高岩层抗弯刚度、消除坡体变形的临空条件以及减小水的影响等角度出发，选择合适的处理措施。

基于以上认识，针对深层倾倒变形边坡可以选择以坡脚堆载措施为主，配合削坡减载、锚固措施、灌浆加固措施、截排水工程和相应的监测手段进行综合治理。由于发生倾倒变形的边坡大多为软岩或者软硬互层的岩体结构，岩体需要较大弯曲幅度才会产生切层结构面，故拥有良好的临空条件是该类倾倒变形的前提，且不能以锚固作为治理的主要措施。在坡脚选择适当的高程堆载，可以阻挡坡体前缘岩层弯曲，从而阻止由于前缘岩层弯曲而为后缘岩体变形创造临空条件的情况发生。同时，堆载体需要压住关键结构面在坡体的延伸露头，防止由于倾倒变形发展，坡内结构面贯通形成滑面而产生大型滑坡。在坡脚堆载以后，可以视后续变形模拟或者实时监测情况，选择变形较大的部位施加锚固工程。降雨或者水库蓄水以后，地表水入渗、地下水侵蚀会对坡体岩层以及坡内结构面产生软化作用，从而促进倾倒变形发展，威胁水电工程安全，故需要施加坡表和深层截排水工程，如坡表喷砼防渗，深层纵、横向排水洞等。

同时，由于深层倾倒边坡岩性较软、变形发育深度较大，若要以削坡减载措施为主进行治理，则削坡规模巨大、治理成本较高，故而削坡减载措施仅作为治理的辅助措施，其削坡范围需要与倾倒变形体空间展布相联系，并且结合坡脚堆载后边坡的变形情况来确定。

同样，长期坡体变形监测也是深层倾倒变形边坡的处理中不可或缺的部分。深层倾倒变形边坡加固措施示意图见图 1. 13。

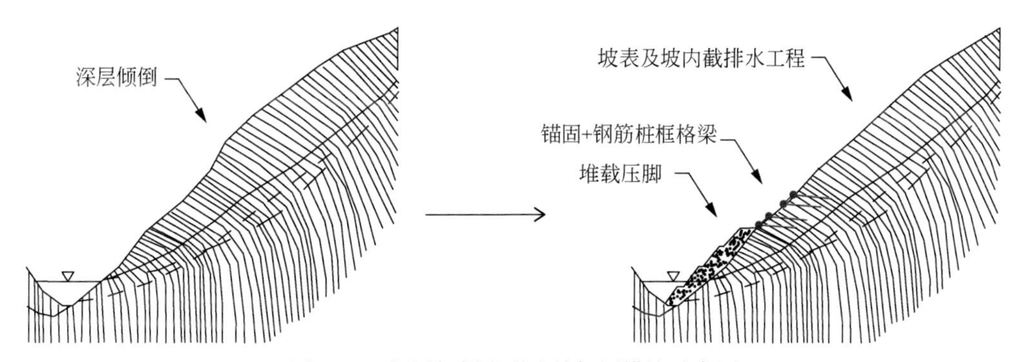

图 1. 13 深层倾倒变形边坡加固措施示意图

1.5 本书的主要内容与成果

1. 5. 1 本书的主要内容及研究思路

本书以澜沧江苗尾水电站坝址区和近坝库岸的典型倾倒变形体为研究对象，紧密结合苗尾水电站工程边坡倾倒变形灾害防治的现实需求，在全面掌握倾倒变形发育特征的基础上，结合工程部位，对“层状结构岩质边坡倾倒变形机制与稳定性”问题进行系统研究，建立倾倒岩体变形程度的分级指标体系和分类标准，以及倾倒变形体的地质力学模型，探索开挖、蓄水变形响应特征和研究适用于倾倒变形体的稳定性评价方法，并提出合理的工程处理措施对策。最终形成层状结构倾倒变形边坡调查、评价和治理的技术与方法体系，为苗尾水电站工程建设及长期运营提供强有力的技术支撑，并进一步完善层状结构复杂岩质工程边坡倾倒变形触发机制及防灾对策。

1.5.1.1 建立倾倒变形岩体定量描述指标体系及分类标准

一般岩体变形程度分类有岩体结构分类或岩体质量分级。倾倒岩层与正常岩层相比，存在岩层倾角变小、层间错动拉裂、板梁弯曲、张裂折断，甚至岩层反转至与坡向相同等迹象，严重者可转化为蠕滑拉裂等边坡破坏形式。一般岩体变形程度分类方法对倾倒变形岩体的描述存在一定缺陷：无法定量描述倾倒体的基本破裂特征、难以描述倾倒岩体的变形程度、计算方法复杂、野外使用不方便或针对性弱。因此，在苗尾水电站倾倒变形体已有研究成果总结分析的基础上，根据新开挖揭露的岩体工程地质特征研究，建立一种倾倒岩体的分类方法，以便能够迅速、准确、便利地描述倾倒岩体的变形破坏特征，作为倾倒岩体变形破坏特征程度划分的基本标准。

1.5.1.2 倾倒变形岩体工程特性研究

倾倒岩体由于发展和改造程度的不同，其岩体力学特性具有不均匀、非连续性，岩体（包括结构面）的宏观力学参数的选取是非常困难的，特别是针对倾倒体潜在滑移面（带）部位岩体的原位力学试验或原状样的试验鲜有研究。其原因主要在于取样的技术难度过大、试验可操作程度较低。因此，本书在现场工程特性调查的基础上结合试验研究，开展倾倒变形岩体工程特性研究，具体包括：

（1）开展岩石物理力学性质试验及主要结构面携剪试验，确定控制斜坡稳定性的主要结构面的强度指标。

（2）开展软岩流变试验，研究岩体长期强度，具体包括蠕变试验和松弛试验，为斜坡变形破坏机制模拟分析和稳定性评价提供基础。

（3）岩体力学参数综合取值研究。根据已有资料、试验结果和反演分析，结合工程地质类比法，确定不同倾倒程度的各类岩体的物理力学参数。

1.5.1.3 层状结构岩质边坡倾倒变形成因机制及破坏模式研究

（1）建立苗尾水电站反映坡体结构特征的各类倾倒变形典型工程地质模型：根据已有勘探成果、现场调查结果和倾倒变形分类研究结果，建立各类倾倒变形边坡的工程地质模型，包括斜坡坡体结构特征、倾倒变形边界条件、倾倒岩体分区特征、岩体变形特征等。

（2）综合分析岩体结构精细描述、典型工程地质模型、岩体物理力学试验等成果，定性分析各类倾倒变形体的形成机制，并分析控制倾倒变形发育和倾倒变形体发展趋势的主要因素。

（3）采用离心机模拟试验研究典型倾倒变形的发展过程及发展趋势。

模拟典型板岩片岩斜坡倾倒形成过程，重点研究岩石破裂过程、弯曲折断面空间展布、倾倒岩体变形程度分区等规律，为边坡变形破坏机制分析和斜坡稳定性评价提供依据。

模拟典型倾倒破碎岩体在工程条件下的变形破坏模式，研究在开挖、蓄水、水位变化、支护等条件下边坡变形发展过程和趋势，为边坡稳定性评价和支护设计提供依据。

1.5.1.4　倾倒岸坡水库蓄水效应研究

重点研究工程边坡岩体的水力学特性、库水变动形成的渗流场和边坡岩体的相互作用效应，主要包括：工程边坡岩体水力学特性研究、初始渗流场分析和考虑流固耦合作用的边坡变形效应分析。

在岩体长期工程特性试验研究的基础上，充分考虑各个边坡的水力学特性，采用物理模拟和数值模拟方法相结合，研究水库蓄水后在稳定水位、水位上升、水位下降条件下的孔隙水压力变化过程，耦合分析重力、渗透力作用下倾倒变形斜坡的最大主应力、最小主应力、最大剪应力、位移、塑性区等发展趋势，分析倾倒变形斜坡在上述条件下的潜在破坏面，为蓄水后边坡稳定性评价提供依据。

1.5.1.5　倾倒变形边坡稳定性分析与评价方法研究

（1）定性、半定量评价边坡稳定性：根据上述研究成果综合分析，定性评价边坡在天然工况和开挖条件下的稳定性状况，进行边坡稳定性分类，并提出与倾倒变形边坡稳定性相符合的分类标准。

（2）边坡稳定性数值模拟研究：建立反映岩体结构分区特征的边坡二维地质模型或三维地质模型，采用有限元法、离散元法、有限差分法和颗粒离散元法，分析边坡在天然和开挖条件下的边坡应力、变形特征，研究边坡变形的发展变化趋势和控制变形的关键因素。

（3）二维极限平衡法评价边坡稳定性：利用极限平衡法对已建立结构模型的边坡进行稳定性分析计算，研究边坡在天然、开挖、开挖+暴雨、蓄水、蓄水及库水升降等工况下的稳定性，并根据倾倒变形边坡的岩体结构特点和变形破坏模式，探讨各方法的适用性。

（4）倾倒变形边坡动力稳定性评价：根据苗尾水电站设计蓄水水位等条件，研究蓄水后倾倒变形边坡在地震条件下的动力稳定性特征，研究地震波对倾倒变形边坡稳定性的影响，为边坡支护处理方案设计提供依据。在数值模拟和极限平衡法进行边坡稳定性评价时，增加地震工况。

1.5.1.6　支护处理原则及防护对策研究

（1）根据边坡稳定性评价结果，在其他工程倾倒变形边坡支护经验的基础上，对产生变形的边坡提出有针对性的支护处理方案。

（2）采用二维极限平衡法研究初步处理方案实施后在开挖、蓄水等工况下的稳定性，研究支护方案的合理性，并进行方案优化。

（3）据监测结果结合研究成果，提出工程边坡优化设计建议方案，评价支护措施的长期有效性。

本书内容总体上遵循系统地质工程机制分析—量化评价的思路，采用如下途径：工程地质条件→岩体结构精细描述→岩体（石）工程特性研究→倾倒变形机制及边坡破坏模式研究→倾倒边坡稳定性研究→边坡变形处理对策研究。具体研究技术路线如图 1. 14 所示。

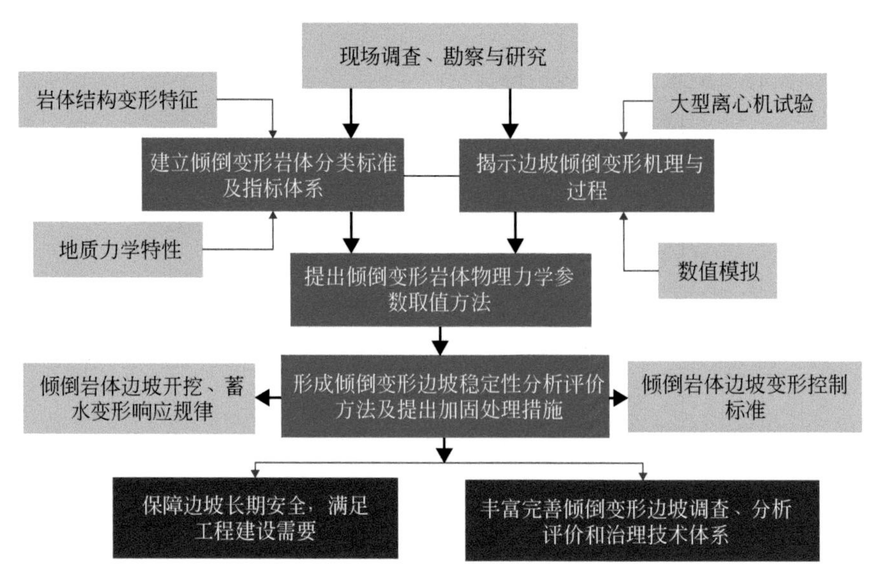

图 1. 14　研究技术路线框图

1. 5. 2　主要成果

我国西南地区大量工程，特别是大型水电工程多位于深切河谷地区，陡倾软硬互层的岩质边坡在长期重力作用下产生大规模深层倾倒变形，这类变形触发机制复杂，其稳定性评价和变形治理对策成为制约重大工程建设的关键技术难题。本书以我国澜沧江苗尾水电站坝址区和近坝库岸的典型倾倒变形体为研究对象，对“层状结构岩质边坡倾倒变形机制与稳定性”问题系统地进行了研究和总结，主要研究成果及相关技术如下。

（1）构建了定性与定量相结合的精细描述指标体系，建立了完善的倾倒变形岩体分类方法体系及倾倒变形程度分级标准。

通过定性与定量指标相结合，构建了倾倒变形岩体野外调查精细描述的七个指标，分别为卸荷变形特征、风化程度、岩层倾角、层内最大拉张量（单位：mm）、层内单位拉张量（单位：mm/m）、纵波波速、结构电阻比，客观地描述岩体倾倒变形发育特征及强烈程度。在此基础上，建立了完善的倾倒变形岩体分类体系和倾倒分级标准，将倾倒变形岩体分为 A 类极强倾倒破裂岩体、B 类强倾倒破裂岩体、C 类弱倾倒过渡变形岩体，其中 B 类强倾倒破裂岩体进一步划分为 B_1 类强倾倒破裂上段岩体和 B_2 类强倾倒破裂下段岩体。

（2）揭示了层状结构岩质边坡倾倒变形机理及过程。

采用数值模拟技术结合大型土工离心试验，分别揭示了软硬互层结构反倾层状边坡和顺倾层状边坡倾倒变形机理及过程。软硬互层结构倾倒变形边坡主要经历以下几个阶段：初期卸荷回弹–倾倒变形发展（层内剪切）阶段、倾倒–层内拉张发展阶段、倾倒–弯曲阶段、折断变形破裂发展阶段和底部滑移–后缘深部折断面贯通破坏阶段。对于顺倾层状边坡，其倾倒变形机理为：初始启动条件是在河谷岸坡的成坡过程中，河谷下切致使边坡产生卸荷回弹变形，边坡在自身重力条件下，薄层板梁会向临空面弯曲变形，同时板理（片理）层间也产生滑移变形。对于反倾层状边坡，其倾倒变形机理为：河谷快速下切，边坡卸荷回弹–板理松弛，在重力作用下产生滑移–倾倒变形，并伴随板梁根部折断，进而折断面逐渐贯通，产生蠕滑–拉裂破坏。

此外，还揭示了坡面形态对倾倒折断面形态和深度影响的基本规律，提出了反倾层状岩体倾倒折断多级折断面深度的确定方法。

综合揭示了倾倒变形的实质：由于倾倒变形边坡的特殊结构，倾倒变形主要是岩体的结构性变形，是漫长历史过程中形成的拉裂面、折断面的组合变形，具有沿重力方向的剪切滑移和坡外的转动变形，正是这种转动变形，形成了“链式”放大效应，表现出坡体下部的小扰动，造成坡顶的变形，以及中上部坡面的大变形。

（3）提出了软硬互层结构倾倒变形岩体参数综合取值方法。

通过对不同岩组大量的常规物理力学试验、边坡软弱岩体三轴压缩试验以及软弱岩体流变特性试验，获得了倾倒变形的岩体的常规物理力学特性和流变特性。软弱岩体的长期强度由于流变会弱化，约是常规强度的80%。考虑倾倒体的复杂性和试验模拟自然条件的局限性，结合具体地质条件、工程效应以及一定的可靠度综合分析，对力学参数进行综合取值。最终提出了软硬互层结构中不同倾倒变形程度（A类、B_1类、B_2类和C类）岩体的物理力学参数建议值。

（4）揭示了软硬互层结构倾倒变形岩体边坡开挖和蓄水的变形时空响应规律。

建立了三维激光扫描仪、地表观测和坡体内部观测等多元数据的综合分析方法，系统地研究了倾倒变形岸坡在开挖和蓄水条件下的变形特性，揭示其变形响应规律。建立了倾倒岩体坡表宏观变形、坡体内部监测变形与开挖施工的时空响应关系，建立了倾倒变形边坡变形控制指标。

（5）基于变形稳定的理念，建立了软硬互层结构倾倒变形边坡稳定性评价和预测评价方法。

采用底摩擦试验和离心机试验方法分析软硬互层结构倾倒变形体的变形及破坏特征。基于变形特征的分区评价、变形稳定性数值分析以及传统的极限平衡稳定性评价方法，将倾倒变形的地质现象、定量描述与变形稳定性相结合，建立了软硬互层结构倾倒变形边坡稳定性评价和预测的方法体系。

针对倾倒变形体稳定性研究没有强调对这类问题采用强度稳定性的评价思路，而采用变形稳定性评价的理念，是对斜坡倾倒变形形成机理与研究方法的理论探索，同时也将对实际工程设计与施工、倾倒变形斜坡的危害性预测和斜坡变形的有效控制与治理具有现实意义。

（6）提出了软硬互层结构倾倒变形边坡系统支护体系及治理对策评价方法。

系统揭示了不同岩性及支护组合条件下倾倒岩体变形破坏模式：①软硬岩未压脚边坡模型的主要变形破坏特征为顶部下座+中部膨胀+下部滑出；②软硬岩压脚边坡模型的主要变形特征为顶部下座+中部膨胀；③硬岩未压脚边坡模型的主要变形破坏特征为顶部下座+中部膨胀+局部失稳；④软硬岩压脚+框锚边坡模型的主要变形特征为顶部小幅下沉。基于上述研究，提出了压脚+锁头+系统框架锚的软硬互层结构倾倒变形边坡系统支护体系及治理效果评价方法，并应用于边坡工程治理（图 1. 15 ~ 图 1. 19）。研究表明，压脚处理措施有助于防止边坡发生整体失稳；锁头+系统框架锚支护条件下边坡整体变形显著减小，并能有效控制坡面裂隙的形成；压脚+锁头+系统框架锚的支护体系能有效协调倾倒变形岩体内应力调整，且能充分调动岩土体自身的强度，确保倾倒变形边坡稳定、避免形成滑坡灾变。

图 1. 15　苗尾水电站建成蓄水全貌

图 1. 16　苗尾右坝基倾倒变形边坡及工程处理

图1.17 苗尾左坝基倾倒变形边坡及工程处理

图1.18 苗尾右坝前边坡倾倒变形及工程处理

图1.19 苗尾水电站溢洪道进水渠倾倒变形及工程处理

第 2 章　现场调查技术

2.1　引　　言

高边坡工程地质调查是高边坡工程地质的基础工作（黄润秋，2012）。高边坡的地质调查主要包括以下三个方面的内容。

2.1.1　工程地质测绘

工程地质测绘的目的是查明工程区的地层、岩性、构造、地貌、水文地质条件、风化卸荷、物理地质现象等，并将它们反映到地形图上，形成研究对象的工程地质图，反映工程区总体地质环境条件。对高边坡而言，工程地质测绘的目的主要是调查边坡及其附近工程地质条件，了解边坡的一般特征，为边坡工程地质调查提供基础数据。对于地质条件简单的边坡，可用现场调查代替工程地质测绘。工程地质测绘和调查宜在可行性研究或初步勘察阶段进行。在可行性研究阶段搜集资料时，对地质条件复杂、规模较大的边坡宜包括航空影像、卫星影像的解译结果。在详细勘察阶段可对某些专门地质问题做补充调查。工程边坡开挖前应首先进行工程地质测绘。

2.1.2　边坡结构及岩体结构调查

边坡结构是斜坡岩体中主要结构面与坡面的组合关系，边坡结构类型是控制岩质边坡变形破坏模式和稳定性的主要因素。因此，岩质边坡工程地质调查应首先确定边坡结构类型。高边坡的变形破坏主要受控于边坡的岩体结构。因此，对高边坡复杂岩体结构系统的掌握、相关指标体系的建立和结构面发育特征的描述是高边坡稳定性评价的基础。

结构面及其相互组合特性研究，最为关键的是查清各类结构面的分布规律、发育密度、表面特征、连续特征、结构面之间接触关系以及它们的空间组合形式等。在工程边坡岩体稳定性评价中，对结构面的调查是一项重要的研究内容，它为分析岩体的变形破坏模式和稳定性评价提供基础数据。岩体的破坏往往表现为由结构面所围限的结构体的破坏，因此在岩体稳定性分析中，需对结构面组合特征进行研究，并研究边坡潜在可动块体的形态、规模和变形条件，块体稳定性评价成为岩体稳定性评价的一项重要内容。

2.1.3　变形破坏现象调查

研究区自然边坡或开挖边坡已有变形破坏现象往往反映了该地区边坡变形破坏的基本

类型，因此调查已有变形破坏现象对于分析边坡变形破坏模式和边坡稳定性定性评价具有重要意义。已有变形破坏现象调查主要包括调查已失稳或变形区域的位置、规模，以及滑动面位置、形态等，将它们反映到边坡地质展示图上，可据此对地质条件类似的边坡进行工程地质类比分析以及边坡稳定性定性评价。

2.2 边坡工程地质测绘及编图

2.2.1 高边坡工程地质测绘

2.2.1.1 主要内容

高边坡开挖前，应进行高边坡工程地质测绘，重点查明影响边坡稳定性的地质因素。

（1）查明地形、地貌特征及其与地层、构造、不良地质作用的关系，划分地貌单元。

（2）查明岩土体的年代、成因、性质、厚度和分布；对岩层应鉴定其风化程度，对土层应区分新近沉积土及各种特殊性土。

（3）查明岩体结构类型，各类结构面（尤其是软弱结构面）的产状和性质，岩、土接触面和软弱夹层的特性等，新构造活动的形迹及其与地震活动的关系。

（4）查明地下水的类型、补给来源、排泄条件，井泉位置，含水层的岩性特征、埋藏深度、水位变化、污染情况及其与地表水体的关系。

（5）搜集气象、水文、植被、土的标准冻结深度等资料，调查最高洪水位及其发生时间、淹没范围。

（6）查明岩溶、土洞、滑坡、崩塌、泥石流、冲沟、地面沉降、断裂、地震震害、地裂缝、岸边冲刷等不良地质作用的形成、分布、形态、规模、发育程度及其对工程建设的影响。

（7）调查人类活动对场地稳定性的影响，包括人工洞穴、地下采空、大挖大填、抽水排水和水库诱发地震等。

2.2.1.2 测绘范围和比例尺的选择

1）测绘范围

工程地质测绘的范围以解决实际问题为前提，应包括：①工程边坡引起的工程地质现象可能影响到的范围；②影响研究边坡稳定性的不良地质现象发育阶段及其分布范围；③对查明边坡区地层岩性、地质构造、地貌单元等问题具有重要意义的临近区段；④地质条件特别复杂时可适当扩大范围。

2）比例尺的选择

对单个边坡、大规模边坡或水利水电工程坝址区多个边坡进行测绘时，应采用大比例尺测绘，建议采用 1∶1000～1∶500；对多个边坡（如公路、铁路、库区边坡）进行测绘时，建议采用 1∶5000～1∶1000。

2.2.1.3　工程地质测绘方法

1. 资料收集及准备工作

边坡工程地质测绘前，应收集资料详细了解边坡及其附近地形地貌、地质构造、气象、水文、地震、新构造运动等一般地质条件。测绘前应在熟悉资料的基础上对调查范围进行踏勘，了解测区地质情况和问题、合理布置地质观测点和观察路线、正确布置实测地质剖面的位置。

2. 测绘方法

地质观测点布置应满足以下原则。

（1）在地质构造线、地层接触线、岩性分界线、标准层位和每个地质单元体应布置地质观测点。

（2）地质观测点的密度应根据调查区地貌、地质条件、成图比例尺和工程要求等确定，并应具代表性。

（3）地质观测点应充分利用天然和已有的人工露头，当露头少时，应根据具体情况布置一定数量的探坑或探槽。

（4）地质观测点的定位应根据精度要求选用适当方法。地质构造线、地层接触线、岩性分界线、软弱夹层、地下水露头和不良地质作用等特殊地质观测点宜用仪器定位。

现场调查时一般采用目测法、半仪器法、仪器法在地质观测点将工程地质测绘的主要内容标注在地形图上。目测法是根据地形、地物、步测距离定点，适用于中小比例尺。半仪器法采用简单的仪器（罗盘、气压计等）测定方位和高程，用测绳、皮尺等测量距离，当地形、地物明显时可采用三点交汇法；当存在较为标准的基点时，可向被测目标做导线，用测绳、皮尺、罗盘等定点。对重要的观测点（如断层点、岩性分界点、软弱夹层、地下水露头、物理地质现象等特殊点）或大比例尺工程地质测绘时，应采用仪器法进行定点，即采用全站仪、手持式测距仪、GPS 等配合罗盘、皮尺等进行定点，以保证现场调查数据的准确性。

2.2.2　高边坡开挖面地质展示图编绘

地质素描图是采用素描的方法记录地质现象，一般包括以下步骤：①取景，确定素描主题，选择素描的位置、图幅、内容等；②控制比例，勾绘大体轮廓，确定景物的前后顺序；③画出景物的立体几何形状，划定块面；④刻画细部，加注说明。具体方法可见蓝淇锋（1976a，1976b，1976c，1976d，1976e，1976f，1976g）。对滑坡体、自然边坡工程地质调查时，建议绘制地质素描图。

地质展示图与地质素描图有所不同，边坡地质展示图是将边坡坡面投影到某一面上，按照一定比例将地质现象绘制到图纸上。按照投影方向可以将地质展示图分为立面展示图（投影到走向与坡面大致平行的垂面上）、坡面展示图（边坡坡面，不做投影），其中坡面展示图是以实测尺寸按比例绘制到图纸上，绘制立面展示图时要求将实测距离换算成垂直距离。对地质数据要求不太精确的一般开挖边坡建议绘制地质立面展示图，对地质数据要求特别准确的开挖边坡（如坝肩、建基面边坡）建议绘制坡面展示图。

2.2.2.1　主要内容

地质展示图应能够反映边坡出露的重点地质现象，包括坡面几何特征、结构面几何特征、岩体结构分区特征、风化卸荷分区特征、地下水出露特征、已有变形破坏现象的边界条件等。其编绘流程如图2.1所示。

（1）坡面几何特征：主要包括边坡的走向、倾向、倾角，坡向变化位置，以及两侧坡面的走向、倾向、倾角。

（2）结构面几何特征：主要包括各类结构面在坡面上的出露迹线，并在图上按其类型进行统一编号，标注其产状、厚度、张开度等。

（3）岩体结构分区特征：对岩体结构存在明显差异的边坡应进行分区，在图上勾绘分区界限，记录岩体结构类型。

（4）风化卸荷分区特征：风化、卸荷存在明显变化的边坡应勾绘坡面颜色、风化程度、岩体坚硬程度等变化边界，并在图上记录。

（5）地下水出露特征：主要包括地下水的出露位置、流出状态，对于股状涌水应测量其流量、流速。

（6）已有变形破坏现象：重点勾绘已有变形破坏现象的边界，准确测量尺寸、估算规模，并在图上详细记录和标注边界的产状、形状、张开度、充填情况、错动方向和错距等。

2.2.2.2　比例尺和范围的确定

地质展示图的对象主要是开挖边坡坡面，绘制范围为边坡的开挖坡面（图2.1）。为反映边坡岩体结构的细部特征，建议采用比例尺1∶200或1∶100，局部代表性的地段可适当放大比例绘制。

2.2.2.3　工作方法

地质展示图的绘制应遵循“所见即所得”的原则，将现场观察到的地质现象如实地按比例尺绘制到图纸上，可购买米格纸或根据边坡的实际特点自制米格纸。地质展示图的绘制建议按照以下步骤进行。

1. 准备

首先，根据边坡长度和高度进行总体规划，选择合适大小的纸张和比例尺；其次，测量边坡走向进行分段，走向变化超过30°（参考值）时，斜边坡展视图需根据弯道原理拉开，并标示拐弯前、后边坡段的方向。

2. 总体巡查

绘图前，应对边坡岩体结构特征、已有变形破坏现象等进行总体巡查，总体上把握坡体结构特征，初步了解边坡稳定性状况，分析边坡稳定性的控制性因素，确定地质展示图描述的重点。例如，岩体结构分区、结构面分级、已有变形破坏现象的分布等，由于坡面

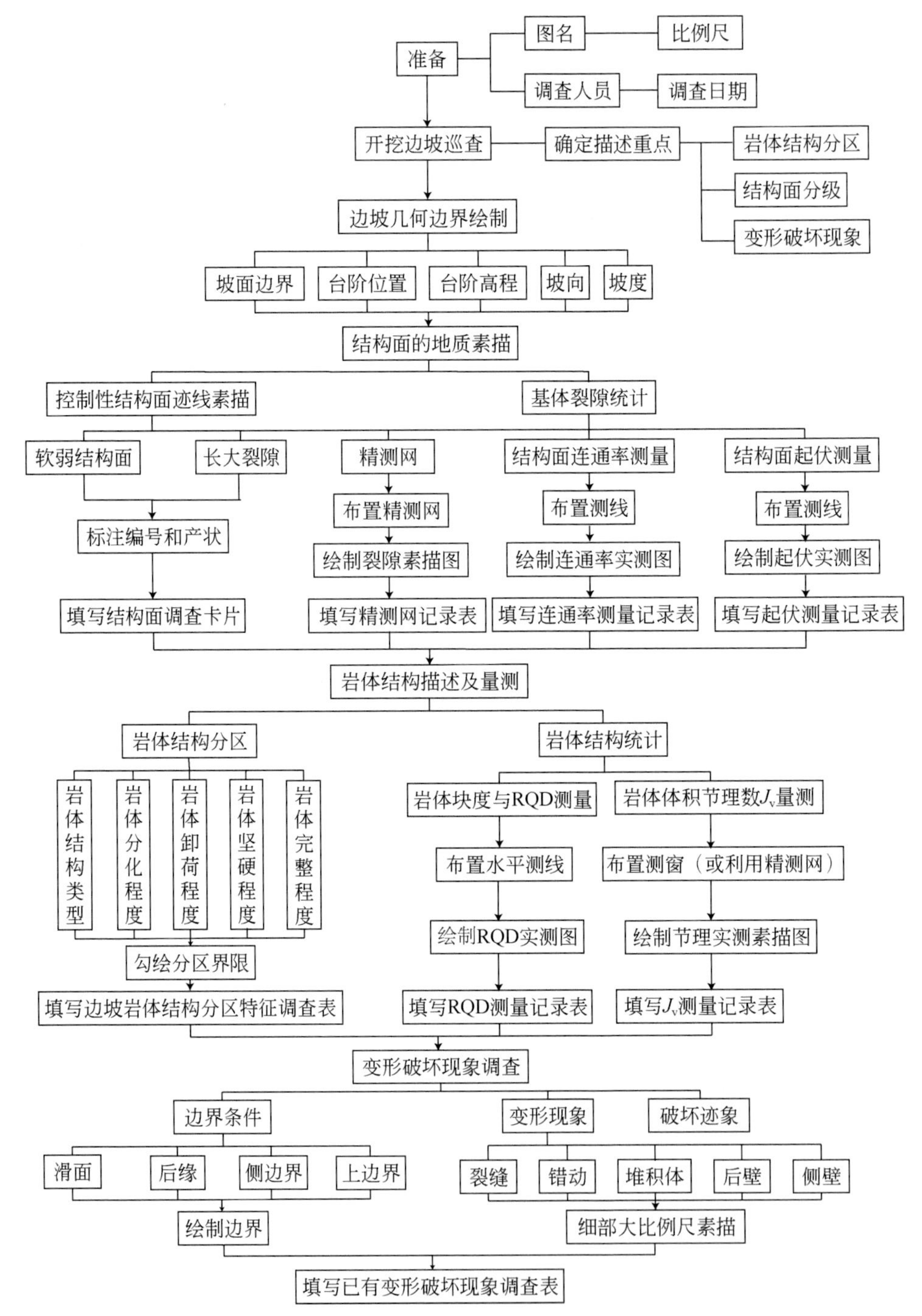

图 2.1　高边坡开挖面地质展示图编绘流程

RQD. 岩石质量指标，rock quality designation

出露的结构面数量众多，要把所有出露的结构面绘制到地质展示图上，难度相当大且实际意义并不大，因此对结构面的素描，应重点调查软弱结构面和长度大于 5m（可根据边坡实际情况调整）的长大裂隙。

3. 边坡几何边界的素描

首先，将图名、比例尺、绘图员、日期等标注在图纸上部，然后将边坡坡面的轮廓线按比例勾绘到图纸上，并标出台阶或马道的位置，标注坡面的走向、坡度、马道或台阶高程等。

4. 结构面的地质素描

结构面绘制前，应首先将结构面进行分类，并统一编号，如断层带可用f、挤压带可用g、挤压面可用g_m、层间软弱夹层用C、层面用C_m、裂隙用LX等。

结构面的地质素描应按照先控制性结构面（包括层间软弱夹层、断层带、挤压带、挤压面等软弱结构面），再长大裂隙，最后统计其余节理的步骤进行。

绘制结构面出露迹线时，应按照实际情况如实绘制，在图纸上详细标注结构面编号，不同部位的厚度、产状、裂隙的张开度等。

对于分布相当广泛的基体裂隙调查时，应在图纸上勾绘出其分布范围，绘制简单示意图，并在图上做出标注，进行调查和统计。其地质展示图示意图和地质素描图如图2.2和图2.3所示。

5. 岩体结构调查

应在现场通过结构面的发育程度、岩体风化程度、岩体卸荷程度等，划分岩体结构类型，并在图上采用一定的线条勾绘其范围，并标注坡面颜色、岩体风化程度、岩体卸荷程度、完整性、定性判断的岩体基本质量级别等内容，并填写“岩体结构分区特征调查表”（表2.1）。

6. 地下水出露特征

根据地下水的出露情况可以将坡面分为干燥、潮湿、湿润、滴水、流水、股状涌水等区域，若调查时存在滴水、流水、股状涌水的区或点，应在图纸上标注出露范围；若调查时为潮湿或湿润，应在雨后观察该处有无地下水呈流水或股状涌水。

7. 已有变形破坏现象

主要在图纸上绘制变形破坏体的边界、裂缝的分布，并标注边界的产状、裂缝张开度、错距等。此外，还应详细填写“边坡已有变形破坏现象调查表”。

8. 检查和清绘

上述工作完成后，包括几乎所有地质现象的边坡地质展示图便基本形成了，它还包括大量的调查卡片和补充卡片，应在现场检查记录卡片和地质展示图的编号，描述对应情况，防止标注图纸编号与卡片编号不一致。

最后将软弱结构面、岩体结构分区界线、变形破坏现象等主要内容采用不同类型或不同颜色的线条表示，使地质展示图更加美观，层次性更强。

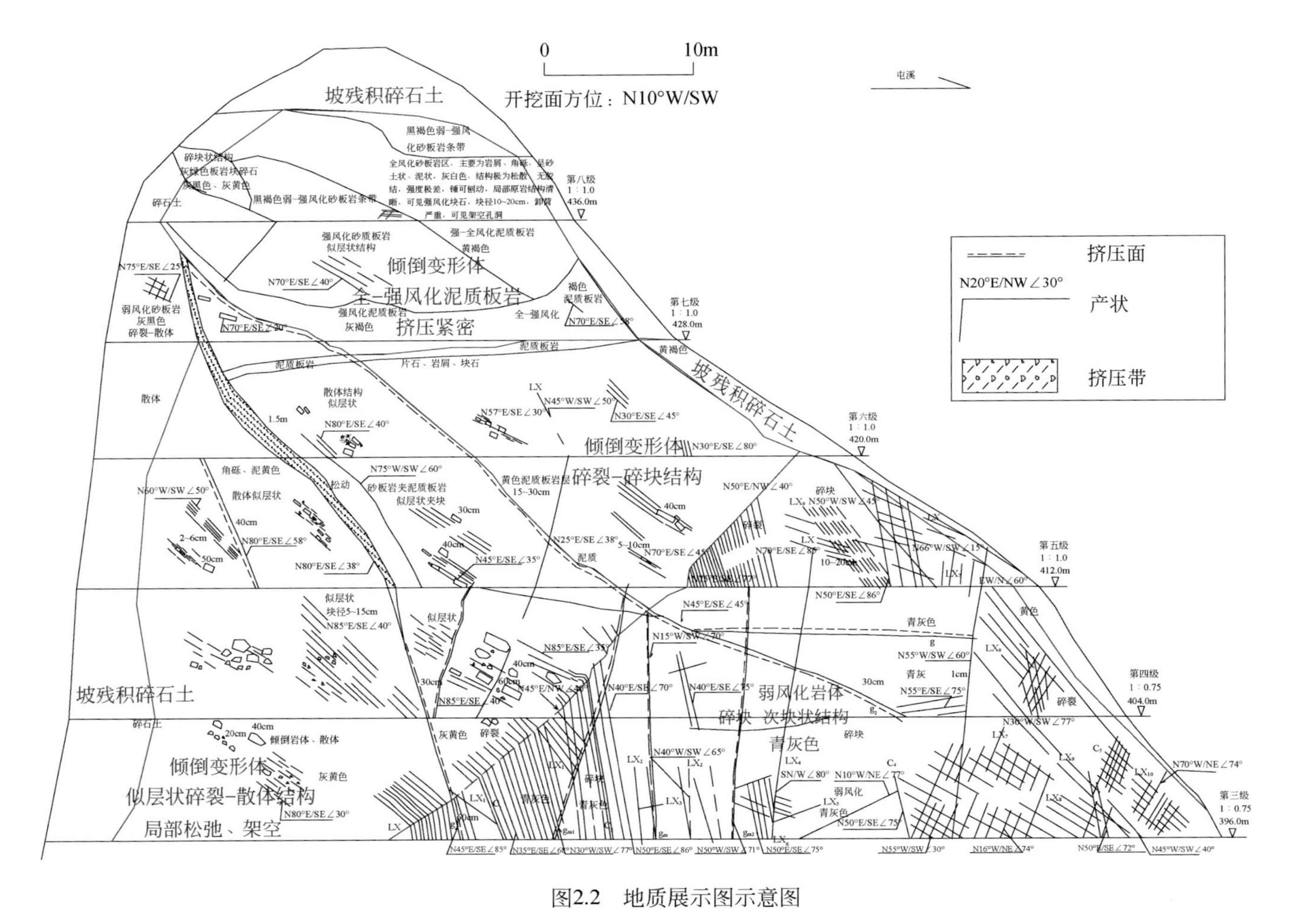

图2.2　地质展示图示意图

g_1.N45°E/SE∠85°，黄褐色，铁质胶结，厚60cm，夹4cm的次生泥；g_{m1}.N30°W/SW∠77°，黄褐色，张开0.5～1cm，充填泥；LX_1.N45°W/SW∠45°，倾坡外，平直光滑，延伸长度大，可见3～5m；LX_2.N40°W/SW∠65°，平直粗糙，裂面呈黄褐色，局部张开0.5～1cm，无充填，间距30～50cm；C_1.N35°E/SE∠68°，平直光滑，裂面呈青灰色，局部张开0.2cm，无充填；C_2.N50°E/SE∠86°，平直光滑，裂面呈青灰色，局部张开，无充填；LX_3.N30°E/NW∠10°，倾坡外，平直粗糙，不发育；g_{m2}.N50°W/SW∠71°，挤压面呈灰绿色，局部褐色，粗糙，张开0.1～0.5cm，充填黏土及岩屑；C_4.N50°E/SE∠75°，板岩厚度1cm；LX_4.SN/W∠80°，为一黄色光面；LX_6.N53°W/SW∠84°，平直粗糙，裂面呈褐色，延伸长度大，贯通整个坡面；LX_5.N10°W/NE∠77°，平直光滑，裂面呈褐色，可见延伸长度大于5m；LX_7.N16°W/NE∠74°，平直光滑，局部张开，呈楔形（与LX_5属同一组）；LX_8.N55°W/SW∠30°，缓倾向屯溪方向，节理面上0.5～1cm的次生泥（与LX_9属同一组）；LX_9.N45°W/SW∠40°，平直光滑，延伸长度大，贯通性好，较发育，间距15～20cm（与LX_8属同一组）；C_5.N50°E/SE∠72°，闭合；LX_{10}.N70°W/NE∠74°；g_2.N45°E/SE∠68°，黄褐色，由角砾、岩屑夹5cm厚的次生泥组成，厚度30cm

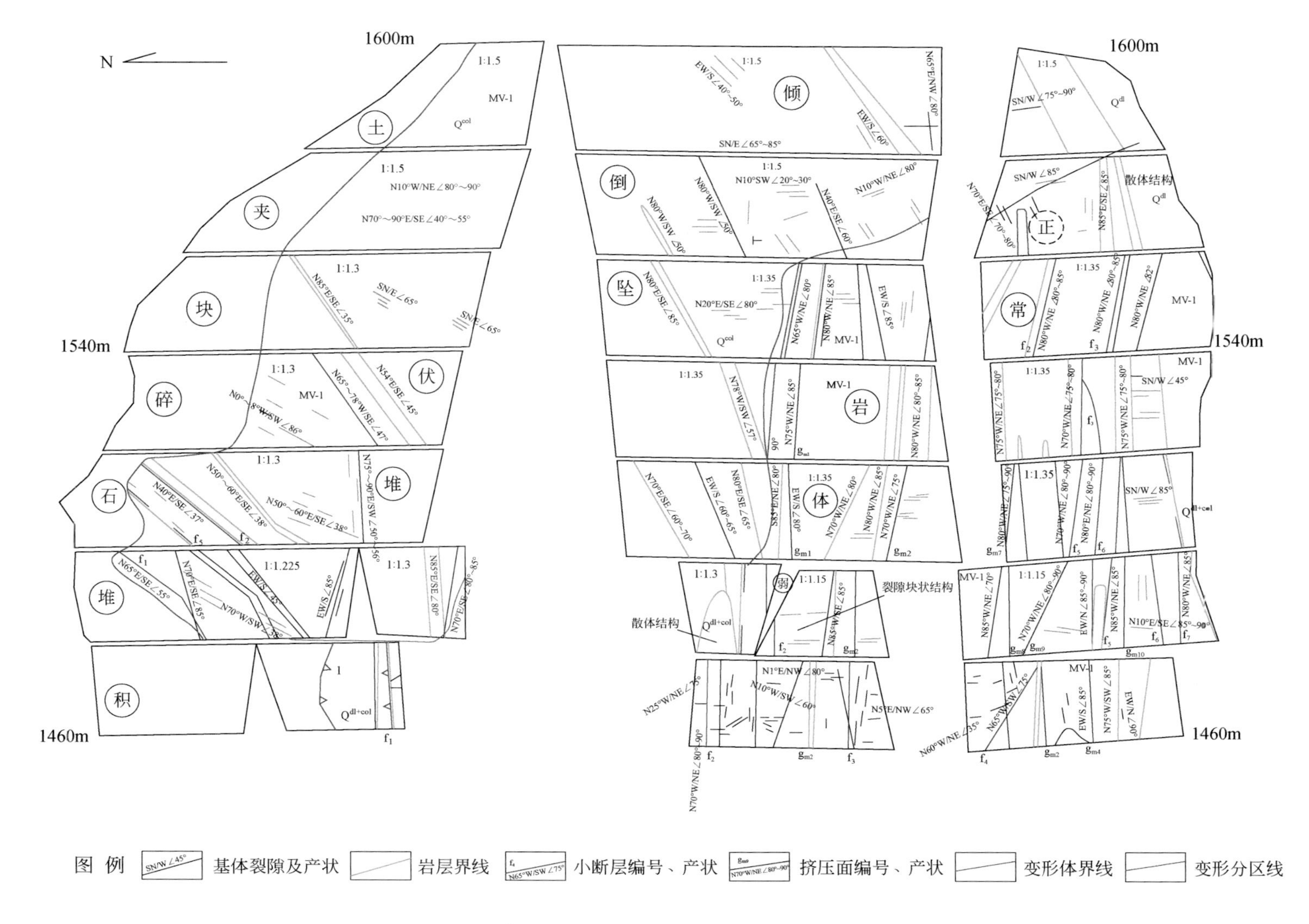

图2.3　小湾水电站饮水沟1460~1600m坡面开挖地质素描图

表 2.1　岩体结构分区特征调查表

编号		位置		记录		日期	
岩体结构类型	（包括岩体结构类型、发育的主要结构面及其组合关系、潜在不稳定块体的规模、潜在滑动面的产状）						
岩体风化程度	（包括风化程度、坡面总体颜色、矿物蚀变特征、岩石断口颜色、结构面风化特征等）						
岩体卸荷程度	（包括卸荷分带、卸荷裂隙发育情况、结构面张开度、结构面胶结情况、地下水发育特征等）						
岩体坚硬程度	（包括锤击音、用小刀或指甲刻画的岩石硬度、浸水反应等）						
岩体完整性	（包括岩体完整性、结构面类型、结构面组数、主要结构面平均间距、主要结构面结合程度）						
岩体基本质量	（包括岩体坚硬程度、岩体完整性、围岩基本质量指标 BQ 值）						
照片							

2.3　结构面分级及描述体系

工程岩体作为经历漫长地质历史过程的地质体，往往具有复杂的结构特征，这种特征不仅表现在几何尺度、规模上，同时也表现在性质上。结构面是构成岩体结构特征的重要部分，岩体结构的工程特性往往受控于结构面。对复杂岩体的研究首要是对岩体结构面进行科学分类和合理分级，以此为基础，针对不同类型、级别的结构面分别提出和采用不同的研究方法和手段，从而达到系统提出岩体结构定量化参数和建立岩体结构模型的目的。

各类结构面的力学效应及其对高边坡岩体稳定性的影响主要受控于两大因素：规模和工程地质性状。我们提出，结构面的工程地质分级主要考虑结构面的规模、工程地质性状及其工程地质意义，好的分级系统应能最简单明了地反映结构面性状的差异性特征。为此，我们提出了以下分类原则。

（1）根据规模进行一级划分，主要表现为三类，即断层型或充填型结构面、裂隙型或非充填型结构面、非贯通型岩体结构面，分别对应于Ⅰ、Ⅱ、Ⅲ类结构面（表 2.2）。

（2）在此基础上，根据工程地质性状特征再进行二级划分。

表 2.2　岩体结构面的基本分类系统（简表）

类型	结构面特征	工程地质意义	代表性结构面
Ⅰ类 （断层型或充填型结构面）	连续或近似连续，有确定的延伸方向，延伸长度一般大于 100m，有一定厚度的影响带	破坏了岩体的连续性，构成岩体力学作用边界，控制岩体变形破坏的演化方向，稳定性计算的边界条件	断层面或断层破碎带、软弱夹层、某些贯通性结构面
Ⅱ类 （裂隙型或非充填型结构面）	近似连续，有确定的延伸方向，延伸长度数十米，有一定厚度的影响带	破坏了岩体的连续性，构成岩体力学作用边界，可能对块体的剪切边界形成起一定的控制作用	长大缓裂、长大裂密带、层面、某些贯通性结构面
Ⅱ类 （非贯通型岩体结构面）	硬性结构面，随机断续分布，延伸长度数米至十余米，具有统计优势方向	破坏岩体的完整性，使岩体力学性质具有各向异性特征，影响岩体变形破坏的方式，控制岩体的渗流等特性	各类原生和构造裂隙

1）Ⅰ、Ⅱ类结构面描述体系

对结构面工程地质特性的研究，直接关系到对其性状的认识及强度参数的评价。作为这一工作的基础，必须首先建立标准规范和易于理解与使用的结构面描述指标体系。一般情况下，根据规模划分的三类结构面中，Ⅰ、Ⅱ类结构面有确定的延伸方向和延伸长度及一定的厚度，相比之下，Ⅲ类结构面则具有随机断续分布、延伸长度较小和硬性接触等特点，数量上也远大于前者。有鉴于此，我们在多个工程经验的基础上，分别针对Ⅰ、Ⅱ类和Ⅲ类结构面提出一套描述体系，部分成果见表 2.3、表 2.4。

表 2.3　Ⅰ、Ⅱ类结构面描述体系

<table>
<tr><th colspan="3">内容</th><th colspan="3">指标体系</th></tr>
<tr><td rowspan="13">破碎带</td><td rowspan="3">物质组成</td><td>构造描述</td><td colspan="3">破裂岩、角砾岩、碎裂岩、糜棱岩、断层泥、次生泥、岩脉、矿脉</td></tr>
<tr><td rowspan="2">工程地质描述</td><td>单矿物或脉体</td><td colspan="2">石英脉、方解石脉、片状绿泥石、绿帘石</td></tr>
<tr><td>非单矿物</td><td colspan="2">1. 按岩块、砾、岩屑、泥描述
岩块（>60mm）；砾（粗砾 20～60mm，中砾 5～20mm，细砾 2～5mm）；岩屑（0.075～2mm）；泥（<0.075mm）。
2. 可按各种物质组成进行组合命名
岩块型：岩块含量>90%；
含砾块型：岩块含量>70%，砾含量<30%；
砾（细砾、中砾、粗砾）型：砾含量>90%；
含屑砾型：砾含量>70%，岩屑含量<30%；
岩屑砾型：岩屑和砾的含量各占 50%～70% 或 30%～50%；
岩屑型：岩屑含量>90%</td></tr>
<tr><td rowspan="10">结构类型</td><td rowspan="5">单结构型</td><td>裂隙型</td><td colspan="2">破裂面两侧岩体完整，无明显构造破坏痕迹，但裂面平直，延伸较远</td></tr>
<tr><td>破裂岩型</td><td colspan="2">由蚀变破裂岩或岩块构成的“断层”带，无明显的断层面</td></tr>
<tr><td>压片岩型</td><td colspan="2">由挤压片理或扁平状透镜体构成的破碎带，胶结好</td></tr>
<tr><td>岩块型</td><td colspan="2">—</td></tr>
<tr><td>砾型</td><td colspan="2">—</td></tr>
<tr><td rowspan="5">复结构型</td><td rowspan="2">硬接触型</td><td>单面破裂型</td><td>破裂面可位于破碎带的上、中、下部位，破碎带内物质固结紧密</td></tr>
<tr><td>双面破裂型</td><td>破裂面可位于破碎带的两侧，破碎带内物质固结紧密</td></tr>
<tr><td rowspan="3">含软弱物质</td><td>破碎夹屑（泥）型</td><td>破碎带结构为中间有 0.5～2cm 的岩屑，或含泥屑，或片状绿泥石夹层，两侧为砾型或岩块型构造岩的破碎带，一般性状较差</td></tr>
<tr><td>破碎双裂夹屑（泥）型</td><td>破碎带具有两个夹屑（或泥）的破裂面，位于破碎带的上、下侧</td></tr>
<tr><td>破碎单裂夹屑（泥）型</td><td>破碎带具有一个夹屑（或泥）的破裂面，位于破碎带的上侧或下侧</td></tr>
</table>

续表

内容		指标体系
断层性状描述	蚀变特征	钾长石化、黄铁矿-石英化（硅化）、绿帘石（石英）化、绿泥石化、方解石化
	风化状态	新鲜：无浸染或零星轻微浸染； 微风化：零星轻微浸染，有水蚀痕迹； 弱风化：普遍浸染，或呈淡黄色，有岩粉、岩屑
	胶结类型	好：硅质或硅化胶结（褐铁矿、黄铁矿）、绿帘石； 较好：完整方解石脉胶结； 中等：局部方解石脉或方解石团块胶结； 差：岩屑、粉或少量钙质，片状绿泥石
	密实程度（破碎带）	密实：胶结好、紧密，片理闭合； 中密：胶结中等（钙质或方解石脉），但有局部的空区； 疏松：胶结差-中等，呈架空状； 松散：胶结差，星散体状
	地下水状况	干燥、潮湿、渗水、滴水、流水、股状涌水
	起伏特征	平直+光滑、稍粗、粗糙； 波状+光滑、稍粗、粗糙； 阶坎+光滑、稍粗、粗糙

2）Ⅲ类结构面（岩体裂隙）描述体系

根据国际岩石力学学会（International Society for Rock Mechanics，ISRM）推荐的裂隙描述方法及国内水电部门的实际情况，对岩体裂隙的测量和描述，采用表 2.4 所列的体系，主要包括基体结构面的方位、组数、间距、延续性、迹长、粗糙度、隙壁强度、张开度、充填物及地下水状况。

表 2.4　Ⅲ类结构面（岩体裂隙）描述体系

基体结构面描述	方位	不连续面的空间位置，用倾向和倾角来描述
	组数	组成相互交叉裂隙系的裂隙组的数目，岩体可被单个不连续面进一步分割
	间距	相邻不连续面之间的垂直距离，通常指的是一组裂隙的平均间距或典型间距
	延续性	在露头中所观测到的不连续面的可追索长度
	迹长	结构面在露头上的出露长度
	粗糙度	固有的表面粗糙度和相对于不连续面平均平面起伏程度
	隙壁强度	不连续面相邻岩壁的等效抗压强度
	张开度	不连续面两相邻岩壁间的垂直距离，其中充填有空气或水隔离
	充填物	不连续面两相邻岩壁的物质，通常比母岩弱
	地下水状况	在单一的不连续面中或整个岩体中可见的水流和自由水分

2.4　倾倒变形岩体结构调查技术

不同斜坡的结构决定着斜坡变形破坏的类型和规模，从而控制边坡稳定性状况。这是由于斜坡的原生层状结构面是斜坡破坏的主要控制面，而层面与河流走向的组合关系又决定了斜坡的临空条件及结构和特点。

对倾倒变形坡体引入了多种调查手段，如工程地质测绘、平硐编录、钻探、高密度电法、三维激光扫描、航拍、监测数据分析、稳定性分析预测（物理试验+数值试验+理论分析），对倾倒变形体的变形特征进行调查。

通过对边坡变形岩体（板岩、片岩及变质石英砂岩构成）的倾倒变形破裂现象、不同部位变形破裂形式、倾倒变形响应因素、倾倒变形产生机理的调查，对边坡平硐进行了详细编录和资料整理分析，查明了这些部位岩体的变形破裂形式、产生机理及其与岩体倾倒变形强烈程度之间的关系（图 2.4）。

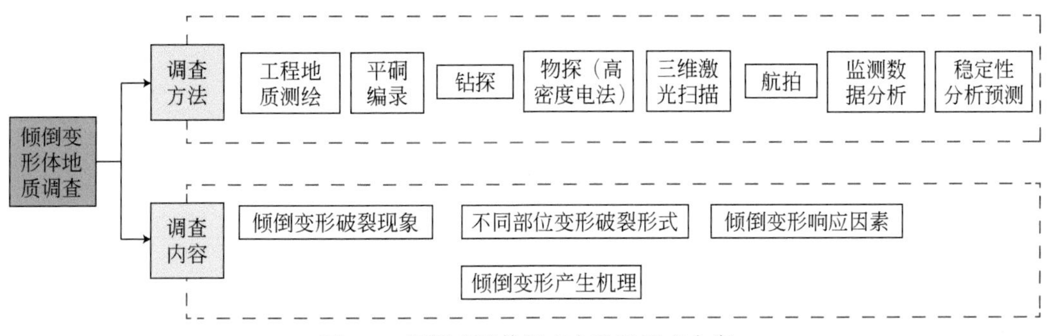

图 2.4　倾倒变形体调查方法及调查内容

2.4.1　结构面调查

结构面调查应在结构面工程地质分级的基础上进行，对于大规模的水利水电工程边坡建议采用《中国水力发电工程：工程地质卷》中的结构面工程地质分级方案（《中国水力发电工程》编审委员会，2000）；对于坡高较小但数量较多的公路、铁路工程边坡建议采用《复杂岩体结构精细描述及其工程应用》（黄润秋等，2004）中的结构面工程地质分级方案。岩体结构面按其工程特性分为软弱结构面和裂隙结构面，二者对边坡稳定性的影响程度不同，因此它们的调查侧重点也不同，调查描述指标体系参见表 2.3 和表 2.4。

倾倒变形是指陡倾的板状岩体在自重弯矩作用下，于前缘开始向临空方向做悬臂梁弯曲，并逐渐向坡内发展，产生不同程度的变形破裂现象。因此，倾倒变形最直观的表象为层状结构产状（主要是倾角）的变化。而随着层状结构的变形，弯曲的板梁之间互相错动并伴有拉裂，弯曲体后缘出现拉裂缝。板梁弯曲剧烈部位往往产生横切板梁的折断（图 2.5）。

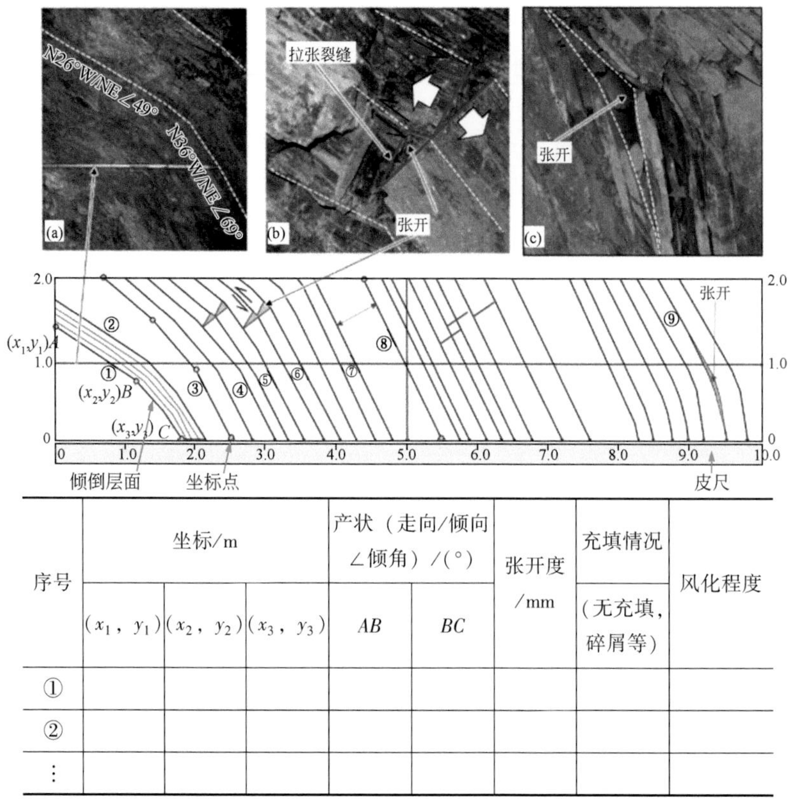

序号	坐标/m			产状（走向/倾向∠倾角）/(°)		张开度/mm	充填情况	风化程度
	(x_1, y_1)	(x_2, y_2)	(x_3, y_3)	*AB*	*BC*		(无充填，碎屑等)	
①								
②								
⋮								

图 2.5　倾倒变形岩体结构精细描述窗口和记录表格

因此，对于倾倒变形岩体结构调查时，应在一般岩体结构调查基础上，特别增加倾倒变形板梁弯曲、错动及拉裂等特征。现场调查可以采用测网形式进行。

（1）量测对象：除爆破裂隙外，对于测网涉及的所有迹长大于 30cm 的裂隙均应量测和记录。层面弯曲导致的拉裂缝可能未形成统一的连续面，也应记录。

（2）现场绘制裂隙素描图，比例尺 1∶50 或 1∶100。对于测网所涉及的每条裂隙，测网内可见部分用细实线表示。

（3）对测网所涉及的裂隙，应观察并记录如下内容：裂隙编号、坐标测量、产状、端点坐标、起伏、粗糙程度、张开度、充填特征（物质成分，胶结充填情况）、地下水特征、裂面风化特征等。

坐标测量：为了清楚地显示板理面（层面）的变化，有必要测量每个板理面的坐标。岩层弯曲时，板理（层）面不再呈直线；因此，有必要对弯曲板理（层面）的多个拐点进行坐标测量。记录坐标后，将各个不连续点连接起来，就可以在墙上形成二维轨迹。

产状：当层面未弯曲时，只测量一个产状。如果板理面（层面）弯曲了，就需要测量多个坐标，记录并绘制在示意图上。

张开度、充填特征：在倾倒岩体中，常见的张拉裂缝有两种，一种是层面之间的脱空拉裂现象；另一种是岩层弯曲时形成的张拉裂纹。因此，在测量过程中应详细记录了拉伸裂缝的开度、长度和产状。张拉裂纹的位置也应在示意图中指出。

2.4.2　岩体结构调查

同一边坡不同部位由于地质构造、风化程度、卸荷程度、物理地质作用等不同，岩体结构特征也可能产生差异，进而导致边坡不同部位的变形破坏模式也可能不同。因此应对边坡不同区域的岩体结构进行调查，在地质展示图上勾绘岩体结构的分界线，并做出相应的标准，这些工作应在现场地质调查时完成。岩体结构调查的内容应包括能够反映岩体结构的各项内容，主要包括以下几项。

2.4.2.1　岩体结构类型

岩体结构分类方案应以表 2.5 为基础，根据工程特点进行适当修改和完善，也可采用工程地质勘察规范或边坡设计规范中的岩体结构类型分类方案进行。

2.4.2.2　岩体风化卸荷特征

岩体风化与岩石风化存在较大的差别，岩石的风化程度主要考虑岩块的风化特征；岩体的风化程度划分除考虑岩块的风化外，还需考虑结构面的发育及其风化程度。岩体风化带的划分可采用《水利水电工程地质勘察规范》（GB 50487—2008）中的方案。

斜坡岩体卸荷直接导致浅表部岩体松弛、原有结构面的拉裂张开以及产生新的次生裂隙，造成岩体中裂隙增多、岩体完整性变差、岩体结构变坏。一般来讲，高陡硬质岩边坡卸荷作用对岩体结构影响强烈，而坡度较缓（小于 30°）的斜坡由于成坡过程中应力大部分释放，岩体受卸荷影响较小。因此岩体卸荷程度的调查主要是针对高陡硬质岩边坡的。目前，岩体卸荷带的划分还没有统一的标准，传统的方法是依据斜坡岩体结构特征、裂隙张开及泥质物充填特征、地下水分布等进行现场定性确定，表 2.6 仅给出一定参考。

2.4.2.3　岩体坚硬程度

岩体坚硬程度能够综合反映岩性、风化程度等，岩体的坚硬程度不同，其变形破坏模式也可能不同。岩体坚硬程度的定性鉴别可采用《工程岩体分级标准》（GB/T 50218—2014）中的鉴定方法。

2.4.2.4　岩体完整程度

岩体完整程度是反映岩体基本质量的一个重要指标，现场调查可根据《工程岩体分级标准》（GB/T 50218—2014）中的定性划分方案在现场确定岩体完整性。

2.4.2.5　岩体基本质量

对于规模较大或对允许变形程度要求极高的边坡，如大坝坝肩边坡，还需在岩体基本质量分级的基础上进行工程岩体分级。对于存在大量边坡的公路、铁路工程，可依据岩体基本质量和工程岩体分级来研究不同类型岩体对应的支护措施，提高边坡稳定性评价和支护设计的工作效率。

表 2.5　岩体结构分类方案（据谷德振，1979）

<table>
<tr><th colspan="4">岩体结构类型</th><th rowspan="3">地质背景</th><th rowspan="3">结构面特征</th><th rowspan="3">水文地质特征</th><th rowspan="3">工程地质评价要点</th></tr>
<tr><th colspan="2">类</th><th colspan="2">亚类</th></tr>
<tr><th>代号</th><th>名称</th><th>代号</th><th>名称</th></tr>
<tr><td rowspan="2">Ⅰ</td><td rowspan="2">整体块状结构</td><td>Ⅰ1</td><td>整体结构</td><td>岩性单一，构造变形轻微的巨（极）厚层沉积岩、变质岩和火山岩</td><td>Ⅳ、Ⅴ级结构面存在，偶见Ⅰ级结构面，组数不超过3组，延展性极差，多闭合、粗糙，无充填，少夹碎屑</td><td>地下水作用不明显</td><td>埋深大或当地的工程处于地震危险区，它的围岩初始应力大，并可能产生岩爆</td></tr>
<tr><td>Ⅰ2</td><td>块状构造</td><td>岩性单一，构造变形轻－中等的厚层沉积岩、变质岩和火山岩</td><td>以Ⅳ、Ⅴ级结构面为主，层间有一定的结合力，以两组高角度剪切节理为主，结构面多闭合、粗糙，或夹碎屑，或附薄膜</td><td>裂隙水甚为微弱，沿面可出现渗水、滴水现象，主要表现为对半坚硬岩石的软化</td><td>结构面分布与特征，块体的规模、形态和方位，深埋或地震危险区地下开拓时，岩体中隐微裂隙的存在可能导致岩爆产生</td></tr>
<tr><td rowspan="2">Ⅱ</td><td rowspan="2">层状结构</td><td>Ⅱ1</td><td>层状结构</td><td>主要指构造变形轻－中等的中厚层（单层厚度大于30cm）的层状岩层</td><td>以Ⅲ、Ⅳ类结构面为主，也存在Ⅱ类结构面，一般有2～3组，层面尤为明显，层间结合力差</td><td rowspan="2">不同岩层组合产生不同的水文地质结构，不仅存在渗透压力所引起的问题，而且地下水对岩层的软化、泥化作用也是明显的</td><td>岩石组合，结构面的组合，水文地质结构和水动力条件</td></tr>
<tr><td>Ⅱ2</td><td>薄层状结构</td><td>主要指构造变形轻－中等的中厚层（单层厚度小于30cm）的层状岩层，在构造变动作用下表现为相对强烈的褶皱和层间错动</td><td>层理、片理发育，原生软弱夹层、层间错动和小断层不时出现、结构面多为泥膜，碎屑或泥质物所充填，一般结合力差</td><td>层间结合状态，地下水对软弱破碎岩层的软化、泥化作用</td></tr>
<tr><td>Ⅲ</td><td>碎裂结构</td><td>Ⅲ1</td><td>镶嵌结构</td><td>一般发育于脆性岩层中的压碎岩带，节理、劈理组数多密度大</td><td>以Ⅲ、Ⅳ类结构面为主，组数多（多于3组），密度大，其延展性甚差，结构面粗糙，闭合或夹少量的碎屑</td><td>本身即为统一的含水层（体），虽然导水性能并不显著，但渗水，也有一定的渗透能力</td><td>结构面发育组数、特性及其彼此交切的情况，地下水的渗透特性，工程岩体所处振动、风化条件</td></tr>
</table>

续表

岩体结构类型				地质背景	结构面特征	水文地质特征	工程地质评价要点
类		亚类					
代号	名称	代号	名称				
Ⅲ	碎裂结构	Ⅲ2	层状碎裂结构	软硬相间的岩石组合、叠瓦式构造带，通常为软弱破碎带与完整性较好的岩体相间存在	Ⅱ、Ⅲ、Ⅳ类结构面均发育，其中Ⅱ、Ⅲ类软弱结构面起控制作用，其摩擦系数一般为 0.20 ~ 0.40；相对坚硬完整的与软弱破碎带相间存在的骨架岩体中则以Ⅲ、Ⅳ类结构面为主	具有层状水文地质结构特点，软弱破碎带两侧地下水呈带状渗流；同时，地下水对软弱结构面的软化、泥化作用甚为明显	控制性软-弱破碎带的方位、规模、组成物质条件及其特性，相对完整岩体的骨架作用，地下水赋存条件及其对岩体稳定性的影响
		Ⅲ3	破碎结构	岩性复杂，构造变动剧烈，断裂发育，也包括弱风化带	Ⅱ、Ⅲ、Ⅳ、Ⅴ类结构面均发育，多被泥夹碎屑、泥膜或矿物薄膜所充填；结构面光滑程度不一，形态各异，有的破碎带中黏土矿物成分甚多	地下水各方面作用均显著，不仅有软化、泥化作用，而且渗流还可能引起化学管涌和机械管涌现象	软弱结构面的方位、规模、数量、水理性及其组合特征，地下水赋存条件和作用，时间效应，Ⅱ、Ⅲ类结构面组合对变形初始阶段的控制作用
Ⅳ	散体结构	—	—	构造变形剧烈，一般为断层破碎带，岩浆岩侵入接触破碎带以及剧风化带	断层破碎带，接触带破碎带中节理、劈理密集而呈无序状；整个破碎带（包括剧-强烈风化带）呈块状夹泥的松散状态或泥包块的松散状态	破碎带中泥质多，厚度较大时起隔水作用，而其两侧富集地下水，同时也促使破碎带物质软化、泥化、崩解、膨胀，还可能产生化学、机械管涌现象	构造岩、风化岩的破碎特性，物质组成、物理力学性质、水理特性等，注意断层破碎带的多期活动性和新构造活动应力场

图 2.6 为某水电工程倾倒边坡变形岩体结构调查及分区。

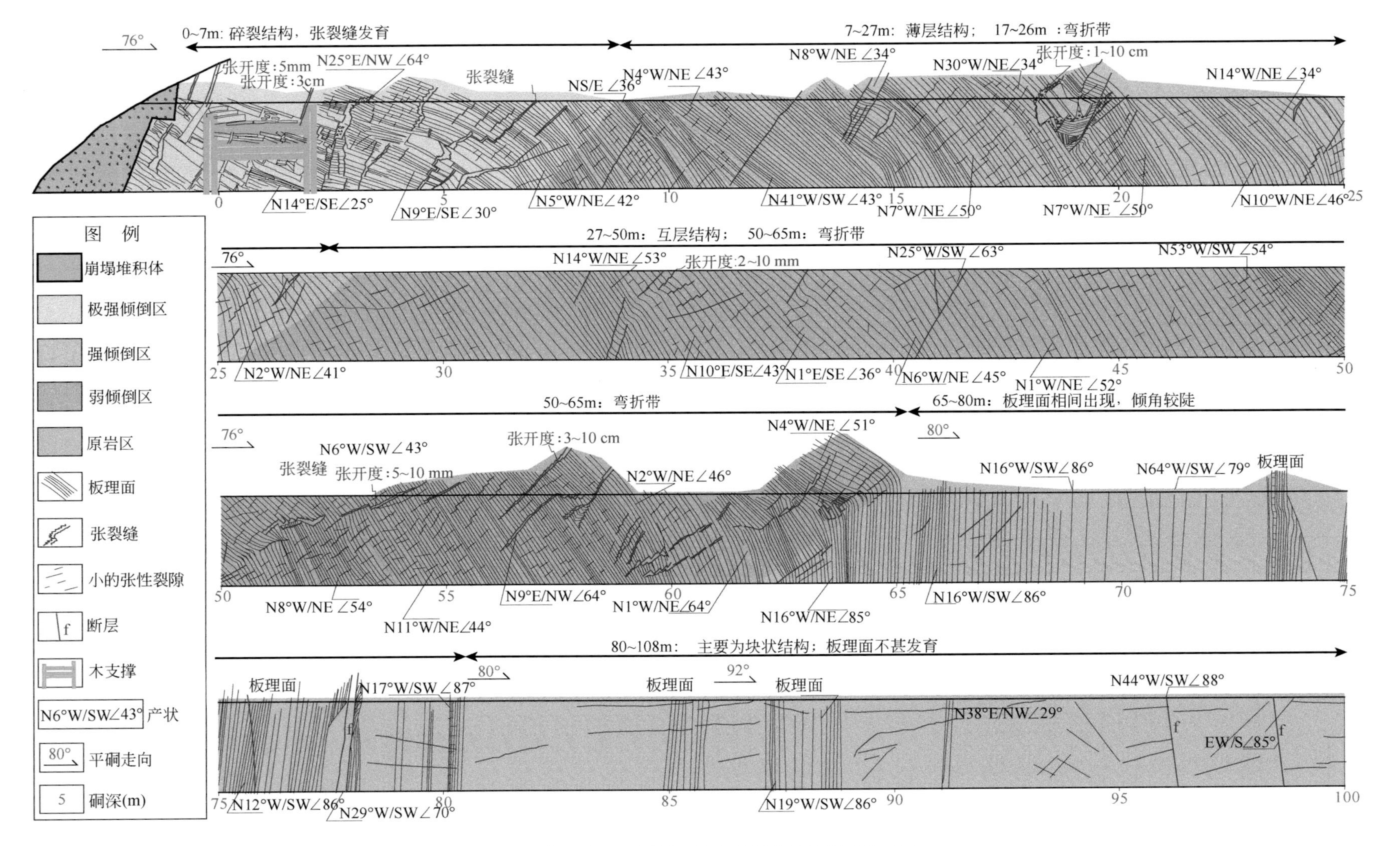

图2.6 某水电工程倾倒边坡变形岩体结构调查及分区

表2.6　岩体卸荷带定性划分参考表

卸荷带	岩体工程地质特性	与风化带对应关系
强卸荷带	近坡体浅表部卸荷裂隙发育的区域，张开度大于1cm的裂隙发育的区域； 裂隙密度大，贯通性好，呈明显张开，宽度在几厘米至几十厘米，内充填岩屑、碎块石、植物根屑，并可见条带状、团块状次生夹泥，规模较大的卸荷裂隙内部多呈架空状，可见明显的松动或变位错落，裂隙面普遍锈染； 雨季沿裂隙有线状流水、面状流水或成串滴水； 岩体整体松弛	全风化-弱风化岩体
弱卸荷带	强卸荷带以内卸荷裂隙较为发育的区域，张开度小于1cm的裂隙发育的区域； 裂隙张开，宽度在几毫米至十几毫米之间，并具有较好的贯通性； 裂隙内可见岩屑充填，局部或少量可见细脉状或膜状次生夹泥，裂隙面轻微锈染； 雨季沿裂隙可见串珠状滴水或较强渗水； 岩体部分松弛	弱风化岩体
无卸荷带	弱卸荷带以内较完整岩体； 结构面多数闭合，胶结程度好； 雨季沿裂隙有零星滴水或无地下水	微风化-新鲜岩体
深卸荷带	相对完整段以内出现的深部卸荷松弛段； 深部裂缝发育，一般无充填，少数有锈染	微风化-新鲜岩体

2.5　高边坡变形破坏现象调查

斜坡的变形与破坏是斜坡发展演化过程中的两个不同阶段：变形属量变阶段、破坏属质变阶段，斜坡变形破坏是累进性破坏过程。边坡已有变形破坏现象的准确调查对于认识边坡变形破坏模式及评价边坡稳定性具有重要意义。对已有变形破坏现象的调查主要包括已有变形破坏现象的类型、边界条件（滑动面、后缘边界、侧边界、上边界）、变形迹象（裂缝的位置、规模、方位、位移的大小和方向）、破坏现象（破坏后堆积体形态、规模、组成）等。已有变形破坏的范围应在地质展示图上按实际位置勾绘，主要变形迹象应采用大比例尺绘制细部展示图和剖面图。调查已有变形破坏现象的目的在于通过已有变形破坏现象的细部特征的描述和分析，研究边坡整体变形破坏机制。

2.5.1　类型

斜坡的变形包括拉裂、蠕滑、弯折倾倒；斜坡的破坏包括崩塌、滑坡、扩离。调查已有变形破坏现象应首先通过边坡工程地质条件、岩体结构特征分析，确定已有变形破坏现象的类型。

2.5.2　边界条件

已有明显变形破裂迹象的岩体或处于累进性变形的岩体称为变形体。变形体的边界条件主要包括滑动面、后缘边界、侧边界、上边界。边界条件的确定主要通过踏勘，沿变形体在坡面上出露的范围进行调查，具体如下所述：

（1）准确定位。可通过皮尺、测绳、罗盘等进行现场测量定位，难以准确定位的区域应采用全站仪、GPS等进行定位。

（2）边界的几何尺寸测量，主要包括产状和延伸情况。采用罗盘详细测量边界的总体产状及产状的变化情况，采用全站仪、测绳、皮尺、钢卷尺等测量裂缝或结构面的延伸长度、起伏特征等。

（3）滑动面的调查，主要包括滑动面组成、滑动面产状、工程地质特性、滑动面形态、延伸情况等。应在滑动面出露的各个部位详细观察、调查确定各项调查指标，若滑动面出露点较少，难以确定其特征时，必须补充钻探、槽探、坑探等详细调查滑动面的产状、工程地质特性、延伸特征等。

（4）通过现场调查难以确定边界条件的特征时，应在变形体边界选择具代表性的点补充探槽、探坑、钻孔等。

2.5.3　变形迹象

变形迹象主要包括裂缝或结构面的错动迹象。应在现场通过对地质现象的仔细观察确定变形的方向，采用皮尺、钢卷尺、木棍、罗盘等详细测量裂缝的张开度及其变化、裂缝深度、水平错距、竖直错距、错动方向等，绘制裂缝平面布置图或坡面展示图，并在图上详细标注各项测量内容，可参考表2.7。

表2.7　边坡已有变形破坏现象调查表

编号		位置		记录		日期	
类型				规模			
边界条件	滑面	(位置、与结构面的关系、产状、工程地质性质、延伸情况、地下水等)					
	后缘边界	(位置、与结构面的关系、产状、工程地质性质、延伸情况、地下水等)					
	侧边界	(位置、与结构面的关系、产状、工程地质性质、延伸情况、地下水等)					
	上边界	(位置、与结构面的关系、产状、工程地质性质、延伸情况、地下水等)					
变形迹象	裂缝	(裂缝组数、走向、分布范围、延伸长度、张开度、深度、形态等)					
	错动情况	(错动方向、错距)					
破坏迹象	堆积体	(堆积体形态、长宽厚等、物质组成、块度大小及比率)					
	后壁侧壁	(形态、产状、擦痕、与结构面的关系等)					
示意图或照片							

2.5.4　破坏现象

边坡破坏迹象的调查主要包括破坏后堆积体的形态、规模、物质组成，以及破坏后边界的形态、产状、擦痕情况等。破坏后堆积体的调查目的是通过堆积体形态、规模、堆积体组成及块度大小等研究边坡破坏的方式和运动特征，可采用测绳、卷尺、全站仪等进行现场测量；破坏后边界条件的调查有利于确定边坡变形破坏模式，可通过现场测量失稳块体或滑坡后壁、侧壁的形态、产状、擦痕大小和方向等来进行。

对边坡已有变形破坏现象的调查，除文字描述外，还应绘制简单的示意图表示裂缝位置、分布、走向、延伸长度、张开度等，并将变形破坏迹象反映到边坡地质展示图上，同时还应填写“边坡已有变形破坏现象调查表”以便统一归档。

2.6 工程地质调查资料整理分析

2.6.1 原始资料的录入

原始资料包括图件、地质编录卡（表）和地质测量成果等。

图件：边坡地质编录素描图和各种精细网格测量图应扫描、清绘，要忠实于底图，CAD 图按现场编录文件名输入，文件名上标明编录日期、编录人等，素描图上的信息要与各种编录卡片、表格一一对应。

地质编录卡（表）：按当日编录文件名输入，表格上应注明对应地质素描图或精测网的编号以及在图上的位置。

地质测量成果：工程地质测绘和岩体结构调查中的地质点，同一边坡同种类型点的编号应统一，每一地质点记录点的性质、位置、工程地质特征、水文地质特征等详细地质信息。按照地层分界、断层、挤压带、节理裂隙、水文地质点等分类记录，每一个点应注明其三维坐标、对应素描图的编号和位置等。剖面图测量，应详细核对各种原始图件所划分的地层、岩性、构造、地形地貌、地质成因界线是否符合野外实际情况，不同图件中地质界线是否吻合；核对地质现象是否正确；核对收集资料与实测资料是否一致，如出现矛盾，应分析其原因，必要时对个别点补充测绘。

工程地质测绘完成后应清绘测绘图件，包括综合工程地质图、工程地质分区图、综合工程地质剖面图、重要区段工程地质剖面图以及各种素描图、照片和文字说明，并将各种图件录入计算机，编写边坡或研究工程地质条件文字说明。

2.6.2 原始资料存档

对现场完成的全部纸质记录（包括图件、表格）都应该统一进行编号，分类整理，装订存档。归档资料应为原件，内容必须真实准确与边坡实际特征相符合，忠实于原始记录，对整理过程中存在疑问的部分应到现场仔细校核后确定，不能随意修改。

现场照片应在当天整理，按照边坡位置建立目录，再按照调查内容建立子目录存放各类照片，每张照片按照所反映的内容命名，对于特别重要的照片，如边坡变形破坏现象的照片、岩体结构分区照片等，应配以必要的文字说明。

2.6.3　岩体结构统计分析

由于不同级别的结构面对边坡稳定性的影响程度不同，结构面优势方位统计时应根据结构面的级别分别进行统计。一般来讲边坡发育的软弱结构面规律性较强，在现场即可轻易判断结构面的优势方位和组数。因此这里所讲的结构面优势方位统计主要针对裂隙类结构面。岩体结构面统计分析包括优势方位、岩体质量指标及块度指数、岩体节理数、结构面迹长、连通率计算等。统计所依据的基础资料为现场记录的各种节理裂隙记录表、精测网记录表和地质展示图。

对于倾倒变形岩体的结构统计分析，重点应分析层状结构的产状变化情况以及由倾倒变形导致的岩体结构质量的变化等。

1）基于变形现象和三维离散元数值模拟的库岸深层倾倒变形体灾变演化特征研究

在建立地质模型基础上，根据典型深层倾倒变形体的变形破坏现象，定性分析其随时间发展演化的历史及发展的阶段性，利用三维离散元数值模拟方法，分析其变形破坏机理，从全过程上和内部作用上把握其形成、现状以及未来的发展趋势。

2）基于地面监测数据的库岸深层倾倒变形体灾变演化特征研究

由于倾倒变形体的破坏机制与滑坡、危岩体等地质体的破坏机制不同，其后缘边界在特定条件下，呈“叠瓦”式不断向后拓展，是一个不断变化发展的界面，现有的计算方法很难完全模拟其变形破坏发展过程。因此对倾倒变形体边坡在蓄水过程中的灾变演化过程记录和规律分析监测非常重要，通过监测实时掌握边坡变形的发展趋势及范围，可对边坡稳定状况和变形演化阶段进行及时预测、预报和预警。本书拟对库岸典型深层倾倒变形体采用裂缝计监测和坡表位移监测数据，分析灾变演化过程。

3）基于高分辨率光学+InSAR监测数据的库岸深层倾倒变形体灾变演化特征研究

合成孔径雷达干涉测量（interferometric synthetic aperture radar，InSAR）技术能够获取高精度的数字高程模型，可用来监测微小地表形变信息，其监测精度可达到厘米级甚至毫米级，因此许多研究人员将InSAR技术应用到滑坡灾害的监测中。光学影像与SAR影像数据反映的地物信息差别较大，SAR影像能够较好地反映地物的几何结构特征和介电特征，但其影像理解和解译较难；而光学影像能够较好地反映地物的光谱特征，两类数据具有不同分辨率等差异。SAR影像由于拍摄角度问题，会存在叠掩、阴影等问题，一定角度内地物在升轨与降轨影像中有些不同的体现。将高分辨率光学影像和SAR影像数据各自的优点融合，会提高地物提取的精度，可有效分析高山峡谷地区深层倾倒变形体的灾变演化特征。采用不同入射角、不同分辨率的InSAR监测获取斜坡等地质体地表变形状态，判别灾害体的滑移规模、活动阶段和发展趋势。

本书将融合长时间序列InSAR、地面原位测量数据、地质背景资料等多源立体监测数据，最终获得库岸深层倾倒变形体的灾变演化特征，为库岸深层倾倒变形体灾变的监测预警和风险防控提供理论依据。

第 3 章　层状倾倒变形岩体结构特征

3.1　引　　言

边坡岩体结构特征调查服务于边坡变形破坏模式分析和稳定性评价，主要目的是查清边坡岩体结构类型，针对不同岩体结构类型的边坡，调查相应的结构面发育特征，并根据结构面组合分析边坡变形破坏模式和可能出现的结构面不利组合形成的块体位置、规模等，将它们反映到边坡地质展示图上。

结构面及其相互组合特性研究，最为关键的是查清各类结构面的分布规律、发育密度、表面特征、连续特征、结构面之间接触关系以及它们的空间组合形式等，对其进行精细描述，为分析岩体的变形破坏模式和稳定性评价提供基础数据。特别是对于倾倒变形边坡，倾倒变形会导致边坡岩体的产状、完整性、变形等发生明显变化，通过精细描述将各类结构指标精确记录和绘制，是评价倾倒变形程度的重要基础和主要手段。

倾倒岩层与正常岩层相比，存在岩层倾角变小、层间错动拉裂、板梁弯曲、张裂折断甚至岩层反转与坡向相同等迹象，严重者可转化为蠕滑拉裂等边坡破坏形式。目前，对于岩体倾倒强烈程度可以通过岩层倾角变化、层内最大拉张量、层内单位拉张量、倾倒岩体的卸荷变形、倾倒岩体的风化特征、倾倒岩体的波速特征等单因素或多因素组合来定量分级，以便对该倾倒体形态特征、发育深度、变形特征、成因机制及稳定性状况等方面做出深入的分析和评价，从而为工程设计与施工提供可靠的依据。

建立倾倒岩体的分类指标体系和变形程度分级，需开展以下研究工作。

3.1.1　倾倒变形体典型变形特征分析

归纳总结倾倒变形体典型变形特征，重点分析苗尾水电站软硬互层工程边坡变形特征。

3.1.2　倾倒变形破裂基本形式

通过对各种倾倒变形破裂现象的发育特征、产生条件及力学机制的分析，归纳总结倾倒变形破裂的基本形式，发现平硐内岩体倾倒变形破裂特征主要表现为以下几种基本形式：层内剪切错动、层内拉张破裂、切层张剪破裂、折断-张裂（坠覆）破裂、缓倾角断层剪切蠕滑和缓倾角断层错列变形。

3.1.3　建立倾倒变形岩体定量分类标准

在苗尾水电站倾倒变形体已有研究成果总结分析的基础上，根据新开挖揭露的岩体工程地质特征研究，深化倾倒岩体分类标准，将定性指标进一步转化为定量判据。

3.1.4　变形程度分级

根据倾倒变形体变形特征和定量分类标准，对各工程边坡进行变形程度分级（图 3.1）。

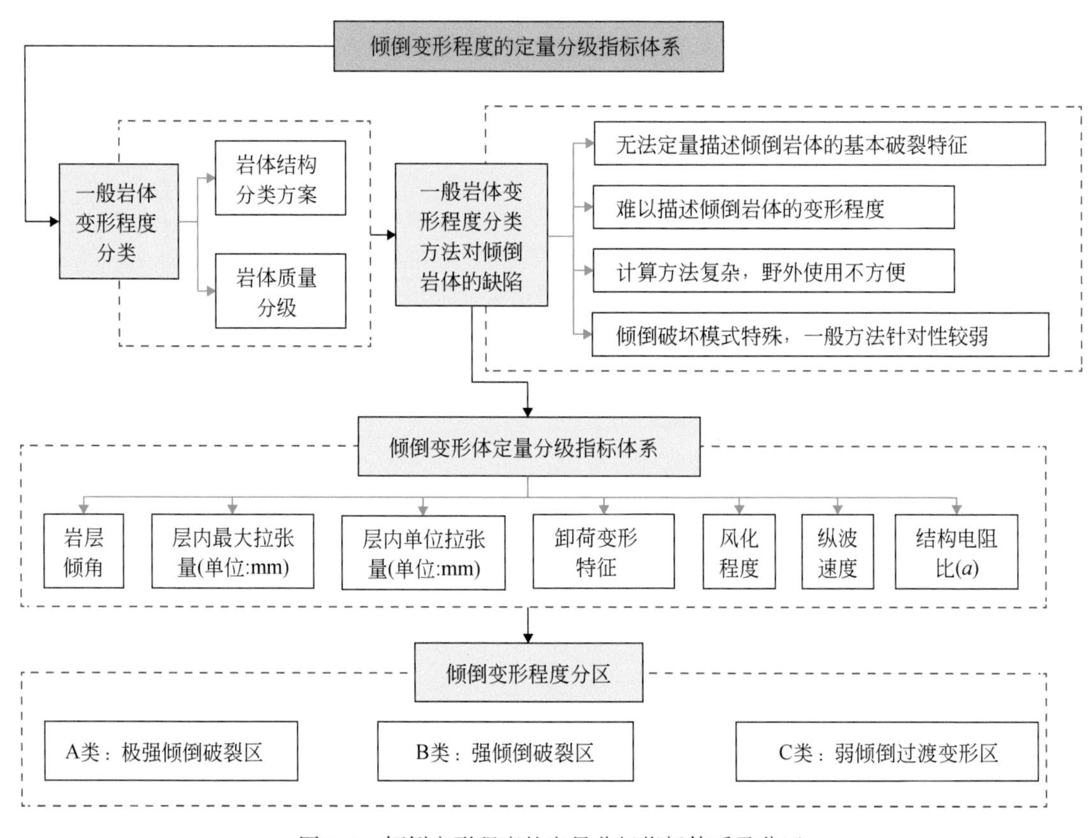

图 3.1　倾倒变形程度的定量分级指标体系及分区

3.2　苗尾水电站坝址岸坡倾倒岩体结构及变形特征

3.2.1　右坝肩边坡倾倒岩体结构及变形特征

右坝肩边坡总体上为陡倾坡内层状结构斜坡，岩层走向与河谷走向近一致，岩性软硬相间，受构造作用影响，层间错动带较为发育；受斜坡地形、岩体结构等因素的控制，右岸边坡表层产生了明显的倾倒变形。

根据地形地貌和倾倒变形程度，将右坝肩边坡划分为Ⅰ、Ⅱ两个区。受小溜槽沟切割影响，Ⅰ区边坡在沟南侧临空，地表岩体较为破碎，在人工开挖扰动条件下变形破坏加剧，地表出现裂缝；Ⅱ区边坡下游侧切割较浅，临空面的发展受限，且下游侧山体的支撑作用阻止了倾倒变形的发展，变形程度较Ⅰ区小。边坡坡向总体与岩层走向一致，总体为 N20°W—N15°E，受倾倒变形的影响，地表岩层倾角较深部岩层倾角小，总体在 30°～70°发育（图 3.2）。本次主要研究的是Ⅰ区斜坡变形机制及稳定性。

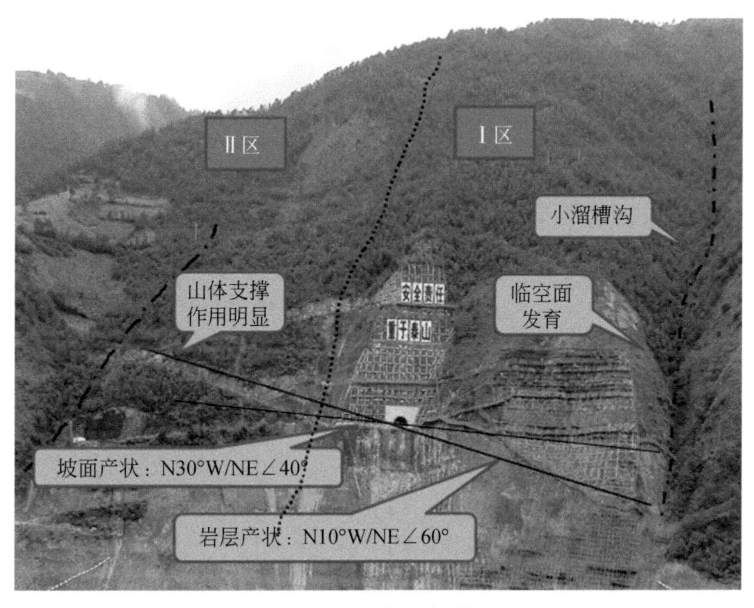

图 3.2　研究区全景图

3.2.1.1　右坝肩边坡岩体结构及变形的精细描述

右坝肩边坡岩体的结构特征主要通过对 PD20 平硐的调查来分析，PD20 平硐位于小溜槽沟下游侧边坡 1408m 高程处（图 3.3），平硐内揭露的岩体较好地反映了右坝肩边坡对应高程的岩体结构特征，以 PD20 平硐为重点，分析右坝肩边坡岩体结构特征。

PD20 平硐全长 165m，入口处硐走向为 220°，到 115m 处走向为 225°，距硐口 40m 范围内安装了角钢拱形支架，硐口附近岩体较为破碎，导致硐附近的锚索注浆浆液沿着岩体间的节理裂隙面侵入硐内，在距离硐口 50m 以外范围内形成了厚度 0.2 ~ 1m 的水泥底板，见图 3.4。通过现场调查及以前勘查资料整理，绘制 PD20 平硐节理统计素描图如图 3.5 所示。

图 3.3　右坝肩边坡 PD20 平硐调查点示意图

图 3.4　PD20 平硐水泥浆渗漏（距硐口 9.2m）

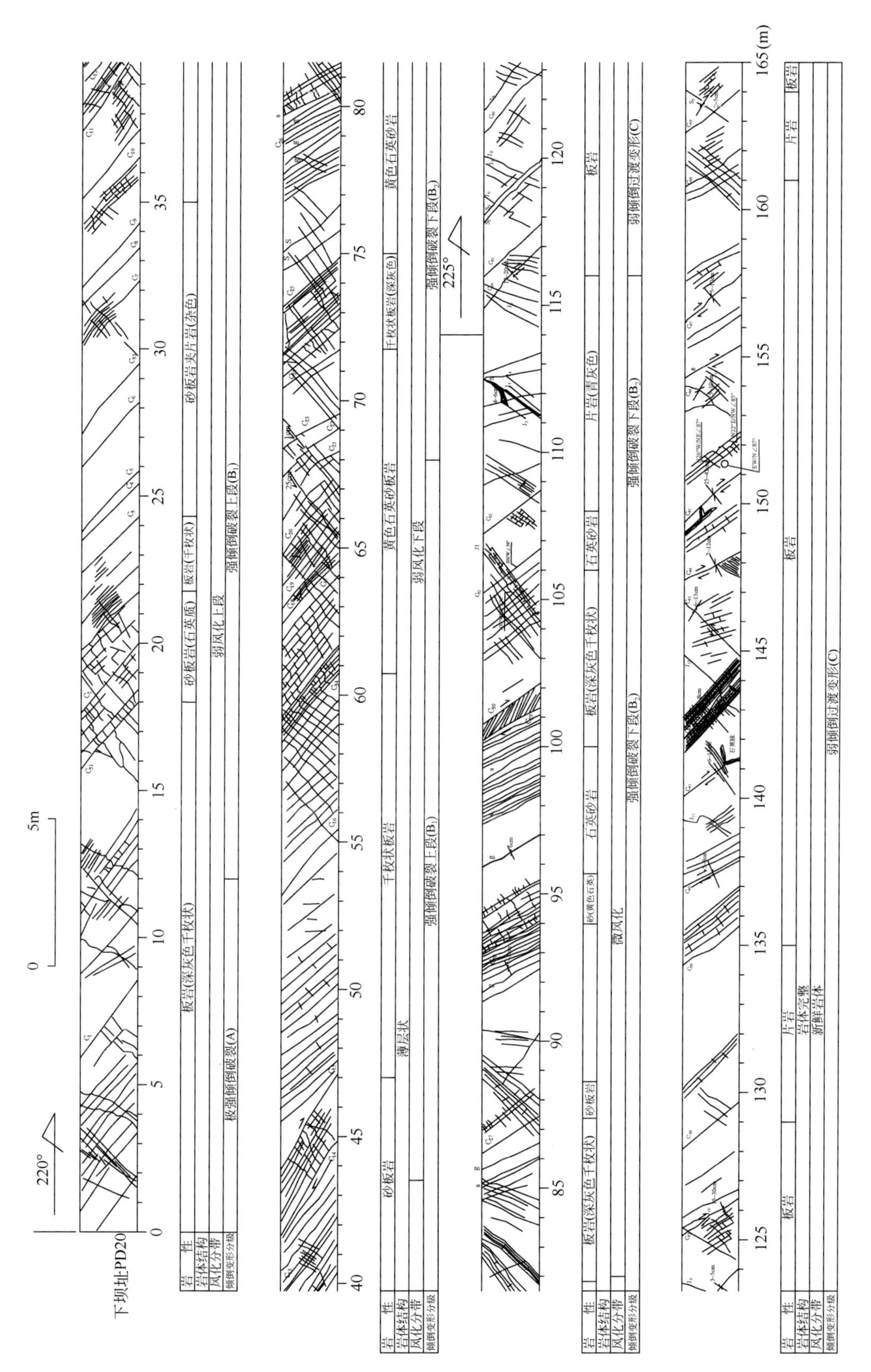

图 3.5　右坝肩边坡PD20平硐节理统计素描图

通过统计 PD20 平硐中岩体节理及优势结构面组合（图 3.6、图 3.7），发现共发育三组优势结构面，其中一组层面为 C，一组陡倾坡外的结构面 J_1，还有一组与层面近垂直相交的陡倾结构面 J_2（图 3.8）。其代表产状及特征描述见表 3.1。

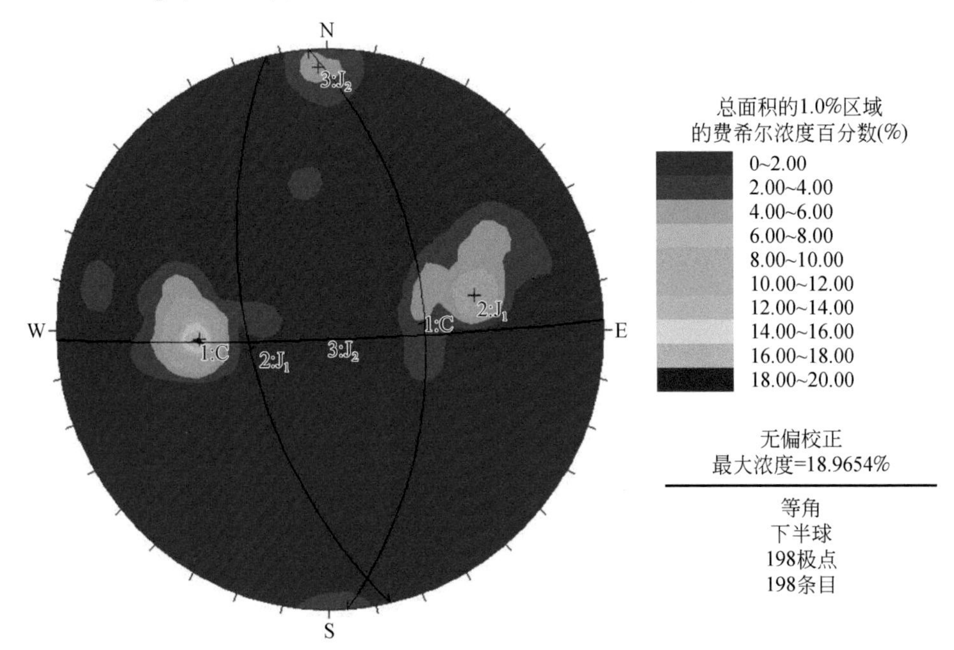

图 3.6　PD20 平硐岩体节理统计及优势结构面组合赤平投影图

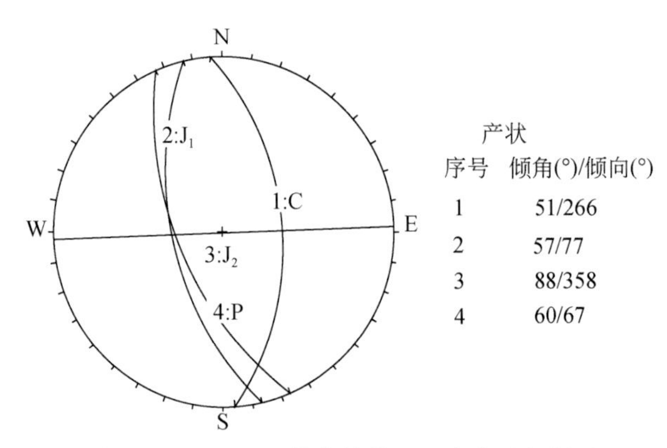

图 3.7　PD20 平硐优势结构面组合赤平投影图

C. 层面；P. 坡面；J_1、J_2. 结构面

表 3.1　右坝肩边坡岩体优势结构面发育特征

结构面	代表产状	特征描述
C	N4°W/SW∠51°	一般延伸贯穿硐顶，层面无张开或微张开，平均间距为 10cm，表面一般波状起伏
J_1	N13°W/NE∠57°	一般延伸长度 1m 至贯穿硐顶，平均张开 2mm，一般充填岩屑，平均间距为 8cm，表面平直
J_2	N88°E/NW∠88°	一般延伸长度 0.5m 至贯穿硐顶，平均张开 1mm，充填泥、岩屑，平均间距为 6cm，表面粗糙

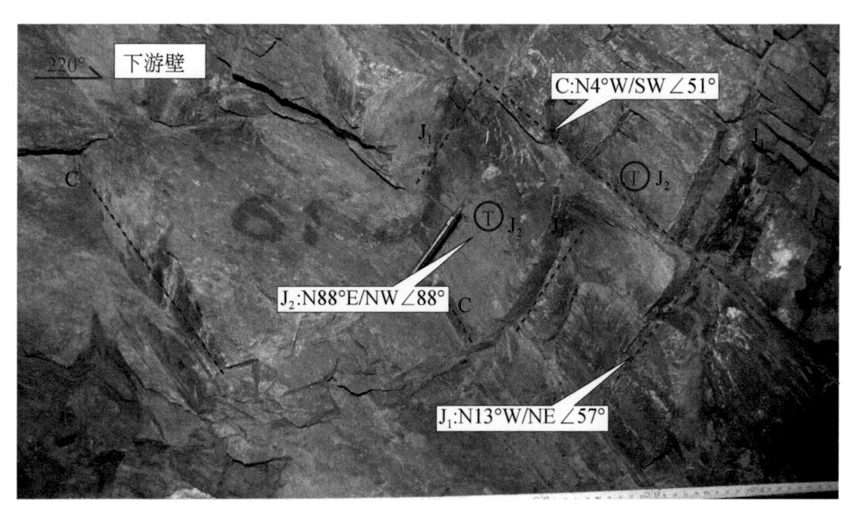

图 3.8　PD20 64m 岩体结构面发育示意图（下游壁）

对 PD20 平硐现场调查及分析已有资料，发现右坝肩边坡岩体在构造及倾倒变形的影响下，层面之间发育多组层间软弱错动带，局部还发育切层的软弱错动带（表 3.2），软弱错动带划分为两组：

表 3.2　PD20 平硐软弱错动带精细描述调查表

硐号：PD20 下游壁　位置：0～165m　深度：　硐向：220°　高程：　测量日期：2013 年 11 月 4 日

编号	位置/m	性质		几何特征				充填物特性						示意图或照片
		类型	两侧岩性	产状	延伸长度	厚度/cm	起伏特征	厚度/mm	成分	风化状况	胶结程度	密实程度	地下水	
C_1	7.3	错动	板岩丨板岩	N5°E/NW∠34°	至硐顶	3	波状起伏	—		微	差	中密	干燥	
C_2	18.8	错动	板岩丨板岩	SN/W∠44°	至硐顶	5～10	波状起伏	2	石英	微	强	中密	干燥	
C_3	23.3	错动	板岩丨板岩	N11°W/SW∠48°	至硐顶	20	波状起伏	200	高岭土	微	差	中密	干燥	
C_4	24.5	错动	板岩丨板岩	N14°W/SW∠47°	至硐顶	12	波状起伏	20	岩块	微	强	密实	干燥	
C_5	24.9	错动	板岩丨板岩	N4°E/NW∠51°	至硐顶	10	波状起伏	100	高岭土、岩块	微	差	中密	干燥	
C_{44}	148	错动	板岩丨板岩	SN/W∠72°	至硐顶	20	波状起伏	20	高岭土、岩屑	微	差	中密	干燥	
C_{45}	151	错动	板岩丨板岩	N20°E/NW∠78°	至硐顶	40	波状起伏	40	岩块、高岭土	微	差	中密	干燥	
C_{46}	153.5	错动	板岩丨板岩	EW/N∠56°	1.2m	5	波状起伏	70	高岭土、岩屑	微	差	中密	湿润	

续表

硐号：PD20 下游壁　位置：0～165m　深度：　硐向：220°　高程：　测量日期：2013 年 11 月 4 日

编号	位置/m	性质		几何特征				充填物特性						示意图或照片
		类型	两侧岩性	产状	延伸长度	厚度/cm	起伏特征	厚度/mm	成分	风化状况	胶结程度	密实程度	地下水	
C_{47}	157	错动	板岩丨板岩	EW/N∠82°	1.5m	5	波状起伏	100	岩屑	微	强	中密	干燥	
C_{48}	161	错动	板岩丨片岩	N5°E/NW∠52°	至硐顶	5	波状起伏	80	高岭土、砾石	微	差	中密	干燥	
C_{49}	164	错动	片岩丨板岩	N5°E/NE∠30°	至硐顶	2	波状起伏	20	高岭土、砾石	微	差	中密	干燥	

（1）层间软弱错动带（JC_1），如图 3.9 所示，产状为 N2°W/SW∠53°，与层面走向大概一致，一般延伸至硐顶，平均厚度为 20cm，错动带成分一般为灰白色次生泥及岩屑，厚度较大错动带含有碎石块，其胶结程度较差，一般较湿润。

（2）切层软弱错动带（JC_2），如图 3.9 所示，产状为 N2°W/NE∠60°。此组软弱错动带较少，偶见于岩体中 J_1 结构面内，其产状与 J_1 结构面大概一致，一般延伸至硐顶，平均厚度为 5cm，错动带成分一般为灰白色次生泥及岩屑，其胶结程度较差，一般较为湿润。

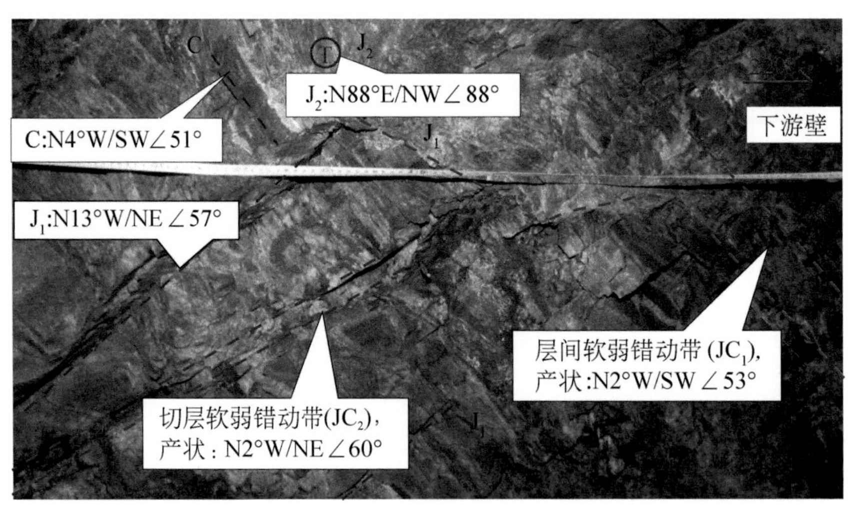

图 3.9　PD20 平硐 67m 岩体软弱错动带发育示意图（下游壁）

3.2.1.2　高密度电法的物探调查

利用地球物理属性对倾倒变形程度进行定量化分级比较少见。地球物理方法中，高密度电法近年来以其花费低，一次测量范围大、精度高，操作简便易行的特点，备受工程应用青睐，随着该方法在工程应用中愈加广泛，应用其对边坡岩体质量进行分级是一种新的思路。

通过利用不同分区的岩体间电阻率值的差异，采用高密度电阻率法对苗尾水电站右坝肩边坡倾倒变形进行分级。为了消除岩石自身形成的背景电阻率影响对岩体质量分级定量化，本书对二维地质模型正演获得了背景电阻率的分布规律。在测量电阻率的基础上除以背景电阻率得到了与倾倒变形程度有关系数 a。最后通过与地质调查的方法对比验证，证明了该方法的可靠性与准确性并成功获得倾倒变形等级定量化指标。为倾倒变形程度分级的定量化提供更为有力的辅助证据。

利用该方法对苗尾水电站右坝肩边坡倾倒变形岩体进行研究，得出其岩体质量与 a 值关系较为密切，随着倾倒变形程度的减弱，a 值产生由大变小的变化。基于该边坡岩体质量明显的分区特征，得出了各区的 a 值分布范围（图 3.10）。

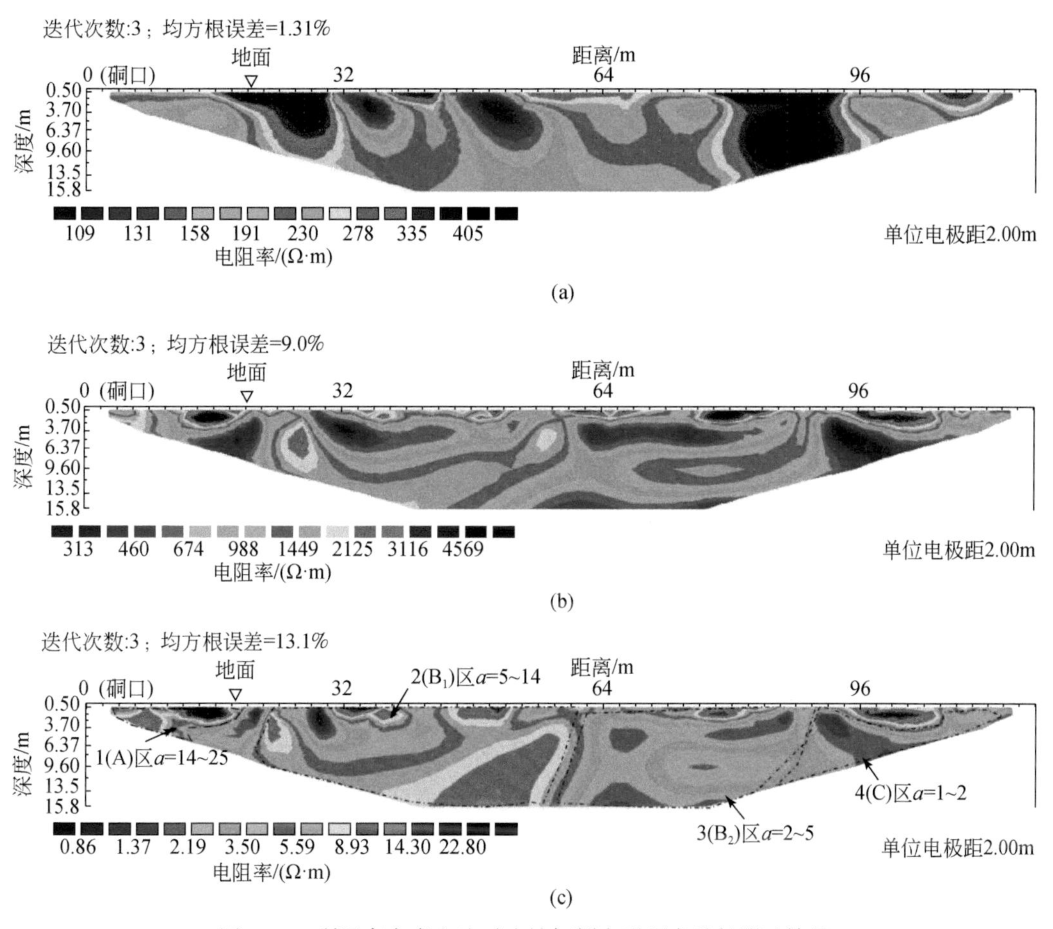

图 3.10　利用高密度电法对边坡倾倒变形程度进行测试结果

3.2.1.3　右坝肩边坡倾倒变形特征

坝址区右坝肩边坡主要的破坏表现为倾倒变形［图 3.11（a）］、风化卸荷［图 3.11（b）］及崩塌［图 3.11（c）］，其中岩体的倾倒变形相对较为发育。

坝址区位于澜沧江褶断体系东部近直立紧密型复式褶皱，地层走向为 NNW，倾角近

(a) 倾倒变形

(b) 风化卸荷

(c) 崩塌（崩坡积物）

图 3.11　苗尾右坝肩边坡破坏表现

直立，总体产状为 N8°～12°W/NE∠73°～90°。澜沧江在坝址区沿走向深切发育，右坝肩边坡坡高可达 300m，且 1360m 高程以上地形较陡，坡度为 50°～60°，局部形成陡崖；1360m 高程以下地形较缓，坡度一般为 15°～35°，有良好的临空条件。坡向总体为N20°～40°W，坡向与岩层产状及坝基开挖的组合关系如图 3.12。

坝址区河谷深切，相对高差达 200m 以上，坝区地处深切峡谷地段，岩体卸荷作用总体上表现较为强烈，坝址区两岸岩体卸荷带随高程越大分布越深，岩体倾倒变形发育，加之开挖的影响，为原本倾倒的岩体提供了更为优越的临空条件，岩体发生了进一步的变形。

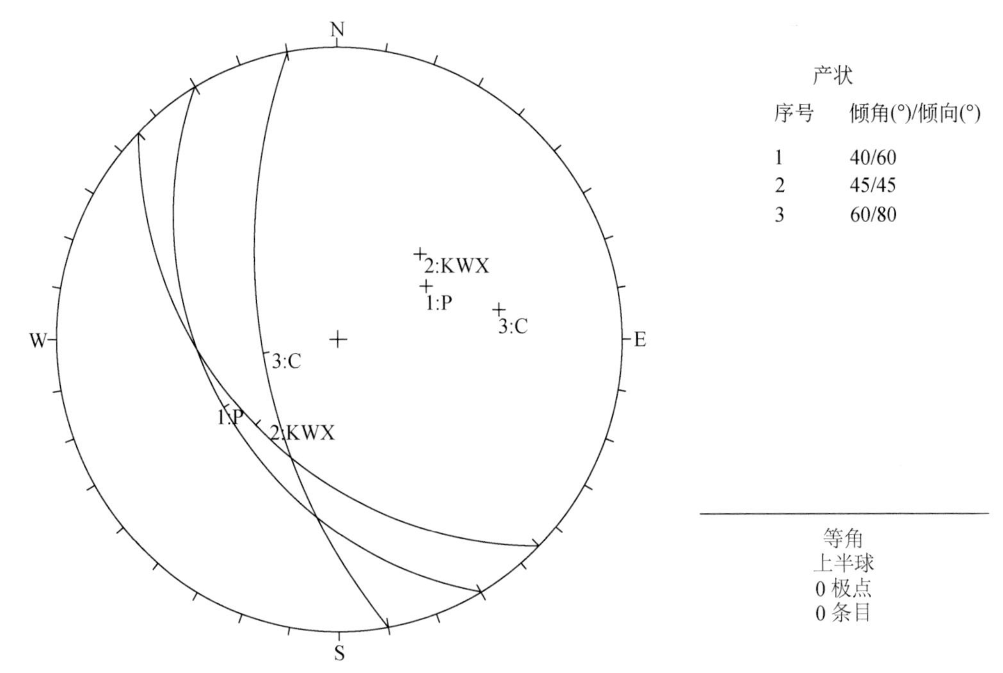

图 3.12　开挖面、坡面与岩层产状赤平投影图

P. 坡面；C. 层面；KWX. 开挖线

3.2.1.4 地表变形现象

右坝肩裂缝主要出露在近小溜槽沟侧山脊部位以及靠近心墙部位（图3.13），靠近小溜槽沟的裂缝总体延伸较长、张开宽度大，最大延伸近百米、张开可达半米；而靠近心墙部位的裂缝则延伸长度较短，但数量较多。通过裂缝统计发现（图3.14、图3.15），发育于右坝肩边坡的裂缝以NWW向为主，浅表裂缝总体表现为上宽下窄并逐渐近似闭合，填充物多为黏土及碎石，裂缝前部可见少量的反坡台坎，但两侧有明显的落差。

图3.13 右坝肩坡表裂缝分布及坡脚滑塌示意图

图3.14 右坝肩裂缝（山脊处）

图 3.15　坡表破碎岩体

裂缝产生的根本原因主要为倾倒岩体受到开挖影响引起的突发变形，坡体中上部倾倒变形强烈部位的岩体向临空方向变形，一方面岩体抗弯能力存在差异，另一方面后部岩体的变形受到前部岩体的阻碍，而在坡表形成了反坡台坎，此外，通过对裂缝产生时间进行分析发现，裂缝的产生有较强的统一性，通过对裂缝的走向进行统计（表 3.3，图 3.16）发现，该边坡产生的裂缝走向基本一致，说明其产生是因受到了一次位移突变的影响，裂缝沿坡表较脆弱部位发育，如坡表反坡台坎出露部位以及坡表岩体较为破碎的部位。

表 3.3　右坝肩上游侧边坡裂缝测绘成果表

编号	长度/m	裂缝走向	张开度/cm	出露位置	出露时间	发展趋势
L_1	40	N60°W	3～5	1480m 高程处（最高处裂缝）延伸至两道防护网 1448m 高程处	5 月 28 日现场查看张开度为 2～3cm，断续延伸 15m；6 月 17 日张开度为 3～5cm（山脊部位），断续延伸至小溜槽沟（张开度为 1～2cm）	持续增大
L_2	30	N60°W	5～10	1472m 高程处往山脊下游侧延伸至两道防护网之间 1457m 高程处	5 月 28 日现场查看张开度为 3～5cm，延伸 20m；6 月 17 日张开度为 5～10cm（山脊部位），延伸至第二道被动防护网以下（张开度为 3～5cm）	
L_3	10	N60°W	2～5	最高点 1468m 高程往下游延伸至被动防护网 1464m 高程处	5 月 28 日现场查看张开度为 2～3cm，延伸 10m；6 月 17 日张开度为 3～5cm（山脊部位），延伸至第二道被动防护网（张开度为 2～3cm）	
L_4	60	N60°W	2～40	由 1466m 高程处向两边延伸，下游侧延伸至两道防护网 1435m 高程处；上游延伸至第二道防护网上部 1452m 高程处	5 月 28 日现场查看张开度为 10～20cm（山脊部位），穿过第二道被动防护网至基岩陡崖（张开度为 2～3cm），延伸约 35m；6 月 18 日张开度为 20～40cm（山脊部位），延伸至第一道被动防护网与第二道被动防护网之间（张开度为 2～5cm）	
L_5	30	N60°W	10～20	由 1461m 高程处向两侧延伸	5 月 28 日现场查看张开度为 10～15cm，延伸 25m；6 月 17 日张开度为 10～20cm（山脊部位），穿越第二道被动防护网（张开度为 3～5cm）	

续表

编号	长度/m	裂缝走向	张开度/cm	出露位置	出露时间	发展趋势
L_6	15	N60°W	2~3	由山脊处1458m高程向两侧延伸：下游延伸至两道防护网1440m高程处；上游侧沿第二道防护网走向延伸至1440m高程处	6月17日张开度为2~3cm，从第二道被动防护网底部向边坡下方断续延伸	支护后不可见
L_7	10	N60°W	1~2	第二道被动防护网下部1454m高程处延伸至1451m处	6月17日张开度为1~2cm，从第二道被动防护网向边坡下方断续延伸	
L_8	13	N60°W	1~2	由第二道被动防护网1453m处始呈反S形延伸至第一道防护网上部1412m高程处	6月17日张开度为1~2cm，从第二道被动防护网向边坡下方断续延伸	
L_9	10	EW	2~5	由小溜槽沟S侧与第一道被动防护网上部1395m高程处竖向延伸至1382m高程处	张开度为2~5cm，朝小溜槽沟方向延伸	
L_{10}	7	EW	2~3	由小溜槽沟S侧与第一道被动防护网上部1392m高程处竖向延伸至1383m高程处	张开度为2~3cm，朝小溜槽沟方向延伸	
L_{11}	5	N30°~40°W	3~5	由第一道被动防护网1391m高程处沿防护网延伸	张开度为3~5cm，自第一道被动防护网向坡面上游方向延伸	
L_{12}	6	N30°~40°W	1~3	由第一道被动防护网1397m高程处沿防护网延伸	张开度为1~3cm，自第一道被动防护网向坡面上游方向延伸	
L_{13}	80	N60°W	5~10	由1405m高程处穿越第一道被动防护网沿防护网延伸至1388m高程处，呈波行展布	张开度为5~10cm，自上游侧堆石区边坡开挖边线延伸至两道被动防护网之间	
L_{14}	40	N60°W	5~10	于第二道被动防护网上部1407m高程处穿越延伸至第二道防护网下部1397m高程处	张开度为3~5cm，自第一道被动防护网延伸至两道被动防护网之间	

续表

编号	长度/m	裂缝走向	张开度/cm	出露位置	出露时间	发展趋势
L_{15}	35	N60°W	2～5	于1408m高程处穿越第一道被动防护网展布	张开度为2～5cm，自第一道被动防护网延伸至两道被动防护网之间	支护后不可见
L_{16}	6	N40°～50°W	3～5	于1410m高程处穿越第一道被动防护网展布	张开度为3～5cm，自第一道被动防护网向坡面上游方向延伸	

目前，大多数裂缝在支护作用下，变形已不再继续，只有坡体上部高程约1475m的几条延伸长，宽度大的裂缝仍在持续变形，如L_1、L_4和L_5（图3.17）。

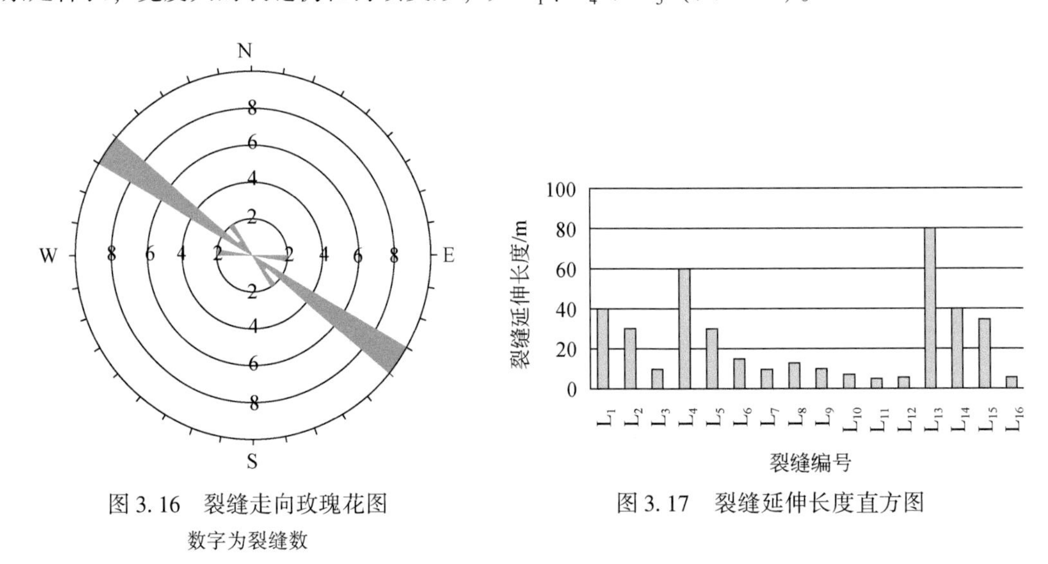

图3.16　裂缝走向玫瑰花图
数字为裂缝数

图3.17　裂缝延伸长度直方图

3.2.1.5　坡体内部变形

目前，PD20平硐中可见的内部变形主要集中在距离硐口水平距离约13m范围内，PD20平硐位置如图3.18所示，硐内发育有大量的层间软弱错动带，延伸可达硐顶；在硐壁可见明显的切层张剪破坏（图3.19），层间产生错动且张开填充岩块、岩屑，发育反坡台坎，垂直错距约5cm，如图3.20所示。

0～12m区间为极强倾倒破裂区（A区），该段岩体强烈倾倒折断、坠覆，整体张裂松弛，局部架空，整体破碎，在重力作用下极易发生坍塌，现已用工字钢对PD20平硐入口进行了支护，同时在距离硐口12.9m位置形成了一个宽度约40cm的错动区（图3.21），错动区内充填岩块、碎石以及岩屑，错动区两侧岩体倾角明显变化，是由岩体倾倒变形而形成的破裂面。

此外，对PD20平硐进行编录时发现，在距硐口7.4m和9.8m处平硐底板各发育一条裂缝（图3.22），前者（L_1）走向为N20°W，张开度为2mm，后者（L_2）走向为N9°W，张开度为9mm；由于裂缝发育部位被灌浆渗透的水泥浆覆盖，推测水泥底板下部裂缝张开宽度大于底板可见宽度，其原因仍然是岩体倾倒变形。

图 3.18　PD20 平硐裂缝最高处及坍塌区位置

图 3.19　岩体切层破坏（距硐口 8m）

图 3.20　硐底反坡台坎（注浆前）

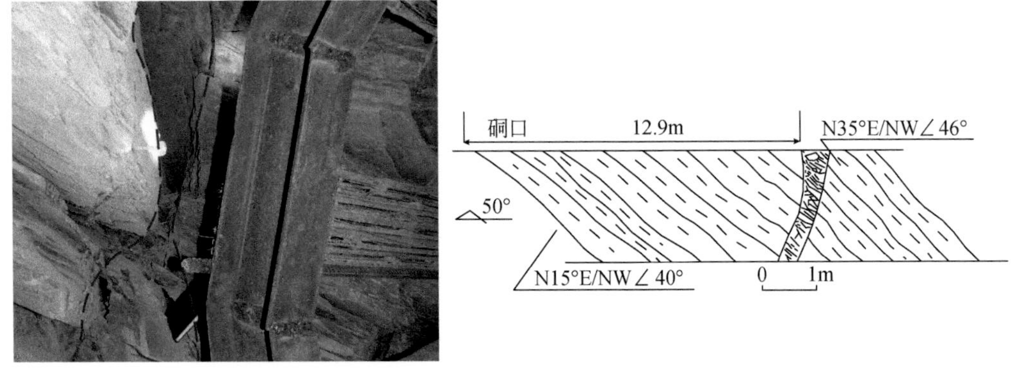

图 3.21　PD20 平硐下游壁 12.9m 处张开错动区

(a) 裂缝L_1（距硐口7.4m）

(b) 裂缝L_2（距硐口9.8m）

图 3.22　PD20 平硐内底板张裂变形

3.2.1.6　倾倒变形程度分区及地质模型

通过现场对右坝肩边坡平硐的编录以及对倾倒变形体相关资料的分析总结，右坝肩边坡倾倒岩体主要有如下特征。

1. 极强倾倒破裂岩体（A 类）

该类岩体主要分布在边坡坡表，水平深度为 0～25m，岩层倾角为 20°～31°；由于岩体向临空方向发生倾倒变形时，其表层岩体倾角转动相对较大，所以岩体中发生了更为强烈的折断张裂变形，同时在变形部位形成了陡倾坡外的破裂带，岩体内部架空、松弛现象明显（图 3.23），并填充块碎石、角砾及岩屑，越靠近坡表此类现象越明显；局部变形严重者，可见岩体沿破裂带发生移位，并与下伏变形基岩分离。

对 PD20 平硐的调查发现，由于在该类岩体中出现了较大变形，在右坝肩边坡支护措施施工期间已用工字钢对其进行了支护。

2. 强倾倒破裂上段岩体（B_1 类）

该类岩体水平深度为 27～70m，岩层倾角为 38°～52°，当岩体倾倒产生较大倾角变化时，在岩体内部除沿层内岩层发生张性破裂以及沿层间软弱错动夹层产生剪切滑移以外，

（a）裂缝 L_1（距硐口 7.4m）　（b）裂缝 L_2（距硐口 9.8m）

图 3.23　极强倾倒破裂岩体（A 类）典型照片

还沿倾坡外节理发生强烈的剪切变形，破裂面切层发展现象明显，且同一组破裂面连续切层的现象较显著，岩体整体较为松弛（图 3.24）。

图 3.24　强倾倒破裂上段岩体（B_1 类）典型照片及素描

与极强倾倒破裂岩体（A 类）相比，此类岩体受靠坡外岩体的阻碍，某种程度上抑制了其倾倒变形的继续发展，因而岩体内部不存在较大的架空。

3. 强倾倒破裂下段岩体（B_2类）

该类岩体主要出现在岩体内部相对较深的部位，水平深度为 64 ~ 110m，岩体岩层倾角为50°~68°，在岩层内部发生剪切滑移的同时，层内岩体沿结构面产生拉张变形，形成张性破裂面，但这种破裂面局限在软弱岩带之间。

相比极强倾倒破裂岩体（A类）和强倾倒破裂上段岩体（B_1类）而言，强倾倒破裂下段岩体（B_2类）中的破裂面总体上只在单层中发育，大都不切层发育，岩体较为紧密，没有架空现象(图3.25)。

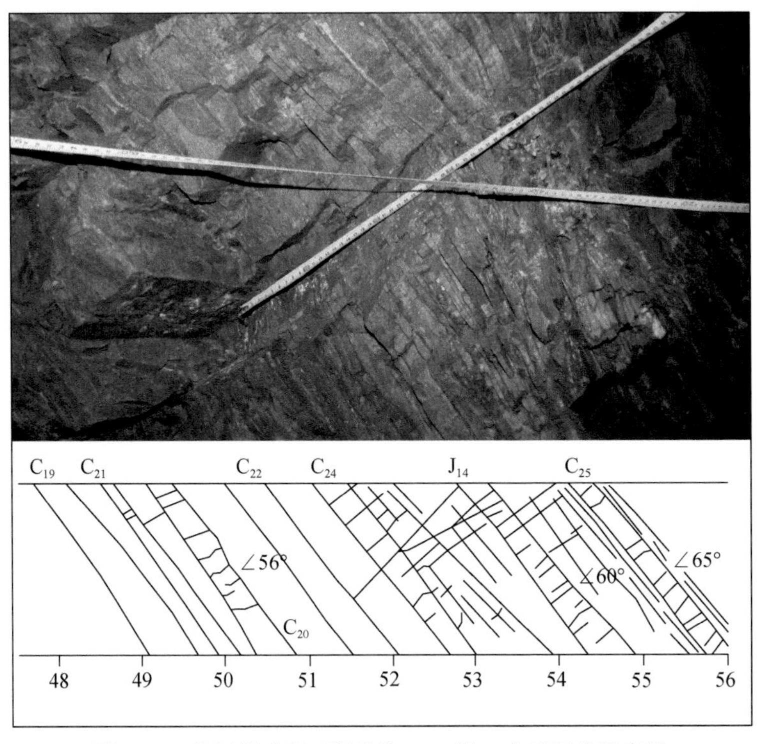

图3.25　强倾倒破裂下段岩体（B_2类）典型照片及素描

4. 弱倾倒过渡变形岩体（C类）

该类岩体发育在边坡深部，岩层倾角与下伏正常岩体相比变化相对较小，岩体倾倒变形程度较弱，岩层中偶见微量的张裂缝以及由于陡倾层状岩体沿层内错动夹层及软弱岩带发生的剪切滑移现象，基本上不发生明显的宏观的张裂变形（图3.26）。

图3.26　弱倾倒过渡变形岩体（C类）典型照片

综合分析边坡平硐的编录资料和前期研究成果的总结，在岩体倾倒变形程度的定量描述体系基础上，建立对苗尾水电站坝址区倾倒岩体发育特征的基本认识，并结合现场勘查和相关平硐编录资料，建立以右坝肩边坡 *A*-*A*′剖面的地质模型，见图 3.27。

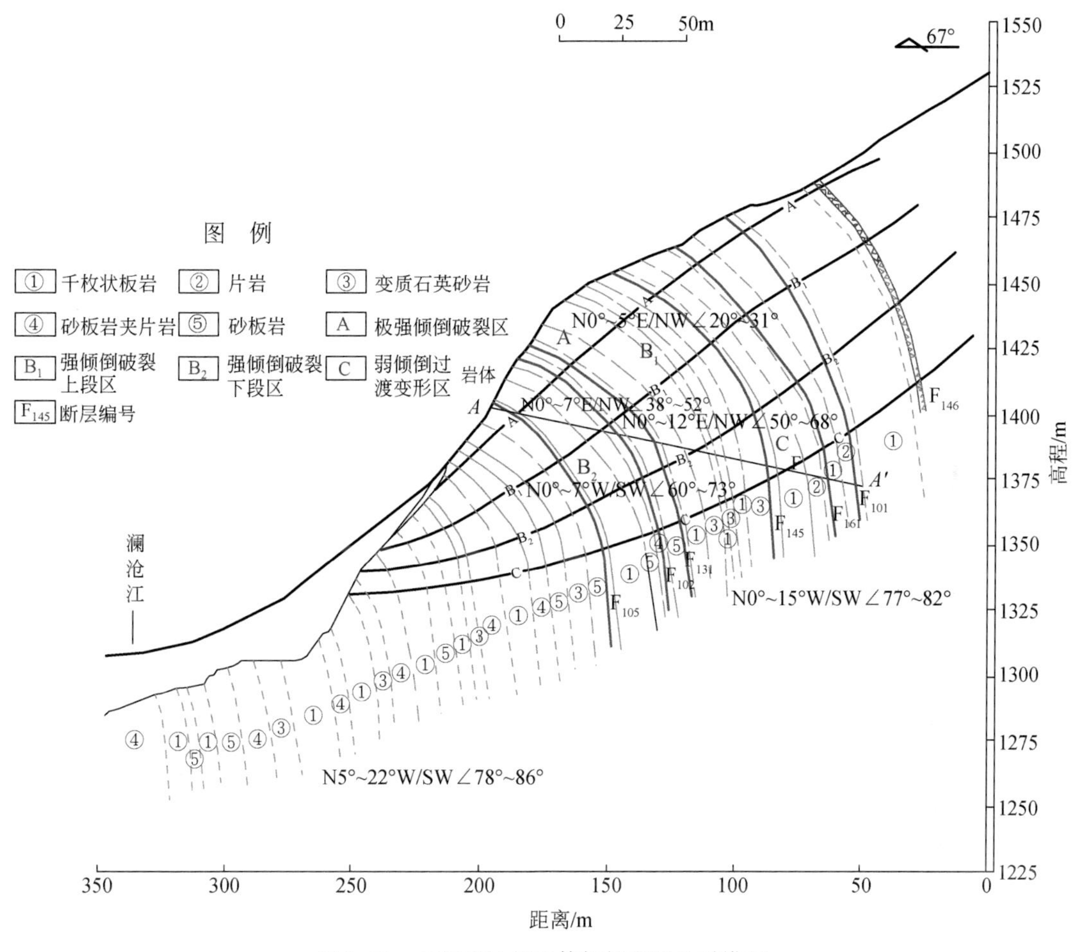

图 3.27　右坝肩边坡岩体倾倒变形地质模型

3.2.2　右坝前边坡倾倒变形特征

坝前边坡位于澜沧江右岸苗尾水电站大坝上游，顺澜沧江发育长度约 300m，走向为155°，研究区内边坡坡脚高程为 1300m，坡顶高程为 1650m（分水岭高程为 2300m），坡度为 40°～50°。坝前边坡为一典型的陡倾内层状岩质边坡，自然边坡走向与河谷走向近一致，受构造作用，层内错动带、顺层断层、切层断层较为发育；受边坡地形、岩体结构等因素的控制，坝前边坡产生了明显的倾倒变形。

如图 3.28 所示，边坡两侧发育有大溜槽沟和小溜槽沟两条冲沟。大溜槽沟位于边坡上游侧，切割较深，总体坡度为 21°～30°，局部形成陡崖；小溜槽沟位于边坡下游侧，切割深度相对较浅，但总体切割较深，1460m 高程以上坡度为 32° ~ 36°，局部形成陡崖，1460m 高程以下地形较陡，坡度为 25° ~ 43°。自然边坡岩性主要为中侏罗统花开左组板岩、片岩及变质石英砂岩，沿层面及裂隙侵入石英脉，岩性呈软硬相间组合特征。总体上具有微鳞片状变晶结构、细粒及不等粒状鳞片变晶结构及中粗粒不等粒状结构，半定向及定向板状构造、半定向带状构造、千枚状构造、半定向斑杂状构造及块状构造。板岩、片岩呈互层分布，板岩总体呈青灰色，岩体完整性较好，平均厚度为 7m，单层厚度为 5 ~ 40cm；片岩总体呈灰黑、灰黄色，岩体较破碎，手掰可断，平均厚度为 1m，单层厚度为 1 ~ 2mm；变质石英砂岩总体呈灰白、黄褐色，平均厚度为 3m，单层厚度为 5 ~ 40cm，层间多充填白色全风化石英脉，石英脉破碎，锤可刨进。构造活动强烈，地层产状在空间上变化较大，正常岩层产状总体上为 N15°W/SW∠80° ~ 85°。

图 3.28 地表调查点示意图（单位：m）

3.2.2.1 倾倒变形边界特征

小溜槽沟边界处地表出露岩体主要为强风化、强卸荷薄-中厚层状青灰色绢云母板岩，岩层强烈倾倒总体近水平，岩体破碎，松弛强烈。岩体被走向与岩层面走向近垂直相交的陡倾节理 J_2 和倾坡外节理 J_1 切割，呈块裂结构。层面 C 产状为 N5°W/SW∠19°，结构面 J_1 产状为 N20°W/NE∠62°，结构面 J_2 产状为 N75°E/NW∠82°。该岩体位于极强倾倒破裂区（A 区），其倾倒变形破裂特征主要表现为（图 3.29）：

（1）坡表上部岩体向临空方向卸荷倾倒变形，松弛强烈，架空明显，产生陡倾张性破裂缝，裂缝一般切层发育，贯通性较好，岩体碎裂化，且缝内充填大量碎块石土，局部岩体已出现下滑塌落。

（2）坡表下部岩体向临空方向卸荷倾倒变形，松弛强烈，架空明显，产生大量陡倾张性破裂缝，裂缝切层发育，贯通性好，裂缝张开宽度较大，表现为上宽下窄，缝内充填小碎块石。受长大裂缝发育影响，浅表部岩体倾倒折断破裂现象明显。

图3.29　小溜槽沟上游侧倾倒变形典型照片

（3）坡表矮小植被明显向临空方向歪倒，表明边坡浅表层近期产生过变形。

大溜漕沟右岸由于鲁羌隧道的修建，距临空面0～48m段边坡被混凝土覆盖，对大溜漕沟变形调查，以距临空面11m处和48～62m处岩体出露段为主。

（1）大溜漕沟隧道右侧26m处坡脚层面C产状为N7°W/SW∠45°，结构面J_1产状为N13°W/NE∠46°；40m处斜坡下部层面C产状为N5°W/SW∠66°，结构面J_1产状为N7°W/NE∠14°。从图3.30可看出26m处及40m处上部岩体的倾倒变形强烈程度比40m处下部岩体更为强烈。从岩层倾角和结构面J_1发育情况来看，26m和40m处岩体分别处于强倾倒破裂上段（B_1）切层剪张破裂区和强倾倒破裂下段（B_2）层内张裂变形区。

（2）由图3.30（b）可以看出，隧道右侧40m处岩体倾倒折断变形，上部岩体明显向坡外倾倒，脆性折断，断面位置被杂草覆盖；下部岩体较上部岩体倾倒变形强烈程度相对较轻，折断面位置岩体破碎、长满杂草。

3.2.2.2　边坡地表倾倒变形现象

地表绝大部分被植被和崩坡积碎石土覆盖，调查主要针对地表13处A类极强倾倒破裂岩体，部分调查点的变形现象描述如下。

（1）D_{02}号调查点：岩体结构特征见图3.31。岩体为强风化、强卸荷中厚层状青灰色板岩，岩体较破碎。其变形特征主要表现为岩体向坡外临空面倾倒变形，产生陡倾坡外的张性破裂缝，裂缝张开宽度不等。顶部裂缝表现为阶坎状，裂缝外侧岩体向坡外临空面运

图 3.30　大溜槽沟隧道右侧 26 ~ 40m 斜坡倾倒变形照片

图 3.31　D_{02}号调查点岩体结构特征（镜向上游）

动，并伴有下坠。

（2）D_{04}号调查点：冲沟下游侧斜坡，斜坡特征见图 3.32，斜坡岩体强风化、强卸荷且极破碎，顶部为碎石土，斜坡中下部可见明显倾倒式变形，地表存在陡倾坡内张性破裂缝，裂缝宽度为 6 ~ 12cm。地表树木向坡外歪倒，下部树木歪倒最为明显，根部树干基本为近水平，推测该部位岩体产生了强烈倾倒滑移变形，沟顶岩层产状为 N45°W/SW∠14°。

图 3.32 D_{04}号调查点斜坡岩体结构特征（镜向下游）

（3）D_{07}号调查点：岩体结构特征见图 3.33。岩体为强风化、强卸荷薄-中厚层状灰黄色片岩夹板岩，板岩厚度为6～13cm，岩体较破碎，松弛强烈。岩体被层面C、结构面J_1、结构面J_2切割，呈块裂结构。层面C产状为N13°W/SW∠28°，结构面J_1产状为N14°W/NE∠78°，结构面J_2产状为N81°E/SE∠72°。其变形特征主要表现为岩体向坡外临空方向倾倒变形，沿陡倾坡外结构面J_1产生张开度为3～8cm的张性破裂缝，裂缝切层发育，贯通性较好，缝内一般充填少量碎岩块。

(a) 镜向上游

(b) 镜向斜坡

图 3.33 D_{07}号调查点斜坡岩体结构特征

（4）D_{08}号调查点：岩体结构特征见图 3.34。岩体为强风化、强卸荷薄-中厚层状灰黄色绢云母板岩夹薄层状绢云母片岩，岩层厚度总体为4～25cm，岩体破碎，完整性差，松弛强烈。岩体被层面C、结构面J_1、结构面J_2切割，呈块裂结构。层面C产状为N5°W/SW∠32°，结构面J_1产状为N11°W/NE∠67°，结构面J_2产状为N79°E/SE∠70°。其变形特征主要表现为岩体向坡外临空面倾倒变形，沿陡倾坡外结构面J_1产生张性破裂缝，裂缝一般切层发育，贯通性较好，裂缝数目较多，总体上缝宽为2～20cm，缝高为15～60cm，深为0.3～1.2m，缝内一般充填少量小岩块和岩屑。

（5）D_{13}号调查点：岩体结构特征见图 3.35，岩性为灰褐色中厚层状砂板岩，岩体破

图 3.34 D_{08}号调查点斜坡岩体结构特征（镜向下游）

碎，松弛强烈，层面 C 产状为 N10°W/SW∠21°，结构面 J_1 产状为 N7°W/NE∠78°，结构面 J_2 产状为 N5°E/SE∠78°。表层块状岩体向坡外倾倒变形，沿陡倾坡外结构面 J_1 产生张裂缝，底部岩体向坡外滑动，产生架空空洞，空洞宽约为 10cm、高约为 11cm、深约为 0.5m，下部岩体极破碎。

图 3.35 D_{13}号调查点岩体结构特征（镜向上游）

通过对 13 处地表调查点岩体结构特征总结分析发现：

（1）地表倾倒变形岩体结构特征主要表现为地表产生强烈倾倒变形，层面（N5°～22°W/SW∠19°～35°）已呈近水平，岩体被陡倾坡外结构面 J_1、走向与岩层面走向近垂直相交的陡倾结构面 J_2 以及层面 C 切割，呈块裂结构，岩体破碎，松弛强烈。岩体向临空方向倾倒变形，沿陡倾坡外结构面 J_1 产生数目较多的张性破裂缝，裂缝一般切层发育，贯通性较好，缝内一般充填少量碎岩块、岩屑。破裂缝密集发育的部位岩体架空明显。

（2）陡倾坡外结构面 J_1 总体产状为 N5°～20°W/NE∠62°～82°，走向与斜坡走向近一致。这组结构面为地表岩体向坡外临空面倾倒变形的底滑面及后缘边界，在地表调查中发现其一般切层发育，贯通性较好，结构面间距为 8～15cm，普遍张开度为 1～3cm。

3.2.2.3　坡体内部岩体倾倒变形现象

根据平硐现场调查和已有资料分析，发现平硐内岩体存在大量的倾倒变形破裂现象，且变形破裂特征较为复杂。通过对各种倾倒变形破裂现象的发育特征、产生条件及力学机制的分析归纳总结，发现平硐内岩体倾倒变形破裂特征主要表现为以下几种基本形式。

1. *层内剪切错动*

岩体在重力作用下向坡外临空面倾倒变形过程中，由构造作用产生的层内错动带，普遍发生层内剪切错动（图3.36～图3.39），层间岩体基本上不产生明显的宏观张性破裂变形，错动带内物质有所泥化。这种变形在坝前边坡PD2、PD10、PD30平硐内发育较为普遍，在平硐内不同倾倒变形分区中均可见到这类错动变形。

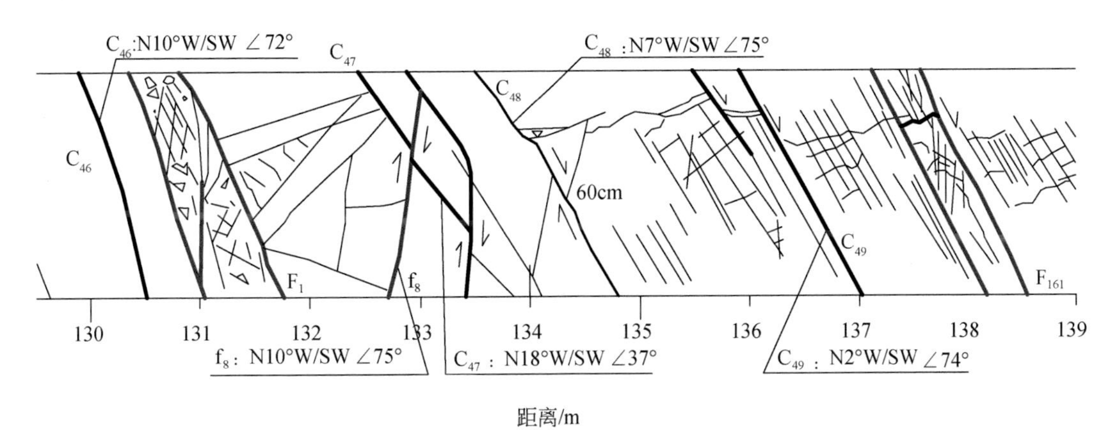

图3.36　PD2平硐130～139m段层内剪切错动变形

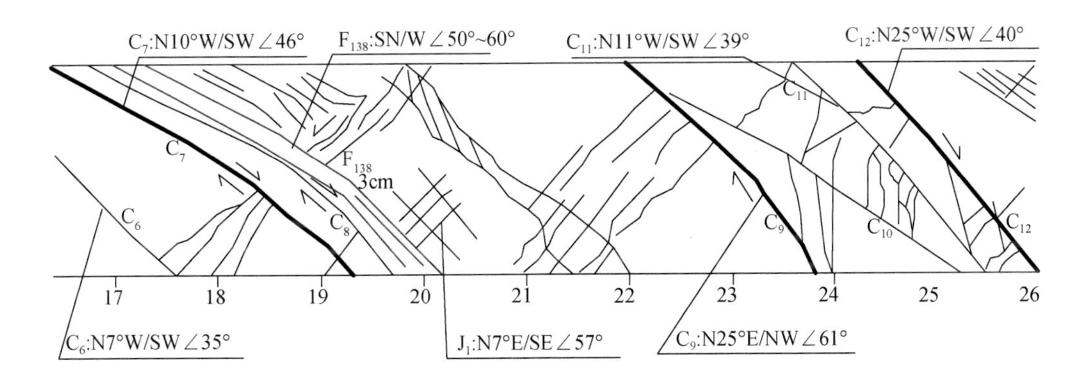

图3.37　PD10平硐17～26m段层内剪切错动变形

图 3. 38　PD2 平硐层内剪切错动典型照片

图 3. 39　PD10 平硐层内剪切错动典型照片

2. 层内拉张破裂

岩体在向坡外倾倒变形过程中，不仅沿层内错动带产生层内剪切错动，层内岩体也沿已有结构面产生了拉张破裂变形（图 3. 40、图 3. 41）。这类变形一般仅发生于层内错动带及软弱岩带层之间，一般不切层发育，局部可切单层。这类变形破裂现象在平硐内发育较多，主要发生在坡体内部相对较深部位岩体中。

3. 切层张剪破裂

岩体在向坡外倾倒变形过程中，除沿层内错动带产生层内剪切错动、层间岩体产生拉张破裂变形外，岩体内还产生了沿缓倾坡外节理的强烈切层张性剪切破裂变形(图 3. 42)，并表现为显著的切层发展特征。这类变形破裂现象主要发生在倾倒变形较为强烈的坡体浅层部位岩体中。

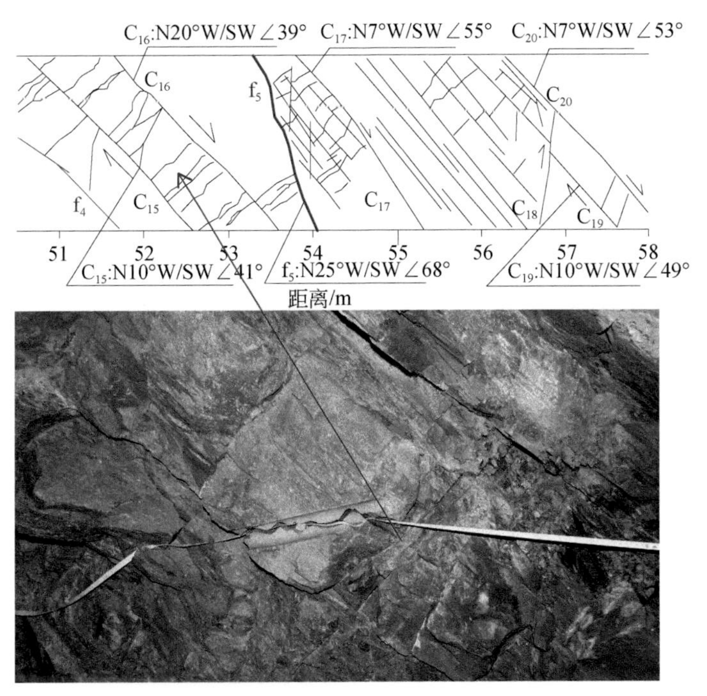

图 3.40　PD2 平硐 51～58m 段层内拉张破裂

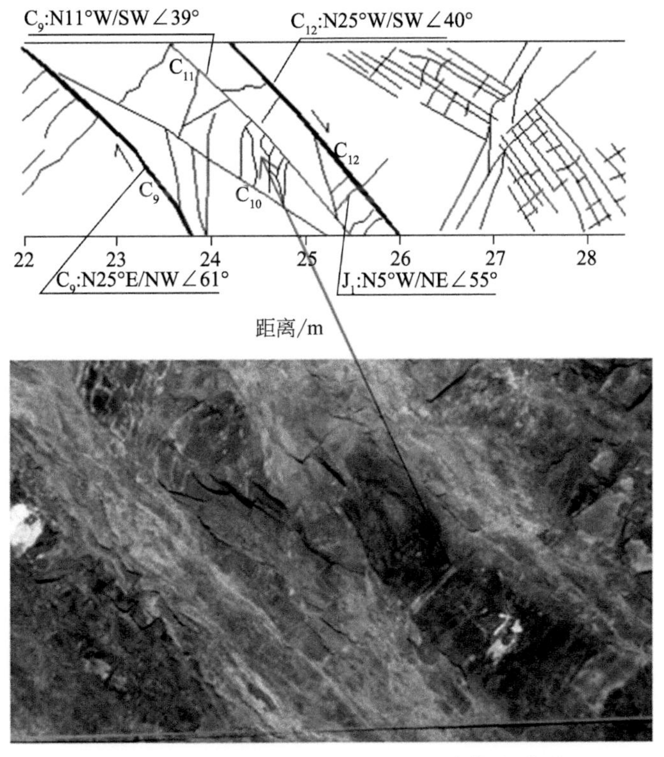

图 3.41　PD10 平硐 22～28m 段层内拉张破裂

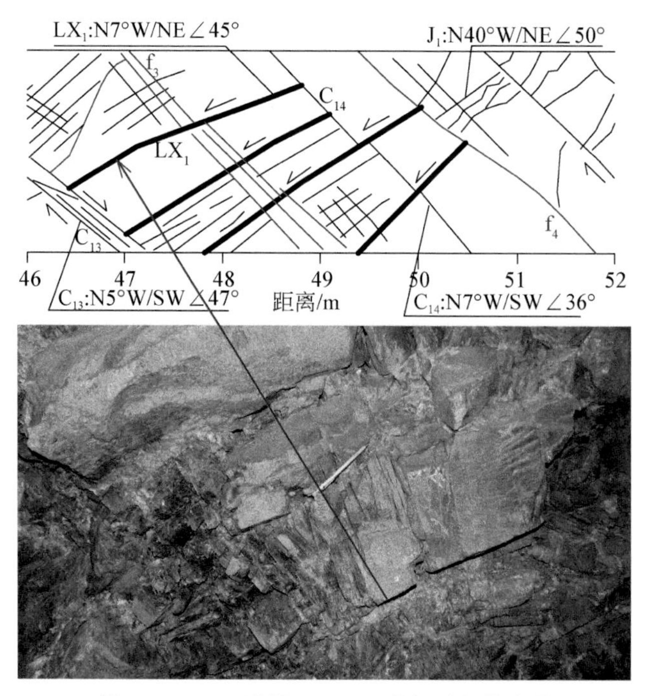

图 3.42　PD2 平硐 46～52m 段切层张剪破裂

4. 折断–张裂（坠覆）破裂

坡体浅表层极强倾倒区岩体产生强烈折断–张裂变形，形成陡倾坡外的张性破裂带，岩体内部张性破裂变形显著，产生张开裂缝，裂缝表现为上宽下窄，缝内充填块碎石、角砾及岩屑，岩体松弛强烈，架空现象十分明显（图 3.43）。这类变形强烈的区域可发生沿陡倾坡外的张性破裂带产生不同程度的重力坠覆位移（图 3.44）。这类变形破裂现象仅发生在倾倒变形最为强烈的坡体浅表层岩体中，分布范围十分有限。

图 3.43　PD2 平硐 5.5m 处折断–张裂变形

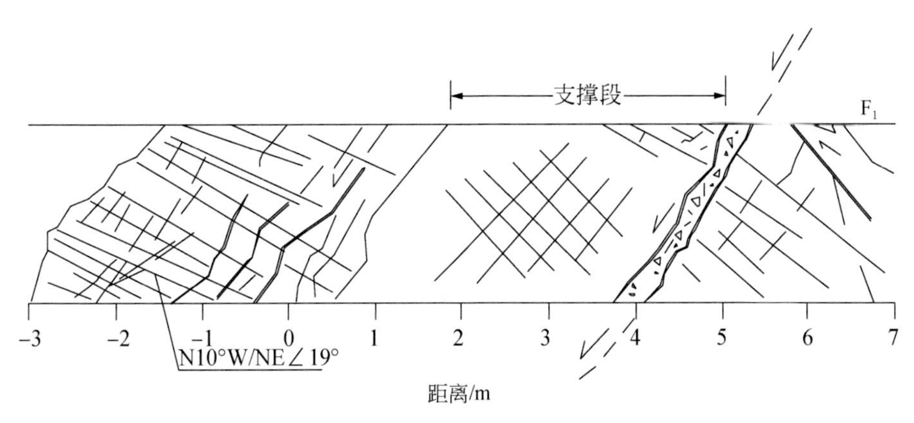

图3.44　PD10平硐4m处折断-坠覆破裂

5. 缓倾角断层剪切蠕滑

在倾倒岩体中缓倾坡外断层较为发育区段，断层上盘岩体在重力作用下沿断层面向坡外临空方向发生剪切蠕滑变形（图3.45）。

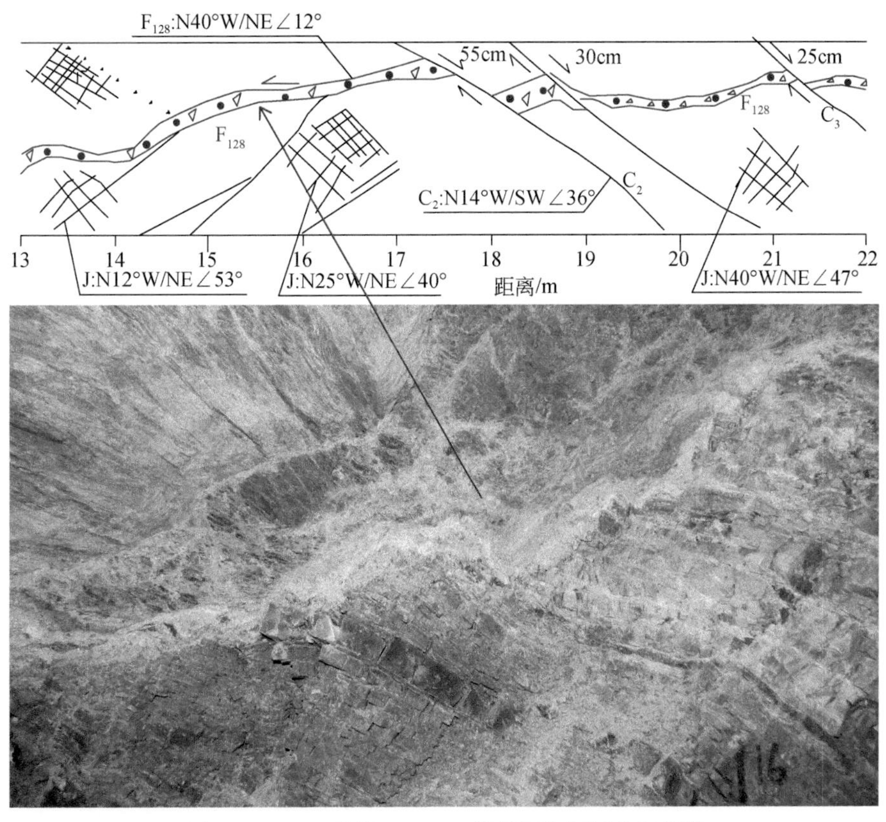

图3.45　PD2平硐13～22m段缓倾角断层剪切蠕滑

6. 缓倾角断层错列变形

岩体在向坡外临空面倾倒变形过程中，缓倾角断层延伸方向被层内剪切错动变形的层内错动带切错，表现为不连续性的阶坎状（图 3.46）。

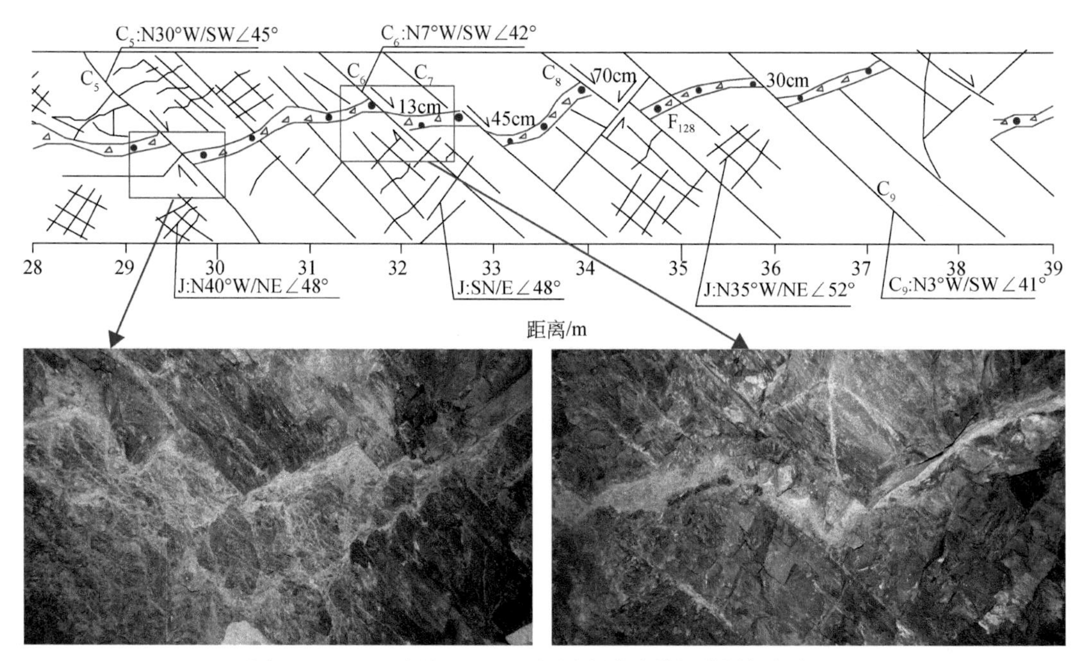

图 3.46　PD2 平硐 28～39m 段层内错动带切错缓倾角断层

7. 次生泥渗入

在 PD30 平硐 41m 处硐顶次生泥渗入，该处岩性为薄-中厚层状灰黑色强卸荷板岩，岩体破碎，呈镶嵌结构，松弛强烈，断层发育，岩壁湿润，硐顶部分岩体塌落，形成凹腔（图 3.47）。岩体沿倾坡外结构面 J_1 形成张裂缝，张开度为 3～5cm，缝内夹有碎块石，并被土黄色次生泥充填，次生泥极黏手，有滑腻感。从该处硐顶充填厚 3～5cm 次生泥可以看出，此部位岩体质量极差，推测硐顶至坡表的岩体结构面均有一定程度张开。

(a) 次生泥充填(下游壁)

(b) 次生泥充填(硐顶)

图 3.47　PD30 平硐（41m）次生泥充填

8. 硐顶局部坍塌

在 PD10 和 PD30 平硐中均出现了不同程度的硐顶坍塌，通过调查发现，在石英脉、断层、层内错动带较发育的部位，岩体破碎，完整性差，在无支护措施作用下，易产生坍塌。其坍塌特征主要表现如下。

（1）PD10 平硐硐顶坍塌主要表现为平硐内木支撑已基本腐朽塌倒，无支护作用，在 17 ~ 21m 硐顶岩体塌落，塌落物质主要为石英、碎岩块［图 3.48（a）］；该段岩性为变质石英砂板岩，石英脉发育较宽，岩体破碎［图 3.48（b）］。

(a) 塌落物质

(b) 硐顶石英脉发育

图 3.48　PD10 平硐（17 ~ 21m）塌落物质及发育石英脉

（2）PD30 平硐硐顶坍塌主要表现为：平硐内木支撑已基本腐朽塌倒，无支护作用，受近水平断层 F_{180} 影响，硐内岩体较破碎，且在 20 ~ 29m、34 ~ 42m、43 ~ 46m、51.5 ~ 64m 以及 64m 之后都出现了不同程度的硐顶岩体塌落，塌落物质主要为碎岩块、断层泥、少量石英［图 3.49（a）］；岩体塌落处断层和层内错动带相对硐内其他位置更发育、宽度更大，出现坍塌硐段岩体的岩性主要为变质石英砂板岩，岩体破碎，结构面极发育［图 3.49（b）］。

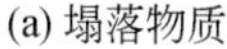
(a) 塌落物质

(b) 硐顶层内错动带发育

图 3.49　PD30 平硐（20 ~ 29m）塌落物质及硐顶（22m）层内错动带发育

3.2.2.4　坡体内部岩体倾倒变形分区及地质模型

根据平硐现场调查和已有资料分析，发现平硐内岩体存在大量的倾倒变形破裂现象，且变形破裂特征较为复杂，不同部位变形岩体的变形破裂形式、产生机理、岩体结构特征以及倾倒变形强烈程度均存在着较大差异。通过将实测数据归纳整理并进一步分析研究，坝前边坡倾倒变形岩体工程地质分级成果见图 3. 50，研究成果表明：

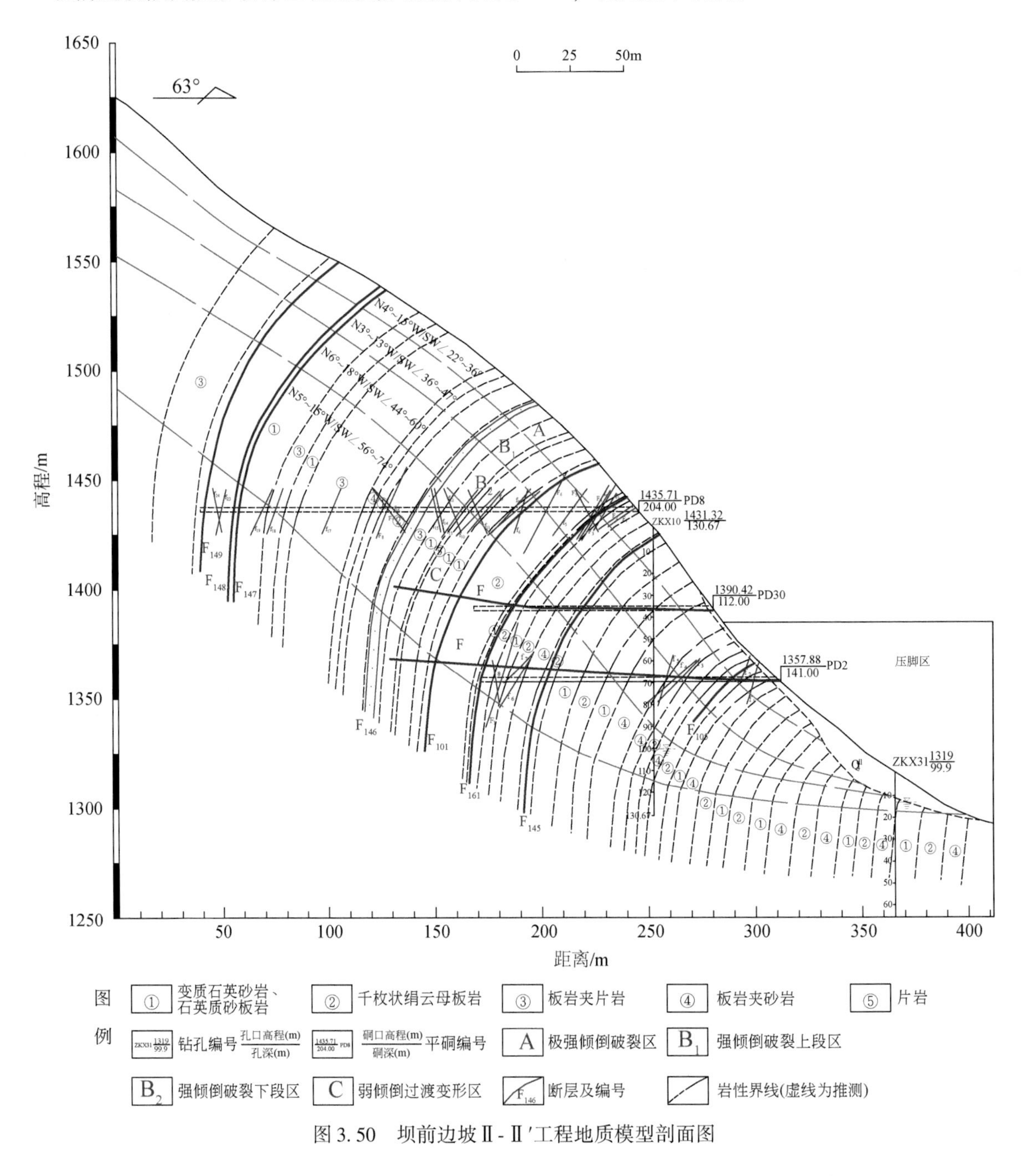

图 3. 50　坝前边坡Ⅱ-Ⅱ′工程地质模型剖面图

（1）A 类极强倾倒破裂岩体，在不同高程分布情况下有所不同，1350m 高程分布范围为 PD6 平硐到小溜槽沟一侧，1436m 高程分布范围为大小溜槽沟之间斜坡浅表部。这类岩体张裂变形显著，松弛强烈，在斜坡浅表部表现为块裂结构。

（2）B 类强倾倒破裂岩体，构成坝前边坡浅表层倾倒变形岩体的主体部分，在不同高程发育深度、范围有所不同，总体上呈不同宽度在整个坡内发育。其发育深度距坡表较浅，对斜坡变形有着极为重要的控制意义。

（3）C类弱倾倒过渡变形岩体在坡内分布范围十分宽广，是构成斜坡倾倒变形岩体的主要部分，广泛分布于坡内较深部位，这类岩体相对较完整。

3.2.3　溢洪道进水渠边坡倾倒变形特征

3.2.3.1　倾倒变形现象

左岸溢洪道进水渠边坡所在斜坡的坡度约为34°，边坡岩层陡倾坡内，岩层走向与河谷走向近平行。边坡南侧为回槽子沟，临空面陡峭，岩体较为完整；受构造作用影响，斜坡层间破碎带较为发育。斜坡北侧为冲洪积、崩坡积堆积体，厚度约为15m。

边坡岩性主要为中侏罗统花开左组（J_2h）板岩、片岩及变质石英砂岩、砂板岩，板岩、片岩呈互层分布，其间发育有沿层面顺层侵入的石英脉。板岩岩体完整性一般，厚度为5～10m，单层厚度为5～100cm；片岩总体呈灰、灰黄色，岩体完整性差，手掰可破，厚度为0.5～1m，单层厚度为1～2mm；变质石英砂岩、砂板岩总体呈灰白、黄褐色，岩体完整性一般，厚度为2～5m，单层厚度为5～50cm，局部发育有顺层侵入的石英脉，石英较为破碎，锤可刨进。区域内发育有12条断层，岩层产状受倾倒变形影响变化较大，正常岩层产状总体上为N5°～15°W/NE∠85°～88°，与开挖面大角度相交，受倾倒变形的影响，浅表部岩层倾角变缓，总体在36°～72°。

根据现场调查资料，将溢洪道进水渠边坡根据不同的岩体结构及节理发育程度分为四个区，如图3.51所示。

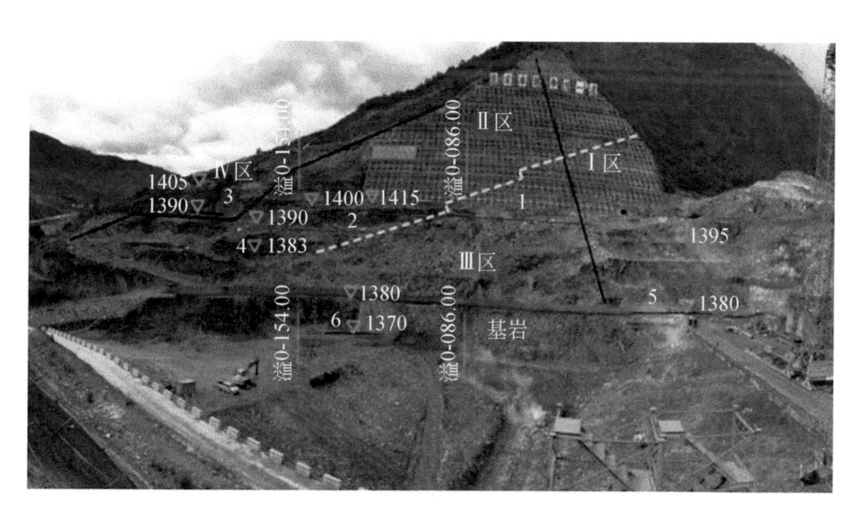

图3.51　开挖面岩体结构特征分区和调查点位置示意图（单位：m）

Ⅰ区：位于边坡下游侧，回槽子沟北侧，岩体完整性好，节理发育程度较低，岩体呈弱风化，锤击音脆，倾倒变形现象不明显，岩性主要为次块状砂质板岩、绢云母板岩，在溢 0-020.00 1380m 高程处发育有一条顺层面方向的绢云母片岩，厚为 1 ~ 2m，锤可刨进，局部发育有石英脉。板岩主要呈中厚-厚层状，层面产状为 N5° ~ 20°W/NE∠77° ~ 88°（图 3.52、图 3.53）。

图 3.52　Ⅰ区 1445m 高程岩体结构特征图

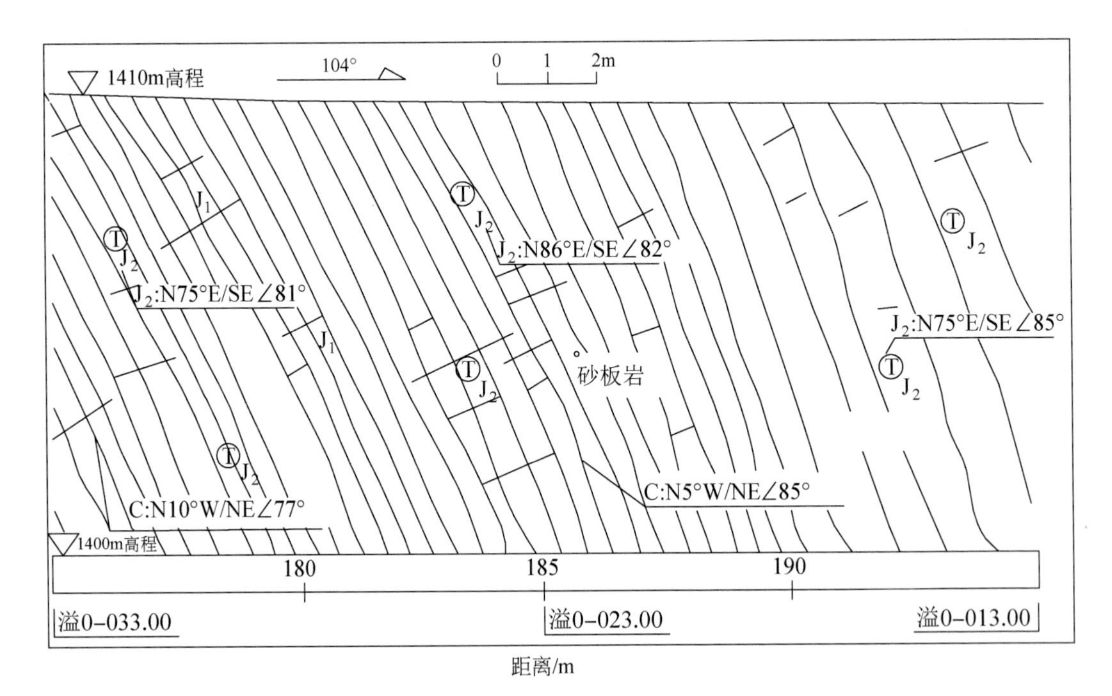

图 3.53　左岸溢洪道进水渠边坡溢 0-033.00—溢 0-013.00 段素描图

Ⅲ区：本区位于边坡开挖面中下部，折断面以下，岩体完整性较差，呈镶嵌结构，倾倒变形现象较明显。Ⅲ区岩与Ⅰ区岩体相比，节理发育程度高，软弱带发育较多（图3.54～图3.57）。

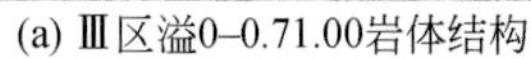
(a) Ⅲ区溢0–0.71.00岩体结构

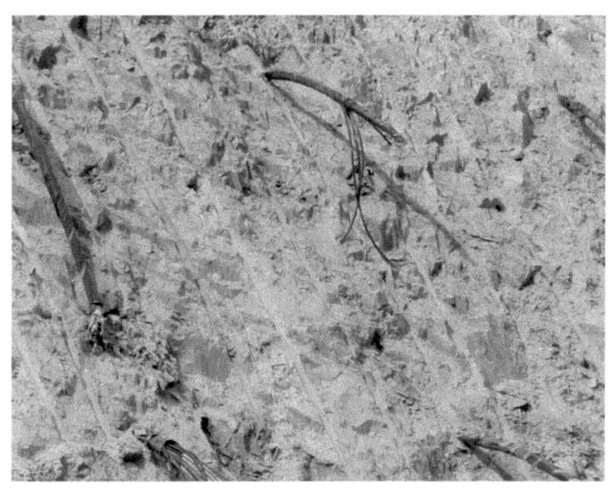
(b) Ⅰ区溢0–029.00岩体结构

图3.54　Ⅲ区与Ⅰ区岩体结构对比图

图3.55　边坡基岩出露图

Ⅱ区：位于边坡开挖面中上部，折断面以上，岩体完整性差，呈碎裂结构，倾倒变形严重。区内开挖面揭露的岩性主要为绢云母板岩、砂板岩、绢云母片岩，局部发育有变质石英砂岩。绢云母片岩多以软弱破碎带出现，厚为15～40cm，间距为3～20m，软弱破碎带内呈近散体结构，锤刨可进，无地下水。板岩中节理发育程度高，基本呈层状结构，岩体呈弱风化-强风化，锤击音哑，岩体倾倒变形严重，现象明显，层面产状为N5°～20°W/NE∠36°～58°（图3.58～图3.60）。

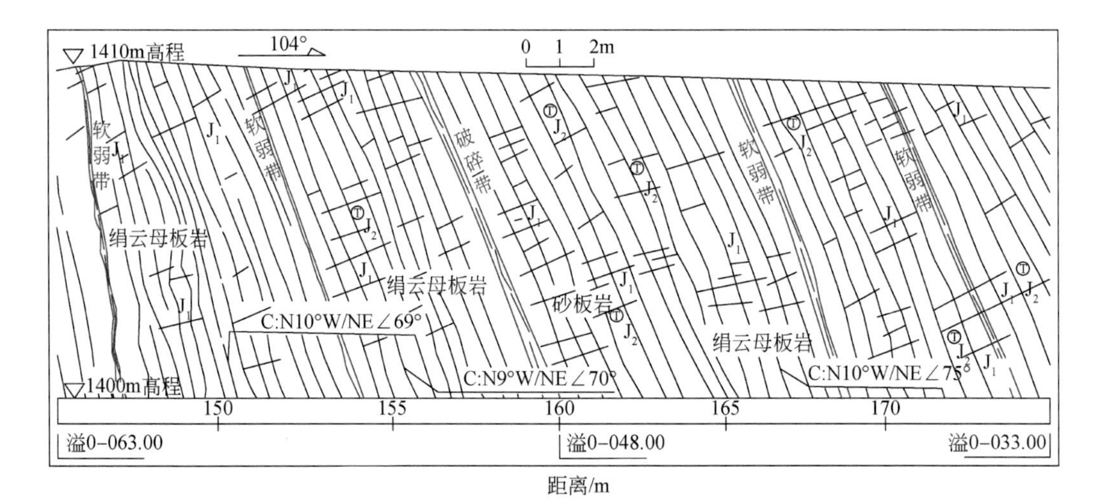

图 3.56　左岸溢洪道进水渠边坡溢 0-063.00—溢 0-033.00 段素描图

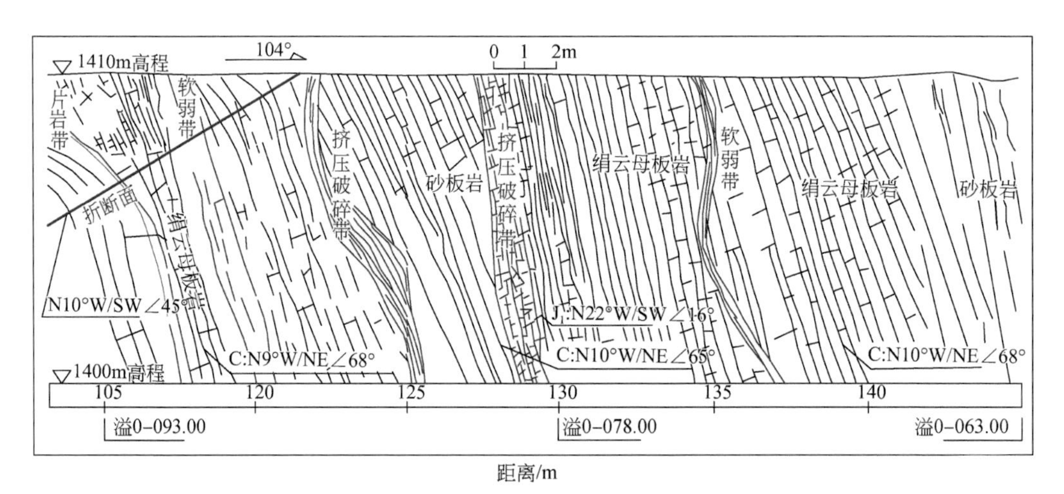

图 3.57　左岸溢洪道进水渠边坡溢 0-093.00—溢 0-063.00 段素描图

图 3.58　1405m 高程倾倒变形折断面

图 3.59　1395m 高程倾倒变形折断面

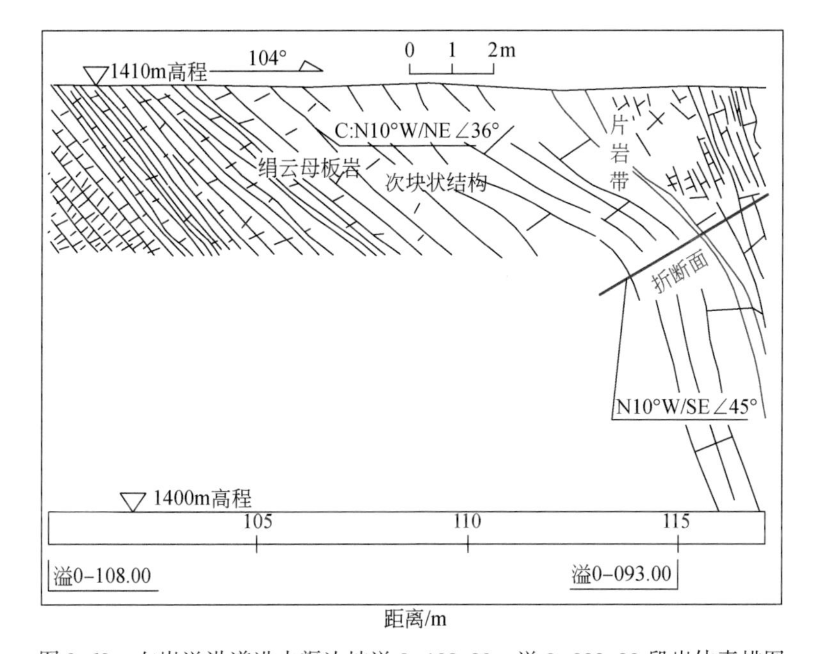

图 3.60　左岸溢洪道进水渠边坡溢 0-108.00—溢 0-093.00 段岩体素描图

Ⅳ区：本区位于进水渠边坡上游侧（图 3.61），开挖揭露的为第四系堆积体，高程为 1390～1405m，桩号：溢 0-212.0—溢 0-231.00。边坡开挖揭露的为层状堆积体，厚度约 15m，成松散状，锤可刨进。堆积体最下部 3m 以河相沉积的卵石为主，呈明显的二元结构，向上 3～9m 为砂和粉砂，以粉砂为主，中间夹有小碎石。卵石具有良好的定向排列性，以及良好的磨圆度，成层性好，卵石含量不高于 5%，可判断此处可能为河流阶地，地势较为平坦。堆积体最上部 9～15m 坡表以崩积物和坡积物为主，主要由浅表层倾倒岩体破坏形成。根据堆积体的结构可判断堆积体可能先由冲洪积物堆积形成阶地再由崩坡积物堆积在阶地上而形成（图 3.62）。

图 3.61　Ⅱ区与Ⅳ区分界示意图

图 3.62　Ⅳ区堆积体特征图

3.2.3.2　倾倒变形分级及工程地质模型

溢洪道进水渠边坡岩性主要为中侏罗统花开左组板岩、片岩及变质石英砂岩，呈软硬相间分布，其间沿层面及裂隙侵入石英脉，板岩、片岩呈互层分布。边坡发育断层较多，但切过主剖面线的只有两条沿层面发育的断层 F_{124} 和 F_{125}，产状分别为 N6°～11°W/NE∠45°～80°、N7°～13°W/NE∠47°～79°。根据现场开挖面岩体结构和之前的边坡资料，将边坡岩体根据不同倾倒情况，划分为 A、B（B_1 和 B_2）、C 区（图 3.63）。

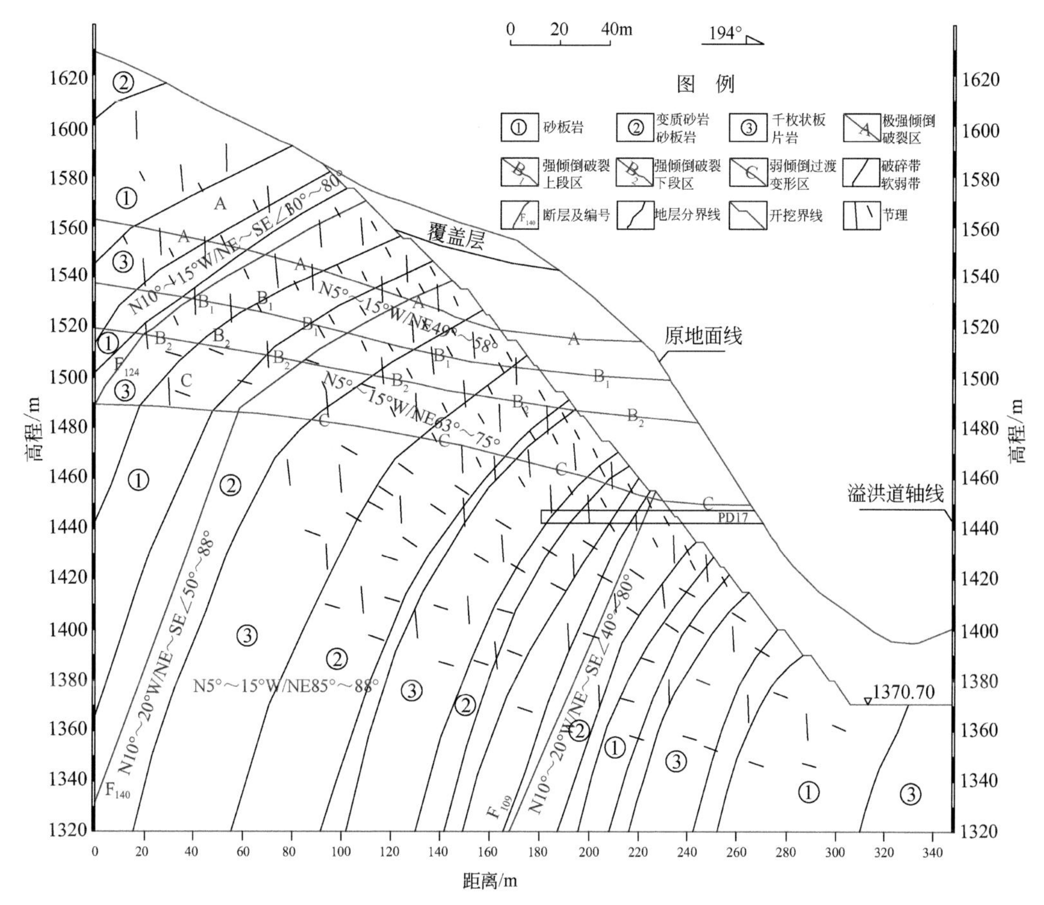

图3.63　左岸溢洪道进水渠边坡工程地质剖面示意图

A区：极强倾倒破裂区，产状为N5°~15°W/NE∠36°~51°，此区倾倒变形强烈，切层节理发育，张开较大，多充填岩屑，岩体多呈碎裂结构，大部分A区岩体已经发生破坏坠落。

B区：强倾倒破裂区，产状为N5°~15°W/NE∠39°~72°，岩层倾倒变形严重，层间错动明显，节理较为发育，但节理张开较小，填充度不高。岩体整体完整性较差，局部有软弱带或临空条件较好的地方，倾倒变形较严重，尤其是片岩与板岩互层。

C区：弱倾倒过渡变形区，产状为N5°~15°W/NE∠59°~80°，岩体完整性较好，倾倒变形不严重，风化程度也较弱，基本分布在1450m高程以下。

总体上，溢洪道进水渠边坡岩体倾倒变形严重，软弱破碎带岩体参数较低，厚度大多在15~30cm，分布较多，和板岩砂板岩成互层分布，还存在较多的片岩带，最厚的达几米。

3.3 倾倒变形评价指标体系及分区

脆性岩层倾倒变形后岩体破碎，按照一般的岩体结构分类方案，难以描述其倾倒变形程度。现有技术中评价岩体倾倒变形通常采用岩体结构分类方案或岩体质量分级方法，这种分类方法的技术缺陷是：①无法定量描述倾倒岩体的基本破裂特征；②难以描述倾倒岩体的变形程度；③计算方法复杂，野外使用不方便；④倾倒岩体破坏模式特殊，该技术对倾倒岩体针对性较弱。

通过对苗尾水电站倾倒变形体的详细调查、精细描述和数据定量化，提出了一种倾倒岩体的分类方法，能够迅速、准确、便利地描述倾倒岩体的变形破坏特征，可以作为倾倒岩体变形破坏特征程度划分的基本标准。该方法设定以下七个分类指标来评价倾倒岩体，来客观地反映岩体倾倒变形强烈程度，即岩层倾角（α）；层内最大拉张量（S），单位mm；层内单位拉张量（λ），单位 mm/m；岩体卸荷变形特征；岩体风化程度；岩体波速指标；岩体结构电阻比（a）。根据上述分类指标的综合判断，将倾倒岩体分为三类：A 类极强倾倒破裂岩体、B 类强倾倒破裂岩体［可进一步细分为强倾倒破裂上段岩体（B_1）和强倾倒破裂下段岩体（B_2）］、C 类弱倾倒过渡变形岩体。

3.3.1 岩体倾倒变形评价指标体系

3.3.1.1 岩层倾角

岩层倾角和岩体倾倒程度存在着必然的对应关系，岩层倾角随岩体倾倒程度的加剧而逐渐减小。通过对平硐实测编录资料的统计（表 3.4），归纳得出不同倾倒程度岩体的岩层倾角变化范围的统计成果。

表 3.4 坝前边坡岩层倾角（α）变化实测结果 ［单位：(°)］

平硐编号	A 类极强倾倒破裂岩体		B 类强倾倒破裂岩体				C 类弱倾倒过渡变形岩体	
			B_1 类强倾倒破裂上段岩体		B_2 类强倾倒破裂下段岩体			
	范围值	平均值	范围值	平均值	范围值	平均值	范围值	平均值
PD2	25 ~ 45	38.0	31 ~ 55	40.5	37 ~ 54	42.2	40 ~ 80	63.1
PD6	—	—	30 ~ 53	44.5	42 ~ 51	46.2	43 ~ 82	61.6
PD8	16 ~ 35	27.4	24 ~ 46	34.5	22 ~ 61	36.3	31 ~ 73	47.5
PD10	19 ~ 24	21.5	29 ~ 54	40.0	33 ~ 55	41.8	—	—
PD12	40 ~ 56	46.6	40 ~ 63	50.0	52 ~ 71	62.2	52 ~ 74	66.3
总体	16 ~ 56	21.5 ~ 46.6	24 ~ 63	34.5 ~ 50.0	22 ~ 71	36.3 ~ 62.2	31 ~ 82	47.5 ~ 66.3

从统计成果可以看出（表 3.5），A 类极强倾倒破裂岩体的岩层倾角为 $21.5° < \alpha \leq 46.6°$；$B_1$ 类强倾倒破裂上段岩体的岩层倾角为 $34.5° < \alpha \leq 50.0°$；$B_2$ 类强倾倒破裂下段岩体的岩层倾角为 $36.3° < \alpha \leq 62.2°$；C 类弱倾倒过渡变形岩体的岩层倾角为 $47.5° < \alpha \leq 66.3°$。坝前边坡岩体层内岩层倾角实测变化曲线如图 3.64 所示。

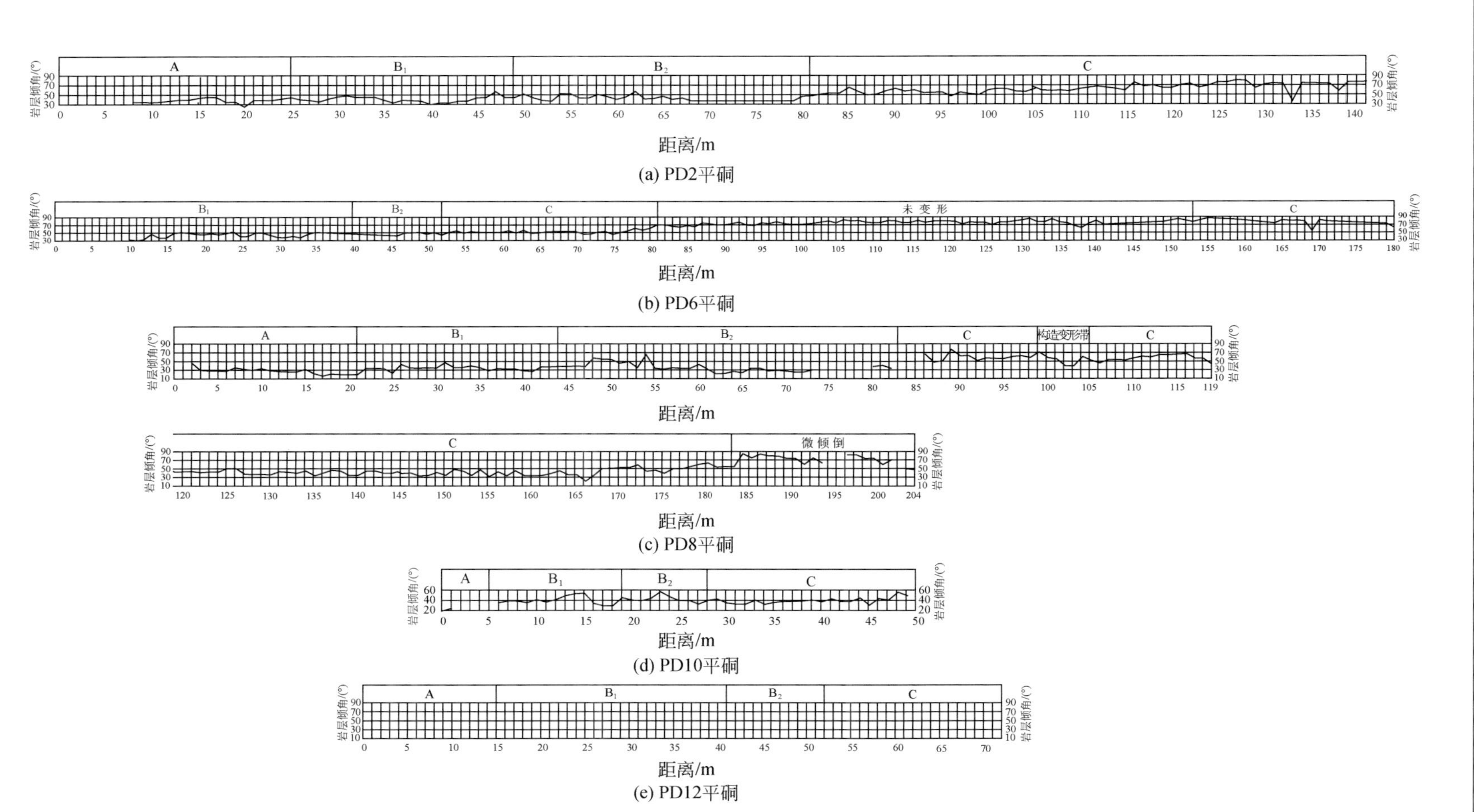

图3.64　坝前边坡岩体层内岩层倾角实测变化曲线

表 3.5　坝前边坡各类倾倒岩体的岩层倾角（α）变化范围　　[单位：(°)]

指标	A 类极强倾倒破裂岩体	B 类强倾倒破裂岩体		C 类弱倾倒过渡变形岩体
		B_1 类强倾倒破裂上段岩体	B_2 类强倾倒破裂下段岩体	
范围值	16 ~ 56	24 ~ 63	22 ~ 71	31 ~ 82
平均值	21.5 ~ 46.6	34.5 ~ 50.0	36.3 ~ 62.2	47.5 ~ 66.3

3.3.1.2　层内最大拉张量

坝前边坡平硐实测编录资料显示，岩体的层内最大拉张量与岩体倾倒程度有着较好的对应关系（图 3.65）。总体上看，A 类极强倾倒破裂岩体表现出强烈的拉张变形，层内最大拉张量为 14 ~ 40mm；B_1 类强倾倒破裂上段岩体的层内最大拉张量为 13 ~ 16mm；B_2 类强倾倒破裂下段岩体的层内最大拉张量为 11 ~ 15mm；C 类弱倾倒过渡变形岩体的拉张变形显著减弱，层内最大拉张量仅为 3 ~ 10mm。

3.3.1.3　层内单位拉张量

大量实测资料显示，层内单位长度岩体的张裂变形（mm/m）明显受控于岩体倾倒变形的强烈程度。因此将其作为岩体倾倒变形破裂程度分级基本指标之一。

在现场调查中发现，以变质砂岩、石英质砂板岩等为主体的硬质岩组合岩体，在倾倒转动角度较小时即可产生明显的张性破裂变形；而以片岩、板岩及千枚岩等为主体的软质岩组合岩体，一般为薄层状结构，层内错动极为发育，岩体表现为塑性变形特征。这类软质岩组合岩体即使在较大的倾倒转动角度时，张性破裂变形也不明显。因此，二者的张性破裂特征有所差异，应按硬质岩组合和软质岩组合两类岩体分别统计分析。

1. 硬质岩组合岩体的层内单位拉张量实测统计

将表征硬质岩组合岩体倾倒破裂程度的张裂特征指标实测统计成果归纳，得到了硬质岩组合岩体不同岩层倾角（α）与层内单位拉张量（λ）对应关系（表 3.6 ~ 表 3.9）。

表 3.6　硬质岩组合极强倾倒破裂岩体（A 类）特征指标实测统计成果

平硐编号	测量位置/m	岩性	岩层倾角 (α) /(°)	张裂密度 (ρ) /(条/m)	最大拉张量 (S) /mm	张裂平均值 (s) /mm	单位拉张量 (λ)/(mm/m)
PD8	10	砂板	32	10.00	103	3.22	32.19
PD8	9.5	砂板	36	8.11	103	3.43	27.84
PD8	7	砂板	37	14.86	99	1.90	28.29
PD10	17.5	砂岩	40	3.33	80.5	8.05	26.83
PD2	16	砂岩	46	11.37	84	2.9	32.94

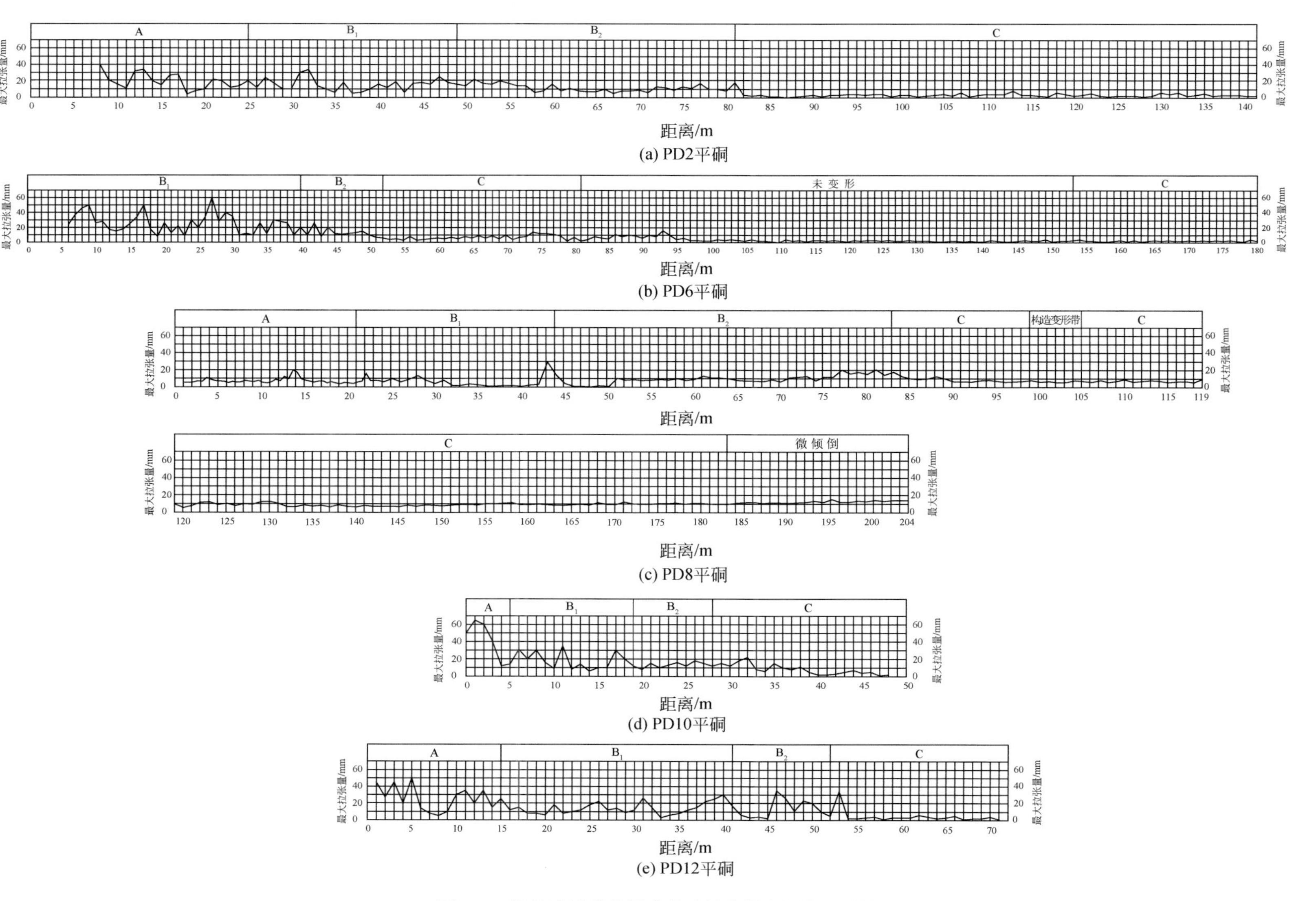

图3.65　坝前边坡岩体层内最大拉张量实测变化曲线

表 3.7　硬质岩组合强倾倒破裂上段岩体（B_1 类）特征指标实测统计成果

平硐编号	测量位置 /m	岩性	岩层倾角 (α) /(°)	张裂密度 (ρ) /(条/m)	最大拉张量 (S) /mm	张裂平均值 (s) /mm	单位拉张量 (λ)/(mm/m)
PD10	17.5	砂岩	40	3.33	80.5	8.05	26.83
PD10	23.7	变质砂岩	41	6.37	64.5	3.79	24.16
PD10	25	石英岩	41	5.2	52.5	4.04	21
PD2	55.8	变质砂岩	42	7.6	32	1.68	22.8
PD2	52	变质砂岩	43	6.45	72.5	3.63	23.39
PD12	32	石英质板岩	44	10	45	2.14	21.43
PD12	35.6	石英质板岩	50	9.17	53.5	2.43	22.29
PD2	49	砂岩	54	8.4	54.5	2.6	21.29

表 3.8　硬质岩组合强倾倒破裂下段岩体（B_2 类）特征指标实测统计成果

平硐编号	测量位置 /m	岩性	岩层倾角 (α) /(°)	张裂密度 (ρ) /(条/m)	最大拉张量 (S) /mm	张裂平均值 (s) /mm	单位拉张量 (λ)/(mm/m)
PD2	77.5	变质砂岩	46	7.5	38.5	2.57	19.25
PD2	62.5	变质砂岩	48	7.92	46	2.42	19.17
PD12	49.5	砂岩	57	5.35	48.5	3.73	19.96
PD12	51.2	砂岩	61	6.91	34	2.27	15.67

表 3.9　硬质岩组合弱倾倒过渡变形岩体（C 类）特征指标实测统计成果

平硐编号	测量位置 /m	岩性	岩层倾角 (α) /(°)	张裂密度 (ρ) /(条/m)	最大拉张量 (S) /mm	张裂平均值 (s) /mm	单位拉张量 (λ)/(mm/m)
PD2	105.5	石英岩	59	6.31	25.5	2.13	13.42
PD12	69.6	石英质板岩	66	8.42	23	1.35	11.39

2. 软质岩组合岩体的层内单位拉张量实测统计

将表征软质岩组合岩体倾倒破裂程度的张裂特征指标实测统计成果归纳，得到了软质岩组合岩体的不同岩层倾角（α）与层内单位拉张量（λ）的对应关系（表 3.10 ~ 表 3.13）。

表 3.10　软质岩组合强倾倒破裂上段岩体（B_1 类）基本指标实测统计成果

平硐编号	硐深/m	岩性	倾角（α）/(°)	最大拉张量（S）/mm	张裂平均值（s）/mm	张裂条数（x）/条	单位拉张量（λ）/(mm/m)	张裂密度（ρ）/(条/m)
PD10	11	片岩	37	61.5	3.62	17	20.5	5.67
PD10	8.3	片岩	49	23	2.56	9	10.8	4.23

表 3.11　软质岩组合强倾倒破裂下段岩体（B_2 类）基本指标实测统计成果

平硐编号	硐深/m	岩性	倾角（α）/(°)	最大拉张量（S）/mm	张裂平均值（s）/mm	张裂条数（x）/条	单位拉张量（λ）/(mm/m)	张裂密度（ρ）/(条/m)
PD2	34	片岩	44	42.5	2.71	16	15.2	6.56

表 3.12　软质岩组合弱倾倒过渡变形岩体（C 类）基本指标实测统计成果

平硐编号	硐深/m	岩性	倾角（α）/(°)	最大拉张量（S）/mm	张裂平均值（s）/mm	张裂条数（x）/条	单位拉张量（λ）/(mm/m)	张裂密度（ρ）/(条/m)
PD2	80.5	板岩	58	19.5	1.50	13	10.26	6.85

表 3.13　坝前边坡软质岩组合各类倾倒岩体单位拉张量（λ）（单位：mm/m）

指标	A 类极强倾倒破裂岩体	B 类强倾倒破裂岩体		C 类弱倾倒过渡变形岩体
		B_1 类强倾倒破裂上段岩体	B_2 类强倾倒破裂下段岩体	
软质岩	—	10.8～20.5	15.2	10.26

3. 层内单位拉张量与各类倾倒岩体的总体关系

将层内单位拉张量统计归纳，得到各类倾倒岩体单位拉张量（即每米长度岩体的拉张量）与岩体倾倒变形破裂程度对应关系（图 3.66、图 3.67，表 3.14）。

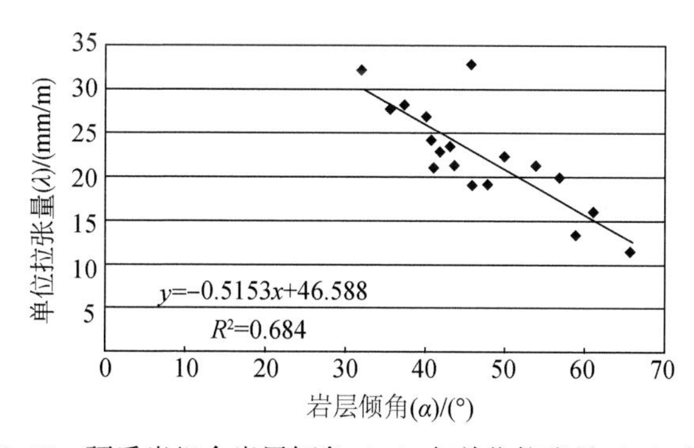

图 3.66　硬质岩组合岩层倾角（α）与单位拉张量（λ）关系

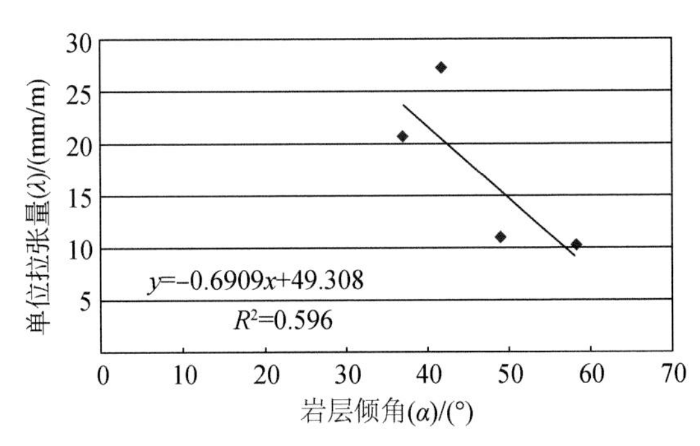

图 3.67　软质岩组合层内单位拉张量（λ）与岩层倾角（α）关系

表 3.14　坝前边坡各类倾倒岩体的单位拉张量（λ）　　（单位：mm/m）

指标	A 类极强倾倒破裂岩体	B 类强倾倒破裂岩体		C 类弱倾倒过渡变形岩体
		B_1 类强倾倒破裂上段岩体	B_2 类强倾倒破裂下段岩体	
硬质岩	26.83 ~ 32.94	21.00 ~ 26.83	15.67 ~ 19.96	11.39 ~ 13.42
软质岩	—	10.8 ~ 20.5	15.2	10.26

3.3.1.4　岩体卸荷变形特征

平硐实测资料统计结果（表 3.15）表明，岩体卸荷变形与岩体倾倒变形破裂程度存在着一定的相关性。总体上看，强卸荷岩体与 A 类极强倾倒破裂岩体及 B 类强倾倒破裂岩体相吻合，即强卸荷变形带的底界一般位于 B 类强倾倒破裂岩体的底界附近，弱卸荷变形一般与 C 类弱倾倒过渡变形岩体的分布范围近一致。

表 3.15　坝前边坡不同高程岩体卸荷带底界

平硐编号	高程/m	强卸荷带/m	弱卸荷带/m	备注
PD2	1357.88	61.0	81.0	0 ~ 54m 硬质岩组合，54m 以内软质岩组合
PD8	1436.10	83.5	131.0	软质岩组合夹硬质岩
PD10	1387.63	17.0	未揭穿	0 ~ 33m 硬质岩组合，33m 以内软质岩组合
PD12	1335.58	54.0	未揭穿	0 ~ 33.7m 硬质岩组合，33.7m 以内软质岩组合

3.3.1.5　岩体风化程度

平硐实测资料统计结果（表 3.16）表明，岩体风化程度与岩体倾倒变形破裂程度存在着一定的相关性。总体上看，A 类极强倾倒破裂岩体总体为强风化，下部为弱风化上段；B_1 类强倾倒破裂上段岩体总体上处于弱风化上段；B_2 类强倾倒破裂下段岩体一般为弱风化下段，上部可出现弱风化下段岩体；C 类弱倾倒过渡变形岩体总体为弱风化下段，下部为微风化-新鲜岩体。

表 3.16　坝前边坡不同高程岩体风化分带底界

平硐编号	高程/m	强风化/m	弱风化/m		微风化-新鲜/m	备注
			上段	下段		
PD2	1357.88	13.0	32.0	82.5	未揭穿	
PD6	1349.77	18.0	54.0	166.0	未揭穿	
PD8	1436.10	9.0	115.0	未揭穿	—	
PD10	1387.63	6.0	29.0	未揭穿	—	
PD12	1335.58	5.0	41.5	未揭穿	—	

3.3.1.6　岩体波速指标

不同倾倒变形破裂程度岩体的波速有所不同。根据平硐编录和纵波波速变化实测结果（表3.17）统计归纳，得到不同倾倒变形破裂程度岩体的纵波波速平均值变化范围统计成果（表3.18）。可以看出，A类极强倾倒破裂岩体的纵波波速值较低，平均值变化范围为v_P=900～1354m/s；B_1类强倾倒破裂上段岩体的波速有所增大，平均值变化范围为v_P=1050～2121m/s；B_2类强倾倒破裂下段岩体的波速值显著增大，平均值变化范围为v_P=1803～2363m/s；C类弱倾倒过渡变形岩体的波速值稍高于B_2类岩体，平均值变化范围为v_P=1865～2756m/s。

表 3.17　右坝前边坡倾倒岩体纵波波速变化实测结果　（单位：m/s）

平硐编号	A类极强倾倒破裂岩体		B类强倾倒破裂岩体				C类弱倾倒过渡变形岩体	
			B_1类强倾倒破裂上段岩体		B_2类强倾倒破裂下段岩体			
	范围值	平均值	范围值	平均值	范围值	平均值	范围值	平均值
PD2	900	900	1000～1200	1050	1000～2400	1803	1400～2900	1865
PD6	—	—	1000～1800	1200	1200～3000	1980	1700～3400	2400
PD8	900～2000	1338	1300～3000	2121	1300～2900	2087	1100～4300	2621
PD10	670～1800	1354	900～2500	1771	1100～3200	1965	—	—
PD12	—	—	1000～3100	2038	1400～3000	2363	1600～3800	2756
总体	900～2000	900～1354	900～3000	1050～2121	1000～3200	1803～2363	1100～4300	1865～2756

表 3.18　右坝前边坡倾倒岩体纵波波速（v_P）平均值变化范围　（单位：m/s）

v_P	A类极强倾倒破裂岩体	B类强倾倒破裂岩体		C类弱倾倒过渡变形岩体
		B_1类强倾倒破裂上段岩体	B_2类强倾倒破裂下段岩体	
平均值	900～1354	1050～2121	1803～2363	1865～2756

3.3.1.7　岩体结构电阻化

为了消除岩石自身形成的背景电阻率值影响对岩体质量分级定量化，对二维地质模型正演获得了背景电阻率的分布规律。在测量电阻率的基础上除以背景电阻率得到了与倾倒变形程度有关系的结构电阻比（a）。

高密度电法数据反演是建立在抑制平滑度最小平方法的基础上的，高密度电法应用于边坡调查时，假设地下水位较低，在高密度探测范围以外，即高密度电法探测结果不受地下水位的影响；认为研究区岩石饱和度、矿物成分在电极距为 1 的条件下为常数，可以将其看作单块岩石的电阻率值，以 ρ_1 表示，可通过实验室测试获取。对岩体质量的电阻率值不产生影响，即都包含于岩石电阻率（ρ_1）中。若现场实测电阻率为 ρ_2，则黏土含量及裂缝的综合影响效果可以以 ρ_2 与 ρ_1 的比值（结构电阻比，a）表示，$a=\rho_2/\rho_1$。a 值越大则表示岩体被改造更强烈，变形程度更大，以此来对边坡的倾倒变形进行定量化分级。

根据 $a=\rho_2/\rho_1$ 求得 a 值分布云图，此时，a 值仅表示岩体受改造的程度，即岩体的节理密度、节理张开度、层面张开度等内容，图 3.10 中 a 由于岩石电阻本身为范围值，在正演参数取值时为方便计算，所取电阻率值为定值，因此经处理后所得 a 值非一确定值而为范围值。由图 3.10 可看出 a 从硐口向硐内逐渐减小，与倾倒变形程度变化一致，可分为 4 段，每段除去少量的局部异常外，整体的取值范围且具有明显的分界性：A 区 0 ~ 20m 范围内 a 值主要为 14 ~ 25；B_1 区 20 ~ 60m 范围内 a 值为 5 ~ 14；B_2 区 60 ~ 86m 范围内 a 值为 2 ~ 5；C 区 86 ~ 120m 内 a 值为 1 ~ 2（表 3.19）。

表 3.19　各倾倒变形区 a 值分布表

分区	A 区	B_1 区	B_2 区	C 区
a 值	14 ~ 25	5 ~ 14	2 ~ 5	1 ~ 2

3.3.2　倾倒变形体变形程度分区

依照前述工程地质分级指标将斜坡岩体倾倒变形的强烈程度分为 A 类极强倾倒破裂岩体、B 类强倾倒破裂岩体、C 类弱倾倒过渡变形岩体三种类型。其中 B 类强倾倒破裂岩体细分为两个亚类，分别为 B_1 类强倾倒破裂上段（切层剪张破裂）岩体、B_2 类强倾倒破裂下段（层内张裂变形）岩体，建立如图 3.68 所示的倾倒边坡工程地质模型。

如图 3.68 所示，根据不同的变形程度，提出四个具有地质–力学含义的区域，即 A-极强倾倒破裂区（倾倒坠覆区）；B-强倾倒破裂区（强烈倾倒区），包含 B_1-强倾倒破裂上段区（倾倒错动区），B_2-强倾倒破裂下段区（倾倒张裂区）；C-弱倾倒过渡变形区（轻微倾倒区）；D-原岩区。根据其强至弱分别阐述如下。

1）A-极强倾倒破裂区（倾倒坠覆区）

当岩层倾角转动很大时，岩体发生强烈的折断张裂变形，形成陡倾坡外的张性破裂带。岩体内部张裂变形显著，松弛强烈，架空现象明显，裂缝充填块碎石及角砾、岩屑。变形严重者，破裂带以上岩体与下伏基岩几乎分离，并局部发生重力坠覆位移。这类破裂属极为强烈的倾倒变形，发生在倾倒变形岩体的浅表层。

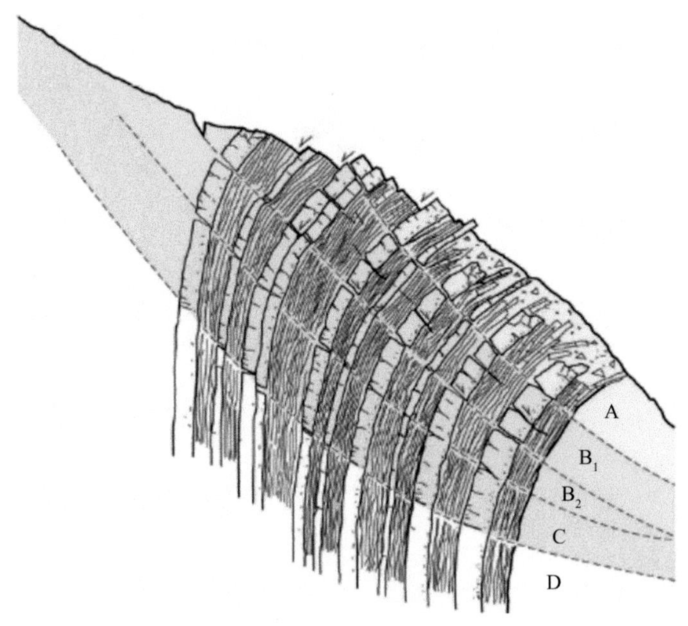

图 3. 68　倾倒边坡工程地质模型

2）B-强倾倒破裂区（强烈倾倒区）

该区根据倾倒的强烈程度和破裂机理不同，又可以分为上、下两个区段。

（1）B_1-强倾倒破裂上段区（倾倒错动区，切层剪张破裂区）。

当岩层倾倒幅度较大时，除了在层内发生强烈的张性破裂外，还将沿缓倾坡外节理发生剪切变形（张剪），并表现同显著的切层发展特征。这类变形破裂属强烈倾倒破裂的上段，发生在倾倒变形体的中部。

（2）B_2-强倾倒破裂下段区（倾倒张裂区，层内张裂变形区）。

随着岩层倾倒角度的增大，开始出现垂直层面发育的层内拉张破裂或沿已有结构面的拉张变形。这类张性破裂一般发育在两层软岩之间的硬层中，属倾倒变形程度较为强烈的情形，空间上出现在坡体相对较深的部位。

3）C-弱倾倒过渡变形区（轻微倾倒区）

岩层倾倒角度较小（一般小于 10°），层状岩体沿层间或千枚状板岩等软弱带发生剪切滑移，层内岩层基本上不发生明显的破裂，仅在硬岩层中见微量变形的张裂缝。这类情形属倾倒变形程度较弱的情况，一般出现在坡体的深部。

值得指出的是，B、C 区的界面也是岩层弯曲曲率最大的部位，岩层的折断最容易沿该界面发生。因此，C 区的顶面、B 区的底面也是倾倒变形潜在深层滑动的滑动面部位。

4）D-原岩区

原岩区保持了岩层的正常产状，未发生明显倾倒变形现象。

苗尾水电站坝址区边坡岩体倾倒变形程度分级体系见表 3. 20。

表 3.20　苗尾水电站坝址区边坡岩体倾倒变形程度分级体系

指标		A 类极强倾倒破裂岩体	B 类强倾倒破裂岩体		C 类弱倾倒过渡变形岩体
			B_1 类强倾倒破裂上段岩体（切层剪张破裂岩体）	B_2 类强倾倒破裂下段岩体（层内张裂变形岩体）	
倾倒变形特征		岩体发生强烈的倾倒折断张裂变形，形成陡倾坡外的张性破裂带。岩体内部张裂变形显著，松弛强烈，架空现象明显，大量充填块碎石及角砾、岩屑。变形严重区域，破裂带以上岩体与下伏变形基岩分离，并可产生重力坠覆位移	岩体强烈倾倒，除沿层内错动带及千枚状板岩等软弱岩带发生强烈的剪切滑移、层内岩层发生强烈的张性破裂外，其变形特征还存在沿缓倾坡外节理发生强烈的张性剪切变形，并表现出显著的切层发展特征	岩体倾倒较为强烈，层内错动带发生剪切滑移，层内岩体产生宏观张性破裂或沿已有结构面产生拉张变形。张性破裂一般仅局限在层内错动带及千枚状板岩等软弱岩带之间，总体上不切层，局部可切单层发育	岩体倾倒变形较弱，陡倾层状岩体沿层内错动夹层及千枚状板岩等软弱岩带发生剪切滑移，层内岩层基本上不发生明显的宏观张裂变形，或形成微量变形的张裂缝
岩层倾角（α）/(°)	范围值	16～56	24～63	22～71	31～82
	平均值	21.5～46.6	34.5～50.0	36.3～62.2	47.5～66.3
最大拉张量（S）/mm	范围值	4～65	2～58	1～40	0～24
	平均值	14～40	13～16	11～15	3～10
单位拉张量（λ）/mm	硬质岩	26.83～32.94	21.00～26.83	15.67～19.96	11.39～13.42
	软质岩	—	10.8～20.5	15.2	10.26
卸荷变形特征		强卸荷	强卸荷	总体强卸荷，下部可为弱卸荷	弱卸荷
风化特征		总体为强风化，下部为弱风化上段	总体为弱风化上段	一般为弱风化下段，上部为弱风化下段	总体为弱风化下段，下部为微风化-新鲜岩体
纵波波速（v_P）/(m/s)		900～1354	1050～2121	1803～2363	1865～2756
结构电阻比（a）		14～25	5～14	2～5	1～2
典型照片					

注：本表根据成都理工大学“澜沧江苗尾水电站坝址区岩体倾倒变形体特性及其对工程影响专题研究”报告，并结合坝前边坡现场调查资料整理分析取得。

第4章　层状倾倒岩体工程特性

4.1　引　　言

由于倾倒变形过程的时效特征，倾倒岩体具有非均一、非连续的特性，因此对于岩体力学参数的选取具有极大的挑战性，在现场工程特性调查的基础上结合试验研究是较为有效的方式。倾倒岩体的力学试验方面，相关文献较少，特别是针对倾倒体潜在滑移面（带）部位岩体的原位力学试验或原状样的试验，国内鲜有报道。其主要原因在于取样的技术难度过大，试验可操性较低。尽管倾倒岩体根部的质差岩体在一定程度上可以类比碎裂结构的岩体或破碎带，也有研究人员取扰动样进行相关试验或以其对应的岩体质量等级进行参数取值，但从结构效应来看，两者还是存在较大的差别。

根据以往工程经验，目前工程上关于倾倒岩体物理力学参数取值的方法有如下典型实例。

4.1.1　基于结构面剪切和岩石三轴试验的工程地质类比法

在黄登水电站的研究中，针对倾倒变形体底部的滑移控制面 F217-3 进行了专门的原状试样及扰动恢复试样的剪切试验，该断层带对整个倾倒变形体的稳定性有控制作用，掌握其力学性质非常关键。剪切试验获得了该控制面的抗剪强度的屈服值和峰值，最终根据工程实际情况和安全等级进行综合取值。

除专门针对 F217-3 的研究外，研究人员还类比相似工程，对倾倒变形体内部其余的各级结构面进行力学参数取值。在对倾倒变形岩体进行取值时，则是以勘察成果为主要依据，参考同流域澜沧江河谷其他水电工程经验进行的综合取值。需要指出的是，由于倾倒变形各部位的变形程度对岩体力学特性影响较大，在对倾倒变形体进行岩体力学试验时，对取样部位需要谨慎对待。

1#倾倒变形体发育于坝址区上游右岸1#沟上游侧近坝库岸（图 4.1）。根据现场平硐编录实测及地表调查，该变形体主体的垂向分布范围为 1480 ~ 1830m（局部为 1650 ~ 1910m），宽度为 400 ~ 500m，水平发育深度为 28 ~ 200m，厚度为 30 ~ 104m，总体积约为 $1.18\times10^7\text{m}^3$。

1#倾倒变形体的倾倒变形破裂现象较为复杂。鉴于前期的勘探平硐大多未揭穿变形体底界，且已坍塌而无法开展深入的研究工作，本阶段调查仅对具备工作条件 PD207、PD215、PD217 及 PD227 等平硐所揭露的倾倒变形的发育情况，进行了系统的地质编录与分析研究。初步的研究成果表明，该变形体内部、底界及后缘深部等部位的变形特征不尽相同。归纳起来有“倾倒蠕变”、“滑移-倾倒”及“倾倒-弯折”等三种类型。

PD207 平硐较为清楚地揭露了1#倾倒变形体后缘深部底界附近岩体这类变形的发展情况（图 4.2、图 4.3）。该部位处于倾倒变形体与基岩之间的变形边界，虽然岩层仅发生轻微倾倒，但弯折部位的剪切破裂已较明显。1#倾倒变形体计算参数取值表见表 4.1。

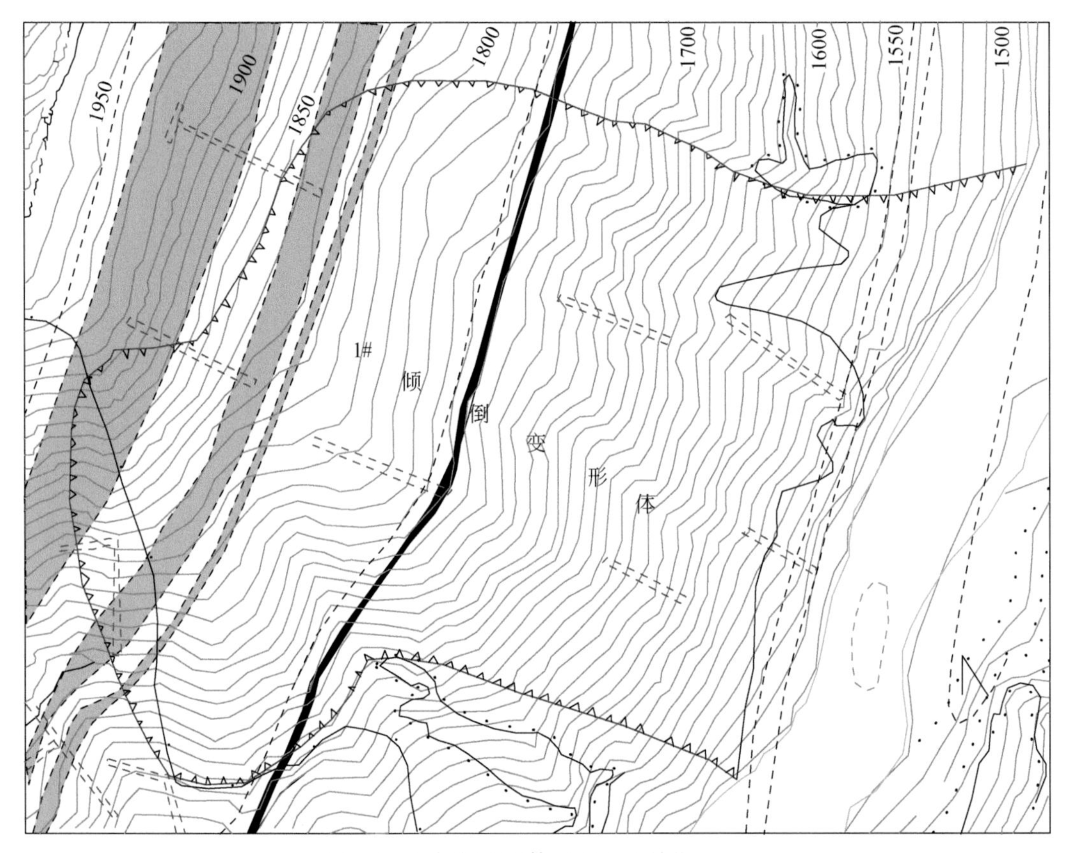

图 4.1　1#倾倒变形体平面图（单位：m）

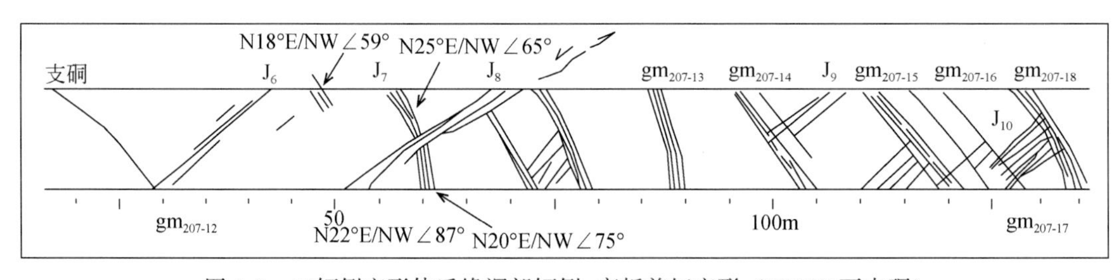

图 4.2　1#倾倒变形体后缘深部倾倒-弯折剪切变形（PD207 下支硐）

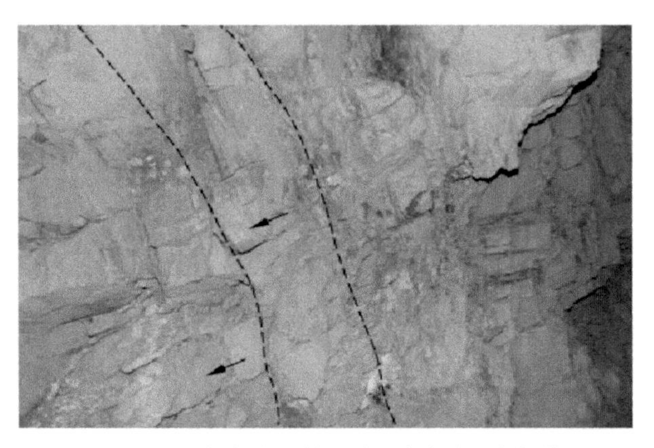

图 4.3　1#倾倒变形体后缘深部倾倒-弯折带

表4.1　1#倾倒变形体计算参数取值表

地层		弹性模量/GPa	泊松比(μ)	密度/(kg/m³)		内聚力/MPa		内摩擦角/(°)		刚度/(MPa/m)	
				天然	饱水	天然	饱水	天然	饱水	法向	切向
倾倒变形岩体(T_3xd)	A类	12	0.30	2350	2450	0.35	0.15	35	33	—	—
	B类	28	0.23	2550	2600	0.85	0.45	42	38	—	—
T_3xd		35	0.20	2790	2850	1.80	1.60	56	48	—	—
J_2h^1		15	0.28	2480	2530	0.8	0.60	38	30	—	—
弯折带		—	—	2460	2500	0.60	0.40	38	30	6500	9000
节理带		—	—	2360	2480	0.35	0.15	33	28	5000	8000
F_{217-3}、F_{205-1}		—	—	2260	2350	0.40	0.20	28	23	4500	7500
J_2h-T_3xd界面		—	—	—	—	0.55	0.48	35	30	5000	8000
基岩-覆盖层界面		—	—	—	—	0.25	0.10	21	18	3500	6500

4.1.2　针对不同岩体结构和变形的倾倒岩体力学参数取值

对于乌弄龙水电站岸坡倾倒变形体力学参数的研究主要集中在以下三个方面：倾倒体与未倾倒岩体接触面力学参数试验研究、倾倒体内碎块状岩体力学参数试验研究以及倾倒体内较完整岩体力学参数试验研究。

倾倒体与未倾倒岩体接触面的强度参数是分析倾倒体稳定性的一个控制性参数。根据现场调查接触带的物质有岩性较软呈现碎屑状的接触带，有因整体折断错动形成的碎屑状接触带，也有顺结构面折断面形成较平整的碎屑物带，现场调查也发现不少接触带基本上为岩石碎块（图4.4、图4.5）。为了准确地获得接触面的强度参数，在室内分别对取得的接触面碎块状试样进行了三轴压缩试验和直接剪切试验。

根据上述取值原则，在留有一定的安全储备以后，对倾倒体内变形岩体抗剪强度参数取值如下：内聚力（c）= 0.35MPa，内摩擦系数（f）= 0.85。

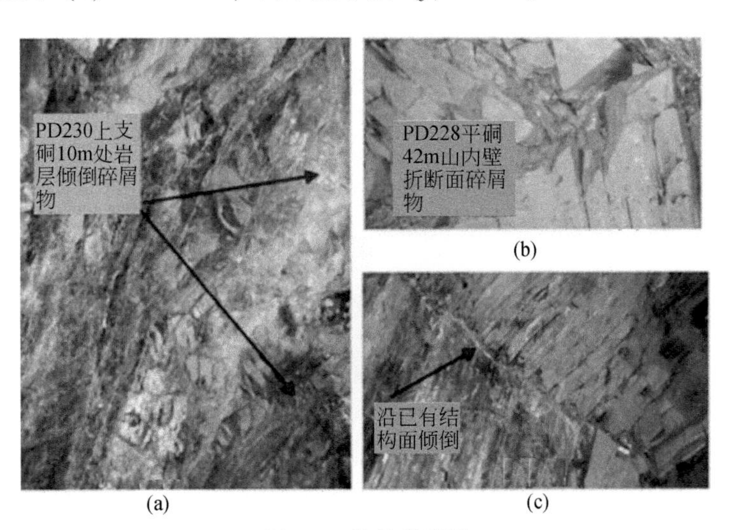

图4.4　接触带碎屑

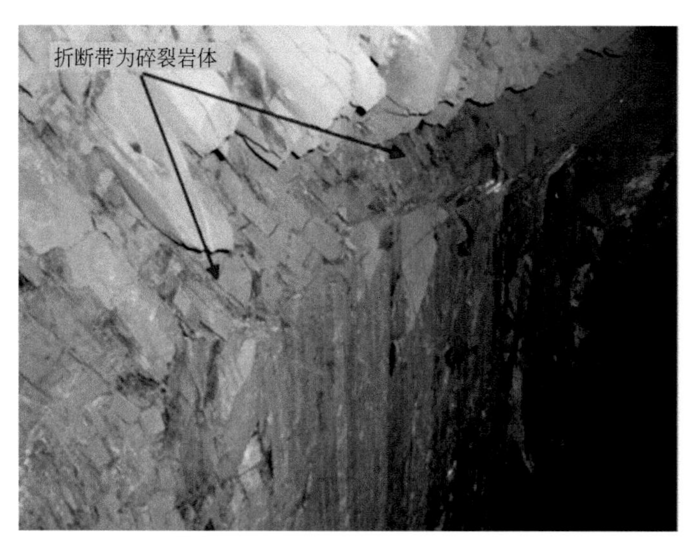

图 4. 5　折断带为碎裂岩体

对倾倒体与未倾倒岩体接触面的抗剪强度参数取值原则如下：①由于倾倒体与未倾倒岩体接触面物质既有碎屑状的，也有碎裂岩块状的，从工程安全的角度，应在参数取值方面留有较大的储备；②内聚力以点群中间值和标准值为依据进行取值；③内摩擦系数以点群下限值和标准值为依据，同时参考点群中间值和试验平均值进行取值。

根据上述取值原则，在充分考虑工程的安全储备以后，对倾倒体与未倾倒岩体接触面的抗剪强度参数取值如下：$c=0.15\mathrm{MPa}$，$f=0.7$。

受边坡岩体向临空面倾倒变形的影响，如图 4. 6 所示，在倾倒体内部，岩体普遍拉裂、破碎，局部有架空，岩体完整性受到较大影响。较多的钻孔岩心普遍呈碎块状，但基本保持了原岩层序状态，将在钻孔中获取的倾倒体内保持原岩层序状态的岩体用缩封固定技术制成试样，开展变形体中碎块状岩体的强度试验可以为相关稳定性评价提供参数。试验主要采用的是三轴压缩试验和直接剪切试验。

图 4. 6　倾倒变形影响带岩体

PD28 上支硐 43m 倾倒影响带岩体

对倾倒体内变形岩体抗剪强度参数依照以下原则进行取值：

（1）对于内聚力，直接剪切试验得到的岩体内聚力偏低，因此以三轴压缩试验的标准值为依据进行取值；

（2）对于内摩擦系数，从工程安全角度出发，取三轴压缩试验和直接剪切试验得到的低值，以标准值为依据进行取值。

边坡岩体在向临空面倾倒变形的过程中，虽然倾倒体范围内边坡岩体大部分拉裂、变形、破碎，但是在局部小范围内，仍然有较完整的岩体，在与倾倒体接触的未倾倒岩体中，也呈现拉裂块状。

合理选取较完整岩体进行三轴压缩试验，对倾倒体内较完整岩体内聚力取值以点群中间值和平均值为主要依据，内摩擦系数则以点群下限值和标准值为主要依据，并参考现场抗剪断峰值强度试验成果，考虑总体强度仍受周围较破碎岩石影响，需留一定安全储备，对于倾倒体内较完整岩体抗剪强度参数取值如下：$c=0.70\mathrm{MPa}$，$f=0.95$。

乌弄龙水电站倾倒变形体岩体力学参数取值方法为我们提供了一个研究思路，除了可以借鉴黄登水电站从宏观上以岩体倾倒变形程度为依据进行分级取值外，还应该根据实际的地质情况，将边坡岩体分为倾倒体和非倾倒体进行力学参数的研究。倾倒体内岩体又分为破碎岩体和较完整岩体。由于倾倒体与下部未倾倒体接触面为该倾倒变形体稳定性的重要边界条件，还应该在参数取值时针对该部位进行现场取样，并对该部位采用三轴压缩试验和直接剪切试验进行研究，最终结合工程的安全要求对结构面的抗剪强度进行综合取值。

4.1.3　苗尾水电站岸坡倾倒岩体参数取值方法

针对苗尾水电站岸坡选择具有代表性的岩体进行了大量的室内外物理力学试验，对试验成果进行分析整合，考虑到倾倒岩体的工程复杂性以及试验扰动，结合实际工程地质条件，对倾倒岩体物理力学参数进行综合取值。

倾倒变形边坡岩体的物理力学参数，既包括形成倾倒的岩石的物理力学参数，也包括倾倒形成后的不同倾倒程度的岩体的物理力学参数。

倾倒变形破坏需要一个很长的孕育演化过程，在这个过程中，岩层可以发生很大的柔性弯曲而不折断，表现出与一般岩体变形不同的流变特征。

对倾倒变形边坡岩体进行物理力学参数取值，需解决的关键技术问题如下：

（1）岩石物理力学性质试验及主要结构面携剪试验，确定控制斜坡稳定性的主要结构面的强度指标。

（2）开展软岩流变试验，研究岩体长期强度，具体包括蠕变试验和松弛试验，为斜坡变形破坏机制模拟分析和稳定性评价提供基础。

（3）岩体力学参数综合取值研究。根据已有资料、试验结果和反演分析，结合工程地质类比法，确定不同倾倒程度的各类岩体的物理力学参数。

本书对于倾倒变形岩体物理力学参数取值方法建议如图 4.7 所示。

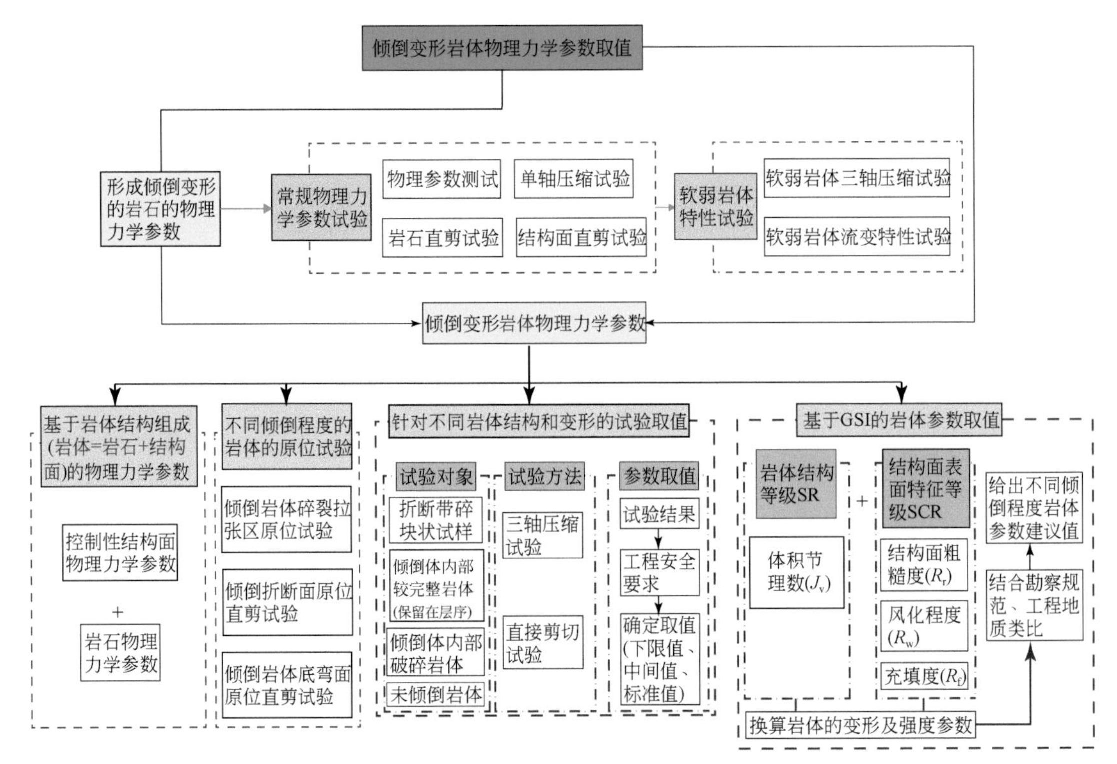

图 4.7　倾倒变形岩体物理力学参数取值方法

4.2　倾倒岩体单元物理力学特性试验

4.2.1　倾倒岩体常规物理力学参数试验

苗尾水电站坝址区主要岩体为千枚岩、片岩、变质石英砂岩、板岩夹片岩、片岩夹石英砂岩（图 4.8、图 4.9），板岩和片岩在整个右坝肩边坡中所占比例相对较大。因此，本小节岩体力学试验研究主要针对砂质板岩与片岩分别进行了单轴压缩试验、直接剪切试验、结构面剪切试验、常规三轴试验，以期获得相关的变形和强度参数为数值模拟分析以及稳定性研究提供参考。

物理性质边坡岩性组合特征是指组成边坡的岩石类别及其组合方式，不同的岩性具有完全不同的物理力学性质，且边坡一般为多种岩性的岩石相互组合而成，使其形态和力学特征愈为复杂，并对边坡开挖的变形起控制作用。所以，对边坡岩性组合特征的岩性研究显得尤为重要。

坝址区出露岩性有板岩、片岩、千枚岩、变质石英砂岩。以上四种岩性根据力学性状划为软岩与硬岩。其中，片岩、千枚岩属于软岩，板岩、变质石英砂岩属于硬岩。

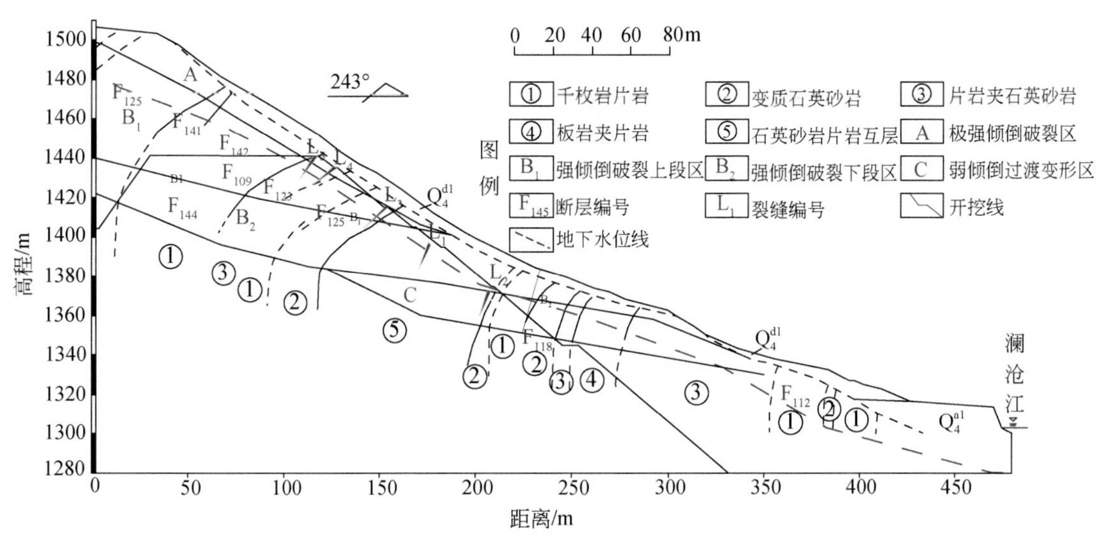

图4.8　左坝肩边坡工程地质剖面图

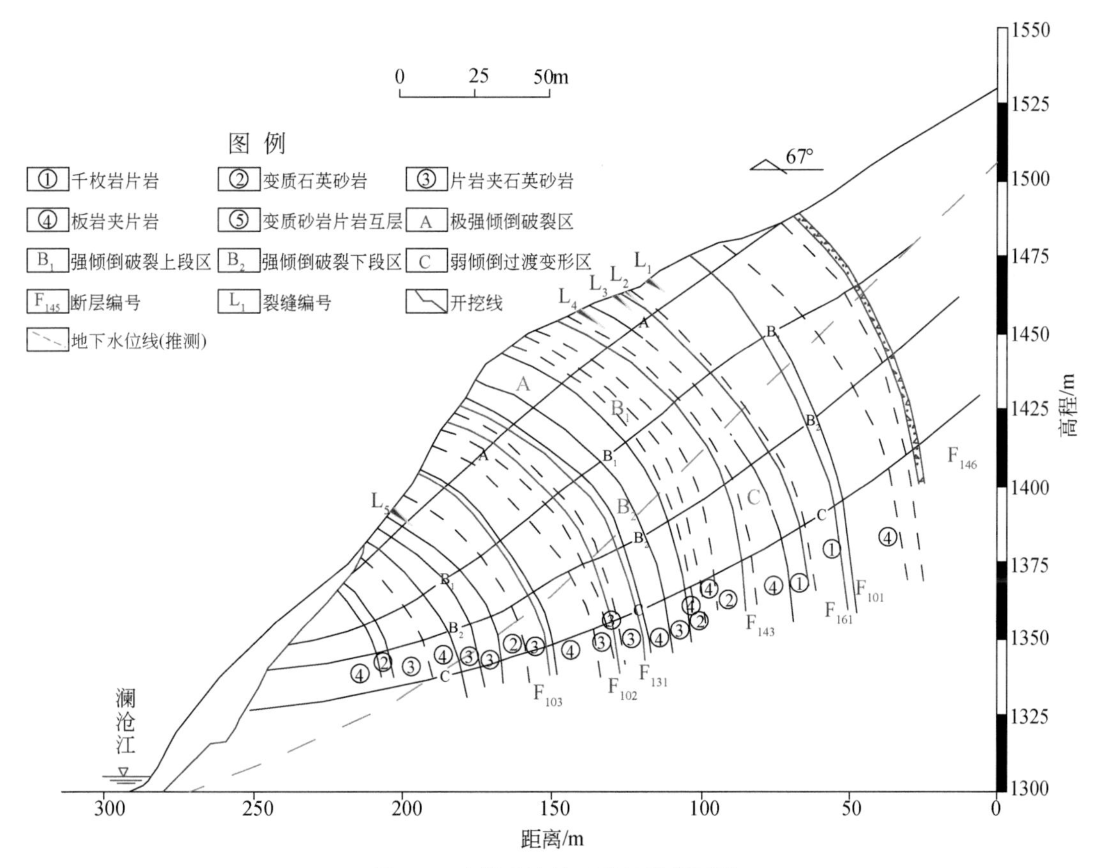

图4.9　右坝肩边坡工程地质剖面图

按岩石的特性及组合，将坝址区内的岩性组合分为以下五种。

（1）软质岩组合：片岩、千枚岩；

（2）硬质岩组合：变质石英砂岩、板岩；

（3）软质岩夹硬质岩组合：片岩、千枚岩为主，层间夹少量变质石英砂岩和板岩；

（4）硬质岩夹软质岩组合：变质石英砂岩为主，层间夹少量片岩和千枚岩；

（5）硬质岩与软质岩互层组合：变质石英砂岩、板岩和片岩、千枚岩互层。

研究区岩性主要为中侏罗统花开左组（J_2h）浅变质薄层及板状碎屑岩系，其岩石建造包括板岩、千枚岩、变质石英砂岩及少量的白云岩等四类岩石，其间沿层面及裂隙侵入石英脉。除此以外还揭露少量的上侏罗统花开左组（J_3h）河流相碎屑岩系，主要为紫红色泥岩、粉砂质泥岩，间夹同色粉砂岩及细砂岩。

花开左组岩石总体上具有微鳞片状变晶结构、细粒及不等粒状鳞片变晶结构与中粗粒不等粒状结构，半定向及定向板状构造、半定向带状构造、千枚状构造、半定向斑杂状构造及块状构造。

1）板岩

板岩类的基本岩石建造有钙质绢云母板岩，钙质千枚状板岩，含绿泥石、绢云母千枚状板岩及黑色板岩等，总体岩体相对较硬，属于脆性岩体，在动力地质作用下常发生断续断裂，其间可见明显的阶梯状台坎。

板岩在显微镜下可观察到，石英呈大颗粒状分布其中，粒径在 50 ~ 200μm 不等，集中于 100 ~ 200μm，含量约 65%；长石也呈颗粒状嵌布，含量约 5%；绢云母呈定向排列，含量约 25%；另可见极少量绿泥石（图 4. 10），滴加稀盐酸无气泡。

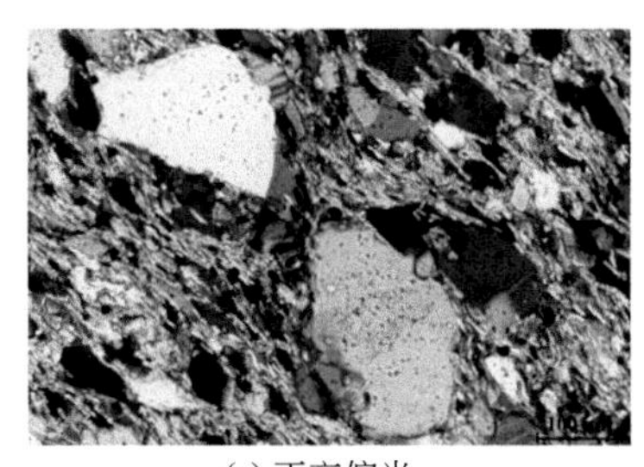

(a) 正交偏光

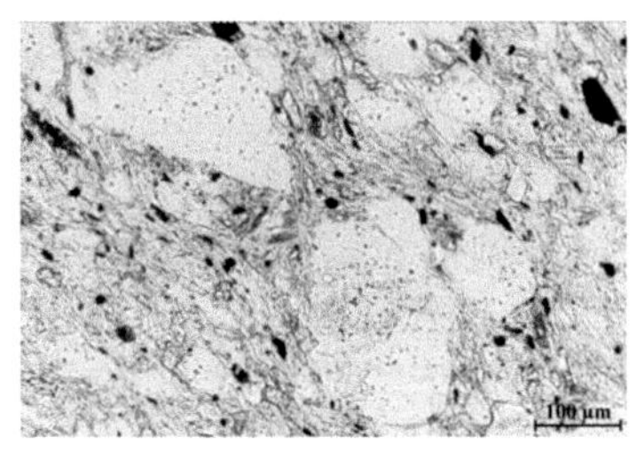

(b) 单偏光

图 4. 10　板岩显微镜下观察结果

2）千枚岩

千枚岩的基本岩石建造有含钙质粉砂质板状千枚岩，含绿帘石、绿泥石及石英绢云母千枚岩及青灰色千枚岩等，总体岩质较软，在动力地质作用下主要发生弯曲和揉皱。

千枚岩在显微镜下观察到，石英呈碎屑颗粒状，颗粒细小，粒径多小于 20μm，含量约 30%，不均匀分布；绢云母占绝对优势，含量约 60%，定向排列；长石约 5%，含量较少；另有少量钙质物质（图 4. 11）。滴加稀盐酸于岩石表面，有小气泡，说明含有碳酸盐类物质，据薄片鉴定为方解石。

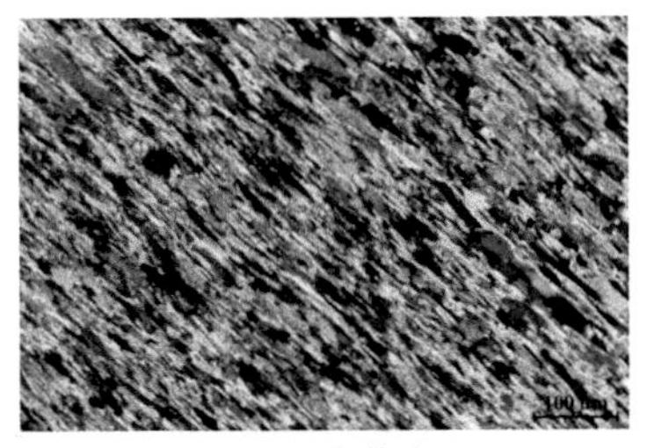
(a) 正交偏光

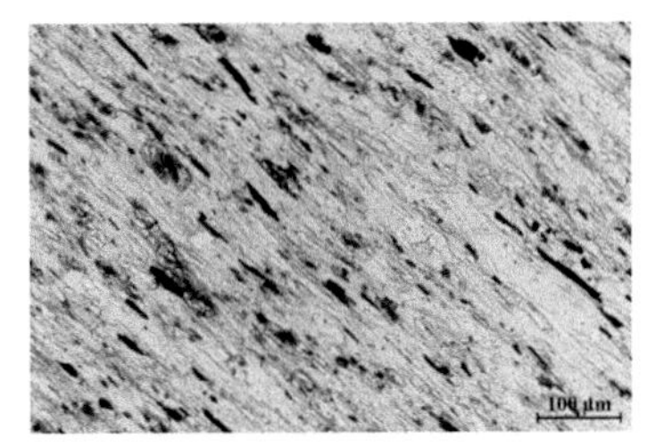
(b) 单偏光

图 4. 11　千枚岩显微镜下观察结果

3）绢云母片岩

绢云母片岩岩石组分主要为绢云母及绿泥石，绢云母含量为 70% 左右，其中绿泥石含量为 20%，总体强度较低，吸水率高。砂质板岩岩石组分主要为绢云母及石英，绢云母含量为 70% 左右、石英含量为 20% 左右。板理面平直具有丝绢光泽及少量的褐铁矿斑点（图 4. 12、图 4. 13）。

图 4. 12　绢云母片岩电镜图

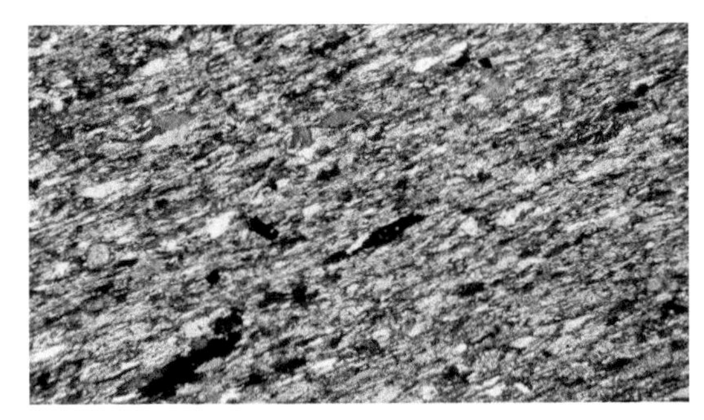
图 4. 13　砂质板岩电镜图

下坝址不同风化程度的岩石物理性质见表 4. 2，右坝前边坡层间破碎带物理指标见表 4. 3。

表 4. 2　下坝址不同风化程度的岩石物理性质一览表

岩石名称	量值	含水量/%	孔隙比	相对密度	容重/(g/cm^3)	
					干	湿
弱风化绢云板岩	范围值	0. 08 ~ 0. 15	0. 02 ~ 0. 03	2. 79 ~ 2. 83	2. 7 ~ 2. 76	2. 77 ~ 2. 72
	平均值	0. 12/5	0. 03/5	2. 81/5	2. 74/5	2. 75/5
微风化绢云板岩	范围值	0. 04 ~ 0. 16	0. 01 ~ 0. 04	2. 84 ~ 2. 87	2. 75 ~ 2. 81	2. 77 ~ 2. 82
	平均值	0. 09/5	0. 02/5	2. 85/5	2. 79/5	2. 80/5
弱风化变质石英砂岩	范围值	0. 15 ~ 0. 43	0. 02 ~ 0. 03	2. 71 ~ 2. 79	2. 65 ~ 2. 71	2. 66 ~ 2. 72
	平均值	0. 28/4	0. 03/4	2. 75/4	2. 68/4	2. 69/4
微风化变质石英砂岩	范围值	0. 09 ~ 0. 16	0. 01 ~ 0. 04	2. 73 ~ 2. 83	2. 64 ~ 2. 79	2. 65 ~ 2. 80
	平均值	0. 13/6	0. 03/6	2. 81/6	2. 72/6	2. 73/6

注：表中斜线右侧数字为试验组数。

表 4.3　右坝前边坡层间破碎带物理指标测试

编号	含水量/%	天然密度/(g/cm³)	干密度/(g/cm³)	饱和密度/(g/cm³)	孔隙比	平均值				
						含水量/%	天然密度/(g/cm³)	干密度/(g/cm³)	饱和密度/(g/cm³)	孔隙比
B1	13.49	2.08	1.84	2.14	0.25	12.18	2.19	1.96	2.27	0.24
B2	11.42	2.30	2.06	2.42	0.24					
B3	11	2.26	2.04	2.30	0.22					
B4	12.8	2.13	1.89	2.20	0.24					

为全面了解坝址区岩体的力学性能，须评价其强度标志特征，如单轴抗压强度、抗剪强度等。在岩体组成与结构的研究基础上，进一步开展力学性状试验研究，分别进行单轴压缩试验、直接剪切试验、结构面剪切试验、常规三轴试验，并评价试验所获得的力学指标。

4.2.1.1　单轴压缩试验

本次苗尾水电站坝址区砂质板岩单轴压缩试验采用由成都理工大学地质灾害防治与地质环境保护国家重点试验室开发研制的新型试验系统（图 4.14）。试样采用高 100mm、直径 50mm、高径比 2∶1 的圆柱形试样（图 4.15）。加载过程由油阀控制加载速率（位移控制），加载速率为 0.05mm/s。

图 4.14　单轴压缩仪

图 4.15　单轴压缩试样

本次试验设计为天然状态与饱水状态两组试验做对比研究。试验能得到岩样在天然状态和饱水状态下的单轴抗压强度和软化系数，试验结果见表 4.4。

分析试验后破坏岩样的裂纹发现岩样在试验过程中多沿结构面或追踪结构面破坏（图 4.16、图 4.17）。天然状态下的单轴抗压强度平均值为 101.583MPa，饱水状态下的单轴抗压强度平均值为 78.578MPa，软化系数为 0.774，表明水对岩体的影响比较明显。

表4.4　单轴抗压强度试验结果

岩石名称	含水状态	试件尺寸		试件面积/mm^2	破坏荷载/kN	单轴抗压强度		软化系数
		直径/mm	高/mm			单值/MPa	平均值/MPa	
砂质板岩	天然	48.60	100.6	1856.43	173.844	93.644	101.583	0.774
	天然	48.36	100.7	1835.87	201.068	109.522		
	饱水	48.36	102.3	1835.87	141.222	76.924	78.578	
	饱水	48.80	100.8	1869.43	149.988	80.232		

图4.16　多沿结构面破坏

图4.17　追踪结构面破坏

4.2.1.2　直接剪切试验

为得到岩体抗剪强度，本次试验进行了直接剪切试验测试岩体的抗剪强度。直接剪切试验是将同一类的完整岩样，在不同法向荷载下进行剪切，求得其抗剪强度参数。试验仪器为由成都理工大学地质灾害防治与地质环境保护国家重点试验室设计开发的岩石力学多功能试验机（图4.18）。试样采用5cm×5cm×5cm的正方体标准试样，用应力控制式的平推法直接剪切试验方法（图4.19）。

图4.18　直接剪切仪

图4.19　直接剪切试样

根据经验选定的法向应力在0.5～1.3MPa，分五级荷载分别加载。试验过程中随着法向应力的增大，极限剪应力和残余抗剪强度随之增大。试验获得岩体法向应力-剪应力关系曲线，并得到各曲线的拟合方程，相关系数（R^2）满足要求，见图4.20与图4.21。

试验结果显示（表 4.5），两种岩样的抗剪强度差异较大，片岩天然状态下内聚力（c）为 3.16MPa，内摩擦角（φ）为 48.36°；砂质板岩天然状态下内聚力（c）为 6.49MPa，内摩擦角（φ）为 51.74°。通过天然与饱水状态岩样对比试验分析发现，水对岩样的抗剪强度指标影响明显，片岩饱水后内聚力降低为 2.21MPa，内摩擦角降低为 33.63°；而砂质板岩饱水后内聚力降低为 3.12MPa，内摩擦角降低为 48.03°。

本次直接剪切试验采用的是完整岩石岩样进行剪切，试验结果的抗剪强度平均试验值较高，更接近岩石的抗剪断强度，而非摩擦强度、结构面抗剪强度另做试验测试。

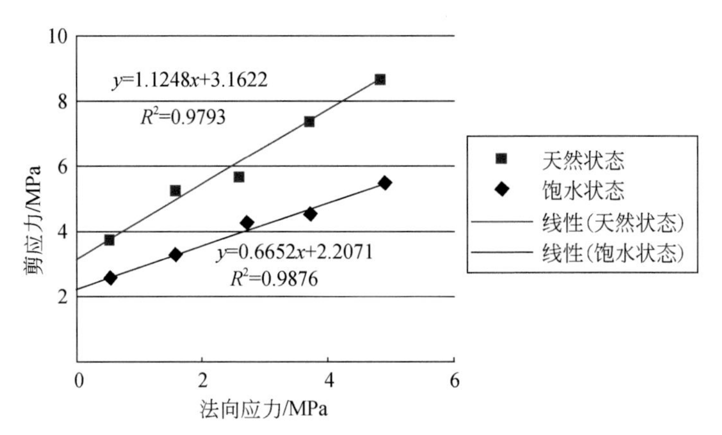

图 4.20　片岩法向应力-剪应力关系曲线

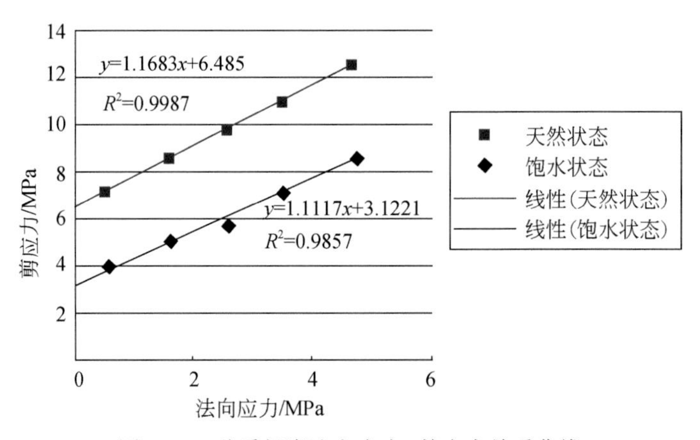

图 4.21　砂质板岩法向应力-剪应力关系曲线

表 4.5　直接剪切试验结果

岩性	含水状态	试样个数	c/MPa	φ/(°)	相关系数（R^2）
片岩	天然	5	3.16	48.36	0.9793
	饱水	5	2.2	33.63	0.9876
砂质板岩	天然	5	6.49	51.74	0.9987
	饱水	5	3.12	48.03	0.9857

4.2.1.3　结构面剪切试验

岩体结构面的方位和参数对岩质边坡稳定性起控制性作用，在查清结构面方位特征后，结构面抗剪强度显得尤为重要。因此，为测得苗尾水电站坝址区岩体结构面抗剪强度，安排室内结构面剪切试验。本次结构面剪切试验的仪器为成都理工大学地质灾害防治与地质环境保护国家重点实验室开发研制的岩石力学多功能试验机，试样采用 5cm×5cm×5cm 的正方体标准试件，采用应力控制式的平推法直接剪切试验方法（同直接剪切）。为保证试验的准确性，制样时已将结构面置于试样中间，并与剪切面平行（图 4.22），测得的数据为结构面抗剪参数。

图 4.22　结构面剪切试验

根据直接剪切试验法向应力选定在 0.5～1.3MPa，分五级荷载分别加载。试验过程中随着法向应力的增大，极限剪应力和残余抗剪强度随之增大，试验获得岩体法向应力-剪应力关系曲线，并得到曲线的拟合方程，相关系数（R^2）满足要求，见图 4.23 与图 4.24。

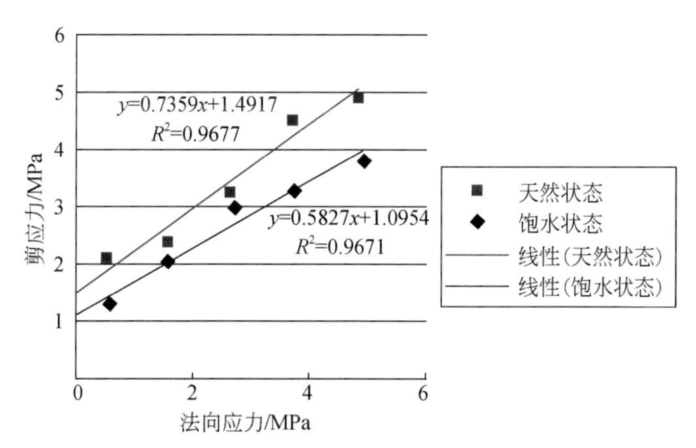

图 4.23　片岩结构面法向应力-剪应力关系曲线

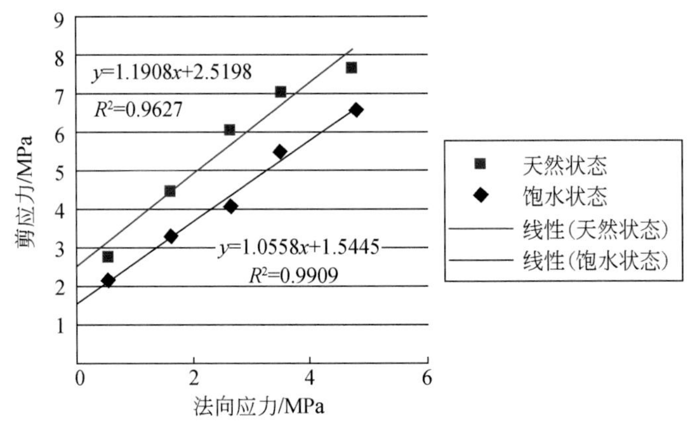

图 4.24　砂质板岩结构面法向应力-剪应力关系曲线

试验结果显示，两种岩样中的结构面抗剪强度指标差异较大，片岩在天然状态下结构面内聚力为 1.49MPa，内摩擦角为 36.35°；砂质板岩在天然状态下结构面内聚力约 2.52MPa，内摩擦角 49.90°。对比试样饱水后进行试验分析发现，水对结构面的抗剪强度指标影响明显，片岩结构面饱水后内聚力为 1.10MPa，内摩擦角为 30.23°；砂质板岩结构面饱水后内聚力为 1.54MPa，内摩擦角为 46.55°。结构面剪切试验结果如表 4.6 所示。

表 4.6　结构面剪切试验结果

岩性	含水状态	试样个数	c/MPa	φ/(°)	相关系数（R^2）
片岩	天然	5	1.49	36.35	0.9677
	饱水	5	1.10	30.23	0.9671
砂质板岩	天然	5	2.52	49.90	0.9627
	饱水	5	1.54	46.55	0.9909

4.2.1.4　常规三轴试验

岩石常规三轴试验采用从美国引进的 MTS815 型数字伺服控制刚性试验机进行（图 4.25）。

常规三轴试验主要用于测定岩石的强度参数与泊松比，同时也能提供岩石试件在不同围压条件下的破坏机制。本次试验为常规三轴试验（$\sigma_2=\sigma_3$）。试验采用的现场取回未风化岩样，在室内加工制成直径（Φ）50×100mm、高径比 2∶1 的标准试件（图 4.26），本次试验选取砂质板岩在天然与饱水状态下完成试验。

按侧向压力（σ_3）每增加 5MPa 划分为一组，试验分为四组进行，侧向压力（σ_3）分别为 5MPa、10MPa、15MPa、20MPa。试件外部套一层热缩管（图 4.27），在热缩管外加上环向位移传感器和纵向位移传感器（图 4.28、图 4.29）。试验在 MTS815 型数字伺服控制刚性试验系统上进行，采用轴向位移控制，加载速率为 0.1mm/min。试验破坏后试样裂纹见图 4.30 和表 4.7、表 4.8。观察试件剪破坏后的形态与破裂面的情况，试样的破裂面同 σ_1 方向的夹角大约为 30°，裂面起伏粗糙一般，局部可见石英。

图 4.25　MTS815 型数字伺服控制刚性试验机

图 4.26　三轴试验标准试样

图 4.27　试样套热缩管

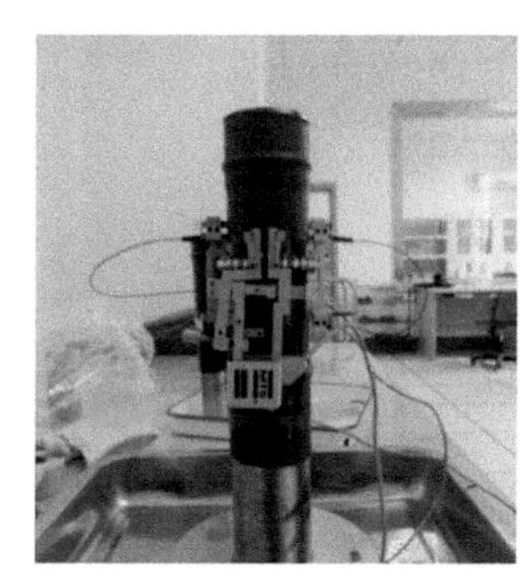

图 4.28　环向位移传感器

图 4.29　纵向位移传感器

图 4.30　破坏试样

试验破坏后形态见表 4.7 和表 4.8。应力差-轴向应变关系曲线见图 4.31 和图 4.32。以极限轴向压力（σ_1）为纵坐标、侧向压力（σ_3）为横坐标，绘制 σ_1-σ_3 的最佳关系曲线(图 4.33)，常规三轴试验所得特征应力及强度参数见表 4.9。

表 4.7　天然状态砂质板岩三轴试验破坏后试样形态

编号	1-1	1-2	1-3	1-4
轴向压力/MPa	$\sigma_1=5$	$\sigma_1=10$	$\sigma_1=15$	$\sigma_1=20$
破坏后试样				
裂纹条数	1	2	3	2
破裂面与 σ_1 平均夹角/(°)	25	30	25	30

表 4.8 饱水状态砂质板岩三轴试验破坏后试样形态

编号	2-1	2-2	2-3	2-4
轴向压力/MPa	$\sigma_1=5$	$\sigma_1=10$	$\sigma_1=15$	$\sigma_1=20$
破坏后试样				
裂纹条数	3	3	2	3
破裂面与 σ_1 平均夹角/(°)	30	30	30	30

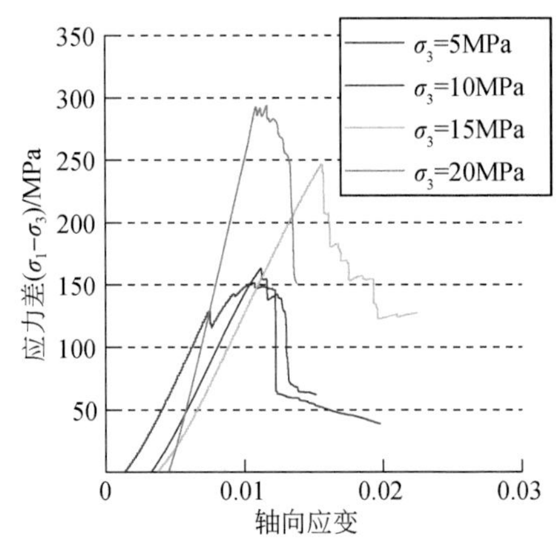

图 4.31 天然状态砂质板岩应力差-轴向应变曲线

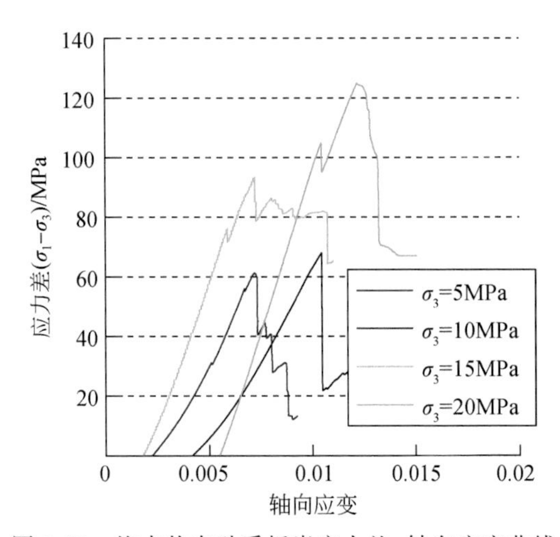

图 4.32 饱水状态砂质板岩应力差-轴向应变曲线

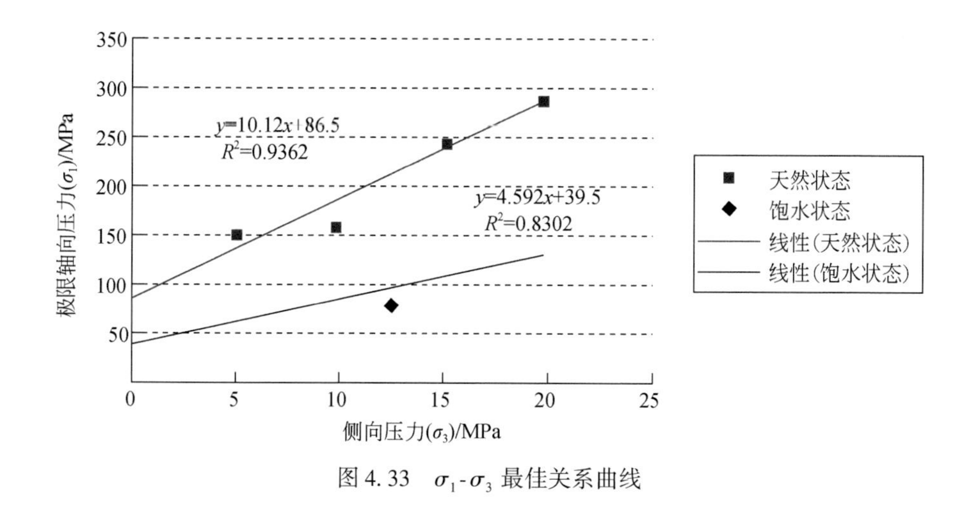

图 4.33　σ_1-σ_3 最佳关系曲线

表 4.9　常规三轴试验成果表

编号	状态	直径/mm	高/mm	天然密度/(g/cm³)	σ_3/MPa	σ_1/MPa	弹性模量/GPa	泊松比	c/MPa	φ/(°)
1-1	天然	48.8	101.9	2.66	5	151	15.7	0.26	11.2	45.3
1-2	天然	48.7	102.1		10	163	18.5	0.25		
1-3	天然	48.6	101.7		15	246	20.5	0.27		
1-4	天然	48.5	103.4		20	292	22.7	0.25		
2-1	饱水	48.3	101.4	2.79	5	70	14	0.27	9.72	42.1
2-2	饱水	49.2	102.5		10	83	17.8	0.26		
2-3	饱水	49.2	102.1		15	90.6	19.1	0.26		
2-4	饱水	49.3	101.3		20	144	20.1	0.28		

试验结果表明：

(1) 岩样抗压强度随围压增加明显提高，峰值强度与围压呈正线性关系。

(2) 岩石的岩性弹性模量随围压增加而增大。相比天然状态而言，在饱水状态下，弹性模量降低约 1.7GPa，内聚力降低 1.48MPa，内摩擦角降低 3.2°。

(3) 在一定围压下，岩样的破坏多呈现出压致剪切拉裂破坏，其剪切破裂面与 σ_1 方向约呈 30°，随着围压的增高，岩样破裂的平均破裂角逐渐增大，破裂模式向压致剪切破裂过渡。

4.2.2　软弱倾倒岩体物理力学特性试验

4.2.2.1　软弱岩体的原位直接剪切试验

右坝前边坡主要发育有多条顺层发育的断层及一些切层的软弱结构面，形成了许多的层间软弱破碎带。这些软弱破碎带的存在极大地破坏了边坡岩体完整性，构成了边坡岩体的天然边界条件，并且在很大程度上控制了岩体的变形破坏模式及其发展趋势。另外在边坡坡脚部位也发育包括各类砂质板岩、千枚岩及片岩组合的软质岩，在边坡开挖引起的次生应力场及蓄水后孔隙水压力作用下，也极有可能会产生变形，从而影响上部岩体的稳定性。为了研究右坝前边坡这些软弱岩体能够在多大程度上影响整个边坡岩体的变形，边坡岩体是否会因此而破坏等问题，就必须要查明这些层间破碎带的力学性质以及坡脚软弱岩体的长期强度及其流变特性。因此，开展软弱岩体的物理力学特性试验及长期状态下流变特性试验研究，显得尤为重要。

对岩体进行试验，在现场与工程地质人员一起选择在上坝址右岸 PD2、PD4 和下坝址左岸 PD1、右岸 PD2 等四个平硐中进行砼/岩和岩/岩（软弱结构面）直接剪切试验。

本次岩体抗剪强度试验共布置了 10 组（共 50 个点），包括砼/岩直接剪切试验四组（共 20 个点）、岩/岩（包括软弱结构面）直接剪切试验六组（共 30 个点）。

上坝址：τs2-1 试件（为软弱结构面），布置在 PD2 平硐硐深 29m 左右处的支硐 1 内的断层上（硐内编号 1–4）；τs2-2（砼/岩）和 τs2-3（岩/岩）试件布置在 PD2 平硐硐深 86m 左右处的支硐 2 内；τs4-1（砼/岩）和 τs4-2（岩/岩）试件布置在 PD4 主硐深 60 ~ 75m 处。

下坝址：τx1-1（岩/岩）和 τx1-2（砼/岩）试件布置在 PD1 主硐深 60 ~ 73m 处；τx2-1（岩/岩）和 τx2-2（砼/岩）试件分别布置在 PD2 主硐深 80.2 ~ 93m 处；τx2-3（为软弱结构面），布置在下坝址 PD2 平硐硐深 112m 左右处的支硐内的断层上（硐内编号 4-2）。

砼/岩直接剪切试验岩体均为千枚绢云板岩，其中，弱风化带内两点、微风化带内两点。

每组制备五块试件，每块试件面积为 $2500cm^2$，各试件间距大于 50cm，试面经石工刻凿而成，基岩面起伏差小于 0.5cm。局部试件受岩性、构造和风化程度的影响，形成不同程度的凹坑。

在每块试件中心相对应的硐顶，先进行手工刻凿粗加工，然后用水泥浇筑一块与试面平行的平顶面，作为反力支座。

采用 50cm×50cm 的直接剪切钢模来浇筑混凝土试体，同时埋设测量位移的标点，在施加剪应力和垂直应力的混凝土表面加钢筋网片保护，以免在力作用下砼面破损。

试件混凝土强度等级按 C25 设计。掺 2% 氯化钙以提高混凝土的早期强度。采用天然养护。在浇筑混凝土抗剪试体的同时，每组试件各制备了三块 15cm×15cm×15cm 的混凝土试块，用以测定试验时试体砼的实际抗压强度。

（1）岩/岩直接剪切试验分别在弱和微风化带内的千枚绢云板岩中进行。其中：τs2-3 试件位于微风化带内的千枚绢云板岩中，岩层产状为 N15 ~ 20°W/NE∠85°；τs4-2 试件位于弱风化带内的千枚绢云板岩中，岩层产状为 N10°W/近直立；τx1-1 试件位于弱风化带内的千枚绢云板岩中，岩层产状为 N15°W/NE∠70°；τx2-1 试件位于微风化带内的千枚绢云板岩中，岩层产状为 N15°W/SW∠50°。

（2）软弱结构面直接剪切试验在顺层发育的断层带上进行。其中：τs2-1 试件的断层产状为N10°~15°W/NE∠82°~85°，断层带宽5~10cm，断层面较平直、光滑，夹泥厚0.5~5cm，分布不均匀，面上见有岩片分布，且面被铁锰质渲染；τx2-3试件的断层产状为N10°~30°W/SW∠50°~80°，断层带宽5~10cm，整个结构面延伸略有弧型，局部平整，断层带两侧为薄片状变质石英砂岩，灰色夹泥厚0~3cm，分布不均匀，夹泥呈饱和状，可塑性强。

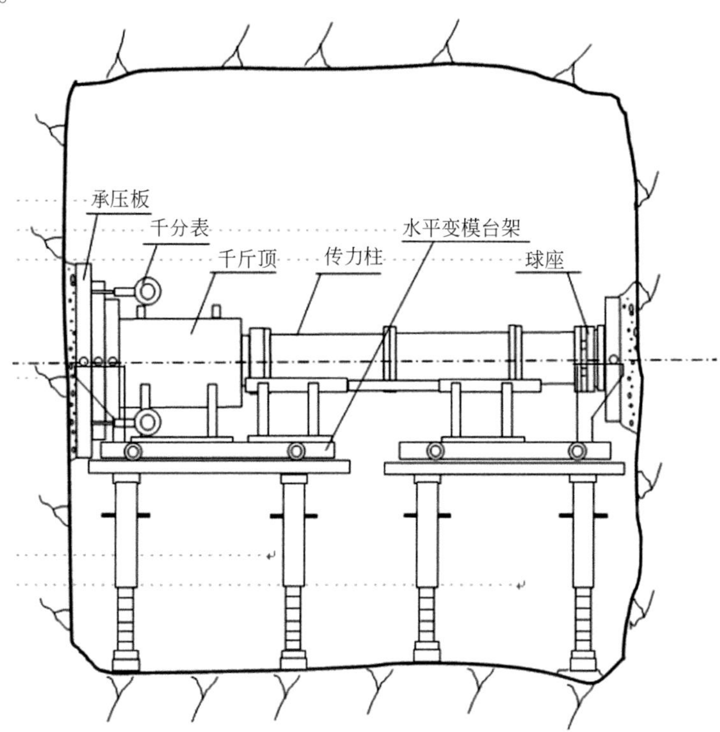

图4.34 水平向岩体变形模量试验设备安装示意图

试验设备及试验方法：

(1) 试验采用刚性承压板法，刚性承压板直径为504.6mm，厚为60mm，面积为2000cm^2；

(2) 千斤顶和传力柱等设备安装详见图4.34；

(3) 试验采用2000kN千斤顶及手动高压油泵加载；

(4) 试验压力除Ex1-1为3.6MPa外，其余各点最大压力在6.0~7.6MPa，试验分五级施加；

(5) 加压方式采用逐级一次循环法；

(6) 在承压板与试面之间抹一层厚0.5~1.0cm的高强度砂浆，并用水平尺校准承压板水平或垂直（其中E41-1和E73试点承压板平行于层面），待高强度砂浆达到一定强度后，开始加压；

(7) 采用四只千分表对称布置在承压板的四个方位，测量岩体变形，千分表固定在基准梁上，加载前每隔10min测读一次，四只千分表连续三次读数不变（此读数即为各测表的初始测读值）后开始施加荷载，加载后立即测读其变形值，以后每隔10min测读一次，直至变形稳定，再加下一级荷载；

（8）稳定标准为当承压板上四个测表相邻两次读数差与同级压力下第一次变形读数和前一级压力下最后一次变形读数差之比小于 5 %时，则认为变形稳定；

（9）采用逐级退压，过程压力要求读数一次，退零后，立即读数一次，10min 后再读数一次，稳定标准与加压相同。

岩/岩直接剪切试验共六组，其中两组为软弱结构面的直接剪切试验（τs2-1 和 τx2-3）、两组为微风化带千枚绢云板岩直接剪切试验（τs2-3 和 τx2-1）、两组为弱风化带千枚绢云板岩直接剪切试验（τs4-2 和 τx1-1）。

（1）τs2-1 试件：位于上坝址 PD2 平硐内一断层带上，断层产状为 N10° ~ 15°W/NE ∠82° ~85°。剪切基本上沿结构面发生。从表 4.10 和图 4.35 可以看出，其抗剪断强度值为 $\tau'=0.20\sigma+0.17$MPa，抗剪强度值为 $\tau=0.20\sigma+0.19$MPa。

（2）τs2-3 试件：位于上坝址 PD2 平硐内微风化带千枚绢云板岩上。试验剪切力的方向与岩层走向相垂直，剪切基本上沿预剪面及上盘岩石内部发生。从表 4.10 和图 4.36 可以看出，其抗剪断强度值为 $\tau'=1.28\sigma+1.42$MPa，抗剪强度值为 $\tau=0.95\sigma+1.42$MPa。

表 4.10　苗尾电站上坝址直接剪切试验成果汇总表（τs 试件）

序号	试件编号	试验硐及位置	岩性	剪切方法	各试块的应力状态/MPa						f	c/MPa
1	τs2-1（岩/岩）	上坝址 PD2 平硐支硐 1 3.3 ~ 8.3m 处	软弱结构面	抗剪断	σ	1.09	0.85	0.64	1.03	0.44	0.20	0.17
					τ'	0.39	0.53	0.29	0.35	0.37		
				抗剪	σ	1.09	0.85	0.64	1.03	0.44	0.20	0.19
					τ	0.42	0.59	0.31	0.37	0.37		
2	τs2-2（砼/岩）	上坝址 PD2 平硐支硐 2 1.1 ~ 8.3m 处	千枚绢云板岩（微风化）	抗剪断	σ	1.50	1.50	2.00	1.00	2.50	1.07	0.20
					τ'	1.55	1.78	2.38	1.07	2.86		
				抗剪	σ	1.50	1.50	2.00	1.00	2.50	0.90	0.05
					τ	2.38	1.07	1.78	2.20	2.38		
3	τs2-3（岩/岩）	上坝址 PD2 平硐支硐 2 6.1 ~ 11.6m 处	千枚绢云板岩（微风化）	抗剪断	σ	2.06	1.14	2.07	0.97	2.52	1.28	1.42
					τ'	3.04	3.12	3.55	2.63	5.03		
				抗剪	σ	2.06	1.14	2.07	0.97	2.52	0.95	1.42
					τ	2.79	2.80	3.36	2.27	4.22		
4	τs4-1（砼/岩）	上坝址 PD4 平硐 60 ~ 65m 处	千枚绢云板岩（弱风化）	抗剪断	σ	2.50	1.50	2.50	1.00	2.00	0.83	0.83
					τ'	3.03	1.78	2.74	1.78	2.74		
				抗剪	σ	2.50	1.50	2.50	1.00	2.00	0.79	0.47
					τ	2.26	1.55	2.50	1.25	2.26		
5	τs4-2（岩/岩）	上坝址 PD4 平硐 66 ~ 75m 处	千枚绢云板岩（弱风化）	抗剪断	σ	2.01	0.99	0.00	1.00	2.45	1.22	0.87
					τ'	2.90	1.84	0.87	2.22	4.33		
				抗剪	σ	2.01	0.99	0.00	1.00	2.45	0.94	0.50
					τ	1.93	1.60	0.50	1.72	3.71		

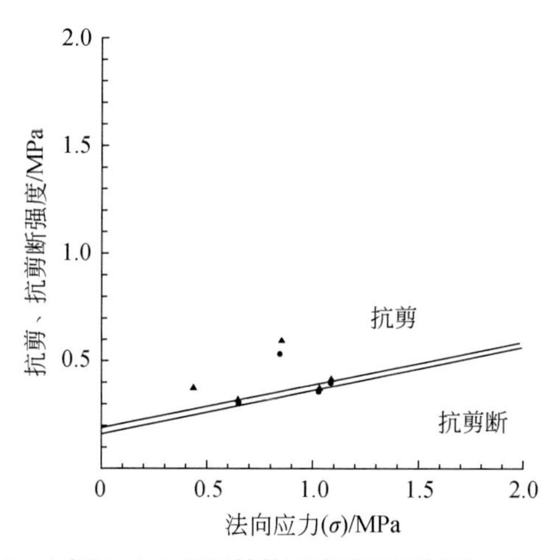

图4.35　上坝址PD2平硐结构面直接剪切试验曲线（τs2-1）

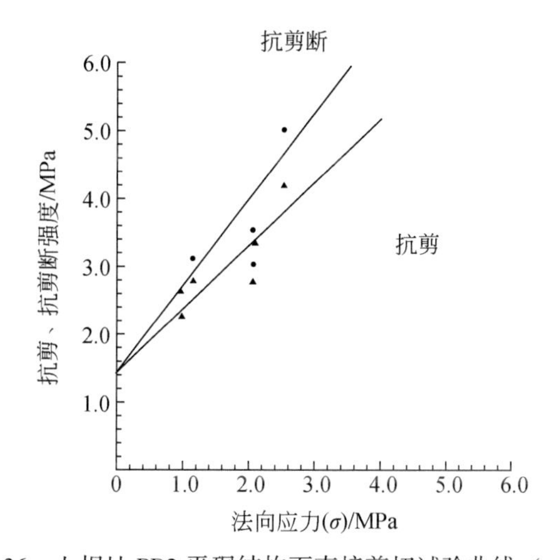

图4.36　上坝址PD2平硐结构面直接剪切试验曲线（τs2-3）

（3）τs4-2试件：位于上坝址PD4平硐内弱风化带千枚绢云板岩上。试验剪切力的方向与岩层走向呈50°夹角，剪切沿预剪面及上、下盘岩石内部发生。从表4.10和图4.37可以看出，其抗剪断强度值为$\tau'=1.22\sigma+0.87$MPa，抗剪强度值为$\tau=0.94\sigma+0.50$MPa。

（4）τx1-1试件：位于下坝址PD1平硐内弱风化带千枚绢云板岩上。试验剪切力的方向与岩层走向近平行，剪切沿预剪面及上、下盘岩石内部发生。从表4.11和图4.38可以看出，其抗剪断强度值为$\tau'=1.42\sigma+0.24$MPa，抗剪强度值为$\tau=1.34\sigma+0.24$MPa。

（5）τx2-1试件：位于下坝址PD2平硐内微风化带千枚绢云板岩上。试验剪切力的方向与岩层走向近平行，沿预剪面及上、下盘岩石内部发生。从表4.11和图4.39可以看出，其抗剪断强度值为$\tau'=1.11\sigma+0.68$MPa，抗剪强度值为$\tau=0.91\sigma+0.48$MPa。

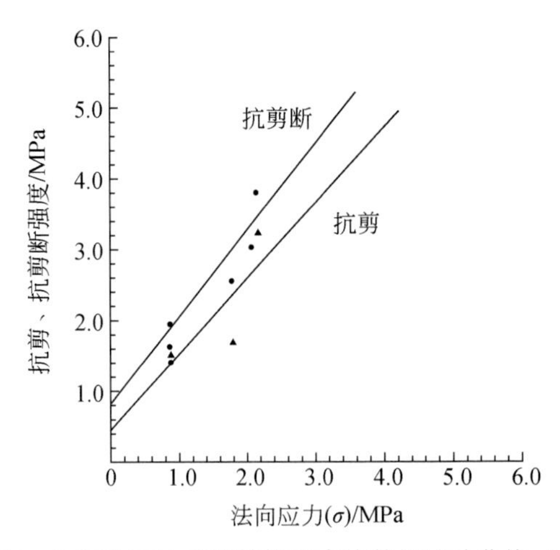

图 4. 37　上坝址 PD4 平硐结构面直接剪切试验曲线（τs4-2）

表 4. 11　苗尾电站上坝址直接剪切试验成果汇总表（τx 试件）

序号	试件编号	试验硐及位置	岩性	剪切方法	各试块的应力状态/MPa						f	c/MPa
1	τx1-1（岩/岩）	下坝址 PD1 平硐 60 ~ 66m 处	千枚绢云板岩（弱风化）	抗剪断	σ	0. 99	1. 44	1. 90	2. 37	1. 85	1. 42	0. 24
					τ'	1. 64	2. 18	3. 27	3. 51	2. 74		
				抗剪	σ	0. 99	1. 44	1. 90	2. 37	1. 85	1. 34	0. 24
					τ	1. 58	2. 12	3. 03	3. 40	2. 51		
2	τx1-2（砼/岩）	下坝址 PD1 平硐 66 ~ 73m 处	千枚绢云板岩岩（弱风化）	抗剪断	σ	1. 00	1. 50	2. 00	0	2. 50	0. 85	1. 43
					τ'	2. 38	2. 97	3. 09	1. 25	3. 33		
				抗剪	σ	1. 00	1. 50	2. 00	0	2. 50	0. 81	0. 49
					τ	1. 19	1. 78	2. 26	—	2. 38		
3	τx2-1（岩/岩）	下坝址 PD2 平硐 82 ~ 87m 处	千枚绢云板岩（微风化）	抗剪断	σ	2. 49	1. 51	2. 74	0. 83	2. 00	1. 11	0. 68
					τ'	3. 93	1. 99	3. 38	1. 75	2. 96		
				抗剪	σ	2. 49	1. 51	2. 74	0. 83	2. 00	0. 91	0. 48
					τ	2. 88	1. 43	2. 84	1. 39	2. 59		
4	τx2-2（砼/岩）	下坝址 PD2 平硐 87 ~ 93m 处	千枚绢云板岩（微风化）	抗剪断	σ	1. 50	1. 00	2. 50	2. 00	2. 50	0. 88	0. 79
					τ'	2. 15	1. 76	2. 59	2. 45	3. 03		
				抗剪	σ	1. 50	1. 00	2. 50	2. 00	2. 50	0. 70	0. 02
					τ	1. 07	0. 77	1. 73	1. 31	1. 93		
5	τx2-3（岩/岩）	下坝址 PD2 平硐 108 ~ 115m 处	软弱结构面	抗剪断	σ	0. 41	0. 62	0. 84	0. 92	0. 39	0. 32	0. 04
					τ'	0. 16	0. 34	0. 36	0. 31	0. 18		
				抗剪	σ	0. 41	0. 62	0. 84	0. 92	0. 39	0. 32	0. 06
					τ	0. 18	0. 38	0. 38	0. 31	0. 18		

（6）τx2-3 试件：位于下坝址 PD2 平硐内一断层带上，断层产状为 N10° ~ 30°W/SW∠50° ~ 80°。剪切基本上沿结构面发生。从表 4. 11 和图 4. 40 可以看出，其抗剪断强度值为 $\tau'=0.32\sigma+0.04$MPa，抗剪强度值为 $\tau=0.32\sigma+0.06$MPa。

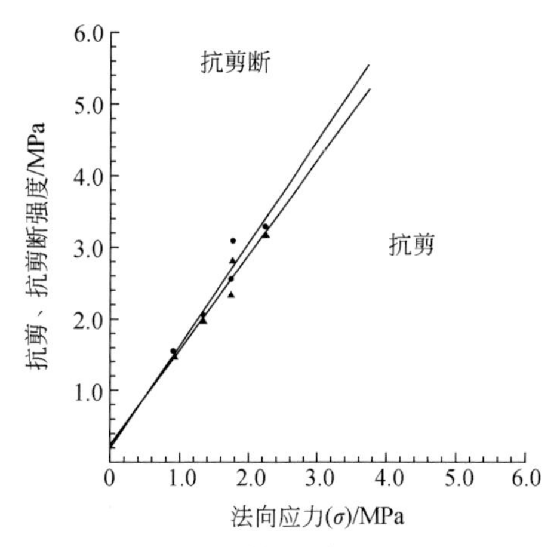

图4.38　下坝址PD1平硐结构面直接剪切试验曲线（τx1-1）

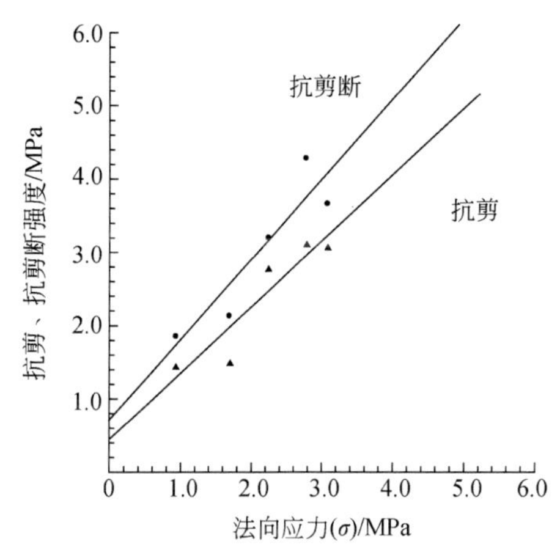

图4.39　下坝址PD2平硐结构面直接剪切试验曲线（τx2-1）

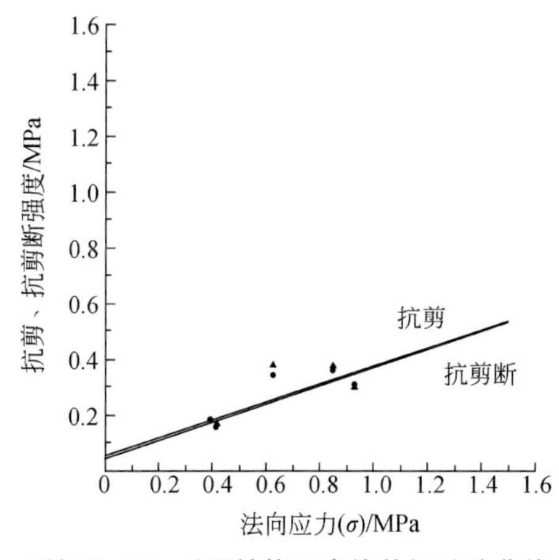

图4.40　下坝址PD2平硐结构面直接剪切试验曲线（τx2-3）

上述成果表明，上坝址的τs2-1和下坝址的τx2-3为软弱结构面的直接剪切试验，结构面为断层，由泥质、片状碎石及岩屑组成，泥质厚0～3cm，饱和状、手感软、可塑，因此抗剪断摩擦系数（f）很低，只有0.20和0.32。其余τs2-3、τs4-2、τx1-1和τx2-1等四组为千枚绢云板岩岩体中的直接剪切试验，由于岩体本身的岩石颜色、组成成分、结构和风化程度的差异，以及试验剪切力的方向与岩层走向的不同，其抗剪断强度值也有所不同，抗剪断摩擦系数为f=1.11～1.42，属正常值。

（1）本次四组抗剪断和抗剪试验结果。

①上坝址。

τs2-2试件（PD2平硐内微风化带千枚绢云板岩）。

抗剪断强度：$\tau'=1.07\sigma+0.20$MPa；抗剪强度：$\tau=0.90\sigma+0.05$MPa。

τs4-1试件（PD4平硐内弱风化带千枚绢云板岩）。

抗剪断强度：$\tau'=0.83\sigma+0.83$MPa；抗剪强度：$\tau=0.79\sigma+0.47$MPa。

②下坝址。

τx1-2试件（PD1平硐内弱风化带千枚绢云板岩）。

抗剪断强度：$\tau'=0.85\sigma+1.43$MPa；抗剪强度：$\tau=0.81\sigma+0.49$MPa。

τx2-2试件（PD2平硐内微风化带千枚绢云板岩）。

抗剪断强度：$\tau'=0.88\sigma+0.79$MPa；抗剪强度：$\tau=0.70\sigma+0.02$MPa。

（2）本次六组抗剪断和抗剪试验结果。

①上坝址。

τs2-1试件（PD2平硐内软弱结构面）。

抗剪断强度：$\tau'=0.20\sigma+0.17$MPa；抗剪强度：$\tau=0.20\sigma+0.19$MPa。

τs2-3试件（PD2平硐内微风化带千枚绢云板岩）。

抗剪断强度：$\tau'=1.28\sigma+1.42$MPa；抗剪强度：$\tau=0.95\sigma+1.42$MPa。

τs4-2试件（PD4平硐内弱风化带千枚绢云板岩）。

抗剪断强度：$\tau'=1.22\sigma+0.87$MPa；抗剪强度：$\tau=0.94\sigma+0.50$MPa。

②下坝址。

τx1-1试件（PD1平硐内弱风化带千枚绢云板岩）。

抗剪断强度：$\tau'=1.42\sigma+0.24$MPa；抗剪强度：$\tau=1.34\sigma+0.24$MPa。

τx2-1试件（PD2平硐内微风化带千枚绢云板岩）。

抗剪断强度：$\tau'=1.11\sigma+0.68$MPa；抗剪强度：$\tau=0.91\sigma+0.48$MPa。

τx2-3试件（PD2平硐内软弱结构面）。

抗剪断强度：$\tau'=0.32\sigma+0.04$MPa；抗剪强度：$\tau=0.32\sigma+0.06$MPa。

（3）岩体变形模量试验结果。

上坝址弱风化带内：变质石英砂岩的变形模量值（E_0）在2.17×10^3～6.26×10^3MPa，千枚状绢云板岩变形模量值（E_0）在1.65×10^3～3.33×10^3MPa。

下坝址弱风化带内：变质石英砂岩的变形模量值（E_0）在0.70×10^3～2.28×10^3MPa，千枚绢云板岩的变形模量值（E_0）在0.36×10^3～1.73×10^3MPa。

（4）砼/岩直接剪切试验结果。

上坝址弱风化带内千枚绢云板岩。

抗剪断强度：$\tau'=0.83\sigma+0.83$MPa；抗剪强度：$\tau=0.79\sigma+0.47$MPa。

上坝址微风化带内千枚绢云板岩。

抗剪断强度：$\tau'=1.07\sigma+0.20$MPa；抗剪强度：$\tau=0.90\sigma+0.05$MPa。

下坝址弱风化带内千枚绢云板岩。

抗剪断强度：$\tau'=0.85\sigma+1.43$MPa；抗剪强度：$\tau=0.81\sigma+0.49$MPa。

下坝址微风化带内千枚绢云板岩。

抗剪断强度：$\tau'=0.88\sigma+0.79$MPa；抗剪强度：$\tau=0.70\sigma+0.02$MPa。

（5）岩/岩（软弱结构面）直接剪切试验结果。

上坝址软弱结构面。

抗剪断强度：$\tau'=0.20\sigma+0.17$MPa；抗剪强度：$\tau=0.20\sigma+0.19$MPa。

下坝址软弱结构面。

抗剪断强度：$\tau'=0.32\sigma+0.04$MPa；抗剪强度：$\tau=0.32\sigma+0.06$MPa。

上坝址弱风化带内千枚绢云板岩。

抗剪断强度：$\tau'=1.22\sigma+0.87$MPa；抗剪强度：$\tau=0.94\sigma+0.50$MPa。

上坝址微风化带内千枚绢云板岩。

抗剪断强度：$\tau'=1.28\sigma+1.42$MPa；抗剪强度：$\tau=0.95\sigma+1.42$MPa。

下坝址弱风化带内千枚绢云板岩。

抗剪断强度：$\tau'=1.42\sigma+0.24$MPa；抗剪强度：$\tau=1.34\sigma+0.24$MPa。

下坝址微风化带内千枚绢云板岩。

抗剪断强度：$\tau'=1.11\sigma+0.68$MPa；抗剪强度：$\tau=0.91\sigma+0.48$MPa。

4.2.2.2　软弱岩体三轴流变试验

采用三轴流变试验研究右坝前边坡坡脚片岩的流变特性，主要研究的是岩石在三向应力下岩石的流变特性，在三向应力下的状态是最接近实际情况的，所以研究岩石在三向应力下的压缩流变特性也最能反映岩石真实的变形情况。

通过不同围压条件下岩体的应力差-轴向应变关系曲线（图 4.41）分析，确定软岩的

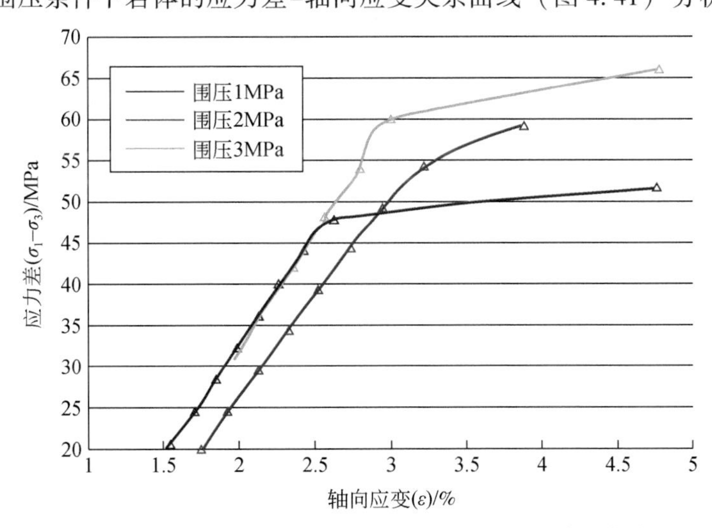

图 4.41　不同围压条件下软岩流变应力差-轴向应变曲线

长期强度指标，获得软弱岩体的抗剪强度指标（表4.12）。与常规三轴试验相比，边坡软岩的长期流变强度降低，折减约20%（表4.13）。

表4.12　右坝前边坡坡脚片岩长期抗剪强度参数

围压/MPa	拐点$\sigma_1-\sigma_3$/MPa	内聚力（c）/MPa	内摩擦角（φ）/(°)
1	47.66	4.92	38
2	53.42		
3	59.36		

表4.13　常规三轴试验与三轴流变试验参数对比

强度指标	常规三轴试验	三轴流变试验	参数弱化比值
c/MPa	6.1	4.92	0.81
φ/(°)	46.4	38	0.83

4.2.2.3　软弱岩体剪切流变试验

分别选取第二组样PD11主硐78～81m处和第一组样PD14主硐50m处片岩进行天然状态和饱水状态的剪切流变试验时，试验得到片岩在天然以及饱水状态下峰值抗剪强度、屈服抗剪强度以及长期抗剪强度，并获取了内聚力（c）和内摩擦角（φ）的参数取值，从试验结果中发现饱水状态下片岩强度显著低于天然状态。

1. 天然状态

1）第二组样

长期抗剪强度是岩石流变力学特性的重要力学指标。对天然状态的第二组样本施加不同大小的正应力，将不同正应力水平条件的剪切位移与剪应力之间的关系做出曲线，见

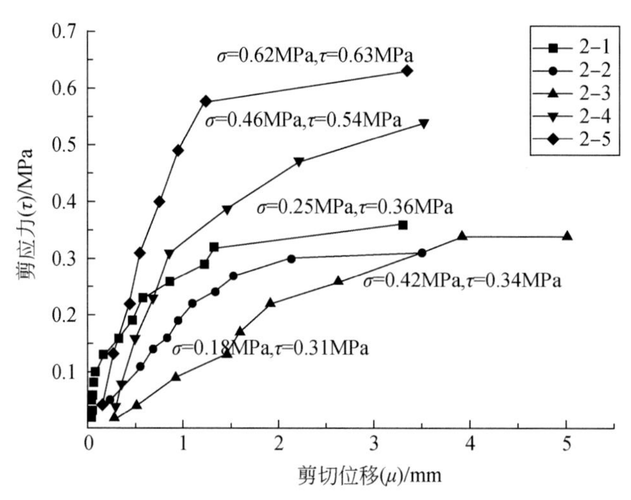

图4.42　第二组样（PD11主硐78～81m处）剪切位移（μ）与剪应力（τ）关系曲线

图4.42，确定出不同正应力条件下岩石的长期抗剪强度。基于岩石不同正应力下剪切流变试验结果，可以得到岩石峰值剪切强度以及长期剪切强度与正应力之间的线性回归关系曲线，如图4.43所示。计算可得在剪切流变试验下测得的长期强度见表4.14，岩石内聚力为0.045MPa，内摩擦角为32.4°，相应的内摩擦系数为0.92。

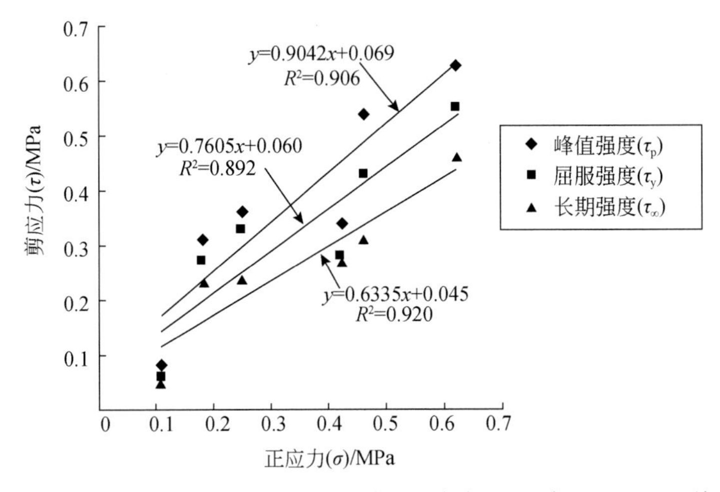

图4.43　第二组样（PD11主硐78～81m处）正应力（σ）与τ_p、τ_y、τ_∞关系曲线

表4.14　第二组样（PD11主硐78～81m处）流变试验数据表

编号	2-1	2-2	2-3	2-4	2-5	2-6	内聚力(c)/MPa	内摩擦角(φ)/(°)	相关系数(R^2)
正应力(σ)/MPa	0.25	0.18	0.42	0.46	0.62	0.11	—	—	—
峰值强度(τ_p)/MPa	0.36	0.31	0.34	0.54	0.63	0.08	0.069	42	0.906
屈服强度(τ_y)/MPa	0.33	0.27	0.28	0.43	0.55	0.06	0.060	37.3	0.892
长期强度(τ_∞)/MPa	0.24	0.23	0.27	0.31	0.46	0.05	0.045	32.4	0.920

2）第一组样

对天然状态的第一组样本施加不同大小的正应力，将不同正应力水平条件的剪切位移与剪应力之间的关系做出曲线，见图4.44，确定出不同正应力条件下岩石的长期抗剪强度。基于岩石不同正应力下剪切流变试验结果，可以得到岩石峰值剪切强度以及长期剪切强度与正应力之间的线性回归关系曲线，如图4.45所示。计算可得在剪切流变试验下测得的长期强度见表4.15，岩石内聚力为0.044MPa，内摩擦角为29.7°，相应的内摩擦系数为0.823。

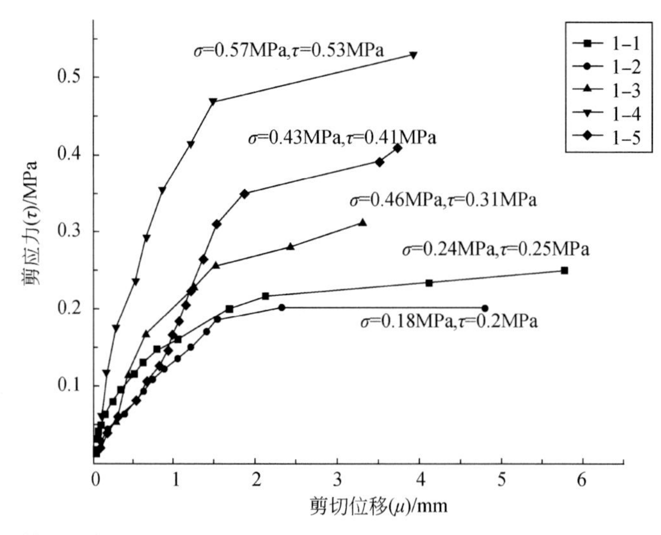

图 4.44　第一组样（PD14 主硐 50m 处）剪切位移（μ）与剪应力（τ）关系曲线

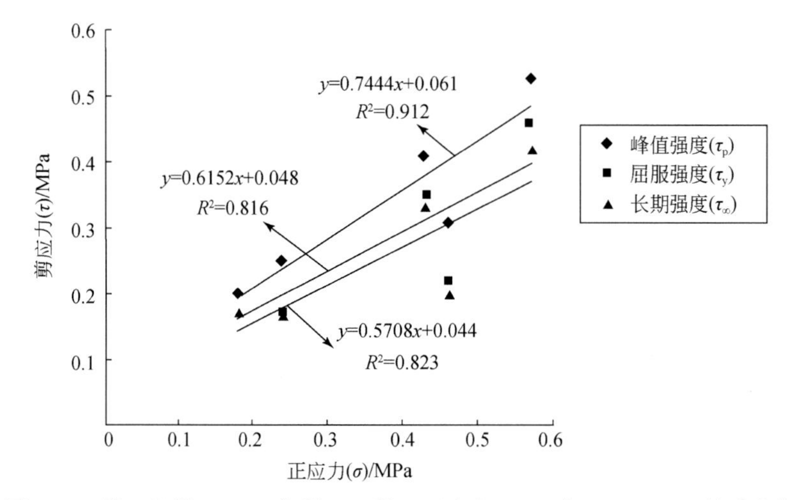

图 4.45　第一组样（PD14 主硐 50m 处）正应力（σ）与 τ_p、τ_y、τ_∞ 关系曲线

表 4.15　第一组样（PD14 主硐 50m 处）流变试验数据表

编号	1-1	1-2	1-3	1-4	1-5	内聚力 (c)/MPa	内摩擦角 (φ)/(°)	相关系数 (R^2)
正应力（σ）/MPa	0.24	0.18	0.46	0.57	0.43	—	—	—
峰值强度 (τ_p)/MPa	0.25	0.2	0.31	0.53	0.41	0.061	36	0.912
屈服强度 (τ_y)/MPa	0.17	0.2	0.22	0.46	0.35	0.048	31.6	0.816
长期强度 (τ_∞)/MPa	0.17	0.17	0.2	0.42	0.33	0.044	29.7	0.823

2. 饱水状态

1）第二组样

对饱水状态的第二组样本施加不同大小的正应力，将不同正应力水平条件的剪切位移与剪应力之间的关系做出曲线，见图4.46，确定出不同正应力条件下岩石的长期抗剪强度。基于岩石不同正应力下剪切流变试验结果，可以得到岩石峰值剪切强度以及长期剪切强度与正应力之间的线性回归关系曲线，如图4.47所示。计算可得在剪切流变试验下测得的长期强度见表4.16，岩石内聚力为0.026MPa，内摩擦角为19.4°，相应的内摩擦系数为0.947。

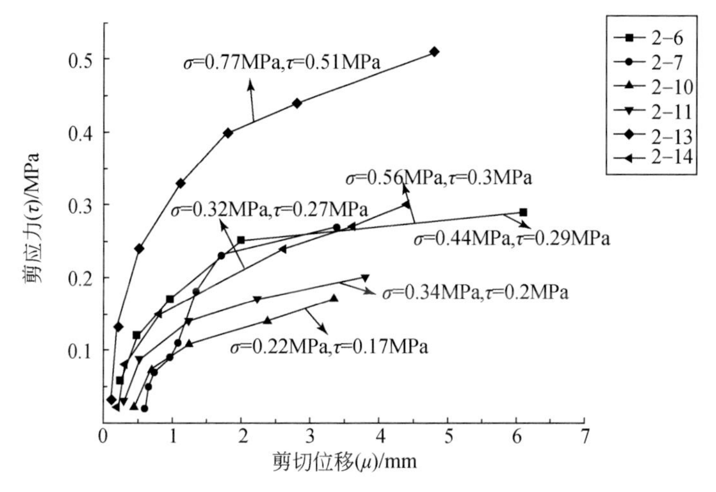

图4.46　第二组样饱水状况下（PD11主硐78～81m处）剪切位移（μ）与剪应力（τ）关系曲线

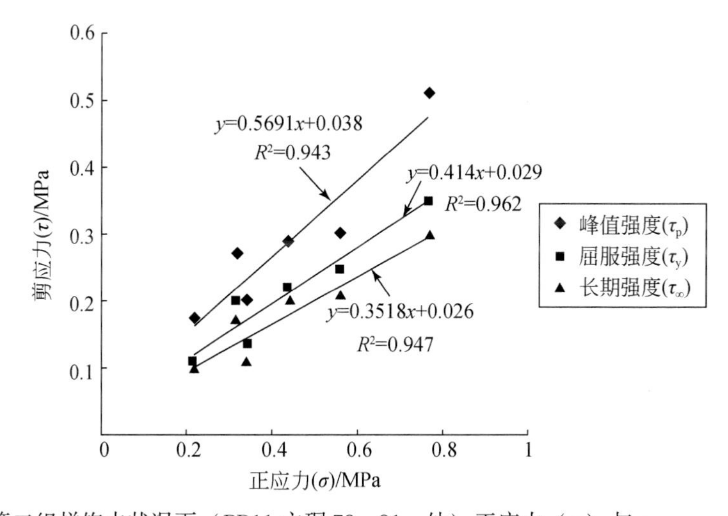

图4.47　第二组样饱水状况下（PD11主硐78～81m处）正应力（σ）与τ_p、τ_y、τ_∞关系曲线

表 4.16　第二组样（PD11 主硐 78～81m 处）流变试验参数（饱水）

编号	2-6	2-7	2-10	2-11	2-13	2-14	内聚力 (c)/MPa	内摩擦角 (φ)/(°)	相关系数 (R^2)
正应力 (σ)/MPa	0.44	0.32	0.22	0.34	0.77	0.56	—	—	—
峰值强度 (τ_p)/MPa	0.29	0.27	0.17	0.2	0.51	0.3	0.038	29.6	0.943
屈服强度 (τ_y)/MPa	0.22	0.2	0.11	0.14	0.35	0.25	0.029	22.4	0.962
长期强度 (τ_∞)/MPa	0.2	0.17	0.1	0.11	0.3	0.21	0.026	19.4	0.947

2）第一组样

对饱水状态的第一组样本施加不同大小的正应力，将不同正应力水平条件的剪切位移与剪应力之间的关系做出曲线，见图 4.48，确定出不同正应力条件下岩石的长期抗剪强度。基于岩石不同正应力下剪切流变试验结果，可以得到岩石峰值剪切强度以及长期剪切强度与正应力之间的线性回归关系曲线，如图 4.49 所示。计算可得在剪切流变试验下测得的长期强度见表 4.17，岩石内聚力为 0.015MPa，内摩擦角为 14.3°，相应的内摩擦系数为 0.96。

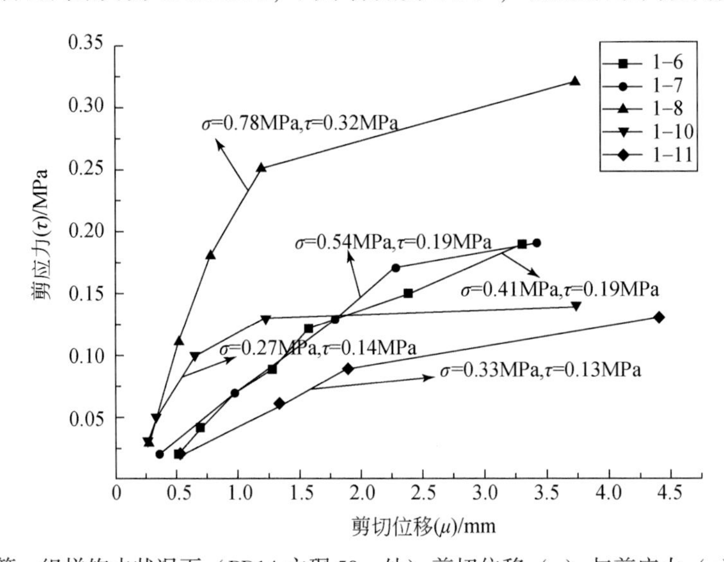

图 4.48　第一组样饱水状况下（PD14 主硐 50m 处）剪切位移（μ）与剪应力（τ）关系曲线

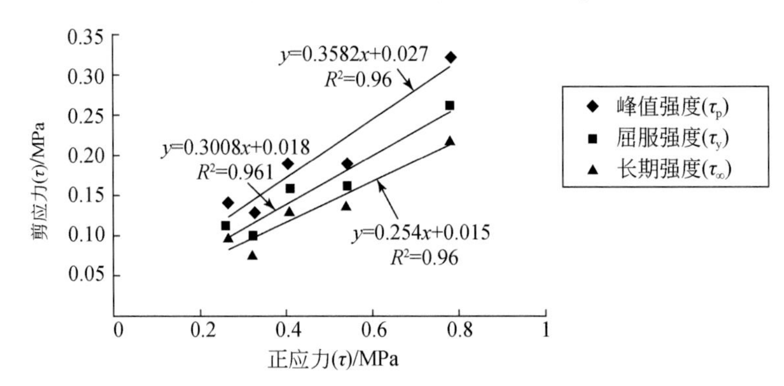

图 4.49　第一组样饱水状况下（PD14 主硐 50m 处）正应力（σ）与 τ_p、τ_y、τ_∞ 关系曲线

表 4.17　第一组样（PD14 主硐 50m 处）流变试验参数（饱水）

编号	1-6	1-7	1-8	1-10	1-11	内聚力 (c)/MPa	内摩擦角 (φ)/(°)	相关系数 (R^2)
正应力 (σ)/MPa	0.41	0.54	0.78	0.27	0.33	—	—	—
峰值强度 (τ_p)/MPa	0.19	0.19	0.32	0.14	0.13	0.027	19.7	0.96
屈服强度 (τ_y)/MPa	0.16	0.16	0.26	0.11	0.10	0.018	16.7	0.961
长期强度 (τ_∞)/MPa	0.13	0.14	0.22	0.10	0.08	0.015	14.3	0.96

4.3　倾倒变形岩体物理力学参数取值

本次试验所取岩石试样完整性较好，因而部分结果偏大，同时由于本次试验试样有限，未对边坡岩体中所有岩石进行试验，难以反映岩体的力学特点。为此，本次研究采用工程地质类比法，尝试利用经验公式确定岩体的力学参数。

地质强度指标（geological strength index，GSI）系统是 E. Hoek 等经过多年工程实践发展起来的一种岩体分类方法。岩石物理力学性质受应力状态、风化程度以及岩体的随机性等诸多因素的影响较大。其优点在于其能配合 Hoek-Brown 岩体破坏准则，直接与岩体参数相对应，能更方便快捷地将岩石的变形、强度指标转化为岩体的变形、强度指标。根据 H. Sonmez 等的研究成果，GSI 值可以通过岩体结构等级（SR）和结构面表面特征等级（SCR）来确定（图 4.50）。

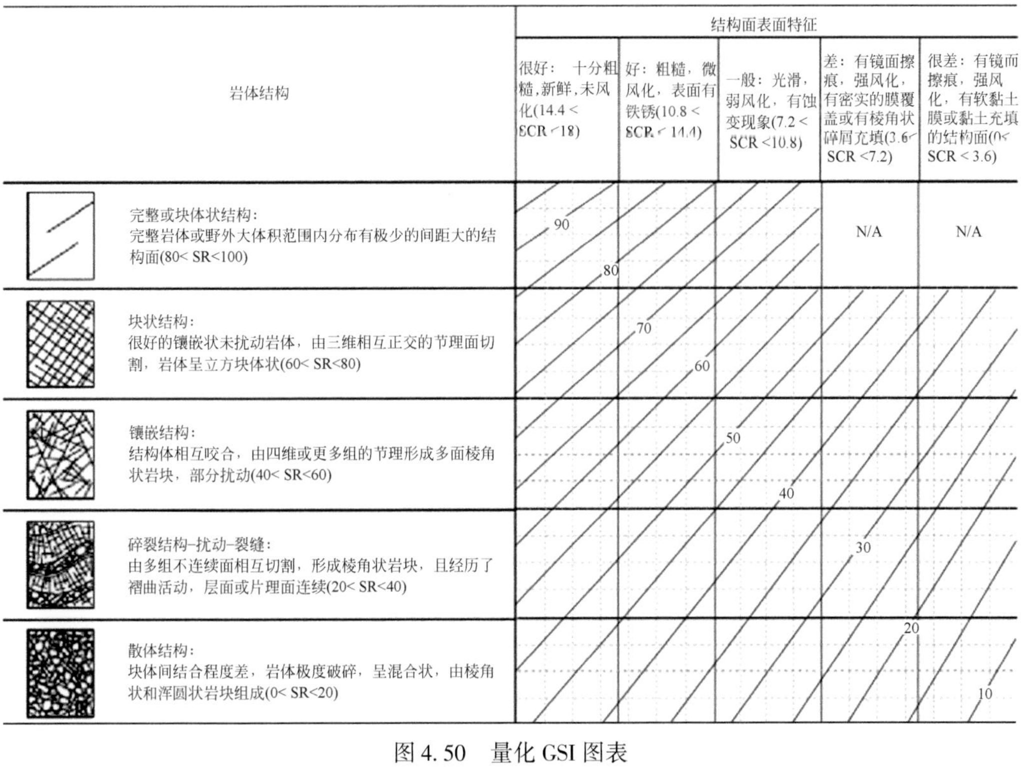

岩体结构	结构面表面特征				
	很好：十分粗糙，新鲜，未风化(14.4 < SCR < 18)	好：粗糙，微风化，表面有铁锈(10.8 < SCR < 14.4)	一般：光滑，弱风化，有蚀变现象(7.2 < SCR < 10.8)	差：有镜面擦痕，强风化，有密实的膜覆盖或有棱角状碎屑充填(3.6 < SCR < 7.2)	很差：有镜面擦痕，强风化，有软黏土膜或黏土充填的结构面(0 < SCR < 3.6)
完整或块体状结构：完整岩体或野外大体积范围内分布有极少的间距大的结构面(80< SR<100)	90　80			N/A	N/A
块状结构：很好的镶嵌状未扰动岩体，由三维相互正交的节理面切割，岩体呈立方块体状(60< SR<80)		70　60			
镶嵌结构：结构体相互咬合，由四维或更多组的节理形成多面棱角状岩块，部分扰动(40< SR<60)			50　40		
碎裂结构-扰动-裂缝：由多组不连续面相互切割，形成棱角状岩块，且经历了褶曲活动，层面或片理面连续(20< SR<40)				30	
散体结构：块体间结合程度差，岩体极度破碎，呈混合状，由棱角状和浑圆状岩块组成(0< SR<20)				20	10

图 4.50　量化 GSI 图表

SCR 的取值主要参考了 RMR 系统中结构面特征的评分标准，主要考虑结构面粗糙度（R_r）、风化程度（R_w）以及填充物（R_f）等，按照式（4.1）进行取值，评分标准见表4.18。

$$\mathrm{SCR}=R_r+R_w+R_f \tag{4.1}$$

SR 值是利用体积节理数（J_v），通过半对数表进行取值（图4.51），其中

$$J_v=1/S_1+1/S_2+\cdots+1/S_n \tag{4.2}$$

式中，S 为某一组节理的间距，m；n 为节理的组数。

为此，在对边坡岩体结构特征的研究基础上，以 PD20 平硐的地质编录结果所揭露的不同硐段量化 GSI 系统中各个指标的取值，并参照量化 GSI 系统标准进行 GSI 值的计算，统计结果见表4.19。

表4.18　结构面特征评分标准

粗糙度	R_r 评分值	风化程度	R_w 评分值	充填物状况	R_f 评分值
很粗糙	6	未风化	6	无	6
4	粗糙	5	微风化	5	硬质充填厚度<5mm
2	较粗糙	3	弱风化	3	硬质充填厚度>5mm
2	光滑	1	强风化	1	软弱充填厚度<5mm
0	镜面擦痕	0	全风化	0	软弱充填厚度>5mm

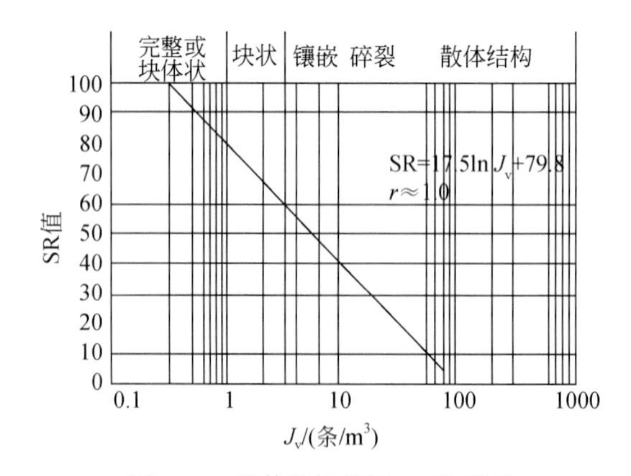

图4.51　岩体结构等级 SR 取值表

表4.19　边坡岩体量化 GSI 取值表

岩体类型	J_v/（条/m³）	SR	SCR	GSI
极强倾倒破裂岩体（A）	21.5	26.1	10	24
强倾倒破裂上段岩体（B_1）	15.2	32.2	12	38
强倾倒破裂下段岩体（B_2）	8.5	42.3	14	52
弱倾倒过渡变形岩体（C）	6.2	47.8	14	65

在获取边坡岩体的 GSI 值以后，通过收集前期研究成果以及相关试验成果，给出各类岩石单轴抗压强度，见表4.20，再利用式（4.3）~式（4.5）换算岩体的变形以及强度

参数。

表 4.20　岩石单轴抗压强度取值表　（单位：MPa）

岩体类型	变质石英砂岩	砂板岩	砂板岩夹片岩	千枚状板岩	片岩
A	68.5	59.7	57.5	58.5	50.3
B_1	70.3	65.3	63.7	61.2	54.6
B_2	74.5	67.4	67.3	65.5	58.7
C	82.2	72.6	70.5	72.4	63.5

岩体的弹性模量为

$$E_{rm}=E_i\left[0.02+\frac{1-D/2}{1+e^{[(60+15D-GSI)/11]}}\right] \tag{4.3}$$

$$E_i=MR\cdot R_c \tag{4.4}$$

$$\frac{\sigma_1}{R_c}=\frac{\sigma_3}{R_c}+\sqrt{m\,\sigma_3 R_c+s} \tag{4.5}$$

式中，R_c 为岩石的单轴抗压强度；σ_1 和 σ_3 为破坏时的最大主应力和最小主应力；MR 为模数比，可以根据相关研究成果进行取值；m、s 为与材料特性有关的系数，可以根据 Hoek-Brown 已经给出的各种岩性在不同状态下的 m、s 值确定；D 为爆破或应力释放对岩体的扰动程度的系数，一般为 $0\leqslant D\leqslant 1$，当 D 取 0 时，则岩体不受到扰动，考虑到坝址区施工过程中多次运用了爆破，且边坡表层岩体因开挖产生了一系列的变形，因此本次计算的 D 取对岩体有一定的影响，但影响范围有限的值。计算时对于 A 类岩体 D 取 0.15，B_1 类岩体 D 取 0.1，B_2、C 类岩体 D 取 0。同时计算式（4.5），在已知岩块单轴抗压强度的条件下，给出任一 σ_3，均能得出对应的 σ_1，由莫尔强度理论，可以得出岩体的力学参数。

通过给定岩体 GSI 值进行计算，同时参考《水利水电工程地质勘察规范》（GB 50487—2008）、《岩石力学参数手册》等相关规范、资料，给出了苗尾水电站坝址区岩体物理力学参数建议值见表 4.21 ~ 表 4.24。

表 4.21　A 类岩体物理力学参数

	地层	弹性模量 /GPa	泊松比	密度 /(kg/m³)	内聚力 /MPa	内摩擦角 /(°)	抗拉强度 /MPa
极强倾倒破裂岩体（A）	变质石英砂岩	1.20	0.32	2450	0.75	32	0.42
	砂板岩	1.45	0.31	2500	0.63	32	0.39
	砂板岩夹片岩	1.32	0.33	2550	0.60	30	0.35
	千枚状板岩	1.10	0.32	2400	0.65	28	0.30
	片岩	1.05	0.34	2400	0.58	22	0.30

表 4.22　B_1 类岩体物理力学参数

	地层	弹性模量/GPa	泊松比	密度/(kg/m³)	内聚力/MPa	内摩擦角/(°)	抗拉强度/MPa
强倾倒破裂上段岩体（B_1）	变质石英砂岩	1.35	0.28	2500	0.8	35	0.45
	砂板岩	1.55	0.29	2550	0.67	33	0.40
	砂板岩夹片岩	1.42	0.30	2600	0.75	30	0.37
	千枚状板岩	1.24	0.31	2550	0.75	29	0.30
	片岩	1.10	0.32	2480	0.7	23	0.30

表 4.23　B_2 类岩体物理力学参数

	地层	弹性模量/GPa	泊松比	密度/(kg/m³)	内聚力/MPa	内摩擦角/(°)	抗拉强度/MPa
强倾倒破裂下段岩体（B_2）	变质石英砂岩	2.05	0.28	2500	0.9	37	0.48
	砂板岩	1.95	0.29	2550	0.8	35	0.42
	砂板岩夹片岩	1.85	0.30	2600	0.75	30	0.39
	千枚状板岩	1.75	0.31	2550	0.75	30	0.32
	片岩	1.65	0.32	2480	0.7	25	0.32

表 4.24　C 类岩体物理力学参数

	地层	弹性模量/GPa	泊松比	密度/(kg/m³)	内聚力/MPa	内摩擦角/(°)	抗拉强度/MPa
弱倾倒过渡变形岩体（C）	变质石英砂岩	3.00	0.26	2570	1.0	40	0.5
	砂板岩	2.90	0.27	2590	0.95	36	0.45
	砂板岩夹片岩	2.85	0.27	2630	0.90	32	0.4
	千枚状板岩	2.60	0.28	2600	0.85	30	0.35
	片岩	2.55	0.28	2600	0.80	27	0.35

第5章　层状倾倒变形岩体变形机理研究

5.1　引　　言

随着工程建设需求的增长，水电开发、矿山开采等工程活动日益频繁，倾倒变形现象被大量发现和揭露，并引起了众多国内学者的关注。倾倒变形边坡在我国西南地区普遍存在，尤其在大量水电工程岸坡中比较常见，尽管通常情况下，倾倒变形不至于引起坡体的快速变形滑动，但在工程建设开挖、加载、库区蓄水、降雨、地震等因素影响下，仍然可能导致倾倒变形边坡内碎裂介质及散体介质岩体产生拉张裂隙、剪切位移、转动、下错塌陷、崩塌等不同形式的破坏甚至深层滑坡。倾倒变形带来的严重后果，成为制约大型工程建设的重大工程地质问题。因此，深入研究倾倒岩体变形机理和破坏模式，对于倾倒变形岸坡的稳定性研究具有至关重要的指导意义。

5.2　层状倾倒形成条件敏感性分析

反倾岩质边坡柔性弯曲型倾倒–破坏变形特征受诸多形成条件影响，不同的条件其变形特征和变形程度具有较大差异。分析各因子对倾倒破坏特征的影响，对深入了解其变形破坏过程、确定关键控制条件具有重要的理论意义。

倾倒变形的影响因素主要有岩体结构及其空间组合、岩性、构造、水的作用、坡脚开挖、地表形态、风化作用、地震作用等。而影响倾倒变形的形成条件因素主要指倾倒边坡内在条件，包括岩层岩石力学参数、岩层厚度（层面间距或结构面发育程度）、岩层截面尺寸、岩层倾角、层面力学参数、节理组力学参数和连通率、边坡初始坡型（边坡坡高、边坡坡角、边坡规模）等。将弯曲型倾倒变形形成条件归结为三个方面（图5.1）开展研究：岩体力学特性、临空条件和岩层几何条件。其中岩体力学特性主要体现为岩石的力学参数和结构面的力学参数，临空条件主要包括边坡规模、边坡坡高、边坡坡角等，岩层几何条件主要包括岩层倾角、岩层厚度等。

针对提炼出的三组倾倒变形形成条件开展敏感性分析。案例数值计算模型验证合理可靠之后，基于控制变量方法对倾倒变形边坡的岩体力学特性（岩石物理力学参数和结构面物理力学参数）、岩层几何条件（岩层倾角和岩层厚度）和临空条件修改单因素构建多组对比数值计算模型，单因素修改方法是在原工程地质概化模型基础上，对其参数乘以一个缩放系数或改变一定数量值，选取坡表典型特征点的变形总位移作为量化对比的指标，来分析柔性弯曲型倾倒形成条件的敏感性。

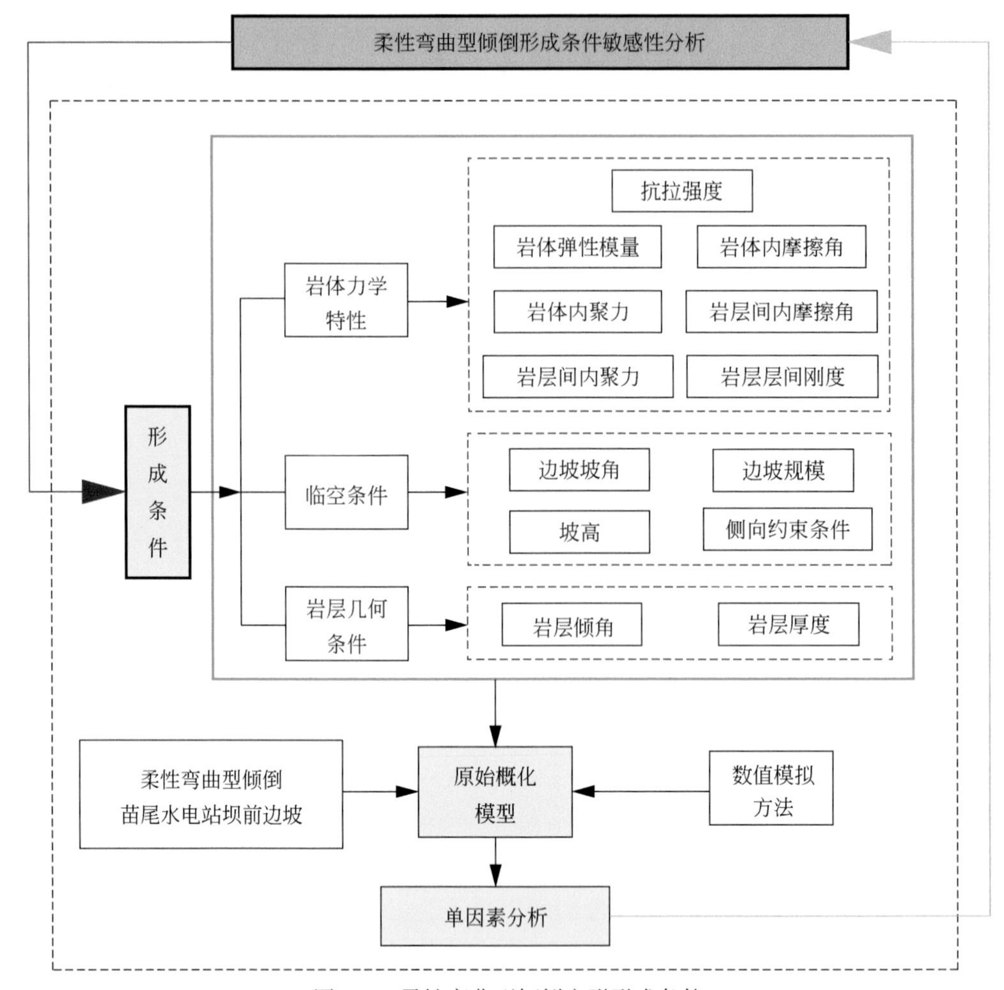

图 5.1　柔性弯曲型倾倒变形形成条件

5.2.1　倾倒计算模型和分析方法

数值计算模型选择以苗尾水电站坝前边坡倾倒变形体为例，运用 UDEC 构建模型、反演监测数据来校正基准试验。离散元法对于层状和块状岩体倾倒变形分析效果最佳，同时作为块体离散元软件可以详细地呈现出倾倒变形发展演化过程，包括岩层层间的错动与运动规律。本次模型计算中，岩块采用莫尔-库仑模型，节理采用库仑滑移模型。

地质模型的概化是数值模拟计算准确的关键。本次计算以苗尾水电站坝前边坡倾倒变形体为例进行分析，选取具有代表性的坝前边坡 2 号工程地质剖面，恢复其原地形建立数值计算模型。恢复地形方法：以工程地质剖面图中岩层弯曲点为原点，将各岩层描图后旋转至原始岩层角度，连接各岩层的顶点作为恢复后的地面线。为简化模型，减少边界条件的影响，计算模型左侧边界到调查的工程地质剖面图左侧边界距离设置为 60m，本章数值模型反演仅考虑重力作用，研究倾倒体边坡由反倾岩质边坡发育成为柔性弯曲型倾倒体过程。

研究区正常岩层倾角为 80°～85°，所建立数值计算模型中岩层倾角取 82°，图 5.2 为坝前边坡 2 号工程地质剖面图对应数值计算模型图。

计算模型参数参考前期研究工作的试验数据。

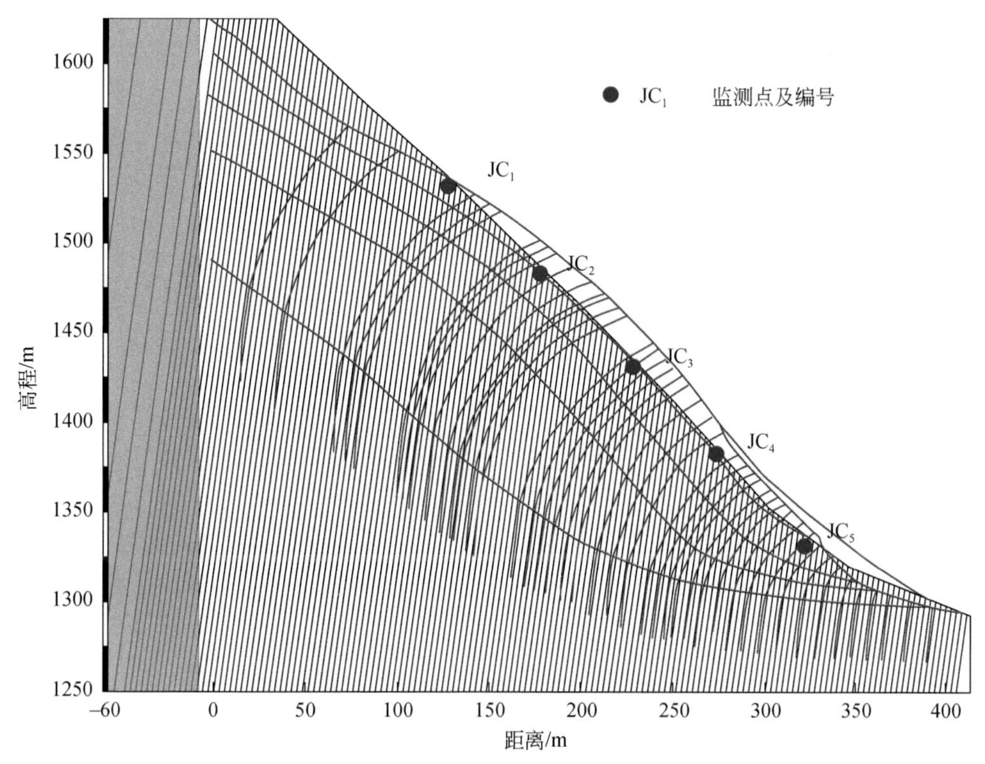

图 5.2　坝前边坡 2 号工程地质剖面图对应数值计算模型图

黑色为工程地质剖面图形态；紫红色为数值计算模型图

数值计算模型反演分析验证合理后，才可用于形成条件敏感性分析。数值计算模型合理性论证主要考虑如下几个主要方面的内容：①边坡变形特征、机制与现场调查的一致性；②边坡变形范围及边界合理性；③边坡变形量大小。

通过对坝前边坡的数值计算结果分析可知其变形破坏为显著的柔性弯曲型倾倒变形，且变形的范围与现场调查较为一致。岩层变形形态出现显著柔性弯曲倾倒，且在倾倒范围内坡体形态较为吻合。由于建立的数值计算模型左侧边界向外延伸了 60m，所以数值模型效果在坡顶附近与工程地质剖面形态存在差异，原因是延伸后的坡顶平台岩层弯曲倾倒堆积在模型顶部，由于模型边界条件加设约束后，会影响到坡顶附近的变形情况，所以对模型左侧边界外延一部分来建立模型开展研究。

计算结果（图 5.3）表明柔性倾倒弯曲变形形态基本一致，破坏的范围与现场地质调查结论一致。这表明数值模拟试验设置的模型力学边界条件与现场调查的基本一致。坡表形成一系列反坡台坎，坡顶后缘形成拉陷凹槽。对于坡表的岩层倾倒后的倾倒角和变形位移存在一定的差异（表 5.1），原因归结为本书建立的数值计算模型模拟反演过程仅考虑岩体自身长期重力作用下边坡的倾倒变形发展过程，岩体力学参数数值采用的是原岩参数，未考虑河流下切、开挖、风化作用、水等外动力作用，而边坡倾倒变形发生后，后期的外动力改造作用，将进一步加剧倾倒变形发展。

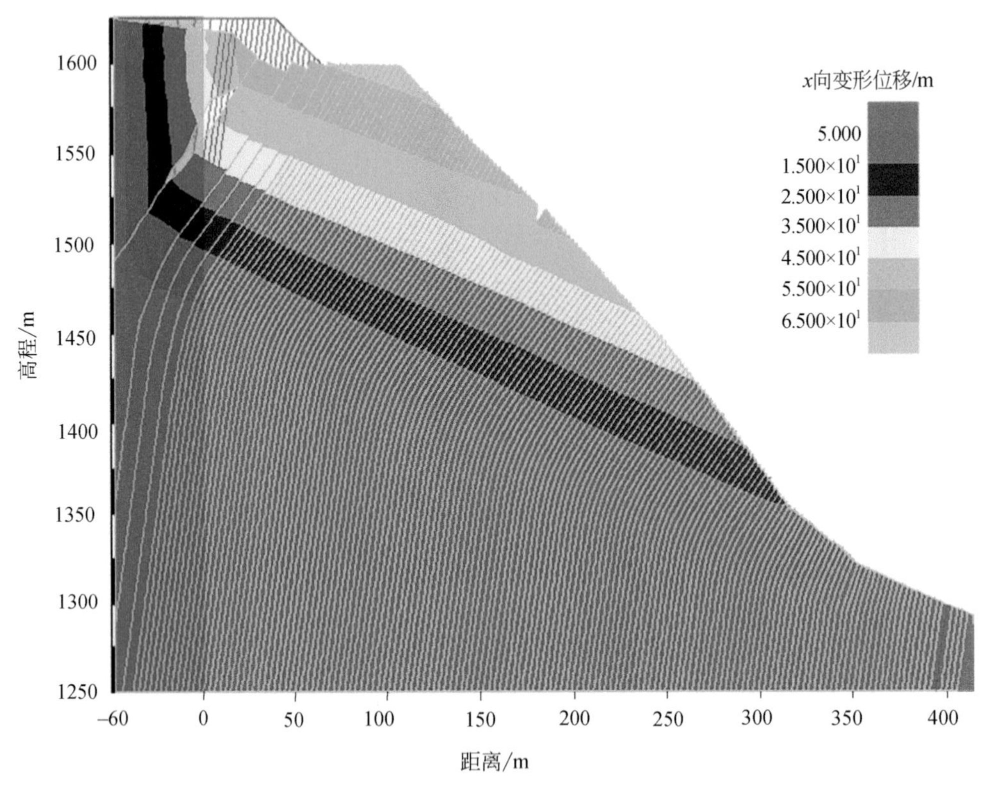

图 5.3　坝前边坡反演坡体形态效果图

黑色为计算模型原始图，绿色为倾倒变形当前形态图

表 5.1　边坡各监测点的位移信息表

项目	监测点位移/m				
	JC_1	JC_2	JC_3	JC_4	JC_5
工程原型	71	68	54	45	19
数值模型	58	52	42	28	14

5.2.2　边坡临空条件对柔性弯曲型倾倒变形影响研究

本书主要分析层状结构边坡倾倒变形的规模效应、坡高效应和坡角效应。

边坡规模包括坡高和坡顶水平距离。研究规模效应的计算模型不改变边坡岩体结构，按缩放系数（ξ）缩放原概化的计算模型（图 5.4）（取 $\xi=0.7$、0.8、0.9、1.1、1.2、1.3），分别建立六个不同规模的边坡计算模型，来计算边坡总位移与边坡规模缩放系数的关系，研究边坡倾倒变形的规模效应。

选取总位移增量与缩放系数差值之间的比值作为总位移增量变化率来分析不同边坡规

模对变形位移的敏感性。由图5.4可知，各监测点的变形位移随着边坡规模的变化呈现出相似的变形趋势，故选取典型监测点（JC_3）来分析其总位移增量变化率，来揭示不同边坡规模对变形位移的敏感程度。由不同边坡规模总位移增量变化率曲线图5.5分析可知，随着边坡规模缩放系数自0.7至1.3过程中，总位移增量变化率为-0.85～1.2，最大值为1.2，表明放大边坡规模，总位移变化较为明显。边坡规模对柔性弯曲型倾倒变形影响较明显。

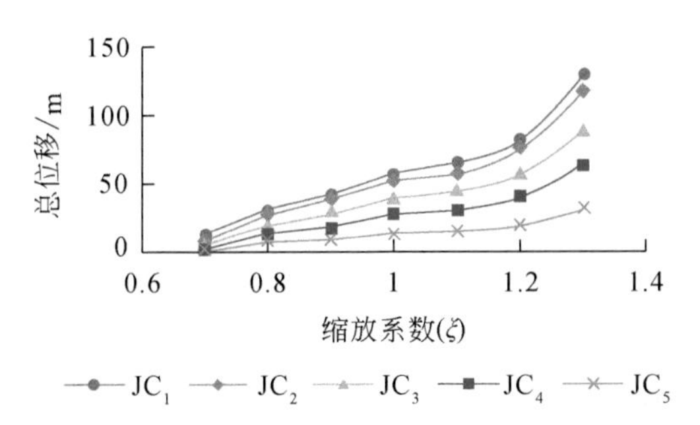

图5.4 不同边坡规模条件坝前边坡变形位移特征

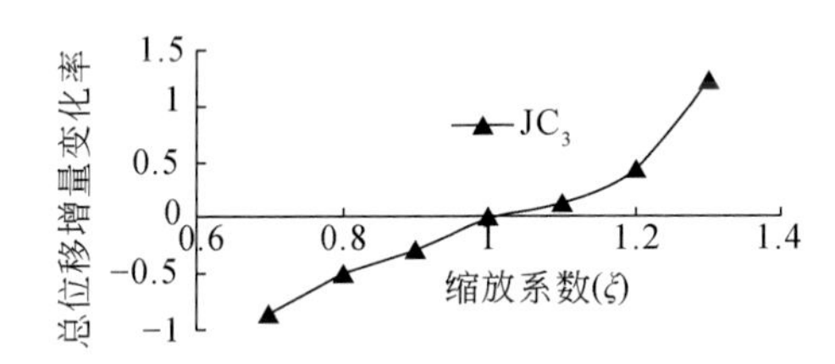

图5.5 不同边坡规模条件坝前边坡变形位移敏感性分析

研究坡高效应的计算模型，仅考虑坡高变化对倾倒变形的影响程度。苗尾水电站坝前边坡变形前的恢复地形模型坡高约360m，取350m。通过模拟河谷下切过程中所形成的200m、250m、300m、350m、400m、450m六种坡高条件建立计算模型，来分析边坡变形，本次下切深度与研究区河谷演化历史不完全一致，仅研究坡高变化对倾倒变形的敏感性，选择设置的六个下切高程状态，分别建立对应的数值计算模型，分析边坡坡高对倾倒变形的敏感性程度，见图5.6和图5.7。

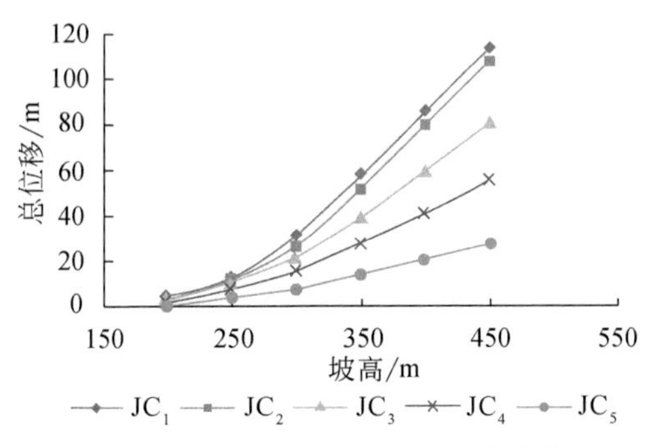

图5.6 不同坡高条件边坡变形位移特征

选取总位移增量与坡高变化增量差值之间的比值作为总位移增量变化率来分析不同坡高对变形位移的敏感性。由图 5.6 分析可知，各监测点的变形位移随着坡高的变化呈现出相似的变形趋势，故选取典型监测点（JC_3）来分析其总位移增量变化率，来揭示不同坡高对变形位移的敏感程度。由不同坡高条件边坡变形位移敏感性分析（图 5.7）可知，随着坡高自 200m 至 450m 过程中，总位移增量变化率在-3.2～4.85，最大值为 4.85、最小值为-3.2，表明放大和缩小坡高，总位移变化较为显著。综上可知，坡高对柔性弯曲型倾倒变形影响显著。

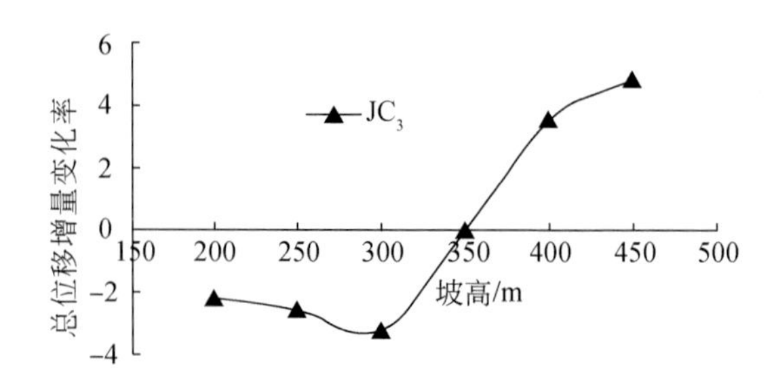

图 5.7　不同坡高条件边坡变形位移敏感性分析

研究坡角效应的计算模型，仅考虑坡角变化对倾倒变形的影响程度。恢复坝前边坡变形前的地面线平均坡角约 50°，不改变坡高，以坡顶为基点旋转边坡地面线，形成平均坡角分别为 40°、42.5°、45°、47.5°、50°、55°、60°、65° 不同坡角条件下的边坡，分别建立对应的数值计算模型，计算仅考虑不同坡角条件下的边坡变形位移结果。计算结果表明，边坡位移随坡角的增加而增加，当岸坡坡角为 45°，岸坡变位移量值降低较为明显，JC_1—JC_5 监测点的位移相对原始坡角条件降幅为 39%～42%；与 Goodman 的倾倒变形启动判据相吻合。研究表明，坡角条件对边坡倾倒变形起控制作用。

选取总位移增量与坡角变化增量差值之间的比值作为总位移增量变化率来分析不同边坡坡角对变形位移的敏感性。由 5.8 分析可知，各监测点的变形位移随着边坡坡角的变化呈现出相似的变形趋势，故选取典型监测点（JC_3）来分析其总位移增量变化率，来揭示

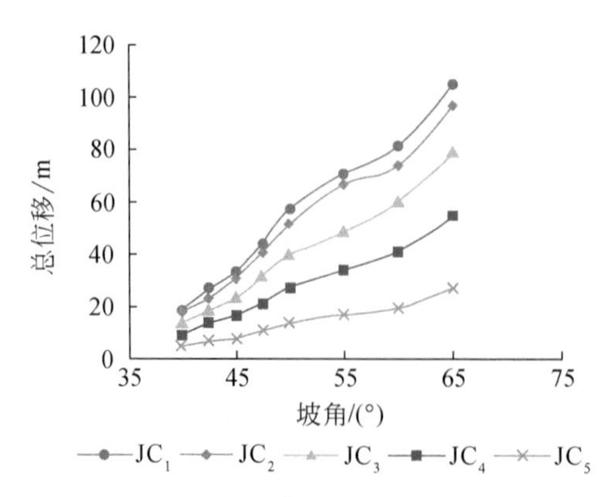

图 5.8　不同坡角条件边坡变形位移特征

不同边坡坡角对变形位移的敏感程度。由不同坡角条件边坡变形位移敏感性分析（图5.9）可知，随着边坡坡角自40°至65°变化过程中，总位移增量变化率在-4.1～3.3，最大值为3.3、最小值为-4.1，表明放大和缩小边坡坡角，总位移变化较为明显。综上可知，边坡坡角对柔性弯曲型倾倒影响显著。

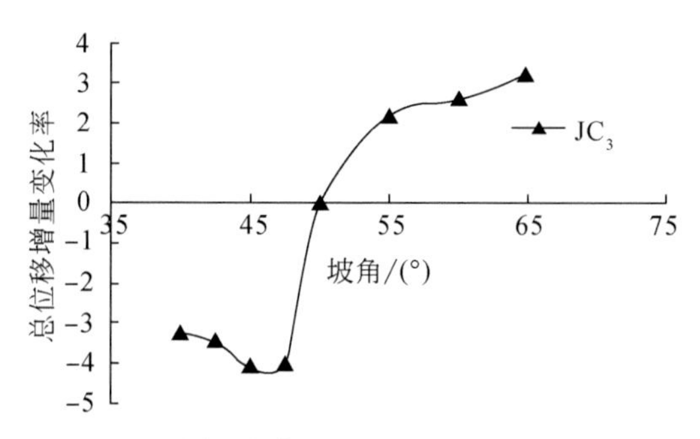

图5.9　不同坡角条件边坡变形位移敏感性分析

5.2.3　边坡岩层几何条件对柔性弯曲型倾倒变形影响研究

本节边坡岩层几何条件对柔性弯曲型倾倒变形的敏感性研究，主要从岩层倾角和岩层厚度两方面开展研究。

研究岩层倾角对倾倒变形影响的计算模型，不改变坡体结构，仅改变模型岩层的倾角。岩层倾角平均值为83°，改变岩层倾角，分别取66°、70°、74°、78°、83°、85°及90°共七组岩层倾角条件，建立对应的计算模型，来分析边坡倾倒变形与岩层倾角变化的关系，分析结果见图5.10。当岩层倾角减小为70°时，JC_1—JC_5监测点位移相对原始岩层倾角最大降幅为42%～48%；JC_1—JC_5监测点整体上位移降幅较大，边坡倾倒变形位移量值随倾角减小逐渐减小；当岩层倾角增加到74°～78°时，JC_1—JC_5监测点的变形曲线斜率较大，当岩层倾角在83°附近时，边坡倾倒变形总位移最大，随后边坡变形总位移随倾角增加而减小。

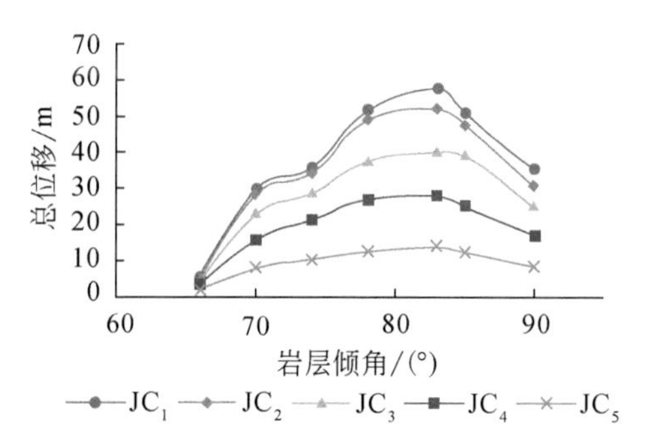

图5.10　不同岩层倾角边坡变形位移特征

选取总位移增量与岩层倾角变化增量差值之间的比值作为总位移增量变化率来分析不同岩层倾角对变形位移的敏感性。由图 5.10 分析可知，各监测点的变形位移随着岩层倾角的变化呈现出相似的变形趋势，故选取典型监测点（JC_3）来分析其总位移增量变化率，来揭示不同岩层倾角对变形位移的敏感程度。由不同岩体倾角边坡变形位移敏感性分析(图 5.11)可知，随着岩层倾角自 65°至 90°过程中，总位移增量变化率在-4.6 ~0.16，最小值为-4.6，表明缩小岩层倾角，总位移变化较为明显。岩层倾角对柔性弯曲型倾倒影响显著。

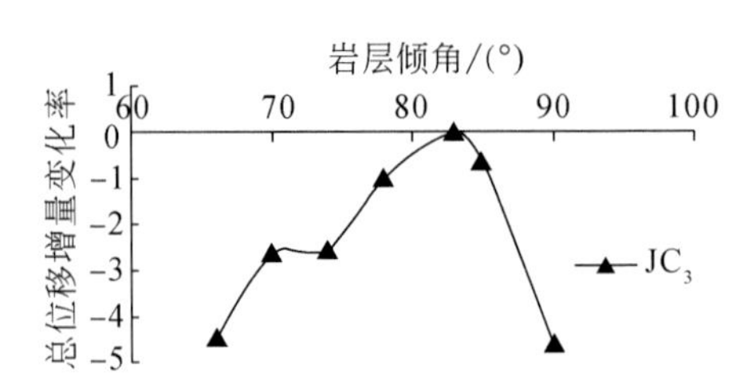

图 5.11　不同岩体倾角边坡变形位移敏感性分析

研究岩层厚度对倾倒变形影响的计算模型，不改变坡体结构，仅改变模型岩层的厚度。原概化模型岩层厚度缩放系数（ξ）分别取 0.8、0.9、1.0、1.1、1.2、1.3、1.5、1.7、2.0 得到一系列不同岩层厚度缩放系数（ξ）的计算模型，通过缩放系数（ξ）改变岩层厚度计算边坡倾倒变形的位移量值来分析边坡倾倒变形与倾倒岩层厚度的关系，见图 5.12。

在原概化模型的基础上缩放岩层厚度，边坡变形位移量增加明显。当模型岩层厚度缩放系数为 0.9 时，JC_1—JC_5监测点的总位移变形量增幅为 11%~15%；当缩放系数为 0.8 时，JC_1—JC_5 监测点的总位移变形量值增幅为 30%~38%；随着岩层厚度缩放系数逐渐增大，边坡总位移呈缓慢减小趋势；当模型岩层厚度缩放系数增加至 1.2 时，位移量值相对稳定在一定量级水平范围内上下波动，总位移量降幅为 27%~35%。

选取总位移增量与缩放系数差值之间的比值作为总位移增量变化率来分析不同岩层厚度对变形位移的敏感性。由图 5.12 分析可知，各监测点的变形位移随着岩层厚度的变化呈现出相似的变形趋势，故选取典型监测点（JC_3）来分析其总位移增量变化率，来揭示

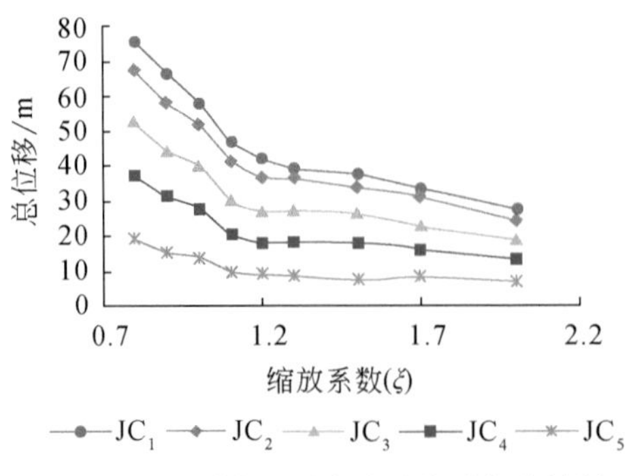

图 5.12　不同岩层厚度边坡变形位移特征

不同岩层厚度对变形位移的敏感程度。由不同岩层厚度边坡变形位移敏感性分析(图5.13)可知，随着岩层厚度缩放系数自0.8至2.0变化过程中，总位移增量变化率在-2.4～1.6，最大值为1.6、最小值为-2.4，表明放大和缩小岩层厚度，总位移变化较为明显。综上可知，岩层厚度对柔性弯曲型倾倒变形的影响明显。

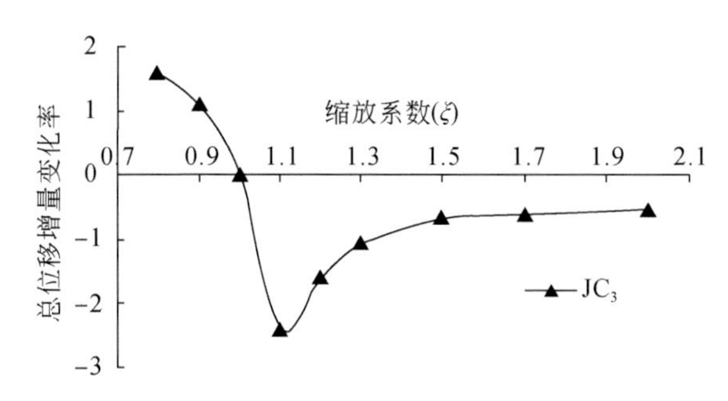

图5.13　不同岩层厚度边坡变形位移敏感性分析

5.2.4　边坡岩体力学特性对柔性弯曲型倾倒变形影响研究

本节边坡岩体力学特性主要从岩体力学参数的角度来分析，岩体力学参数主要考虑岩块的变形模量、内摩擦角、内聚力、抗拉强度，结构面的内摩擦角、内聚力、刚度。

5.2.4.1　岩石物理力学参数对倾倒变形影响分析

岩石力学参数主要考虑岩石变形模量、内摩擦角、内聚力、抗拉强度对边坡倾倒变形的影响，在概化模型的原参数基础上乘以缩放系数（ξ），分别建立缩放系数对应的计算模型，计算得到边坡变形与各项岩石力学参数的关系。

（1）变形模量边坡变形位移敏感性分析：原岩石变形模量的缩放系数分别取0.8、0.9、1.0、1.1、1.2、1.3、1.5、1.7、2.0，分析结果见图5.14，岩石变形模量对边坡变形影响显著，特别是岩石变形模量减小，倾倒变形尤为明显。选取总位移增量与缩放系数差值之间的比值作为总位移增量变化率来分析不同岩石变形模量对变形位移的敏感性。由图5.14分析可知，各监测点的变形位移随着岩石变形模量的变化呈现出相似的变形趋势，

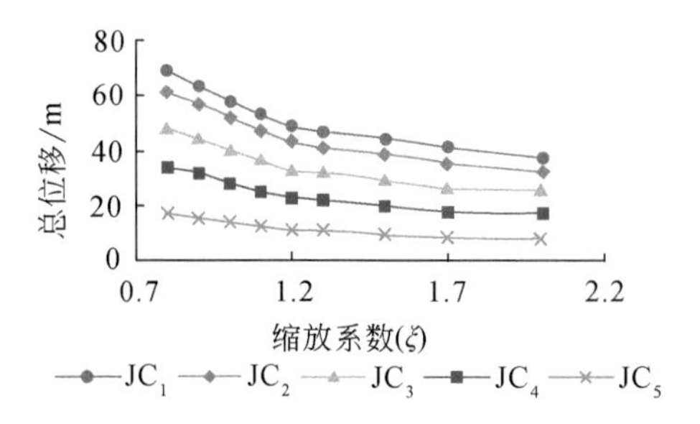

图5.14　不同岩石变形模量边坡变形位移特征

故选取典型监测点（JC_3）来分析其总位移增量变化率，以揭示不同岩石变形模量对变形位移的敏感程度。由不同岩石变形模量边坡变形位移敏感性分析（图 5.15）可知，随着岩石变形模量缩放系数自 0.8 至 2.0 过程中，总位移增量变化率在-0.9～1.1，最大值为 1.1，表明放大和缩小岩石变形模量，总位移变化较为不明显。岩石变形模量对柔性弯曲型倾倒变形影响相对不明显。

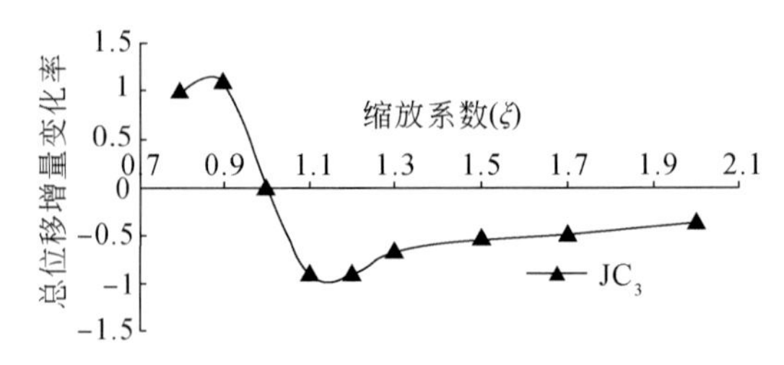

图 5.15　不同岩石变形模量边坡变形位移敏感性分析

（2）内摩擦角边坡变形位移敏感性分析：原概化模型岩石内摩擦角的缩放系数分别取 0.9、1.0、1.1、1.2、1.3、1.5、1.7、2.0，分别建立缩放系数对应的缩放计算模型，分析苗尾坝前边坡总位移变化增量与岩石内摩擦角的关系，分析结果见图 5.16。当岩石内摩擦角的缩放系数（ξ）小于 1.2 时，边坡变形总位移曲线较陡，表明岩石内摩擦角对边坡倾倒变形影响较显著，当内摩擦角缩放系数增加至 1.3 时，JC_1—JC_5 监测点的变形总位移量值降幅为 82%～83%；当岩石内摩擦角缩放系数大于 1.3 时，边坡变形总位移曲线趋于水平，且变形位移量值较小；当内摩擦角缩放系数减小至 0.9 时，边坡倾倒变形位移量值增幅明显，JC_1—JC_5 监测点的倾倒变形量值增幅为 17%～21%。选取总位移增量与缩放系数差值之间的比值作为总位移增量变化率来分析不同岩石内摩擦角对变形位移的敏感性。由图 5.16 可知，各监测点的变形位移随着岩石内摩擦角的变化呈现出相似的变形趋势，故选取典型监测点（JC_3）来分析其总位移增量变化率，以揭示不同岩石内摩擦角对变形位移的敏感程度。由不同岩石内摩擦角边坡变形位移敏感性分析（图 5.17）可知，随着岩石内摩擦角缩放系数自 0.9 至 2.0 过程中，总位移增量变化率在-3.15～2.2，最大值为 2.2、最小值为-3.15，表明放大和缩小岩体内摩擦角，总位移变化较为明显。综上可知，岩石内摩擦角对柔性弯曲型倾倒变形影响较为显著。

（3）内聚力边坡变形位移敏感性分析：原概化模型岩石内聚力缩放系数分别取 0.4、0.6、0.8、0.9、1.0、1.1、1.2、1.4、1.6、1.8、2.0，建立缩放系数对应的计算模型，分析结果见图 5.18。边坡变形位移量值随内聚力缩放系数减小呈缓慢增大，随内聚力缩放系数增大先急剧减小、后缓慢减小。选取总位移增量与缩放系数差值之间的比值作为总位移增量变化率来分析不同岩石内聚力对变形位移的敏感性。由图 5.18 可知，各监测点的变形位移随着岩石内聚力缩放系数的变化呈现出相似的变形趋势，故选取典型监测点（JC_3）来分析其总位移增量变化率，来揭示不同岩石内聚力对变形位移的敏感程度。由不同岩石内聚力边坡变形位移敏感性分析（图 5.19）可知，随着岩石内聚力缩放系数自 0.4 至 2.0 过程中，总位移增量变化率在-2.0～1.3，最大值为 1.3、最小值为-2.0，表明放大和缩小岩石内聚力，总位移变化较为明显。综上可知，岩石内聚力对柔性弯曲型倾倒变形影响较明显。

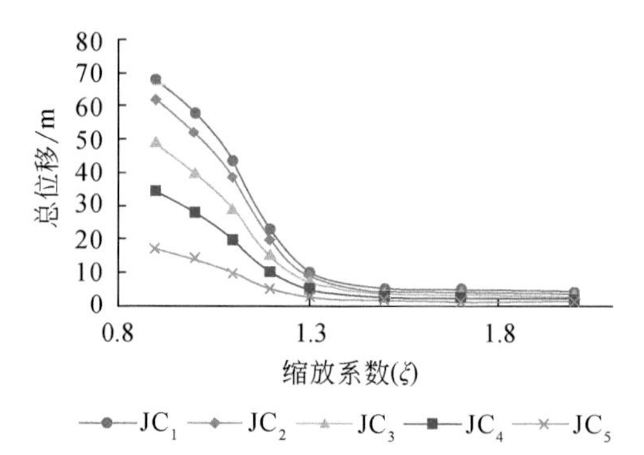

图 5. 16　不同岩石内摩擦角边坡变形位移特征

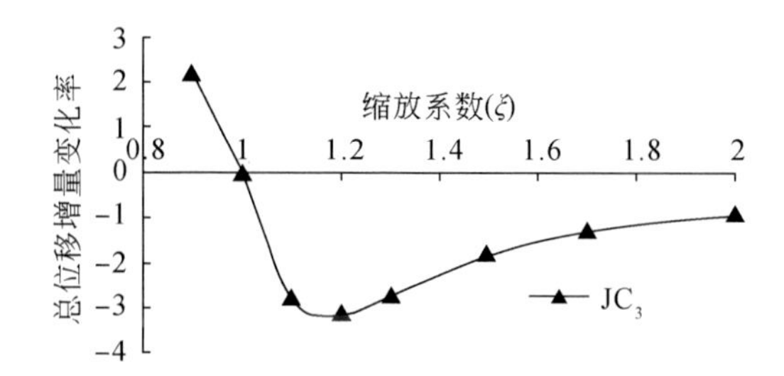

图 5. 17　不同岩石内摩擦角边坡变形位移敏感性分析

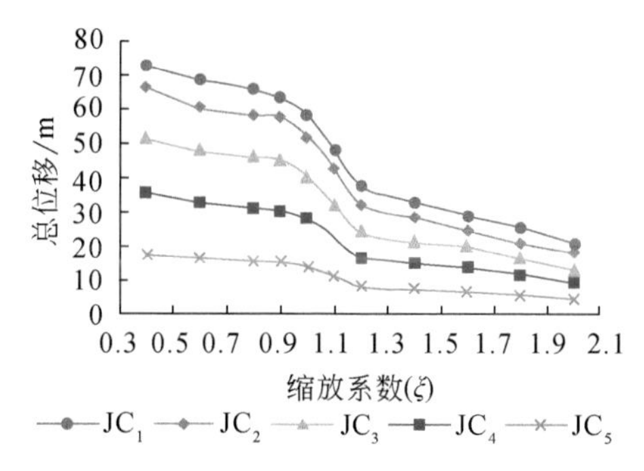

图 5. 18　不同岩石内聚力边坡变形位移特征

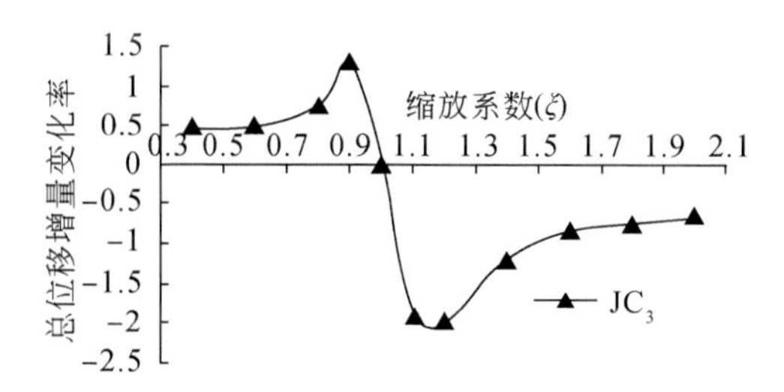

图 5. 19　不同岩石内聚力边坡变形位移敏感性分析

（4）抗拉强度边坡变形位移敏感性分析：原概化模型岩石抗拉强度的缩放系数分别取 0. 4、0. 6、0. 8、0. 9、1. 0、1. 1、1. 2、1. 4、1. 6、1. 8、2. 0，建立缩放系数对应的数值计算模型，分析苗尾坝前边坡总位移变化增量与岩石抗拉强度的关系，见图5.20。边坡倾倒变形位移曲线随抗拉强度变化较为平缓；当抗拉强度缩放系数（ξ）为1.1～2时，JC_1—JC_5监测点的总位移量值降幅为6%～24%；当抗拉强度缩放系数（ξ）为0.4～0.9时，JC_1—JC_5监测点的总位移量增幅为7%～17%。选取典型监测点（JC_3）来分析其总位移增量变化率，来揭示不同岩石抗拉强度对变形位移的敏感程度。由不同岩石抗拉强度边坡变形位移敏感性分析（图5.21）可知，随着抗拉强度缩放系数自0.3至2.0过程中，总位移增量变化率在-0.6～0.9，最大值为0.9，表明放大和缩小抗拉强度，总位移变化相对不明显。综上可知，抗拉强度对柔性弯曲型倾倒变形的影响相对较小。

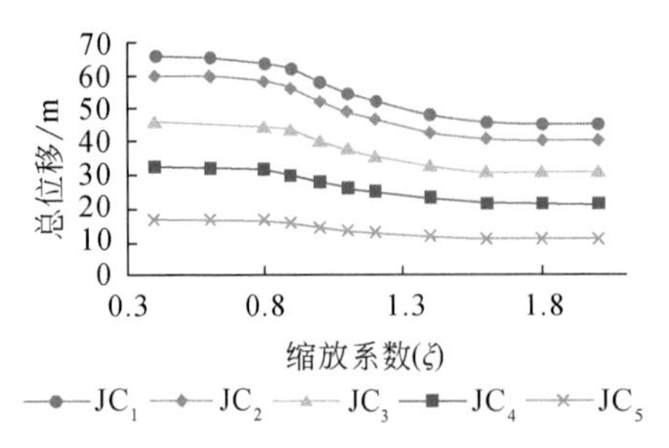

图5.20　不同岩石抗拉强度边坡变形位移特征

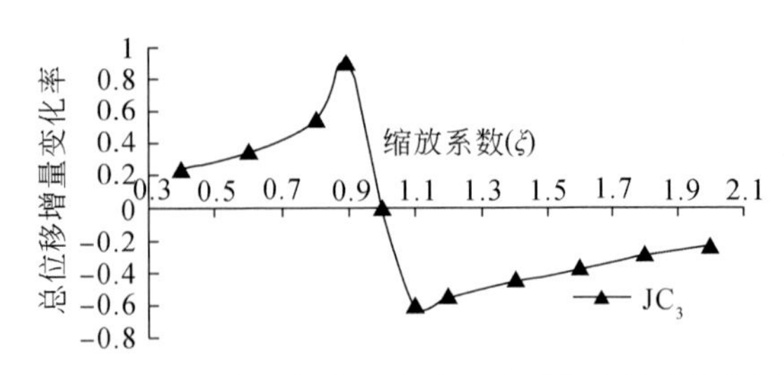

图5.21　不同岩石抗拉强度边坡变形位移敏感性分析

5.2.4.2　结构面力学参数对倾倒变形影响分析

结构面力学参数分别考虑结构面的内摩擦角、内聚力、刚度对边坡倾倒变形的影响，在原概化模型结构面力学参数基础上乘以缩放系数（ξ），分别建立缩放系数对应的数值计算模型，分析坝前边坡倾倒变形与各结构面力学参数的关系。

（1）结构面内摩擦角边坡变形位移敏感性分析：原概化模型岩体结构面内摩擦角的缩放系数分别取0.8、0.9、1.0、1.1、1.2、1.3、1.5，分析结果见图5.22。岩体结构面内摩擦角对边坡倾倒变形影响显著。当结构面摩擦角缩放系数（ξ）大于1.2时，边坡倾倒变形位移不明显，处于相对稳定状态；当结构面摩擦角缩放系数（ξ）为0.8～0.9时，边坡倾倒变形总位移量值急剧增加，JC_1—JC_5监测点的总位移量值增幅为98%～103%。由不同岩体结构面内摩擦角边坡变形位移敏感性分析（图5.23）可知，随着岩体结构面内摩擦角缩放系数自0.7至1.6过程中，总位移增量变化率在-3.5～5.5，最大值为5.5、最小值为-3.5，表明放大和缩小岩体结构面内摩擦角，总位移变化较为显著。综上可知，岩体结构面内摩擦角对柔性弯曲型倾倒变形的影响显著。

（2）结构面内聚力边坡变形位移敏感性分析：原概化模型结构面内聚力的缩放系数分别取0.4、0.6、0.8、0.9、1.0、1.1、1.2、1.4、1.6、1.8、2.0，分析结果见图5.24，边坡变形位移量值随结构面内聚力缩放系数减小呈缓慢增大，随内聚力缩放系数增大先急剧减小、后缓慢减小。由不同结构面内聚力边坡变形位移敏感性分析图5.25可知，随着结构面内聚力缩放系数自0.4至2.0过程中，总位移增量变化率在-0.7～0.9，最大值为0.9，表明放大和缩小结构面内聚力，总位移变化不明显。结构面内聚力对柔性弯曲型倾倒变形的影响不明显。

（3）结构面刚度边坡变形位移敏感性分析：原概化模型岩体结构面刚度的缩放系数分别取0.5、1.0、2.0、4.0、6.0、8.0、10.0、12.0，分析结果见图5.26，当结构面刚度缩放系数为2.0时，边坡倾倒变形位移量值降幅显著，当结构面刚度缩放系数大于4.0时，边坡变形总位移曲线趋于平缓，表明结构面刚度增大对边坡倾倒变形位移影响较小。由不同结构面刚度边坡变形位移敏感性分析（图5.27）可知，随着结构面刚度缩放系数自0.5至12.0过程中，总位移增量变化率在-0.4～0.4，最大值为0.4，表明放大和缩小结构面刚度，总位移变化不明显。综上可知，结构面刚度对柔性弯曲倾倒变形影响相对较小。

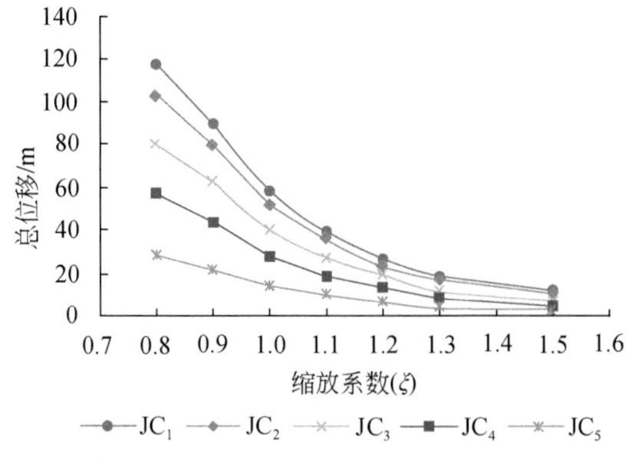

图5.22　不同岩体结构面内摩擦角边坡变形位移特征

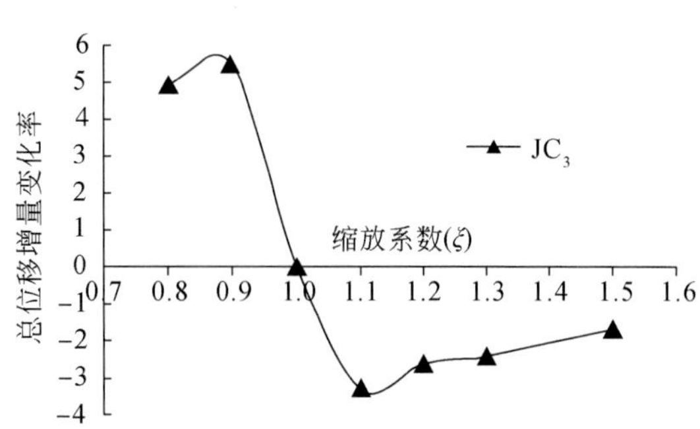

图5.23　不同岩体结构面内摩擦角边坡变形位移敏感性分析

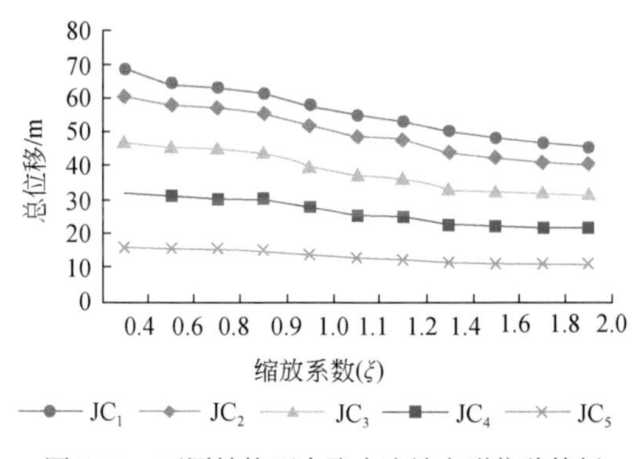

图5.24　不同结构面内聚力边坡变形位移特征

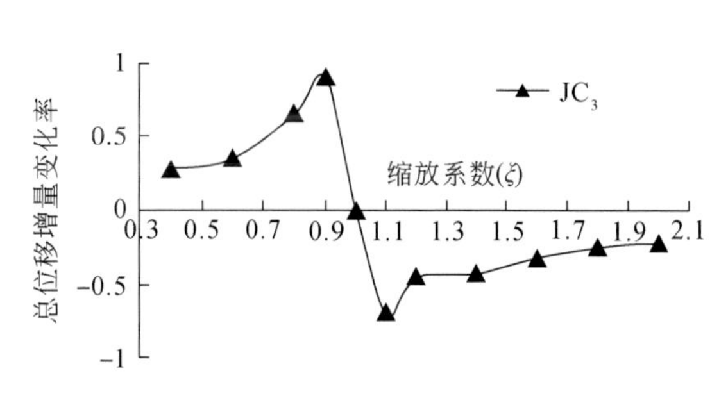

图5.25　不同结构面内聚力边坡变形位移敏感性分析

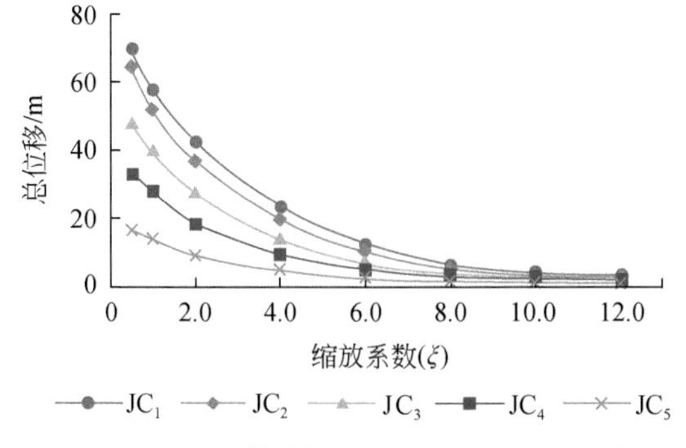

图5.26　不同岩体结构面刚度边坡变形位移特征

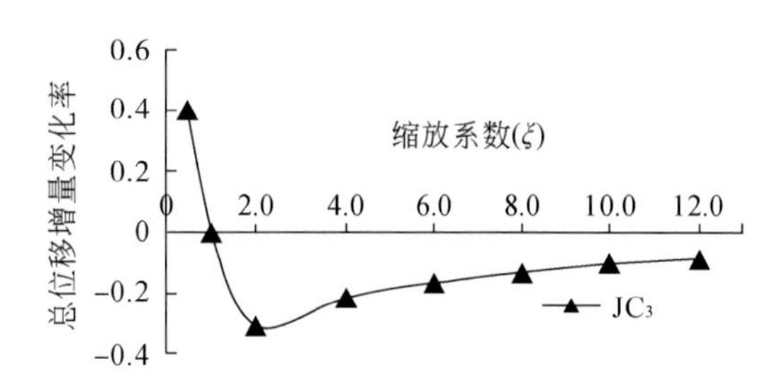

图5.27　不同结构面刚度边坡变形位移敏感性分析

5.2.5　小结

选取变形位移变化增量与形成条件因素变化增量之间的比值记为总位移增量变化率，从总位移增量变化率角度来分析形成条件的敏感性程度。总位移增量变化率数值反映变形位移在形成条件变化区间内增速的快慢。

综上可知，从总位移增量变化率数值来分析，研究结果表明临空条件中的坡高（4.85）和坡角效应（-4.1）、岩体力学特性中的结构面内摩擦角（5.5）、岩层几何条件中岩层倾角（-4.6）对倾倒变形的影响最为显著，其总位移增量变化率最大数值在4以上，最大为5.5。其次为岩体力学特性中的岩石内摩擦角（-3.15）影响较显著，再次为岩层厚度（-2.4）影响明显，岩石内聚力（2.0）、坡体规模（1.2）、岩石变形模量（1.1）影响较明显，岩石内聚力（0.9）、结构面内聚力（0.9）、结构面刚度（0.4）影响不明显。以上研究揭示出倾倒变形的临空条件对柔性弯曲型倾倒变形的影响最为显著，后续将开展临空条件变化的离心模型试验研究，分析柔性弯曲型倾倒破坏演化过程与失稳模式。

5.3　倾倒岩体弯折深度的坡面效应

反倾边坡的变形由于影响因素的多样性，其理论研究通常采用悬臂梁理论对直线形边坡进行稳定性计算。目前代表性理论 Aydan 和 Adhikary 均使用直线形坡面形态（Aydan and Kawamoto，1992；Adhikary et al.，1997），并假定破裂面为直线，层间作用力为集中力进行计算，均未考虑真实坡形，对于非直线形坡面的倾倒变形计算和分析具有一定的局限性。本书在 Aydan 的理论基础上，考虑层间作用力为均布力推导倾倒变形破裂面判定公式，并应用两种方法对直线形、凹形、凸形和阶梯形边坡进行分析，得到了各类坡面形态下边坡倾倒的变形特点。

5.3.1　层状反倾边坡坡面形态划分

层状反倾边坡根据纵剖面通常可形成以下几大类坡面几何形态类型或其组合形式：直线形、凹形、凸形、阶梯形。通常，直线形坡和凸形坡的剖面曲率等于或大于0，属于正向型斜坡；而凹形坡和阶梯形坡的剖面曲率为小于0的负向形斜坡（表5.2）。

对不同形态坡面的边坡进行了定义，即将自然界边坡分为直线形坡、凹形坡、凸形坡、阶梯形坡，其中阶梯形坡为凹形坡和凸形坡组合形成。其坡角和坡面形态对应关系为：直线形坡：$0° < \beta_2 = \beta_1 < 90°$；凹形坡：$0° < \beta_2 - \beta_1 < 180°$；凸形坡：$0° < \beta_1 - \beta_2 < 180°$（$\beta_1$ 和 β_2 分别为斜坡上、下段坡角）。

表 5.2　坡面形态定义示意表

坡面形态定义示意图	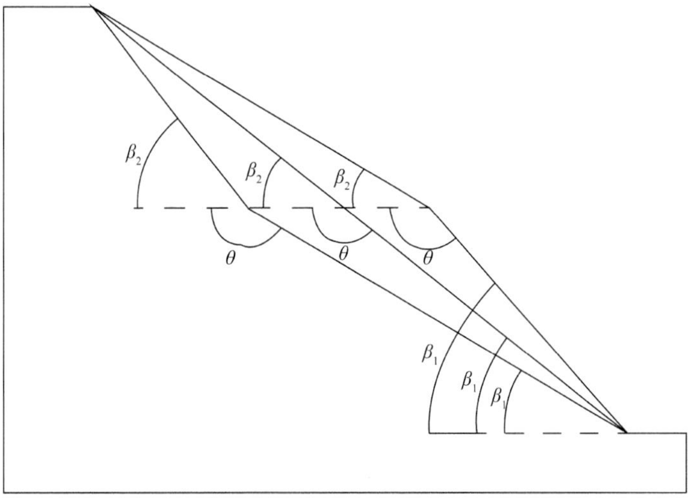			β_1为斜坡下段坡角；β_2为斜坡上段坡角；以边坡转折点为原点作水平射线，与坡下段内部相交角度为θ>0°
类型	直线形坡	凹形坡	凸形坡	阶梯形坡
示意图	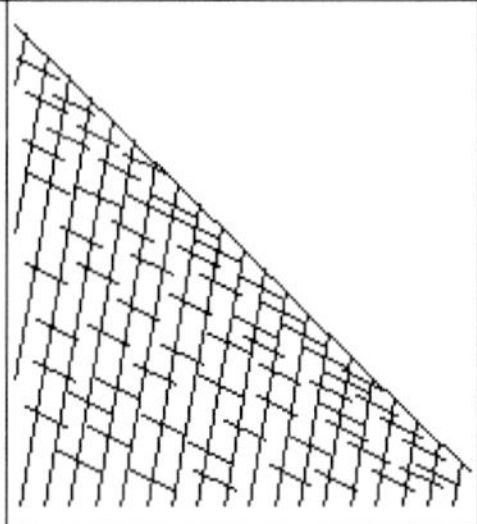	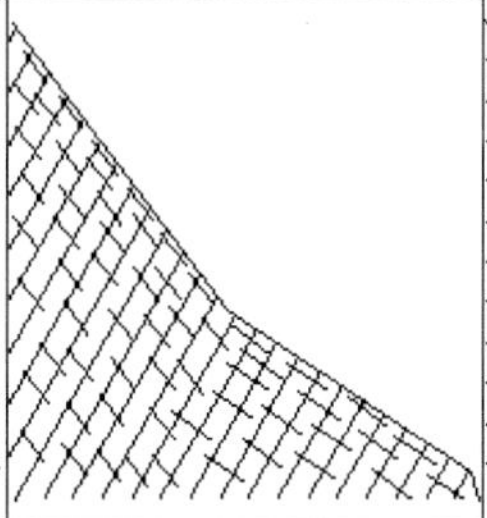	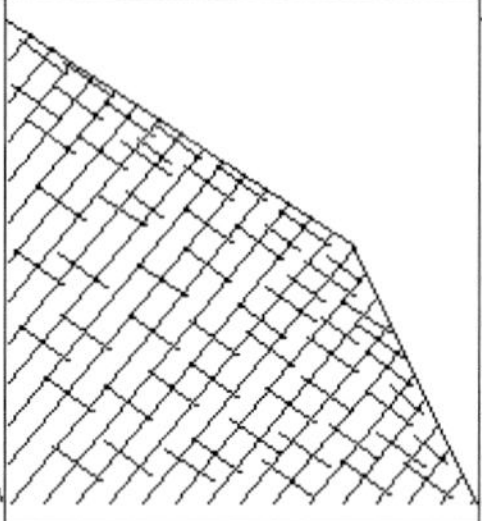	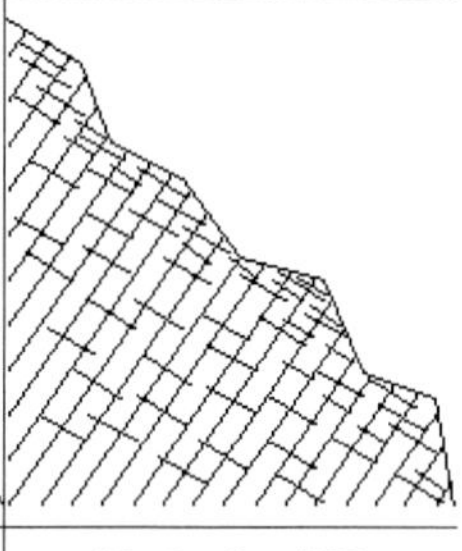
定义	$\theta+\beta_2=180°$	$180°<\theta+\beta_2<360°$	$0°<\theta+\beta_2<180°$	$0°<\beta_1-\beta_2<180°$
表示	$\beta_1=\beta_2$（且满足$0°<\beta_1$、$\beta_2<90°$）	$0°<\beta_2-\beta_1<180°$	$0°<\beta_1-\beta_2<180°$	

5.3.2　不同坡面形态边坡的变形破坏特点

通过详细统计多个组合不同坡面形态边坡的变形破坏特点表明，不同坡面形态边坡的变形破坏模式与岩层倾角、坡角二者之和有较大关系。

（1）直线形坡倾倒变形主要起始于坡肩部位，易产生倾倒拉裂，并不断向下和深部发展；

（2）凹形坡倾倒变形主要发生在坡体上段，以崩塌破坏为主，倾倒变形主要集中在浅表层；

（3）凸形坡倾倒变形主要集中在凸出部位，可产生倾倒蠕滑、倾倒崩塌等破坏；

（4）阶梯形坡在凸点部位易产生压应力集中，可产生倾倒蠕滑、多级滑动。

此外，直线形坡可产生倾倒−滑移变形，凹形坡易产生高位崩塌破坏；凸形坡可产生凸出部位的崩滑；阶梯形坡则可产生多级蠕滑或崩塌、崩滑。

5.3.3　倾倒折断深度分析

5.3.3.1　倾倒折断深度理论计算公式

对 Aydan 和 Adhikary 的反倾边坡稳定性计算方法和破裂面界定方法（其假定层间作用力为集中力）进行分析研究后，考虑层间作用力为分布力，修正了岩层破裂计算公式和累进弯折计算经验公式。通过实例计算分析，得出反倾边坡不同倾倒分区界限与计算迭代次数的大致取值关系（图 5.28）。

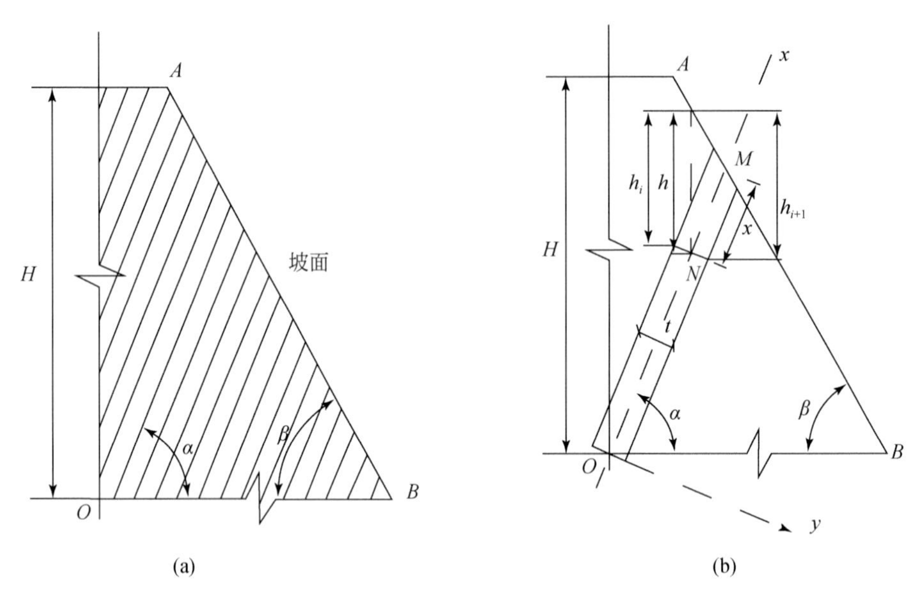

图 5.28　反倾岩层斜坡的几何关系

本书主要分析坡表地形对倾倒变形的影响，对于其他影响边坡倾倒变形的因素则简化考虑，因此在采用悬臂梁理论分析岩层倾倒变形破坏的过程中，采用以下假定：

（1）边坡岩层为无节理状态，不考虑初始卸荷节理的影响；

（2）边坡各岩层为均质、等厚；

（3）岩层面之间的正应力、剪应力为线性均布，仅受埋深影响；

（4）层面的内聚力和内摩擦角值均相同；

（5）边坡岩体中某一点的应力根据岩体力学原理可以简化为垂直于层面的正应力和沿层面方向的切应力。由图 5.28（b）中三角关系可求得岩层中线某点在重力方向距坡表的距离（h）为

$$h=\frac{x\sin(\alpha+\beta)}{\cos\beta}$$

N 点所在层面的垂直切面上下缘在重力方向距坡表的距离为

$$h_i=\frac{x\sin(\alpha+\beta)}{\cos\beta}-\frac{t\cos(\alpha+\beta)}{2\cos\beta}$$

$$h_{i+1}=\frac{x\sin(\alpha+\beta)}{\cos\beta}+\frac{t\cos(\alpha+\beta)}{2\cos\beta}$$

相应上缘点处的自重应力为$\sigma_{vi}=\gamma h_i$，水平侧压力为$\sigma_{hi}=k\gamma h_i$；下缘点处的垂直自重应力为 $\sigma_{vi+1}=\gamma h_{i+1}$，水平侧应力为$\sigma_{hi+1}=k\gamma h_{i+1}$。其中 k 为岩体侧应力系数，其计算公式为

$$k=\mu/(1-\mu)$$

式中，μ 为摩擦系数。根据岩体力学的原理，作用在岩层上下层面的自重应力和水平侧应力相互垂直，产生对岩层层面的法向压应力和切向剪应力。为表示岩体中任一点的应力状态，采用材料力学的平面应力状态分析的基本理论计算。围绕 N 点上部截取一微元体，由于微元体各边长均为无穷小量，故微元体各表面上的应力可视为均匀分布，且任一对平行平面上的应力相等。在微元体上任取一截面，并与大主应力面即水平面呈 α 角，截面上作用法向应力和水平侧应力，如图 5.29 所示。根据力的平衡条件，截面水平向合力（$\sum F_t$）与截面竖向合力（$\sum F_n$）均为 0。

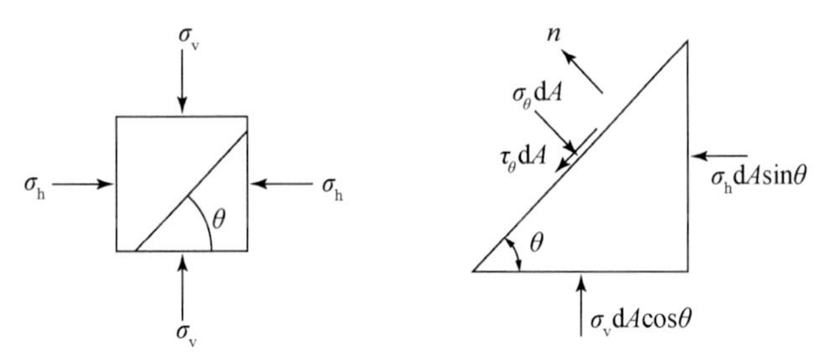

图 5.29　岩体中微元体及截面应力状态

A 为岩层正截面面积

$$\sum F_n=0,\sigma_\theta dA-\sigma_v dA\cos\theta\cos\theta-\sigma_h dA\sin\theta\sin\theta=0$$

$$\sum F_t=0,\tau_\theta dA-\sigma_v dA\cos\theta\cos\theta+\sigma_h dA\sin\theta\sin\theta=0$$

$$\sigma_\theta=\frac{\sigma_h+\sigma_v}{2}+\frac{\sigma_v-\sigma_h}{2}\cos2\theta$$

$$\tau_\theta=\frac{\sigma_v-\sigma_h}{2}\sin2\theta$$

$$\sigma_\alpha=\gamma h\left[\frac{1+k}{2}+\frac{1-k}{2}\cos2\alpha\right]$$

$$n\,\sigma_v=\sigma_h$$

$$\tau_\alpha=\frac{1-k}{2}\sin2\alpha$$

$$\tau_i=\gamma\,h_i\frac{1-k}{2}\sin2\alpha$$

图 5.30 为单层板梁受力分析。

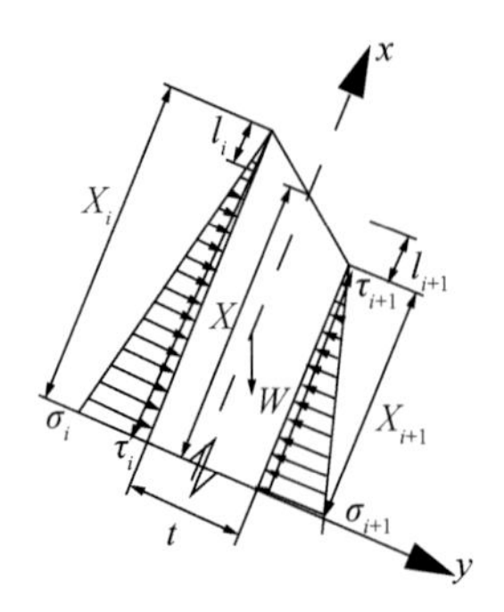

图 5.30　单层板梁受力状态

$$l_i=l_{i+1}=\frac{t}{2}\tan(\alpha+\beta)$$

$$x_i=x+\frac{t}{2}\tan(\alpha+\beta)$$

$$x_{i+1}=x-\frac{t}{2}\tan(\alpha+\beta)$$

$$\sigma_x=\pm\frac{N}{A_a}+\frac{M_Y}{I}$$

$$M=-\int_0^{x_i}\sigma_i\cdot x\mathrm{d}x+\int_0^{x_{i+1}}\sigma_{i+1}\cdot x\mathrm{d}x-\frac{t}{2}\int_0^{x_i}\tau_i\mathrm{d}x+\frac{t}{2}\int_0^{x_{i+1}}\tau_{i+1}\mathrm{d}x-\frac{x}{2}\cdot W\cdot\sin\alpha$$

$$=-\left[\gamma\cdot\sin(\alpha+\beta)\cdot\left(\frac{1+k}{2}+\frac{1-k}{2}\cdot\cos2\alpha\right)\cdot\frac{x^3}{3\cdot\cos\beta}-\gamma\cdot\sin(\alpha+\beta)\cdot\frac{x^2}{2}\cdot t\cdot\cos(\alpha+\beta)\frac{1}{2\cdot\cos\beta}\right]$$

$$+\left[\gamma\cdot\sin(\alpha+\beta)\cdot\left(\frac{1+k}{2}+\frac{1-k}{2}\cdot\cos2\alpha\right)\cdot\frac{x^3}{3\cdot\cos\beta}+\gamma\cdot\sin(\alpha+\beta)\cdot\frac{x^2}{2}\cdot t\cdot\cos(\alpha+\beta)\frac{1}{2\cdot\cos\beta}\right]$$

$$-\frac{t}{2}\cdot\gamma\cdot\frac{x^2}{2}\cdot\sin(\alpha+\beta)\cdot\frac{1-k}{2}\cdot\sin2\alpha\cdot\frac{1}{\cos\beta}+\frac{t^2}{4}\cdot\gamma\cdot\mathrm{cosc}\cdot\frac{1-k}{2}\cdot\sin2\alpha\cdot x_i\cdot\frac{1}{\cos\beta}$$

$$+\frac{t}{4}\cdot\gamma\cdot x_{i+1}^2\cdot\sin(\alpha+\beta)\cdot\frac{1-k}{2}+\frac{t^2}{4}\cdot\gamma\cdot\mathrm{cosc}\cdot\frac{1-k}{2}\cdot\sin2\alpha\cdot x_{i+1}\cdot\frac{1}{\cos\beta}-\frac{x}{2}\cdot W\cdot\sin\alpha$$

式中，W 为岩层自身重力，则 $W=\gamma tx$；N 为岩层所受轴力，为该岩层自身重力在 x 方向分力，则 $N=W\sin\alpha$；A 为岩层正截面面积，由于 z 方向为单元厚度，则 $A=t$；M 为岩层所受弯矩，为倾倒力矩和抵抗力矩之差；y 为正截面上危险点距截面中心的 y 方向的距离，则 $y=t/2$；I 为截面惯性矩，$I=\frac{t^3}{12}$。

令

$$A_0=\frac{\gamma\cdot\sin(\alpha+\beta)\left(\frac{1+k}{2}+\frac{1-k}{2}\cdot\cos2\alpha\right)}{3\cdot\cos\beta}$$

$$B_0=\frac{\gamma\cdot t\cdot\cos(\alpha+\beta)\ \left(\frac{1+k}{2}+\frac{1-k}{2}\cdot\cos2\alpha\right)}{\cos\beta}$$

$$C_0=\frac{t}{4}\cdot\gamma\frac{\sin(\alpha+\beta)}{\cos\beta}\cdot\frac{1-k}{2}\cdot\sin2\alpha$$

$$D_0=\frac{t}{2}\cdot\tan(\alpha+\beta)$$

$$M=(2B_0-6A_0D_0)\cdot x^2+\left(\frac{t^2\cdot\gamma\cdot\cos(\alpha+\beta)\cdot\sin2\alpha\cdot\frac{1-k}{2}}{2\cos\beta}-W\cdot\sin\alpha-4\cdot C_0\cdot D_0\right)x+2B_0\cdot D_0^2-A_0D_0^3$$

$$A_1=2B_0-6A_0D_0$$

$$B_1=\frac{t^2\cdot\gamma\cdot\cos(\alpha+\beta)\cdot\sin2\alpha\cdot\frac{1-k}{2}}{2\cos\beta}-W\cdot\sin\alpha-4\cdot C_0\cdot D_0$$

$$C_1=2B_0\cdot D_0^2-A_0D_0^3$$

任意岩层正截面上的正应力可表示为

$$\sigma_x^+=\frac{M_y}{I}-\frac{N}{A}=\frac{\gamma tx\sin\alpha}{t}+\frac{(A_1x^2+B_1x-C_1)\frac{t}{2}}{\frac{t^3}{12}}=\frac{6(A_1x^2+B_1x-C_1)}{t^2}-\gamma x\sin\alpha \tag{5.1}$$

$$\sigma_x^-=\frac{M_y}{I}+\frac{N}{A}=\frac{\gamma tx\sin\alpha}{t}+\frac{(A_1x^2+B_1x-C_1)\frac{t}{2}}{\frac{t^3}{12}}=\frac{6(A_1x^2+B_1x-C_1)}{t^2}+\gamma x\sin\alpha \tag{5.2}$$

令

$$A=\frac{6A_1}{t^2}=\frac{12\gamma}{t}\left(\frac{1+k}{2}+\frac{1-k}{2}\cos2\alpha\right)\frac{\cos[2(\alpha+\beta)]}{\cos\beta}-\frac{\gamma\sin\alpha[(1+k)/2+(1-k)/2\cos2\alpha]}{t\cos\beta}$$

$$B=\frac{6B_1}{t^2}-\gamma\sin\alpha=\frac{3r(1-k)\sin2\alpha\cos(\alpha+\beta)}{\cos\beta\, t^2}-\frac{3\gamma(1-k)\sin2\alpha\cos(\alpha+\beta)}{\cos\beta}-\gamma\sin\alpha$$

$$C=\frac{6C_1}{t^2}=\left(\frac{1+k}{2}+\frac{1-k}{2}\cos2\alpha\right)\frac{12\gamma\cos[2(\alpha+\beta)]}{\cos\beta}$$

则式（5.2）可表示为

$$\sigma_x^+=Ax^2+Bx-C \tag{5.3}$$

岩石的抗压强度远大于其抗拉强度，且式中对于σ_x^+和σ_x^-数值的差异主要是因单块岩层自重引起的轴向应力，因此应用岩石的抗拉强度作为岩层倾倒弯曲破裂的判据，即

$$\sigma_x^+>[\sigma_T] \tag{5.4}$$

由此判据反解出单个岩板首次折断坡裂的深度 x：

$$x=\frac{-B+\sqrt{B^2+4A(C+\sigma_T)}}{2A} \tag{5.5}$$

改进悬臂梁理论是基于自重应力在悬臂梁理论而推导的反倾岩层折断公式，只计算了岩层在初始弯曲破裂的深度，而实际倾倒弯曲过程是岩层由外及内经过多次的折断破裂而在一定深度逐渐形成的较为贯通的折断面。当岩层倾倒弯曲产生的内部拉应力达到了岩石

的抗拉强度时，岩层弯曲折断。因此，对岩层的折断深度计算需在基础上进行多次的倾倒折断计算。在一次折断后，深部同一岩层将受到来自上部岩层的阻力，且越往深部岩体质量越好，因此本书采用放大系数（ξ）的推断方式来求取深部多次折断的深度x_i，即

$$x_{i+1}=\xi x_i \tag{5.6}$$

因此，多级折断面深度为

$$X=x_1+x_2+\cdots+x_i+x_{i+1}+\cdots=x_1+\xi x_1+\xi\times\xi x_1+\cdots+\xi^{i-1}x_1+\xi^i x_1+\cdots=x_1\frac{1-\xi^i}{1-\xi} \tag{5.7}$$

式中，i为岩层计算折断次数，取正整数；ξ为放大系数，$\xi>1$。

上述公式较为合理地反映了一般反倾层状岩体倾倒折断的变化过程，即随着岩层向坡内延伸越深，风化程度越弱，岩体完整性越好，其倾倒折断的可能性越小，折断长度也就越长。

通过对大量倾倒坡体案例的强倾倒深度统计，计算得出折断计算次数（i）和放大系数（ξ），i的取值大致在4～6，而ξ的取值在1～1.2，且在硬岩中ξ取较大值，i取小值，软岩中i取较大值，ξ取小值。这表明原始岩体折断4～6次后大致可达到最大强倾倒深度，且每次的计算折断长度应在上一次的基础上增大1～1.2倍。

5.3.3.2　直线形坡倾倒变形发育深度及变形程度分级

直角形坡主要倾倒变形形式（图5.31）：当$\alpha+\beta\leqslant 90°$时，式（5.7）无解，直线形坡坡角较缓或岩层倾角较缓，在岩层倾角α、坡角β之和小于90°时，岩层不易形成悬臂梁状态，斜坡处于稳定状态，其和大于90°时，即可形成倾倒悬臂梁状态，发生倾倒变形，且其和值越大，悬臂长度越长，越易发生倾倒变形。

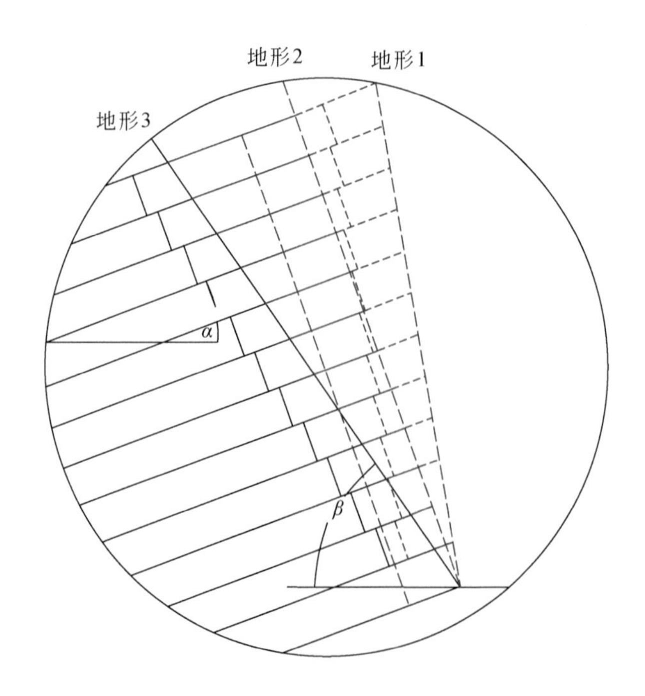

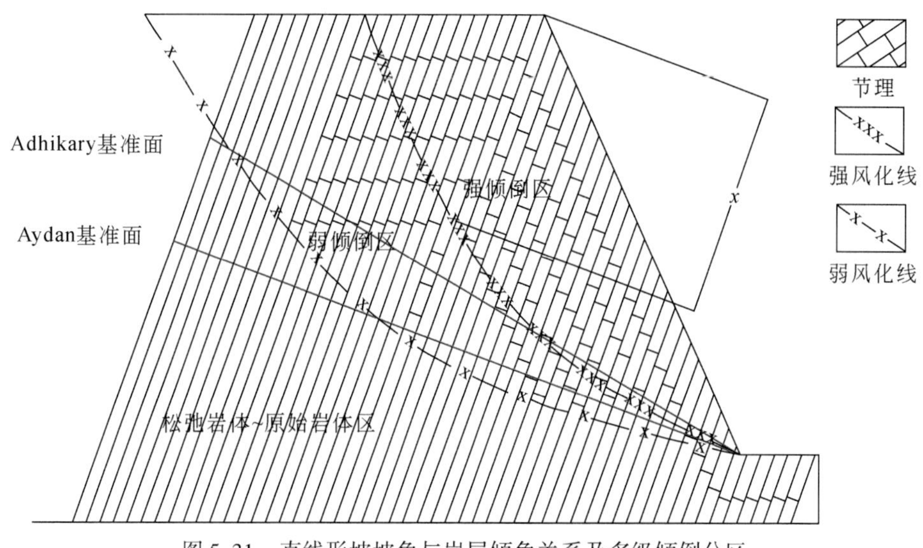

图 5.31　直线形坡坡角与岩层倾角关系及多级倾倒分区

5.3.3.3　凹形坡倾倒变形发育深度及变形程度分级

凹形坡主要有两类倾倒变形形式（图 5.32）：①$\alpha+\beta_1>90°$ 且 $\alpha+\beta_2>90°$，此时斜坡可发生深层的倾倒变形；②$\alpha+\beta_1\leqslant 90°$ 且 $\alpha+\beta_2>90°$，斜坡易产生变坡点以上的破坏，以倾倒所致的崩塌、崩滑为主。

如图 5.33 所示，凹形坡倾倒变形及破坏主要发生在坡体上段，下段一般为倾倒抗力区，最大坡角与岩层倾角组合值大于 125°时，上部可发生崩塌、崩滑及大规模倾倒破坏的危险，其初始破裂面常与坡表近平行。

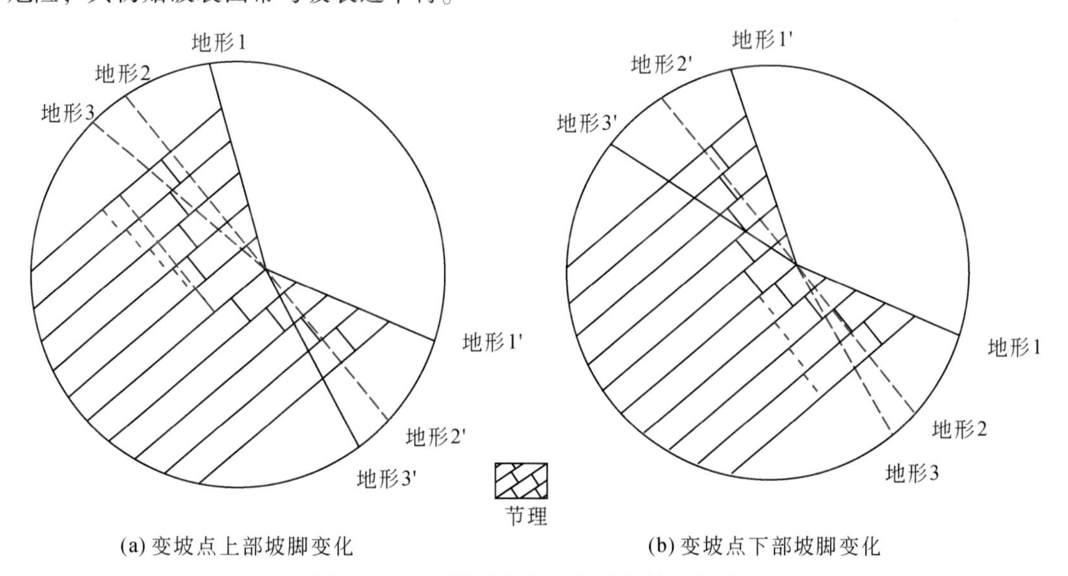

图 5.32　凹形坡岩层倾角与坡角的组合关系

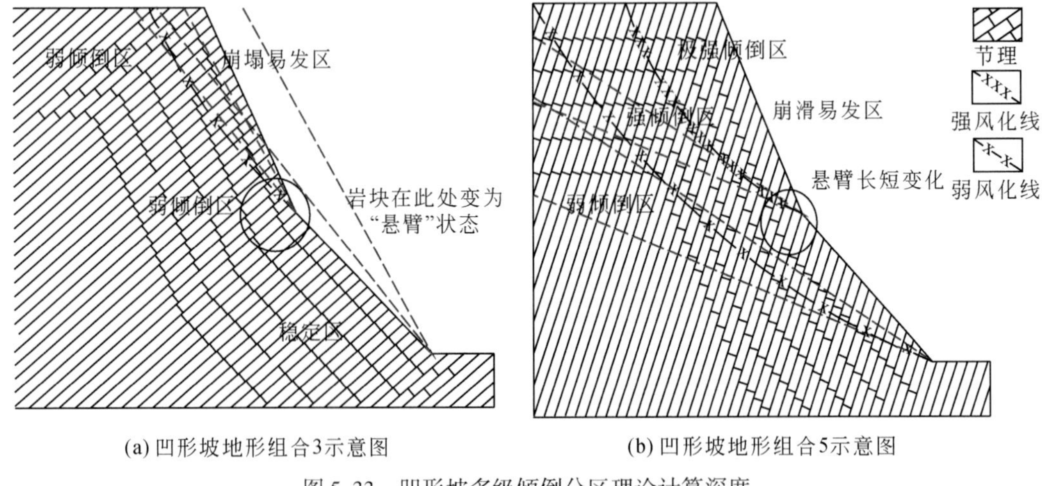

(a) 凹形坡地形组合3示意图　(b) 凹形坡地形组合5示意图

图 5.33　凹形坡多级倾倒分区理论计算深度

(a) 中，x_i 值较小，但为图示清晰，两次折断合为一次绘图

5.3.3.4　凸形坡倾倒变形发育深度及变形程度分级

凸形坡主要有两类倾倒变形形式（图 5.34）：①$\alpha+\beta_1>90°$ 且 $\alpha+\beta_2>90°$，斜坡易发生深层的倾倒变形；②$\alpha+\beta_1>90°$ 且 $\alpha+\beta_2\leqslant90°$，斜坡倾倒变形易引起变坡点上部的拉裂，并由此产生中下部的崩塌、崩滑、滑坡。

如图 5.35 所示，凸形坡变形主要发生在变坡点附近，变形主要起始于上段，其最小坡角与岩层倾倒组合值大于 105°时，即可发生倾倒破坏，组合值越大，越可能发生崩滑、大规模倾倒破坏的危险。

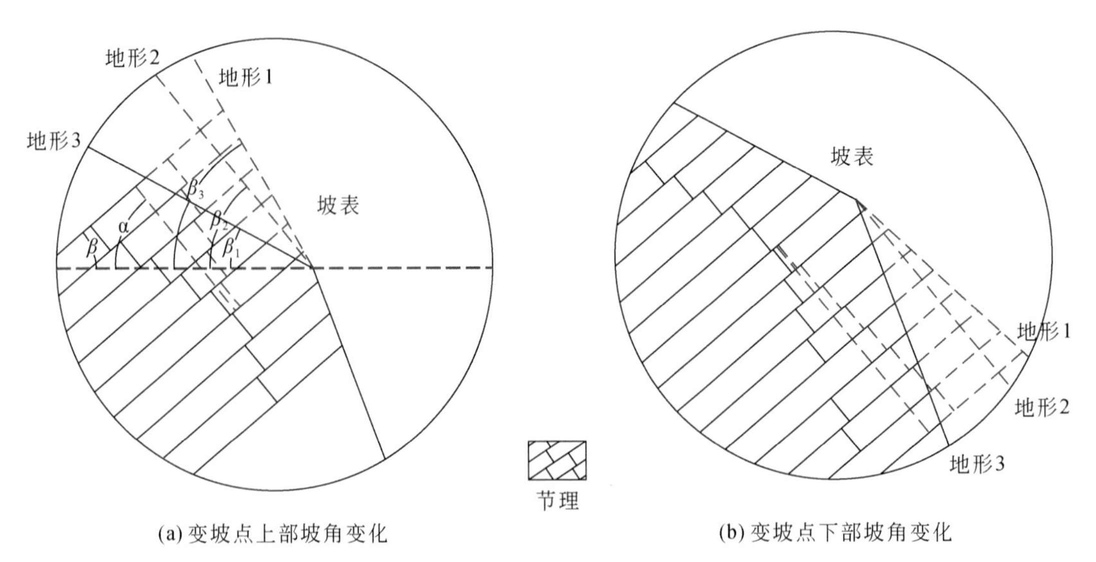

(a) 变坡点上部坡角变化　(b) 变坡点下部坡角变化

图 5.34　凸形坡岩层倾角与坡角的组合关系

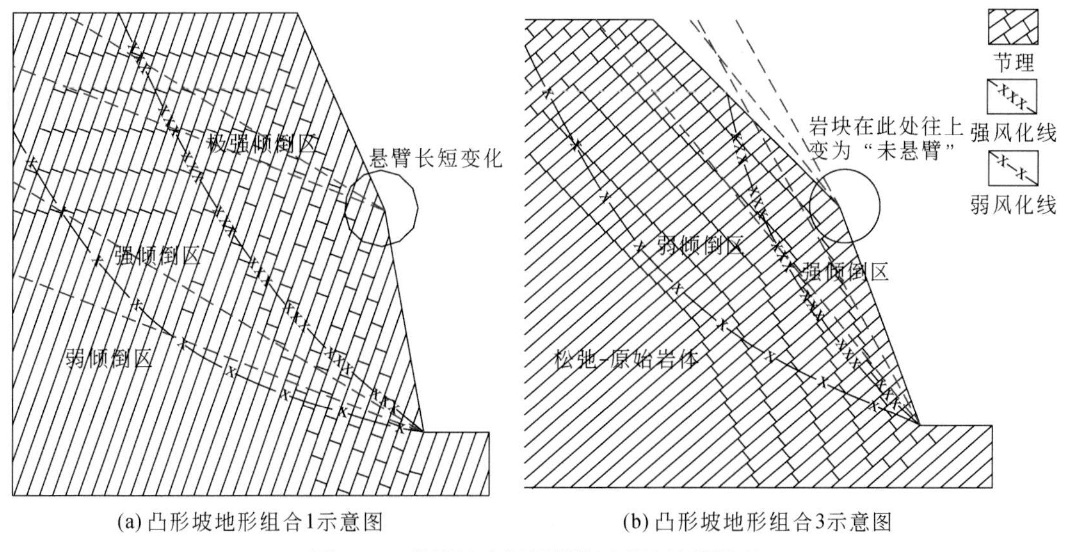

(a) 凸形坡地形组合1示意图　　(b) 凸形坡地形组合3示意图

图 5.35　凸形坡多级倾倒分区理论计算深度

（b）中，x_i 值较小，但为图示清晰，两次折断合为一次绘图

5.3.4　苗尾水电站边坡倾倒变形的坡面效应

选取苗尾水电站的两个典型倾倒变形库岸边坡，分别代表凹形坡和凸形坡。苗尾库岸区边坡倾倒变形深度计算结果，与现场调查的倾倒分区较为一致。

根据岸坡多项物理指标将其倾倒变形程度分为极强倾倒破裂区（A 区）、强倾倒破裂区（B 区）、弱倾倒过渡变形区（C 区），其典型剖面图如图 5.36 和图 5.37 所示。边坡的倾倒变形特征表现如下。

（1）凹形坡倾倒变形及分区特征：凹形坡上段坡度约 40°、下段坡度约 20°；岩层倾角由坡表至深部从 22°过渡至近直立；凹形坡在上段倾倒变形发育深度较下段更深，且倾倒变形弯折程度也大于下段；凹形坡下段已堆积大量上段产生的崩坡积物，表明在前期的倾倒变形演化过程中，上段的倾倒变形破坏以崩塌为主，未见贯通性折断带。

（2）凸形坡倾倒变形及分区特征：凸形坡上段坡度约 60°、下段坡度约 40°；岩层倾角由坡表至深部从 23°过渡至近直立；凸形坡变坡点处为表层强倾倒强风化坡残积物，表明在前期倾倒变形过程中，斜坡的变形在变坡点附近较为剧烈；倾倒变形发育深度在变坡点附近较深，在上下两端发育较浅。

苗尾库岸区边坡基岩各项物理参数如表 5.3 所示。根据弯折深度计算与倾倒分级的推导公式，计算得出苗尾库岸区边坡倾倒变形结果见表 5.4 ~ 表 5.6。

凹形坡初次折断岩板长度为 $x_1=12.58$m，取折断次数为 $i=5$，折断长度放大系数为 $\xi=1.02$，则其强倾倒分区计算累计断裂深度为 $X=59.95$m，斜坡地质划分强倾倒分区最大深度约为 55m；折断次数为 $i=9$ 时，其强倾倒分区计算累计断裂深度为 $X=122.71$m，地质分区深度约 115m；折断次数为 $i=11$ 时，其弱倾倒分区计算累计断裂深度为 $X=153.08$m，地质分区深度约 150m。以上结果均较为接近。

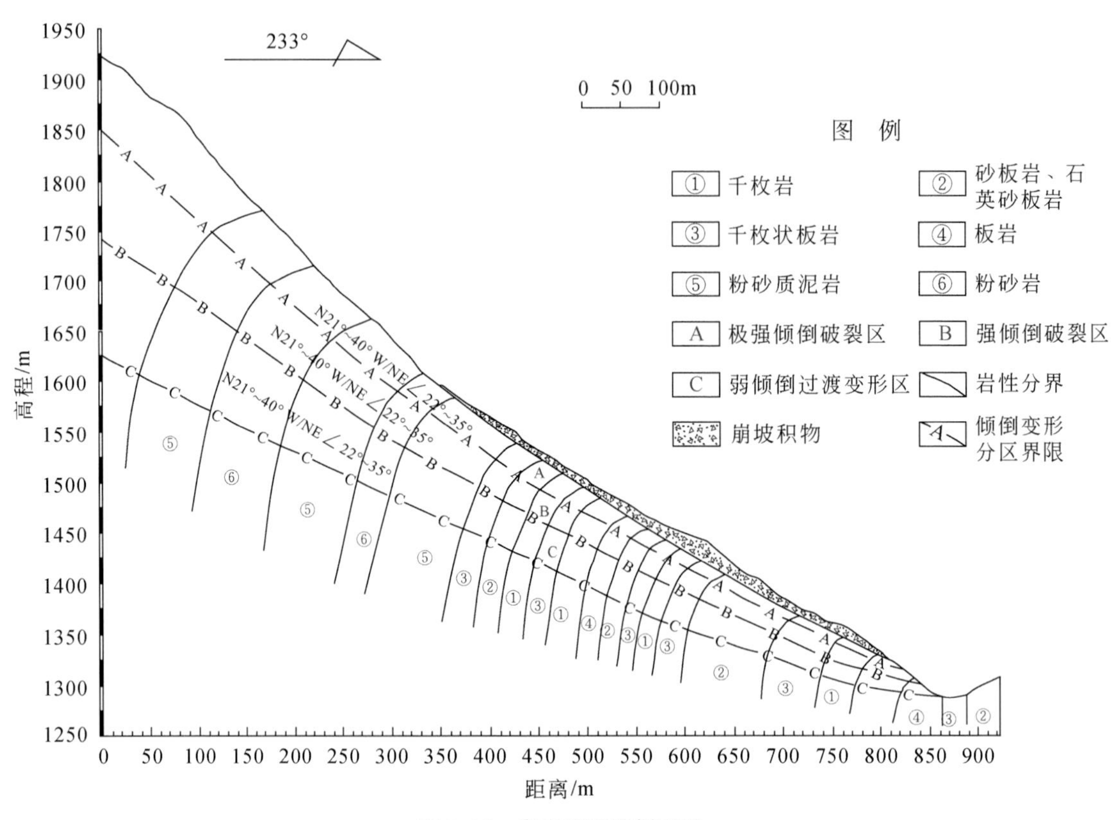

图 5.36　库岸凹形坡剖面图

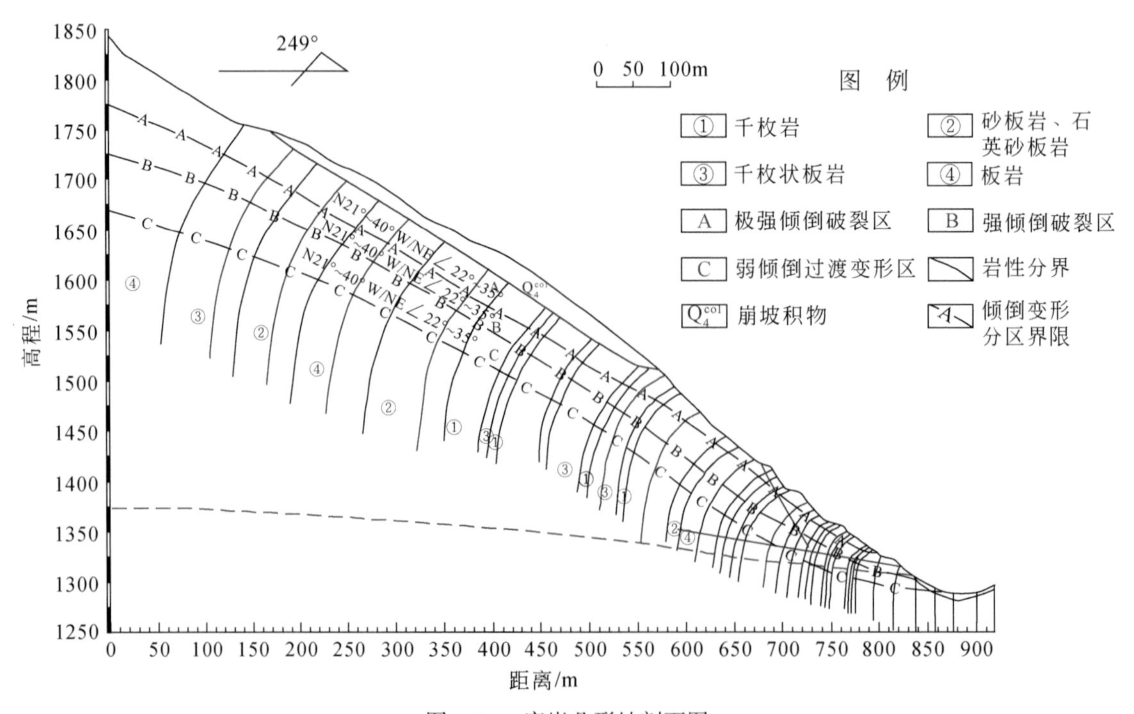

图 5.37　库岸凸形坡剖面图

凸形坡初次折断岩板长度为 $x_1=11.52$m，取折断次数为 $i=5$，折断长度放大系数为 $\xi=1.02$，则其极强倾倒分区计算累计断裂深度为 $X=66.61$m；折断次数为 $i=9$ 时，其强倾倒分区计算累计断裂深度为 $X=112.37$m，地质分区深度约 115m；折断次数为 $i=11$ 时，其弱倾倒分区计算累计断裂深度为 $X=140.18$m，地质分区深度约 150m。以上结果仍较为接近。

表 5.3　苗尾库岸区边坡岩体物理参数

岸坡类型	岩层倾角 $(\alpha)/(°)$	下段坡角 $(\beta_1)/(°)$	上段坡角 $(\beta_2)/(°)$	抗拉强度 (σ_T)/MPa	岩体重度 $(\gamma)/(kN/m^3)$	层厚 (t)/m
凹形坡	40	20	45	6	26.5	0.2
凸形坡	60	40	25	6	26.5	0.2

表 5.4　边坡极强倾倒变形折断计算结果

岸坡类型	x_1/m	x_2/m	x_3/m	x_4/m	x_5/m	放大系数 (ξ)	累计断裂长度 (X)/m	地质分区深度/m
凹形坡	12.58	12.83	13.09	13.35	13.62	1.02	59.95	55
凸形坡	11.52	11.75	11.99	12.23	12.47	1.02	65.47	55

表 5.5　边坡强倾倒变形折断计算结果

岸坡类型	x_6/m	x_7/m	x_8/m	x_9/m	放大系数 (ξ)	累计断裂长度 (X)/m	地质分区深度/m
凹形坡	13.89	14.17	14.45	14.74	1.02	122.71	115
凸形坡	12.72	12.97	13.23	13.49	1.02	112.37	115

表 5.6　边坡弱倾倒变形折断计算结果

岸坡类型	x_{10}/m	x_{11}/m	放大系数 (ξ)	累计断裂长度 (X)/m	地质分区深度/m
凹形坡	15.03	15.33	1.02	153.08	150
凸形坡	13.77	14.04	1.02	140.18	150

5.4　倾倒变形机理的大型离心机试验

离心机模型试验的基本原理是通过高速旋转的离心机使试验模型处于 n 倍于重力场（g）的高离心加速度场（ng）中，使模型内各点应力达到与原型相同的水平，通过试验数据采集系统、摄影摄像观测系统等监测设备准确记录、直观观测动力荷载作用下试验模型的各种变化，从而再现土体和土工结构物在原型应力水平下的应力应变特性、振动稳定性以及破坏机理等。

5.4.1 深层倾倒发育过程研究

离心试验过程揭示出倾倒弯曲折断面的形成过程。首先是在坡顶前缘发生倾倒弯曲变形，随着变形进一步发展，坡脚岩层发生倾倒弯曲折断和剪切破坏，进而加剧上部岩层的倾倒变形和倾倒弯曲折断，特别是坡顶前缘倾倒弯曲加剧，岩层产生强烈拉裂，逐渐形成自坡角至坡顶的断续一级弯折面（带），最后一级弯折面（带）贯通，为倾倒体边坡的失稳提供潜在滑动面（图 5.38）。

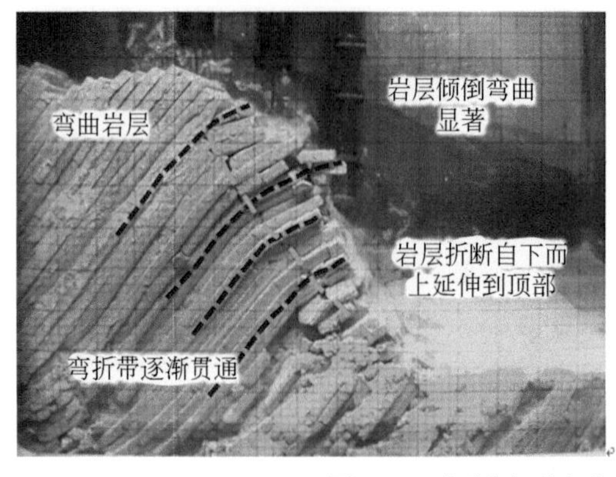

图 5.38 倾倒变形发育的弯折（面）带形成过程

选择弯折面贯通前，柔性弯曲型倾倒体尚未失稳的模型效果来研究柔性弯曲型倾倒的工程地质分区特征（图 5.39）。

模型堆砌时，岩层的原始倾角为 70°，此时除了模型左侧底部的基座岩板压碎部位，整个模型基底岩板倾角总体上为 66°，表明基座岩板的角度变化主要是岩板在离心加速度变化作用下发生压实沉降位移所致，整个模型发生同步压实沉降变形。故分析倾倒变形分区特征，消除模型压实产生的倾倒变形影响，选择岩板倾角 66°作为初始倾倒岩板倾角，将倾倒变形破坏发生后岩板与初始岩板倾角的差值（即倾倒角 α）作为划分倾倒变形分区的依据。

分析图 5.39 可得出，不同倾倒程度的岩体倾倒角明显不同。总体上，A 区岩体的倾倒角 α 大于 35°；B 区倾倒岩体的倾倒角 $12° < \alpha \leqslant 35°$；C 区岩体的倾倒角 $\alpha \leqslant 12°$，局部大于 12°。

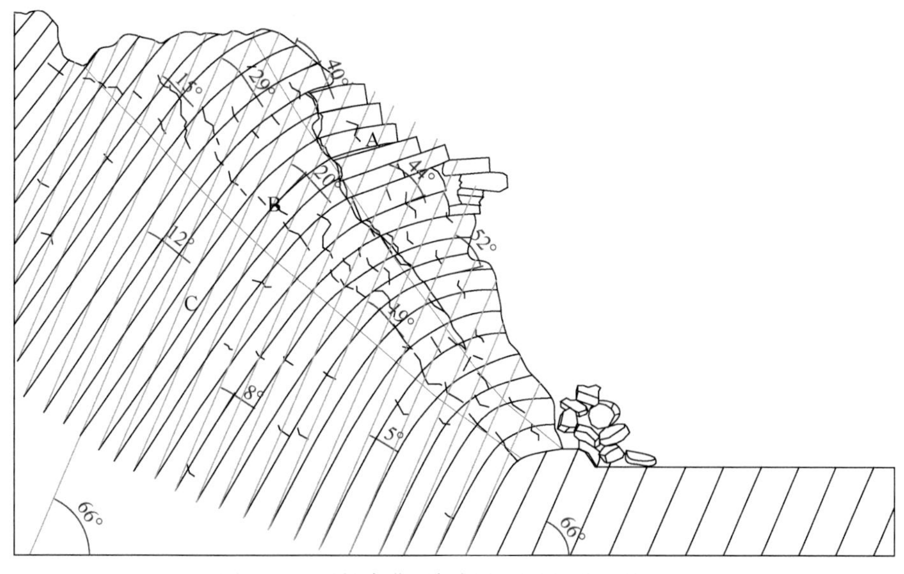

图 5.39　柔性弯曲型倾倒变形破坏分区特征图

5.4.2　不同结构倾倒变形边坡离心变形分析

本节基于概念模型和力学模型，结合离心机试验方法，分析探讨具有典型结构特征的陡倾顺层斜坡倾倒变形体的响应特征。本试验选取苗尾水电站大坝上游右坝前边坡为地质原型，分别建立软硬岩边坡模型（图 5.40）和硬岩边坡模型（图 5.41）进行对比试验。该边坡顺澜沧江发育长度约 300m，走向为 155°，研究区内边坡坡脚高程为 1300m，坡顶高程为 1650m（分水岭高程 2300m），坡度为 40° ~ 50°。坝前边坡为一典型的陡倾内层状岩质边坡，自然边坡走向与河谷走向近一致，受构造作用，层内错动带、顺层断层、切层断层较为发育；受边坡地形、岩体结构等因素的控制，坝前边坡产生了明显的倾倒变形。

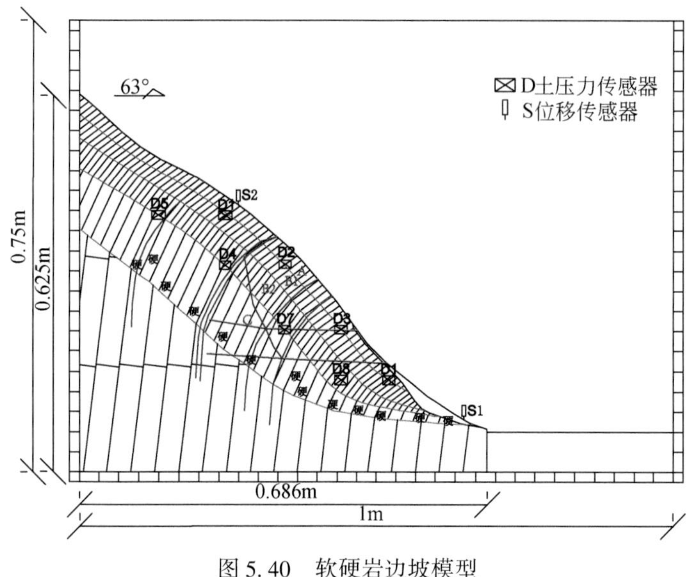

图 5.40　软硬岩边坡模型

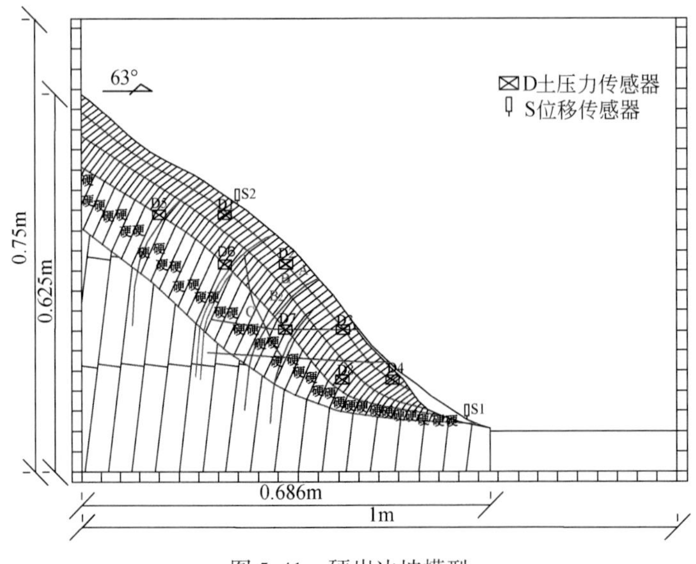

图 5.41　硬岩边坡模型

通过分析四种工况下的倾倒变形模型的坡顶、坡中、坡脚、软弱夹层以及坡面变形破坏情况来了解四种工况下倾倒变形边坡模型的变形破坏特征。图 5.42 为不同结构倾倒边坡离心试验前后效果图和素描图对比。

(a) 软硬岩边坡试验前效果图

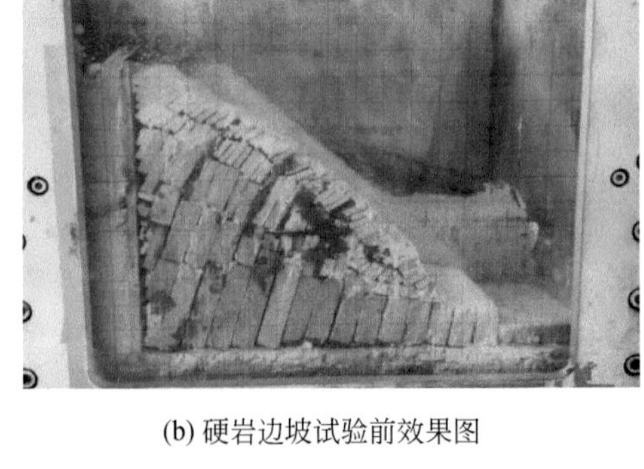

(b) 硬岩边坡试验前效果图

(c) 软硬岩边坡试验后效果图

(d) 硬岩边坡试验后效果图

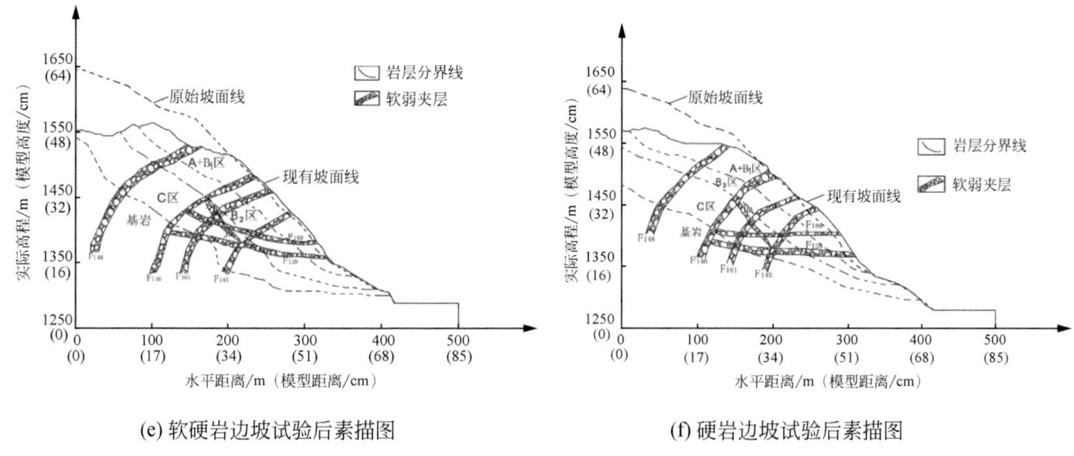

(e) 软硬岩边坡试验后素描图　　(f) 硬岩边坡试验后素描图

图5.42　不同结构倾倒边坡离心试验前后效果图和素描图对比

5.4.2.1　倾倒变形模型变形破坏特征

1. 软硬岩倾倒边坡离心试验变形破坏特征

（1）通过试验前后对比可知，在试验结束后，从软硬岩边坡试验后效果图和素描图可以发现整个模型边坡坡顶出现一定幅度（约13cm）的下座现象，边坡的 $A+B_1$ 区以及 B_2 区都出现了比较大的破坏现象，$A+B_1$ 区与 B_2 区的分界线也比较模糊，C区在靠近坡顶位置处出现了小部分破坏现象，坡顶位置的岩块破碎，大小不一，其尺寸主要集中在2～4cm。

（2）软硬岩边坡模型坡中变化情况：由于模型边坡后缘坡体下沉推动坡体中部岩层向临空面方向运动，从而出现坡体鼓胀现象；在岩体挤压作用下，坡体局部出现数条3mm左右的压裂缝。

（3）饱和软弱夹层在后部坡体挤压下变得更加紧密，与周边的岩块结合也更加紧密。软弱夹层用手按压时可以明显感觉到其硬度相比于试验前有所提升。经过测量发现 F_{148}、F_{146}、F_{161}、F_{145} 都向临空面方向产生了13°～19°不等的偏移。

（4）边坡产生变形破坏后，边坡产生了深层滑动，整个边坡在后缘坡体推动下产生下座并向临空面方向运动产生变形破坏，使剪切面以上坡表岩体较为破碎。

综合上述分析，随着时间推移，苗尾水电站右坝前边坡在自然状态下的倾倒变形现象仍会继续发生，边坡会产生进一步的变形破坏，这也说明该边坡在此种工况下的稳定性很差，急需进行支护处理。

2. 硬岩倾倒边坡离心试验变形破坏特征

（1）在坡体自重、坡体结构间存在空隙及离心机加速度的影响下，坡顶产生了10cm下沉现象（通过硬岩边坡试验后效果图能直观地看到）。$A+B_1$ 区岩体整体比较破碎，局部出现贯穿岩块约3mm宽的剪切裂缝，坡表的岩块多为5～10mm。

（2）由于坡顶岩体下座推动下部岩体向外运动，在该边坡坡体中部同样出现了中部鼓胀。坡表的岩块非常破碎，有的甚至呈粉末状，局部也出现了数条贯穿岩块的裂缝。

（3）坡脚位置细小岩体碎块相比于软硬岩边坡模型而言要少很多，这一现象说明，软硬相间的坡体结构在挤压运动过程中能产生更大的变形空间（主要是软岩受挤压变形幅度偏大），利于在坡体上部、中部产生的岩体碎块掉落。

（4）通过测量试验前后岩层倾角对比发现，坡体上部岩块倾角向坡面偏转了11°左右，坡体下部岩块倾角向临空面偏转了2°左右。在C区的岩体出现了两条贯穿岩块4mm宽的剪切裂缝。基岩中同样也出现了几条裂缝，最大的宽度约5mm，最小的宽度约1mm。

综上所述，硬岩边坡模型在试验后呈现“顶部下座，中部鼓胀，中部局部失稳”现象，坡体整体变形量（坡顶下沉10cm）比软硬岩边坡模型变形量（坡顶下沉13cm）要小，同时，边坡中的岩层及软弱夹层的偏转量也要比软硬岩边坡模型的要小很多。这也就说明，该边坡的稳定性比软硬岩边坡模型的稳定性提高了很多，但也处于欠稳定状态，仍然需要进行进一步支护处理。

5.4.2.2　倾倒边坡离心试验位移对比

根据试验布置在软硬岩边坡模型（M1）及硬岩边坡模型（M3）坡脚及坡中的D1、D2、D3、D4四个差动位移传感器所监测的位移数据，绘制出倾倒变形边坡模型时间变化曲线图（图5.43）及倾倒变形边坡模型加速度不同时段位移图（图5.44）。

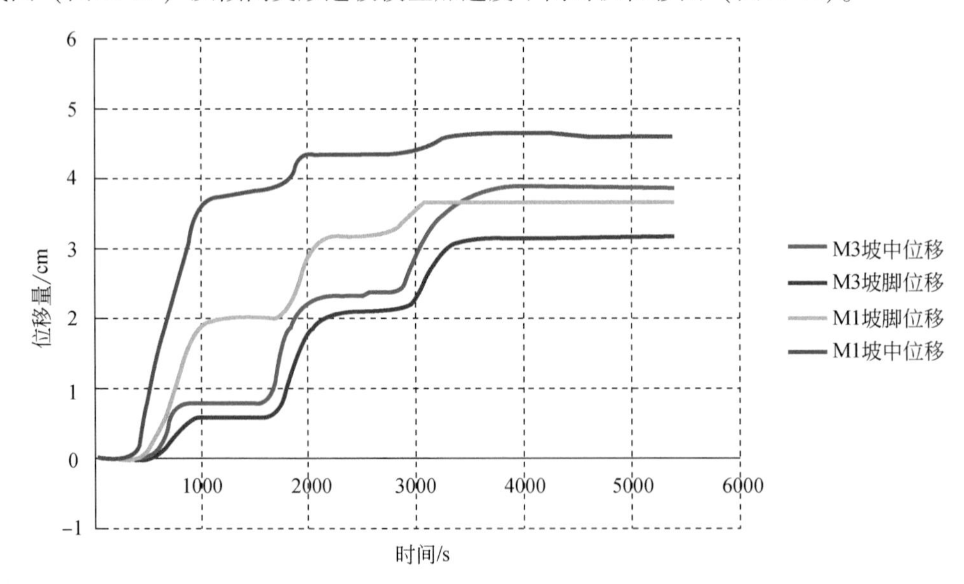

图5.43　倾倒变形边坡模型时间变化曲线图

M1. 软硬岩边坡模型；M3. 硬岩边坡模型

（1）由图5.44可知，软硬岩边坡模型（M1）坡中位移量最大（4.6cm），硬岩边坡模型（M3）坡脚位移量最小（3.2cm）。

（2）由表5.7发现：加速度在0～50g时，软硬岩边坡模型（M1）坡中位移增量最大（3.7cm），硬岩边坡模型（M3）坡脚位移增量最小（0.61cm）；加速度在50～75g时，硬岩边坡模型（M3）坡脚位移增量最大（1.52cm），软硬岩边坡模型（M1）坡中位移增量

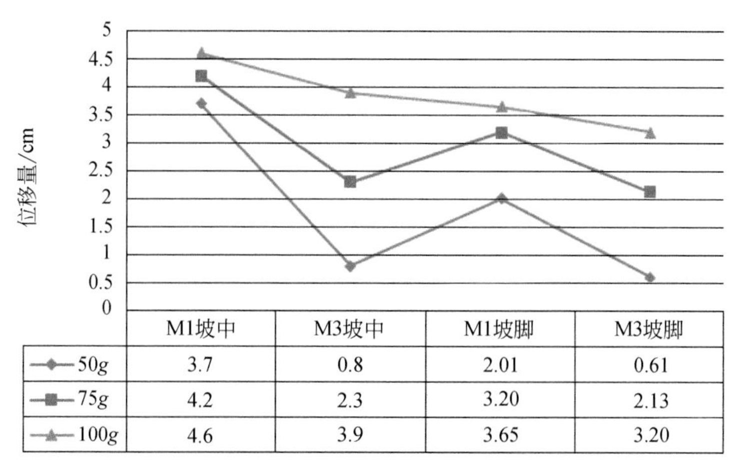

图 5.44　倾倒变形边坡模型加速度不同时刻位移图

M1. 软硬岩边坡模型；M3. 硬岩边坡模型

最小（0.5cm）；加速度在 75 ~ 100g 时，硬岩边坡模型（M3）坡中的位移增量最大（1.6cm），软硬岩边坡压脚模型（M1）坡中位移增量最小（0.4cm）。

（3）软硬岩边坡模型（M1）坡中变形主要集中在加速度在 0 ~ 50g 时，其变形量占到了变形总量的 80%，后面两个阶段的变形都比较平稳，相差无几；软硬岩边坡模型（M1）坡脚变形主要集中在加速度在 0 ~ 75g 时，这两个阶段的变形量就占到了变形总量的 87% 左右；硬岩边坡模型（M3）坡中变形主要集中在加速度在 50 ~ 100g 时，此范围的变形量占据了所有变形量的 79%；硬岩边坡模型（M3）坡脚变形主要集中在加速度在 50 ~ 100g 时，此范围的变形量占据了所有变形量的 81%。

表 5.7　无支护边坡模型不同时段各模型位移增量表　（单位：cm）

模型类型	M1 坡中	M3 坡中	M1 坡脚	M3 坡脚
0 ~ 50g	3.7	0.8	2.01	0.61
50 ~ 75g	0.5	1.5	1.19	1.52
75 ~ 100g	0.4	1.6	0.45	1.07

注：M1 为软硬岩边坡模型；M3 为硬岩边坡模型。

综合来看，软硬岩边坡模型（M1）的变形主要集中在 0 ~ 75g 时，而硬岩边坡模型（M3）的变形主要集中在 50 ~ 100g 时，且软硬岩边坡模型（M1）坡中与坡脚的位移都比硬岩边坡模型（M3）坡中与坡脚的位移要大，这也说明硬岩边坡模型（M3）比软硬岩边坡模型（M1）相对稳定。

5.4.2.3　倾倒边坡离心试验土压力变化分析

1）软硬岩边坡模型（M1）土压力变化分析

根据试验中布置的 M1-1、M1-2、M1-3、M1-4、M1-5、M1-6、M1-7、M1-8 土压力传感器的监测数据，绘制出如图 5.45 所示的软硬岩边坡模型（M1）坡体土压力随时间变化图及

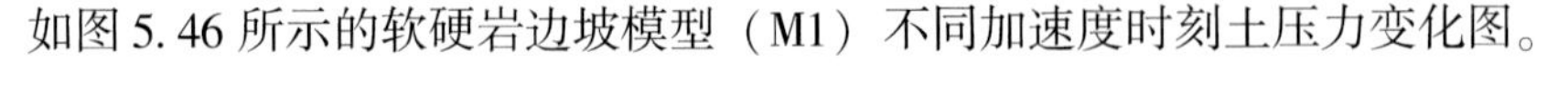

如图5.46所示的软硬岩边坡模型（M1）不同加速度时刻土压力变化图。

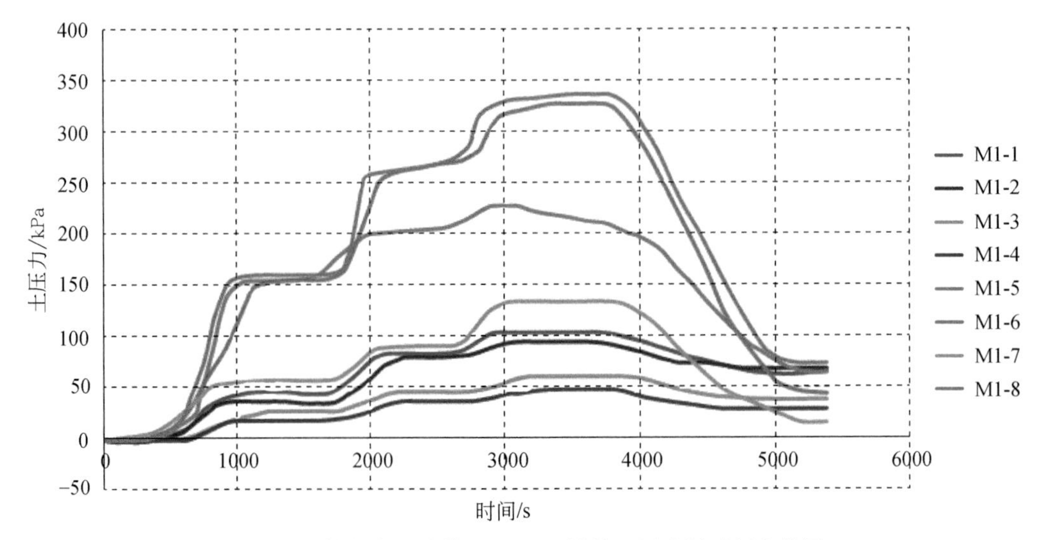

图5.45　软硬岩边坡模型（M1）坡体土压力随时间变化图

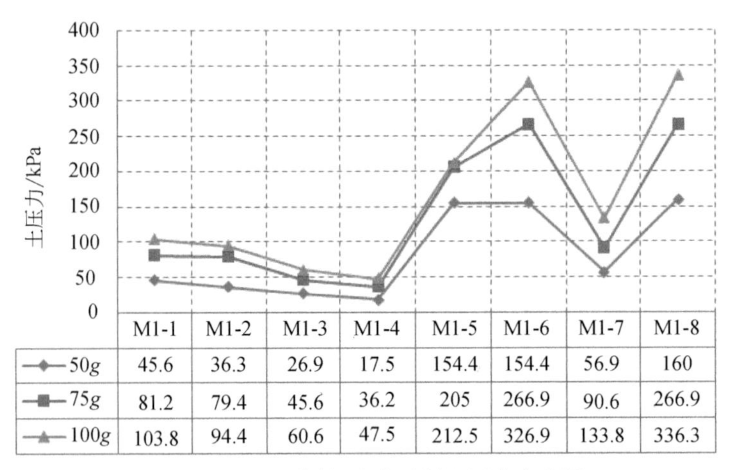

	M1-1	M1-2	M1-3	M1-4	M1-5	M1-6	M1-7	M1-8
50*g*	45.6	36.3	26.9	17.5	154.4	154.4	56.9	160
75*g*	81.2	79.4	45.6	36.2	205	266.9	90.6	266.9
100*g*	103.8	94.4	60.6	47.5	212.5	326.9	133.8	336.3

图5.46　M1不同加速度时刻土压力变化图

表5.8　M1不同加速度时段土压力增量表　　　　（单位：kPa）

监测点	M1-1	M1-2	M1-3	M1-4	M1-5	M1-6	M1-7	M1-8
0～50*g*	45.6	36.3	26.9	17.5	154.4	154.4	56.9	160
50～75*g*	35.6	43.1	18.7	18.7	50.6	112.5	33.7	106.9
75～100*g*	22.6	15	15	11.3	7.5	60	43.2	69.4

从图5.46可知，软硬岩边坡模型（M1）中土压力值最大的是位于坡脚坡内的M1-8（336.3kPa），土压力值最小的是位于坡表与M1-8平行的M1-4（47.5kPa）。布置在坡表的压力传感器M1-1、M1-2、M1-3、M1-4所测土压力最大值均未超过110kPa，其中位于

坡表坡肩部位的 M1-1 土压力最大，位于坡表坡脚部位 M1-4 土压力最小；布置在坡内的土压力传感器 M1-5、M1-6、M1-7、M1-8 所测土压力最大值都在 130～340kPa，其中位于坡脚坡内的 M1-8 土压力最大，位于坡内 M1-8 上方的 M1-7 最小。模型土压力传感器监测曲线数值都随着离心加速度的增加而不断上升，加速度保持在 50*g*、75*g*、100*g* 匀速旋转过程中，各位置所监测的压力值也都基本保持在某一数值稳定不变。这说明土压力观测点所对应坡体土压力均随离心加速度的增加而增大，并且增加的幅度与离心加速度加载过程保持一一对应关系。

由表 5.8 可知，加速度在 0～50*g* 时，软硬岩边坡模型（M1）中位于坡脚坡内的 M1-8（160.9kPa）土压力增量最大，位于坡表中部的 M1-3（26.9kPa）土压力增量最小；加速度在 50～75*g* 时，位于坡内与 M1-2 平行的 M1-6（112.5kPa）土压力增量最大，位于坡表坡脚的 M1-3 与 M1-4（18.7kPa）土压力增量最小；加速度在 75～100*g* 时，位于坡脚坡内的 M1-8（69.4kPa）土压力增量最大，位于坡表与 M1-8 平行的 M1-4（11.3kPa）土压力增量最小。通过分析可知，软硬岩边坡模型（M1）位于坡表的土压力传感器（M1-1、M1-2、M1-3、M1-4）的压力值普遍比平行于坡表传感器布置在坡内的土压力传感器（M1-5、M1-6、M1-7、M1-8）压力值小。

2）硬岩边坡模型（M3）土压力变化分析

根据试验中布置在硬岩边坡模型（M3）中的 M3-1、M3-2、M3-3、M3-4、M3-5、M3-6、M3-7、M3-8 土压力传感器的监测数据，绘制如图 5.47 所示的硬岩边坡模型（M3）坡体土压力随时间变化图及如图 5.48 所示的硬岩边坡模型（M3）不同加速度时刻土压力变化图。

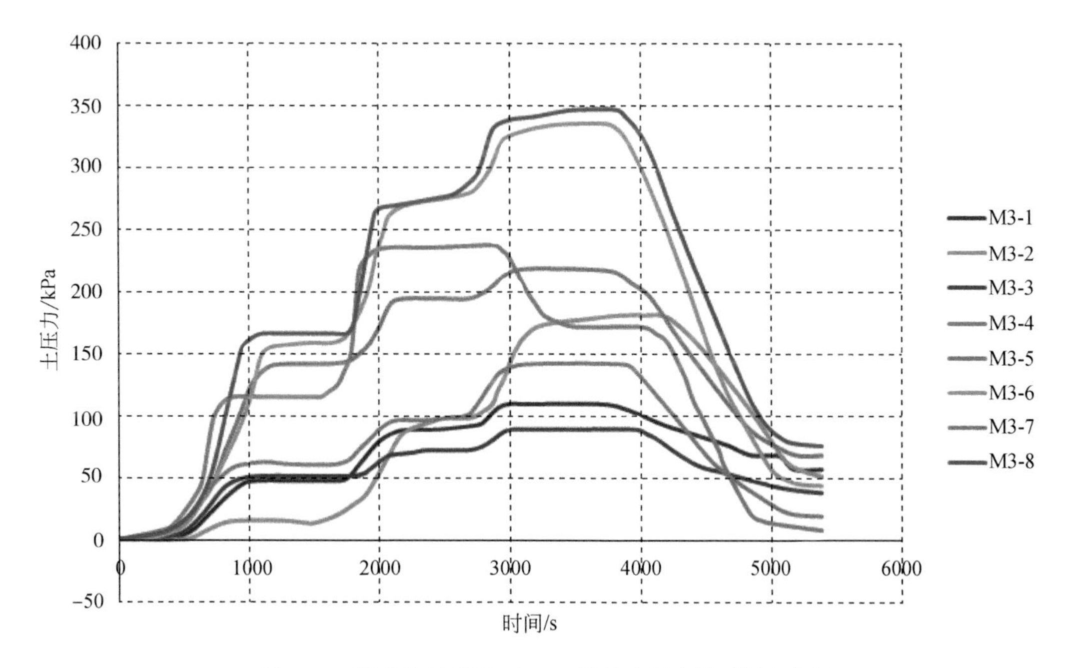

图 5.47　硬岩边坡模型（M3）坡体土压力随时间变化图

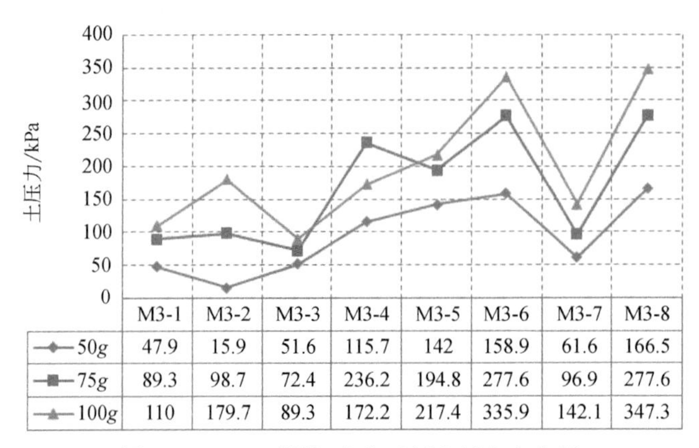

	M3-1	M3-2	M3-3	M3-4	M3-5	M3-6	M3-7	M3-8
50*g*	47.9	15.9	51.6	115.7	142	158.9	61.6	166.5
75*g*	89.3	98.7	72.4	236.2	194.8	277.6	96.9	277.6
100*g*	110	179.7	89.3	172.2	217.4	335.9	142.1	347.3

图 5.48　M3 不同加速度时刻土压力变化图

由图 5.48 可知，硬岩边坡模型（M3）中土压力值最大的是位于坡脚坡内的 M3-8（347.3kPa），土压力值最小的是位于坡表靠近坡脚的 M3-3（89.3kPa）。布置在坡表的压力传感器 M3-1、M3-2、M3-3、M3-4 所测土压力最大值均未超过 180kPa，其中位于坡表坡体中上部的 M3-2 土压力最大，位于坡表坡中部位的 M3-3 土压力最小；布置在坡内的土压力传感器 M3-5、M3-6、M3-7、M3-8 除 M3-7 最大值小于 150kPa 以外，其余传感器土压力最大值都在 215～350kPa，其中位于坡脚坡内的 M3-8 土压力最大，位于坡内 M3-8 上方的 M3-7 最小。除 M3-4 土压力传感器在加速度 100*g* 时已经比在 75*g* 时小，其余监测点监测曲线数值都随着离心加速度的增加而不断上升，且加速度在 50*g*、75*g*、100*g* 匀速阶段，各位置所监测的压力值也都基本保持在某一数值稳定不变。这同样也说明土压力观测点所对应坡体土压力均随离心加速度的增加而增大，并且增加的幅度与离心加速度加载过程保持一一对应关系。

由表 5.9 可知，加速度在 0～50*g* 时，硬岩边坡模型（M3）土压力增量最大的是位于坡脚坡内的 M3-8（166.5kPa），此时土压力增量最小的是位于坡表中上部的 M3-2（15.9kPa）；加速度在 50～75*g* 时，土压力增量最大的是位于坡表与 M3-8 平行的 M3-4（120.5kPa），此时土压力增量最小的是位于坡表坡中的 M3-3（20.8kPa）；加速度在 75～100*g* 时，土压力增量最大的是位于坡表坡体中上部的 M3-2（81kPa），此时土压力增量最小的是位于坡表坡中的 M3-3（16.9kPa）。通过上面的数据我们可以得到，硬岩边坡模型（M3）位于坡表的土压力传感器（M3-1、M3-2、M3-3、M3-4）的压力值普遍比平行于坡表传感器布置在坡内的土压力传感器（M3-5、M3-6、M3-7、M3-8）压力值小。

表 5.9　M3 模型不同加速度时段土压力增量表　（单位：kPa）

监测点	M3-1	M3-2	M3-3	M3-4	M3-5	M3-6	M3-7	M3-8
0～50*g*	47.9	15.9	51.6	115.7	142	158.9	61.6	166.5
50～75*g*	41.4	82.8	20.8	120.5	52.8	118.7	35.3	111.1
75～100*g*	20.7	81	16.9	-64	22.6	58.3	45.2	69.7

5.4.2.4　倾倒边坡模型破坏演化过程

本节通过模型正面示意图及高速摄像机拍摄的模型俯视图的变化情况逐一分析不同坡体结构的边坡模型破坏演化过程。

表 5. 10 为软硬岩边坡模型破坏演化过程，该边坡主要失稳类型为顶部下座→中部膨胀→下部滑出。

表 5. 10　软硬岩边坡模型破坏演化过程

试验阶段及现象	正面示意图	模型俯视图
试验未开始阶段：边坡模型未发生变形		
边坡模型顶部下座 4cm；软弱带产生小部分变形；A 区、B_1 区、B_2 区、C 区岩块出现裂缝，张开约 2mm；后部基岩产生细小裂缝；坡体中部向外膨出		
边坡模型顶部继续下座，下沉约 9cm；软弱带同时也继续发生变形；A 区、B_1 区、B_2 区、C 区岩块裂缝继续加宽，后部基岩产生的裂缝继续加长；坡体中部向外膨出	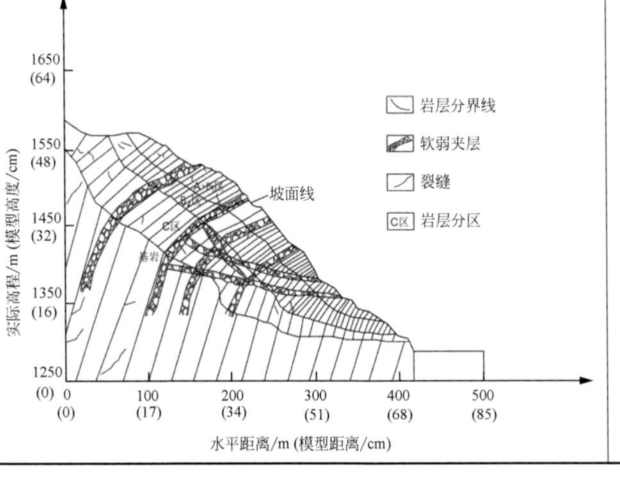	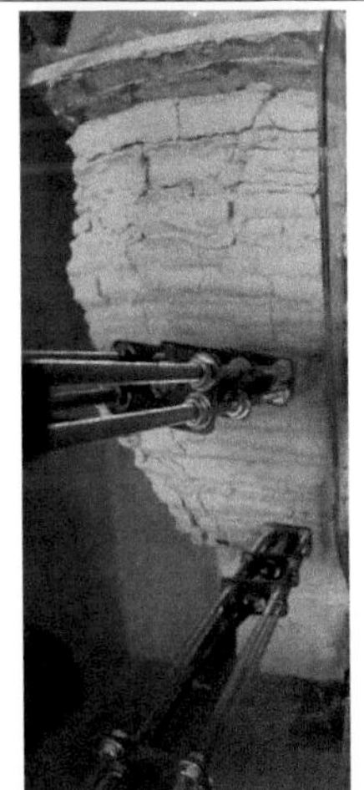

续表

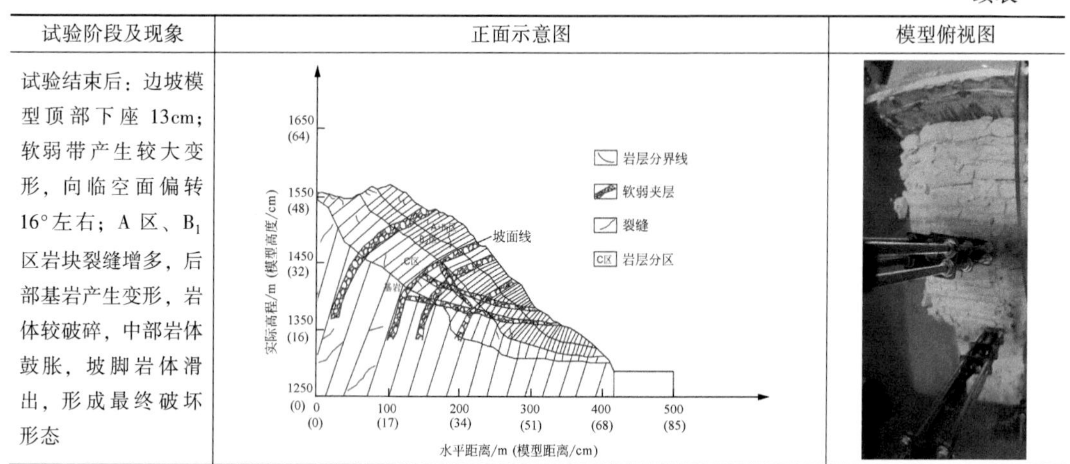

试验阶段及现象	正面示意图	模型俯视图
试验结束后：边坡模型顶部下座 13cm；软弱带产生较大变形，向临空面偏转 16°左右；A 区、B_1 区岩块裂缝增多，后部基岩产生变形，岩体较破碎，中部岩体鼓胀，坡脚岩体滑出，形成最终破坏形态		

表 5.11 为硬岩边坡模型破坏演化过程，边坡主要失稳类型为顶部下座→中部膨胀→局部失稳。

表 5.11　硬岩边坡模型破坏演化过程

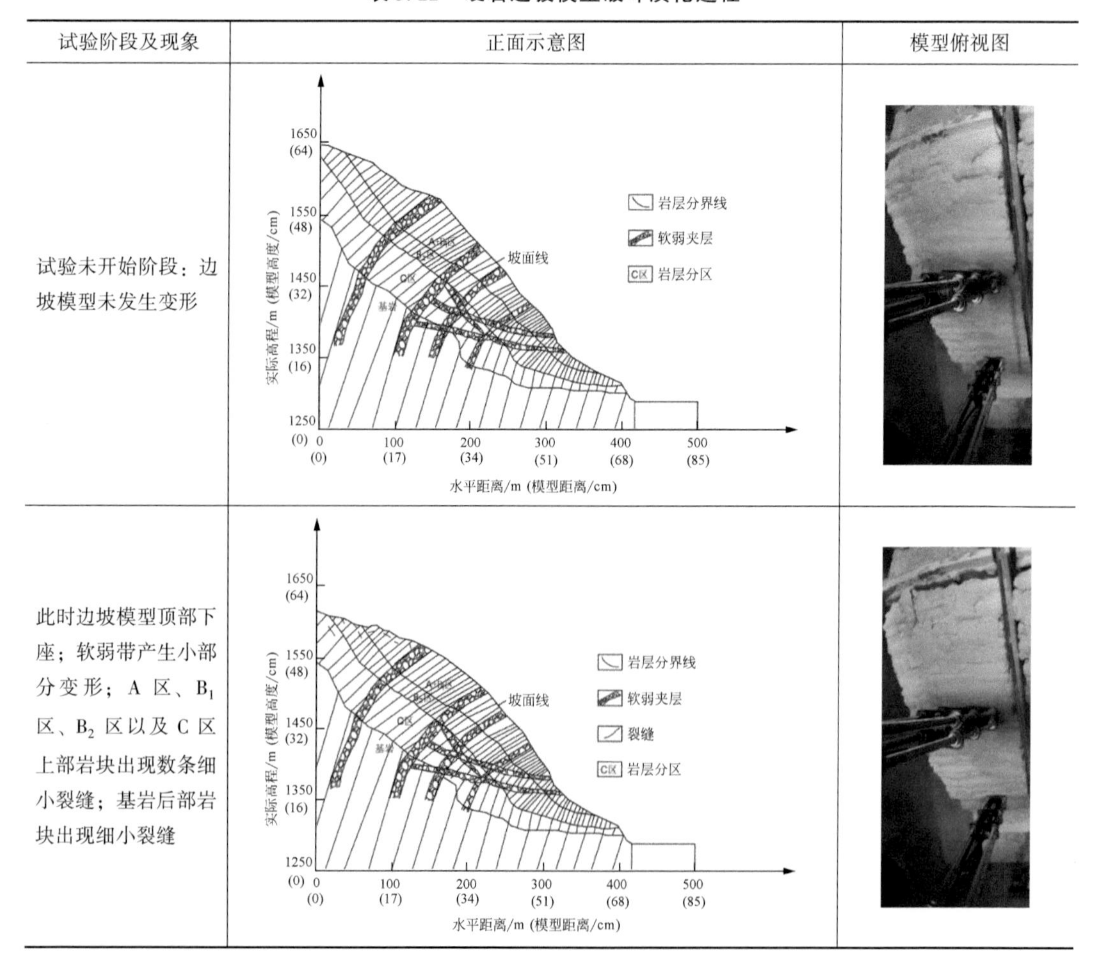

试验阶段及现象	正面示意图	模型俯视图
试验未开始阶段：边坡模型未发生变形		
此时边坡模型顶部下座；软弱带产生小部分变形；A 区、B_1 区、B_2 区以及 C 区上部岩块出现数条细小裂缝；基岩后部岩块出现细小裂缝		

续表

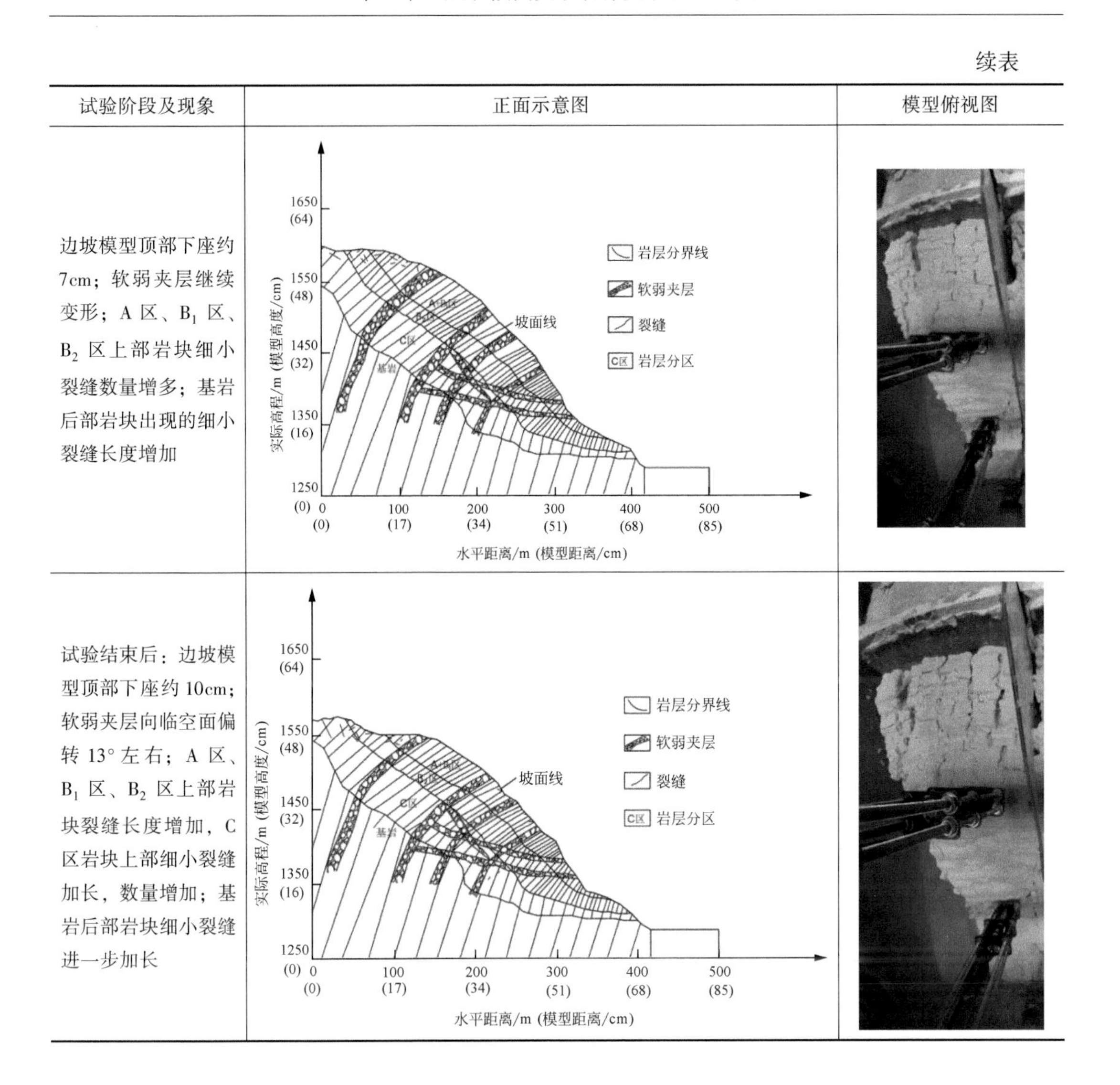

试验阶段及现象	正面示意图	模型俯视图
边坡模型顶部下座约7cm；软弱夹层继续变形；A区、B_1区、B_2区上部岩块细小裂缝数量增多；基岩后部岩块出现的细小裂缝长度增加		
试验结束后：边坡模型顶部下座约10cm；软弱夹层向临空面偏转13°左右；A区、B_1区、B_2区上部岩块裂缝长度增加，C区岩块上部细小裂缝加长，数量增加；基岩后部岩块细小裂缝进一步加长		

5.5　层状倾倒变形体开挖响应规律

大量的工程实践表明，在对天然边坡进行工程开挖时，必然会引起边坡内部应力场的重分布。边坡应力场的调整也必将引起坡体以新的变形方式来适应这种应力的调整。倾倒变形体结构复杂，开挖后变形明显，特别是坡脚的开挖会造成整个坡体不同部位的变形。为研究苗尾水电站倾倒变形体开挖部位与变形的关系，主要通过监测手段和数值模拟两种方法分析倾倒变形边坡的开挖响应特征（图5.49）。

5.5.1　倾倒变形体开挖响应的监测分析

边坡的失稳破坏从渐变到突变逐步发展，很少有边坡在破坏前不显示任何征兆（如变

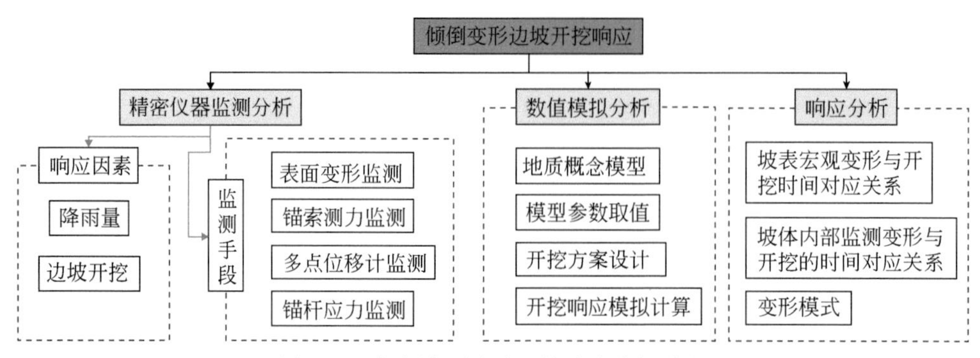

图 5.49　倾倒变形边坡开挖响应分析手段

形量超过控制指标、变形加剧、坡体裂缝增大等）就突然失稳。上述征兆有些很难凭人的直觉和观察发现，如果能安装必要的精密仪器对坡体进行变形监测，则有可能在出现变形破坏征兆时捕捉到坡体稳定性的异常信息，并对这些信息进行分析研究，在坡体最终破坏前对其进行处理，或及时预报滑坡险情，避免人员和设备的损失，对保证边坡安全和正常施工具有重要意义。为此，针对苗尾水电站左、右坝肩边坡的变形特征，主要设置了如下监测仪器：表面变形监测仪、多点位移计、锚索测力计、钢筋应力计、测斜孔，各监测仪器详细情况见表 5.12。

表 5.12　监测仪器测值单位及符号规则

仪器名称	仪器代号	单位	符号规则
表面变形监测仪	LTPBJZ	mm	水平位移 X 向北为正；水平位移 Y 向东为正；垂直位移 H 向下为正；反之为负
多点位移计	MBJZ	mm	拉为正，压为负
锚索测力计	DBJZ	kN	—
钢筋应力计	RBJZ	MPa	拉力正、压力负
测斜孔	INBJ	mm	顺坡向为正，反之为负

5.5.1.1　坝肩边坡监测分析

1. *左坝肩边坡监测分析*

左坝肩边坡布置了表面变形监测仪 17 个，多点位移计四套，锚索测力计 16 台。左坝肩边坡监测仪器布置见图 5.50。

1）表面变形监测仪

左坝肩开挖起始之时设置了七个表面位移监测仪。到 2013 年 5 月，由于左坝肩边坡进行削坡减载开挖，对原有监测仪器造成破坏，在 2013 年 5 月以后监测仪器重新设计布置，所有仪器于 2013 年 8 月恢复正常。

2013 年 5 月前，左坝肩边坡开挖高程为 1335～1551m，布置的表面位移监测仪器编号为 LTPBJZ-L01—LTPBJZ-L07。其中，L01—L04 的初始观测日期为 2012 年 11 月 15 日，

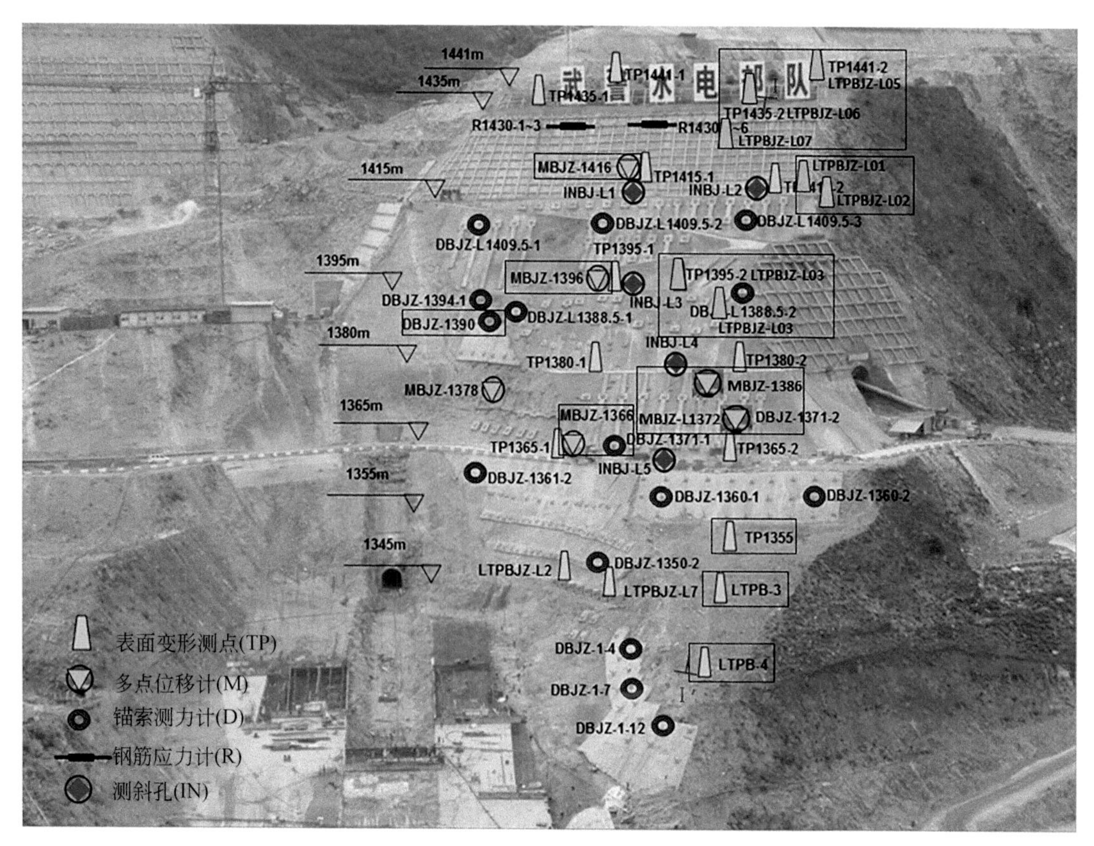

图 5.50　左坝肩边坡监测仪器布置示意图

L05—L07 初始观测日期为 2013 年 4 月初。期间发生两次大变形：2012 年 11 月底，开挖至 1375m 高程时，L01、L02、L03、L04 均发生了约 100mm 的突变变形；2013 年 3 月初开始，L01、L02、L03、L04 发生持续加速变形，变形速率约为 7mm/d。截至 2013 年 5 月，L01—L04 测点水平合位移为 215.5～530.0mm，垂直位移为 102.6～320.3mm，如图 5.51 所示。

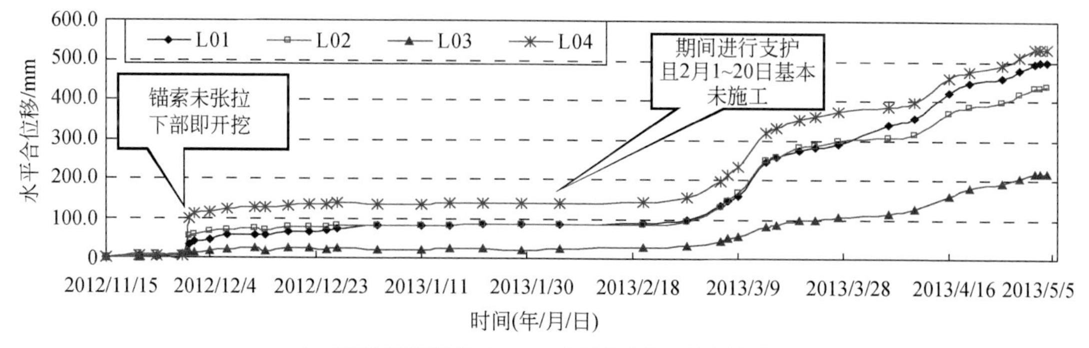

(a) 表面变形监测点L01—L04水平合位移–时间过程线

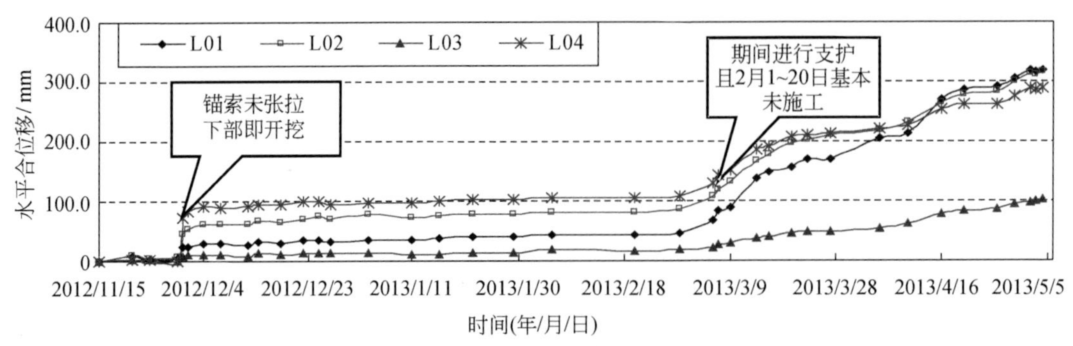

(b) 表面变形监测点L01—L04垂直位移-时间过程线

图 5.51　左坝肩边坡表面变形监测点位移-时间曲线（截至 2013 年 5 月）

左坝肩边坡监测仪器在 2013 年 8 月陆续恢复使用，截至 2014 年 10 月，左坝肩边坡表面变形计主要发生两次较大变形：2013 年 9 月初，开挖至 1320m 高程附近时，LTPBJZ-L1355（1355m 高程）发生数据突变，主要发生向坡外的位移变形，变形量值达 120mm，向上游侧变形量值约 10mm，竖直向下变形约 10mm；2014 年 3 月初，开挖至 1300m 高程附近时，LTPBJZ-L1355（1355m 高程）、LTPB-3（1347m 高程）、LTPB-4 均发生数据突变，其中 LTPBJZ-L1355 和 LTPB-3 发生了向坡外和竖直向下的位移，最大变形量值达 150mm，LTPB-4 发生了向坡外的位移，竖向位移变化不大。

截至 2014 年 10 月，表面变形测点累计水平位移变化量最大为-206.4mm，变化速率为-0.7mm/d（LTPB-3），沉降变化量最大为 185.9mm，变化速率为 0.6mm/d（LTPB-3），详见图 5.52。

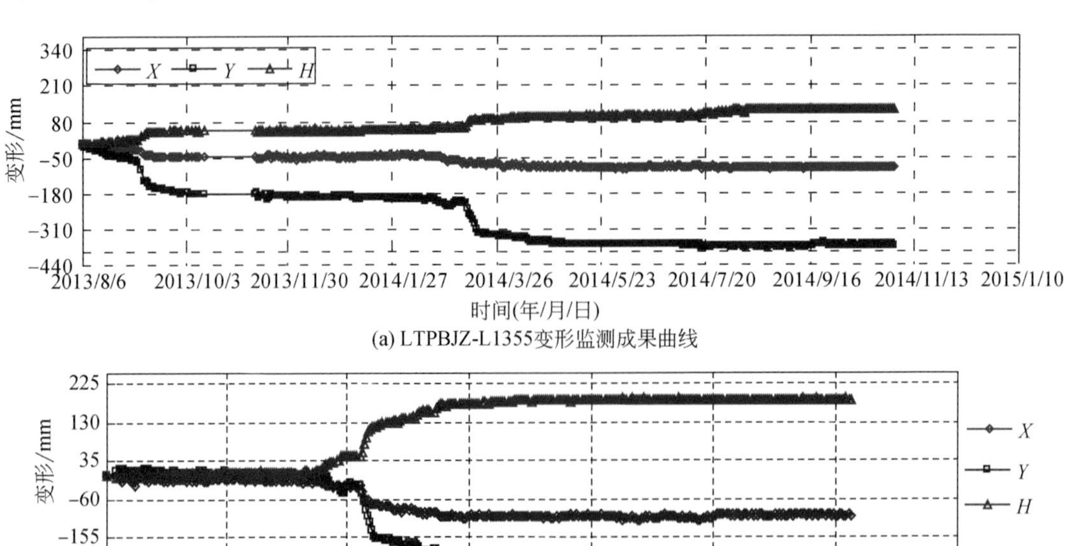

(a) LTPBJZ-L1355变形监测成果曲线

(b) LTPB-3变形监测成果曲线

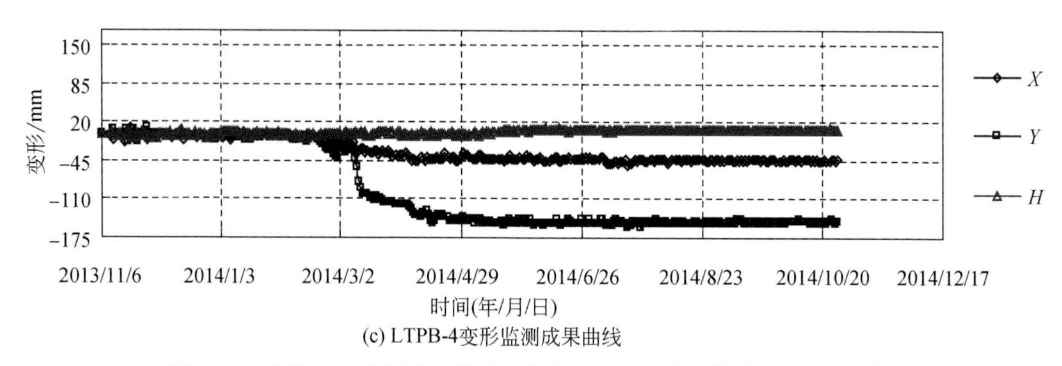

(c) LTPB-4变形监测成果曲线

图5.52 左坝肩边坡表面变形测点位移变化过程线（截至2014年10月）

2）多点位移计

在削坡减载之前，左坝肩边坡安装有两套多点位移计，分别位于1386m高程与1372m高程。2013年2月底开挖1365m高程后，多点位移计MBJZ-1386持续变形，并于2013年3月13日因变形超量程而损坏；2013年4月，开挖至1325m高程时，MBJZ-L1372测点数据出现波动，变形量值介于80.50～130.17mm，如图5.53所示。

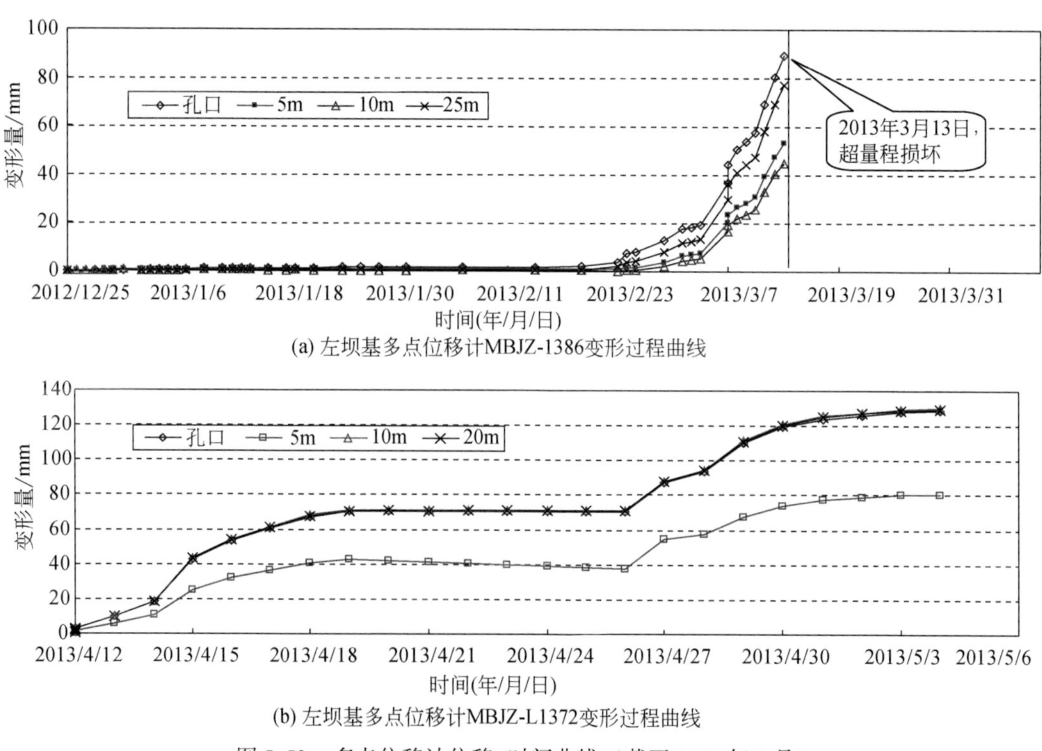

(a) 左坝基多点位移计MBJZ-1386变形过程曲线

(b) 左坝基多点位移计MBJZ-L1372变形过程曲线

图5.53 多点位移计位移–时间曲线（截至2013年3月）

削坡减载后2013年8月监测数据陆续恢复正常，截至2014年10月，左坝肩边坡新增四套多点位移计。其中，多点位移计MBJZ-L1366最大变形量为17.24mm，其余三套多点位移计位移变化量较小，最大变形量为12.75mm；2014年以来位移变化量最大为14.35mm（MBJZ-L1366），变化速率为0.05mm/d，目前该多点位移计位移变化平稳，监测成果表明该边坡变形已趋于收敛，如图 5.54 所示。

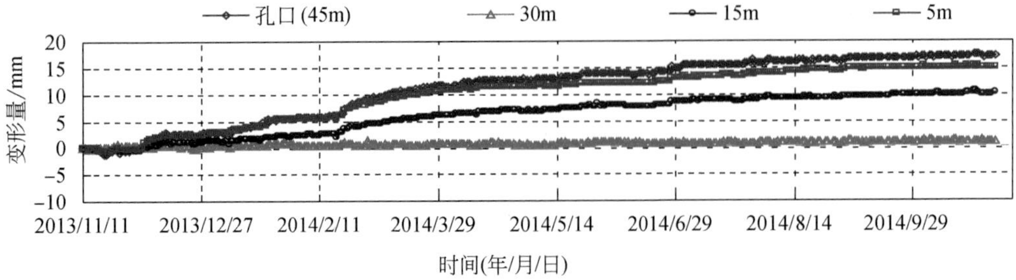

图 5.54　左坝肩边坡多点位移计 MBJZ-L1366 位移变化过程线（截至 2014 年 10 月）

3）锚索测力计

在削坡减载之前，左坝肩边坡布置锚了四台锚索测力计（1000kN），编号为 DBJZ-L1390、DBJZ-L1394-1、DBJZ-L1394-2、DBJZ-L1376，监测成果表明，锚索测力计 DBJZ-L1376 和 DBJZ-L1394-2 锁定荷载损失较大，均超过 30%，其中 DBJZ-L1376 补偿张拉后锁定损失仍达 22%，这与边坡表面破碎承载力较小导致锚墩头在张拉过程中变形有关。边坡监测锚索荷载在 2013 年 4 月 14 日之后均有突变现象发生，认为主要受 1365m 高程以下边坡开挖的影响。从空间分布来看，位于边坡上游侧的监测锚索荷载及增量小于下游侧监测锚索荷载，与变形监测资料规律一致，如图 5.55 所示。

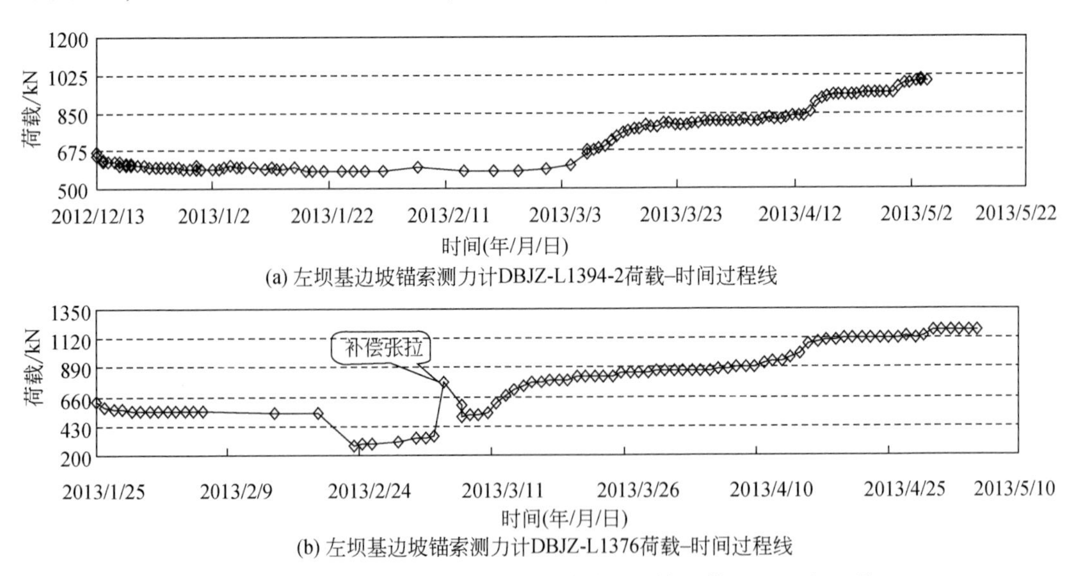

(a) 左坝基边坡锚索测力计DBJZ-L1394-2荷载–时间过程线

(b) 左坝基边坡锚索测力计DBJZ-L1376荷载–时间过程线

图 5.55　左坝肩边坡锚索测力计荷载变化过程线（截至 2013 年 5 月）

2013 年 10 月后的锚索测力计监测恢复正常，新增的锚索测力计自 2014 年以来荷载变化量介于−44.7～113.3kN，变化速率介于−0.1～0.4kN/d，如图 5.56 所示。

2. *右坝肩边坡监测分析*

右坝肩布置表面位移监测仪 18 个，多点位移计 15 个，锚杆应力计 29 套，各类仪器详细布置情况见图 5.57。

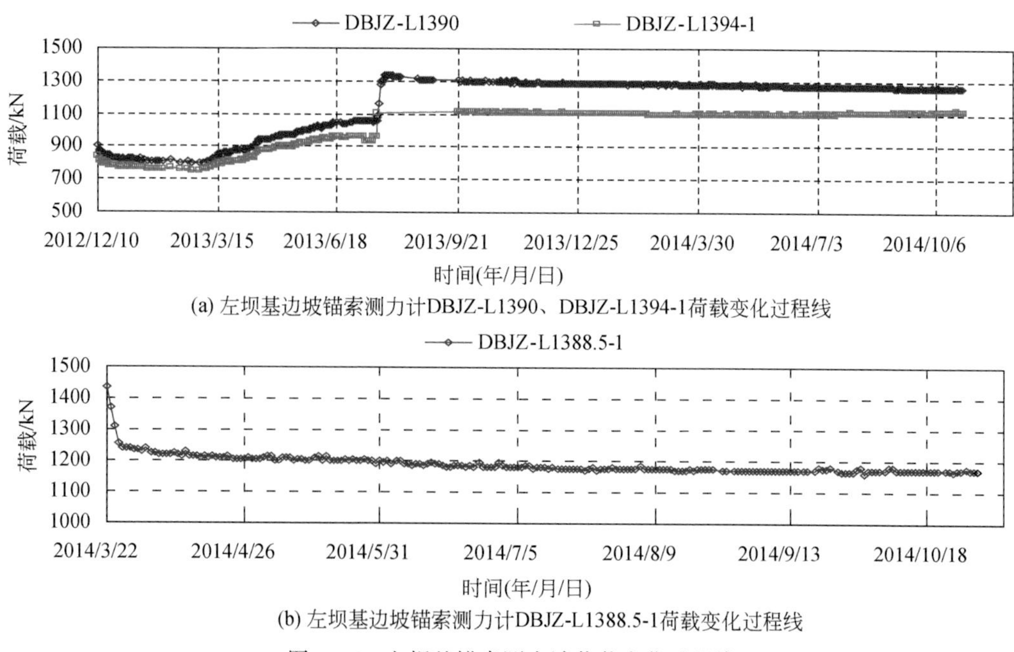

(a) 左坝基边坡锚索测力计DBJZ-L1390、DBJZ-L1394-1荷载变化过程线

(b) 左坝基边坡锚索测力计DBJZ-L1388.5-1荷载变化过程线

图 5.56　左坝基锚索测力计荷载变化过程线

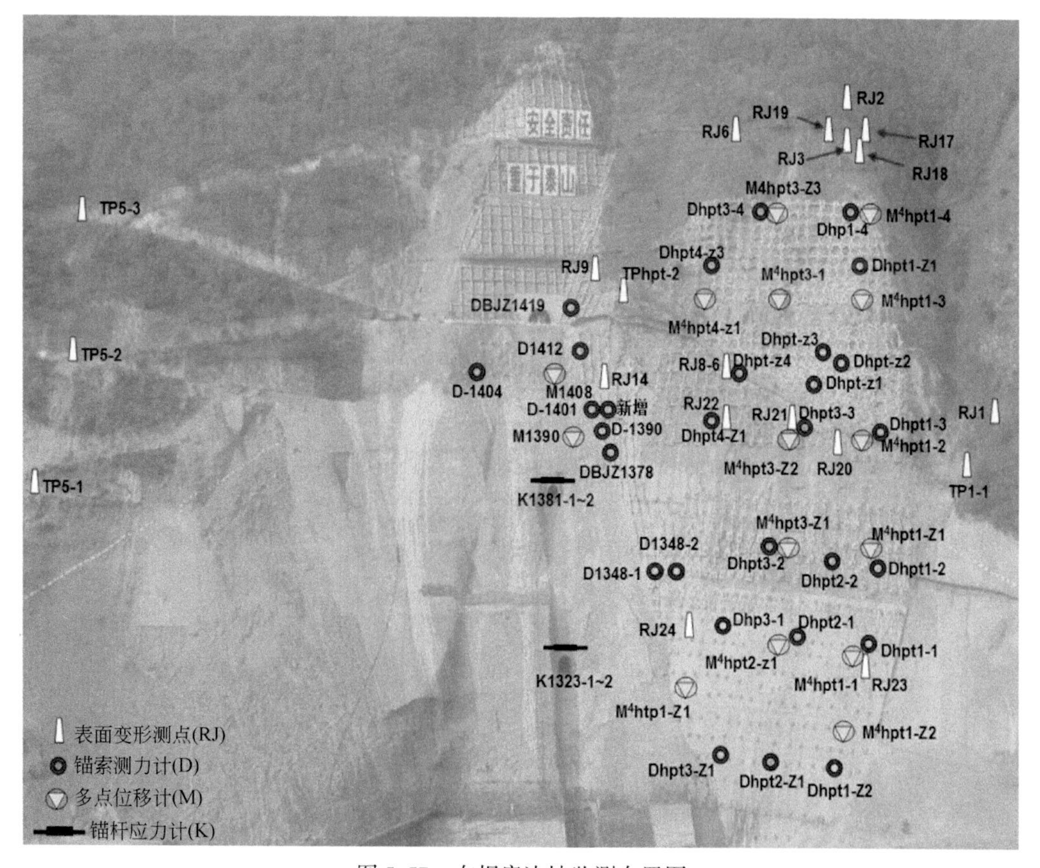

图 5.57　右坝肩边坡监测布置图

1）表面变形监测仪

右坝肩边坡布置的表面变形监测仪如图 5.57 所示，受边坡开挖支护施工的影响，所有表面变形监测仪中只有 RJ1—RJ3、RJ6、RJ9、RJ14 以及 Tphpt-2 观测点能进行有效监测。截至 2014 年 3 月，各地表位移监测点受边坡开挖支护等施工的影响，监测曲线有较大波动：最大变形发生在监测点 RJ3（1465m 高程），最大水平位移为 871.1mm，最大竖向位移为 1203.5mm；其余监测点总体变形以向坡外为主，高程 1441m 以上累计变形量最大不超过 70mm，高程 1441m 以下累计变形最大不超过 20mm，如图 5.58 所示。

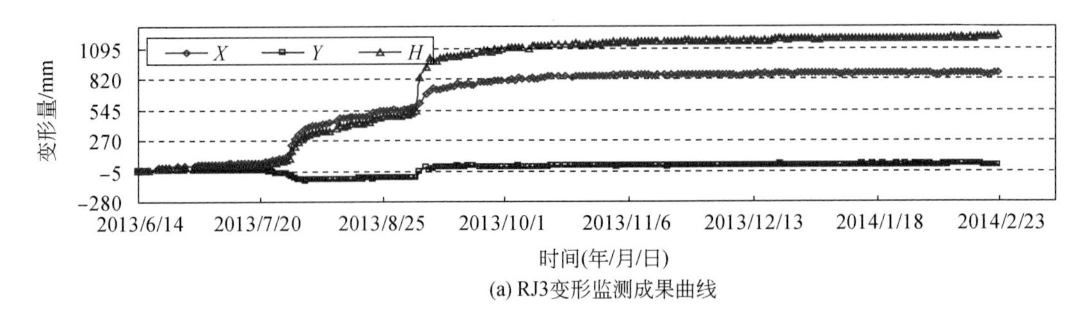

(a) RJ3变形监测成果曲线

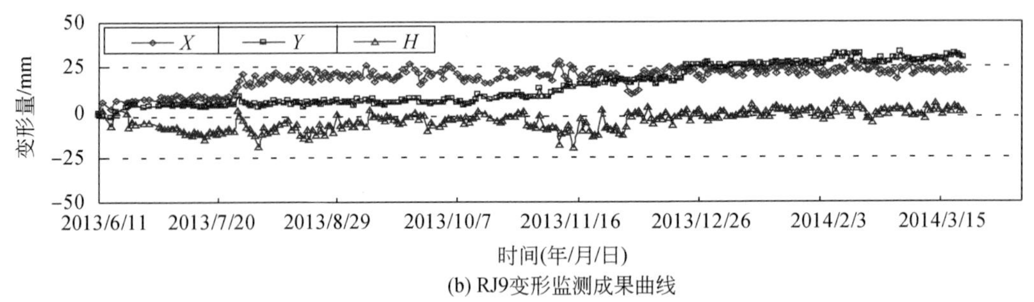

(b) RJ9变形监测成果曲线

图 5.58　右坝肩边坡地表位移监测时程曲线（截至 2014 年 3 月）

2）多点位移计

截至 2014 年 3 月，右坝肩布设的多点位移监测点数量为 14 个。受施工和前期滑塌破坏的影响，各监测点的初始监测时间和监测部位不同，在监测曲线上表现出了不同的变化规律。前期的两套多点位移计 MBJZ-R1408、MBJZ-R1390 安装后位移呈平缓变化趋势，由于 2013 年 4 月中旬右坝基出现裂缝后位移变形量逐渐增加，至 5 月 27 日坍塌前位移变形量变化明显，之后呈平缓上升趋势；目前前期安装的两套多点位移计最大位移变形量为 30.10mm，2014 年以来位移变化量最大为 1.93mm，锚固施工结束后位移趋于收敛。后期新增的两套多点位移计 M^4hpt1-3、M^4hpt3-1 安装后位移变形量逐渐增加，导致位移变形量增加原因为 7 月 20 日边坡突变以及 9 月 5 日小溜槽 1470m 高程裂缝扩张，目前右坝基变形体安装的 12 套多点位移计最大位移变形量为 46.77mm，2014 年以来位移变化量介于 −2.03 ~ 6.59mm，部分多点位移计安装后变形量处于受压状态原因为周边锚索张拉导致松散体压缩。锚固施工结束后各多点位移计变形趋于收敛，如图 5.59 所示。

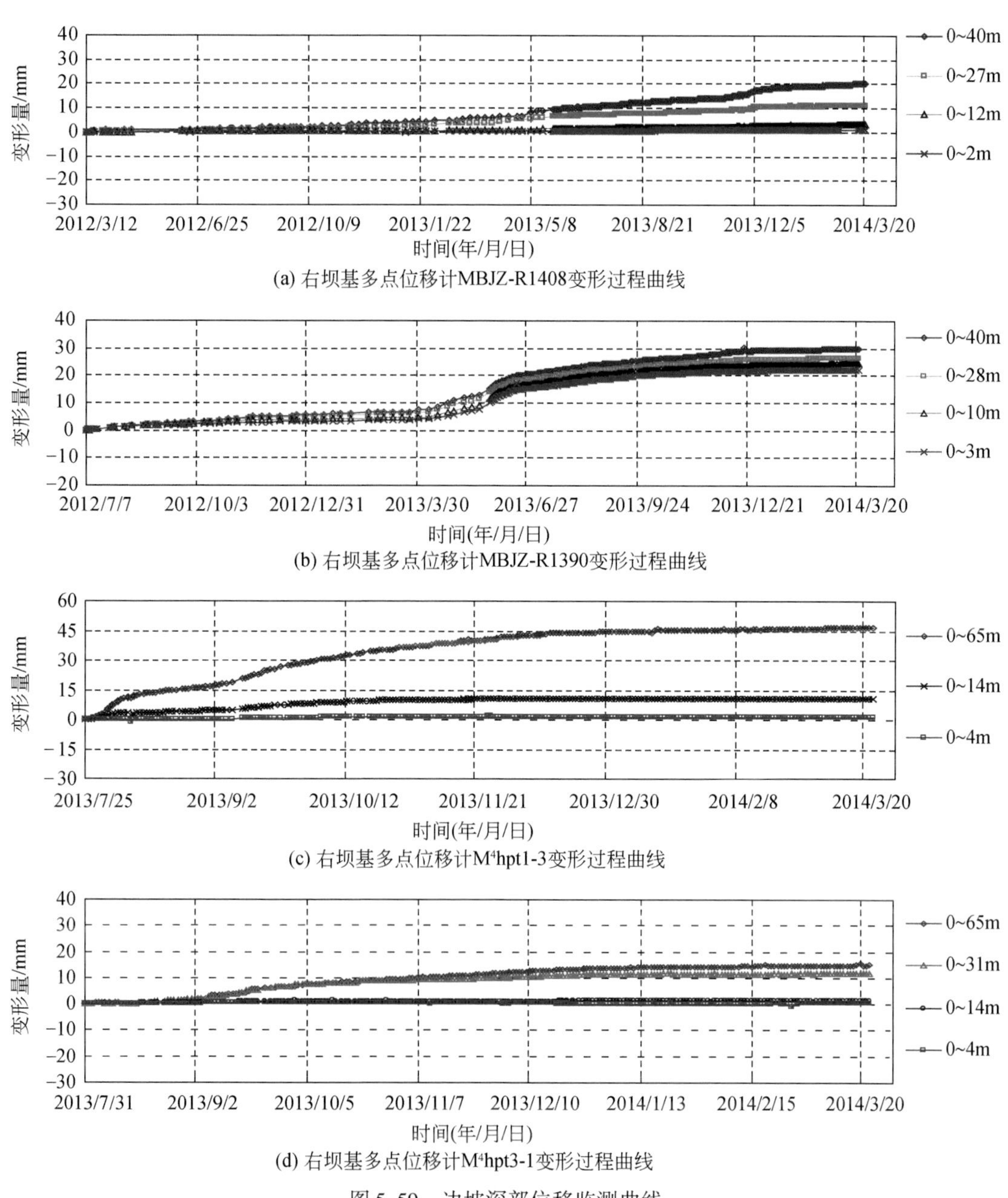

(a) 右坝基多点位移计MBJZ-R1408变形过程曲线

(b) 右坝基多点位移计MBJZ-R1390变形过程曲线

(c) 右坝基多点位移计M^4hpt1-3变形过程曲线

(d) 右坝基多点位移计M^4hpt3-1变形过程曲线

图 5. 59　边坡深部位移监测曲线

3）锚索测力计

右坝肩边坡安装了 29 台锚索测力计，其中 1000kN 锚索测力计 14 台、2000kN 锚索测力计 15 台。监测初期至今，锚索受力状况可以概括为初期明显松弛、后期逐渐稳定，监测过程中由于施工影响，出现小范围波动。所有监测点中，锚索测力计 DBJZ-R1348-1 锚索测力计从 2013 年 5 月底开始陡然增大，如图 5. 60 所示。

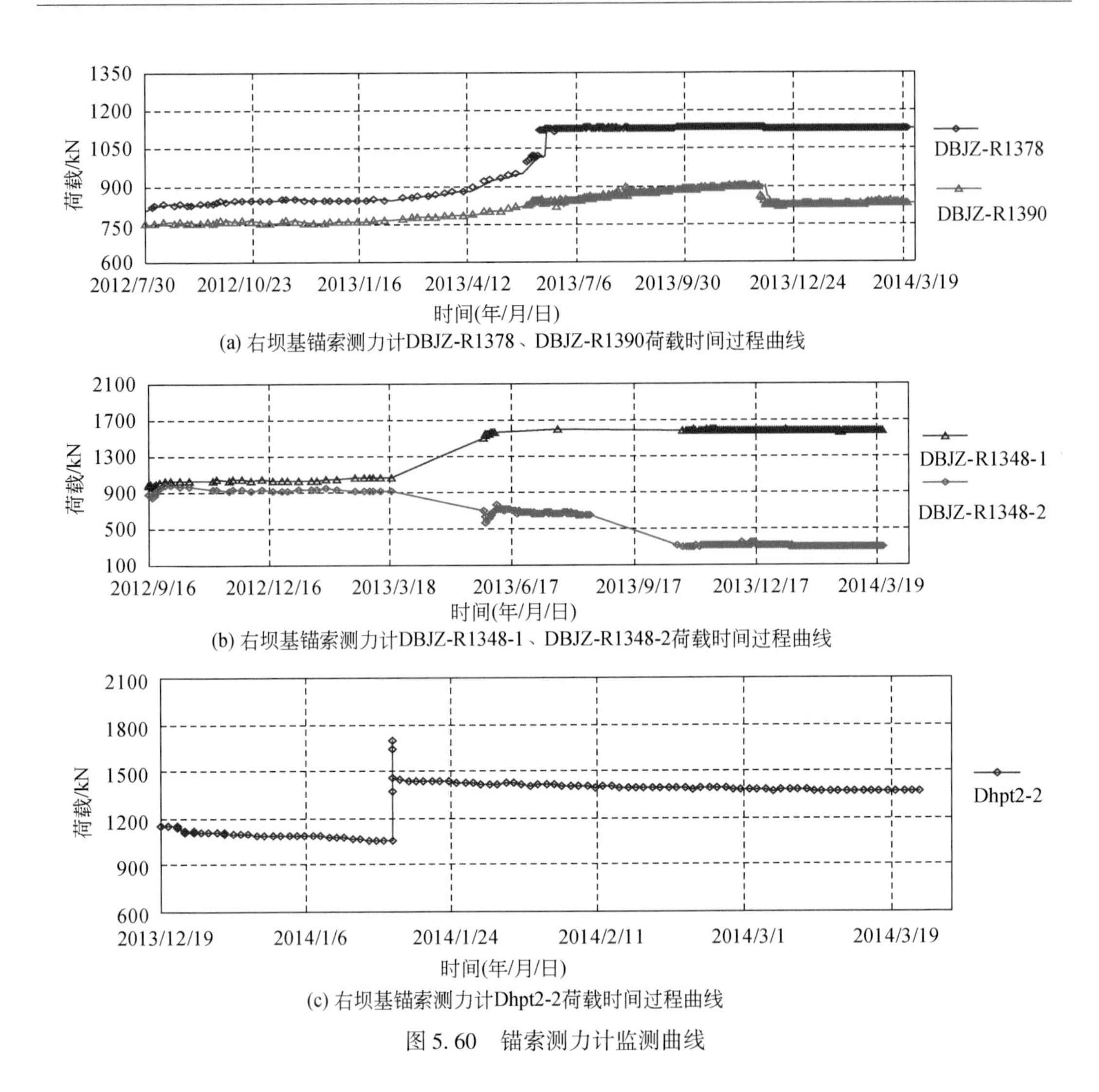

(a) 右坝基锚索测力计DBJZ-R1378、DBJZ-R1390荷载时间过程曲线

(b) 右坝基锚索测力计DBJZ-R1348-1、DBJZ-R1348-2荷载时间过程曲线

(c) 右坝基锚索测力计Dhpt2-2荷载时间过程曲线

图 5.60　锚索测力计监测曲线

5.5.1.2　变形与开挖相关性分析

如前文所述，开挖过程中边坡的表面变形、内部变形、锚索应力会出现明显的波动，甚至是突变。引起边坡变形的原因众多，为提取分析开挖与变形的关系，做如下分析。

根据开挖时间与开挖高程的关系绘制开挖高程-时间曲线，左、右坝肩开挖高程-时间曲线分别见图 5.61、图 5.62。左、右坝肩边坡采用开口线往下开挖的方式，在速度上有所差异。左坝肩边坡开挖初期（2012 年 4 ~ 6 月）速度较快，每月向下开挖约 25m，开挖中期（2012 年 6 月—2013 年 3 月）边坡开挖速度有所放缓，每月向下开挖约 10m，在 2013 年1 ~ 3 月期间没有进行开挖施工，开挖后期（2013 年 3 ~ 4 月）开挖速度明显增快，每月向下开挖约 30m。右坝肩边坡开挖高程-时间曲线呈现“阶坎状”，边坡开挖规律进行，挖除一定方量后待坡体稳定再继续开挖。

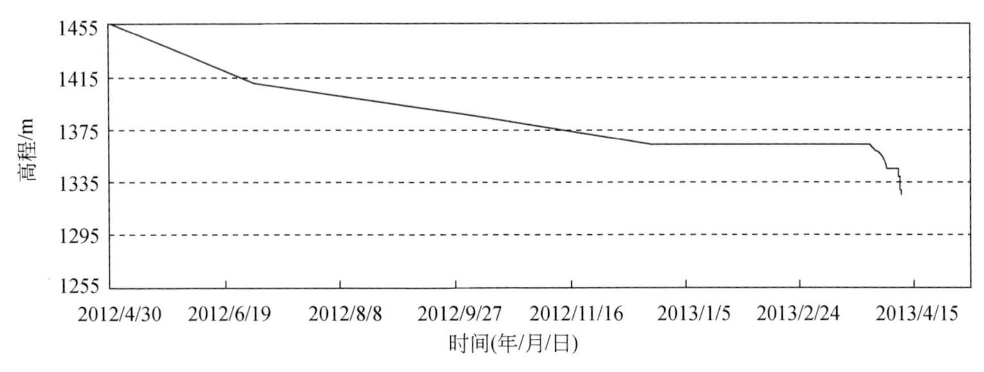

图5.61　左坝肩边坡开挖高程-时间曲线

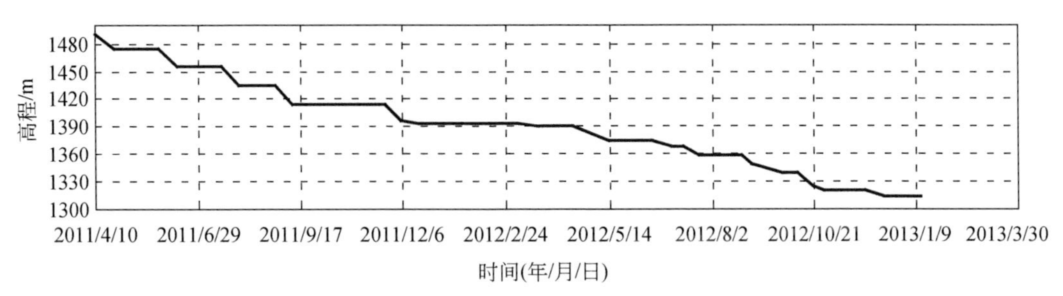

图5.62　右坝肩边坡开挖高程-时间曲线

1. 表面变形与开挖的关系

拟合监测点数据与开挖高程-时间曲线进行相关性分析。选取剖面（左坝肩边坡Ⅰ-Ⅰ′剖面，右坝肩边坡Ⅱ-Ⅱ′剖面）附近监测点进行分析，左、右坝肩边坡表面位移计的典型监测点选择见表5.13。地表位移与开挖的关系见图5.63、图5.64。

表5.13　表面位移计典型监测点

位置	高程/m	监测点编号
左坝肩边坡	1445	LTP1441-2
	1415	LTPBJZ-L01、TP1415-1
	1380	LTPBJZ-L03、TP1380-2
	1345	LTPB-3
右坝肩边坡	1525	TPYtb-1
	1475	TPYtb-3
	1435	TPYtb-12

图5.63为左坝肩边坡开挖过程中高程1345m、1380m、1415m、1445m的表面合位移最大值与开挖线的关系，由于施工，边坡开挖初期没有布设监测仪器，监测从2013年初边坡开挖至高程1380m时开始有完整的监测数据。由图5.63可得到以下几点认识：

（1）受边坡的开挖的影响，各高程均发生了不同大小的地表变形，最大的变形发生在

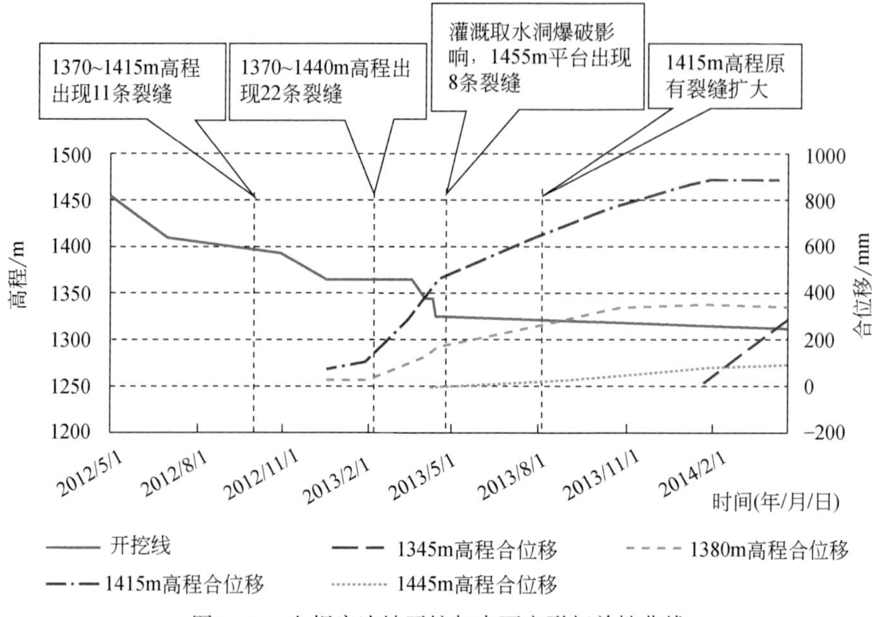

图 5.63　左坝肩边坡开挖与表面变形相关性曲线

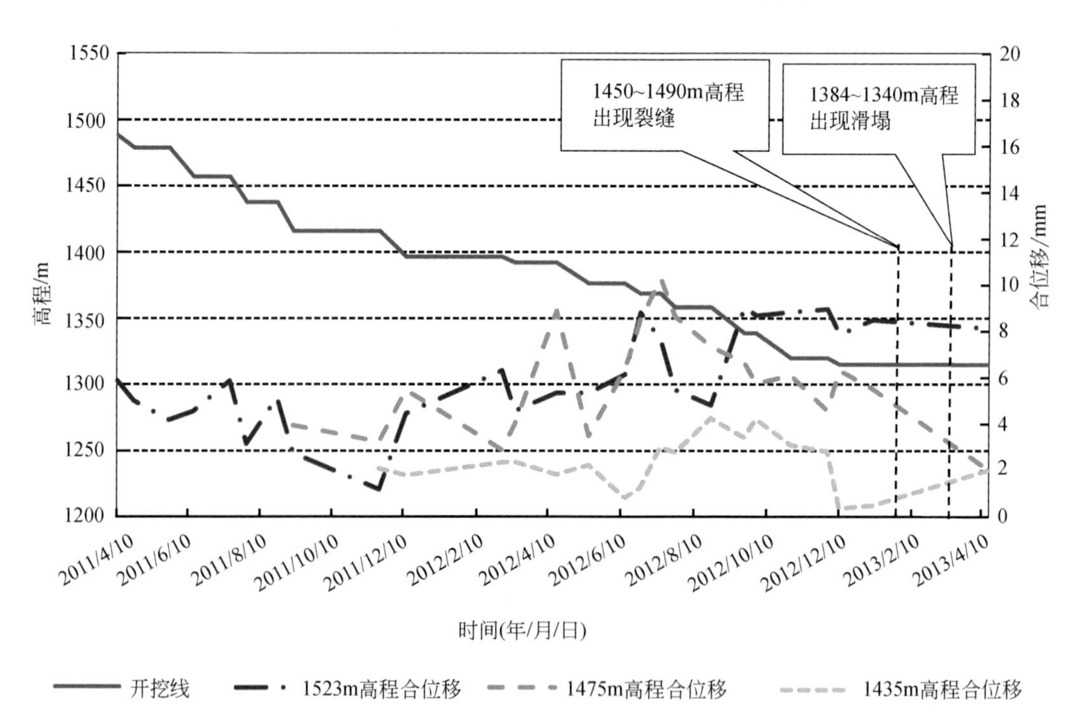

图 5.64　右坝肩边坡开挖与表面变形相关性曲线

高程 1415m，变形量为 900mm。

（2）边坡开挖过程中，变形主要发生在开挖线以上的部分，开挖线以下部分也会产生变形，但量值较小，最大变形不超过 100mm。

（3）边坡开挖至较低高程（1370m 高程）时引发最大变形。边坡在 2013 年 5 月后开挖高程 1370m 以下部分，从曲线上看，在 2013 年 5 月后各高程变形均明显增大，并在 1415m 高程出现最大变形，变形量为 900mm。

图 5. 64 为右坝肩边坡开挖过程中高程 1435m、1475m、1523m 的表面合位移最大值与开挖线的关系。与左坝肩类似，由于施工原因监测数据与开挖过程并不完全同步。由图 5. 64 可得以下几点认识：

（1）边坡开挖初期，在不同高程发生了不同大小的位移，但整体量值不大，最大量值为 5mm。

（2）在开挖过程中，开挖线以下的坡体变形较小，变形变质一般不超过 100mm。

（3）当边坡开挖高程超过一半时，各高程的位移波动增加，最大位移出现在 1475m 高程，最大位移约 10mm；

（4）边坡开挖至低高程（1320m 高程）时，即使开挖速度缓慢，开挖量小，但坡体整体变形依然较大，最大位移出现在 1535m 高程，量值为 12mm。

2. 坡体内部变形和开挖的关系

与表面位移分析类似，内部变形与开挖关系的分析采用绘制内部变形与开挖关系图进行。典型监测点选择的原则也与表面监测一样，每一监测高程选其变化最大的监测点作为此高程的典型点。依照此原则，左、右坝肩边坡多点位移计的典型监测点选择见表 5. 14。

表 5. 14　多点位移计典型监测点

位置	高程/m	监测点编号
左坝肩边坡	1386	MBJ2-1386
	1375	MBJ2-L1372
右坝肩边坡	1505	MYtb-1
	1475	MYtb-2

图 5. 65 和图 5. 66 分别为左、右坝肩各高程多点位移计与开挖高程相关性曲线图，可以得出以下几点认识：

（1）随着开挖的进行，坡体深部变形响应较为强烈，一般情况下变形与深度呈反比关系。

（2）变形大小与开挖速率呈正比关系，如 2013 年 4 月左坝肩边坡开挖速度较快，一个月向下开挖了 10m，直接造成了 1386m 高程的多点位移计超出量程而损坏。

（3）变形时间与开挖时间无明显直接关系。坡体完成开挖后，监测资料显示坡体内部依然有微小的位移值变化，只是量值较小，且呈正负波动，对边坡稳定性无太大影响。

5. 5. 1. 3　小结

左、右坝肩边坡开挖后都出现了明显的变形现象，左、右坝肩边坡的变形存在相似性，现将其分述如下：

（1）边坡开挖后首先出现变形部位的高程一般较开挖位置高为 10 ~ 20m，一般以裂缝

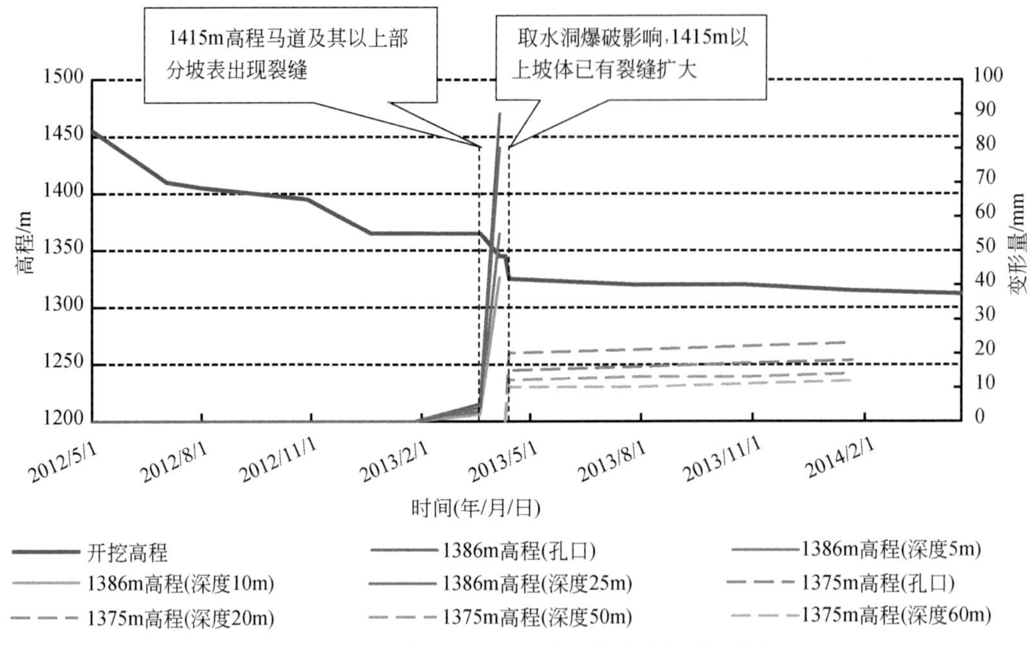

图 5.65　左坝肩边坡开挖与多点位移计相关性曲线

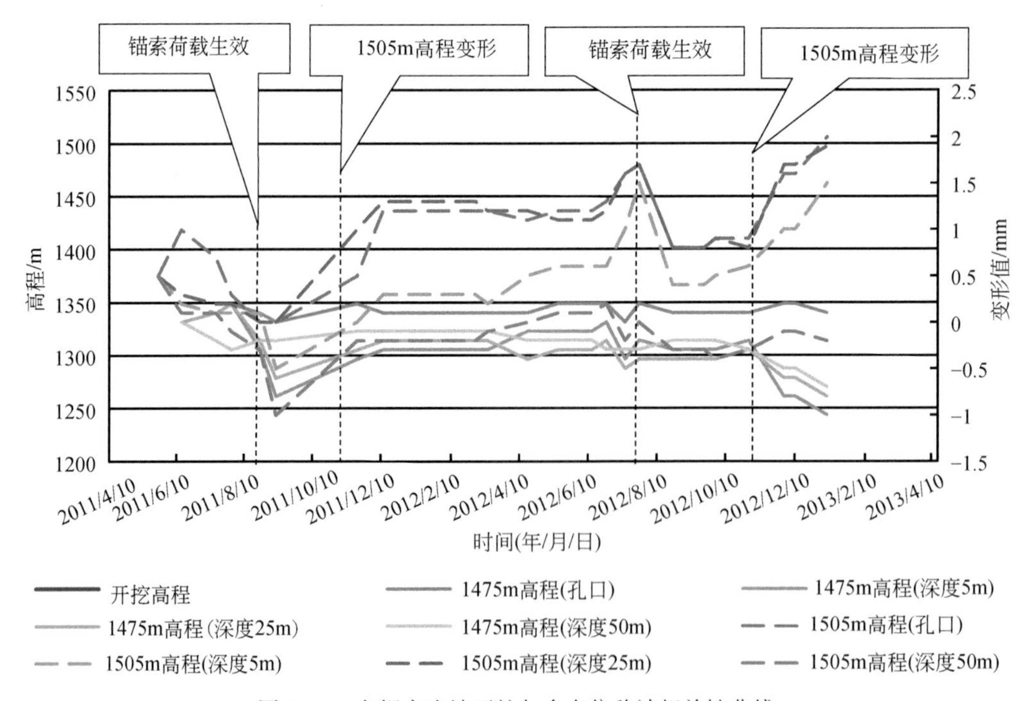

图 5.66　右坝肩边坡开挖与多点位移计相关性曲线

的形式出现，裂缝发育的宽度和长度与开挖速度关系明显，开挖速度较快时容易出现长大裂缝，开挖速度较慢时不易出现裂缝或者出现裂缝较小。

（2）边坡中部至顶部为裂缝最发育处，开挖后边坡中部首先变形，变形产生的裂缝为上部岩体变形提供了空间，随着开挖的进行，高高程处岩体会出现变形，一般在坡顶部位会出现大量裂缝。

（3）坡表变形位移矢量以水平向位移为主，竖向位移为辅。表面位移计监测显示，开挖后水平位移的变形速率和累计变形量均要大于竖向位移，说明表面变形以水平位移为主，竖向为辅。

（4）开挖边坡坡脚相对开挖坡体中部和上部而言，表面变形波动明显，且总位移量值较大。

（5）深部变形与埋深成反比，最大变形出现在坡表。边坡开挖后深部位移响应强烈，最大变形部位出现在坡表，并随埋深的增加变形逐渐减小。

5.5.2　开挖导致倾倒变形-破坏过程离心机模拟分析

柔性弯曲型倾倒变形体内岩层发生倾倒弯曲较为常见，但失稳模式仍存在一定的未知内容，有待深入研究，特别是其弯折面是否可以演化成贯通折断面以为整体失稳提供潜在滑动面。当前研究的柔性弯曲型倾倒变形案例大多处于倾倒变形发展的某一个阶段，尚未失稳。关于柔性弯曲型倾倒变形的弯折面形成后如何发育贯通，我们通过现场案例调查无法认知。我们选用离心试验研究柔性弯曲型倾倒的弯折面形成、弯折面的贯通及贯通后的发展全过程。

基于本试验的主要研究目的，本次用于制作模型边坡的相似材料为石膏、石英砂、水泥以及硼砂水溶液，又由于边坡陡倾坡内，结构较顺层边坡复杂，制模难度较高，经过制模方案的综合比选，本次试验模型边坡并不适用于浇筑成形、碾压成型等方法，故最终选择砌筑成型法。利用砌筑成型法，根据模型设计要求预置好试块，待预制试块养护完成、强度稳定后再进行模型边坡堆砌（图 5.67）。

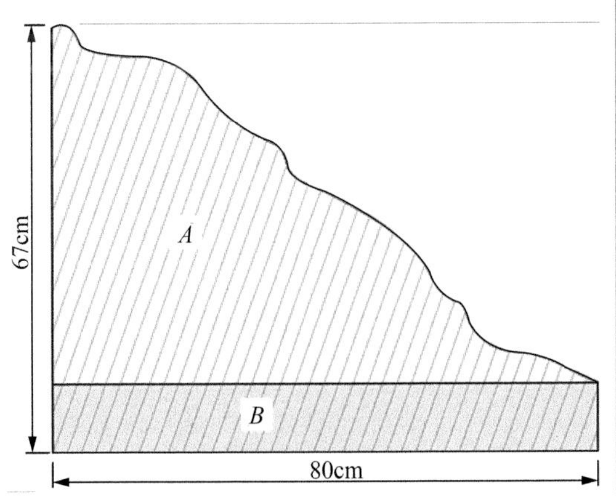

图 5.67　离心试验设计模型

5.5.2.1　倾倒–破坏全过程变化特征分析

本次模型试验首先将原始边坡稳步加载至 120g，稳定运转 20min 后将离心加速度降至 0，将预先堆砌的一级开挖岩体取出，开挖持续时间约 30min，开挖后再稳步加载至 120g，如此加载、稳定运转、停转、开挖，直至最后一级开挖岩体取出试验结束。变形破坏过程中各边坡的具体的试验现象见图 5.68。

（1）原始未开挖边坡离心加速度稳步加载至 120g。重力作用下，模型后缘底部基岩被压碎，发生大量自重沉降，约 22cm，边坡中发育少量剪切闭合微裂隙，且分布集中坡体中上部，边坡前缘产生滑移约 2cm。此时原始边坡并未产生明显倾倒变形现象，坡体微裂隙外侧附近出现了明显的岩层反向弯曲现象。出现反向弯曲主要是坡表岩体阻挡作用所致，反向弯曲主要分布在剪应力条带处。模型左侧底部岩层受挤压而产生破坏，是离心加速度增大，重力增加所致，与试块砌筑的位置有关，并非模型边坡的主要变形特征［图 5.68（b）］。

（2）原始边坡加载至 120g，稳转 20min 后停转，取出预制的一级开挖岩体。开挖持续 30min，开挖高度为 13cm，开挖结束后稳步加载至 120g 离心加速度。此时一级开挖边坡宏观倾倒变形现象不明显，边坡岩体完整，但岩层的反向弯曲现象逐渐消失，表明随着边坡开挖，阻挡岩层反向弯曲的岩体挖除，临空条件逐渐发育，岩层有向临空面发生倾倒变形的趋势。坡体后缘内部的剪切裂隙逐渐发展，略微延伸、张开，坡体中部剪切裂隙附近首次出现少量拉张裂隙，其小范围集中分布一级开挖岩体附近［图 5.68（c）］。

（3）一级开挖边坡加载至 120g，稳转 20min 后停转，取出预制的二级开挖岩体。本次开挖高度为 10cm，开挖结束后离心加速度立即稳步加载至 120g。此时二级开挖岩体出现轻微变形破坏迹象，坡体内反向弯曲现象完全消失。随着开挖后临空面垂直高度的增加，临空面坡顶前缘岩层表现出轻微倾倒弯曲变形，但岩层倾倒变形现象不明显，坡顶附近岩层出现少量拉裂缝，宽 0.5～1cm，且层间张开现象明显。总体上模型边坡岩体较完整，坡体内部裂隙明显增加，特别是坡体中部拉张裂隙持续发展、张开，逐渐向坡体上部发展［图 5.68（d）］。

（4）二级开挖岩体加载完成停转后，取出预制的三级开挖岩体。本次开挖高度约为 6cm，开挖结束后立即将离心加速度稳步加载至 120g。此时重力的作用下，边坡宏观变形破坏现象显著。临空面处岩体发生显著倾倒弯曲变形，坡体内部拉张裂隙密集发育，扩展为一条断续尚未贯通的倾倒弯折带，弯折带外侧岩体裂隙较为发育，弯折带外侧岩体倾倒明显，倾倒岩层倾角为 20°～30°，部分岩层已经发生倾倒摆平，岩体质量较差，多呈块状结构，而弯折带内侧岩体倾倒变形程度较弱，岩层倾角为 30°～50°，岩体质量相对较好，裂隙较少，呈层状结构［图 5.68（e）］。

总体上，随着离心加速的增大，坡表临空面处的岩体倾倒变形逐渐加剧，进而发生岩层折断。坡脚岩层发生折断，而后自下而上向坡顶延伸，最终形成一条贯通的倾倒弯折带（一级弯折带）；此后，随着持续加载，在一级弯折带后部逐渐形成贯通率低、裂隙拉张程度弱二级弯折带，此时坡表出现局部崩塌现象［图 5.68（e）］。

（5）通过实时监测系统发现，坡脚折断岩体首先沿着一级弯折带发生剪切滑动，进而

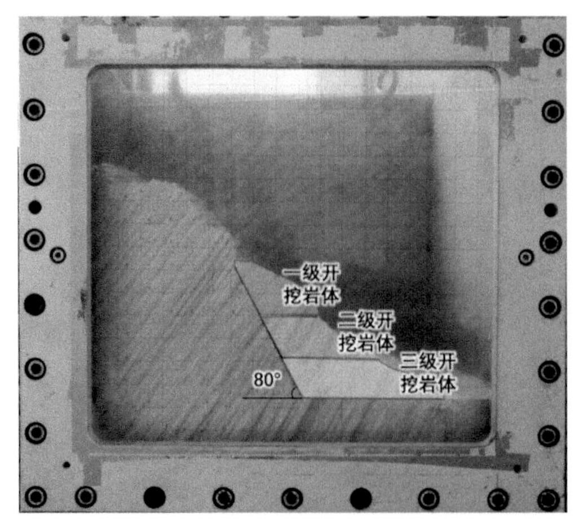

(a) 实验模型

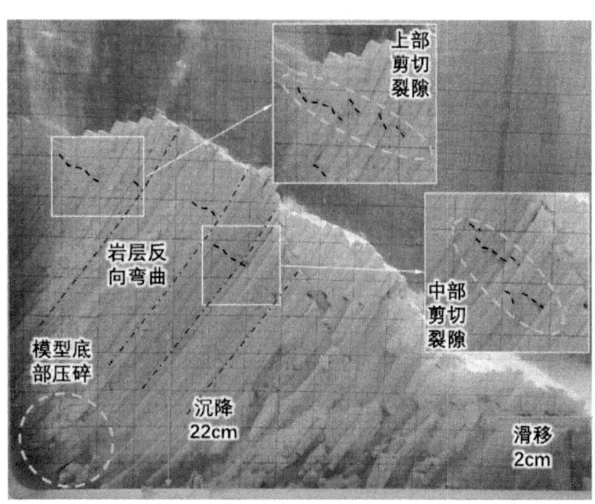

(b) 原始边坡变形破坏迹象

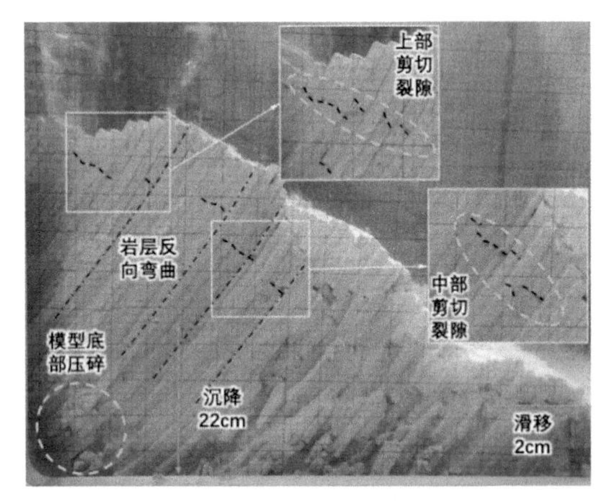

(c) 一级开挖边坡变形破坏迹象

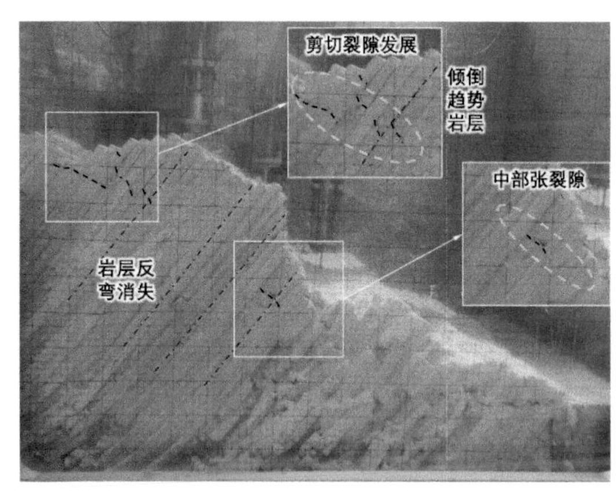

(d) 二级开挖边坡变形破坏迹象

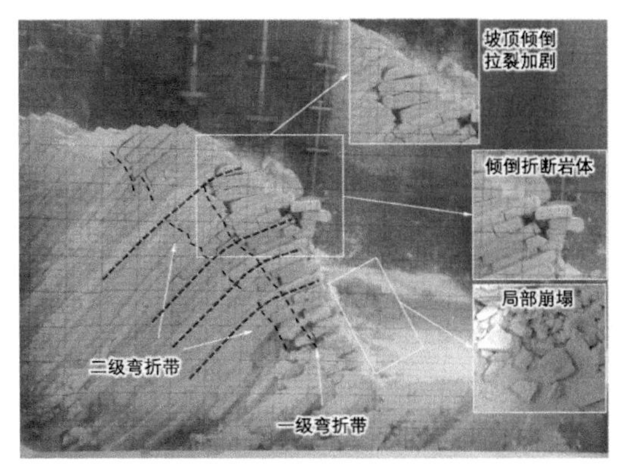

(e) 三级开挖边坡变形破坏迹象

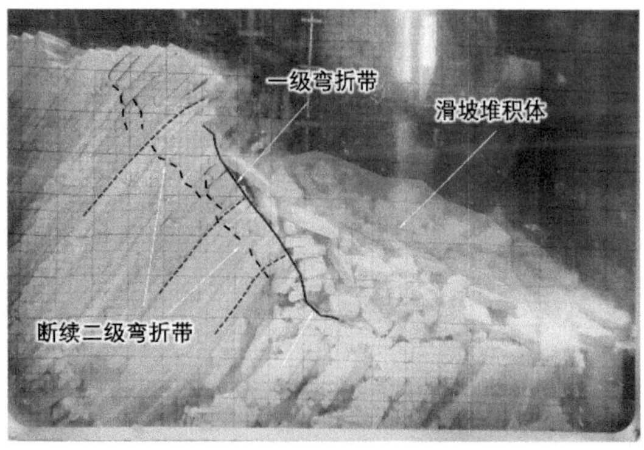

(f) 边坡失稳破坏

图 5.68　离心机试验模型倾倒变形破坏过程

带动上部岩体沿着一级弯折带向下滑动，边坡整体呈现出渐进式剪切破坏。随着离心机持续运转，折断岩体沿着一级弯折带持续向下滑动，剪切破坏由下向上进行，最终以一级弯折带为底边界发生整体失稳破坏，形成滑坡［图 5. 68（f）］。此时一级弯折带内侧岩体裂隙进一步发展，出现一定的倾倒弯曲现象。

5. 5. 2. 2 倾倒变形破坏全过程坡体位移与变形发育特征

离心机运转时，利用高速摄像机采集边坡变形破坏照片，再结合 MATLAB 和 Surfer 软件得到各边坡位移矢量图（图 5. 69）和位移变化云图（图 5. 70）。由位移矢量图和位移变化云图分析可知，其明确呈现出不同临空条件下各边坡不同部位的位移变化特征、变化趋势和变化范围，可深入了解倾倒变形的发生、发育和破坏机理。

边坡位移矢量成果如图 5. 69 所示，可得出，随着边坡的开挖，边坡的坡高、临空条件逐渐变化，坡体浅部出现明显的倾倒变形迹象，坡体中部变形矢量方向指向坡面，坡体深部变形以重力位移为主，矢量方向竖直向下，指向坡底。综合分析得到倾倒岸坡变形的总体规律：①坡表变形大，位移矢量方向变化大，由初始的平行坡面方向转向临空方向。②坡体中部的变形位移居中，位移矢量方向由原来的竖直向下转向平行坡面，进而发展为指向临空方向。③除坡底由于基岩压碎产生的变形位移和位移矢量外，坡体深部的变形位移总体相对较小，位移矢量方向指向坡底。

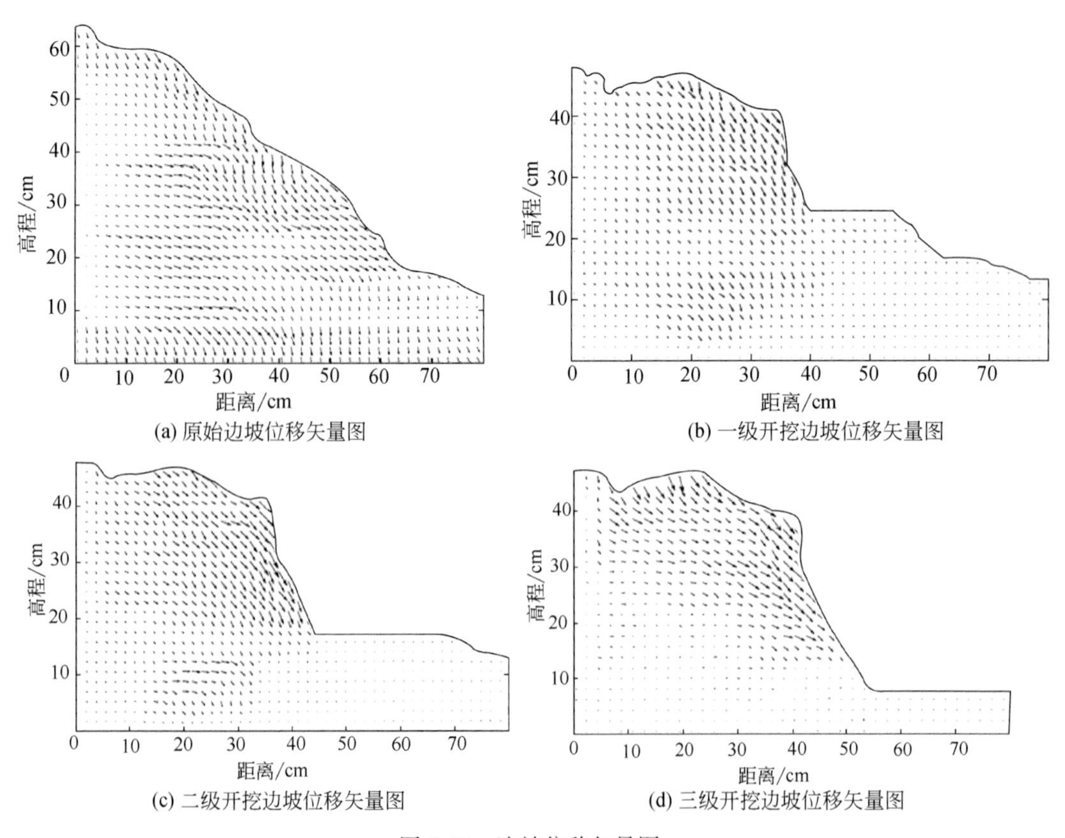

图 5. 69 边坡位移矢量图

图 5.70 为各级开挖边坡位移变化云图，通过对比分析可得出如下结论：随着三次开挖的进行，坡体中的变形范围存在明显的变化，除第一次开挖位移集中现象不明显外，第二次开挖后，坡体变形多集中在边坡顶部，这时边坡的倾倒变形开始在坡体浅表部产生，随着临空条件的进一步加剧，坡体中的位移变化范围（倾倒变形边界）逐渐向坡体深部发展，并形成变形集中的两个带状区域，这与试验现象揭示的两级弯折带是一致的。可见，边坡的倾倒变形范围和边界将随着临空条件变化而发生改变，这种变形的结果可能导致坡体中出现多级的弯折带，弯折带的形成与发育过程将决定边坡倾倒最终的变形演化结果。

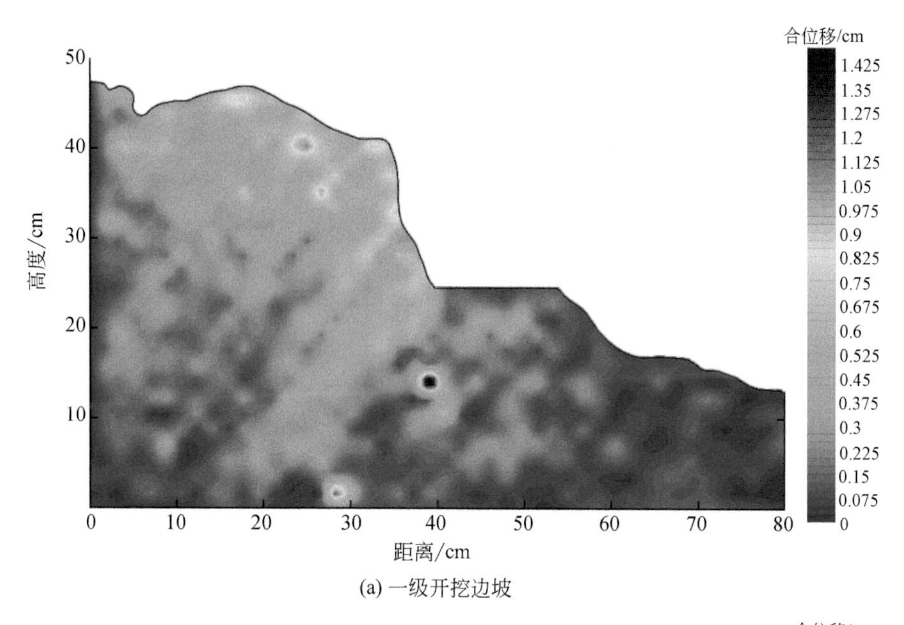

(a) 一级开挖边坡

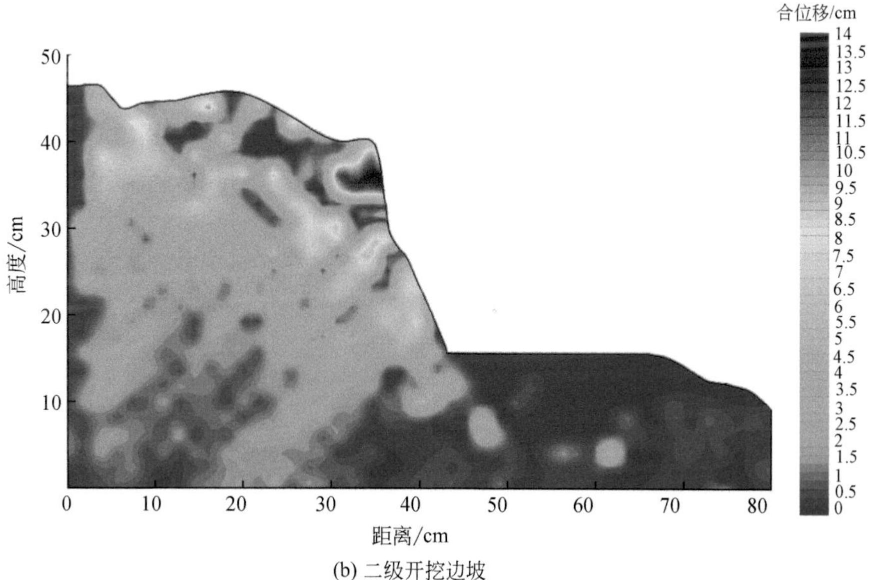

(b) 二级开挖边坡

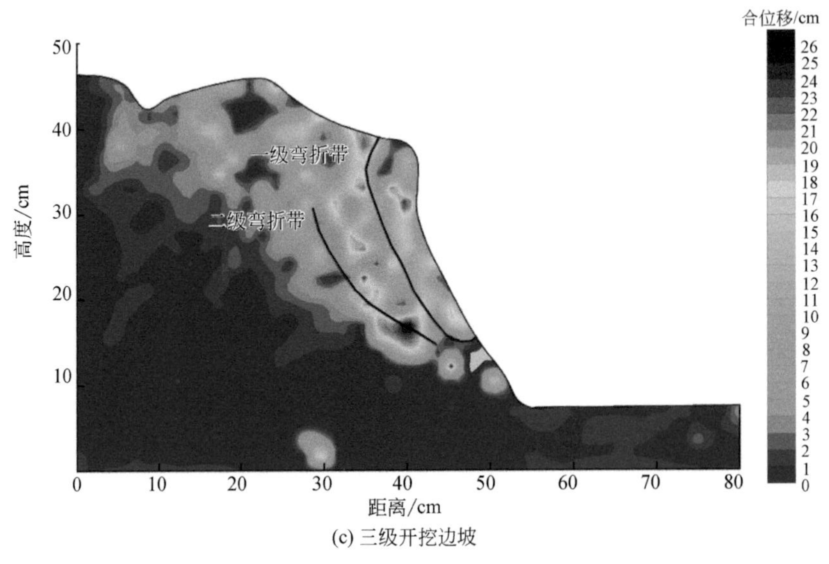

(c) 三级开挖边坡

图 5.70　各阶段模型边坡位移变化云图

5.5.2.3　倾倒变形破坏全过程阶段性特征分析

通过监测信息综合分析可知模型边坡在离心试验过程中，临空条件变化加剧了倾倒变形破坏，临空条件变化反映在坡角变化和坡体开挖。本试验过程为边坡模型自原始边坡至完成三级开挖的倾倒变形破坏过程，试验过程中设置的监测设备获取的坡体典型监测部位的应力和位移规律特征见图 5.71、图 5.72。

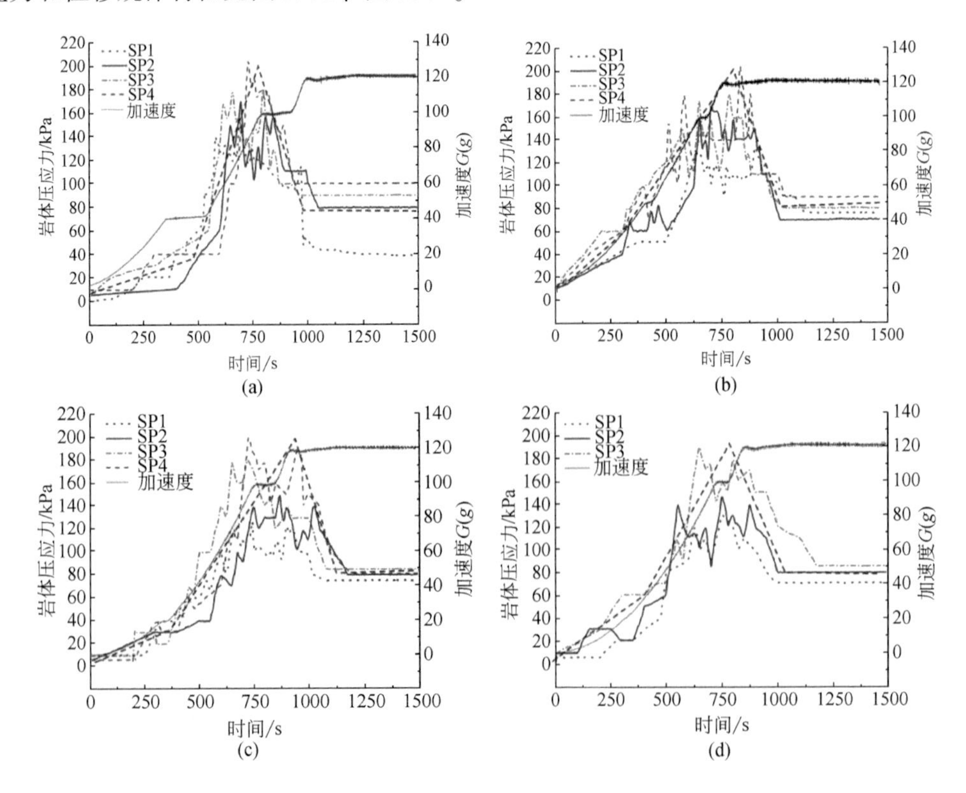

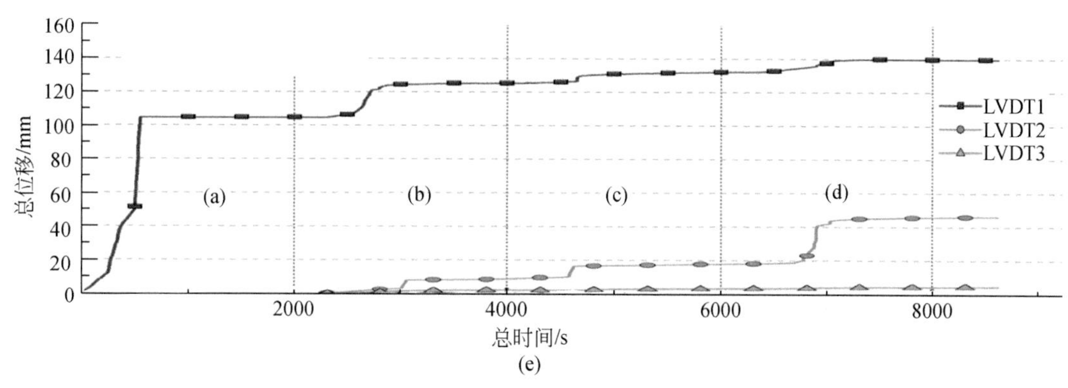

(e)

图 5.71　各阶段模型边坡压应力变化图

图 5.71 为离心试验全过程各阶段模型边坡压应力变化。由图 5.71 分析可知层间压应力发育规律，某一部位压应力随着加速度增大而增大，坡顶和坡脚部位应力初期增速慢，后期增速快，坡顶部位压应力最大值出现在加速度稳定之前，其他部位一般出现在加速度稳定之后，表明此时压应力调整、传递规律特征，逐渐向坡体下部和坡体内部传递，最后趋于稳定。稳定后的压应力值分布规律表现为，坡体上部压应力值最小，坡脚部位压应力值最大，中间部位居中。压应力监测部位几乎位于坡表竖向同等深度处，但其稳定后的层间应力数值存在区别，这是反倾层状岩质边坡倾倒变形的显著特征。这与已有的研究将倾倒变形分为坡脚滑移区、坡体中上部的倾倒区、坡顶及后缘的倾倒影响区较为一致。倾倒影响区应力值最小，坡脚滑移区应力值最大。

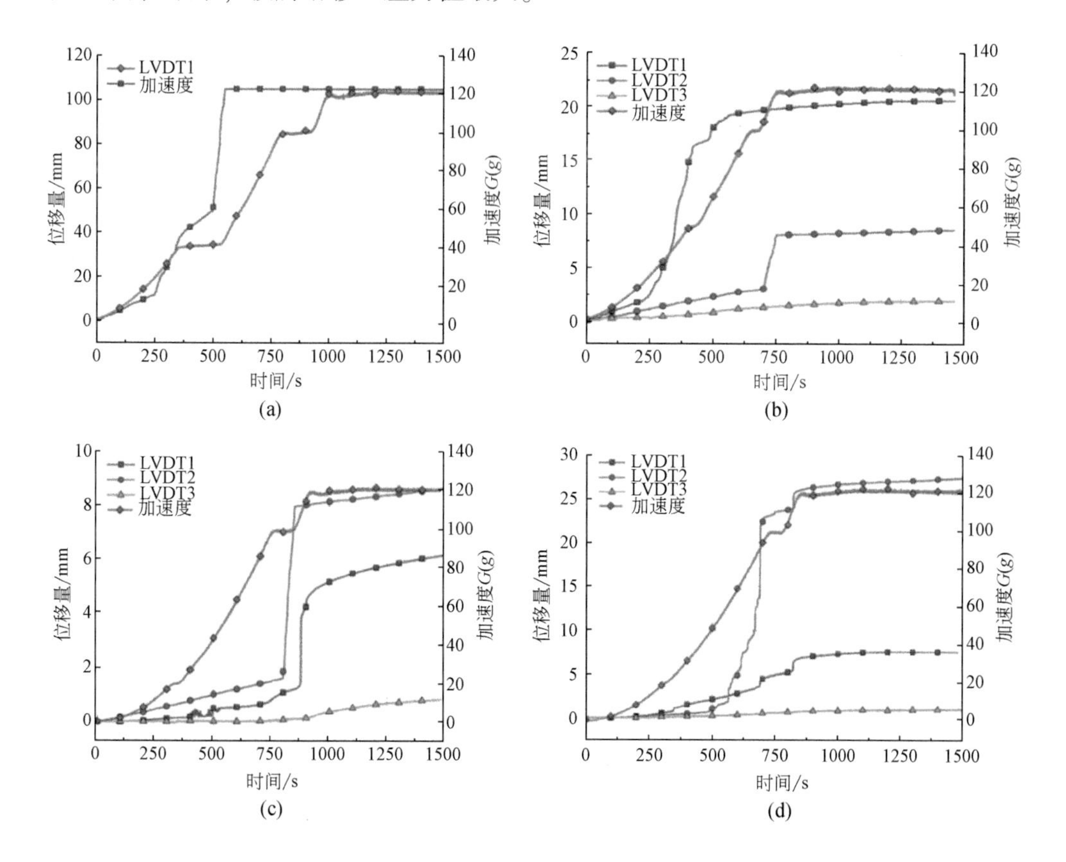

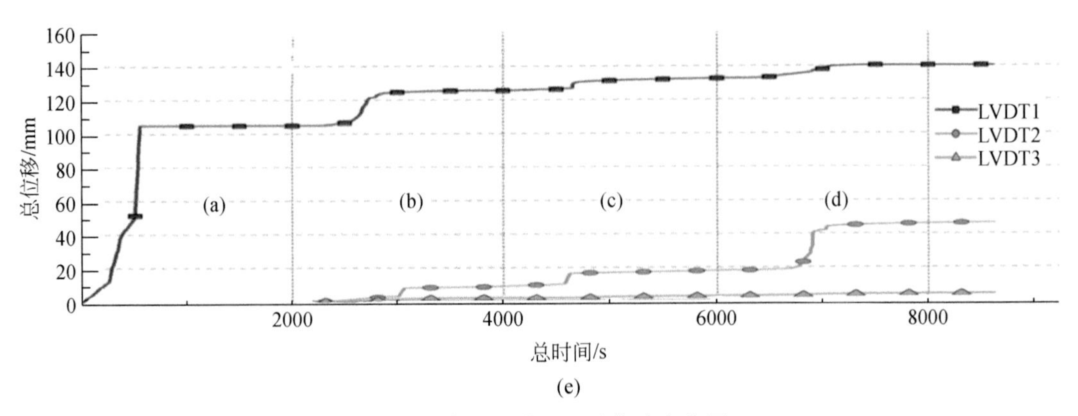

(e)

图 5.72　各阶段模型边坡位移变化图

离心试验揭示出柔性弯曲型倾倒变形边坡在重力作用下的变形破坏过程。坡体内首先产生剪切变形，发育剪切微裂隙。坡体开挖，边坡临空条件变化，边坡向临空方向发生倾倒弯曲变形。临空条件的改变加剧了边坡的倾倒变形，岩体发生倾倒折断，并形成深度不一的多级倾倒弯折面（带）。当弯折面（带）发展贯通后，边坡倾倒体将沿该级贯通弯折面（带）发生的整体剪切失稳破坏。可将此类柔性弯曲型倾倒变形的失稳机理概化为岩层倾倒弯曲→多级弯折面（带）形成→贯通性弯折面形成→岩体沿某级贯通弯折面（带）发生剪切失稳破坏。柔性弯曲型倾倒变形破坏失稳过程如图 5.73 所示。将其地质力学模式归结为倾倒弯曲—剪切滑移。

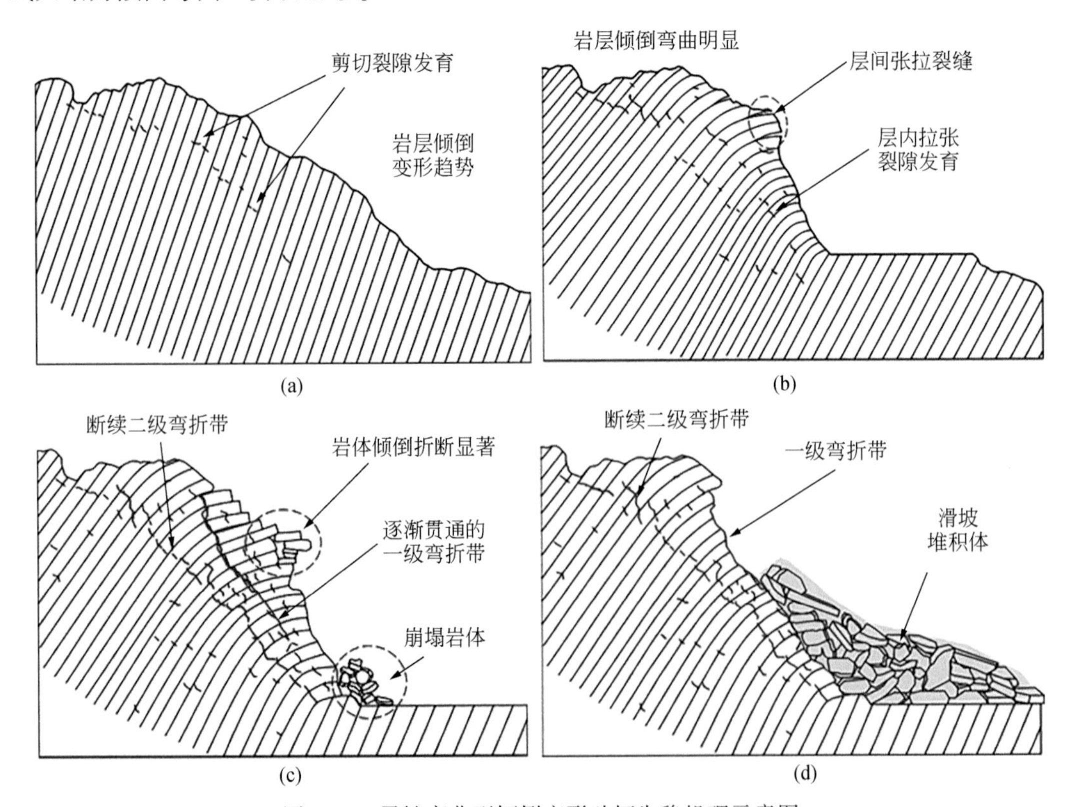

图 5.73　柔性弯曲型倾倒变形破坏失稳机理示意图

5.5.3　倾倒变形体开挖响应的数值模拟分析

倾倒变形体结构复杂，开挖后变形明显，特别是坡脚的开挖会造成整个坡体不同部位的变形。为研究开挖部位与变形的关系，根据第3～5章对左、右坝肩边坡坡体结构的研究，建立地质概化模型，以此模型为基础建立基于离散元颗粒流程序PFC-2D（Particle Flow Code-2D）的计算模型，分析了倾倒岩体边坡的开挖变形响应特征。

5.5.3.1　地质概念模型和模拟试验设计

总结左、右坝肩边坡地质条件的共同点与不同点，建立符合两边坡坡体结构特征的地质概念模型，由此模型分析得到的结果即可以反映此类边坡的特征。

根据第3～5章对苗尾水电站左、右坝肩边坡坡体结构的研究结果，建立的地质概念模型见图5.74。

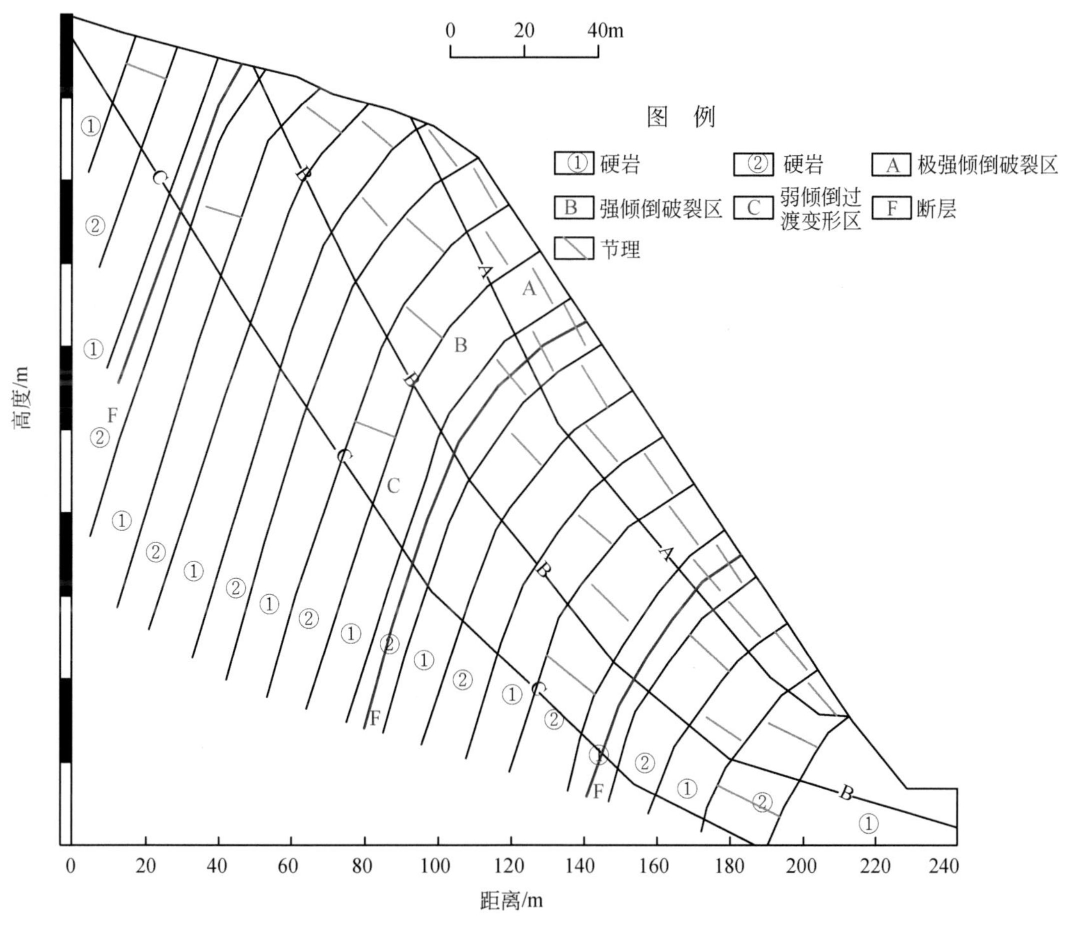

图5.74　地质概念模型示意图

（1）几何特征：根据左、右坝肩边坡的平均坡高和平均坡度得到地质概念模型坡高为200m，坡度为55°。

（2）岩性组合特征：岩层特征主要包括岩性和层厚这两个主要因素，根据左、右坝肩边坡的岩层特征可以看出，两边坡岩性呈软硬互层分布，岩层平均厚度约15m，由此作为地质概念模型的岩层特征。

（3）断层特征：断层均顺层面发育，宽度为0.5m。

（4）结构面特征：左、右坝肩边坡中主要发育了两组垂直于层面的结构面，其中切层结构面对边坡的变形起控制性作用，在地质概念模型中主要对其进行考虑。左、右坝肩边坡切层结构面的特征倾角分别为48°、58°，延伸长度超过2m。

（5）倾倒特征：倾倒特征的主要因素为不同倾倒区的厚度与岩层倾角，以左、右坝肩边坡倾倒分区的平均厚度和平均倾角作为地质概念模型中的倾倒分区特征。其中，A区厚度为15m，倾角为35°；B区厚度为25m，倾角为55°；C区厚度为15m，倾角为75°。

数值模型的建立需要尽可能全面地反映坡体实际情况，包括坡型、地层岩性、结构面方位、岩体质量和控制性软弱面等，但从计算的角度出发，将这些因素全部纳入分析计算的行列会造成计算缓慢甚至建模失败。因此，对数值模型进行合理地概化是模型建立的第一步，也是最关键的一步。

本次模拟计算考虑切层节理，节理平均倾角53°，平均延伸长度2m，现场调查发现节理均无胶结，粗糙度为平直光滑，因此节理黏结强度和摩擦系数均设置为0。模型高200m，长240m，颗粒数为31000颗，模型中设置两处位移监测点，1号监测点位于坡顶A区与B区分界处，2号监测点位于坡顶B区与C区分界处，如图5.75所示。

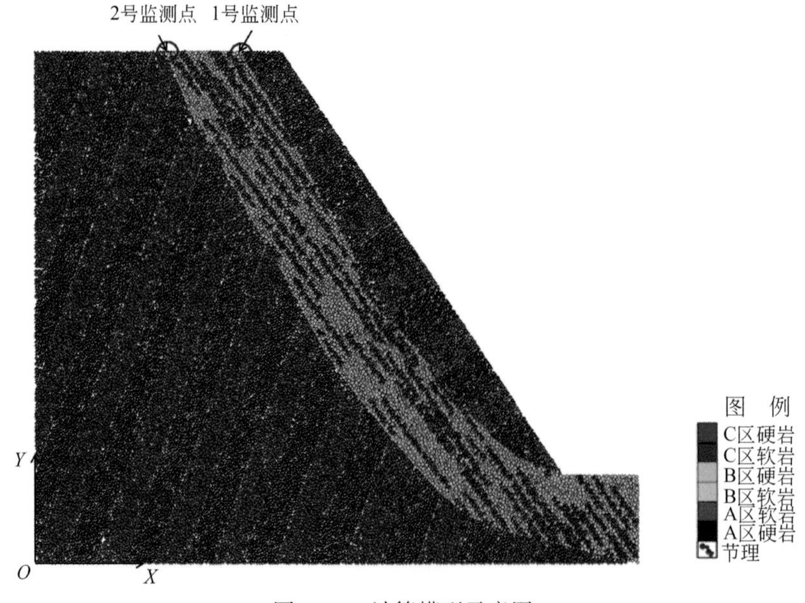

图5.75　计算模型示意图

图5.77、图5.79、图5.81、图5.83、图5.85中图例与方向同本图

为详细分析边坡开挖后的变形响应，并突出开挖部位与变形的关系，本次研究开挖方案分五次独立进行（每次只挖除一个部位），设计为直立开挖，具体开挖设计方案见图 5. 76。

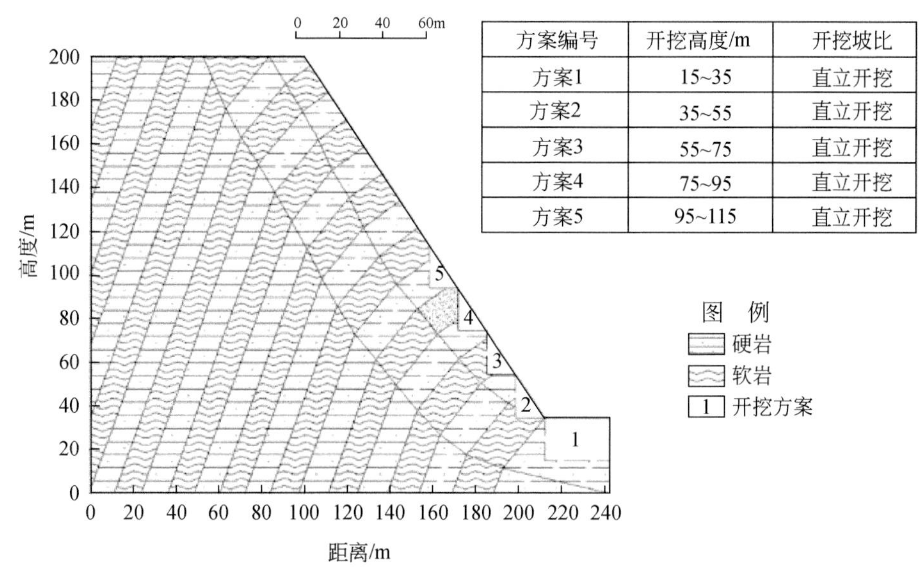

方案编号	开挖高度/m	开挖坡比
方案1	15~35	直立开挖
方案2	35~55	直立开挖
方案3	55~75	直立开挖
方案4	75~95	直立开挖
方案5	95~115	直立开挖

图 5. 76　离散元数值模拟地质模型及开挖设计方案

5. 5. 3. 2　开挖变形响应结果分析

（1）开挖方案 1：开挖 15 ~ 35m 位置。

边坡开挖后变形响应明显，变形主要发生在 A 区和 B 区，变形现象为 A 区和 B 区岩体发生整体滑动下错，C 区岩体变形较小，主要发生层内张开和局部断裂。由图 5. 77 和图 5. 78 监测点位移数据可知，边坡开挖初期两监测点位移变化较小，运算至 2 万时步时，监测点数据出现陡增，其中 1 号监测点 Y 向位移增大明显。运算至 4. 5 万时步时，2 号监测点 Y 方向位移出现突变，说明 B 区岩体开始出现下滑。整体看来，边坡 Y 方向变形比 X 方向变形大，1 号监测点变形比 2 号监测点变形大，变形过程可以分为以下四个阶段。

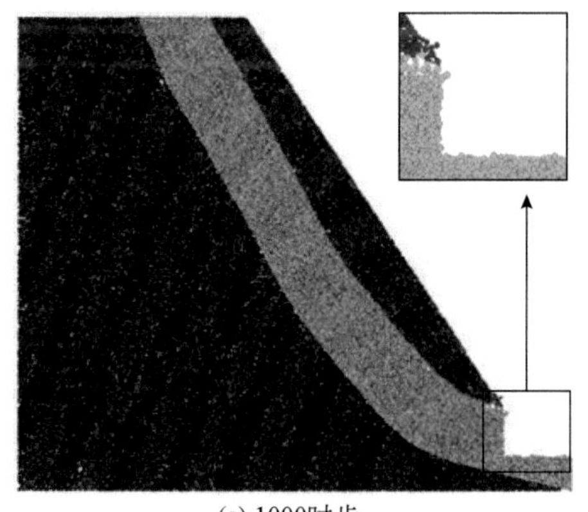
(a) 1000时步

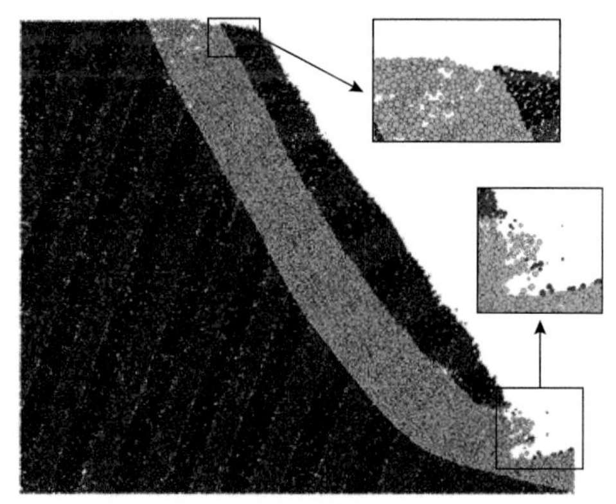
(b) 1万时步

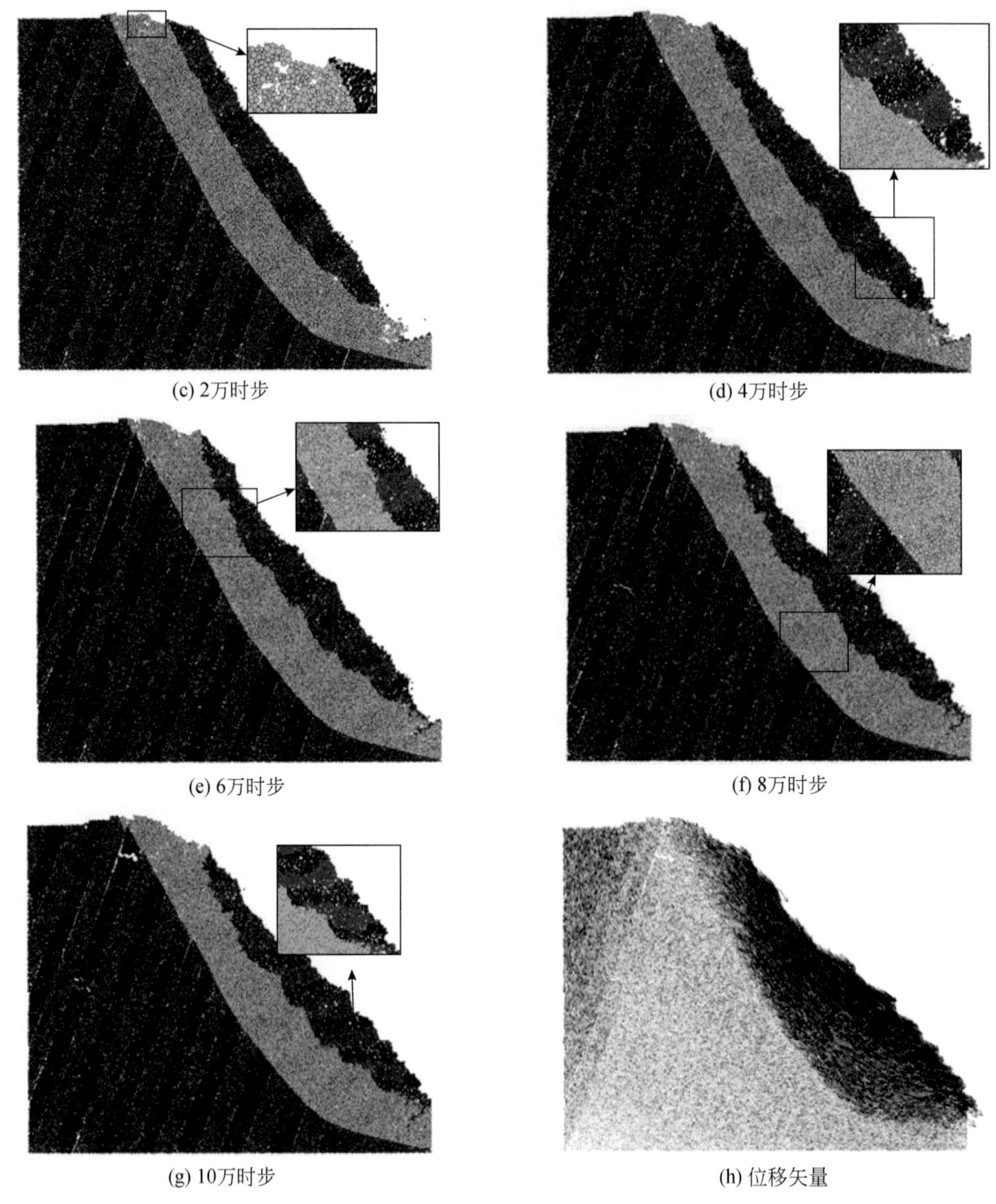

图 5. 77　开挖方案 1 变形破坏过程

第一阶段：从开始计算至 1000 时步，开挖面上的岩体出现了明显的卸荷回弹现象，局部岩体脱离坡体，边坡整体未发生大变形。

第二阶段：1000 时步至 4 万时步，发生坡脚破坏，A 区和 B 区岩体整体蠕滑下错，坡肩部位产生拉裂。其中，运算至 1 万时步时在坡肩部位出现下陷，坡肩内部岩体出现局部架空现象，在坡脚部位出现崩滑破坏；运算至 2 万时步时坡脚继续破坏，坡肩下陷现象加剧，之前出现的架空裂缝逐渐闭合；运算至 4 万时步时坡脚彻底破坏，A 区岩体失去下部支撑，发生倾倒变形，岩体内部出现架空现象，受 A 区变形影响，B 区岩体发生蠕滑变

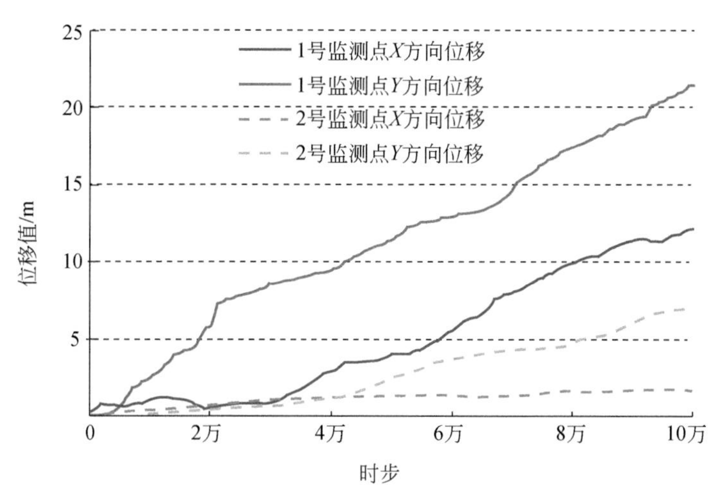

图 5.78　开挖方案 1 监测点位移变化示意图

形，并在倾倒 A 区和 B 区分界处形成台坎。

第三阶段：4 万时步至 6 万时步，A 区和 B 区岩体发生蠕滑变形，在 B 区底边界形成滑动带，A 区岩体受下滑和倾倒的影响，岩体转动现象加剧，在坡表形成台坎，并在坡表中下部出现隆起现象。

第四阶段：6 万时步至 10 万时步，A 区和 B 区岩体的整体滑动带动 C 区岩体产生变形趋势，C 区内局部岩层张开，并产生裂缝，之前在 A 区和 B 区内部产生的架空裂缝闭合，运算至 10 万时步时，最大位移为 98m。

（2）开挖方案 2：开挖 35 ~ 55m 位置。

开挖 35 ~ 55m 位置的坡表岩体，坡体整体变形响应强烈，最大变形部位出现在坡顶 A 区与 B 区分界处。由图 5.79 和图 5.80 监测点位移数据可知，边坡开挖后 1 万时步之前，监测点位移较小，X 方向位移比 Y 方向位移大，变形以水平张开为主。运算至 1 万时步时，1 号监测点数据陡增，Y 方向位移超过 X 方向位移，说明变形以下滑为主。运算至 8 万时步时，2 号监测点 Y 方向位移出现突变，变化量值相对开挖方案 1 较小，说明 B 区岩体开始出现下滑，但变形量较小。整体看来，边坡 Y 方向变形比 X 方向变形大，1 号监测点变形比 2 号监测点变形大，变形量值与开挖方案 1 相近。变形过程可以分为以下四个阶段。

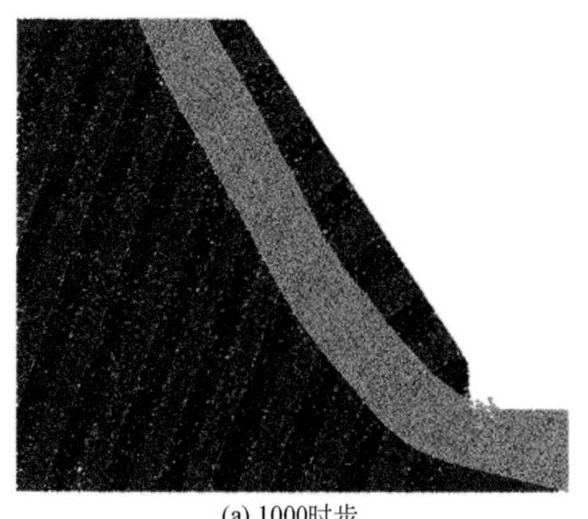

(a) 1000时步

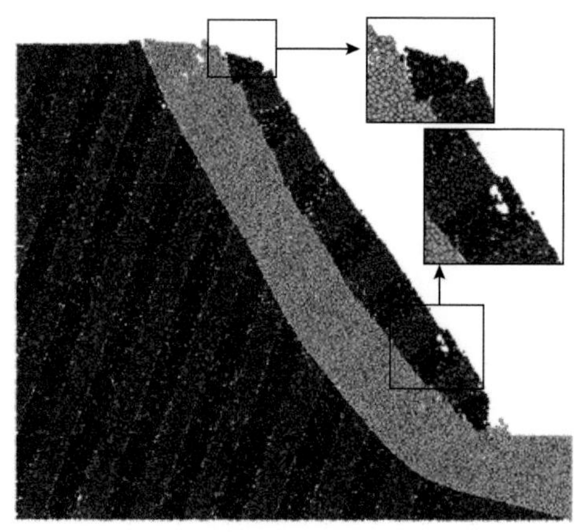

(b) 1万时步

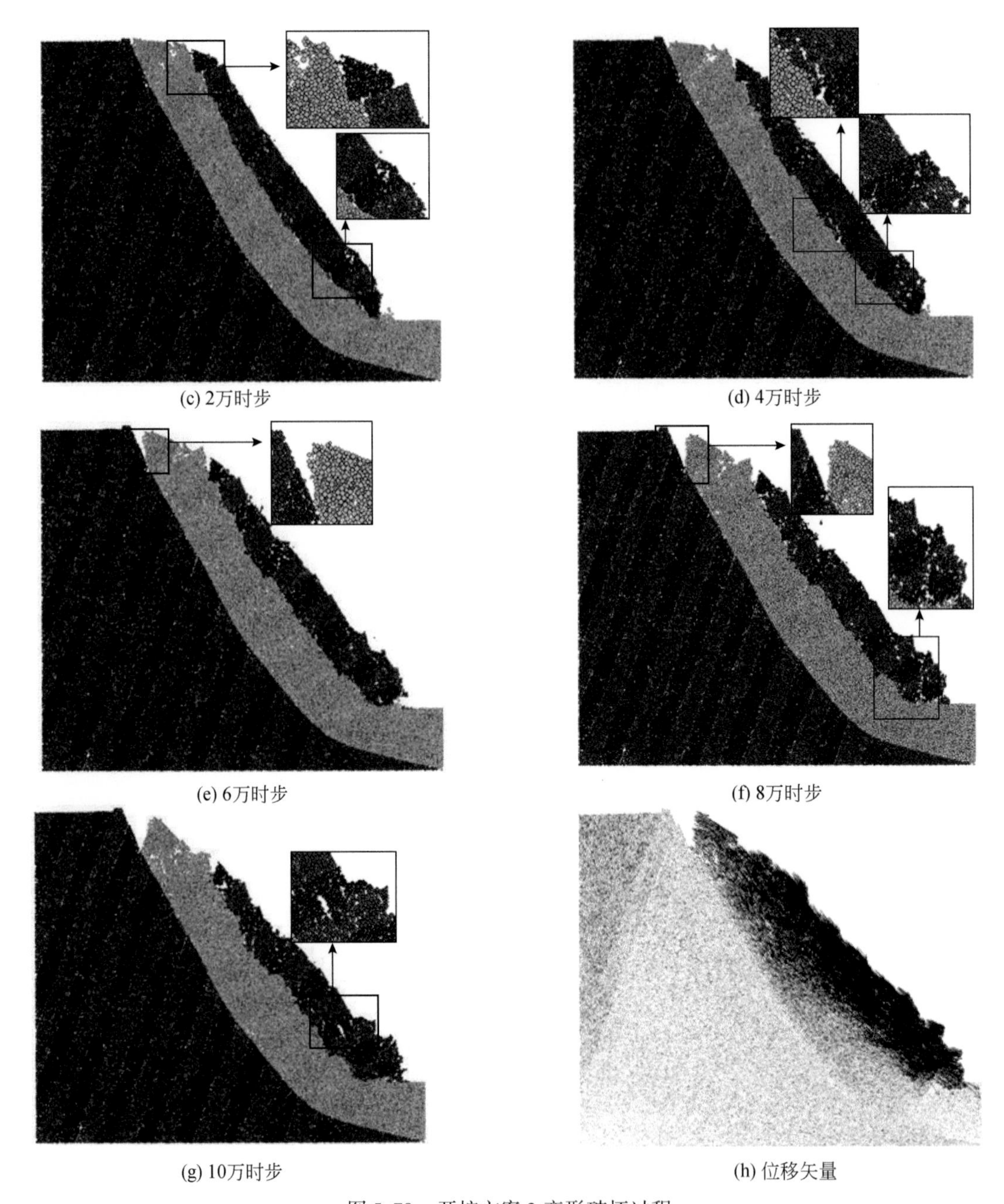

图 5.79　开挖方案 2 变形破坏过程

第一阶段：计算至 1000 时步，开挖面发生明显卸荷回弹变形，边坡整体未出现大变形。

第二阶段：1000 时步至 4 万时步，在上部岩体力的作用下坡脚发生垮塌，A 区岩体发生滑动下错变形，导致坡肩部位拉裂，并在 A 区岩体局部出现沿结构面的剪胀裂缝。其中，运算至 1 万时步时，坡脚逐渐破坏，A 区岩体沿节理发生破坏，在局部形成剪胀，B 区岩体在坡顶部位出现松弛，并沿层间张开；运算至 2 万时步时，A 区岩体出现向下蠕滑

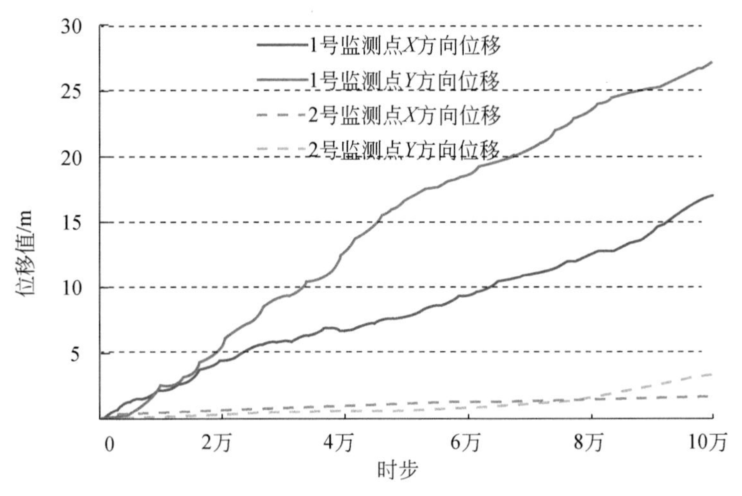

图 5.80　开挖方案 2 监测点位移变化示意图

趋势，岩体内部架空逐渐闭合，并沿 A 区与 B 区分界处出现新的架空裂缝，坡顶 B 区岩体松弛现象加剧，裂缝有加深的趋势；运算至 4 万时步时，A 区之前形成的剪胀裂缝闭合，但在其他地方形成新的剪胀裂缝，并在坡表形成“反坡台坎”。

第三阶段：4 万时步至 6 万时步，A 区下滑加速，A 区岩体下滑带动 B 区岩体变形，在坡顶部位形成临空面，导致在坡顶 B 区下边界位置形成拉裂缝。

第四阶段：6 万时步至 10 万时步，A 区岩体在下滑过程中伴随倾倒变形，并沿结构面产生层内破坏，破坏为上部岩体提供了变形空间，边坡整体变形加剧，顶部裂缝加宽，运算至 10 万时步时，最大位移为 92m。

（3）开挖方案 3：开挖 55 ~ 75m 位置。

开挖 55 ~ 75m 位置后坡体的变形主要发生在坡肩部位，变形以 A 区滑动下错为主。由图 5.81 和图 5.82 监测点位移数据可以看出，边坡开挖后 1 万时步之前，监测点位移较小，*X* 方向位移比 *Y* 方向位移大，变形以水平张开为主。运算至 1.5 万时步时，1 号监测点数据陡增，*Y* 方向位移超过 *X* 方向位移，变形变为以下滑为主。2 号监测点数据没有出现突变现象，变形较为平稳。整体看来，边坡 *Y* 方向变形比 *X* 方向变形大，1 号监测点变形比 2 号监测点变形大，变形量值与开挖方案 2 相近。变形过程可以分为以下四个阶段。

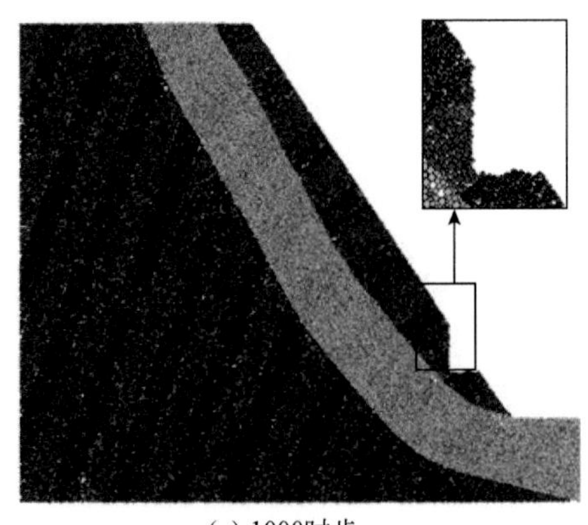

(a) 1000时步

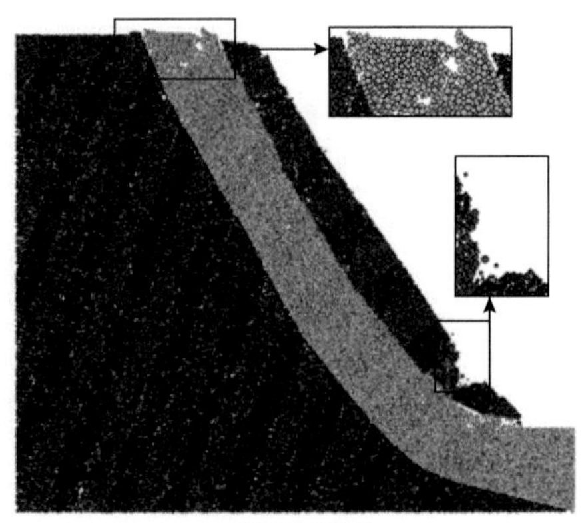

(b) 1万时步

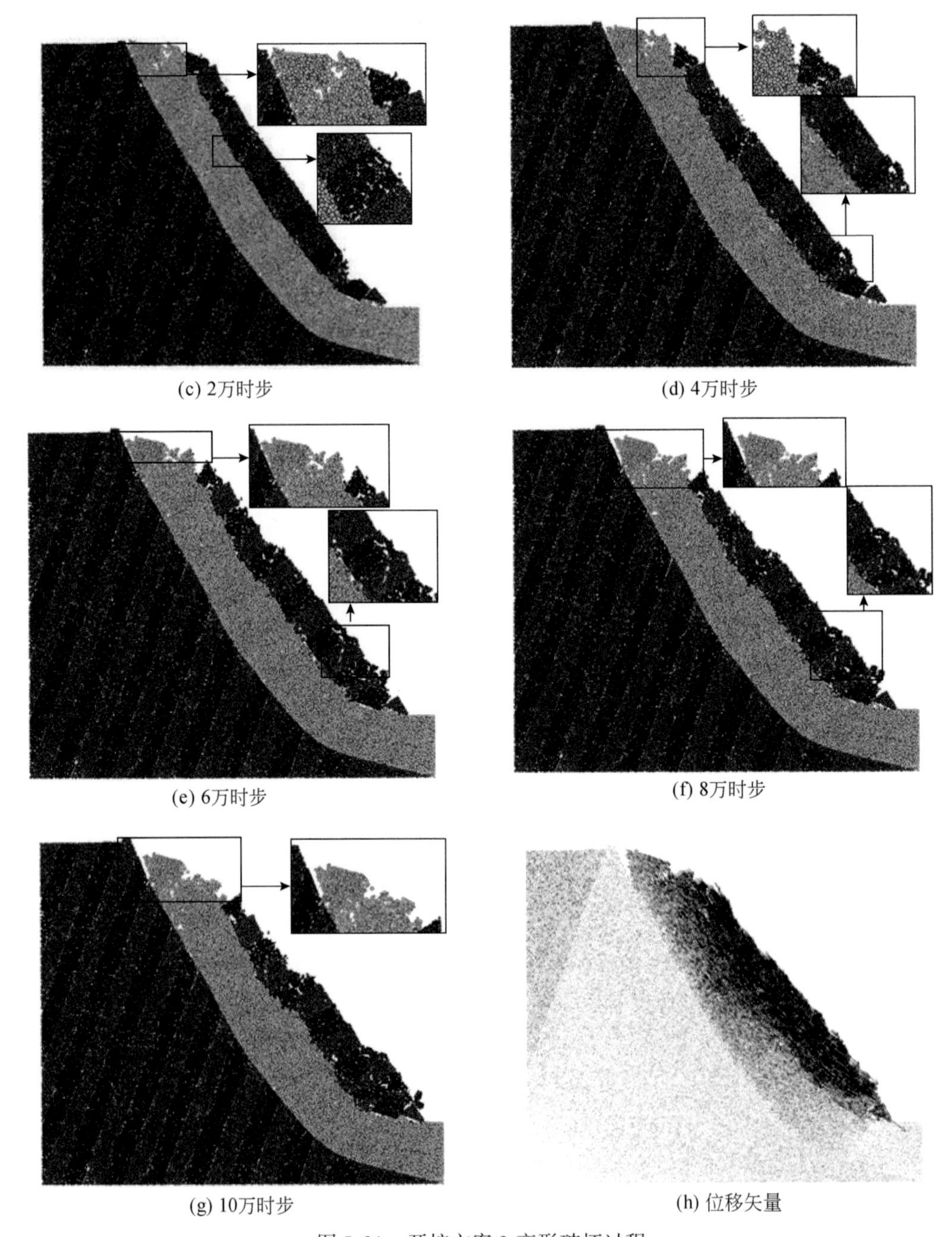

(c) 2万时步　　(d) 4万时步

(e) 6万时步　　(f) 8万时步

(g) 10万时步　　(h) 位移矢量

图 5.81　开挖方案 3 变形破坏过程

第一阶段：计算至 1000 时步时，边坡整体未出现大变形，只在开挖部位发生卸荷回弹变形。

第二阶段：1000 时步至 4 万时步，开挖坡脚部位发生破坏，A 区岩体发生滑动下错，坡肩部位岩体发生拉裂，产生裂缝。其中，运算至 1 万时步时，开挖坡脚出现崩坏，A 区岩体结构面局部张开，整体出现下滑趋势，在坡顶处出现裂缝，B 区岩体在坡顶处受 A 区

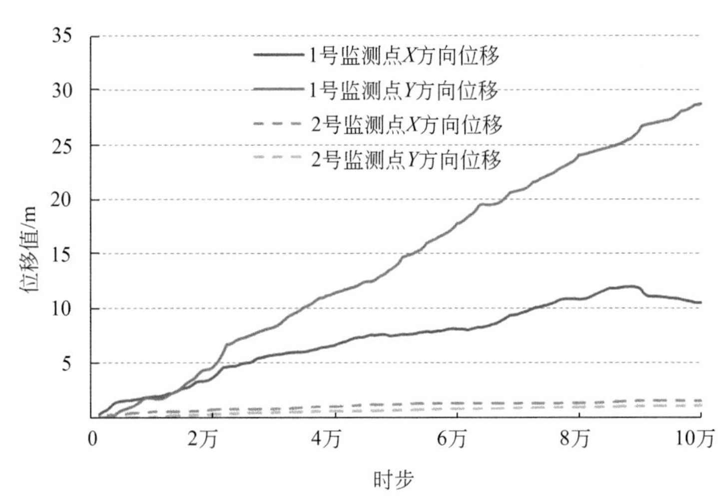

图5.82　开挖方案3监测点位移变化示意图

岩体变形的影响，发生松弛，形成地表裂缝，C区岩体与B区分界处也出现松弛现象，产生细小裂缝；运算至2万时步时，坡表局部出现崩滑现象，部分A区岩体沿结构面张开，A区整体开始蠕滑，在A区与B区分界处形成台坎，B区坡顶裂缝加深，C区岩体变形较小；运算至4万时步时，A区岩体在向下蠕滑过程中开始出现倾倒变形趋势，坡顶A区与B区分界处出现拉裂缝，A区局部岩体剪胀破坏，坡表出现“掉块”“溜滑”等现象，B区整体开始出现蠕滑，局部岩体沿结构面张开，出现张开的部位与量值相对A区较少，坡顶裂缝逐渐加深、加宽，C区岩体变形较小。

第三阶段：4万时步至6万时步，A区岩体倾倒变形与滑动变形加剧，受倾倒和蠕滑的影响，A区岩体内部出现大量拉裂缝和剪胀裂缝，坡表崩滑现象加剧，在局部可见岩体脱离母岩的现象，B区岩体受A区岩体变形的影响，滑动下错加速，在B区与C区分界处出现台坎，与A区分界处岩体倾倒变形现象明显，坡表中下部隆起现象明显。

第四阶段：6万时步至10万时步，坡脚部位A区岩体整体破坏，上部岩体整体下滑并形成堆积，变形速度减缓，B区与C区分界处裂缝变宽，运算至10万时步时，最大位移为75m。

（4）开挖方案4：开挖75～95m位置。

开挖75～95m位置后变形主要发生坡肩部位，随着变形的进行，下部未开挖岩体对上部变形岩体有阻滑作用，后期变形缓慢。由图5.83和图5.84监测点位移数据可以看出，边坡开挖后1万时步之前，监测点位移较小，X方向位移比Y方向位移大，变形以水平张开为主。运算至1.5万时步时，1号监测点数据出现突变，Y方向变形超过X方向变形，A区岩体变形以下滑为主。2号监测点在8.2万时步出现微量波动，说明B区岩体有变形的趋势，但未出现大面积变形。整体看来，边坡Y方向变形比X方向变形大，1号监测点变形比2号监测点变形大，变形量值比开挖方案3小。变形过程可以分为以下四个阶段。

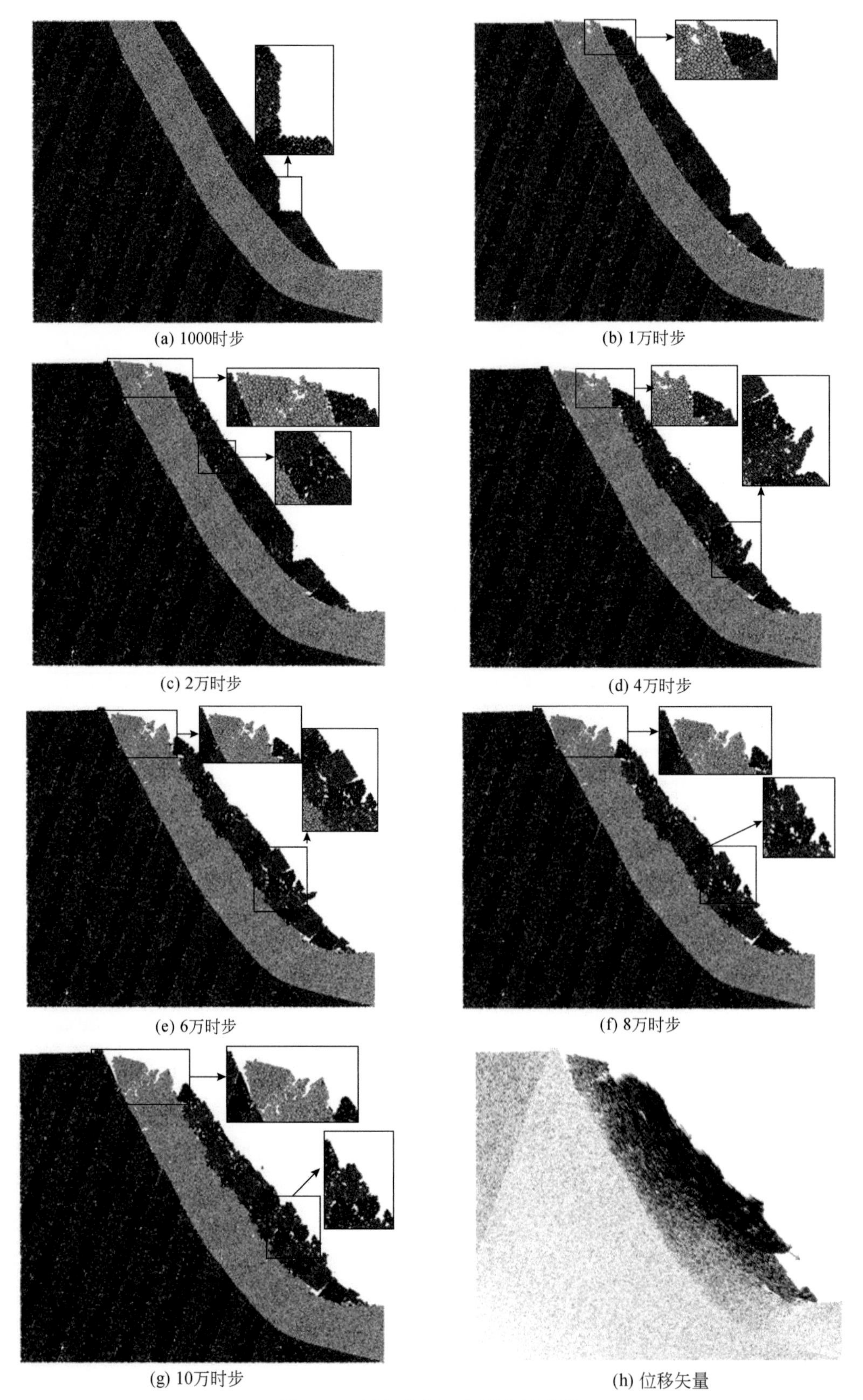

(a) 1000时步　(b) 1万时步　(c) 2万时步　(d) 4万时步　(e) 6万时步　(f) 8万时步　(g) 10万时步　(h) 位移矢量

图 5.83　开挖方案 4 变形破坏过程

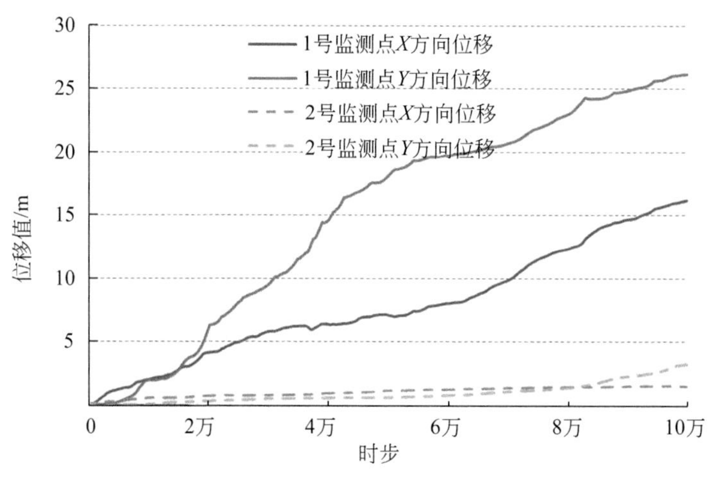

图5.84　开挖方案4监测点位移变化示意图

第一阶段：计算至1000时步，边坡整体未出现大变形，只是在开挖部位由于卸荷发生回弹变形。

第二阶段：1000时步至4万时步，坡脚部位垮塌，坡肩部位拉裂，A区岩体整体滑动下错。其中，运算至1万时步时，开挖坡脚破坏，A区岩体松弛，出现整体下滑趋势，在坡顶处出现裂缝，B区岩体在坡顶处受A区岩体变形的影响，发生松弛，形成地表裂缝；运算至2万时步时，部分A区岩体沿结构面张开，A区整体开始蠕滑，在A区与B区分界处形成台坎，B区坡顶裂缝加深，B区与C区分界处出现裂缝；运算至4万时步时，A区岩体出现倾倒变形趋势，坡顶岩体变形最为明显，A区局部岩体剪胀破坏，坡表出现“掉块”“溜滑”等现象，B区整体开始出现蠕滑，局部岩体沿结构面张开，出现张开的部位与量值相对A区较少，坡顶裂缝逐渐加深加宽，C区岩体变形较小。

第三阶段：4万时步至6万时步，A区岩体倾倒变形与滑动变形加剧，A区岩体内部出现大量沿结构面的裂缝，并在局部可见岩体脱离母岩的现象，在A区岩体变形的带动下，B区岩体蠕滑加速，并在B区与C区分界处出现台坎，坡表中下部隆起。

第四阶段：6万时步至10万时步，A区与B区岩体受下部未开挖岩体的阻挡作用，整体变形速率减缓，下部岩体被上部岩体挤压发生滑动，受B区岩体倾倒的影响，B区与C区分界处形成拉裂缝，运算至10万时步时，最大位移为58m。

（5）开挖方案5：开挖95～115m位置。

此方案开挖位置位于坡体中部，变形部位主要为开挖高度以上的A区岩体，在开挖高程以下岩体主要发生挤压推动破坏。由图5.85和图5.86可以看出，在边坡开挖2万时步之前，监测点位移曲线呈现“台阶”状，*X*方向位移比*Y*方向位移大，变形以水平张开为主，变形受下部岩体变形控制明显。运算至2万时步时，1号监测点数据出现突变，*Y*方向变形超过*X*方向变形，A区岩体变形以下滑为主。2号监测点未出现数据突变，说明B区岩体变形较为平稳。整体看来，边坡*Y*方向变形比*X*方向变形大，1号监测点变形比 2 号监测点变形大，变形量值与开挖方案 4 相近。变形过程可以分为以下四个阶段。

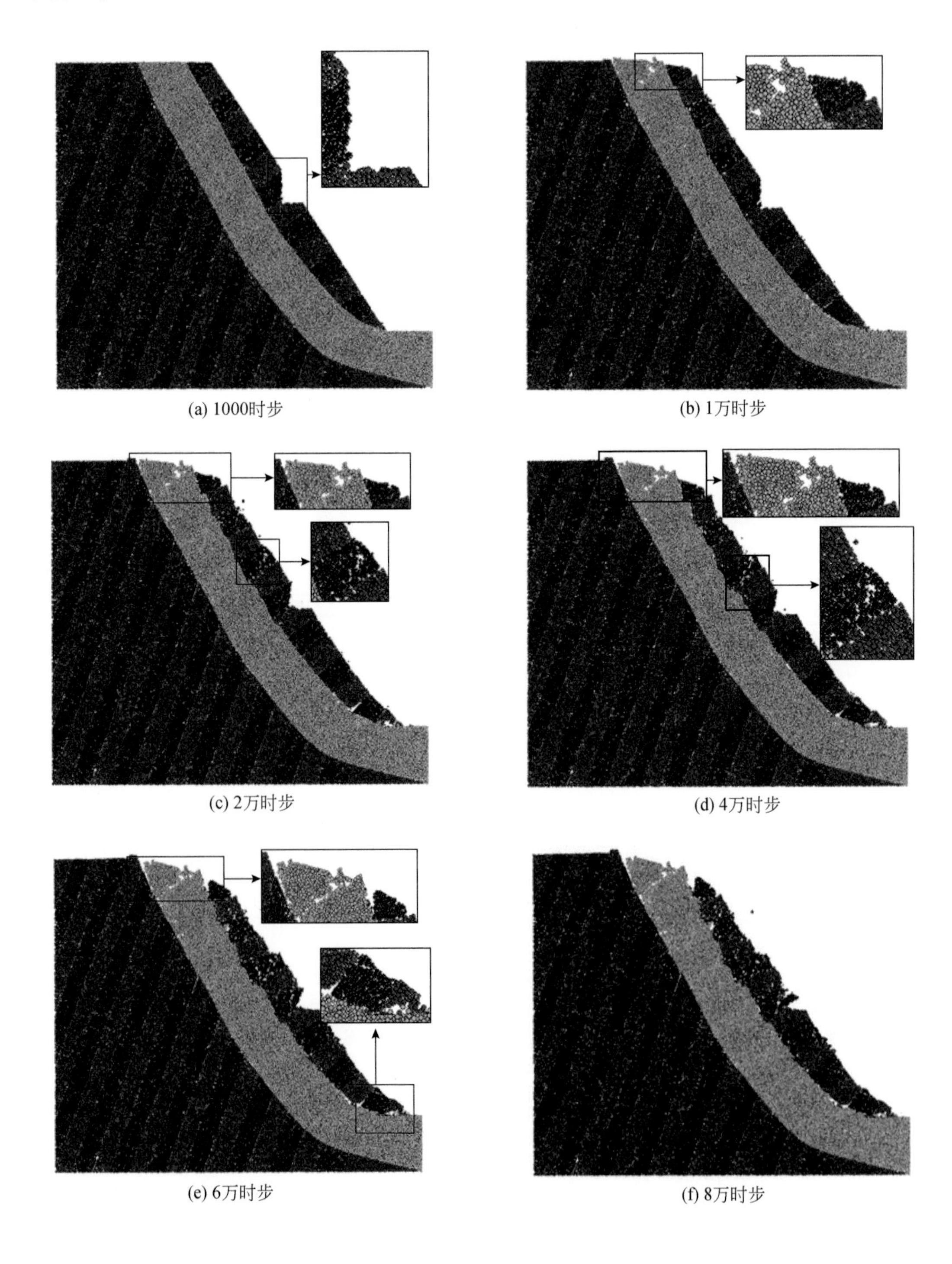

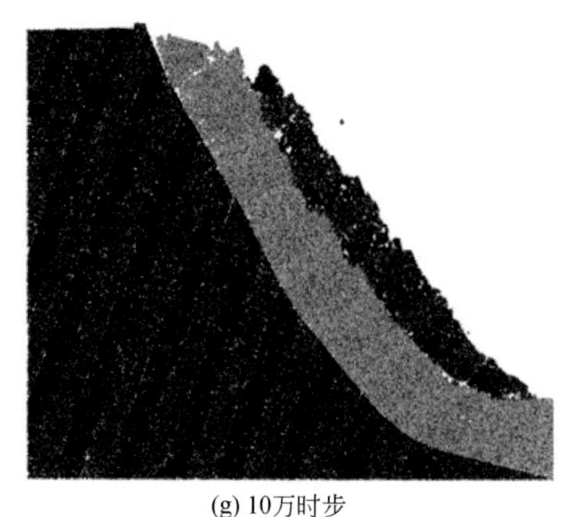

(g) 10万时步

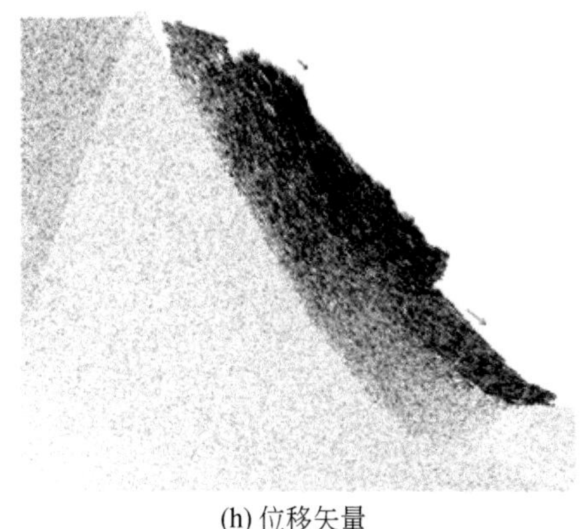

(h) 位移矢量

图5.85　开挖方案5变形破坏过程

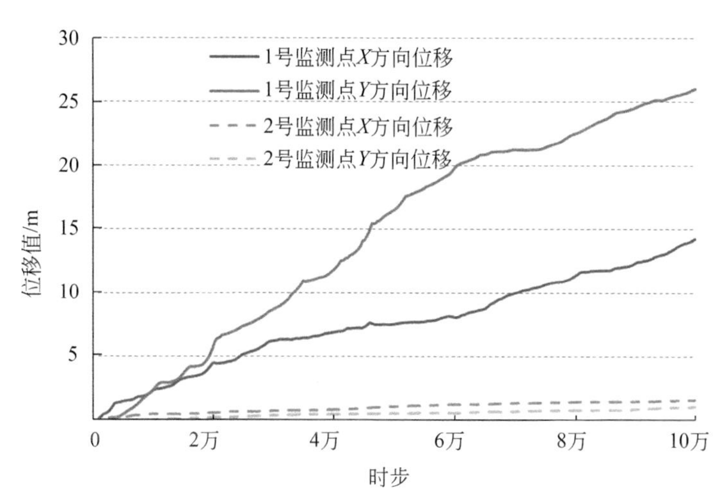

图5.86　开挖方案5监测点位移变化示意图

第一阶段：计算至1000时步，边坡整体未出现大变形，只在开挖部位由于卸荷发生回弹变形。

第二阶段：1000时步至4万时步，开挖坡脚破坏，坡肩部位发生拉裂，A区与B区岩体整体向下滑动。其中，运算至1万时步时，开挖坡脚出现破坏，开挖面以上岩体松弛，在坡顶位置产生裂缝；运算至2万时步时，A区整体开始蠕滑，坡表出现崩滑现象，部分A区岩体沿结构面张开，B区坡顶裂缝加深，B区与C区分界处出现裂缝；运算至4万时步时，A区岩体在向下蠕滑过程中开始出现倾倒变形趋势，坡顶A区与B区分界处出现拉裂缝，A区局部岩体沿结构面产生剪胀，并在坡表部分岩体产生脱离母岩的破坏，B区整体开始出现蠕滑，坡顶在B区和C区分界处出现台坎，C区岩体变形较小。

第三阶段：4万时步至6万时步，开挖面以上A区岩体倾倒变形加剧，内部形成架空裂缝，开挖面以下A区岩体被上部岩体挤压发生滑动，B区岩体受A区岩体变形的影响，下滑加剧，后缘裂缝加深加宽。

第四阶段：6 万时步至 10 万时步，开挖坡脚彻底破坏，下部未开挖岩体对上部变形岩体产生阻挡作用，边坡整体变形减缓，运算至 10 万时步时，最大位移为 42m。

5.5.3.3　小结

通过总结苗尾水电站左、右坝肩边坡的特征建立概化地质模型，并由此简化得到了 PFC 颗粒流数值计算模型，依据在设计的五种开挖方案对边坡的变形响应进行研究，得到了如下结论。

（1）开挖部位对发生变形部位的影响明显。开挖坡脚时，边坡整体变形较大，A 区和 B 区岩体发生整体滑动，C 区部分层面张开或拉裂；开挖坡体中部时，变形部位主要集中在 A 区，A 区滑动下错变形带动 B 区变形产生坡肩部位的拉裂。

（2）倾倒岩体开挖后的变形主要为倾倒变形伴生蠕滑变形，其过程可大致分为四个阶段：①开挖面卸荷回弹阶段；②开挖坡脚部位破坏，开挖面上部岩体松弛蠕滑阶段；③倾倒变形和蠕滑变形加剧，A 区、B 区岩体发生沿结构面的剪切破坏，坡表局部岩体脱离母岩发生崩滑；④当坡脚无阻滑物存在时，边坡整体变形呈现加速状态直至整体完全破坏，当坡脚有阻滑物存在时，边坡整体变形呈现减速状态直至平衡。

（3）模型设置的两监测点变形量值相仿，但不同开挖方案变形范围不同，表明开挖位置对边坡整体变形量值影响较小，对变形范围影响较大。监测数据显示，开挖初期边坡 X 方向的位移大于 Y 方向的位移，说明边坡以向坡外的变形为主，在坡顶产生拉裂等现象，开挖中后期边坡 Y 方向的位移大于 X 方向的位移，说明边坡主要发生垂直向下的倾倒和蠕滑变形。

（4）变形量值与开挖高程关系明显，开挖低高程时边坡变形量大，开挖高高程时变形量相对较小，这是由于扰动低高程时上部的软岩的累计变形较大，为硬岩的变形提供了更多的空间。

（5）开挖引起的变形破坏主要发生在 A 区和 B 区，以蠕滑下错现象为主，岩体剪切破坏为辅，C 区岩体只在开挖坡脚时出现层内张开拉裂的现象。

5.6　倾倒岩体边坡的蓄水响应规律

从影响边坡的稳定条件看，水库库岸边坡有其特殊一面，其特殊性在于它的稳定性与水-岩作用密不可分。水库库岸边坡的稳定性评价是一项十分复杂的研究课题。库区蓄水后会对库区边坡的水文地质环境产生影响，库岸边坡的自然条件也会随着水库的运行发生变化。水对岸的作用主要体现在两方面：一方面是 T3 在库区水的浸泡下，岩土体的物理性质、力学参数会随着浸泡时间产生变化（如抗剪强度的劣化）；另一方面是水库运行过程中水位的升降产生的动水压力对库岸边坡的影响。

针对苗尾水电站倾倒变形体在水-岩作用下的变形响应分析，首先利用试验分析软岩遇水的软化效应，然后主要利用过程模拟分析与变形监测分析相结合的手段，在倾倒变形体发育特征的基础上，运用数值软件对蓄水和降雨过程中边坡的渗流特征以及应力应变特征进行流固耦合模拟，并结合实际监测数据结果，对倾倒变形体在水-岩作用下的变形响应进行研究，作为倾倒边坡库水作用响应研究的重要考虑因素，技术路线见图5.87。

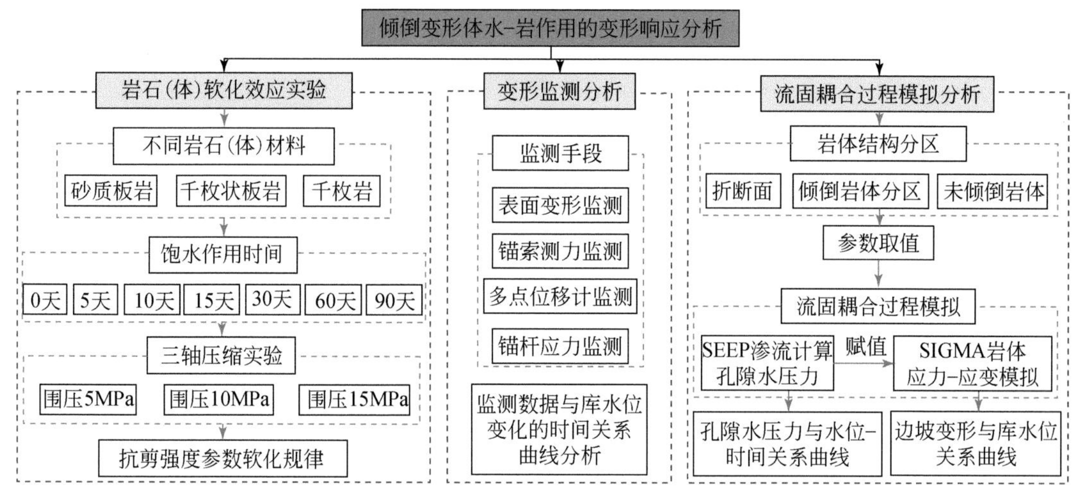

图5.87 倾倒变形体在水-岩作用下的变形响应分析路线图

5.6.1 板岩及千枚岩岩石饱水软化效应研究

水库蓄水后，库岸的地下水位显著抬高，岩质边坡被水淹没，岩土含水量由不饱和变为饱和，使其内部的物理、化学性能发生显著改变，其凝聚力及抗剪力大幅度下降，强度急剧降低。这样由于水的压力，水波的冲击，水的渗流等综合作用，边坡可能出现局部变形或整体性失稳。本小节试验研究饱水对三颗石河左岸边坡岩石力学性质的影响。

5.6.1.1 试验方案

在野外地质调查阶段，从三颗石河左岸边坡取回板岩、千枚状板岩及千枚岩。试件的制备严格按照国际岩石力学学会（ISRM）试验规程，试样规格要求见表5.15。

表5.15 试样规格要求

项目	参数
试样尺寸	Φ 50mm×100mm
试样切法	试样直径方向与岩石层面方向平行
精度要求	在试件整个高度上，直径误差不超过0.3mm；两端面的不平行度，最大不超过0.05mm；端面应垂直于试件轴，最大偏差不超过0.25°

本次试验共制得标准岩样 72 个（岩性相同的 3 个试样为一组），共计 24 组，其中千枚岩 30 个（10 组），千枚状板岩及板岩各 21 个（7 组）。根据三种岩石类型的硬度排序（板岩>千枚状板岩>千枚岩）及岩样矿物成分组成，推测试样强度弱化随饱水时间敏感性排序由高到低依次为千枚岩、千枚状板岩、板岩。试验结果也验证推测。千枚岩对水敏感性较强，10 天做一次试验，千枚状板岩及板岩对水敏感性较千枚岩弱，15 天做一组试验，设计流程如图 5.88 所示。

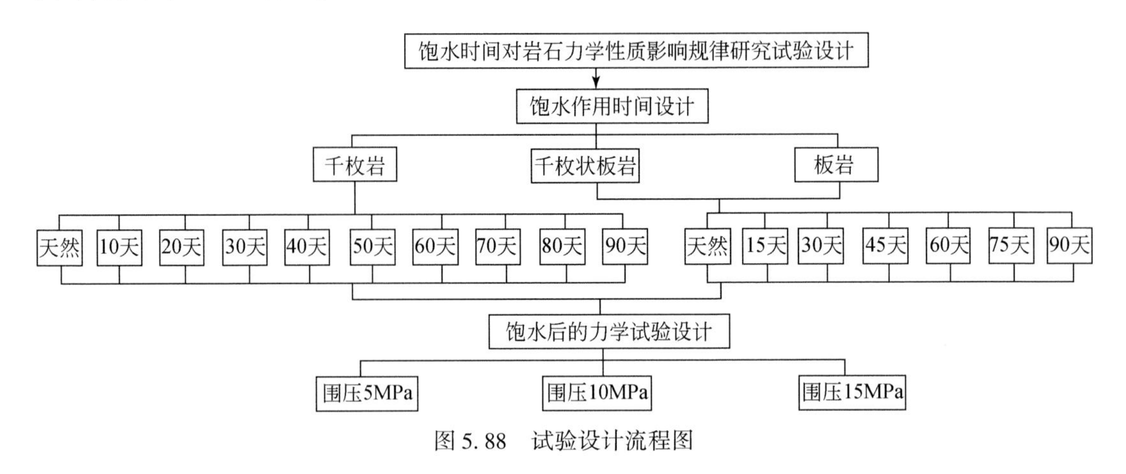

图 5.88　试验设计流程图

每组试样需做三次常规三轴试验，围压分别是 $\sigma_2=\sigma_3=5\text{MPa}$、$\sigma_2=\sigma_3=10\text{MPa}$、$\sigma_2=\sigma_3=15\text{MPa}$。将剩余的 63 个试样，泡入水中。千枚岩每隔 10 天取一组（3 个试样）做岩石常规三轴试验，围压分别是 $\sigma_2=\sigma_3=5\text{MPa}$、$\sigma_2=\sigma_3=10\text{MPa}$、$\sigma_2=\sigma_3=15\text{MPa}$。板岩每间隔 15 天取一组（3 个试样）做岩石常规三轴试验，围压分别是 $\sigma_2=\sigma_3=5\text{MPa}$、$\sigma_2=\sigma_3=10\text{MPa}$、$\sigma_2=\sigma_3=15\text{MPa}$。千枚状板岩每隔 15 天取一组（3 个试样）做岩石常规三轴试验，围压分别是 $\sigma_2=\sigma_3=5\text{MPa}$、$\sigma_2=\sigma_3=10\text{MPa}$、$\sigma_2=\sigma_3=15\text{MPa}$。试验具体计划见表 5.16。

表 5.16　试验计划表

时间/天	试验个数（组数）（千枚岩）	试验个数（组数）（板岩）	试验个数（组数）（千枚状板岩）
0	3 个（一组）	3 个（一组）	3 个（一组）
10	3 个（一组）	0 个	0 个
15	0 个	3 个（一组）	3 个（一组）
20	3 个（一组）	0 个	0 个
30	3 个（一组）	3 个（一组）	3 个（一组）
40	3 个（一组）	0 个	0 个
45	0 个	3 个（一组）	3 个（一组）
50	3 个（一组）	0 个	0 个
60	3 个（一组）	3 个（一组）	3 个（一组）

续表

时间/天	试验个数（组数）（千枚岩）	试验个数（组数）（板岩）	试验个数（组数）（千枚状板岩）
70	3 个（一组）	0 个	0 个
75	0 个	3 个（一组）	3 个（一组）
80	3 个（一组）	0 个	0 个
90	3 个（一组）	3 个（一组）	3 个（一组）

岩石三轴试验采用常规 YSJ-01-00 岩石三轴试验机，主要部分如图 5.89 所示。该试验系统可以进行岩石常规三轴试验、单轴压缩试验等。试验分三组进行，围压分别为 5MPa、5MPa、15MPa。

图 5.89　岩石三轴试验系统

在试验开始前首先测量试件尺寸，用热缩套管包裹试样和受力底座的上下部件，用热风均匀吹向热缩管使其收缩，从而防止油样与试样接触；把包裹完好的试样放入围压室，放下围压缸，向缸内注油。试验开始后，以 0.5MPa/s 的速率施加围压。围压分别取 5MPa、10MPa、15MPa。当围压值稳定且达到目标值之后，以 0.1mm/s 的轴向位移速率施加轴向荷载，直至试样破坏。在试验的过程中，用电脑采集试验数据。试验完成后，取出试样，拍照并进行描述。

5.6.1.2　全应力-应变曲线特征研究

试样在外荷载作用下发生变形、破坏的过程是一个渐进的过程。图 5.90 ~ 图 5.92 给出了板岩、千枚岩、千枚状板岩在不同围压、不同饱水时间下的全应力-应变曲线，揭示了三颗石河左岸边坡岩石力学特征。

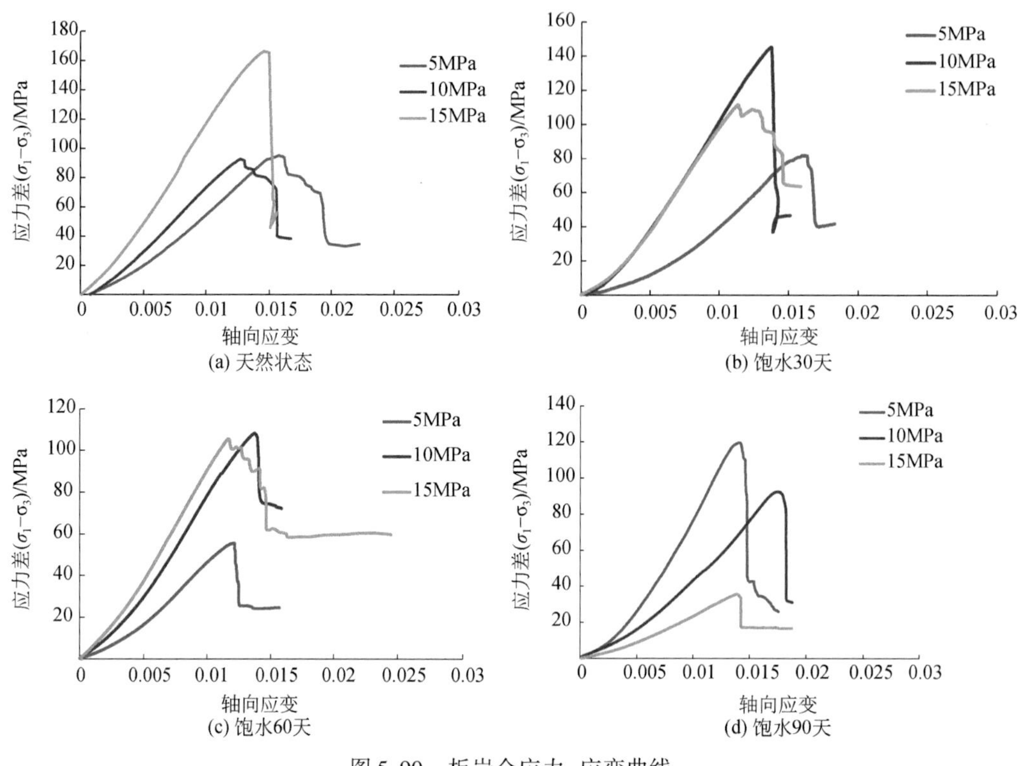

图 5.90　板岩全应力-应变曲线

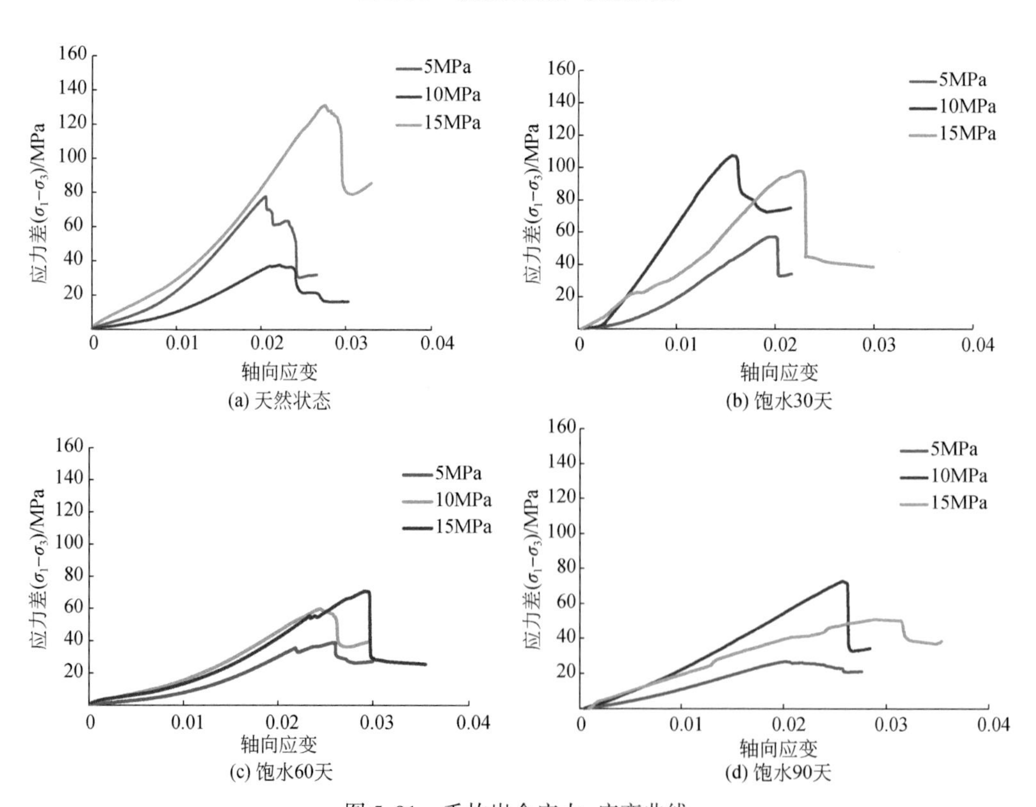

图 5.91　千枚岩全应力-应变曲线

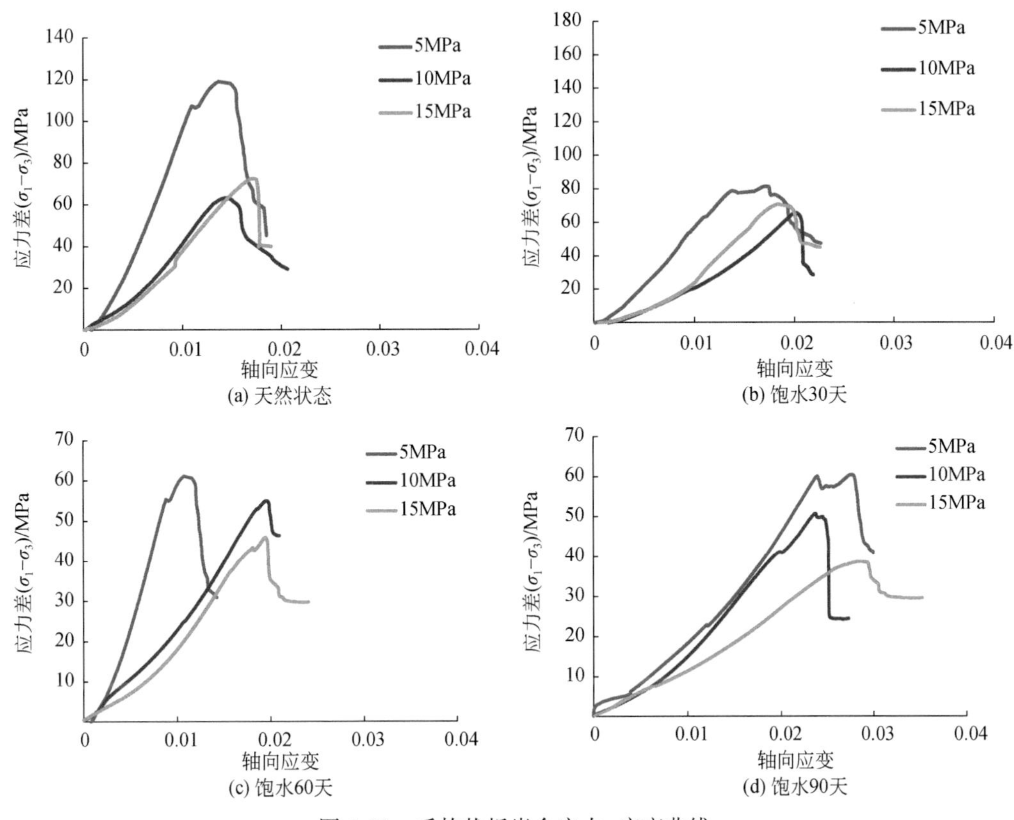

图5.92 千枚状板岩全应力-应变曲线

1）典型的三颗石河左岸边坡岩石全应力-应变曲线

分析对比板岩、千枚岩、千枚状板岩在不同围压下的全应力-应变曲线，发现板岩、千枚岩、千枚状板岩具有明显的相似特征，三种岩石的相似特征总结见图5.93。

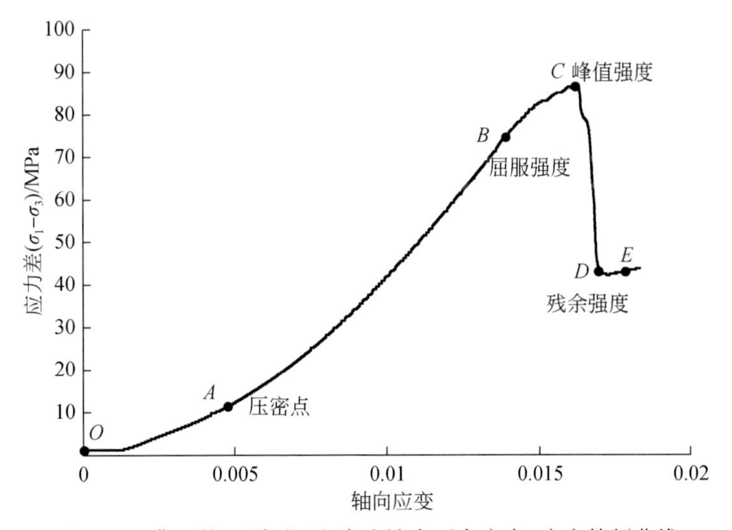

图5.93 典型的三颗石河左岸边坡岩石全应力-应变特征曲线

从图 5. 93 可以看出，三颗石河左岸三种岩石的全应力–应变全过程曲线大致可划分为 *OA*、*AB*、*BC*、*CD*、*DE* 五段，以峰值强度点 *C* 为界，岩石三轴压缩破坏全过程可划分为峰值前阶段，峰值后阶段。

（1）*OA* 段，该段的应力–应变曲线整体向上凹，有学者把这一段划分为压密区，点 *A* 称为压密点。压密区在图 5. 93 对应的是 *OA* 段，它是由于岩石试样中的节理面或微裂隙压密而产生的。对于所研究的结构面、裂隙发育的三颗石河左侧边坡倾倒岩体，压密是其岩石强度性质的重要特征之一。

（2）*AB* 段，该曲线段线形接近直线，应力–应变关系基本呈直线关系，试样结构基本无变化，属于线弹性变形阶段。

（3）*BC* 段，是试样微裂隙开始产生、扩张、累计的阶段。试样内部的微裂隙开始逐渐扩展、贯通，并释放能量。其中点 *C* 的应力值称为峰值强度，即传统意义上的强度。

（4）*CD* 段，是应力软化阶段，岩石在达到峰值强度之后，随着轴向应变的增加，应力差降低，岩石发生应变软化。轴向的压力使试样形成破坏面，强度降低，应变增加。这种试样强度随应变增加而减小的破坏称为渐进式破坏，点 *D* 的应力差称为残余强度。

（5）*DE* 段，称为塑性流动阶段。随着塑性变形的继续发展，试样最终强度基本保持不变，达到松动、破碎的残余强度，此时试样有相当大的体积扩容，这个阶段认为是理想的塑性阶段。

应当说明，以上讨论的岩石应力–应变曲线是一条典型化了的曲线，自然界中的岩石，因其矿物组成，岩石结构，岩石构造各不相同，其应力应变曲线也各不相同。本节选取三颗石河岸左岸边坡的板岩、千枚状板岩、千枚岩作为研究对象，以三种岩石的全应力–应变曲线的相同点出发，分析其共有特征。

2）饱水时间对岩石全应力–应变曲线的影响研究

岩石饱水后，水进入岩石中的裂隙或结构面，与之接触，并产生一系列的物理化学反应，导致岩石力学性质变差。为研究饱水状态对三颗石河左岸边坡发育的板岩、千枚状板岩、千枚岩的岩石全应力–应变曲线的影响，固定围压 10MPa。采用单一变量分析法，运用典型的三颗石河左岸边坡岩石全应力–应变特征曲线（图 5. 93），研究了三种岩石在围压为 5MPa 时，岩石全应力–应变曲线在不同饱水状态的特征。

a. 板岩不同饱水状态下全应力–应变曲线

对比分析板岩在天然状态与饱水状态下的全应力–应变曲线，见图 5. 94，说明：

（1）天然状态下板岩的全应力–应变曲线与典型曲线对比，无压密点。

（2）天然状态下 *C* 点对应的应变小于饱水 90 天状态下 *C′*对应的应变，表明长时间饱水增加了板岩达到峰值强度所对应的应变，这是由于板岩与水反应不敏感，试样具有离散性所致。

（3）*CD* 段在 *X* 轴上的投影长度大于 *C′D′*在 *X* 轴上的投影，表明长时间饱水增加了板岩应力软化阶段所对应的应变。

b. 千枚岩不同饱水状态下全应力–应变曲线

对比分析千枚岩在天然状态与饱水状态下的全应力–应变曲线（图 5. 95），表明：

（1）天然状态下 *C* 点对应的应变小于饱水 90 天状态下 *C′*对应的应变，表明长时间饱

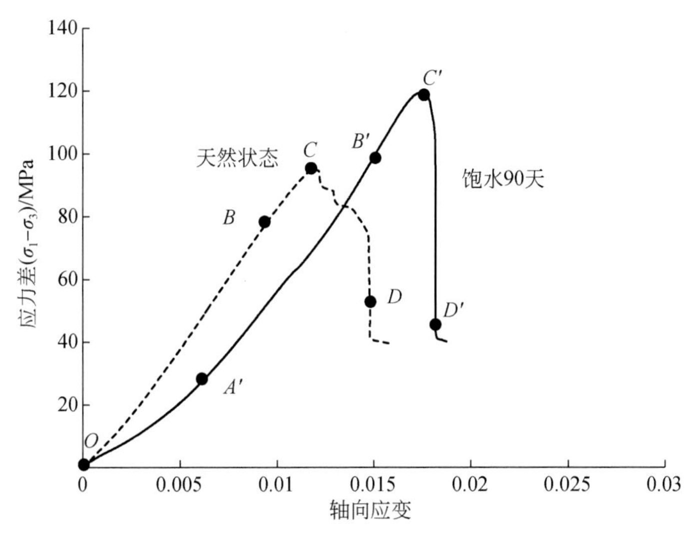

图 5.94　不同饱水状态板岩全应力-应变曲线（$\sigma_3=10$MPa）

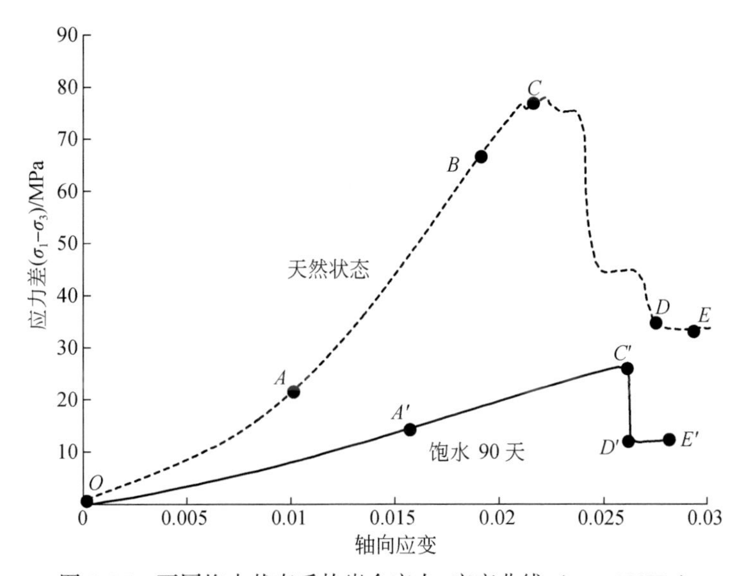

图 5.95　不同饱水状态千枚岩全应力-应变曲线（$\sigma_3=10$MPa）

水增加了千枚岩达到峰值强度所对应的应变。

（2）CD 段在 X 轴上的投影长度小于 $C'D'$在 X 轴上的投影，表明长时间饱水减少了千枚岩应力软化阶段所对应的应变。

c. 千枚状板岩不同饱水状态下全应力-应变曲线

对比分析千枚岩在天然状态与饱水状态的全应力-应变曲线，见图 5.96，说明：

（1）天然状态下 C 点对应的应变小于饱水 90 天状态下 C'对应的应变，表明长时间饱水增加了千枚状板岩达到峰值强度所对应的应变。

（2）天然状态下 BC 段在 X 轴上的投影长度小于饱水 90 天状态下 $B'C'$段在 X 轴上的

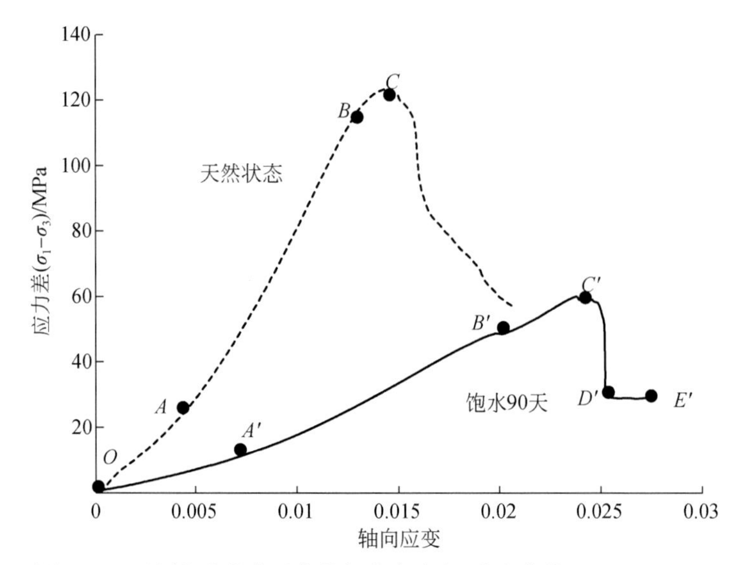

图 5.96　不同饱水状态千枚状板岩全应力–应变曲线（$\sigma_3=10\text{MPa}$）

投影，表明长时间饱水增加了千枚状板岩由屈服强度达到峰值强度所需应变。

3）饱水时间对岩石全应力–应变曲线影响分析

三颗石河左侧岸坡倾倒岩体结构复杂，准确掌握工区发育岩石的岩石力学性质，是评价边坡稳定性的关键因素之一。前述通过大量分析研究区发育岩石的全应力–应变曲线的特点，得到了以下结论。

（1）通过分析对比板岩、千枚岩、千枚状板岩在不同围压的全应力–应变曲线，揭示了三颗石河左岸边坡发育的板岩、千枚岩、千枚状板岩的全应力–应变曲线具有明显的相似特征。应当说明，典型的三颗石河左岸边坡岩石全应力–应变特征曲线是一条典型化了的特征曲线，反映了三颗石河左岸边坡发育的板岩、千枚岩、千枚状板岩力受变形的一般规律。

（2）在围压为 5MPa 时，通过分析对比板岩、千枚岩、千枚状板岩在不同饱水状态的全应力–应变曲线图与典型的三颗石河左岸边坡岩石全应力–应变特征曲线，发现无论是板岩、千枚岩、千枚状板岩试样，随着饱水时间增至 90 天，试样达到峰值强度所经历的应变均较天然状态显著增加。

5.6.1.3　饱水时间对岩石峰值强度影响研究

本节研究的岩石峰值强度是指岩石在常规三轴（压缩）试验中，从试样外加荷载至试样破坏全过程出现的最大应力值。岩石峰值强度是岩石力学性质表征的重要参数之一，一般意义上所述岩石的强度，指的就是岩石的峰值强度。需要指出的是，受试验条件限制，围压 10MPa 时，废样较多，所以剔除围压 10MPa 的数据。

1. 饱水时间对板岩峰值强度岩影响研究

图 5.97 给出了板岩峰值强度在不同围压下随饱水时间变化的曲线图，图中的三条曲线分别代表板岩试样峰值强度在三种围压下随饱水时间的变化曲线。从曲线位置来讲，围

压为 5MPa 时曲线位于图的最下端，表明围压增大了板岩峰值强度。为研究饱水时间对板岩峰值强度的影响，使用单一变量法，在围压一定的前提下（分为 5MPa、15MPa），分析总结其变化规律。

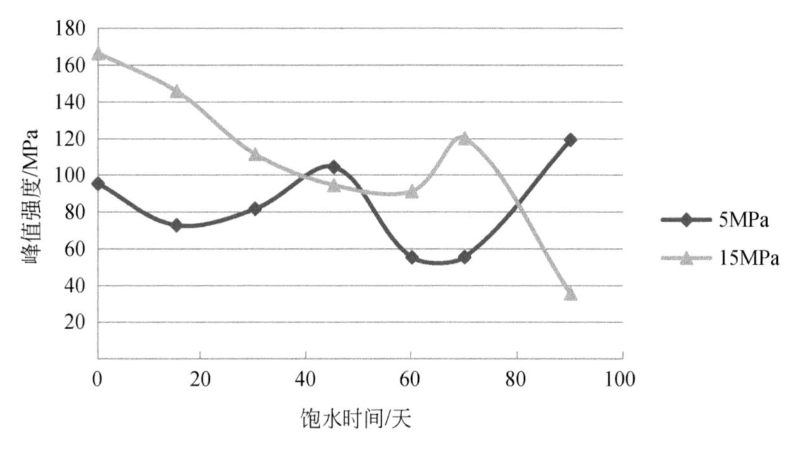

图 5.97　板岩峰值强度变化曲线

1）围压 5MPa

图 5.97 给出了板岩在 5MPa 时，峰值强度随饱水时间变化曲线。从曲线的整体形态上看，板岩峰值强度值在 50～120MPa 内波动。饱水 15 天时的峰值强度较天然状态下峰值强度有所降低；饱水时间介于 15～45 天时，板岩峰值强度随着饱水时间的延长而增加，当饱水时间达到 60 天时，峰值强度再次降低；当饱水时间达到 60 天后，峰值强度升高。

2）围压 15MPa 时

图 5.97 还给出了板岩在 15MPa 时，峰值强度随饱水时间变化曲线。从曲线的整体形态上看，板岩峰值强度值在 50～130MPa 内波动。饱水 30 天板岩峰值强度较天然状态有明显降低，随着饱水时间的延长，峰值强度保持了一段时间的稳定，随后又逐渐降低。

3）小结

通过分析，板岩峰值强度在 5MPa、15MPa 时，随饱水时间的变化曲线，得到以下结论：

（1）总体上看，围压增加会导致板岩峰值强度增加。

（2）板岩在两种围压下，峰值强度随饱水时间变化无明显规律。

2. 饱水时间对千枚岩峰值强度岩影响研究

图 5.98 给出了千枚岩峰值强度在不同围压下随饱水时间变化的曲线，图中的两条曲线分别代表千枚岩试样峰值强度在两种围压下的随饱水时间变化的曲线。从曲线位置来讲，围压越大，曲线位置越高，说明围压增大了千枚岩峰值强度。为研究饱水时间对千枚岩峰值强度的影响，使用单一变量法，在围压一定的前提下（分为 5MPa、15MPa），分析总结其变化规律。

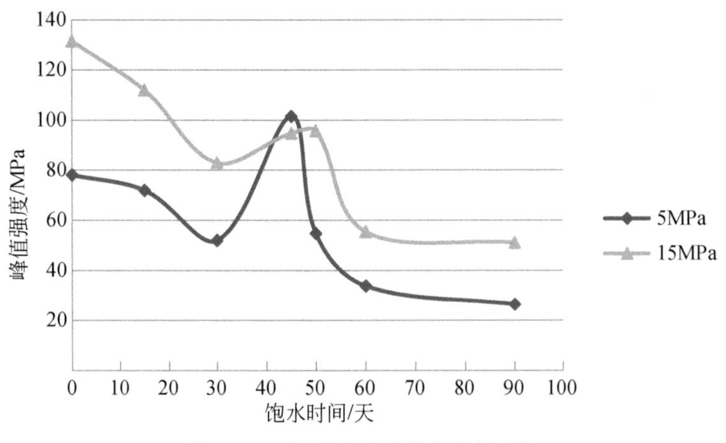

图 5. 98　千枚岩峰值强度变化曲线

1）围压 5MPa

图 5. 98 给出了千枚岩在 5MPa 时，峰值强度随饱水时间变化曲线。从曲线的整体形态上看，千枚岩峰值强度值随饱水时间的增加呈下降的趋势；天然状态的千枚岩峰值强度为 82. 9MPa；随着饱水时间的延长，千枚岩峰值强度基本上都出现了降低。饱水 90 天，千枚岩峰值强度为 31. 2MPa。应当说，千枚岩峰值强度随饱水时间增加发生了极大的降低。

2）围压 15MPa

图 5. 98 还给出了千枚岩在围压 15MPa 时，峰值强度随饱水时间变化曲线。千枚岩峰值强度曲线大致在 50 ~ 130MPa 内波动。从曲线的整体形态上看，千枚岩峰值强度值随饱水时间的增加呈下降的趋势。天然状态的千枚岩峰值强度为 136. 5MPa。饱水 90 天，千枚岩峰值强度为 51. 5MPa。应当说，千枚岩峰值强度随饱水时间增加发生了较大的降低。

3）小结

通过分析，千枚岩峰值强度在 5MPa、15MPa 时，随饱水时间的变化曲线，得到以下结论：

（1）总体上看，围压增加会导致千枚岩峰值强度增加。

（2）无其他因素影响，饱水会导致千枚岩峰值强度降低。

3. 饱水时间对千枚状板岩峰值强度岩影响研究

图 5. 99 给出了千枚状板岩峰值强度在不同围压下随饱水时间的变化曲线图，图中的两条曲线分别代表千枚状板岩试样峰值强度在两种围压下随饱水时间的变化曲线。从曲线位置来讲，围压越大，曲线位置越高，表明围压增大了千枚状板岩峰值强度。为研究饱水时间对千枚状板岩峰值强度的影响，使用控制单一变量法，在围压一定的前提下（分为 5MPa、15MPa），分析总结其变化规律。

1）围压 5MPa

图 5. 99 给出了千枚状板岩在围压 5MPa 时，峰值强度随饱水时间变化曲线。从曲线的整体形态上看，千枚状板岩峰值强度值随饱水时间的增加有下降的趋势；曲线整体趋势呈降—升—平的整体形态；相比千枚岩下降趋势，千枚状板岩下降趋势明显较弱；天然状态

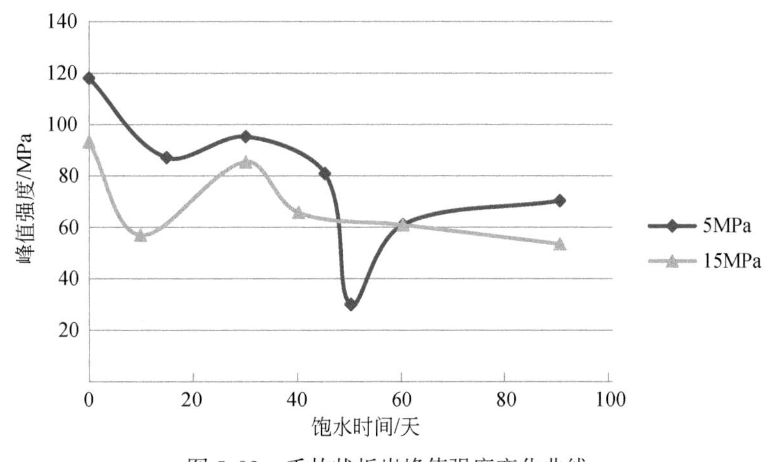

图 5.99　千枚状板岩峰值强度变化曲线

的千枚状板岩峰值强度为 118.1MPa。饱水 90 天后千枚岩峰值强度为 60.46MPa。应当说，千枚状板岩峰值强度随饱水时间增加发生了降低。

2）围压 15MPa

图 5.99 还给出了千枚状板岩在围压 15MPa 时，峰值强度随饱水时间变化曲线。从曲线的整体形态上看，千枚状板岩峰值强度值随饱水时间的增加有下降的趋势，相比千枚岩下降趋势，千枚状板岩下降趋势明显较弱；天然状态的千枚状板岩峰值强度为 78.2MPa。饱水 90 天后千枚岩峰值强度为 38.6MPa。应当说，千枚状板岩峰值强度随饱水时间增加发生了较小的降低。

3）小结

通过分析，千枚状板岩峰值强度在 5MPa、15MPa 时，随饱水时间的变化曲线，得到以下结论：

（1）总体上看，围压增加会导致千枚状板岩峰值强度增加。

（2）无其他因素影响，饱水会导致千枚状板岩峰值强度降低。

4. 饱水条件下岩石峰值强度软化系数变化规律研究

经前述章节分析，三颗石河左岸边坡发育的千枚岩、千枚状板岩具有饱水后强度减弱特征。为定量研究强度软化规律，用软化系数这一指标进行分析。应当说明，随岩石饱水时间增加，其峰值强度参数将会降低，其降低程度称为软化系数，可表示为

$$S_i = T_i / T_0 \times 100\%$$

式中，T_0 为天然状态下的岩石峰值强度参数；T_i 为不同饱水时间下的岩石的峰值强度。图 5.100 ~ 图 5.102，分别给出了板岩、千枚岩、千枚状板岩在不同围压下的软化系数曲线。

1）板岩

从板岩软化系数曲线（图 5.100）来看，曲线整体表现出的离散性很强，这与试样本身有关，曲线随饱水时间无明显变化规律，所以认为板岩峰值强度随饱水时间无软化规律。

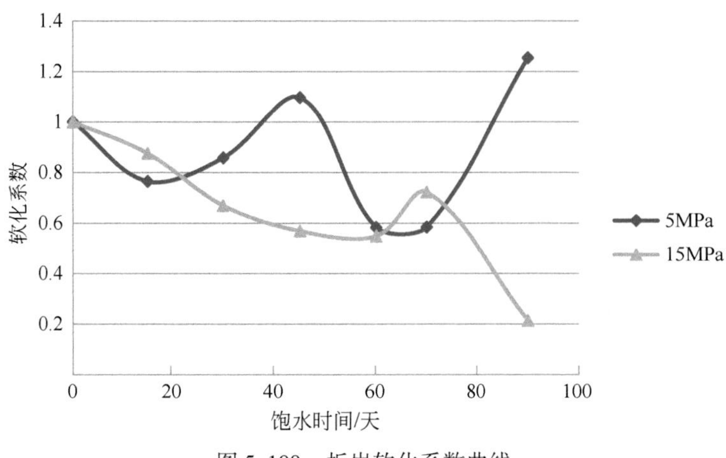

图 5.100　板岩软化系数曲线

2）千枚岩

千枚岩软化系数曲线（图 5.101）表明，从曲线整体趋势看，软化系数曲线整体随饱水时间的增加呈规律性下降的趋势，局部出现突变点（围压为 5MPa，饱水 45 天）；从局限具体走向来看，0～30 天，曲线下降；30～60 天，曲线波动；60 天后，曲线趋于稳定。将饱水 90 天的平均弱化系数定为千枚岩长期饱水软化系数，这个值为 0.36。

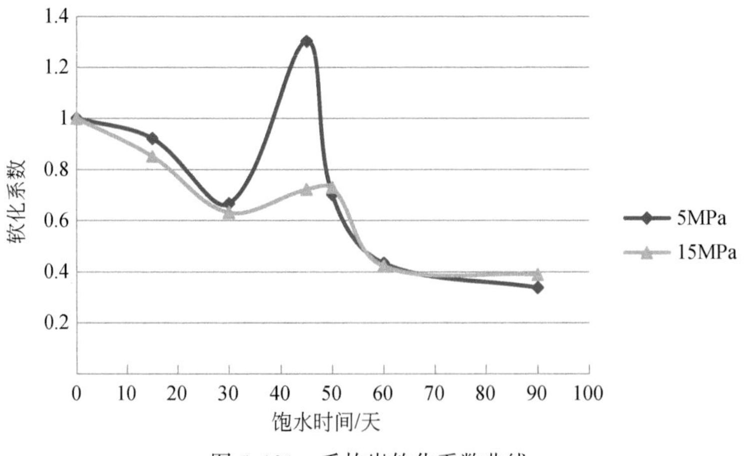

图 5.101　千枚岩软化系数曲线

3）千枚状板岩

千枚状板岩软化系数曲线（图 5.102）表明，从曲线整体趋势看，软化系数曲线整体随饱水时间的增加呈规律性下降的趋势，局部出现突变点（围压为 5MPa，饱水 50 天）；从局限具体走向来看，0～20 天，曲线下降；20～60 天，曲线波动；60 天后，曲线趋于稳定。将饱水 90 天的平均弱化系数定为千枚状板岩长期饱水软化系数，这个值为 0.6。

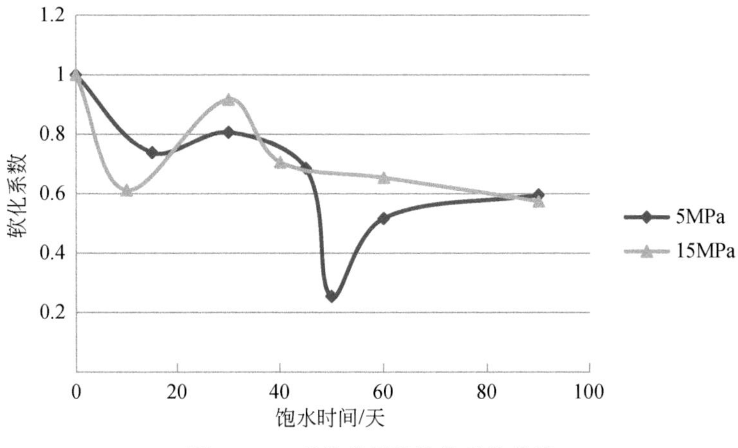

图 5.102　千枚状板岩软化系数曲线

5.6.1.4　岩体强度的尺寸效应研究

岩石与岩体的主要区别在于岩体内部，存在不连续的结构面，而这种结构面的存在造成岩体强度远低于岩石强度，因此对于三颗石河左岸边坡倾倒岩体稳定问题来说，起决定性作用的不是岩石强度而是岩体强度。5.6.1.1～5.6.1.3 节从实验室获得岩石的力学参数，本小节采用 PFC-2D 取得三颗石河左岸边坡岩体参数与岩石参数的折减率，研究路线如图 5.103 所示。

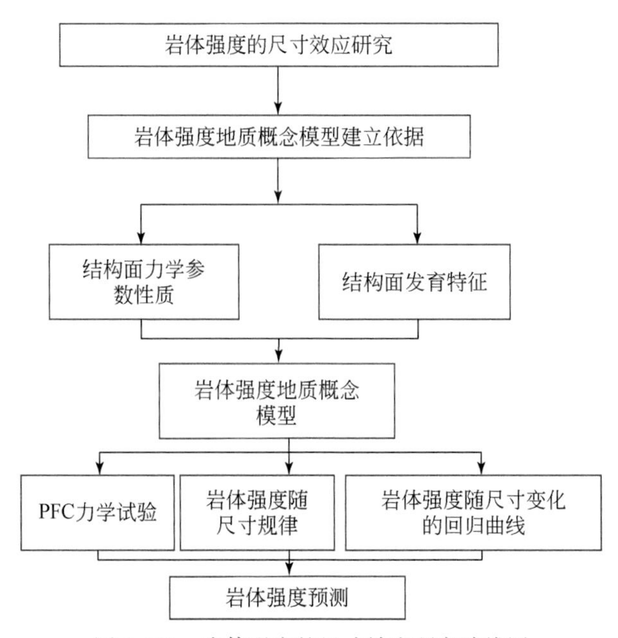

图 5.103　岩体强度的尺寸效应研究路线图

1）三颗石河左岸边坡特征岩体模型

岩石本身就是一种非均质体，岩石的力学性质取决于组成成分、内部结构、颗粒排列方式、联结方式等特征，如图 5.104 所示。而岩体就是另外一个层次的非均质体，岩体的力学性质取决于结构面的力学性质以及岩石的力学性质，如图 5.105 所示。根据三颗石河左岸边坡优势结构面发育特征，建立特征岩体模型。模型尺寸为 3.2m×3.2m，模型填充 27000 余个球。随机生成层面，产状为 N5°~17°W/NE∠37°~49°，平均间距为 40cm，节理共 150 组。随机生成节理 J_1，产状为 N5°~17°E/NW∠60°~72°，平均间距为 50cm，节理共 146 组。

图 5.104 岩石模型

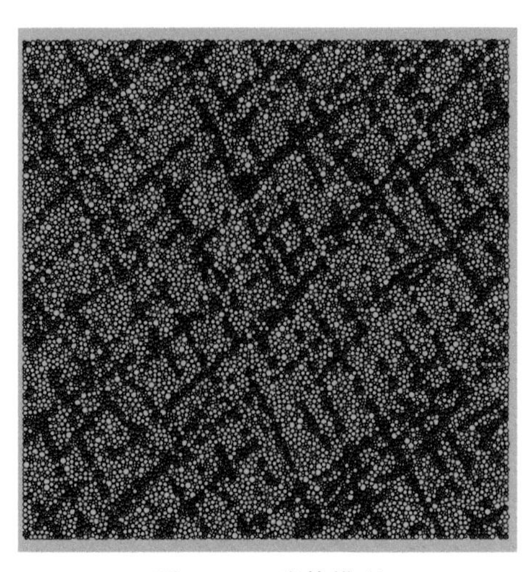

图 5.105 岩体模型

5.6.1.1~5.6.1.3 节重点研究了三颗石河左岸倾倒岩体的岩石力学特性，圆柱形试样尺寸高 10cm，直径 5cm。需要指出的是，随着试样尺寸增加，试样中的结构面越来越多，强度随试样尺寸增大而减小。本书研究了岩体尺寸为 0.4m×0.4m、0.8m×0.8m、1.6m×1.6m、2.4m×2.4m、3.2m×3.2m 的强度特征。数值模拟试样如图 5.106 所示。

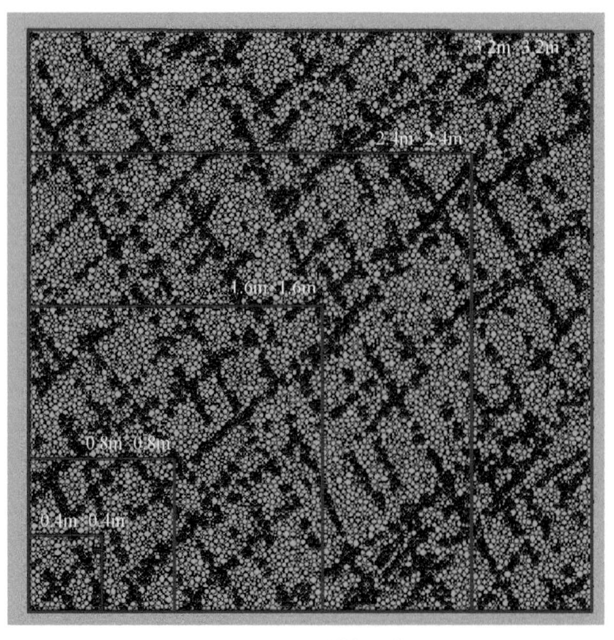

图 5.106 试样尺寸

2）岩体参数折减率研究

数值模拟试验中的计算参数来自中国电建集团华东勘测设计研究院有限公司（表 5.17）。数值模拟试验中得到的样品如图 5.107 所示，在围压为 10MPa 时，进行三轴（压缩）试验。需要说明的是，地质概念模型的建立需要尽可能地反映地质环境实际的地质参数，但从实际计算的角度出发，如果模型建立过于精细，会造成计算缓慢，甚至建模失败，所以该模型未考虑岩性对折减率的影响。

表 5.17　模型参数

孔隙率/%	0.17
颗粒密度/(kg/m^3)	2600
颗粒摩擦系数（μ）	0.3
黏结半径比（λ）	1
法向接触刚度/GPa	8
切向接触刚度/GPa	7
法向平行黏结强度/GPa	2
切向平行黏结强度/GPa	1.5
法向黏结应力强度/MPa	25
切向黏结应力强度/MPa	25

应当说明，PFC-2D 数值模拟三轴试验，参数设置为围压为 10MPa，轴向压力为伺服控制，按岩体尺寸共进行六组试验，试样裂纹展布如图 5.108 所示。裂纹展布图表明，岩体发生破坏的方位还是以近似平行于层面及结构面的方位，发生破坏的类型为剪切破坏。

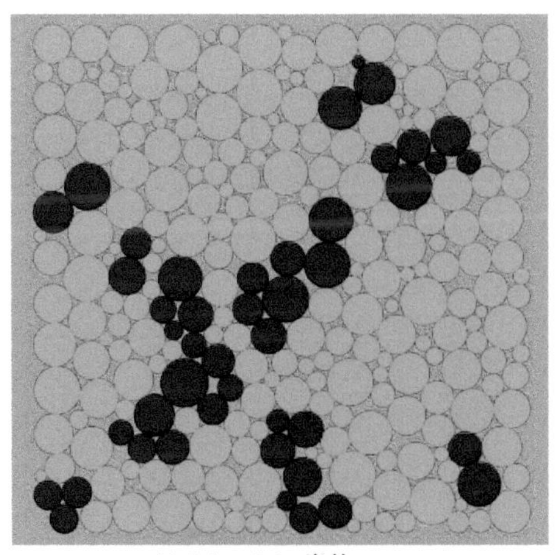

(a) 0.4m×0.4m岩体

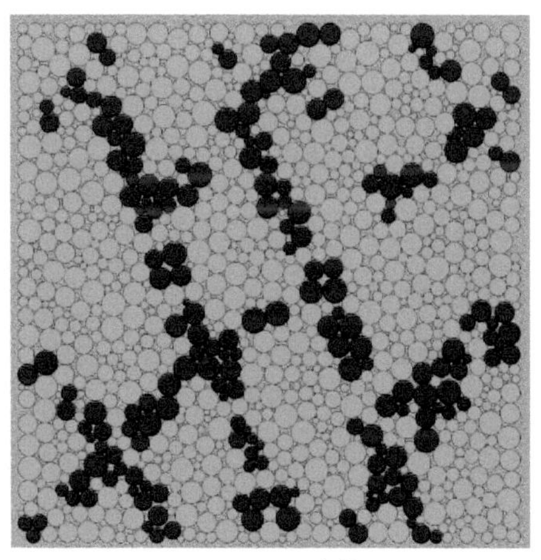

(b) 0.8m×0.8m岩体

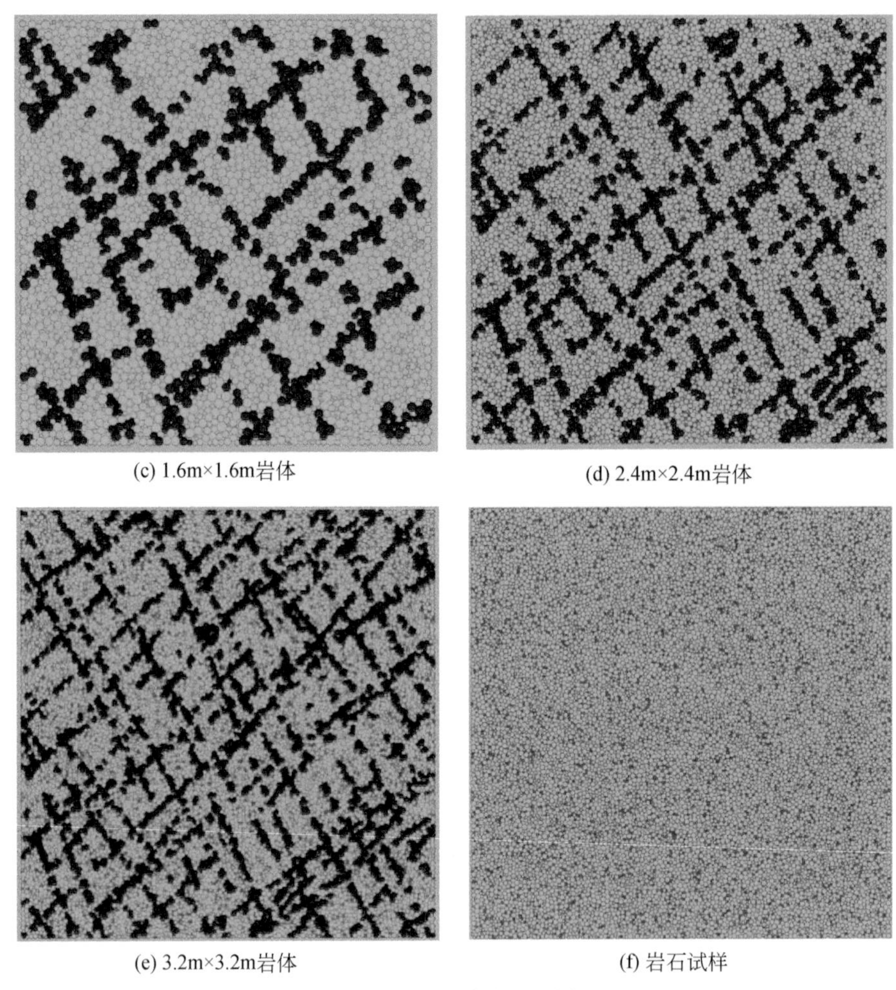

(c) 1.6m×1.6m岩体　　(d) 2.4m×2.4m岩体

(e) 3.2m×3.2m岩体　　(f) 岩石试样

图 5.107　数值模拟试样

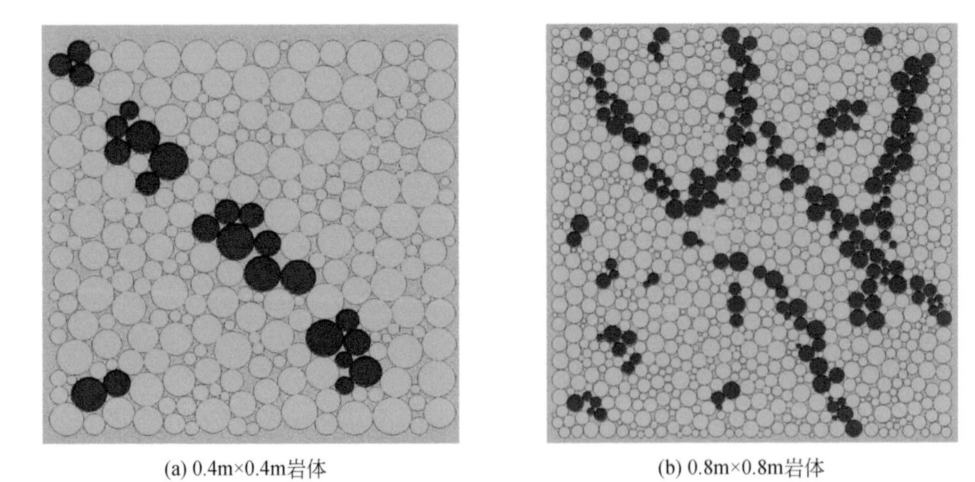

(a) 0.4m×0.4m岩体　　(b) 0.8m×0.8m岩体

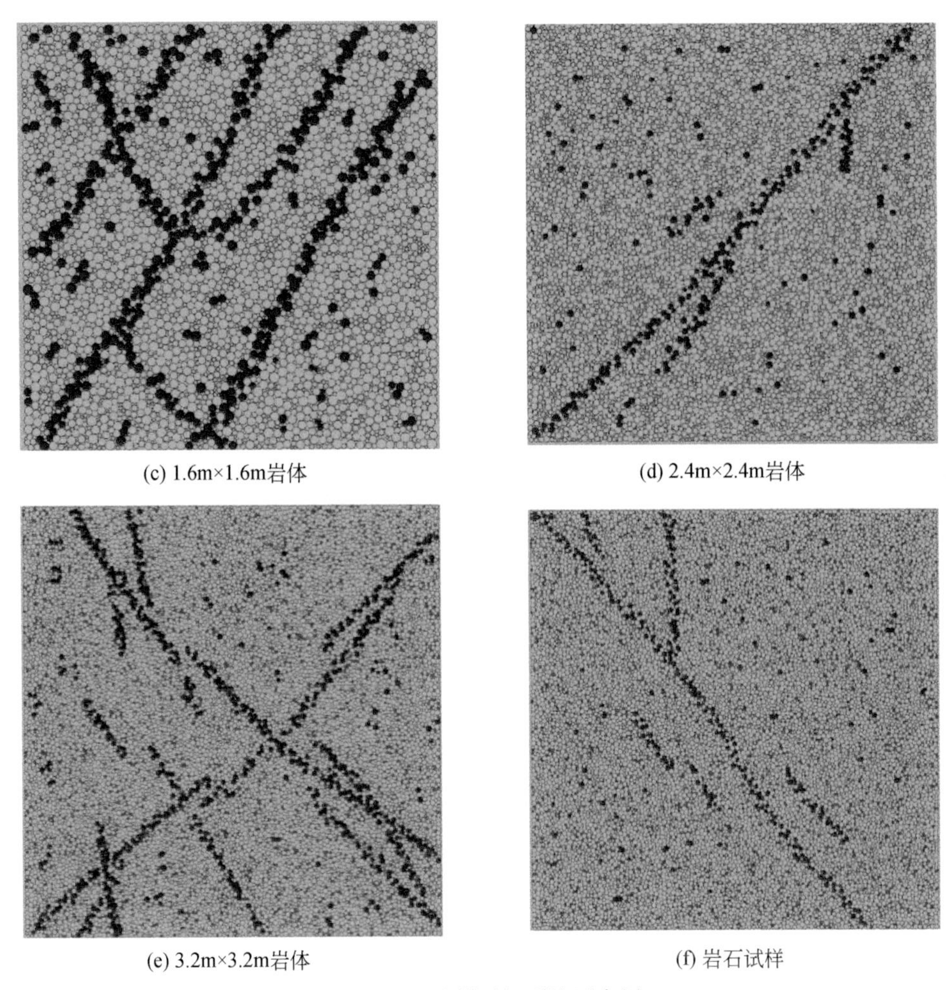

图 5.108　试样破坏裂纹展布图

不同尺寸岩体试样全应力-应变曲线如图 5.109 所示，岩体峰值强度随尺寸变化曲线如图 5.110 所示。不同尺寸岩体全应力-应变曲线表明，在围压为 10MPa 时，岩体强度随岩体尺寸增加整体呈降低的趋势；岩体的弹性模量随岩石尺寸的增加基本不发生变化。

岩体峰值强度随尺寸变化曲线表明，在围压为 10MPa 时，岩体峰值强度随试样尺寸的增加整体呈减弱的趋势；当试样尺寸小于 0.8m×0.8m 时，岩体峰值强度随试样尺寸的增加而急剧减少；当试样尺寸达到 0.8m×0.8m 以后，岩体峰值强度随试样尺寸的增加而缓慢减少；当试样尺寸达到 1.6m×1.6m 后，岩体峰值强度几乎不再随试样尺寸的变化而变化，因此将岩体尺寸 3.2m 的岩体强度与岩石强度的比值称为三颗石河左岸边坡岩体与岩石强度折减率，这个比值为 0.61。

5.6.1.5　小结

通过从现场取回澜沧江苗尾水电站三颗石河左侧边坡岩石样品，在室内进行大量的岩

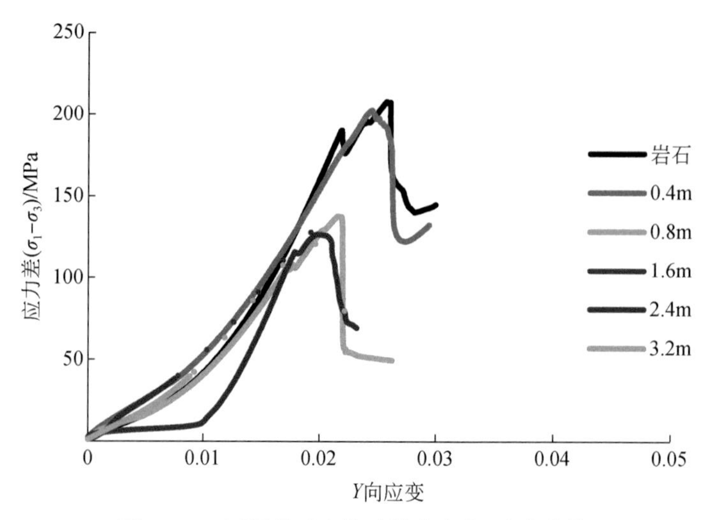

图 5.109　不同尺寸岩体试样全应力-应变曲线

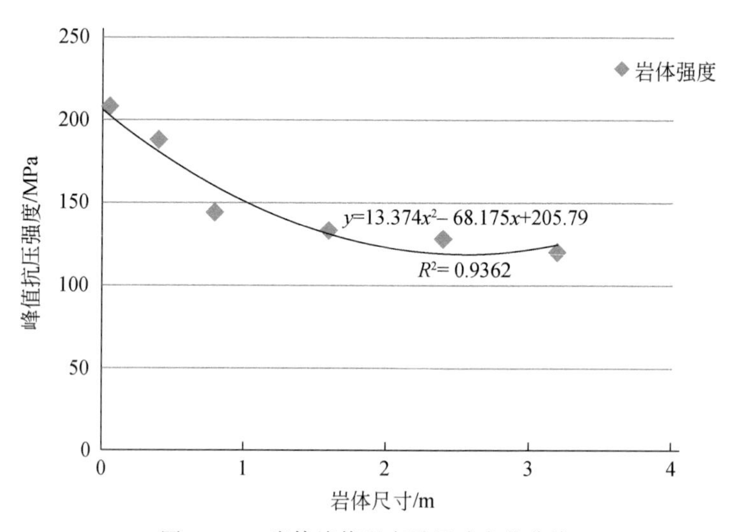

图 5.110　岩体峰值强度随尺寸变化曲线

石力学水化试验及分析总结，得到以下结论：

（1）通过分析对比板岩、千枚岩、千枚状板岩在不同围压下的全应力-应变曲线，揭示了三颗石河左岸边坡发育的板岩、千枚岩、千枚状板岩的全应力-应变曲线具有明显的相似特征。应当说明，典型的三颗石河左岸边坡岩石全应力-应变特征曲线是一条典型化的特征曲线，它反映了三颗石河左岸边坡发育的板岩、千枚岩、千枚状板岩变形的一般规律。

（2）在围压为 5MPa，通过分析对比板岩、千枚岩、千枚状板岩在不同饱水状态的全应力-应变曲线图与典型的三颗石河左岸边坡岩石全应力-应变特征曲线，表明无论是板岩、千枚岩或千枚状板岩试样，随着饱水时间增至 90 天，试样达到峰值强度所经历的应变较天然状态显著增加。

（3）通过分析三颗石左岸边坡发育的板岩、千枚岩、千枚状板岩峰值强度在 5MPa、15MPa 时随饱水时间的变化曲线，发现随着围压增大，岩石峰值强度增大。

（4）通过分析三种岩石峰值强度软化系数随时间变化曲线，板岩峰值强度软化系数随饱水时间无明显规律；千枚岩软化系数随饱水时间的增加呈规律性下降的趋势，长期饱水弱化系数为 0.36；千枚状板岩软化系数随饱水时间的增加呈规律性下降的趋势，千枚状板岩长期饱水弱化系数为 0.6。

（5）通过建立三颗石河左岸倾倒岩体离散元模型，得到了三颗石左岸边坡岩体力学参数与岩石力学参数的比值，称为折减率，该值为 0.61。

根据苗尾水电站倾倒变形边坡中地层岩性的发育特征，选取坡体表层具有代表性的强风化砂板岩、千枚状板岩及千枚岩进行饱水力学试验。根据三种岩石的一般抗压强度大小及岩样矿物成分组成，在饱水 0 天、5 天、10 天、15 天、30 天、60 天以及 90 天做一组试验，采用 MTS 岩石三轴伺服控制试验机进行不同饱水状态式样的三轴压缩试验。

通过对饱水试验结果的处理，可以清晰地展现不同饱水时间下的内摩擦角（φ）和内聚力（c）的软化规律，结果如图 5.111、图 5.112 所示。

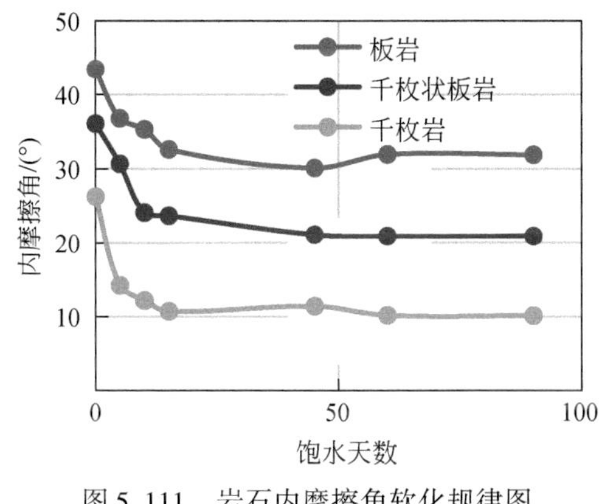

图 5.111　岩石内摩擦角软化规律图

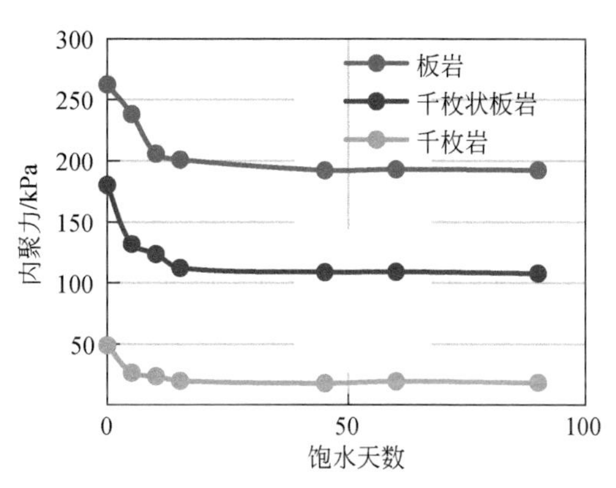

图 5.112　岩石内聚力软化规律图

整体来看，三种岩石在持续饱水时间下，前 15 天其力学参数不断软化，随饱水时间的增加呈规律性下降的趋势，15 天后没有太大变化，板岩长期饱水软化系数为 0.73，千枚状板岩长期饱水弱化系数为 0.6，千枚岩长期饱水弱化系数为 0.36。

5.6.2　倾倒变形边坡蓄水响应模型试验研究

通过模型试验能够直接观测和记录边坡的变形破坏过程，同时可以获得在此过程中各阶段的应力分布状态及由于蓄水引起的应力重分布情况。因此对倾倒变形边坡蓄水响应模型试验的研究，不仅可以揭示倾倒边坡库水作用机理，同时可对倾倒变形边坡在库水作用下的稳定性分析提供科学的依据。

5.6.2.1 相似材料的配合比试验研究

相似理论是物理模型试验的基础，根据合理的相似比应用相似材料使物理模型尽量还原现场实际情况或工程地质模型。材料的物理力学性质受诸多因素的影响，如相似材料、配比以及试验模型的制作方法等。

1. 相似原理及相似比设计

1）相似原理

相似理论是指导模型试验、整理分析试验结果并使其推广到实际中去的基本理论。试验现象必须遵守如下三个相似定理。

相似第一定理：相似现象以相同的方程式描述彼此相似的现象，其相似指标为1。

相似第二定理：若诸现象相似，则它们的判据方程式可以用同一形式。

相似第三定理：具有相同文字的方程式单值条件相似，并且从单值条件导出来的相似判据数值相等，是现象彼此相似的充分和必要条件（郭志，1996）。

根据相似原理，地质力学模型试验应满足下列相似判据：

$$\frac{C_\sigma}{C_\gamma C_l} = 1$$

$$C_\mu = C_\varepsilon = C_f = C_\varphi = C_{\varepsilon 0} = C_{\varepsilon c} = C_{\epsilon t} = 1$$

$$C_\sigma = C_E = C_c = C_\rho = C_{Rt} = C_{Rc} = C_\tau$$

$$C_\delta = C_l$$

式中，C_σ 为应力相似常数；C_l 为几何相似常数；C_γ 为容重相似常数；C_μ 为泊松比相似常数；C_ε 为应变相似常数；C_f 为摩擦系数相似常数；C_φ 为内摩擦角相似常数；$C_{\varepsilon 0}$ 为残余应变相似常数；$C_{\varepsilon c}$ 为单轴极限压应变相似常数；$C_{\epsilon t}$ 为单轴极限拉应变相似常数；C_E 为弹性模量相似常数；C_c 为内聚力相似常数；C_ρ 为边界应力相似常数；C_{Rt} 为抗拉强度相似常数；C_{Rc} 为抗压强度相似常数；C_τ 为抗剪强度；C_δ 为位移相似系数。

2）相似比设计

虽然物理模型应同时满足相似三大定理，但是要物理模型在各方面都达到与工程地质模型相似是不可行的。因此，在建立物理模型过程中，应首先考虑对试验结果和分析影响最主要的因素，其次再考虑次要因素。

（1）重力是倾倒变形边坡岩体产生变形的动力源，所以，在满足必要的几何相似比的情况下，还需要满足相似材料的重度相似才可实现重力相似。

（2）倾倒变形边坡蓄水响应模拟涉及岩体的失稳破坏，与岩体抗拉强度密切相关，因此岩块抗拉强度是较重要的因素。

（3）倾倒边坡坡脚岩体在高应力作用下可能会产生变形导致边坡整体变形，所以涉及变形参数的弹性模量也是重要指标。

综上所述，在本次试验过程中，重度、抗拉强度、弹性模量三个因素作为主要指标。依据倾倒变形边坡的工程地质模型（坡高400m、坡长500m），经分析考虑选取 $C_l = 500$，$C_\gamma = 0.8$，根据前述相似判据公式，求得各相关相似常数值见表5.18。

表 5.18　各相关相似常数取值

相似常数	C_l	C_γ	C_E	C_{Rt}	C_c	C_φ
取值	500	0.8	400	400	400	1

2. 相似材料

选取的相似材料需要满足“高容重、低弹模、低强度”的要求，同时还要保证相似材料在力学性质上与岩石材料的相似性。

对于相似材料的研究，国内外学者做了大量研究工作，如肖杰（2013）以石英砂为主要骨料，水泥、石膏为胶结剂，硼砂溶液为缓凝剂，同时加入重晶石调节容重制作岩体相似材料，并利用 MATLAB 程序对试验结果进行回归分析，得到了砂胶比、水泥占胶结材料百分比、重晶石占骨料百分比与材料的密度、抗压强度以及抗拉强度之间的经验公式。李兵（2015）在大量查阅资料之后，以砂、重晶石为填充材料，分别选用环氧树脂、聚酰胺及松香为胶凝材料模拟岩性岩石和脆性岩石，并进行了单轴压缩试验，取得了良好的结果。安伟刚（2002）以密度及抗弯刚度为控制指标，选取河沙、水泥、石膏及硼砂制作岩体相似材料进行了大量抗压及抗弯试验，并对试验结果进行了回归分析，得到了砂、水泥、石膏含量与材料抗压强度及抗弯强度的经验公式。类似的研究还有很多（陈德金，1986；李天斌等，1994；曲范柱和袁彦，1998；马芳平等，2004；栗东平等，2007；张宁等，2009；李峰，2012；马振国，2014；吴磊，2015；辛亚军和姬红英，2016）。

总结现有研究成果发现，现阶段模拟岩石力学行为的相似材料中主要以重晶石、石英砂、河沙为骨料。本次物理模型试验旨在模拟倾倒变形边坡的蓄水响应特征，由于板岩岩性较软，故期望选取的相似材料在满足强度基础上，同时具有较好的延性。常用的水泥、石膏材料往往脆性较大，故本次相似材料选取参考李兵的研究成果，选用重晶石、石英砂为填充材料，环氧树脂、聚酰胺树脂胶结材料，酒精为胶结材料溶剂，并掺入少量水泥增强其强度，通过反复改变配比来研究各组分对材料物理力学性质的影响，确定的试验方案如表 5.19 所示。

表 5.19　岩石相似材料的原材料及配比　（单位：g）

编号		变量	重晶石	石英砂	环氧树脂	聚酰胺树脂	酒精	水泥
A	1	重晶石、石英砂	700	300	10	10	100	100
	2		600	400	10	10	100	100
	3		500	500	10	10	100	100
	4		400	600	10	10	100	100
	5		300	700	10	10	100	100
B	1	胶结材料	500	500	15	15	100	100
	2		500	500	20	20	100	100
	3		500	500	25	25	100	100

续表

编号		变量	重晶石	石英砂	环氧树脂	聚酰胺树脂	酒精	水泥
C	1	酒精	500	500	20	20	150	100
	2		500	500	20	20	200	100
	3		500	500	20	20	250	100
D	1	水泥	500	500	20	20	100	0
	2		500	500	20	20	100	50
	3		500	500	20	20	100	150

3. 配合比试验

1）相似材料选取及试样制作

本次配比试验的骨料采用石英砂及重晶石粉，胶结材料采用以酒精为溶剂的聚酰胺树脂与环氧树脂混合，并加入适量水泥调节强度。试验材料见图 5.113 ~ 图 5.117，胶结材料混合后为液体状胶结溶液，见图 5.118。

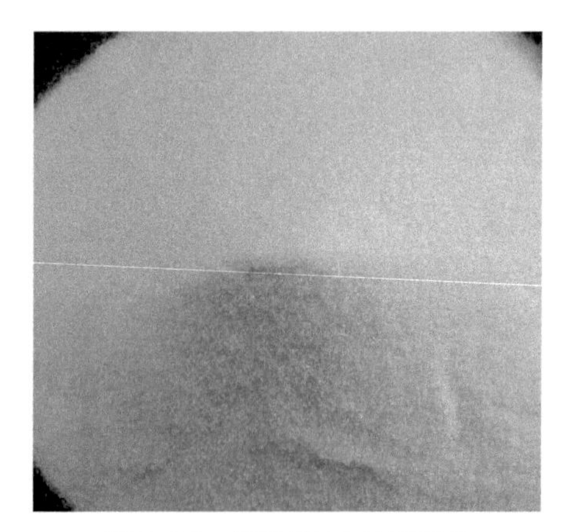

图 5.113　试验用 80 目石英砂

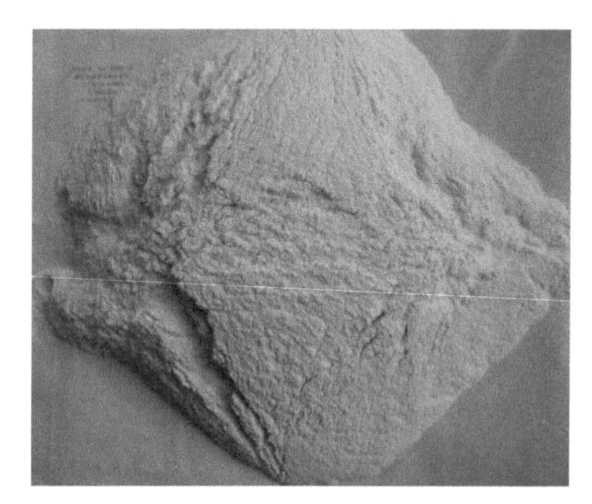

图 5.114　试验用重晶石粉

图 5.115　试验用聚酰胺树脂及环氧树脂

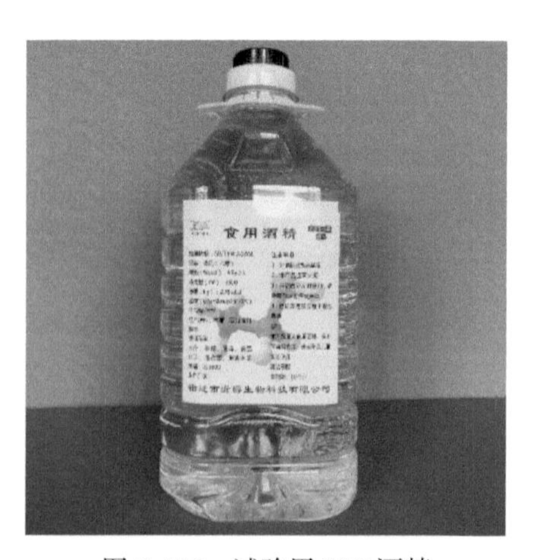

图 5.116　试验用 95% 酒精

图5.117　试验用325水泥

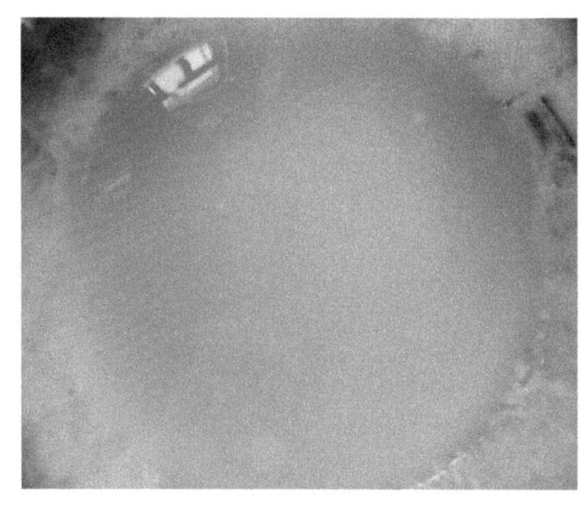
图5.118　胶结材料混合溶液

根据岩石单轴抗压强度试验的标准，本次试验采用高度为100mm、直径为50mm的圆柱体标准试件。

标准试件的制作步骤为：首先将试件的原材料准备好，然后按照预先设计的骨料材料配比均匀混合，再加入胶结溶液搅拌均匀。然后在模具内壁均匀涂抹一定量的凡士林，方便脱模。将搅拌均匀的混合材料倒入模具中，鼓捣振动密实（图5.119），待试样成型后迅速脱模。试验需要分别测定相似材料试样的抗压强度与抗拉强度，因此将部分标准试样切半，用以抗拉劈裂试验（规格50mm×50mm）。然后将试样放入烘箱中养护24h，烘箱温度为38°，在相似材料试样硬化成型之后，进行试样的单轴压缩及劈裂试验（图5.120、图5.121），采用的试验仪器为微机控制压力试验机（图5.122），其最大负荷为1000kN，位移量程为150mm。

2）试样的单轴抗压与劈裂试验

a. 单轴压缩试验

试验材料的弹性模量通过读取单轴压缩试验中得到的全应力-应变曲线中近似直线段的平均斜率获取。单轴压缩试验采取位移控制方式进行试验，加载速率为0.1mm/min。根据试验结果，参照《工程岩体试验方法标准》（GB/T 50266—2013）相关规定计算试样各参数。

图5.119　标准试样制作

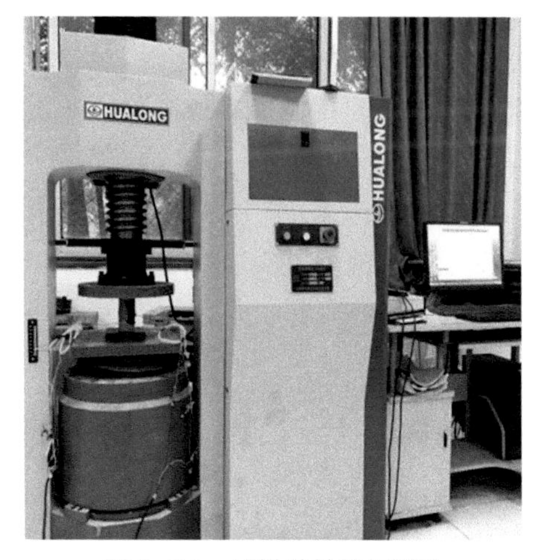

图5.120　试样单轴抗压试验

图 5.121　试样劈裂试验

图 5.122　微机控制压力试验机

单轴抗压强度：

$$\sigma = \frac{P}{A}$$

式中，P 为试件破坏荷载，N；A 为试件截面积，mm^2。

平均弹性模量：

$$E_{av} = \frac{\sigma_b - \sigma_a}{\varepsilon_{1b} - \varepsilon_{1a}}$$

式中，E_{av} 为岩石平均弹性模量，MPa；σ_a、σ_b 分别为全应力-应变曲线上直线段始点及终点应力值；ε_{1a}、ε_{1b} 分别为应力为 σ_a、σ_b 时的应变值。

b. 劈裂试验

试样的劈裂试验按照《工程岩体试验方法标准》（GB/T 50266—2013），采用巴西劈裂法测试相似材料抗拉性能。试验前，通过试件直径两端沿轴线方向划两条相互平行的加载基线，使用直径约 2mm 的粗钢丝沿加载基线固定在试件两端，之后将试样至于试验机承压板中心，调整上承压板至与试样接触，同样采用位移控制进行试验，加载速度为 0.1mm/min。

计算抗拉强度时，参照规范要求，计算如下：

$$\sigma_t = \frac{2P}{\pi D h}$$

式中，σ_t 为岩石抗拉强度；P 为试件破坏荷载；D 为试件直径；h 为试件厚度。

3）试验结果分析

根据各组试验结果计算得到的试验各参数如表 5.20 所示。

表5.20　配合比试验结果

组号	容重/(kN/m³)	抗压强度/MPa	弹性模量/GPa	抗拉强度/MPa
A1	21.47	3.30	0.35	0.12
A2	21.39	5.00	0.65	0.35
A3	21.39	3.81	0.55	0.38
A4	21.22	2.62	0.30	0.14
A5	20.81	1.03	0.16	0.13
B1	21.56	3.52	0.52	0.54
B2	21.47	10.10	1.46	0.75
B3	21.47	13.60	1.14	0.84
C1	19.23	2.55	0.40	0.53
C2	16.81	2.15	0.26	0.39
C3	21.97	15.70	1.83	2.02
D1	20.31	6.67	0.81	1.41
D2	20.72	6.78	0.61	0.80
D3	20.97	9.90	0.51	1.16

对试验结果进行统计分析可得如下认识。

a. 试样容重随配比变化规律

对各组重晶石、石英砂，胶结材料，酒精及水泥含量变化与容重关系进行统计，如图5.123～图5.126。

从各曲线中不难发现，相似材料容重随重晶石、石英砂，胶结材料及水泥含量变化，在20.0～21.5kN/m³的范围浮动，变化不大，说明这些指标的变化对容重影响较小。由图5.125可知，容重对材料中酒精含量的响应最为明显，且随酒精含量的增加而逐渐降低，根据试验制样过程中观察的试验现象推测是由于酒精含量过多，试件制作时内部空隙无法完全击实，待试样烘干至残余酒精挥发之后，留下大量空隙，从而降低试样容重和强度。

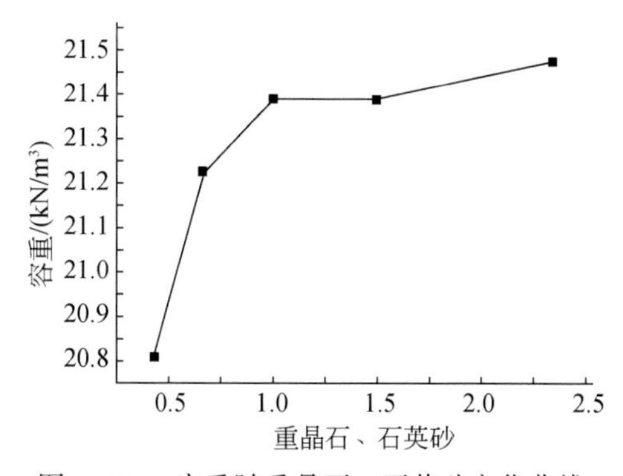

图5.123　容重随重晶石、石英砂变化曲线

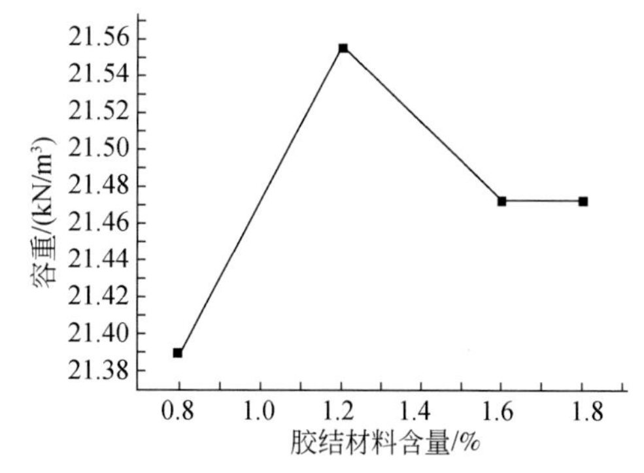

图5.124　容重随胶结材料含量变化曲线

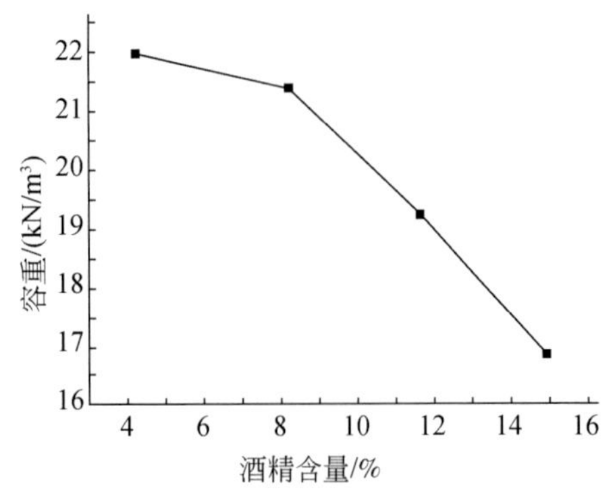

图 5.125　容重随酒精含量变化曲线

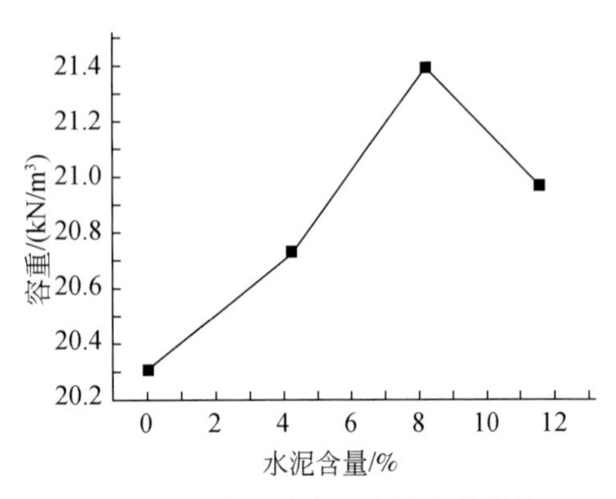

图 5.126　容重随水泥含量变化曲线

b. 弹性模量随配比变化规律

同样对各组重晶石、石英砂，胶结材料，酒精及水泥含量变化与弹性模量的关系进行统计，得到图 5.127～图 5.130。

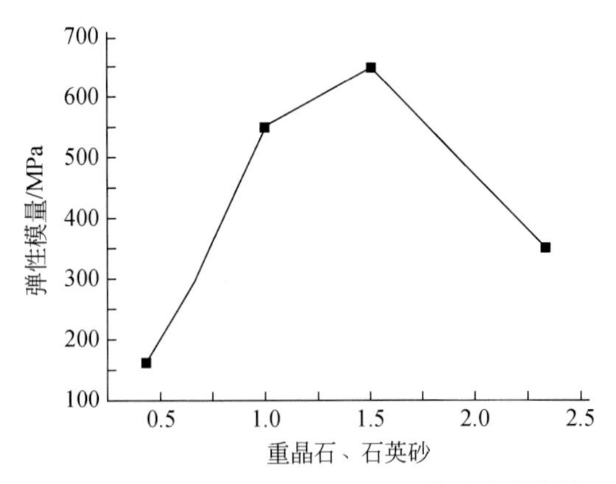

图 5.127　弹性模量随重晶石、石英砂变化曲线

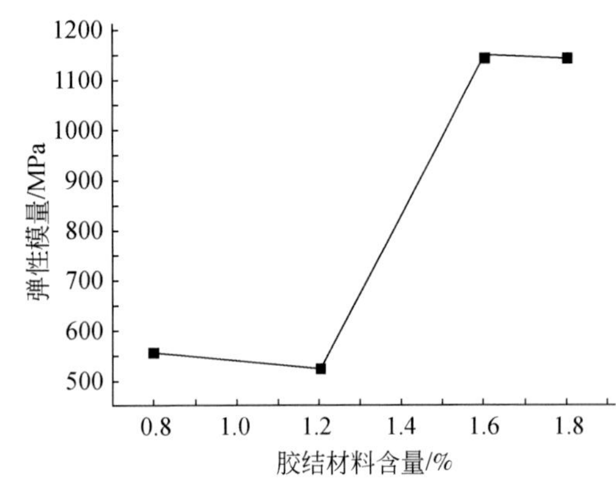

图 5.128　弹性模量随胶结材料含量变化曲线

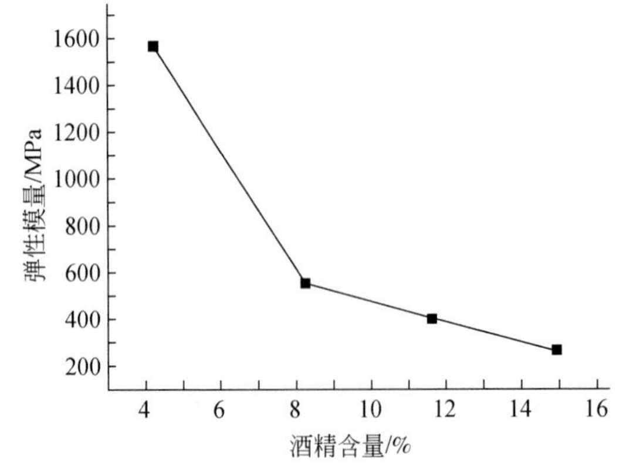

图 5.129　弹性模量随酒精含量变化曲线

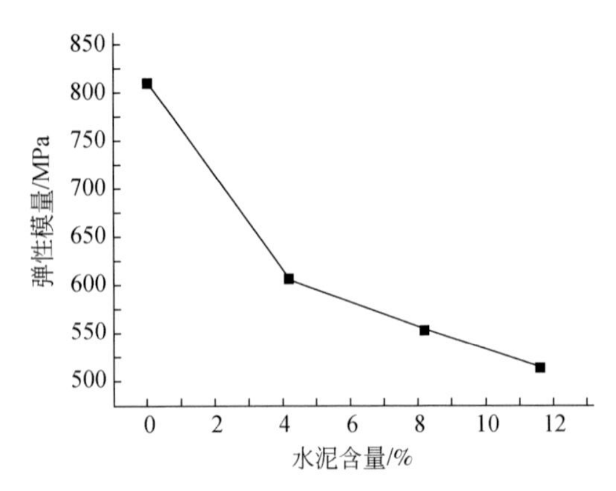

图 5.130　弹性模量随水泥含量变化曲线

从以上几条变化曲线可以看出，由环氧树脂、聚酰胺树脂作为胶结材料的相似材料，在弹性模量上有着较大程度的可调性。相似材料试样的弹性模量在重晶石、石英砂值为 1.5 时达到最大，整体呈先上升再下降的趋势，重晶石、石英砂对材料级配调节明显，表明其弹性模量受颗粒级配影响较大。同时弹性模量还随胶结材料含量的增加而增加，随酒精含量和水泥含量的增加而降低。

c. 抗拉强度随配比变化规律

相似材料抗拉强度随各材料含量变化的趋势见图 5.131 ~ 图 5.134。

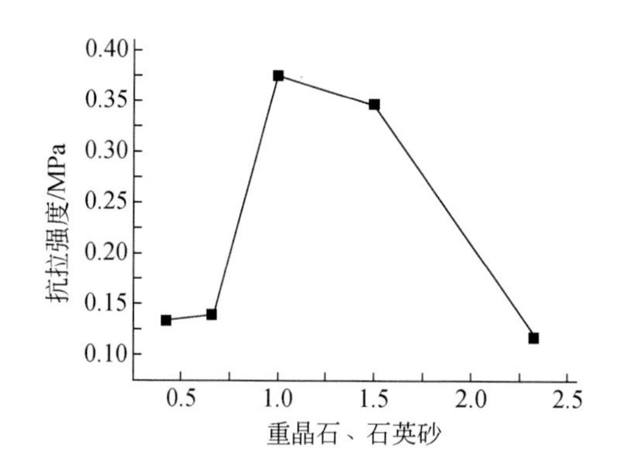

图 5.131　抗拉强度随重晶石、石英砂变化图

图 5.132　抗拉强度随胶结材料含量变化图

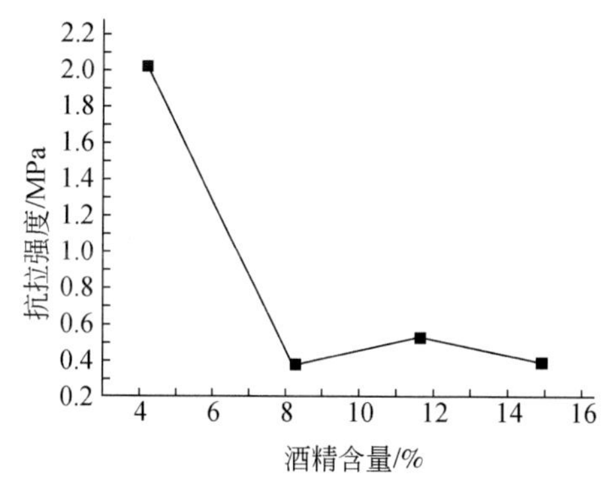

图 5.133　抗拉强度随酒精含量变化图

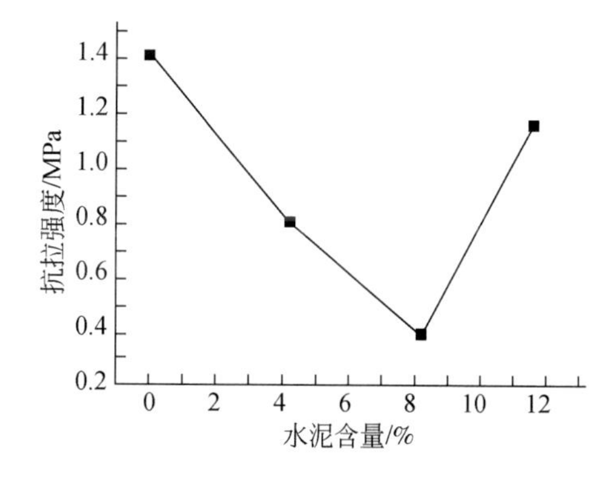

图 5.134　抗拉强度随水泥含量变化图

可以看出，相似材料的抗拉强度随重晶石、石英砂变化规律与弹性模量类似，均是先上升随后下降，在重晶石、石英砂含量相当时达到最大。同时抗拉强度还随胶结材料含量的增加而增加，随酒精含量增加而降低，随水泥含量的增加而先降低后上升。

d. 抗压强度随配比变化规律

抗压强度虽不是此次模拟控制的主要指标，但试验中需要保证下部岩体能够承受上部岩体的自重作用而不破坏，故对各组重晶石、石英砂，胶结材料，酒精及水泥含量变化与抗压强度的关系进行统计，得到图 5.135 ~ 图 5.138。

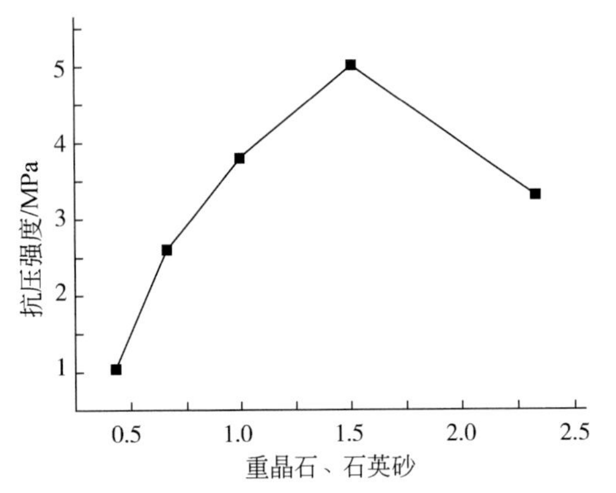

图 5.135　抗压强度随重晶石、石英砂变化图

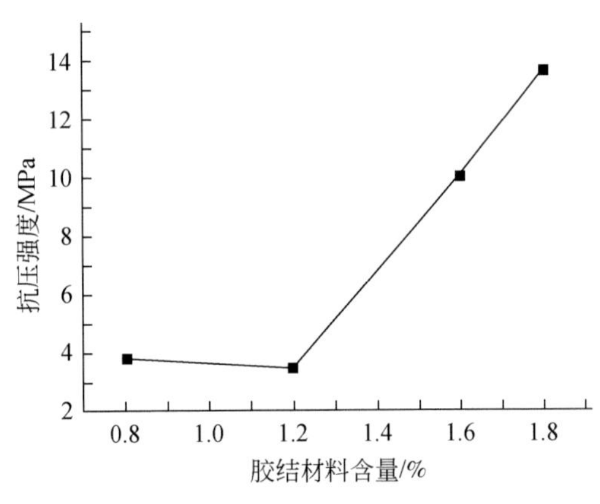

图 5.136　抗压强度随胶结材料含量变化图

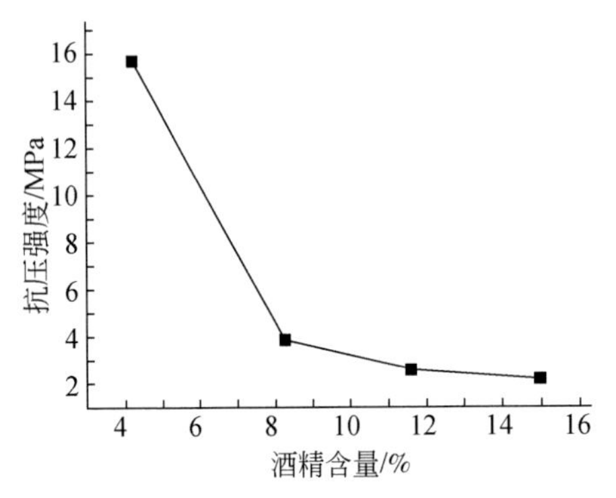

图 5.137　抗压强度随酒精含量变化图

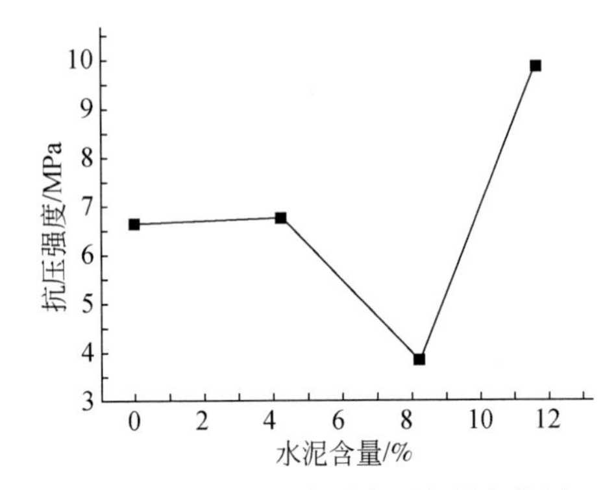

图 5.138　抗压强度随水泥含量变化图

可以看出，相似材料的抗压强度随胶结材料含量的增加而增加，随酒精含量的增加而降低，随水泥含量的变化趋势不明显。同时与弹性模量变化规律一致，其抗压强度随重晶石、石英砂的增加而先增加后降低，在重晶石质量为石英砂的 1.5 倍时达到最大。

4）模型试验配比研究

结合现场地质调查结果及资料收集分析，将倾倒变形边坡岩体划分为极强倾倒破裂区（A 区）、强倾倒破裂区（B 区）、弱倾倒过渡变形区（C 区）及原岩区（D 区）。

岩体相似材料配比：各区由于岩体变形破裂程度不同，其岩体参数存在差异，综合统计分析各水电站倾倒变形边坡经现场及室内试验测得的各分区岩体参数，工程地质模型中岩体参数取值如表 5.21 所示。

表 5.21　倾倒变形边坡各区岩体参数取值

区号	岩性及分区		重度(γ)/(kN/m^3)	弹性模量(E)/GPa	抗拉强度(R_t)/MPa
A	板岩	极强倾倒破裂	2080	1.5	0.85
B		强倾倒破裂	2450	2.6	1.05

续表

区号	岩性及分区		重度(γ)/(kN/m^3)	弹性模量(E)/GPa	抗拉强度(R_t)/MPa
C	板岩	弱倾倒过渡变形	2630	4.0	1.25
D		基岩	2700	6.5	1.75

根据前述配比试验的结果，结合上表边坡岩体参数，经反复试验，最终确定的各区岩体相似材料配比如表 5.22 所示。

表 5.22　模型各区相似材料配比结果　（单位:%）

原料		重晶石	石英砂	环氧树脂	聚酰胺树脂	酒精	水泥
A	配比	60.52	25.98	0.21	0.21	13.13	0.46
B		60.37	25.82	0.20	0.20	12.62	0.79
C		60.44	25.96	0.24	0.24	12.16	0.96
D		60.58	25.97	0.35	0.35	11.30	1.00

5.6.2.2　相似物理模拟试验研究

1. 模型设计

1）模型填筑方案选择

填筑相似试验模型时，应最大限度地满足应用相似理论所推导的相似条件要求，如相似比、单值条件、边界条件等。其过程对模型预测原型，反映原型的变形和破坏过程至关重要。但是填筑模型既要考虑科学性，还要考虑可操作性，所以存在一定程度的难度。对于物理模型的填筑成形问题，根据研究的对象、侧重点和相似材料的不同，常用的几种制模方案见表 5.23。

表 5.23　常用的几种制模方案

常用制模方案	方案应用及方法
砌筑法成形	主要用于模拟节理岩体的地质力学模型试验。成形时用一定形状的预制小块体砲筑成试验模型
浇筑成形	主要用于纯石膏材料。其步骤为浇筑—自然干燥—拆模—烘干（温度不宜超过 60℃）或自然干燥。这种成形法，渗水较多，不易干燥，成形周期长，但一般而言模型表面较平整，易于粘贴应变片
碾压成形	此法尤其适合于以油脂、石蜡类材料为黏结剂的相似材料。碾压时每层厚度不宜大于 10cm，碾压次数以 12 次为宜
压力机压实成形	在原材料配比难于有更大潜力可控时，采用压力机形成可提高材料的容重和内摩擦角

续表

常用制模方案	方案应用及方法
夯实成形	适用于除纯石膏材料以外的几何任何材料，特别在以材料容重为控制参数时，夯实成形（及上面提到的压力机压实成形）是较好的成形方式。为保证在夯实过程中模型各部分密实度的均匀性，最好制作专门的夯实工具，使每次夯实时锤的下落高度一致

试验相似材料选用的胶结剂为环氧树脂、聚酰胺树脂、酒精溶液，初凝时间较长，不适用于浇筑成形的方法，且本次试验模拟倾倒边坡现阶段基础上的蓄水响应特征，坡体内部已产生大量结构面，为了能够使模型更好地还原边坡结构特征，选择采用砌筑法成形制模。根据不同相似材料配比制作不同强度需求及尺寸的试块，通过试块堆砌能够较好地还原坡体岩体及结构面性质。

2）试块制作

模型所需试块要根据表 5.21 中不同分区岩体的岩性、强度及变形破裂程度分组制作。其中强度主要涉及试块所用相似材料配比，变形程度通过改变试块尺寸，即增加预制裂隙来考虑，岩性的差异通过试块厚度、材料配比实现。据现场调查，倾倒变形边坡坡表岩层最薄，板岩层厚 5 ~ 10cm，按照相似关系，模型层厚应仅有 0.08 ~ 0.15mm，受试验条件限制，对经几何相似比转化后的岩层模拟厚度进行适当放大。最终确定的试块尺寸见表 5.24。

表 5.24　试块尺寸设计　（单位：mm）

区号		A	B	C	D
试块尺寸	长	50	100	200	200
	宽	100	100	100	100
	厚	10	10	10	10

制作试块的模具采用木质结构，根据试块尺寸设计模具长 42cm、宽 54cm、厚度 1cm。试块长度方向可以根据尺寸需求采用切片切割即可。两种模具均设可拆卸底板，方便制模与拆模，其结构如图 5.139 所示。

制作模块时按照事先确定的配比混合各原材料，搅拌均匀后放入边缘与底部涂有凡士林的模具中，并做分层压实处理，然后抹平表面，填补表面微裂纹，见图 5.140、图 5.141。由于材料完全干燥后拆模会对模块产生扰动，易发生块体损坏。选择在材料基本胶结时期即拆除模具，1cm 和 3.5cm 两种厚度的试块拆模时间约为制模完成后 3h、5h。

3）模型尺寸及结构

本次研究选取边坡工程地质模型长 500m、高 400m 长方形区域，模型试验为二维框架物理模拟试验，根据试验设备（图 5.142）尺寸确定几何相似比 1∶650。

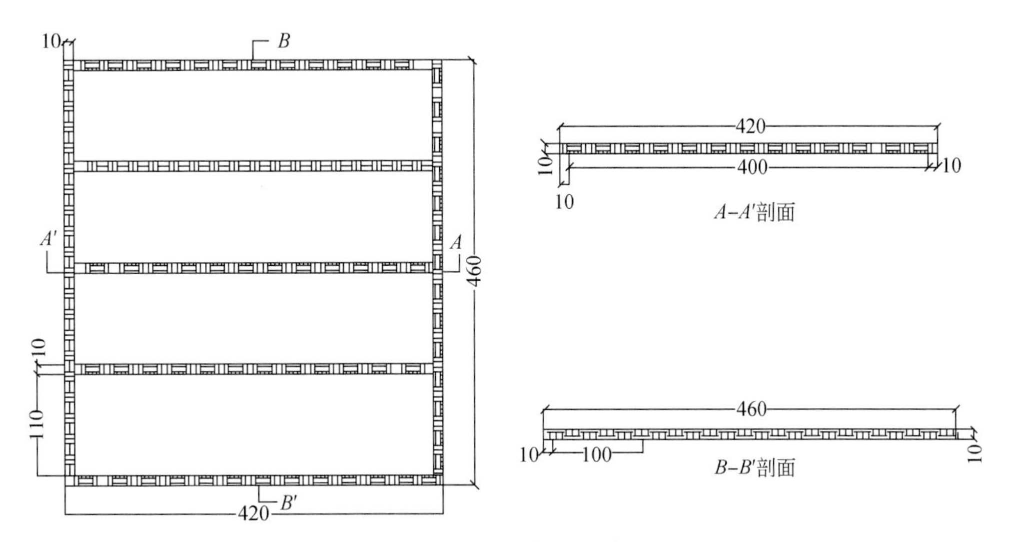

图 5. 139　模具结构示意图（单位：mm）

图 5. 140　模块制作

图 5. 141　模块切片切割

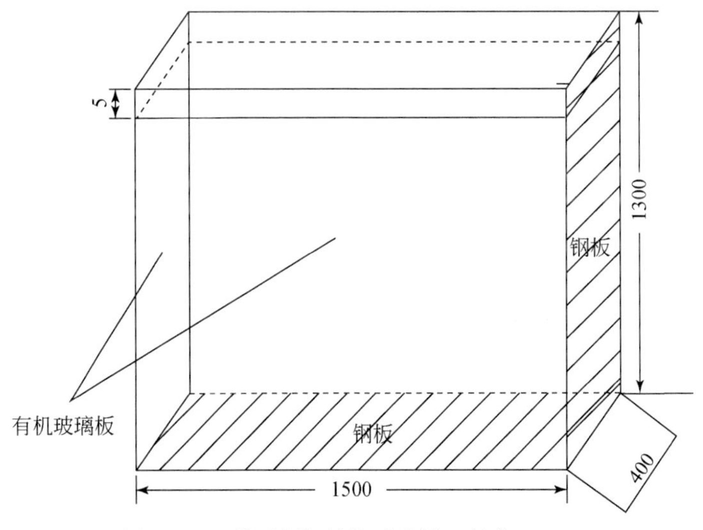

图 5. 142　模型框架结构示意图（单位：mm）

本试验装置整体为镀锌钢结构框架，长 1.5m、宽 0.4m、高 1.3m，底板作为承重板，采用钢板焊接；为给予模型以约束条件，框架右侧同样采用钢板结构焊接，其余板面均设置有机玻璃板，连接形式为螺钉钉接，以便观察试验中模型实时变形现象。

结合相似关系及试验需要将模型边坡的尺寸设为：高 80mm，长 100mm，宽度 10mm。模型边坡在还原原型边坡实际地质状况时做适当调整，根据变形程度等划分出极强倾倒破裂区（A 区）、强倾倒破裂区（B 区）、弱倾倒过渡变形区（C 区）及原岩区（D 区）。模型边坡整体为反倾结构边坡，其中原岩区（D 区）布置倾角为 85°，各倾倒变形区（C、B、A）岩层倾角逐渐减小，分别为 61°～82°、36°～60°、23°～42°，通过岩板倾角变化、各区岩板强度及节理面发育规模来模拟岩体的倾倒变形行为，如图 5.143 所示，堆砌完成的模型如图 5.144 所示。

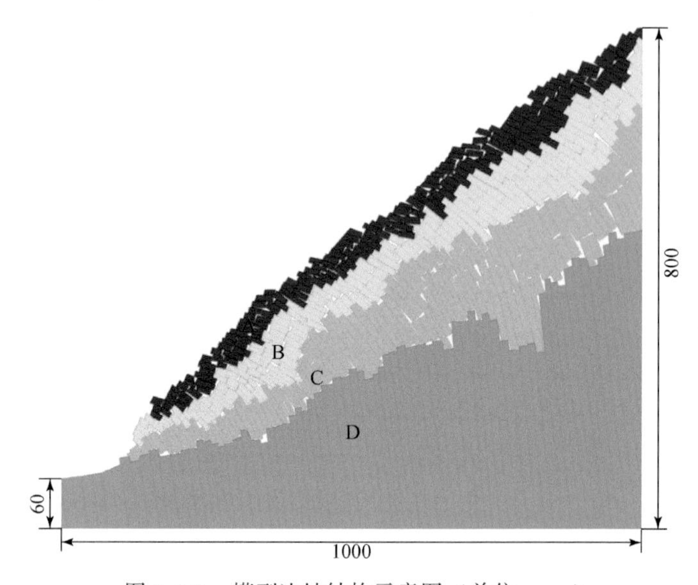

图 5.143　模型边坡结构示意图（单位：mm）

图 5.144　倾倒变形边坡模型

2. 蓄水及监测设计

1）蓄水方案设计

本次试验研究对象边坡进行蓄水的根本目的是研究水电工程中倾倒变形边坡的响应特征及稳定性，因此蓄水方案设计根据苗尾水电站、狮子坪水电站的蓄水位考虑。综合之后，本次试验蓄水设计分两期进行，在初始河面水位基础上，一期蓄水60m（试验模型中120mm）、二期蓄水40m（试验模型中80mm），总共蓄水100m（模型中200mm），并且考虑水位骤降对边坡变形及稳定性的影响，在蓄水位达到最高蓄水位后，设计水位骤降7m（模型中14mm）。最终设计的边坡蓄水方案如图5.145所示。

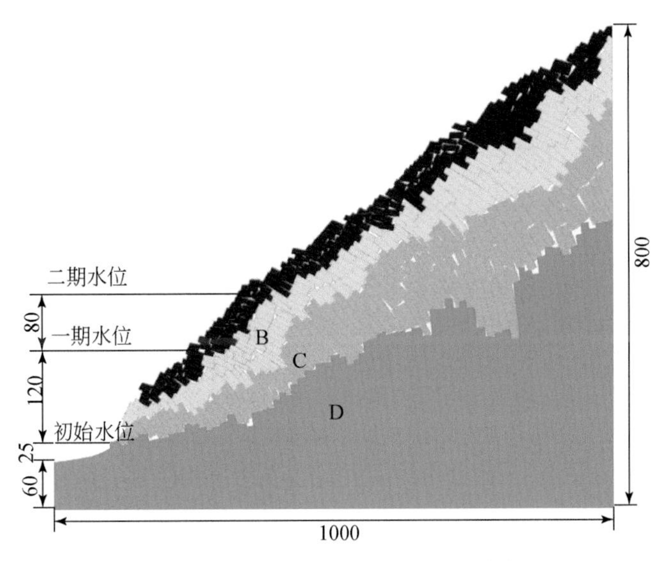

图5.145　模型边坡蓄水方案示意图（单位：mm）

试验由水泵抽取储水池中自来水，再经调速器控制流量后运送至水管实现蓄水，如图5.146，其中水泵功率100W，最大流量8L/min，最大吸程3m；水管为内径9mm，外径12mm的防老化聚乙烯（polyethylene，PE）管。根据模型箱尺寸及水管流量综合考虑，以2L/min的流量进行蓄水。

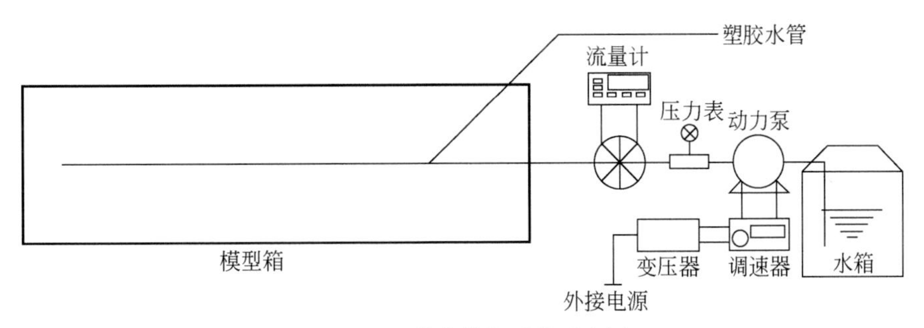

图5.146　蓄水模拟系统示意图

2）监测方案设计

试验数据监测与采集系统主要包括变形破坏监测、应力监测、水文监测、其他监测及数据采集系统。

变形破坏监测包括位移和裂缝监测，位移监测与裂缝监测主要采用定时拍照和录像来记录，后期用 MATLAB 进行图像处理得出位移监测数据。

应力监测包括孔隙水压力和土压力的监测和数据采集，其中孔隙水压力采用西安鼎诚测控科技有限公司生产的 CYSBG-20 微型孔隙水压力传感器（图 5.147），传感器量程为 0 ~ 20kPa，精度等级 0.25 级；土压力采用 TYJ-350（电阻应变式）微型土压力盒（图 5.148）进行监测，量程为 0 ~ 1MPa，精度分辨率≤0.05% FS（全量程，full scale）。

其他监测包括蓄水位的监测和时间的监测。

试验的数据采集系统主要包括泰斯特 TST3822E 静态应变式数据采集仪（图 5.149）。泰斯特 TST3822E 静态应变式数据采集仪由江苏泰斯特电子设备制造有限公司生产，用于采集土压力数据，分为全桥和半桥等多种连接方法，可同时进行 20 个测点的数据采集。

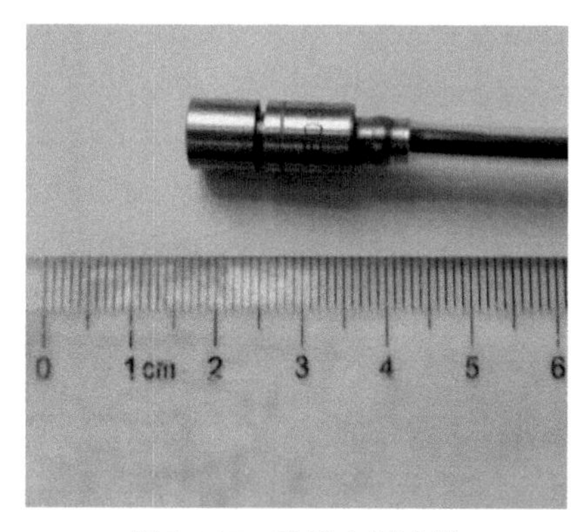

图 5.147　孔隙水压力计

图 5.148　微型土压力盒

图 5.149　静态应变式数据采集仪及显示设备

根据边坡结构及预期试验现象在模型不同部位共设六个监测点，其中于每个监测点岩体中部埋设土压力盒监测应力变化，土压力盒平行于层面安装，受压面朝向为岩层面的外法线方向并在其附近埋设孔隙水压力计监测孔隙水压力变化，在每一处监测点的岩块上进行标记，以便后期通过高像素照片处理得到位移监测数据。

本次模型试验旨在模拟研究蓄水情况下倾倒变形边坡极强倾倒破裂区和强倾倒破裂区的特征，故监测点布置首先考虑 A 区及 B 区，由于 D 区几乎没有变形，C 区变形也很小，因此不在该区布置监测点。监测点布置如图 5.150 所示。1#、3#、5#监测点分别布置于强倾倒破裂区，2#、4#、6#监测点布置于极强倾倒破裂区，7#—16#监测点为最高蓄水位以上的位移监测点。

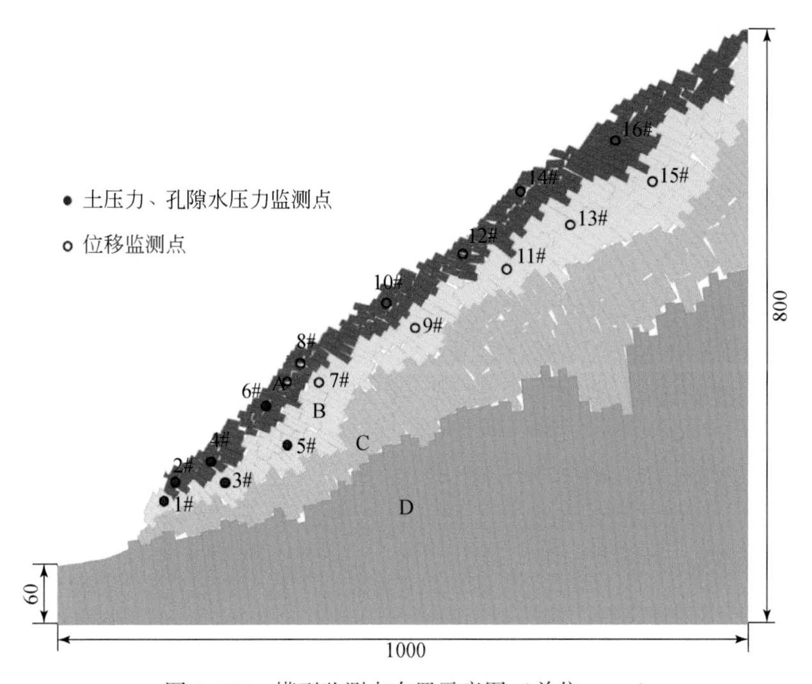

图 5.150　模型监测点布置示意图（单位：mm）

3. 模型变形特征分析

试验模型边坡在蓄水后的变形破裂现象及位移变化是倾倒变形边坡蓄水响应最直观的表现方式，因此首先结合坡体结构面发育特征对边坡进行变形特征分析。

1）初始水位状态

为了使试验模型在堆砌完成后达到初始应力平衡稳定状态，在试块堆砌完成后静置五天，模型在自身重力作用下调整内部应力，使初始岩体结构稳定。在静置五天后，开始通过水泵蓄水，使水位上升到初始水位线 85mm 后暂停蓄水（图 5.151）。由于初始水位线只能淹没原岩区岩体，而原岩区岩体的岩板之间排列紧密，层间没有拉张开，且坡体深部受应力约束，所以从开始蓄水到达初始水位这一阶段，模型边坡并未产生变形。

2）一期蓄水

从水位到达初始水位 1h 后，继续蓄水，使水位到达一期蓄水位 205mm。在这一过程中，库水开始逐渐上升淹没坡脚强倾倒破裂区岩体和极强倾倒破裂区岩体，由于岩体结构

图 5. 151　模型初始水位

中裂隙极为发育，库水快速渗透进坡体内，在岩体结构间的裂隙上产生裂隙水压力。随着库水位的不断上升，裂隙水压力随之增大，同时在水的润滑作用下，岩体结构面的力学性能降低。动力增大、抗力降低，使得坡表岩板沿层面滑动，折断裂隙进一步扩张。坡表岩板的滑动进而为上覆岩块的变形提供了空间，在重力和裂隙水压力的共同作用下，上覆岩体开始产生大变形或累进性破坏（图 5. 152）。一期蓄水过程，试验边坡的变形破坏区域位于坡脚浅表层岩体，而坡体上部岩体变形较小，很难直观地表现出来，但是从位移分析数据中可以看出坡体上部岩体在坡脚岩体滑塌破坏后也会产生变形。

如图 5. 152 所示，倾倒变形边坡模型在一期蓄水过程中，随着库水位的上升，边坡内岩体不断在产生变形破坏。在库水位初始上升阶段［图 5. 152（a）、(b)］，坡脚表层岩体破碎，结构面发育，岩块之间空隙多，岩体渗透性强，库水快速渗入岩体裂隙中，形成裂隙水压力；同时库水位的抬升对坡脚岩体会产生浮托作用，减小岩块之间的应力作用。在岩体裂隙中的裂隙水压力不断上升的过程中，岩块开始在水压力的推动下沿着层面滑动，当滑动产生一定位移后，滑动岩块为上覆岩体的变形提供了变形空间，坡脚表层岩体在重力和裂隙水压力的共同作用下发生滑塌。随着水位的进一步抬升，岩体内的裂隙水压力随之增大，且在坡脚岩体滑塌后，水位附近坡表岩体的临空条件更加有利，变形空间也不断增大，坡体浅表层岩体开始呈现出渐渐后退式的逐步垮塌，但垮塌范围只在水位附近，蓄水并未造成边坡整体性的失稳［图 5. 152（c）～（f）］。

3）二期蓄水

在一期蓄水后 2h 继续进行二期蓄水，在一期水位的基础上，随着库水位的继续抬升，边坡中岩体的变形破坏继续向上发展，而底部岩体也会产生滑移、转动等方式的变形，使得已经垮落的岩块继续向坡脚运动堆积。而受坡脚大范围岩体的滑塌破坏，坡体上部岩体也开始产生了明显的变形，整个坡体的浅表层都产生了明显的变形破坏现象（图 5. 153）。

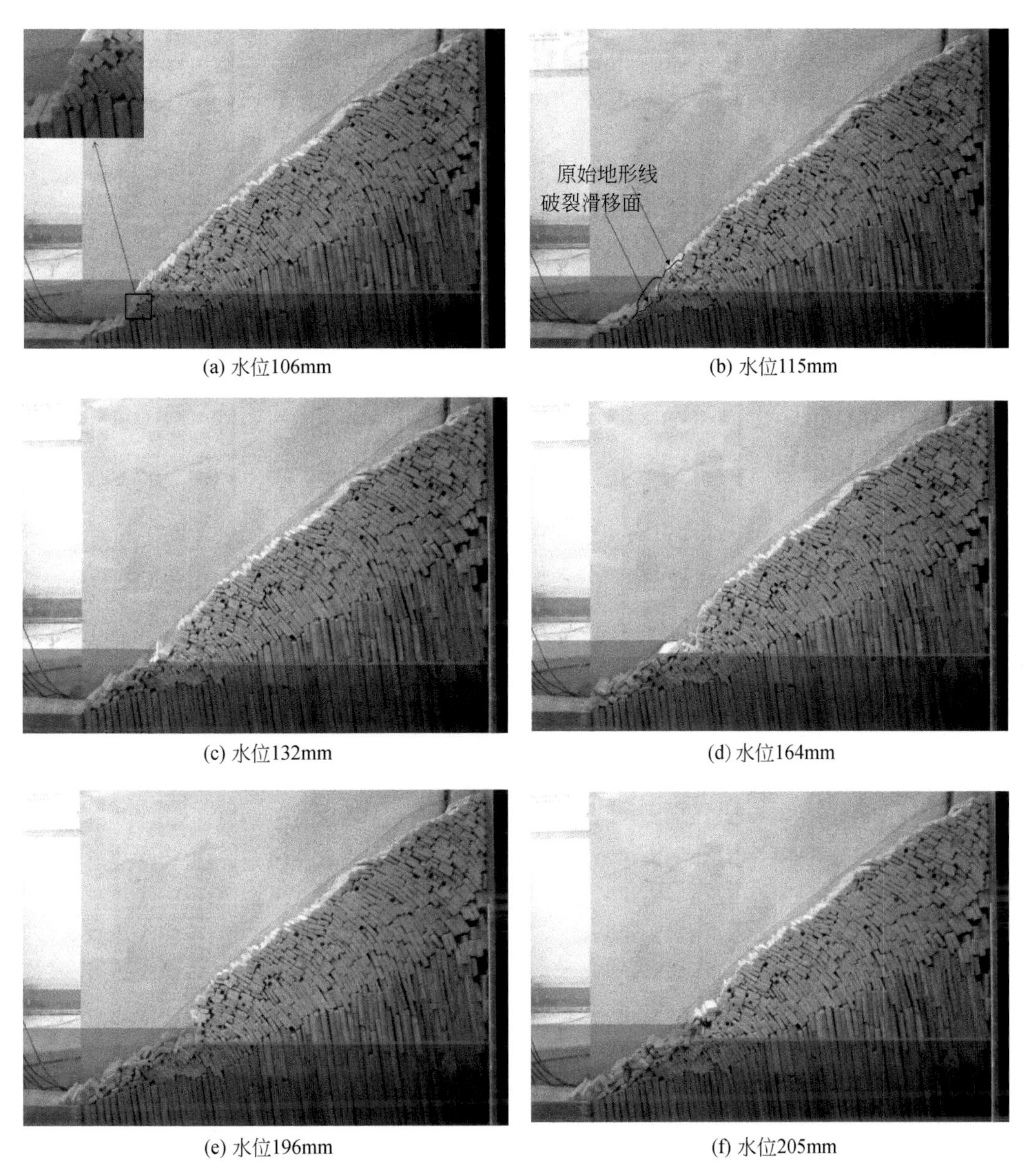

(a) 水位106mm　(b) 水位115mm

(c) 水位132mm　(d) 水位164mm

(e) 水位196mm　(f) 水位205mm

图5.152　一期蓄水过程边坡变形破坏特征

如图5.153所示，在二期蓄水阶段过程中，随着裂隙水压力的增大，原来一期蓄水阶段已滑塌的岩体进一步向河谷方向运动，导致坡脚浅表层岩体产生大规模滑塌，且表现出滑塌部分岩体未解体的现象。同时由于坡脚岩体大范围的滑移破坏，坡体上部岩体缺少坡脚岩体的支撑，也产生了明显的变形，裂缝明显较初始状态宽，岩块也产生了转动现象。说明当蓄水位达到一定高程后，不仅边坡坡脚岩体会产生大规模的变形破坏现象，而且整个坡体浅表部都会产生比较明显的变形，进而影响边坡的整体稳定性。

(a) 水位225mm

(b) 水位285mm

图 5.153　二期蓄水过程边坡变形破坏特征

4）水位骤降

在水电工程中，库岸边坡一般都有水位骤降工况，在二期蓄水达到设计水位后稳定2h，然后模拟边坡水位骤降过程。如图 5.154（a）所示，在水位刚降低后，原来二期蓄水时滑塌未解体的岩体产生解体滑动，并覆盖在二期蓄水破坏的堆积体之上，并且在滑动后缘边界形成陡立的滑动面。坡体上部岩体在解体岩体滑动的影响下，也产生了较为明显的变形，但并未有破坏现象出现。如图 5.154（b）所示，在水位骤降稳定后，坡脚已滑动的堆积体逐渐产生滑移转动变形至稳定状态，没有新的岩体产生破坏现象。而坡体上部岩体在长期重力作用和临空条件下，产生了缓慢的倾倒变形，岩块之间的裂缝进一步扩展，岩块产生了明显的变形现象。若后期在其他因素的影响下，可能产生坡体浅表层的滑动破坏。

(a) 水位270mm

(b) 水位骤降后稳定状态

图 5.154　水位骤降过程边坡变形破坏特征

4. 试验监测数据分析

本次试验共布置六只土压力传感器、六只孔隙水压力传感器、16 个位移监测标记点，对试验边坡在蓄水过程中的应力、位移变化进行监测，得到各监测点在整个试验过程中的变化特征曲线（图 5.155 ~ 图 5.157）。

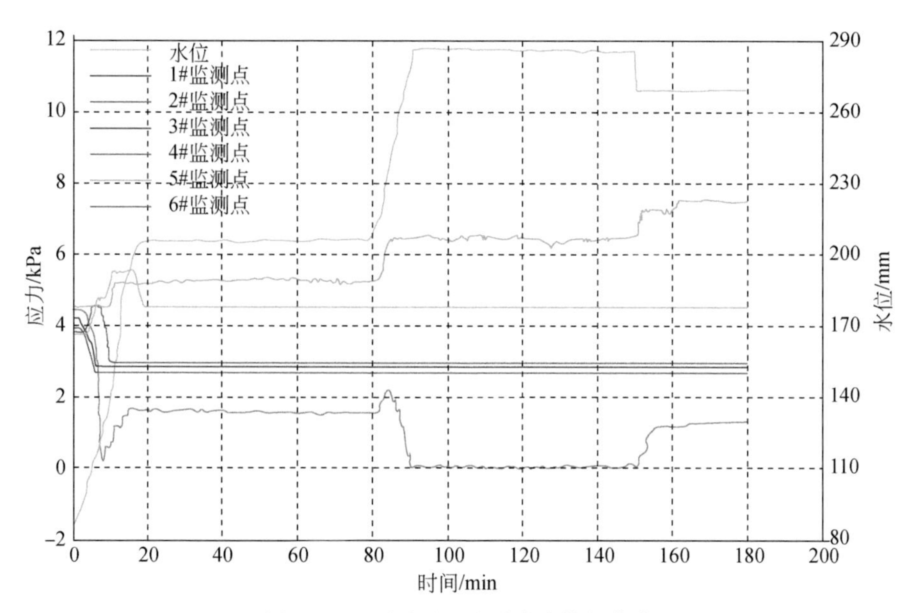

图 5.155　试验过程边坡应力特征曲线

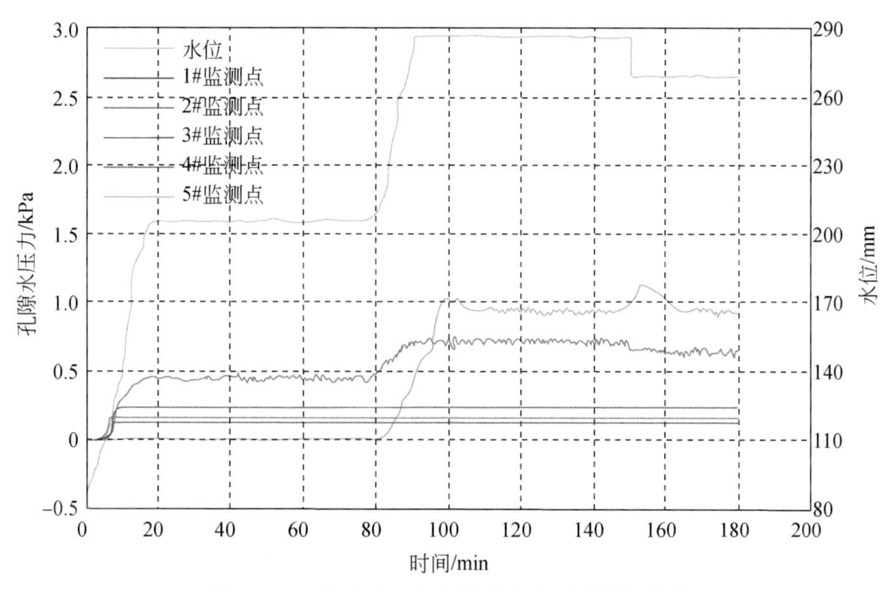

图 5.156　试验过程中边坡孔隙水压力特征曲线

如图 5.155 所示，在蓄水过程中，随着水位的抬升，坡脚处岩体被库水淹没，库水对水面以下岩体具有浮托作用，加之岩体中裂隙迅速被水充填，岩体中裂隙水压力增加，致使坡脚岩体应力降低。图 5.155 中 1#、2#、3#及 4#监测点位置就位于坡脚处。当坡脚岩体在库水作用下产生变形破坏后，位于坡脚处的监测仪器随着岩块一起垮落，监测仪器不再起作用，在图中用直线表示监测仪器失效后的状态（1#、2#、4#和 6#监测点直线部分）。其中 3#监测点位置处岩块只发生了转动变形，并未产生滑动，仪器一直生效，且随

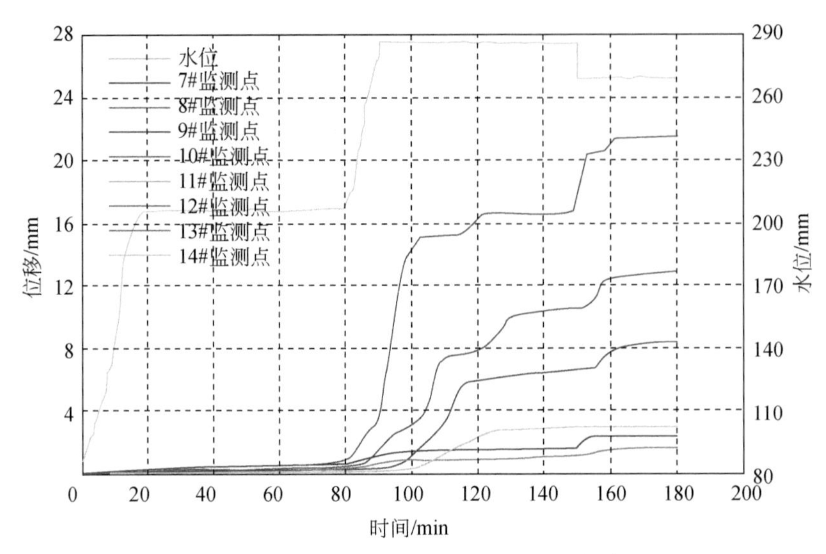

图 5.157　试验过程中边坡位移特征曲线

着后续水位变化引起上部岩体滑塌堆积–再滑动过程的变化，其应力值也随着上覆堆积物的厚度而改变。在一期蓄水过程中，坡脚岩体的滑塌，使得上部岩体失去支撑，致使5#和6#监测点位置处的岩体形成应力集中现象，应力调整增大。直至6#监测点处岩体被水淹没产生破坏，应力降低。随着越来越多的岩体破坏，5#监测点位置岩体的应力集中现象也越来越明显，该点的应力值进一步增大，说明该处及附近岩体对上部坡体具有支撑效应。对上部岩体的支撑作用由最初坡脚岩体转移到5#监测点位置处。

如图 5.156 所示，在整个蓄水过程中，边坡内孔隙水压力的总体特征是随水位的升高而增大，随水位的降低而减小，但不同位置同时也具有差异性。其中6#监测点位置岩体在库水淹没之前就已经破坏滑动，监测仪器也同时掉落，所以6#监测点没有采集到有效数据。1#、2#和4#监测点位于坡脚，随水位升高孔压增大，但坡脚岩体滑动破坏较早，在一期蓄水至115mm后就相继产生变形破坏，破坏后监测仪器失效（图中以直线段表示）。同应力特征曲线类似，3#监测点岩体虽有转动变形，但一直未失效，在上覆岩体产生滑塌的过程中，受滑塌岩体冲击作用，其孔隙水压力会增大。5#监测点与3#监测点相似，只是5#监测点位置较高，二期蓄水时水位才达到5#监测点位置，开始孔隙水压力一直为0。综合图 5.155 和图 5.156 来看，岩体中孔隙水压力增大致使应力降低，应力降低就会使坡脚高应力约束效应消失，约束效应消失后，坡脚岩块极易变形，进而为上覆岩体提供了变形空间，形成渐进后退式的逐步滑塌。

如图 5.157 所示，此次试验边坡位移监测没有采用埋设监测仪器记录数据的方法，而是利用模型堆砌时预先设置位移监测标记点，通过定点定时拍照，后期在 MATLAB 中对图像进行处理获得标记点的位移变化特征。由于1#—6#监测点岩体发生变形较大，滑移转动过程中，设有标记点的一面逐渐转动到另一个方向或被覆盖，图像处理时不易辨认，而15#和16#监测点位移均很小，几乎为0，故图 5.157 中只有7#—14#监测点数据。总体来看，监测点的位移变化趋势都是随着蓄水过程的进行，变形逐渐增大，且位于B区岩体中的监测点位移都比位于 A 区岩体中的监测点位移小，说明蓄水对坡体上部岩体的影响部位主要在极强倾倒破裂区。同时可知，在二期蓄水前，坡体上部的监测点位移都很小，几乎没有变形，在二期蓄水过程中，坡体上部岩体才逐渐开始产生变形，说明只有当蓄水位达到一定高度或坡脚岩体产生变形破坏范围达到一定程度后才能引起坡体上部岩体产生变形，且在水位骤降过程中，以及在渗透力的影响下，水位变幅段岩体产生滑塌或大变形，也导致坡体上部岩体变形增大。

5.6.2.3　小结

本节通过对试验边坡蓄水条件下响应的物理模拟分析研究得到如下结论：

（1）良好的临空条件是倾倒变形边坡产生再变形的必要条件，倾倒体的失稳是由坡脚开始的，并逐渐向坡体上部发展，同时坡体后缘出现张拉裂隙并追踪原有结构面发育，待后缘裂隙与逐渐错动的切层节理连接形成贯通的滑面时，边坡即发生破坏。

（2）在西南地区的高边坡成坡过程中，会出现河谷高地应力包现象，使得坡脚岩体具有高应力约束效应，同时高应力也会使岩体极为破碎，此时在蓄水扰动下，坡脚岩体应力降低，其高应力约束效应消失，坡脚开始产生变形，坡脚对上覆岩体的支撑作用也逐渐消失，引起上覆岩体逐渐垮塌变形。同时垮塌处上部未垮塌岩体要承受上部岩体的重力，产生应力集中现象，高应力约束效应由坡脚处转移到未垮塌底部处，支撑上部岩体。

（3）边坡发生大变形往往是瞬时或在短时间内完成的，但其前期变形或能量的积累是一个较长的过程。在适应新的坡体状态后，会保持长期的暂态稳定，并积蓄能量，待下一次存在能量释放的突破口（本次试验为蓄水）时，再发生迅速变形。

5.6.3　倾倒变形边坡库水作用分析

5.6.3.1　倾倒错缝式砌体结构水力作用数值模拟

1. 块体离散元软件基本原理

UDEC 是一款基于离散单元法作为基本理论以描述离散介质力学行为的计算分析程序。UDEC 研究的对象被认为是各种离散块体的堆砌，可以根据力与位移的关系来求解块体之间的相互作用力，单个块体的运动遵循牛顿定律，就是力和力矩的平衡。必须满足本构方程、变形协调方程、平衡方程以及一定的边界条件，才能建立数值分析模型。但是由于块体之间不存在相互约束，所以离散元块体之间不存在变形协调的约束，因此建立数值分析模型需要满足的是运动方程和物理方程。离散单元法与其他数值方法的主要区别是：

（1）它能反映块体之间接触面的滑移、分离和翻转等不连续变形，还能计算块体内部的变形和应力分布的状态。

（2）它可以用于求解非线性大位移和动力稳定的问题，这一应用是根据显示时间差分解法来求解动力平衡方程。

基于离散元原理的程序具有的上述优点，使其在结构性岩体的水力作用和变形破坏方面具有无可比拟的优势。

2. 计算流程及计算参数的拟定

1）模型的建立

UDEC 软件主要是通过命令来建立模型的，它主要的建模方式有以下三种：①对于结构简单的模型，可以直接在 UDEC 软件窗口逐条输入命令流来实现建模；②对于结构较复杂的模型，可以将命令流保存在文本文件中，然后在 UDEC 软件中调用文本文件来实现建模；③UDEC 软件还可以直接导入外部图形数据，如将 CAD 中的图形导入。

根据不同边坡中岩体结构的不同、蓄水条件的不同来建立数值分析模型。首先不同边坡倾倒坠覆区的岩层倾角不同，因此根据岩层倾角不同分别建立岩层倾角为 20°、25°及 30°的数值模型。模型大小为 1m×1m 的正方形，层面间距为 5cm，切层节理间距为 10cm（图 5.158）。

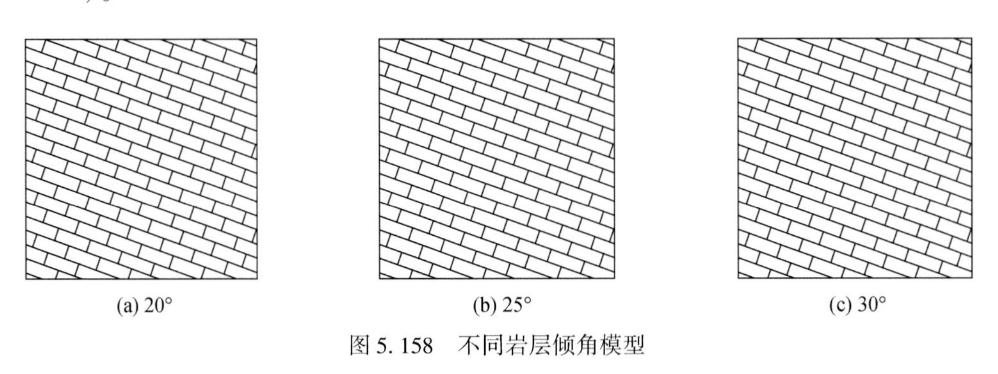

(a) 20°　(b) 25°　(c) 30°

图 5.158　不同岩层倾角模型

不同边坡除了岩层倾角不同外，岩体结构或结构面密度也不同，根据切层节理间距不同分别建立切层节理间距为 10cm、15cm、20cm 的数值模型（图 5.159），模型其他参数同上。

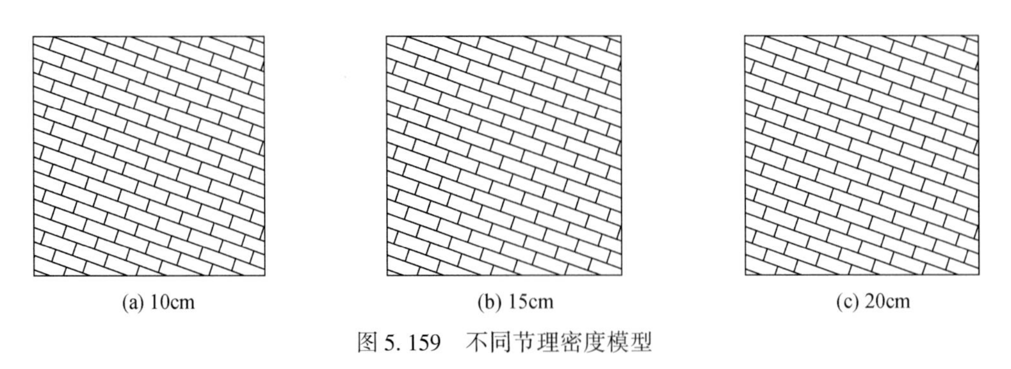

(a) 10cm　(b) 15cm　(c) 20cm

图 5.159　不同节理密度模型

不同边坡或同一边坡不同高程位置在蓄水条件下的孔隙水压力的大小也不同，并且水位变化速度的不同也影响着边坡岩体的变形破坏特征。所以根据水位不同分别建立蓄水位为 20m、30m、40m 的数值模型，模型其他参数与图 5.158 中岩层倾角为 20°模型相同。

2）边界条件

由于边坡的水力计算设计两方面的内容，第一步是进行静力计算平衡，第二步为开展渗流计算。因此本研究的数值计算模型也涉及两种形式的边界条件。静力计算边界为在模型底部约束竖向和水平向位移，在模型右侧面约束水平位移，在模型上侧和右侧施加应力约束。渗流计算则需要考虑特殊的水力边界。一方面保证在模型底部水不渗透出去，另一方面要保证模型左侧库水施加水压力。

UDEC 渗流计算的水力边界主要是孔隙水压力边界。在模型的左侧面施加孔隙水压力边界，对模型的底部施加不透水边界。

3）物理力学参数选取

根据苗尾水电站库区倾倒变形边坡的岩体参数和扎拉水电站库区倾倒变形边坡的岩体参数综合考虑。本次数值模拟计算中，岩土体统一采用莫尔-库仑弹塑性本构模型，节理之间的滑动本构采用库仑滑动模型。

UDEC 中的参数选取，切向和法向刚度不能大于紧靠节理的刚度最高网格等效刚度的 10 倍；此外，由法向刚度得出的节理法向位移不能超过 0.1 倍与节理相邻节理的网格尺寸：

$$k_n \text{和} k_s \leqslant 10.0\left[\max\left(\frac{K+4G/3}{\Delta Z_{\min}}\right)\right] \tag{5.1}$$

$$\frac{10\sigma}{\Delta Z_{\text{adjoining}}} \leqslant k_n \tag{5.2}$$

式中，k_n 为法向刚度；k_s 为切向刚度；K 为体积模量；G 为剪切模量；$\Delta Z_{\min}$ 为沿节理法向且紧靠节理的网格的最小宽度；σ 为节理法向应力；$\Delta Z_{\text{adjoining}}$ 为紧靠节理的网格尺寸。

根据上述原则，选取科学的基础岩土体物理力学参数开展计算，具体如表 5.25 所示。需要特殊说明的是，本书中数值计算部分各物理力学量均采用国际单位制。

表 5.25　数值模型的物理力学参数

岩性	密度 /(kN/m³)	法向刚度 /GPa	切向刚度 /GPa	内聚力 /kPa	内摩擦角 /(°)	抗拉强度 /kPa
板岩	2.6	5.477	1.883	4300	35	100

4）计算流程

本次进行数值模拟时，其求解问题的简要流程如下：

（1）以前文所建数值分析模型为基础进行计算；

（2）输入岩土体的物理力学参数；

（3）对模型的边界条件进行设置，施加初始地应力，静力计算至平衡状态；

（4）设置水力计算边界；

（5）对模型进行求解计算，并进行后处理工作。

3. 数值计算结果分析

1）不同岩层倾角的影响

根据前文所建的不同岩层倾角数值分析模型计算结果如图 5.160 ~ 图 5.162 所示，在相同水力条件下倾斜砌体结构的倾角越缓，岩体越容易沿结构面开裂，在孔隙水压力的作用下，岩块沿着结构面向坡外滑动。在相同的时间下，缓倾角结构变形较陡倾角结构变形大，而且当岩层倾角为30°或更陡时，岩块就难以产生位移，此时需要更大的水力作用才能使岩块沿层面滑移。

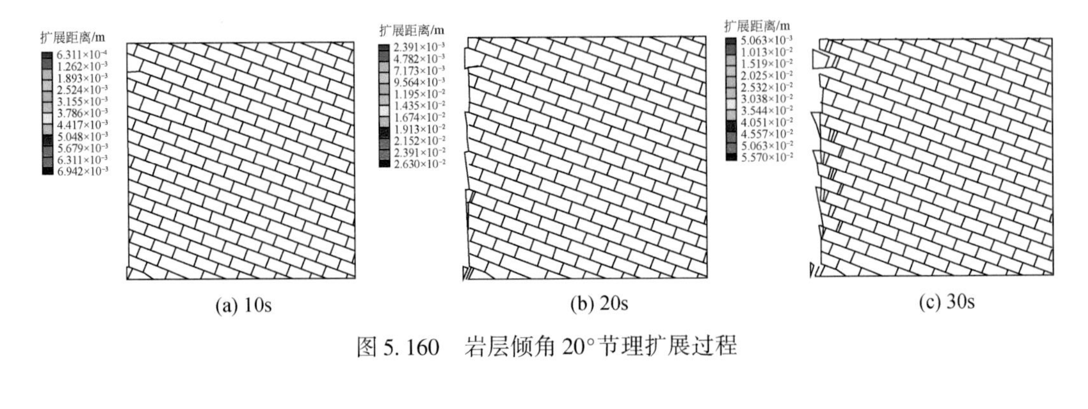

图 5.160　岩层倾角 20°节理扩展过程

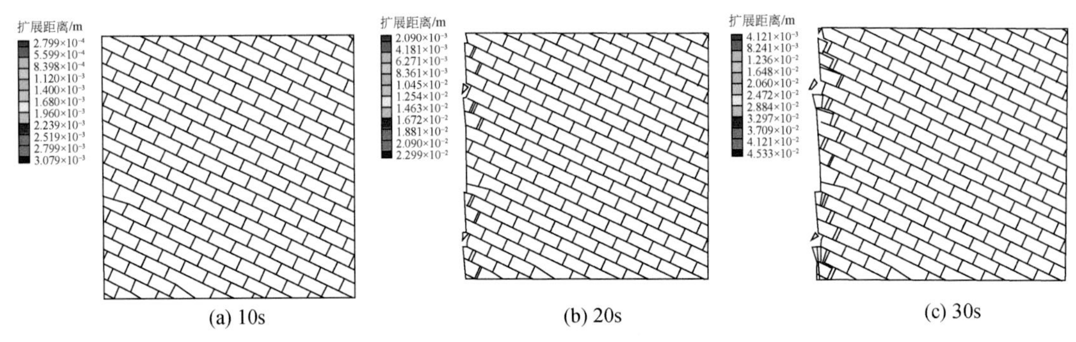

图 5.161　岩层倾角 25°节理扩展过程

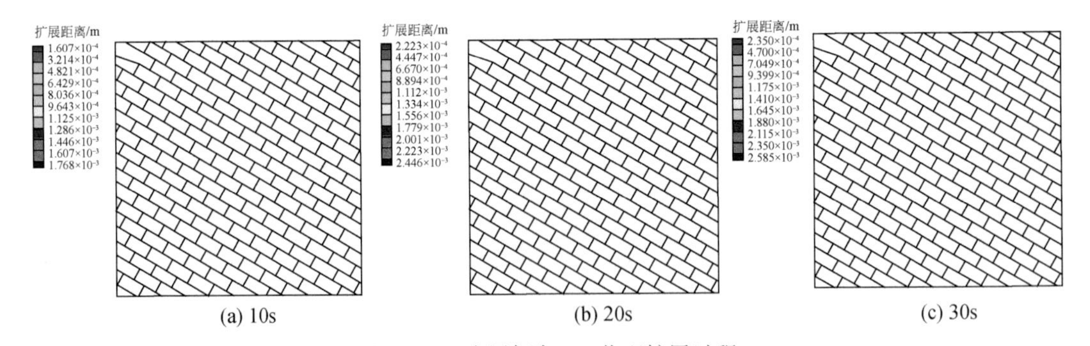

图 5.162　岩层倾角 30°节理扩展过程

2）不同节理间距的影响

图 5.163～图 5.165 为不同节理间距倾斜砌体结构在水力作用下节理的扩展过程，在同一水力作用下节理间距（一定范围内）对结构的变形破坏影响不大，虽然从图中可看出节理间距 15cm 的砌体结构比节理间距 10cm 的砌体结构变形要大，但左侧边界附近破碎小块体对其结果有一定影响，而且节理间距 20cm 的砌体结构比节理间距 15cm 的砌体结构变形要小，总体来看，在一定范围内的节理间距变化的砌体结构边坡变形在一个量级。

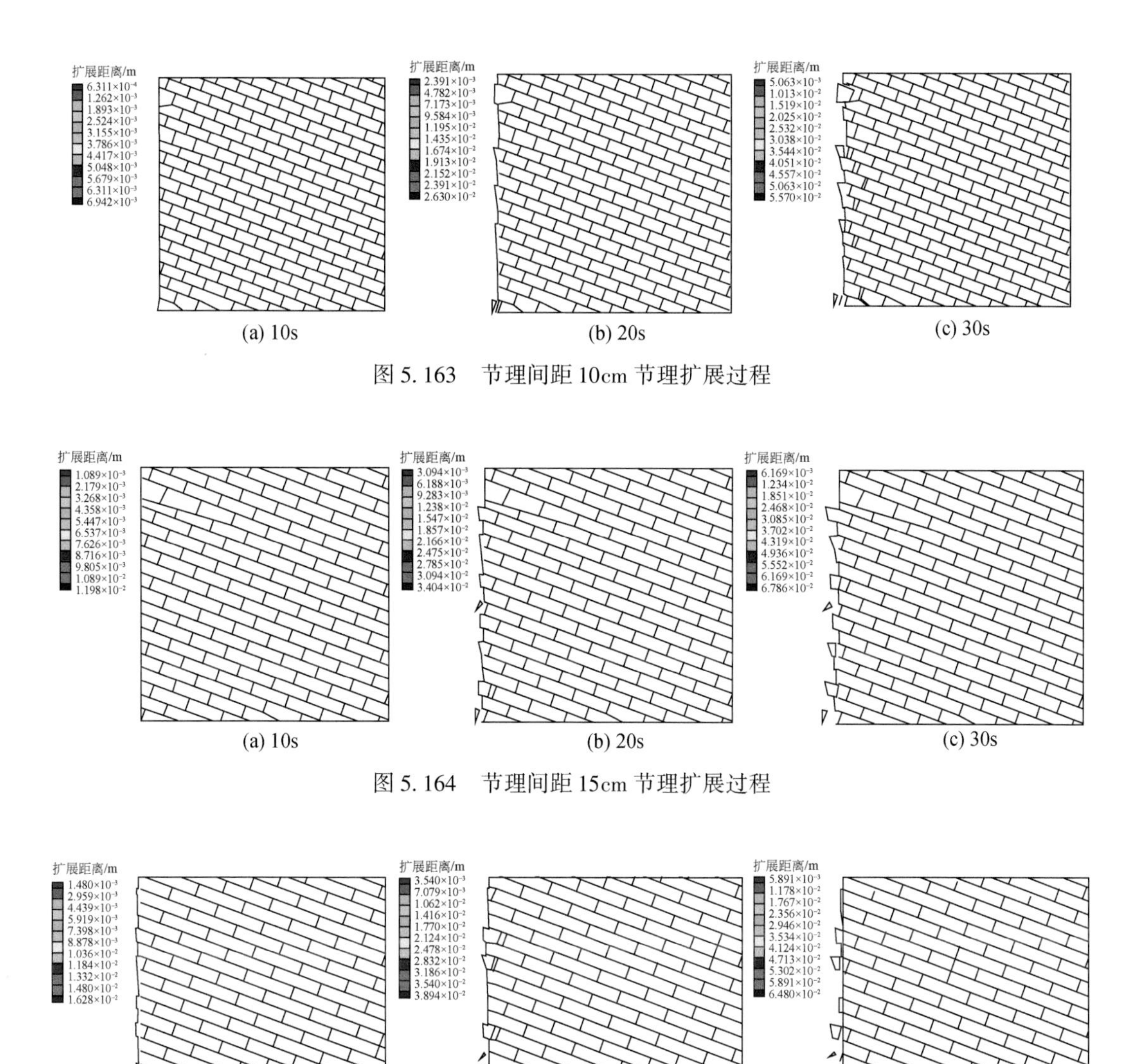

(a) 10s　(b) 20s　(c) 30s

图 5.163　节理间距 10cm 节理扩展过程

(a) 10s　(b) 20s　(c) 30s

图 5.164　节理间距 15cm 节理扩展过程

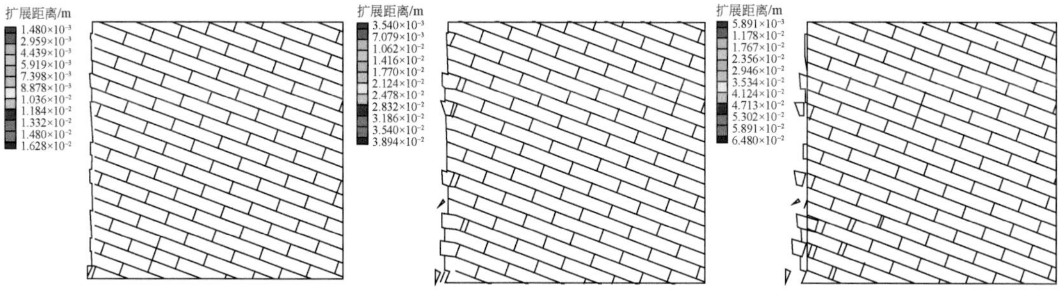

(a) 10s　(b) 20s　(c) 30s

图 5.165　节理间距 20cm 节理扩展过程

3）不同水位高程的影响

图 5.166～图 5.168 为不同水位高程下倾斜砌体结构节理的扩展变形过程（岩体变形破坏过程），如图所示，水位的高低对相同部位的岩体结构的变形特征有很大的影响。随着水位高程的增高，即孔隙水压力的增大，不仅岩块及节理裂隙的变形扩张有所增大，而且在相同的时间下，岩体的变形深度也会增大，这是因为孔隙水压力的增大导致水在节理中的渗流速度加快，在同样的时间下，水渗透得更远，距离坡表一定距离的岩块也会产生滑动变形。

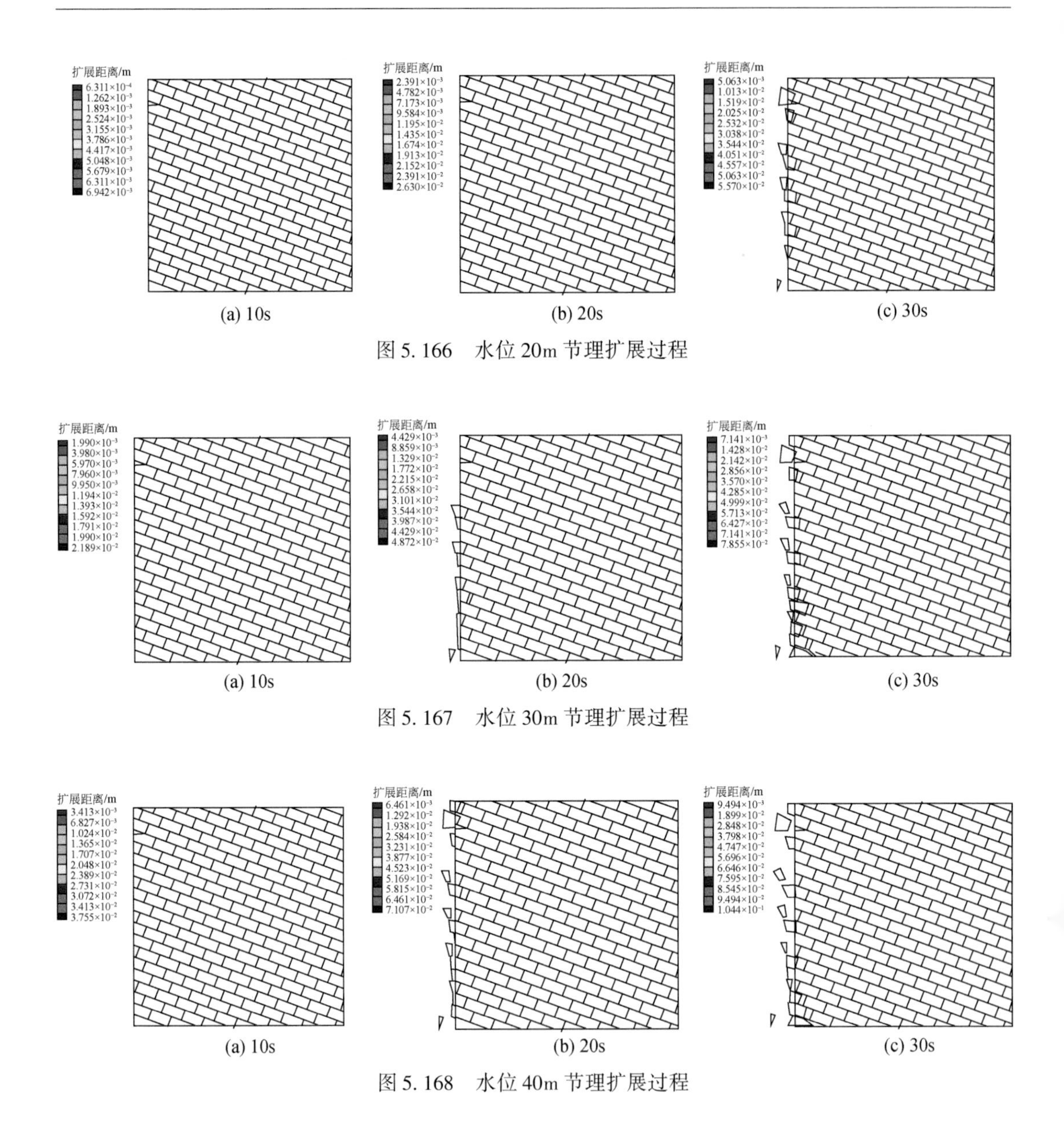

图 5.166　水位 20m 节理扩展过程

图 5.167　水位 30m 节理扩展过程

图 5.168　水位 40m 节理扩展过程

5.6.3.2　倾倒变形边坡库水水力作用分析

倾倒变形边坡中岩体结构具有倾斜错缝式砌体结构特征，故倾倒变形边坡中的水力作用就是倾斜错缝式砌体结构中的水力作用。根据前文可知，岩体节理裂隙的分布、大小、连通性等，影响岩体的力学性质和岩体的渗透特性。对于倾斜砌体结构而言，其层面、节理裂隙是地下水赋存场所和运移通道，由于大多数完整岩块的渗透系数极为微弱，可认为水流仅在岩体的裂隙网络中流动。

岩块弹性模量较大，而岩体的弹性模量要小得多，两者之差反映了节理裂隙变形的影响。本书物理模拟试验中，监测点的数据曲线表明裂隙岩体渗流场受应力场的影响，而渗流场的变化将改变渗透体积力的分布，后者又将对应力场产生影响。两者间的耦合作用不只是渗透压导致裂隙宽度的变化，渗透体积力也导致应力场的改变（图 5.169）。在蓄水过程中，孔隙水压力引起节理变形，改变了节理渗流速率，进而引起的孔隙水压力变化，应力变化又会影响节理变形。

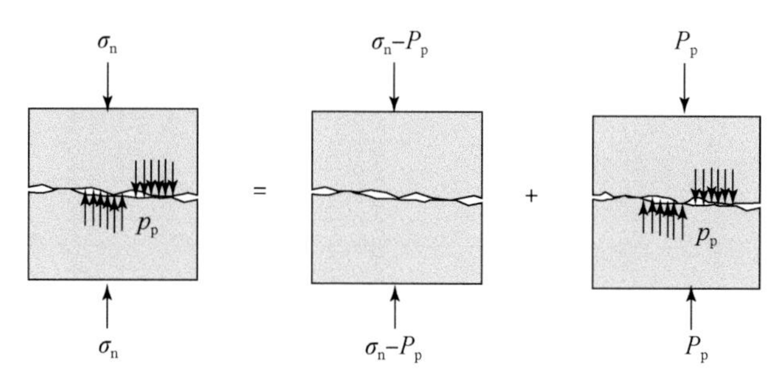

图 5.169　裂隙岩体渗流场下受力特征

水位上升导致孔隙水压力增加，将影响到节理的张开、闭合、剪切滑动，并产生新的接触点（图 5.170），甚至破坏节理岩石材料。图 5.170 中红色矩形框岩块最初是面-面接触状态，而随着孔隙水压力的作用，节理产生剪切变形，到 30s 时，节理是点-面接触状态，形成了新的接触点。而根据 5.6.3 节内容可知，节理接触状态的改变也将导致岩块之间作用方式的改变。

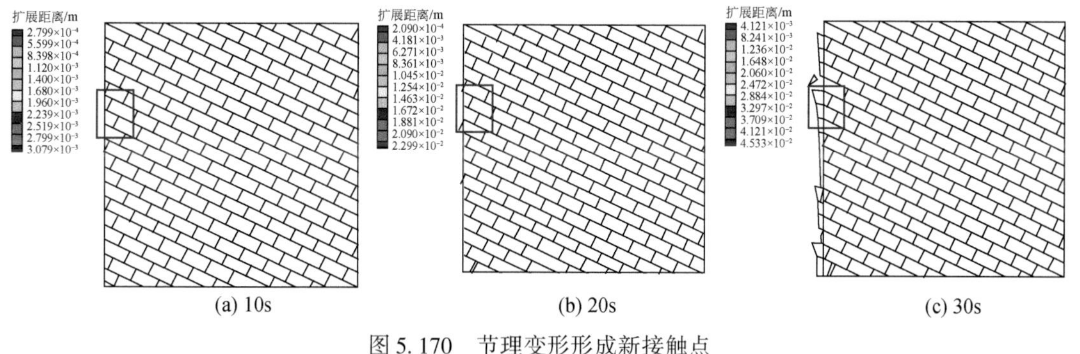

(a) 10s　(b) 20s　(c) 30s

图 5.170　节理变形形成新接触点

新的接触点形成后，块体或节理的变形方式也会随之改变，图 5.170 中块体由开始的沿层面的滑移剪切变形转变为绕着某一角点的转动变形，这也印证了倾斜砌体结构力学模型。

水库蓄水导致岸坡山体变形是由增量孔隙水压力和增量浮托力共同作用于岸坡诱发的，与水力梯度成正比的增量渗透力方向指向岸坡，增量浮托力指向上，使岩体上抬，孔隙水压增加，高孔压驱动下岩体内自稳状态的岩体沿节理裂隙滑移。竖向水力梯度和增量浮托力的共同作用是岸坡产生向下沉降的原因，随水位上升，岸坡竖向水力梯度增大，同时随水位上升，岩体容重变成浮重，水位上升区的岩体承受增量浮力荷载，增量浮托力方向沿竖向向上。在竖向水力梯度和增量浮托力的共同作用下岸坡发生竖向位移，且大多数岸坡竖向变形以沉降为主。

5.6.4　倾倒变形体蓄水响应流固耦合分析

三颗石河左岸岸坡蓄水后，主要考虑了库水位上升，从初始水位 1307m 上升至正常蓄水位 1408m，上升速率为 5m/d，需 20 天（1.728×10^6s），设置 30 天稳态渗流期；第二周期从死水位 1398m 上升至正常蓄水位 1408m，上升速率为 10m/d，需 1 天（0.0864×10^6s；图 5.171）。蓄水过程中设置 1332m、1357m、1382m、1408m 水位点，分析岸坡渗流及应力场的变化。主要分析以下计算类别：

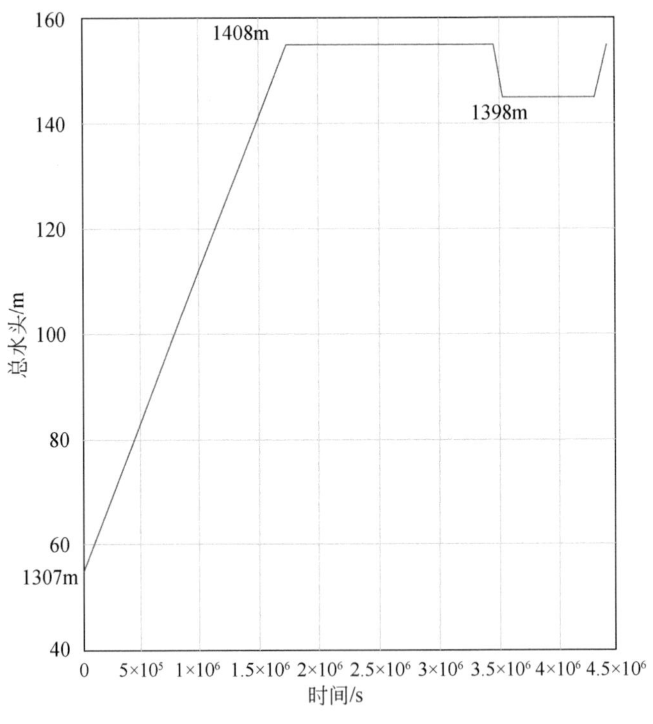

图 5.171　岸水位-时间变化

（1）蓄水前 1307m 水位岸坡初始渗流场及应力场特征；

（2）水库蓄水过程中水位由 1307m 蓄水至 1408m 各高程特征水位（1332m、1357m、1382m 和 1408m）岸坡的渗流场和应力场特征；

（3）水位骤降时期，一天内水位 1408m 骤降至 1398m 水位时岸坡的渗流场和应力场特征；

（4）水位上升时期，一天内水位 1398m 上升至 1408m 水位时岸坡的渗流场和应力场特征。

本节主要讨论三颗石河左岸岸坡在蓄水、骤降、上升过程中库水对岸坡的渗流场、应力场的影响。利用 Geo-Studio 软件的 SEEP/W、SIGMA/W 模块对三颗石河左侧岸坡（图 5.172）在库水位作用下的渗流场及应力场进行耦合分析，首先完成 SEEP/W 模块的孔隙水压力的计算，然后将每一时期的孔隙水压力作为一种节点荷载赋予到 SIGMA/W 模块中，与SEEP/W模块相结合，SIGMA/W模块可以对受库水位作用的岩土结构中孔隙水压力的产生和消散进行建模分析，在SIGMA/W模块中计算每一时段岩体的应力应变的变化。

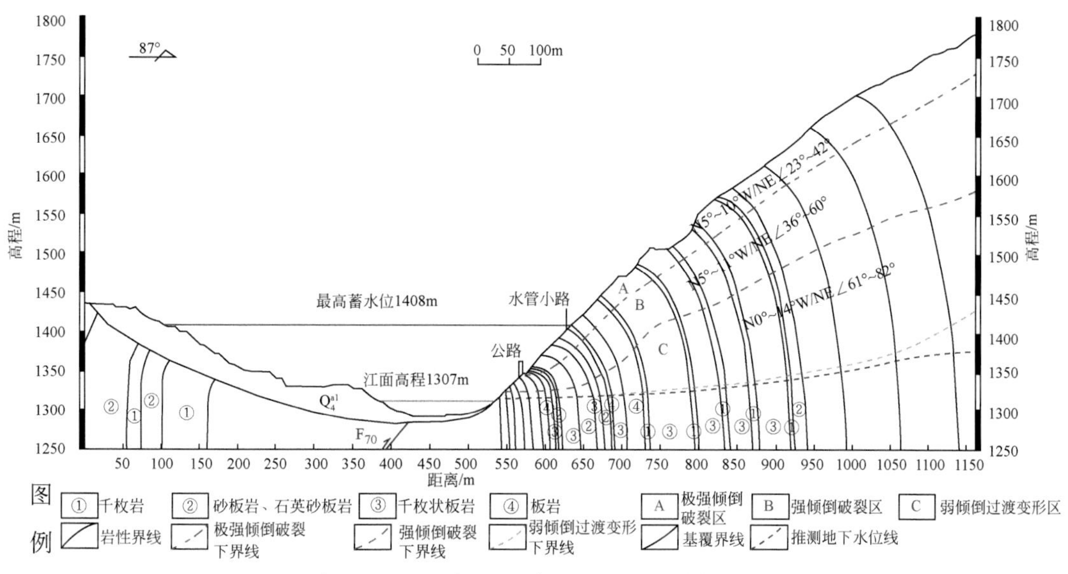

图5.172　三颗石河左侧边坡工程地质剖面图

1. 计算参数

SEEP/W模块下的渗流计算模型后缘侧定水头边界设置为1370m高程，前缘侧初始水位边界设置为1307m高程，由于本次研究缺乏各渗透介质的水力学参数，在渗流计算中各参数主要参考了各种基础地质资料、澜沧江流域临近苗尾水电站的小湾水电站渗流分析以及同样倾倒变形岩体发育的黄登水电站中各风化带及岩体的水力学参数进行综合取值，并在模型初始条件下对水力学参数进行调整，得到反演参数，以取得合理的渗透系数和体积含水率。在SEEP/W模块中渗流介质选择“饱和与非饱和”模型，非饱和介质选择Van Genuchten模型（简称VG模型）进行非饱和水力学参数估算，反演参数取值见表5.26。

表5.26　三颗石河左岸岸坡各渗流介质水力学参数取值表

分类	岩性	饱和渗透系数/(m/s)	饱和体积含水量/(m^3/m^3)
基岩	变质石英砂岩	1.20×10^{-9}	0.032
	砂板岩	5.35×10^{-9}	0.043
	千枚质板岩	8.00×10^{-8}	0.055
	千枚岩	5.50×10^{-8}	0.080
弱倾倒过渡变形区（C）	变质石英砂岩	8.20×10^{-8}	0.041
	砂板岩	3.45×10^{-8}	0.052
	千枚质板岩	2.30×10^{-7}	0.067
	千枚岩	1.57×10^{-7}	0.090

续表

分类	岩性	饱和渗透系数/(m/s)	饱和体积含水量/(m^3/m^3)
强倾倒破裂区（B）	变质石英砂岩	6.00×10^{-7}	0.130
	砂板岩	1.30×10^{-7}	0.180
	千枚质板岩	3.20×10^{-6}	0.236
	千枚岩	6.00×10^{-5}	0.260
极强倾倒破裂区（A）	变质石英砂岩	1.60×10^{-6}	0.300
	砂板岩	4.00×10^{-5}	0.350
	千枚质板岩	1.00×10^{-5}	0.390
	千枚岩	8.00×10^{-4}	0.420

在 SIGMA/W 模块中，模型材料类型选用“考虑孔隙水变化的有效参数”，全部材料本构模型选用“弹塑性体”会导致计算结果不收敛，误差较大，因此本次计算中仅将重点考虑 A 类和 B 类倾倒变形岩体，材料本构模型选用“弹塑性体”，其余材料本构模型选用线弹性体；SIGMA/W 模块应力计算中岩体参数取值参照本书第 4 章岩石力学试验与中国电建集团华东勘测设计研究院有限公司提供参数（表 5.27），综合水库蓄水对岸坡地下水的影响，地下水位线以上的堆积体采用天然重度进行计算，地下水位线以下的堆积体采用饱和重度进行计算，库水位以下的堆积体采用浮重度进行计算。

表 5.27　三颗石河左岸坡岩体力学参数取值表

分类	岩性	弹性模量/GPa	泊松比	密度/(kg/m^3)	内聚力/MPa	内摩擦角/(°)	抗拉强度/MPa
基岩	变质石英砂岩	9.00	0.22	2780	1.500	58.0	0.60
	砂板岩	8.00	0.24	2680	1.300	53.2	0.55
	千枚状板岩	6.90	0.25	2650	1.150	49.0	0.45
	片岩	5.60	0.27	2540	0.950	40.0	0.28
弱倾倒过渡变形区（C）	变质石英砂岩	5.00	0.27	2680	0.900	50.0	0.48
	砂板岩	4.00	0.28	2600	0.700	45.0	0.42
	千枚状板岩	3.50	0.29	2550	0.650	43.0	0.32
	千枚岩	2.85	0.31	2550	0.500	38.0	0.24
强倾倒破裂区（B）	变质石英砂岩	3.00	0.29	2630	0.700	44.0	0.42
	砂板岩	2.00	0.30	2500	0.600	38.7	0.39
	千枚状板岩	1.45	0.31	2500	0.530	33.0	0.30
	千枚岩	1.10	0.32	2400	0.450	29.0	0.22
极强倾倒破裂区（A）	变质石英砂岩	0.50	0.32	2450	0.250	30.0	0.42
	砂板岩	0.40	0.30	2350	0.100	26.5	0.39
	千枚状板岩	0.25	0.29	2300	0.100	22.0	0.30
	千枚岩	0.10	0.27	2200	0.030	16.0	0.30

2. 流固耦合作用下岸坡渗流场与应力场计算结果分析

Geo-Studio 软件的流固耦合实现过程：应用 SEEP/W 模块对岸坡进行瞬态分析得到初始条件下的孔隙水压力，再将其导入 SIGMA/W 模块计算初始应力场；再把初始孔隙水压力和初始应力作为下一步的耦合分析（因只考虑库水位对岸坡应力场的影响，在计算初始应力场后变形位移量清零），计算该步的渗流场与应力场耦合，得到其结果又导入下一步的耦合分析中，周而复始进行下去就是每个时间段的耦合，从而模拟了水位上升、骤降过程岸坡的渗流、应力变化。

1）初始渗流场及应力场计算结果分析

图5.173～图5.176是岸坡在初始条件下，孔隙水压力云图、总水头云图、最大主应力以及最小主应力云图，从初始岸坡孔隙水压力云图中可以看出，水位在1307m高程时岸坡的水位线为一条后缘较平缓、前缘较陡的曲线，地下水位线在岸坡的长期稳定中为一条较平缓的曲线，水位线在经过渗透性较好的岩层（如千枚岩）时，水位有一定的落差。

从初始岸坡最大主应力云图中可以看出，岸坡内的最大主应力量值基本上与埋深呈正比，分布较均匀，未见负量值区域，表明无拉应力现象出现，受岩性影响，在坡体内呈凹凸状分布，最大主应力越靠近坡表部位，其方向越趋于与坡面近于平行。

初始岸坡最小主应力云图表明，最小主应力在坡体内部呈近水平方向分布，受岩体倾倒变形的影响，最小主应力在地下水位附近岩层界面位置上量值较小，由于岩性分布不同，最小主应力在岩体内呈凹凸状分布。

2）蓄水过程中的渗流场及应力场计算结果分析

随着蓄水位的提升，岸坡内的浸润线也不断升高。初始的浸润区域只在岸坡基岩区附近，库水位上升5天后岸坡内地下水位线便开始逐渐浸没坡脚处，10天后蓄水至1357m附近，岸坡浸润线变缓。库水位线高出后缘侧初始水位线后，库水开始向坡体回灌，渗流

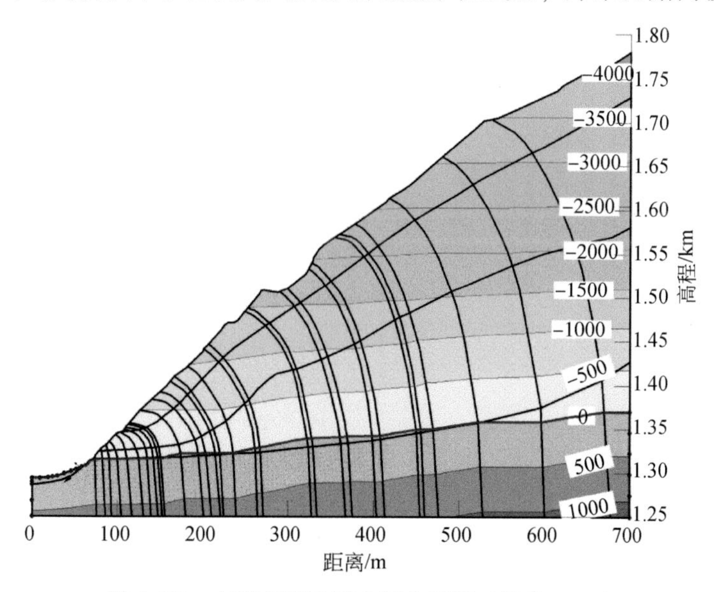

图5.173　初始岸坡孔隙水压力云图（单位：kPa）

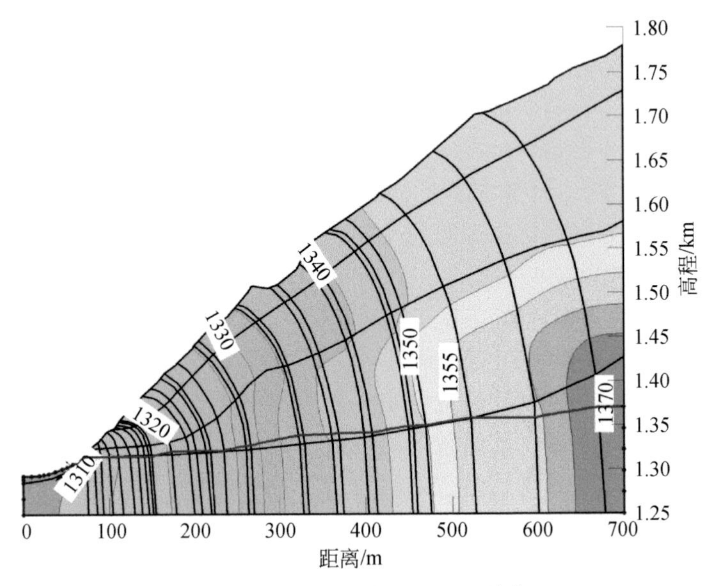

图 5.174　初始岸坡总水头云图（单位：m）

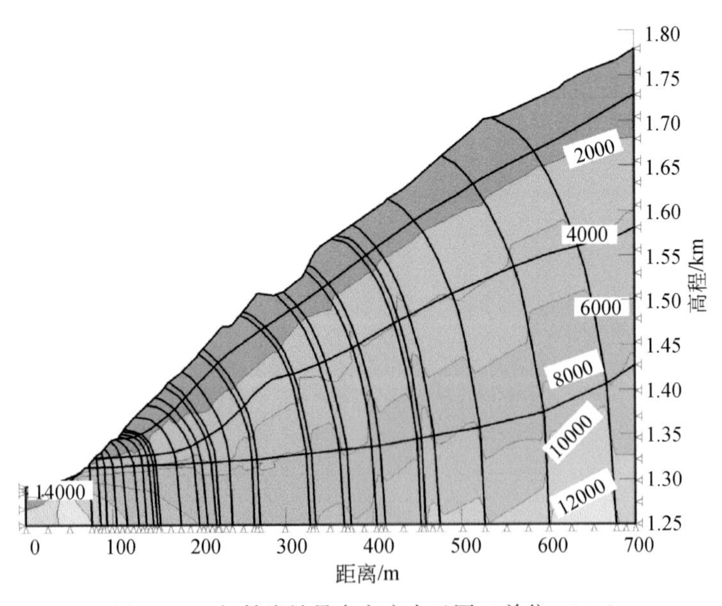

图 5.175　初始岸坡最大主应力云图（单位：kPa）

路径也发生改变；20 天后蓄水至设计正常水位 1408m 高程时，岸坡中下部的 A 类岩体及以下部位完全被浸没，库水位完全处于向坡体内回灌，水位高差为 35m。这些被浸没岩体附近的地下水水位的升高，其水力坡度也相应增大，因此在其孔隙水压力及渗透压力的作用下将对这些岩体的变形产生一定程度的影响，软弱结构面在水的作用下发生软化、泥化以及水的润滑作用，从而间接对岸坡变形发展产生影响。

为了更好地分析水库蓄水过程中各时刻岸坡的渗流场和应力场特征，选取蓄水过程中各

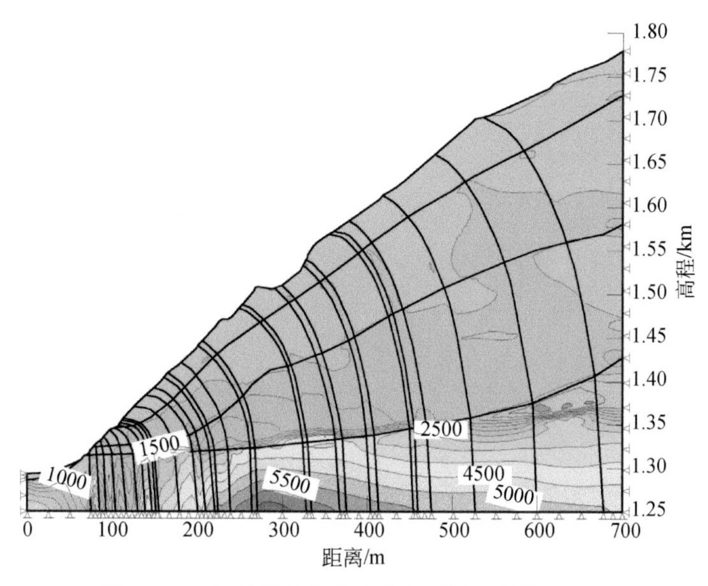

图 5. 176　初始岸坡最小主应力云图（单位：kPa）

特征高程水位（即蓄水 5 天后 1332m 高程水位、蓄水 10 天后 1357m 高程水位、蓄水 15 天后 1382m 高程水位、蓄水 20 天后 1408m 高程正常蓄水位）来进行渗流场和应力场分析。

a. 5 天后蓄水至 1332m 高程水位

图 5. 177、图 5. 178 为蓄水至 1332m 高程水位时，岸坡的孔隙水压力云图和总水头等值线云图：蓄水至 1332m 高程时，坡体前缘的水头有明显的提高，孔隙水压力在岸坡内分布较为均匀，呈近水平状，水位线以下的孔压基本上随埋深逐渐增大，流速最大的区域在软岩及坡脚附近，最大流速达 1. 13×10^{-6}m/s。由于岸坡后缘原始地下水位比此水位线稍高，所以地下水在岸坡内的流速矢量方向为坡脚方向。

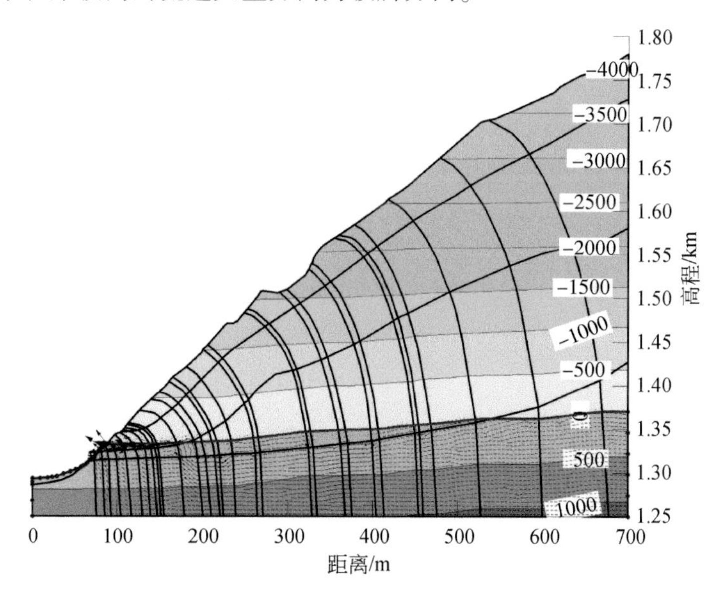

图 5. 177　蓄水至 1332m 高程水位（5 天）岸坡孔隙水压力云图（单位：kPa）

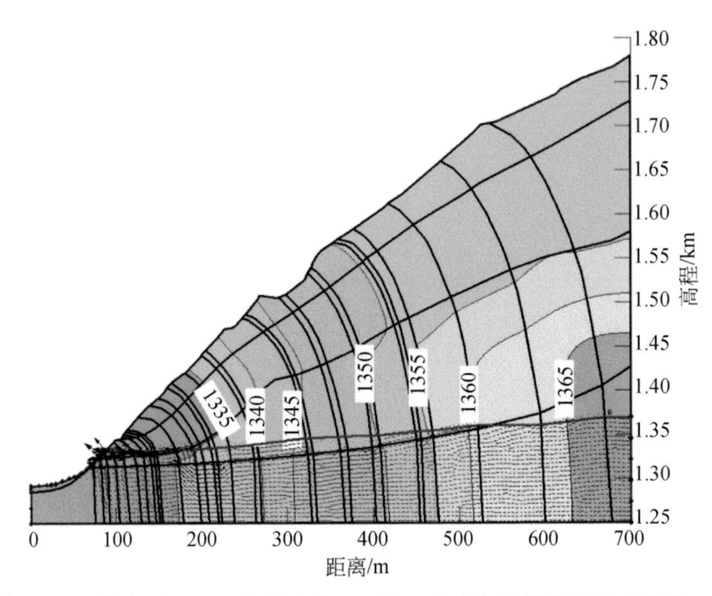

图 5.178　蓄水至 1332m 高程水位（5 天）总水头等值线云图（单位：m）

图 5.179、图 5.180 为蓄水至 1332m 高程水位时，流固耦合计算的岸坡 X 和 Y 方向位移云图：蓄水至 1332m 高程水位时，岸坡 X 方向最大变形在坡体表层较为集中，最大位移量值为 18cm，变形范围一般在 A 类岩体和 B 类岩体中，在 C 类岩体顶部也有一定变形；岸坡 Y 方向变形主要表现为竖直方向上的挤压变形，自上向下变形逐渐减小，特别是坡脚蓄水软化导致后缘坡顶岩体产生变形，负变形量最大值达 60cm，坡底负变量值只有 5cm，前缘坡脚处为 0。

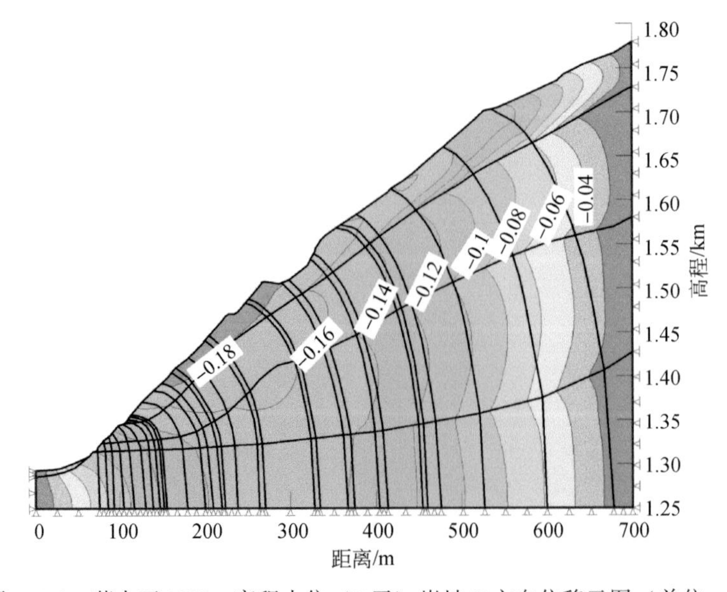

图 5.179　蓄水至 1332m 高程水位（5 天）岸坡 X 方向位移云图（单位：m）

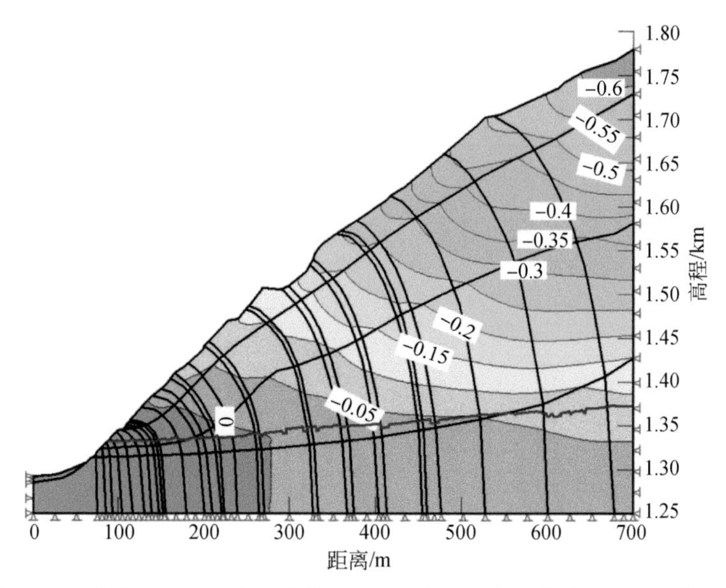

图 5.180　蓄水至 1332m 高程水位（5 天）岸坡 Y 方向位移云图（单位：m）

b. 10 天后蓄水至 1357m 高程水位

图 5.181、图 5.182 为蓄水至 1357m 高程水位时，岸坡的孔隙水压力云图和总水头云图，可以看出，较蓄水至 1332m 高程水位时，坡体前缘的水头进一步提高，渗流速度最大的区域在水位变化坡表附近，由于浸润线的升高，库水位可直接渗流入岸坡堆积区与坡体之间，由于水头差的减小，渗流速度也有所减小，速度最大达 0.95×10^{-6}m/s。岸坡内的流速矢量方向也是从前缘和后缘向坡体中部渗流。

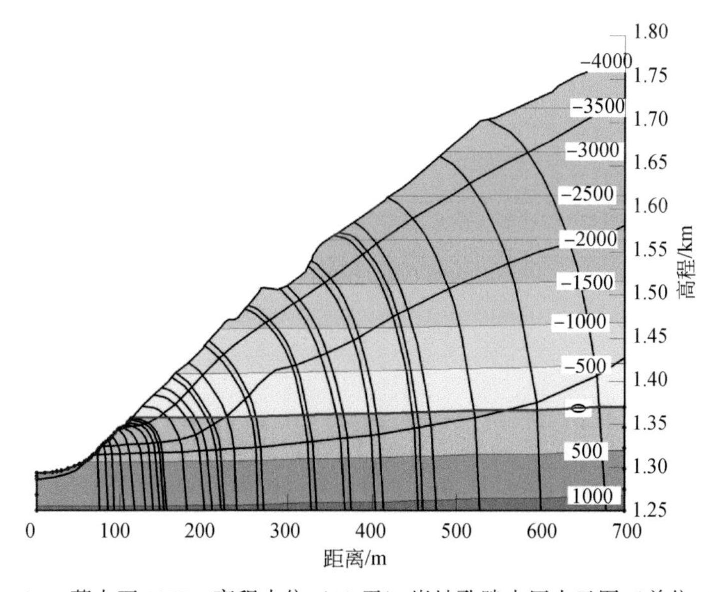

图 5.181　蓄水至 1357m 高程水位（10 天）岸坡孔隙水压力云图（单位：kPa）

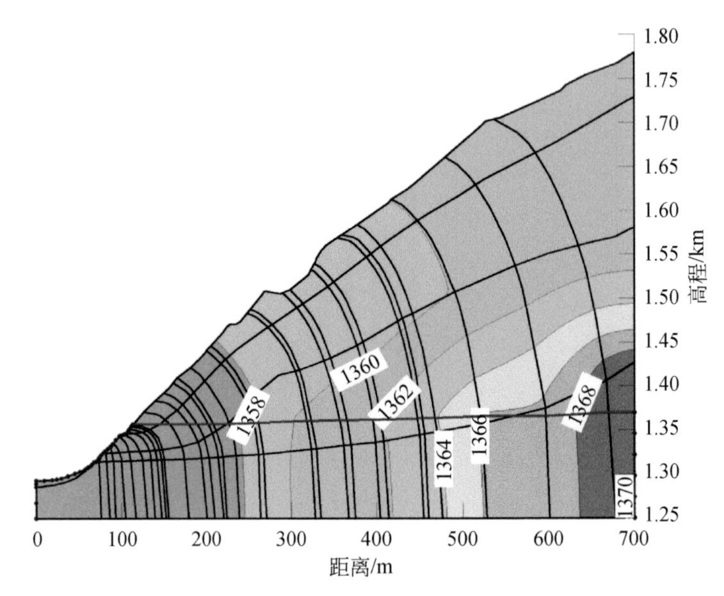

图 5.182　蓄水至 1357m 高程水位（10 天）岸坡总水头云图（单位：m）

图 5.183、图 5.184 为蓄水至 1357m 高程水位时，流固耦合计算的岸坡 *X* 和 *Y* 方向位移云图，可以看出，蓄水至 1357m 后，岸坡 *X* 方向变形有所增加，在坡体前部 B 类和 A 类岩体中的位置较为集中，最大位移量值仍为 18cm，之前变形量值 18cm 和 16cm 的范围均有所增加；岸坡 *Y* 方向变形仍主要表现为竖直方向的挤压变形，只是变形范围有所增加，最大位移量值增大，仍为 60cm。

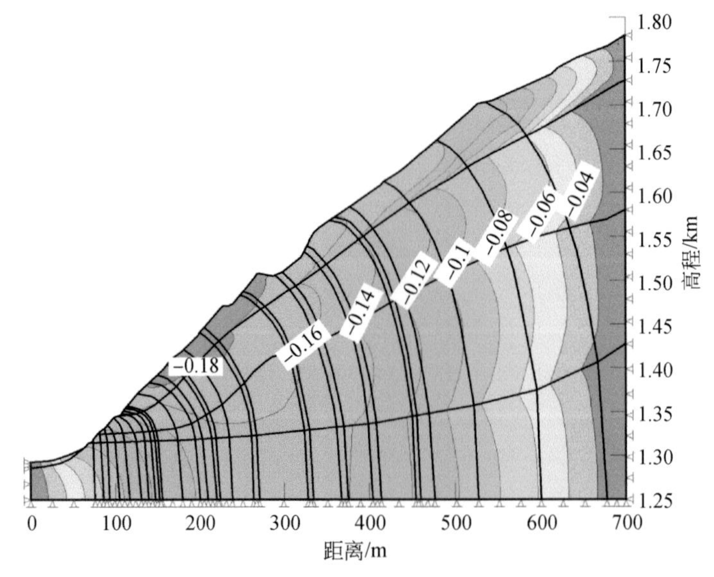

图 5.183　蓄水至 1357m 高程水位（10 天）岸坡 *X* 方向位移云图（单位：m）

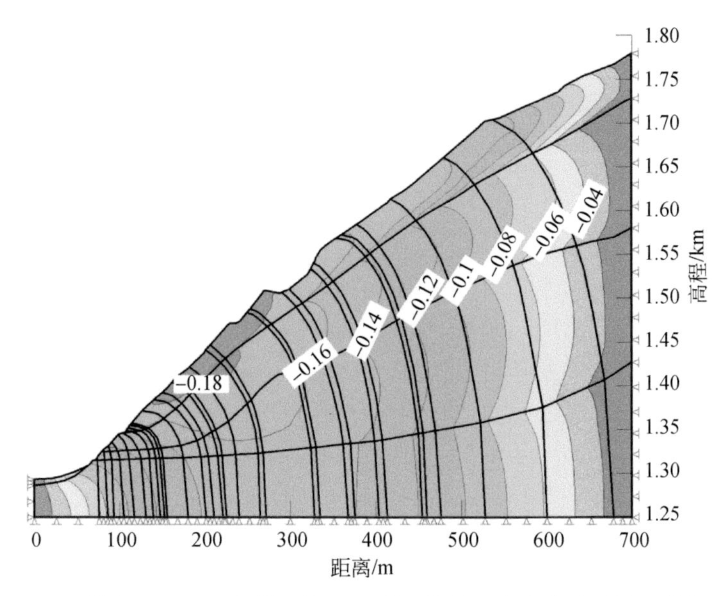

图 5.184　蓄水至 1357m 高程水位（10 天）岸坡 Y 方向位移云图（单位：m）

c. 15 天后蓄水至 1382m 高程水位

图 5.185、图 5.186 为蓄水至 1382m 高程水位时，岸坡的孔隙水压力云图和总水头云图，可以看出，蓄水至 1382m 高程水位后，坡体前缘的水头和坡体中的孔隙水压力增幅较小，岸坡前缘坡脚的岩体完全浸没在水位线以下，基本上处于饱和状态，最大渗流速度达 1.44×10^{-5}m/s，地下水处于近稳流状态。

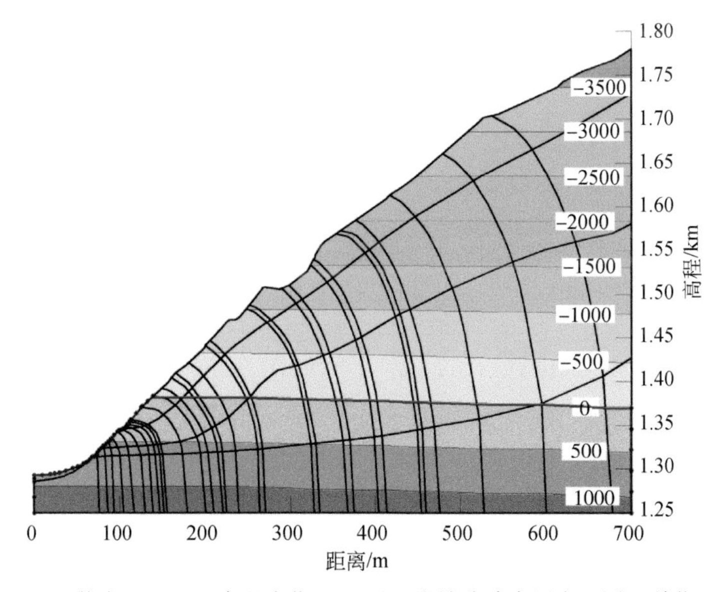

图 5.185　蓄水至 1382m 高程水位（15 天）岸坡孔隙水压力云图（单位：kPa）

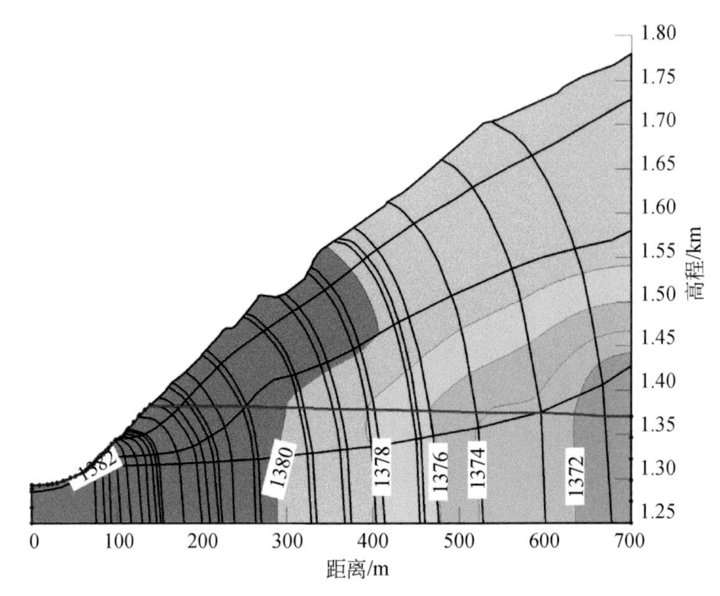

图 5.186　蓄水至 1382m 高程水位（15 天）岸坡总水头云图（单位：m）

图 5.187、图 5.188 为蓄水至 1382m 高程水位时，流固耦合计算的岸坡 X 和 Y 方向位移云图，可以看出，蓄水至 1382m 高程水位时，岸坡 X 方向的最大变形量增大为 20cm，变形范围进一步增大，发育于坡体中前部；较蓄水 10 天时变形量 18cm 范围有所增加，延伸到 B 类岩体的下边缘；岸坡 Y 方向变形在坡顶的岩体附近范围进一步增加，仍表现为竖直向下的挤压变形，但最大变形值较蓄水至 10 天时不变。

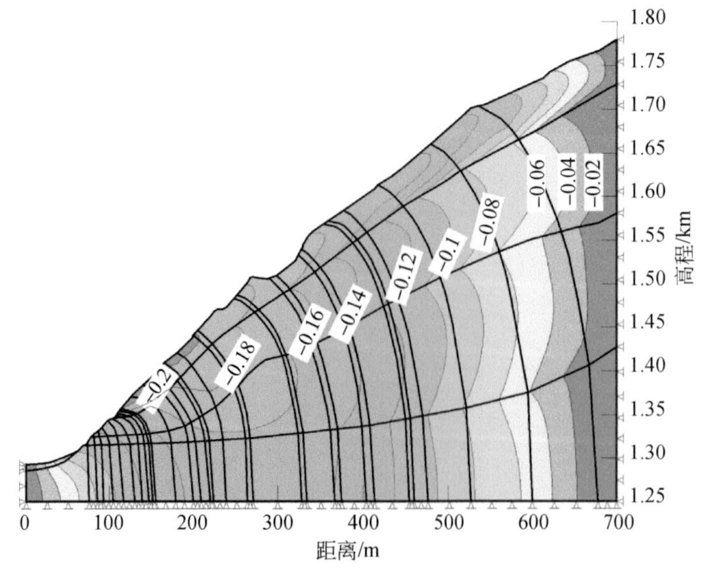

图 5.187　蓄水至 1382m 高程水位（15 天）岸坡 X 方向位移云图（单位：m）

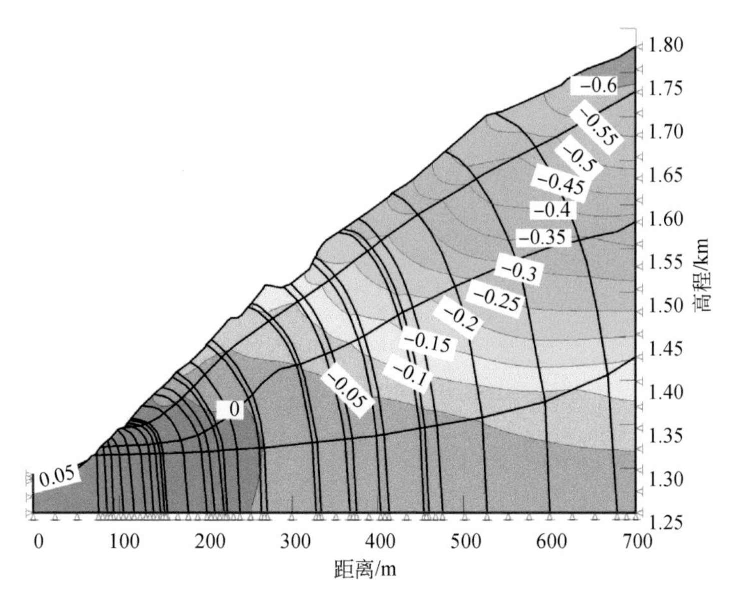

图 5.188　蓄水至 1382m 高程水位（15 天）岸坡 *Y* 方向位移云图（单位：m）

d. 20 天后蓄水至 1408m 高程正常蓄水位

图 5.189、图 5.190 为蓄水至 1408m 高程正常蓄水位时，岸坡的孔隙水压力云图和总水头云图，可以看出，蓄水至 1408m 高程正常蓄水位后，坡体前缘的水头和坡体中的孔隙水压力增幅较大，岸坡前缘坡脚的岩体完全浸没在水位线以下，基本上处于饱和状态，最大渗流达 2.54×10^{-5}m/s。

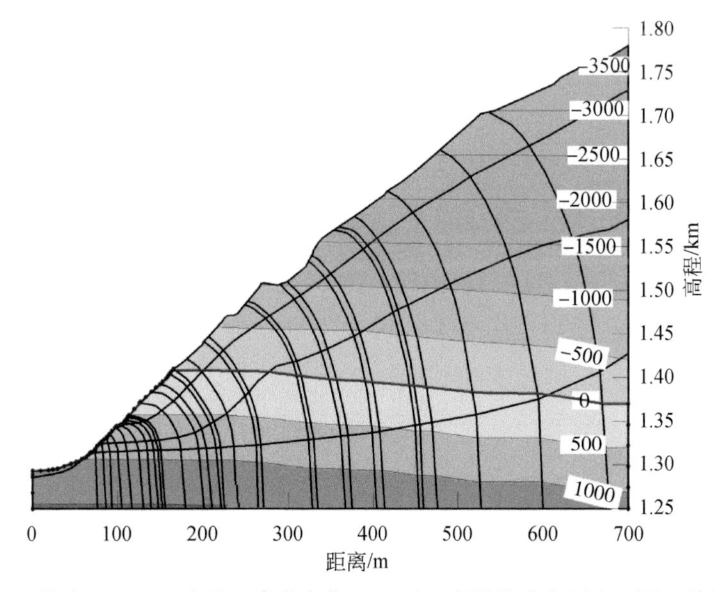

图 5.189　蓄水至 1408m 高程正常蓄水位（20 天）岸坡孔隙水压力云图（单位：kPa）

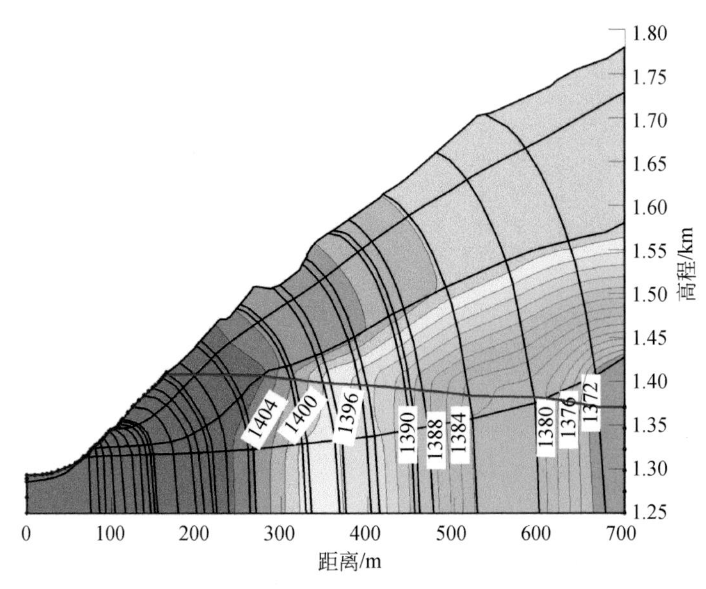

图 5.190　蓄水至 1408m 高程正常蓄水位（20 天）岸坡总水头云图（单位：m）

图 5.191、图 5.192 表示的是在蓄水至 1408m 高程正常蓄水位时，流固耦合计算的岸坡 X 和 Y 方向位移云图，可以看出，蓄水至 1408m 高程正常蓄水位时，岸坡 X 方向和 Y 方向的位移变形范围较之前变化大；岸坡 X 方向变形量在坡体 A 区和 B 区变形较大，变形量 20cm 和 18cm 范围进一步扩大，说明水位的上升对 A 区极强倾倒破裂岩体具有软化作用，促使岩体向 X 方向继续变形。

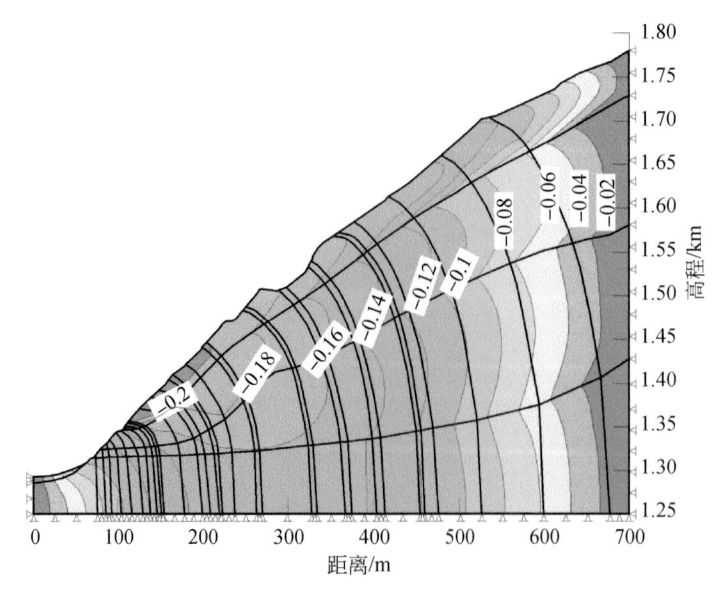

图 5.191　蓄水至 1408m 高程正常蓄水位（20 天）岸坡 X 方向位移云图（单位：m）

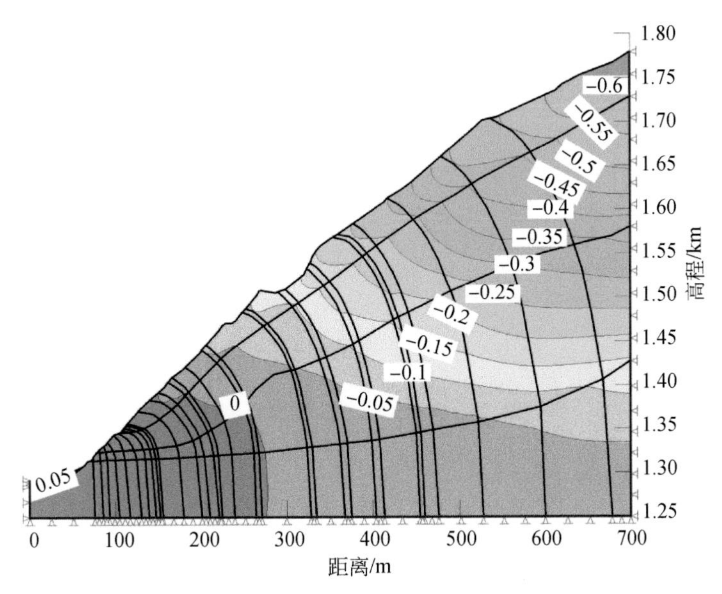

图 5.192　蓄水至 1408m 高程正常蓄水位（20 天）岸坡 *Y* 方向位移云图（单位：m）

综上所述，通过对岸坡在蓄水过程中不同时间段的流固耦合模拟计算发现，随着水位的不断上升，岸坡前缘的水头不断上升，岸坡内孔隙水压力也随着埋深而增加，岸坡的最大变形量值和范围也随着水位上升而增大，变形最大的区域出现在岸坡表层的 A 区和 B 区中水位线附近坡体，普遍变形量达 0.02 ~ 0.18m，在实际蓄水时应注意折断带上部岩体自身的变形以及 A 区、B 区的变形监测。

5.6.5　变形监测分析

根据蓄水后对库区水位和倾倒边坡变形的监测数据分析可知，在没有支护措施的情况下，倾倒变形边坡随蓄水位的升高发生向临空面的变形，且水位上涨速度越快，变形也就越大（图 5.193、图 5.194）。在坡体表部，由于风化和卸荷作用，岩体表层沿层面形成众多平行的楔形缝，当岸边河水面快速上升导致地下水快速渗流进入楔形缝，即可形成相当大的倾倒力矩。前方坡面上岩体倾倒，使其中地下水压力迅速下降，造成后方岩体水头差增大，引起牵引式的陆续倾倒（图 5.195）。随着河谷下切，坡体前方卸荷和风化范围不断扩大，倾倒作用向深部扩展，就可以形成连续弯曲的倾倒现象。然而，水促进了倾倒破坏的发生，不仅限于水压力增加倾倒力矩方面，岩体层间裂隙内的水可以使层面上风化的片状矿物蚀变而泥化，降低其抗剪强度，岩体长期浸泡于水中也会降低岩石的抗剪强度。倾倒边坡中，岩体的软化作用、岩体介质中的渗透水压力与节理裂隙的相互作用，是引起这类岩体介质失稳破坏的重要原因。

图 5. 193　BQ1 倾倒变形体表面位移监测点位示意图

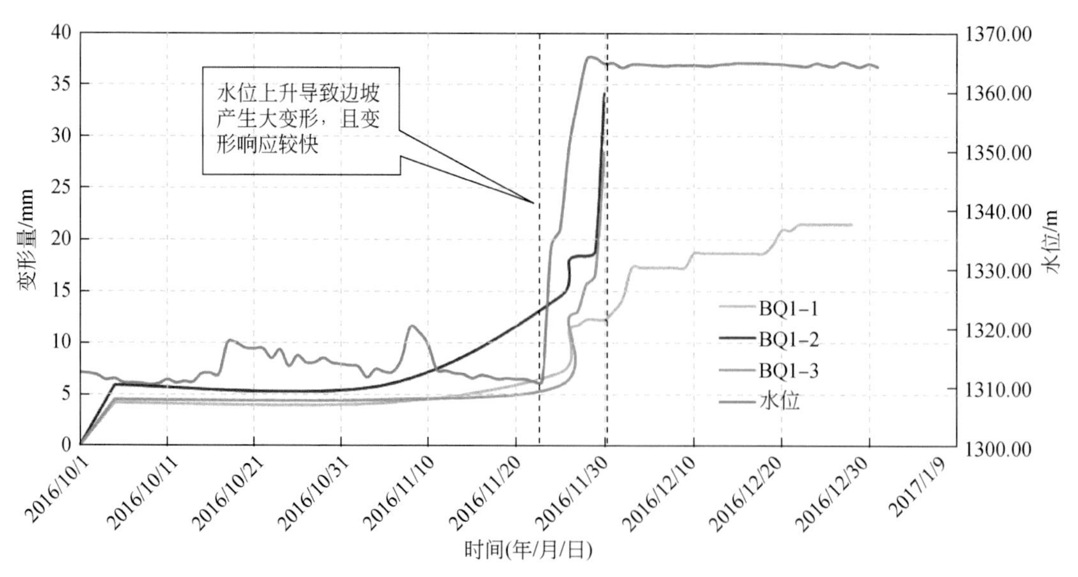

图 5. 194　BQ1 倾倒变形体位移随水位监测曲线

图 5.195　蓄水后库岸边坡大变形现象

5.6.6　不同方法对比分析

综合物理模拟试验结果、流固耦合稳定分析方法计算结果、考虑岩体结构特征稳定性计算结果以及现场实例监测变形结果来看，倾倒变形边坡中倾斜砌体结构的存在使得其在蓄水后的变形破坏形式及适应的稳定性分析不同于一般边坡。物理模拟和离散元模型中都考虑了边坡倾斜砌体结构的存在，故其在蓄水后不同水位时的变形破坏范围和稳定性都与现场变形及监测结果相吻合，而将边坡浅表层岩体视为类均质介质的极限平衡分析方法所计算出来的变形破坏范围要偏大，且用该法不能分析计算出倾倒变形边坡在蓄水后的逐层后退式的变形破坏方式。这说明边坡岩体中倾斜砌体结构的存在对倾倒边坡的变形范围、变形破坏模式及稳定性都有很大的影响。

蓄水后，边坡水位抬升，导致坡脚岩体孔隙水压力增加，一方面孔压的增加降低了岩体的有效应力，使得其坡脚高应力约束效应消失；另一方面裂隙岩体中的渗透压力也促使坡表岩块沿着节理产生变形，改变原始岩体结构，节理岩体的变形又影响着坡体内应力的分布。两者相互耦合作用，就导致倾倒变形边坡不再具有保持自身稳定性的两个条件，从而使倾倒变形边坡产生大变形或破坏。

但无论是现场变形监测、离散元数值模型计算结果，还是本书试验结果，都表明当蓄水位相对于边坡来说未达到一定高度时，边坡岩体的变形破坏呈现出渐进后退式的逐层滑塌，不会产生整体失稳；当蓄水位达到一定高度，坡脚岩体产生了大范围变形破坏后，坡体上部就会开始产生明显的变形，影响整个边坡的稳定性。这也是高应力约束效应由坡脚向上部岩体转移的效果，随着越来越多的坡脚岩体破坏，破坏边界处岩体的应力集中现象也越来越明显，应力值不断增大，对上部坡体具有支撑效应。

坡脚岩体的失稳根据倾斜砌体结构力学模型的不同又可分为以下几类失稳方式：压碎型失稳、滑动型失稳和倾倒型失稳，这主要取决于坡脚岩体结构中岩块的接触力学模型和岩体的物理力学性质。如表 5.28 所示，从现场蓄水后边坡产生整体下错现象，结合试验结果和数值计算结果，可知倾倒变形边坡在库水作用下的失稳方式主要为滑动型失稳和倾倒型失稳，由于倾倒变形边坡的特殊结构，倾倒变形主要是岩体的结构性变形，不是岩石材料本身的变形，是漫长历史过程中形成的拉裂面、折断面在水力作用下的组合变形，具有岩重力方向的剪切滑移和坡外的转动变形，正是这种转动变形，形成了“链式”放大效应，表现出坡体下部的小扰动，造成坡顶的变形、中上部坡面的大变形。

表 5.28　层状结构岩质边坡倾倒变形岩体随库水位上升变形响应特征

水位/m	现场变形	试验结果	数值计算结果
1364			
1408			

5.7　小　　结

通过上述分析与计算，可得到如下主要结论。

（1）苗尾库岸区边坡倾倒变形深度计算结果表明，边坡的倾倒变形特征表现为：①凹形坡在上段倾倒变形发育深度较下段更深，且倾倒变形弯折程度也大于下段；凹形坡在前期的倾倒变形演化过程中，上段的倾倒变形破坏以崩塌为主，未见贯通性折断带。②凸形坡在前期倾倒变形过程中，斜坡的变形在变坡点附近较为剧烈；倾倒变形发育深度在变坡点附近较深，在上下两端发育较浅。

（2）倾倒边坡离心机模型试验结果表明：①坡体土压力均随离心加速度的增加而增大，并且增加的幅度与离心加速度加载过程保持一一对应关系。②软硬岩边坡模型（M1）的变形主要集中在 0 ~ 75g，而硬岩边坡模型（M3）的变形主要集中在 50 ~ 100g 时，且软硬岩边坡模型（M1）坡中与坡脚的位移都比硬岩边坡模型（M3）坡中与坡脚的位移要大，这也说明硬岩边坡模型（M3）比软硬岩边坡模型（M1）相对稳定。③软硬岩边坡破坏演化过程为顶部下座→中部膨胀→下部滑出。硬岩边坡破坏演化过程为顶部下座→中部膨胀→局部失稳。

（3）倾倒变形体离散元数值模拟的结果表明，倾倒岩体开挖后的变形主要为倾倒变形伴生蠕滑变形，其过程可大致分为四个阶段：①开挖面卸荷回弹阶段；②开挖坡脚部位破坏，开挖面上部岩体松弛蠕滑阶段；③倾倒变形和蠕滑变形加剧，A 区、B 区岩体发生沿结构面的剪切破坏，坡表局部岩体脱离母岩发生崩滑；④当坡脚无阻滑物存在时，边坡整体变形呈现加速状态直至整体完全破坏；当坡脚有阻滑物存在时，边坡整体变形呈现减速状态直至平衡。

（4）倾倒边坡蓄水响应规律进行分析结果表明，当蓄水位相对于边坡来说未达到一定高度时，边坡岩体的变形破坏呈现出渐进后退式的逐层滑塌，不会产生整体失稳；当蓄水位达到一定高度，坡脚岩体产生了大范围变形破坏后，坡体上部就会开始产生明显的变形，影响整个边坡的稳定性。随着坡脚岩体的逐步破坏，破坏边界处岩体的应力集中现象也越来越明显，应力值不断增大，对上部坡体具有支撑效应。倾倒变形边坡在库水作用下的失稳方式主要为滑动型失稳和倾倒型失稳。

综合以上研究，可以揭示倾倒变形的实质：由于倾倒变形边坡的特殊结构，倾倒变形主要是岩体的结构性变形，是漫长历史过程中形成的拉裂面、折断面的组合变形，具有岩重力方向的剪切滑移和坡外的转动变形，正是这种转动变形，形成了“链式”放大效应（图 5.196），表现出坡体下部的小扰动，造成坡顶的变形，中上部坡面的大变形。

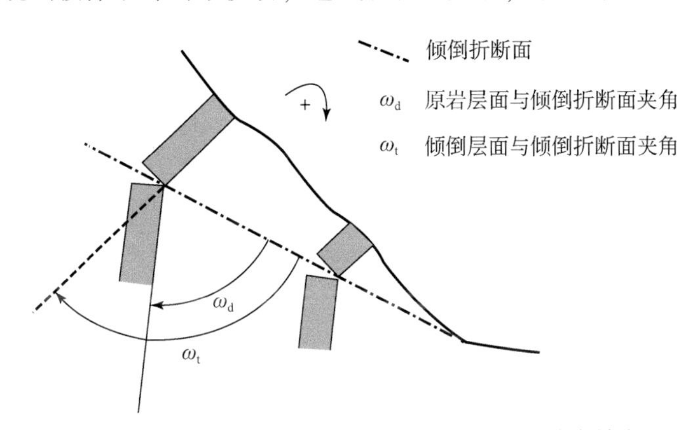

图 5.196　倾倒变形的实质和变形的“链式”放大效应

第6章　层状倾倒岩体稳定性评价

6.1　引　　言

倾倒变形边坡是一种典型的时效变形体，故对其稳定性评价不仅仅是为解决强度问题，解决变形稳定性问题也尤为重要。在前述章节对倾倒变形成因机制及控制因素的研究基础上，本章总结了倾倒边坡的变形破坏模式，建立了量化的工程地质模型，运用数值模拟方法对变形发展演化过程以及应力应变特征进行了分析，结合强度理论，最终对倾倒变形边坡的稳定性做出评价。

本次稳定性分析主要采用基于变形理论的分区评价，结合变形稳定性的数值分析与刚体极限方法的稳定性计算，将倾倒变形的地质现象、定量描述与变形稳定性结合起来，对倾倒变形边坡的稳定性做出评价（图6.1）。

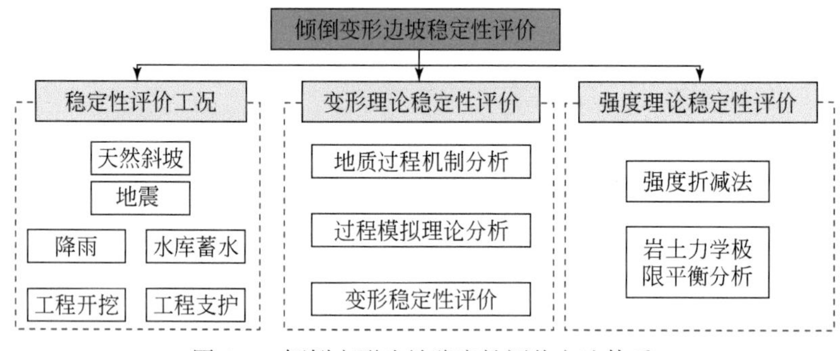

图6.1　倾倒变形边坡稳定性评价方法体系

6.2　层状倾倒变形岩体地质力学模型

倾倒边坡量化工程地质模型的建立需要从其倾倒影响因素形成条件中提取定量化描述变形特征的控制性指标。结合概念模型构建和倾倒变形程度量化指标描述的工程地质模型遵循以下研究方法。

1. 斜坡倾倒的破坏模式与概念模型研究

结合倾倒变形程度，总结倾倒岩体破坏的地质力学模式（倾倒-坠覆、倾倒-折断、倾倒-弯曲等），进一步依据其边界条件与影响因素，抽象出概念模型。能总结出的概念模型更多地依赖于地质调查成果，如对变形程度的地质分区，风化卸荷的分带依据，变形程度的力学特性，岩体结构的地质显现等，从而实现对斜坡的工程地质初步分区。

2. 建立反映倾倒边坡变形程度的定量描述体系

反映倾倒变形程度的描述体系中不但要有定性的指标（如变形破裂特征、风化、卸荷等），还要提取精确描述倾倒变形不同阶段的变形破裂特征的定量指标（如岩层倾倒角、岩层最大拉张量、单位拉张量以及纵波速度等），即建立斜坡深层倾倒变形分级体系。

3. 建立量化的工程地质模型

将基于地质特征的概念模型与反映倾倒变形程度的定量描述体系相结合，从而将倾倒的地质现象与定量描述统一起来，对倾倒斜坡进行量化分区，并最终提供各分区稳定性系数类比值，实现从变形过程和阶段上认识倾倒斜坡的整体稳定性的目标。图 6.2 是一处典型的倾倒变形斜坡在进行地质调查后建立的工程地质分区模型。

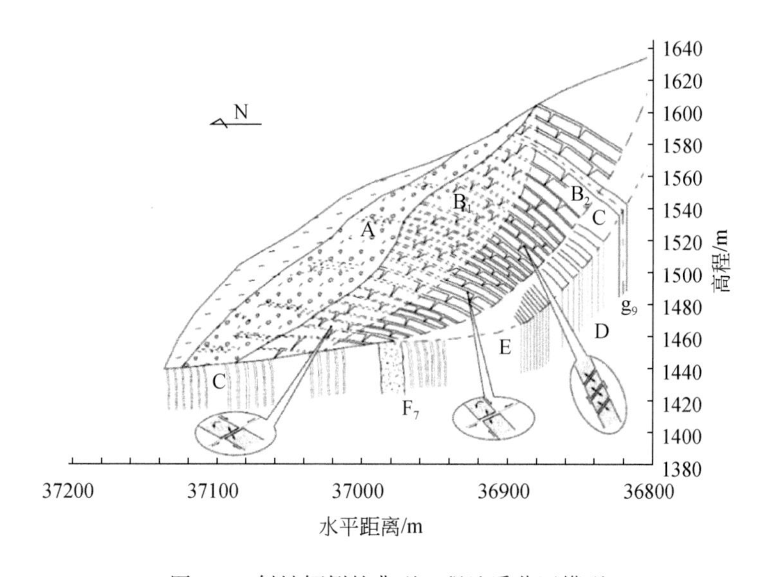

图 6.2　斜坡倾倒的典型工程地质分区模型

对苗尾近坝及库岸边坡分别建立了工程地质分区模型，且对倾倒变形边坡的变形破坏特征进行了精细描述。根据倾倒的强烈程度和破裂机理不同，将倾倒变形边坡分为 C 区（弱倾倒过渡变形区）、B_1 区（强倾倒破裂上段区）、B_2 区（强倾倒破裂下段区）、A 区（极强倾倒破裂区）和正常岩体。其中，A 区岩层倾角转动较大，岩层发生较为强烈的张性破坏，可见明显的宏观张裂变形，但张拉裂缝较少切层发育，贯通程度不大，潜在深部弯折带贯通不明显，可定性判断为潜在不稳定区；B 区岩体较为完整，岩层弯曲程度较小，可见变形量较小的张裂缝，发育有少量明显的宏观张裂变形，潜在深部弯折带贯通不明显，可定性判断为基本稳定区；C 区岩体完整，岩层倾倒程度较弱，层间岩体基本不产生张性破裂变形或只产生微量变形的张性破裂带，潜在深部弯折带不发育，可定性判断为稳定区。这一划分的结果依赖于一定的斜坡深部勘探（包括但不限于平硐勘探），来源于岩体结构的精细描述，可以揭示倾倒边坡的工程地质特征。

6.3　层状倾倒变形体稳定性评价方法

6.3.1　基于变形稳定性的数值分析

本小节选取有限差分数值软件（FLAC）对倾倒边坡在不同工况下的应力应变进行分析，为失稳模式分析，潜在滑动面的选择和刚体极限稳定性计算提供依据。基于前述章节分析，对于工程区内倾倒边坡变形的稳定性分析，虽然在分区界面的折断面或弯曲面接触岩土体物理力学性能较差，但在各分区内，岩体力学性能具有一致性。因此，FLAC 用于模拟倾倒边坡的应力应变特征，并对边坡稳定性的发展趋势进行模拟计算是适用的。图 6.3 为右坝肩倾倒变形边坡依据地质模型建立的边坡数值计算模型，包括天然边坡、开挖支护边坡、开挖筑坝前后蓄水边坡模型。将不同岩性材料和不同倾倒变形分区的岩体材料参数赋值于模型，模拟计算各种工况下边坡应力场和应变场的特征，得到结论如下：

(a) 右坝肩边坡FLAC3D计算模型

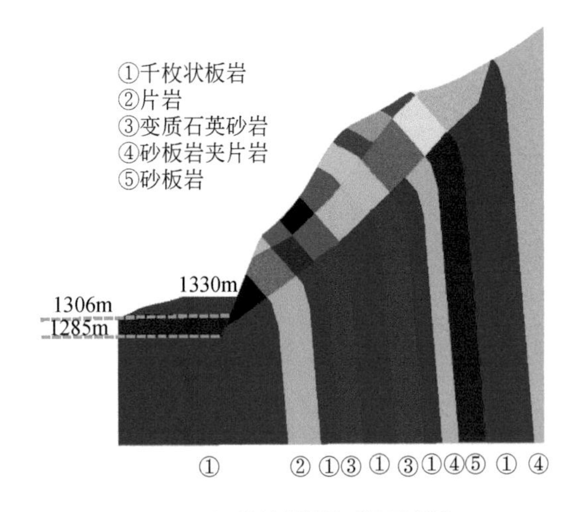

(b) 边坡材料及开挖示意图

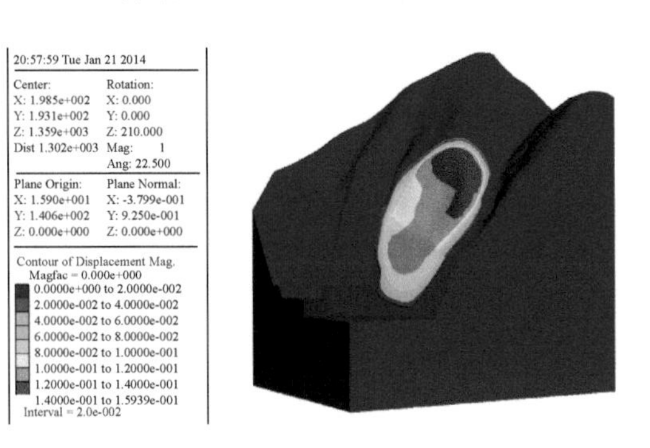

(c) 不考虑开挖支护边坡位移分布特征

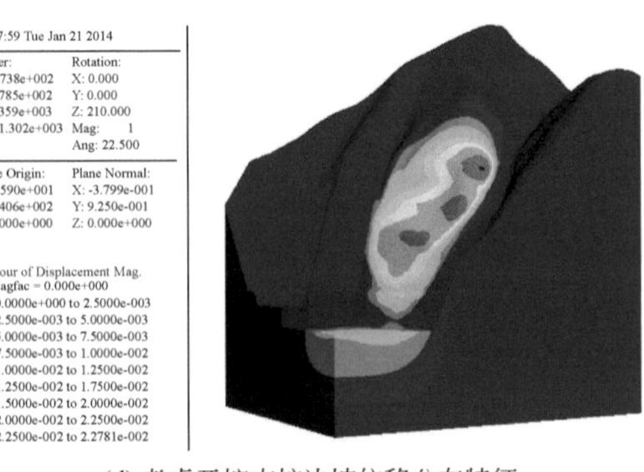

(d) 考虑开挖支护边坡位移分布特征

(e) 右坝肩边坡开挖筑坝前FLAC3D计算模型

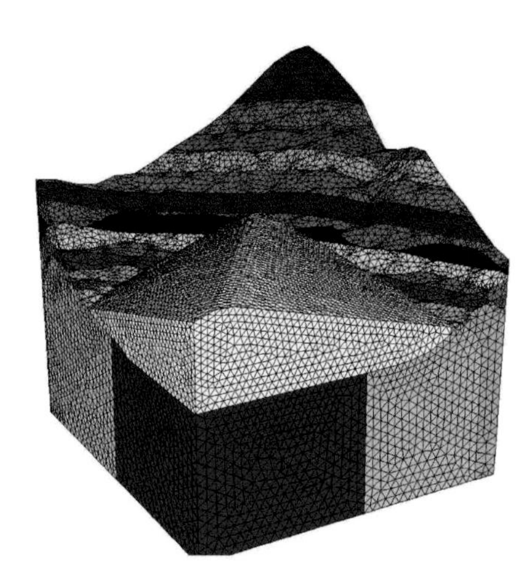

(f) 右坝肩边坡开挖筑坝后FLAC3D计算模型

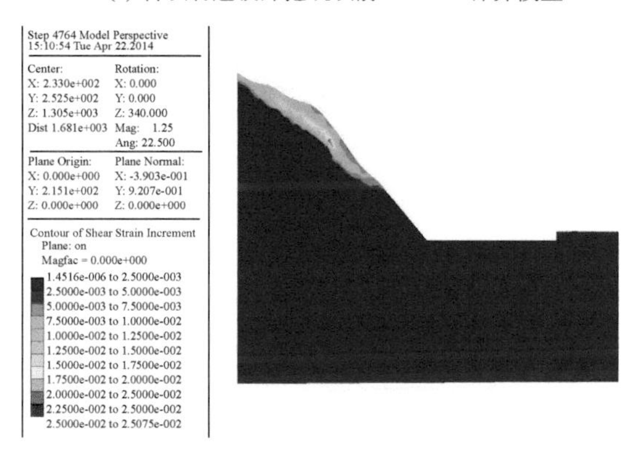

(g) 开挖支护后筑坝前直接蓄水边坡剪应变增量分布特征

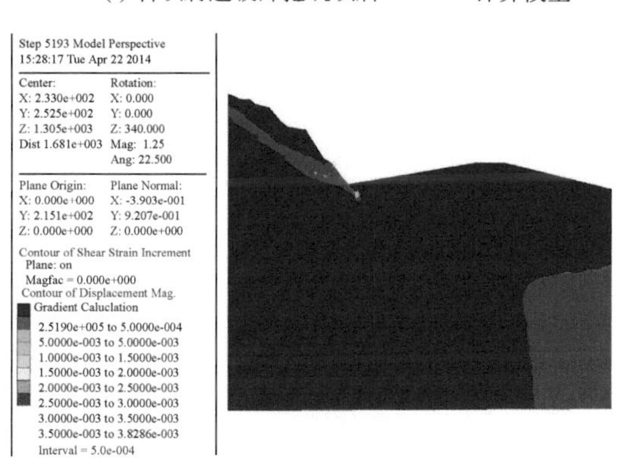

(h) 开挖筑坝蓄水后边坡剪应变分布特征

图 6.3 右坝肩倾倒变形边坡模型及稳定性效果评价

(1) 如果未对边坡中上部加固处理就进行开挖，可能造成边坡沿坡体内部剪应变集中部位形成贯通面而导致斜坡局部失稳，因而应当采取相对保守的方法对斜坡中上部变形突出部位进行加固处理，同时密切关注斜坡的变形，待变形得到有效的控制后再进行下一步开挖。

(2) 在未筑坝的基础上直接蓄水，计算结果表明直接蓄水至 1408m 高程处时，边坡总体出现极大变形，变形主要集中在边坡 A 区顶部，量值最大达到 60cm，受蓄水软化影响，岩体的物理力学参数降低，岩体的变形自坡表向坡体中部进一步扩展；在开挖完支护后直接蓄水，边坡发生非常明显的变形，变形量极大，在坡体中上部 A 和 B_1 区的变形最为剧烈，岩体在发生倾倒折断后，形成切层的张拉裂缝，这些切层裂缝自上而下逐渐贯通，可能直接形成滑带，最终使边坡发生剪切破坏。

(3) 在原来开挖回填及支护的基础上构筑坝体，筑坝蓄水后边坡的变形明显减小，变形最大的部位仍是坡体顶部的 A 区及临空面较陡的岩体中，量值最大达到 8cm。筑坝蓄水后在边坡顶部坡形突出部位，几乎未出现张拉变形，边坡中上部主要表现为剪切破坏；由于坝体的压实和阻挡作用，加上其自身柔性坝的特点，对于边坡的变形具有一定的调控作用，边坡在蓄水后的变形较之前未筑坝直接蓄水明显减小，但在坡体中上部仍然存在一些剪切变形，需要引起重视。

图 6.4 为右坝前边坡依据边坡地质模型建立的数值计算模型，对比分析边坡在蓄水后、支护后以及水位变动过程中的变形、塑性区分布等特征，得到主要认识如下：

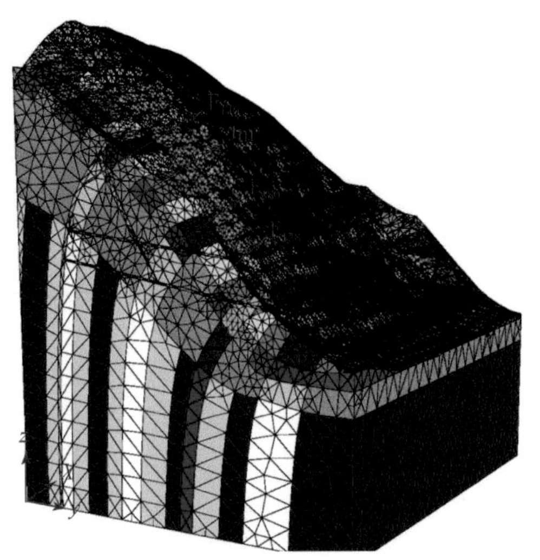

(a) 右坝前边坡原始FLAC3D计算模型

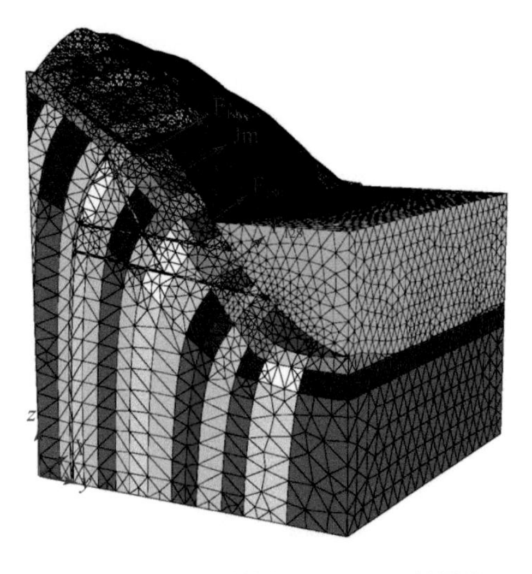

(b) 右坝前边坡堆载蓄水后FLAC3D计算模型

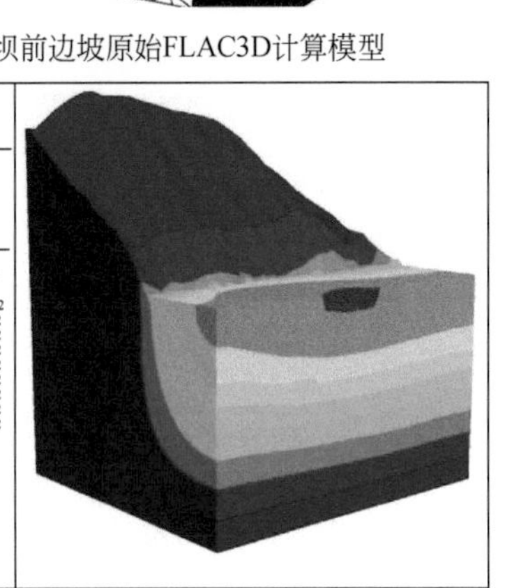

(c) 坝前堆积体堆载至1385m高程后(方案a)
斜坡变形过程中总位移分布特征

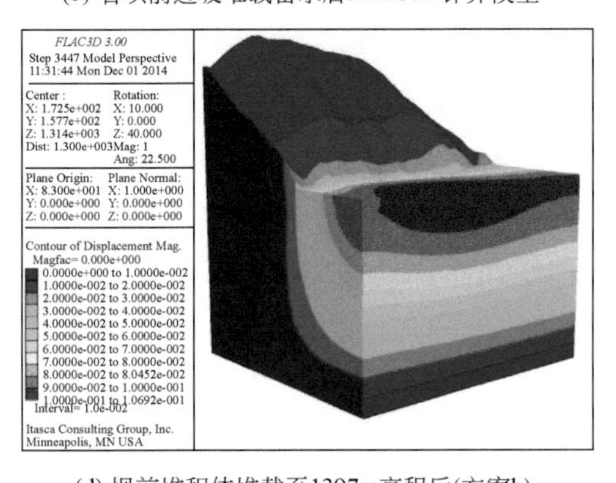

(d) 坝前堆积体堆载至1397m高程后(方案b)
斜坡变形过程中总位移分布特征

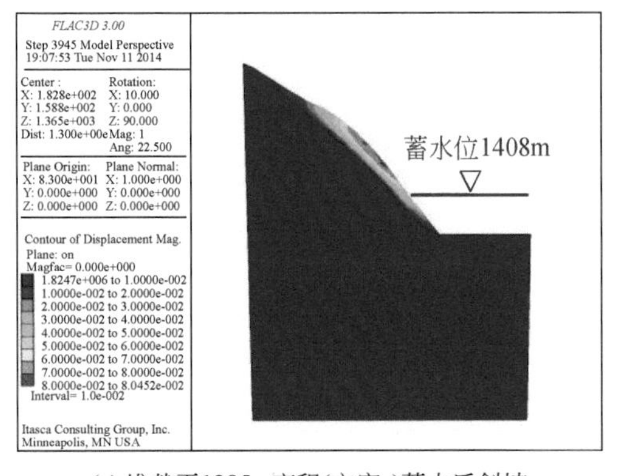

(e) 堆载至1385m高程(方案a)蓄水后斜坡
x=83m总位移分布特征

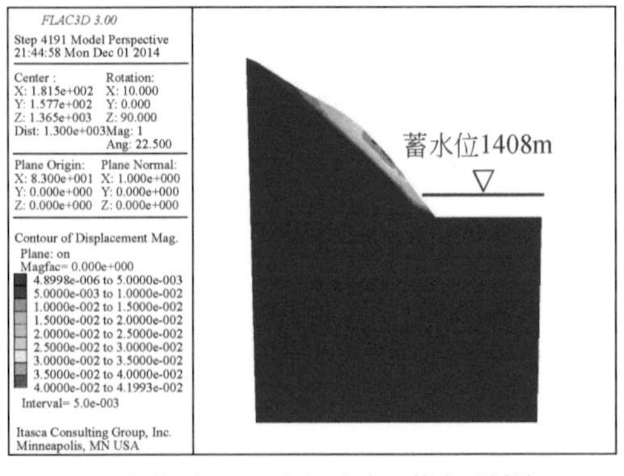

(f) 堆载至1397m高程(方案b)蓄水后斜坡
x=83m总位移分布特征

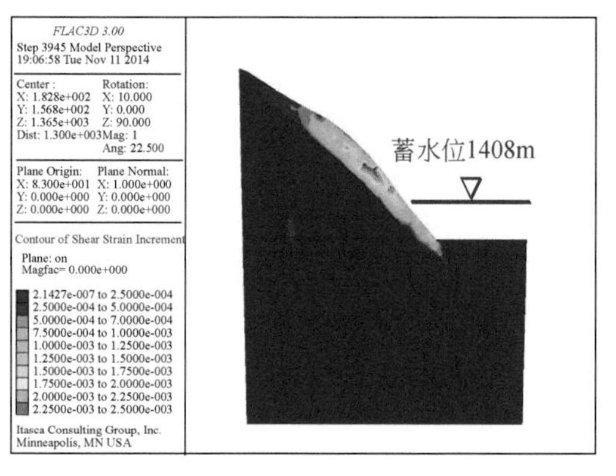

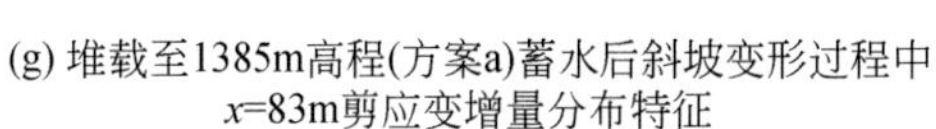
(g) 堆载至1385m高程(方案a)蓄水后斜坡变形过程中
x=83m剪应变增量分布特征

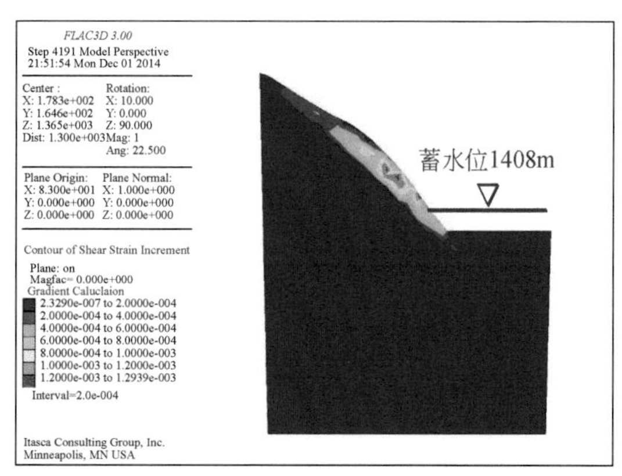

(h) 堆载至1397m高程(方案b)蓄水后斜坡变形过程中
x=83m剪应变增量分布特征

图 6.4　右坝前边坡模型及稳定性效果评价

（1）天然条件下，最大主应力方向在边坡内部基本与重力方向一致，只是由于 F_{146} 的切割，在坡体内部形成了一条应力集中带；最小主应力的分布在 Jm 带及 F_{146}、F_{128}、F_{180} 附近影响较大，同时，在坡体表面及内部与这几条结构带交界的地方，还出现了应力集中。

（2）通过对比分析堆载至 1385m、1397m、1409m 高程时边坡位移和塑性区特征，得到堆载高度与边坡蓄水后总体变形量以及塑性区范围呈负相关，由此可见，堆载高度越大对边坡稳定性越有利。因此，1409m 高程堆载方案无疑是最合适的。

（3）堆载至 1409m 高程且蓄水至 1408m 高程时，变形主要集中在边坡中下部 F_{128} 出露附近与堆载体接触的部位，最大变形量值达 4.96cm，在堆载体顶部附近的坡表岩体变形也有局部的集中，量值约 4cm。

（4）支护加固后边坡的变形量在 $x=83$m 剖面上减小较为明显，最大值由之前的 4.96cm 降低为 3.85cm，可见由于这一区域的支护，特别是小溜槽沟至上游 140m 范围，在 1415m 高程以上布置的五排 1500kN 锚索对边坡的变形起到了明显的控制作用。

（5）库水位上升时边坡整体变形呈加剧状态，在蓄水至 1360m、1385m、1398m、1408m 各特征高程水位时，边坡的变形仍然主要集中在堆积体与坡体表面接触的部位。

6.3.2　基于强度折减法的倾倒变形稳定性评价

强度折减法的思想是在理想弹塑性数值计算中将边坡岩土体抗剪强度参数（内聚力和内摩擦角）逐渐降低，直到其达到极限破坏状态为止，此时程序可以自动根据其弹塑性数值计算结果得到边坡的破坏滑动面，同时得到边坡的强度储备安全系数（ω）。滑动面为一塑性应变剪切带，在塑性应变和位移突变的地方。

在前文对边坡岩土体工程地质条件的详细研究的基础上，建立边坡岩土体的变形破坏机制模型，进而建立其力学模型，利用先进的动态强度折减数值模拟技术，分析研究边坡变形破坏趋势。图 6.5 为右坝肩边坡依据地质模型建立的计算模型。

边坡开挖后应力场重分布，产生二次应力。应力重分布导致两方面的结果，一方面边坡局部应力条件急剧恶化，形成强烈的应力集中带或急剧应力增高区，甚至产生显著的拉张现象，这种恶化一般集中在边坡开挖面的浅表层范围内；另一方面，开挖后由于边坡荷载突然（相对整个边坡演化历史）、急剧地降低，这使得岩体在减载方向产生卸荷回弹现象，卸荷回弹导致在边坡开挖部位的浅表层出现一系列与开挖面近于平行的裂隙，进而破坏岩土体的结构。开挖后应力重分布使边坡产生新的变形以适应调整后的边坡应力环境。

采用动态强度折减法分析边坡开挖后的变形破坏特征，搜索出边坡渐进失稳路径，得到塑性区的演化发展规律（图6.6）。图6.7（a）为边坡拉裂缝的现场调查，其与动态强度折减法获得的边坡变形破坏机制相吻合。图6.7（b）为边坡后缘拉裂缝示意图，与图6.6的计算结果较为一致，结果表明：动态强度折减法能够较好地预测和反映边坡的失稳破坏机制，为边坡支护加固方式和加固深度的选择提供了理论依据，也为基于变形预测的稳定性评价提供了很好的计算手段。

开挖支护条件下，位移量值最大出现在1380m高程附近区域，主要是边坡开挖卸荷引起的变形。支护后的天然状况下，通过强度折减法获得边坡的稳定性系数为1.30。目前，根据岩石饱水试验结果，降雨工况下，将边坡A区岩体的内聚力（c）值降低80%，并进行稳定性计算。与支护条件下相比，边坡的塑性区没有扩大（图6.8），可见降雨对边坡的稳定性影响较小。

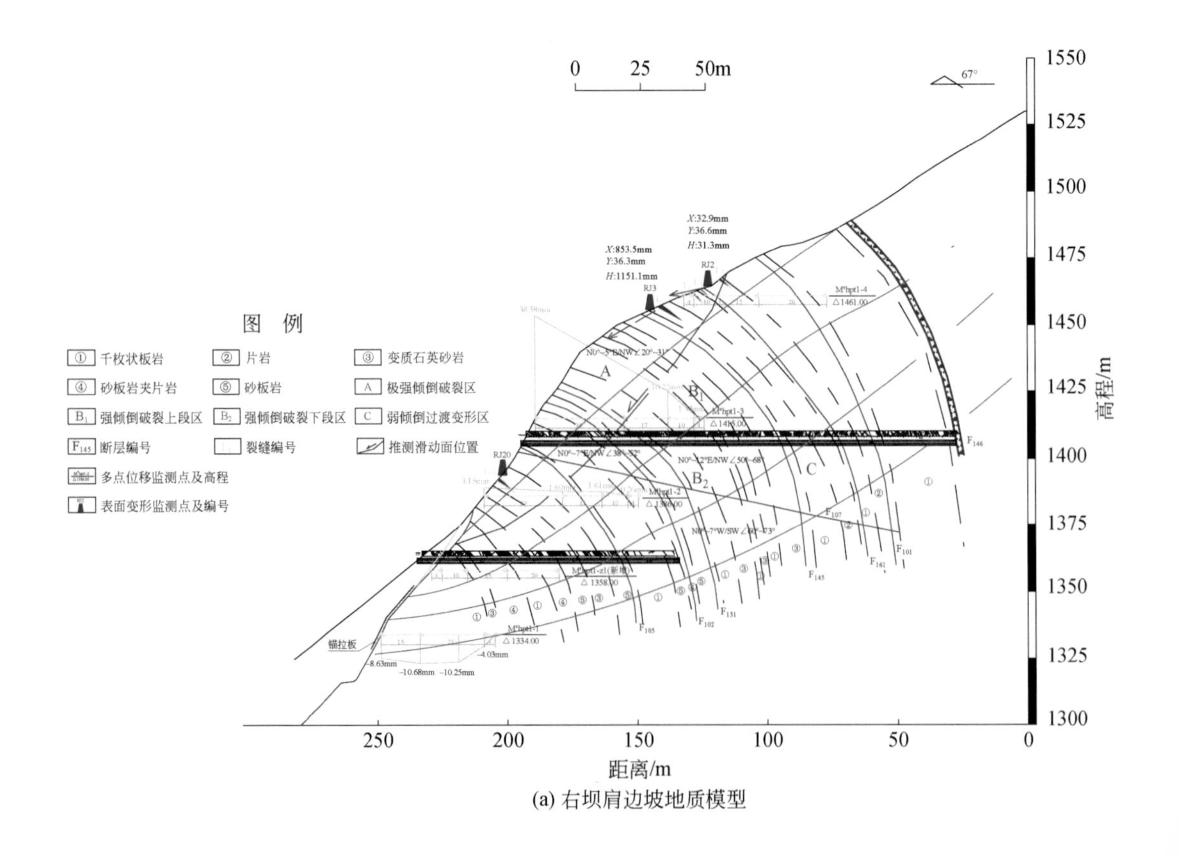

(a) 右坝肩边坡地质模型

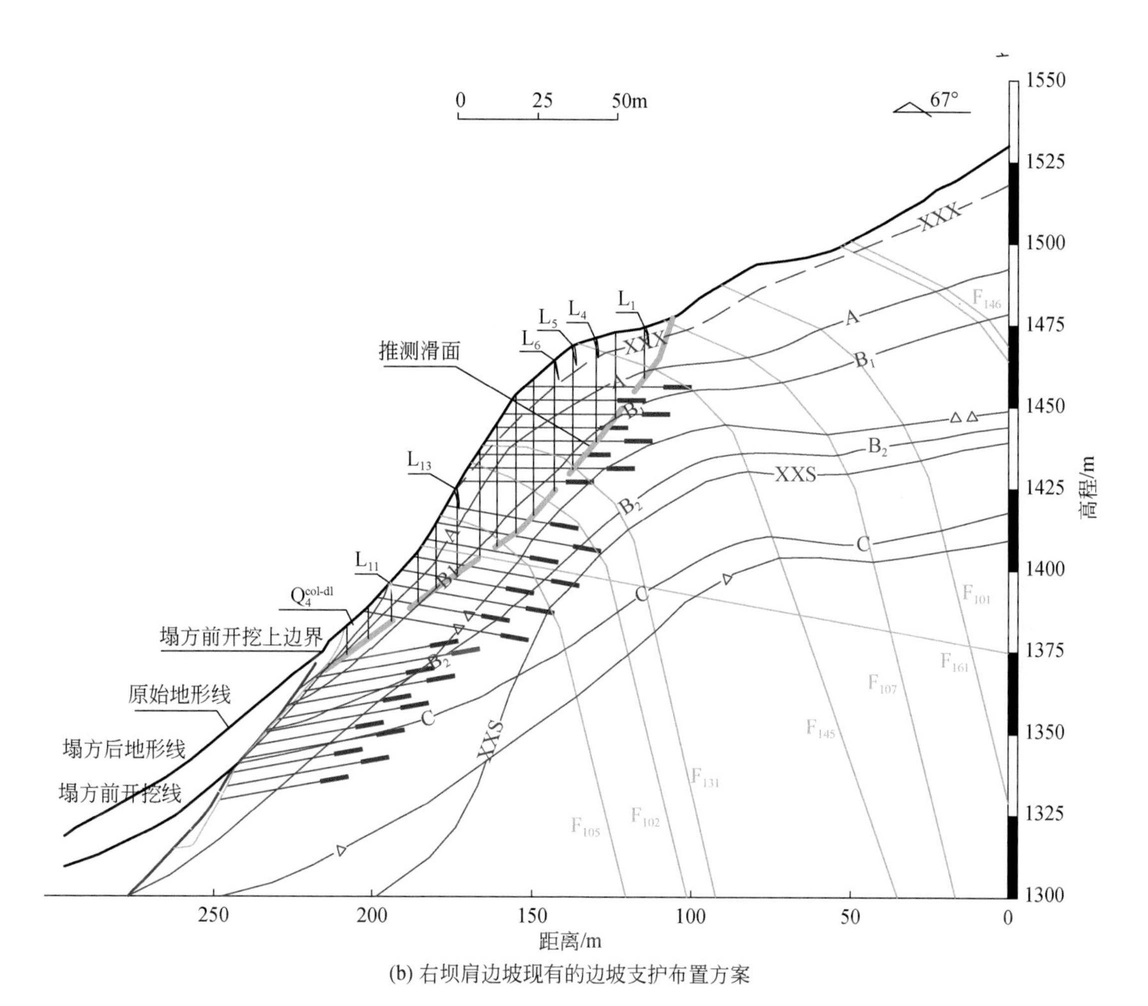

(b) 右坝肩边坡现有的边坡支护布置方案

(c) 右坝肩边坡A-A′工程地质剖面图

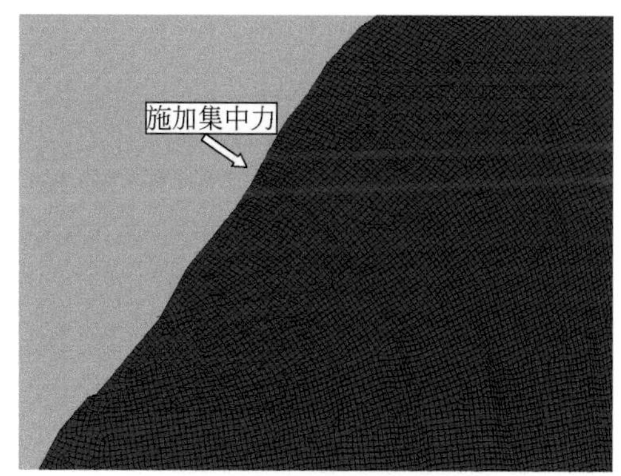

(d) 右坝肩边坡支护结构布置

图 6.5　右坝肩边坡 A-A′剖面有限单元计算模型

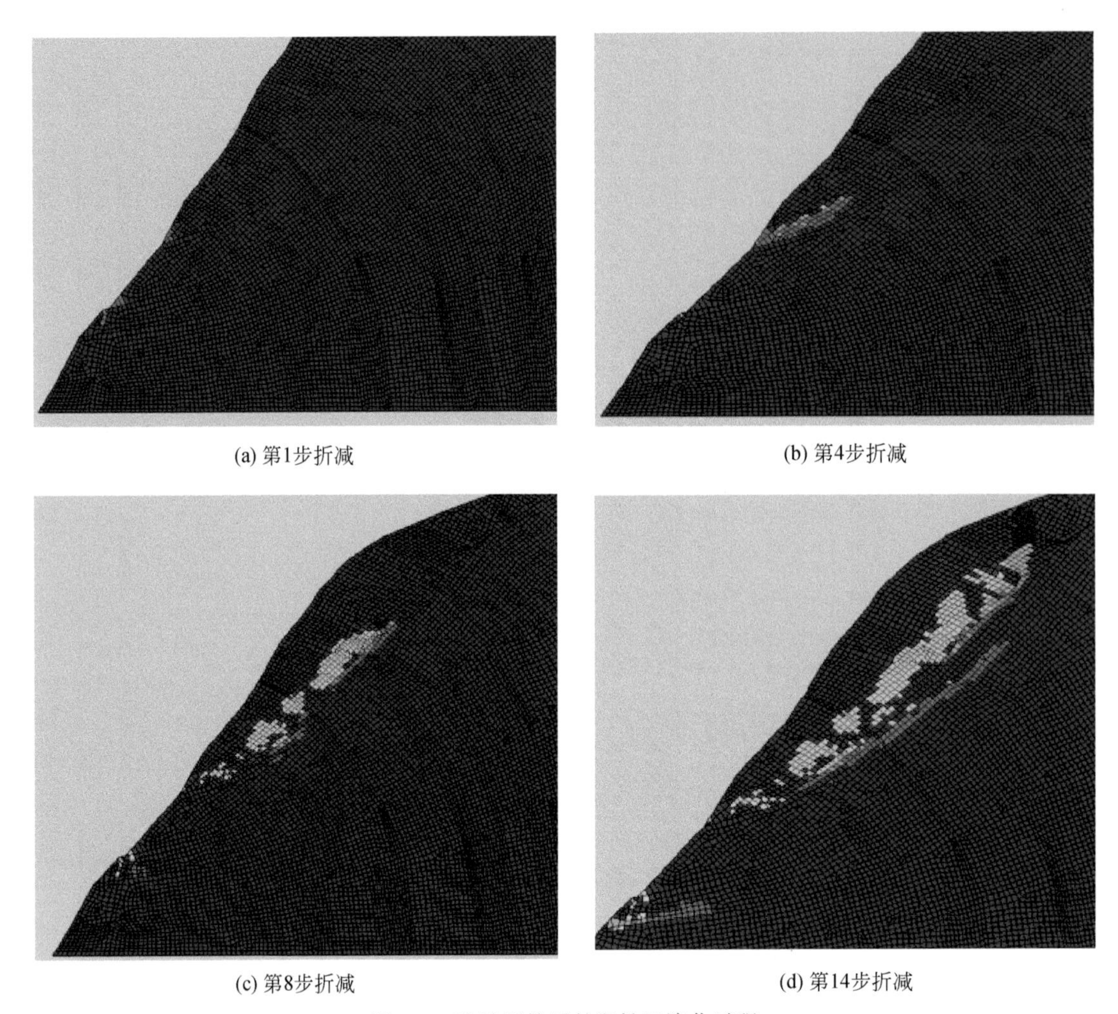

(a) 第1步折减　　(b) 第4步折减

(c) 第8步折减　　(d) 第14步折减

图 6.6　边坡开挖后的塑性区演化过程

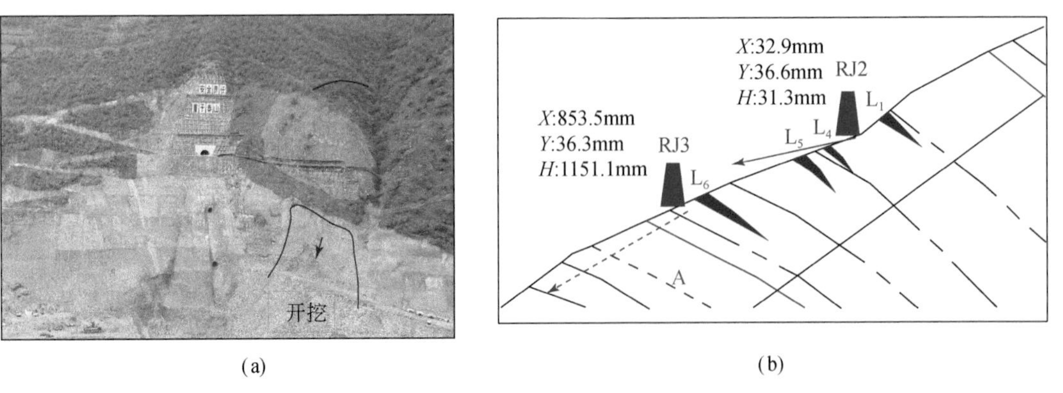

(a)　　(b)

图 6.7　边坡现场破坏情况及边坡后缘拉裂缝示意图

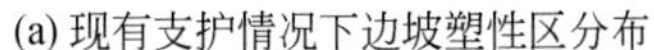

(a) 现有支护情况下边坡塑性区分布　　(b) 降雨工况下边坡塑性区分布

图 6.8　现有支护及降雨工况下边坡塑性区分布特征

6.3.3　基于刚体极限平衡法的稳定性计算

刚体极限平衡法是目前进行边坡稳定性分析最常用的方法之一。本小节依据边坡的岩体结构特征和数值模拟计算结果综合确定潜在滑动面，运用刚体极限平衡法全面准确地对倾倒变形体的变形特征、发展演化过程和稳定性进行了计算。

根据倾倒边坡变形特征分析，边坡在 A 区内由于层面、纵张裂隙的切割作用，岩体破碎，且受到卸荷、风化共同作用，造成研究区内的岩体呈似均质体结构，物理力学参数较为一致。因此，极限平衡分析法对于倾倒变形的边坡的稳定性评价是可适用的。

为了研究水电站蓄水过程及其库水位呈稳态时边坡的稳定性，并考虑边坡蓄水后坡体内部渗流场及地应力场变化对边坡稳定性的影响，本次计算利用极限平衡理论采取 Geo-studio 计算软件中的 SLOPE/W 模块读取之前 SEEP/W 模块与 SIGMA/W 模块相互耦合的渗流场、地应力场计算结果对边坡进行稳定性评价，极限平衡法各种方法的适宜性见表 6.1，本次研究坡体稳定性计算主要采用 Bishop 法、Morgenstern-Price 法（简称 M-P 法）、传递系数法三种方法。

表 6.1　极限平衡法各种方法比较

方法	竖向力平衡	水平力平衡	力矩平衡	条间作用力假设	条间作用力方程	滑裂面形状	λ
Bishop	√	×	√	不计条间剪切作用力	不使用	圆弧形	0
Janbu	√	√	×	条间作用力合力方向为水平	不使用	任意形状	0
M-P	√	√	√	条间合力方向为函数变化关系	任意 $f(x)$	任意形状	计算得到
Sarma	√	√	√	土条侧面也达到极限平衡状态	$f(x)=0$	任意形状	计算得到
传递系数法	√	√	×	条间合力方向与上一条块底面平行	特定 $f(x)$	任意形状	计算得到
一般条分法	√	√	√	条间作用力合力方向为水平	不使用	任意形状	计算得到

图 6. 9 为库区三颗石左岸边坡的地质模型及潜在失稳边界，各边界的工程地质特征及研究意义见表 6. 2。对该边坡进行刚体极限平衡稳定性计算，结果如表 6. 3 和表 6. 4 所示，库岸倾倒变形边坡随库水位上升的稳定性系数变化如图 6. 10 所示。根据《水电水利工程边坡工程地质勘察技术规程》（DL/T 5353—2017），岸坡属威胁 I 级水工建筑物安全的 I 级 B 类水库岸坡。

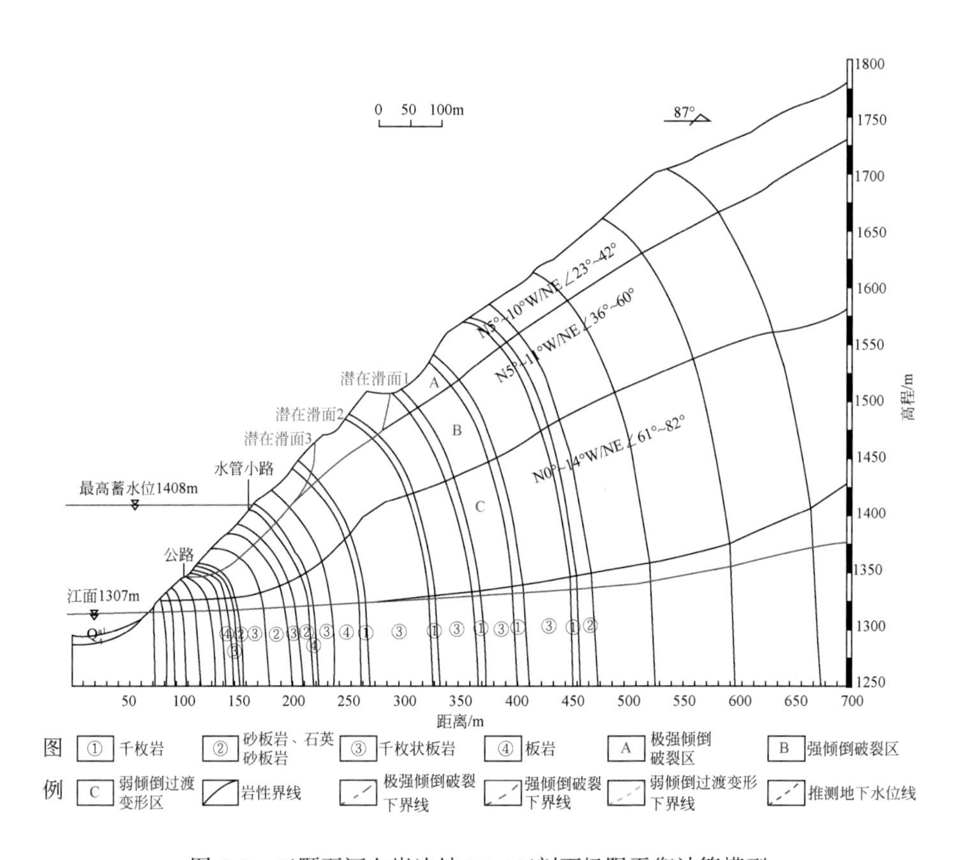

图 6. 9　三颗石河左岸边坡 10-10′剖面极限平衡计算模型

表 6. 2　滑面工程地质特征及研究意义

滑面编号	确定依据	工程地质特征	研究意义
1	*X* 位移变形量大于 20cm； A 区倾倒特征、J_1 发育情况统计分析	A 与 B 折断面，从折断面前缘沿节理面剪出	表层滑移破坏
2	*X* 位移变形量大于 40cm； A 区倾倒变形特征、J_1 发育情况统计分析	A 与 B 折断面，从折断面前缘沿节理面剪出，J_2 为侧边界	表层滑移破坏
3	*X* 位移变形量大于 80cm； A 区倾倒变形特征、J_1 发育情况统计分析	A 与 B 折断面，从折断面前缘沿节理面剪出，J_2 为侧边界	表层滑移破坏

表 6.3　岸坡稳定性计算成果（蓄水位 1398m）

潜在滑面	计算方法	稳定性系数			
		工况一	工况二	工况三	工况四
滑面①	M-P 法	1.086	1.071	0.993	0.957
滑面②	M-P 法	0.988	0.971	0.942	0.921
滑面③	M-P 法	0.852	0.843	0.822	0.803

表 6.4　岸坡稳定性计算成果（蓄水位 1408m）

潜在滑面	计算方法	稳定性系数			
		工况一	工况二	工况三	工况四
滑面①	M-P 法	1.083	1.065	0.986	0.946
滑面②	M-P 法	0.972	0.964	0.931	0.917
滑面③	M-P 法	0.847	0.839	0.818	0.801

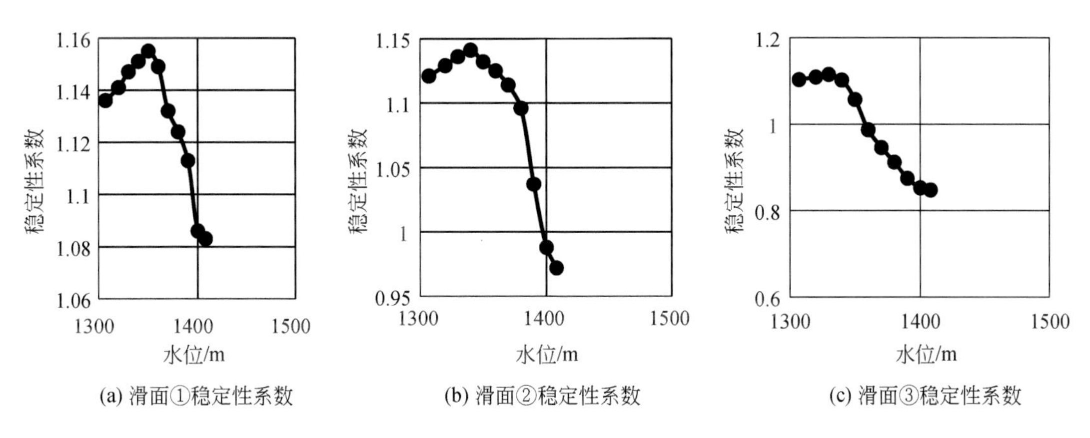

(a) 滑面①稳定性系数　　(b) 滑面②稳定性系数　　(c) 滑面③稳定性系数

图 6.10　倾倒变形体边坡潜在滑面的稳定性系数随库水位变化的曲线图

根据库岸边坡设计安全系数对倾倒变形体的稳定性进行评价。计算结果表明：蓄水后天然工况岸坡稳定性系数都小于 1.1，且滑面②和滑面③小于 1，处于失稳状态；在暴雨工况、地震工况、暴雨+地震工况下，滑面①的稳定性系数偏小，最低为 0.946，处于不稳定状态；滑面②和滑面③的稳定性系数也有所降低。在 3 个滑面的各个工况中，滑面①的稳定性系数相对高，表明坡体沿中部滑面滑动的可能性较小，若产生滑坡，沿滑面③的可能性较大。在水位上升过程中，岸坡的稳定性先逐渐增加，随后降低。受渗流场影响，岸坡岩体物理力学性质减弱，坡体稳定性降低；在水位骤降时，由于动水压力的作用，岸坡稳定性急剧下降，随着动水压力的消散，其稳定性出现回弹；在水位回升过程中，岸坡稳定性也快速增加，最后归于稳定状态。

6.4　层状倾倒–破坏全过程力学判据研究

通过前述倾倒变形规律分析，层状倾倒–破坏具有过程阶段性，进一步开展力学行为特征与判据的理论研究，深化层状倾倒变形稳定性评价。结合柔性弯曲型倾倒变形发育的阶段性特征，通过力学理论分析，选取倾倒坡角、岩层倾角及岩层与坡面夹角，建立了倾倒变形全过程各阶段的力学判据。

6.4.1　层状倾倒–破坏全过程演化特征

试验模型考虑到边界效应对研究区域的影响，本次模型简化尺寸为（水平方向）380m×200m（竖直方向），模型仅有一组层面结构面，岩层倾角75°，在主要研究区域内发育间距为3m，自坡体表部向坡体内部发育间距逐渐增大，分别为3m、12m、48m。研究区坡高80m，所建立的数值计算模型及设置的监测点与结构面见图6.11。

计算模型边界条件设置：边界条件采用速度约束，对模型左、右边界（X方向）及底边界（Y方向）进行约束，坡表为自由面。模型块体材料采用莫尔–库仑屈服条件的弹塑性模型，初始应力场仅考虑重力，对模型中关键区域设置监测点和监测结构面来深入分析倾倒变形过程中力学行为规律。

试验方案设计中考虑到UDEC计算过程无法实现块体自身折断破坏，本书选取一个验证模型分析岩体拉断试验，来揭示倾倒破坏中的拉断过程。倾倒弯曲折断验证模型构建的具体命令流和程序FISH见蔡俊超（2020）附录A。

对于柔性弯曲型倾倒破坏的柔性弯曲发展过程，由于叠合岩层岩板无法发生破坏，故综合考虑其塑性区发育特征、剪应变分布规律和岩板的弯曲曲率，选择不同弯曲曲率等值迹线植入cracks替代潜在弯折面重新构建模型进行全过程破坏特征分析。

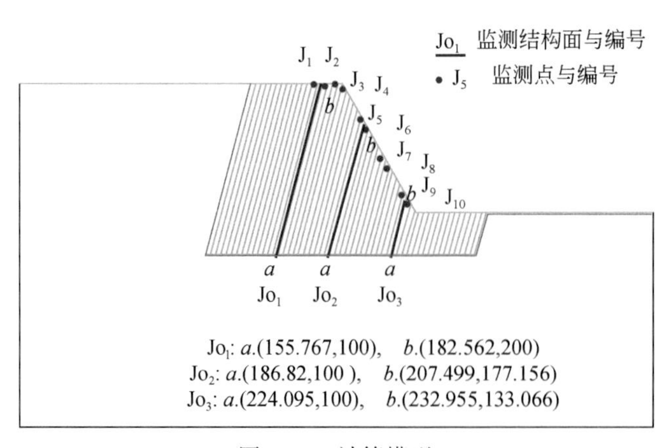

图6.11　计算模型

模型力学参数取值参考Nichol等（2002）的参数。柔性弯曲型倾倒岩体力学参数选取单轴抗压强度（uniaxial compressive strenght，UCS）为 20MPa 的力学参数，其具体力学参数见表 6. 5。模型中结构面采用的力学参数见表 6. 6。

表 6. 5　柔性弯曲型岩体力学参数取值表

UCS /MPa	重度 /(kg/m^3)	GSI	体积模量 (K)/Pa	剪切模量 (S)/Pa	内摩擦角 (φ)/(°)	内聚力 (c)/Pa	抗拉强度 /Pa	剪胀角 /(°)
20	2700	62	5.9×10^9	3.6×10^9	38	2.3×10^5	4.0×10^4	2

表 6. 6　柔性弯曲型结构面力学参数取值表

结构面	法向刚度/Pa	剪切刚度/Pa	内聚力 (c)/Pa	内摩擦角 (φ)/(°)
J_1	5×10^{10}	3×10^{10}	0	30

对于柔性弯曲型倾倒模型计算 10 万时步后，出现明显的宏观柔性变形现象，通过查看其塑性区分布特征可知，其岩层岩体已经发生抗拉破坏。由于 UDEC 软件自身块体无法发生破坏，为考虑岩体受拉折断破坏，在第 5 章通过倾倒变形边坡大型离心机试验分析得到的倾倒折断深度，植入 cracks 来表示发生的抗拉折断破坏。通过植入的 cracks 深度来表达倾倒破坏的多次折断深度。同时，考虑最大拉应变特征，柔性弯曲的最大曲率变形迹线（最大曲率的连线）拉压应力复杂，且变形破坏最为严重，其作为潜在弯折面，经过长期地质历史时期最有可能演化为变形体滑动面的部位。现场调查表明柔性倾倒变形发生倾倒体失稳破坏一般发育在中等深度或者较深处的弯折面部位。具体的变形破坏演化过程表述如下。

原始模型迭代计算 10 万时步，可见较大的宏观柔性弯曲变形现象。图 6. 12 ~ 图 6. 16 表明计算过程中的位移矢量表现出反倾岩层的倾倒弯曲变形效果。随着迭代计算时步的增加，最大位移矢量的数值逐渐增大，1 万时步的最大位移矢量为 1. 644m、2 万时步的最大位移矢量为 7. 461m、3 万时步的最大位移矢量为 18. 99m、5 万时步的最大位移矢量为 25. 66m、10 万时步的最大位移矢量 25. 67m，且水平方向的位移分量增量比竖直方向的分量增量大。

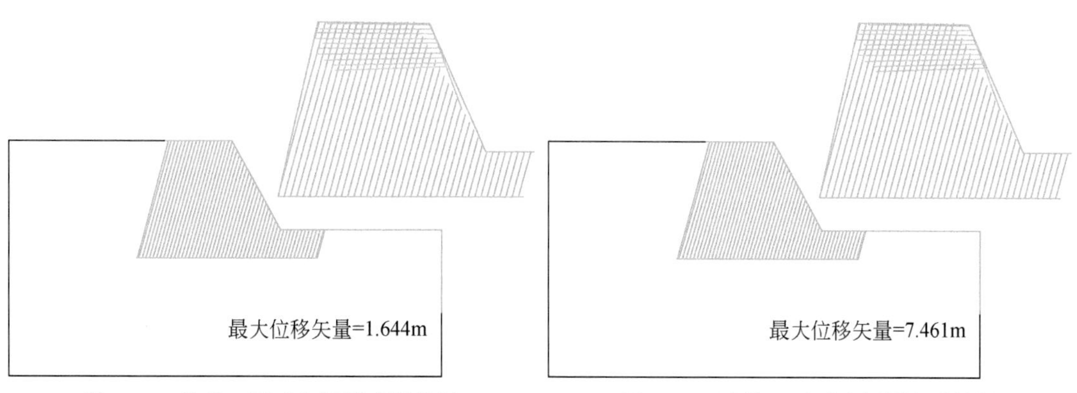

图 6. 12　迭代 1 万时步倾倒变形特征　　图 6. 13　迭代 2 万时步倾倒变形特征

由图 6.17 分析可知，迭代计算 10 万时步，最大不平衡力逐渐趋于平衡状态，其应力状态处于近似平衡状态，变形位移也趋于平稳，此时可认为进入蠕变阶段，由于软件自身的岩块不会发生再破裂，考虑蠕变时间计算仍不会引起坡体内岩块的破坏。假定坡体最终发生破坏的弯曲折断面沿着折断深度发展，且在近似曲率相等的曲面上，近似圆弧的弯折面近似贯通。故通过植入最深处的最大曲率迹线作为潜在滑动面。

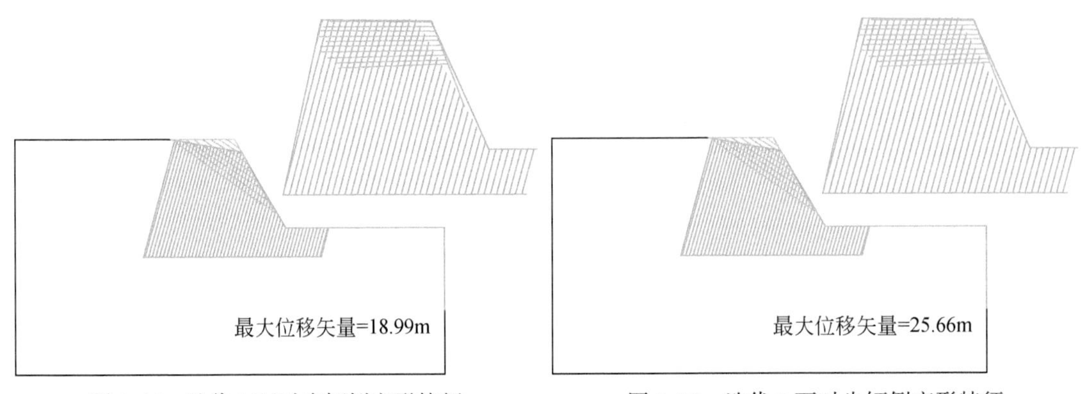

图 6.14　迭代 3 万时步倾倒变形特征　　　　图 6.15　迭代 5 万时步倾倒变形特征

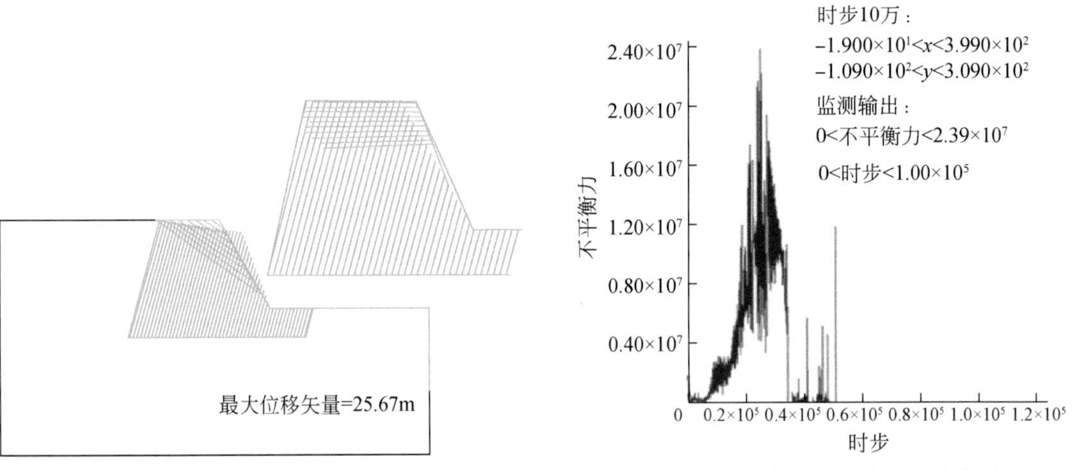

图 6.16　迭代 10 万时步倾倒变形特征　　　　图 6.17　最大不平衡力变化曲线图

模型迭代计算 10 万时步后，对其进行稳定系数（solve fos）计算。其稳定系数取值确定方法如下。

$$\begin{cases} F_L = \dfrac{\text{破坏荷载}}{\text{设计荷载}} \\ F_\varphi = \dfrac{\text{实际内摩擦角正切值}}{\text{破坏时内摩擦角正切值}} \end{cases} \tag{6.1}$$

UDEC 在执行 solve fos 过程中使用具体步骤：首先，找到一个“有代表性的时步数”（用 N_r 表示），它表示系统的响应时间。N 是通过将内聚力设置为一个大的值，对内应力做一个大的改变，并找出系统需要多少步才能恢复平衡而得到的。然后对给定的安全系数

F，来执行 N_r 时步。如果不平衡力比小于 10^{-5}，则系统处于平衡状态；如果大于 10^{-5}，则再执行一个 N_r 步，直到小于 10^{-5}退出循环。将当前跨度为 N_r 步的力比的平均值与前 N_r 步的力比的平均值进行比较。如果差异小于 10%，系统被认为是处于平衡状态和退出循环达到新的平衡。如果上述差异大于 10%，N_r 步块步骤运行至差异小于 10% 时，或计算块体不平衡力比小于 10^{-5}时。

其安全系数确定过程中，对模型内岩体参数和结构面参数进行折减搜索，确定其最小的安全系数（图 6.18），计算得到的安全系数分别为柔性弯曲型倾倒原始模型的安全系数为 1.06，剪应变增量近似贯通成条带分布，可作为其潜在弯折面开展稳定性分析，参考弯折面的形态特征，选取不同深度的弯折面来分析，确定最终的弯折面和稳定系数。

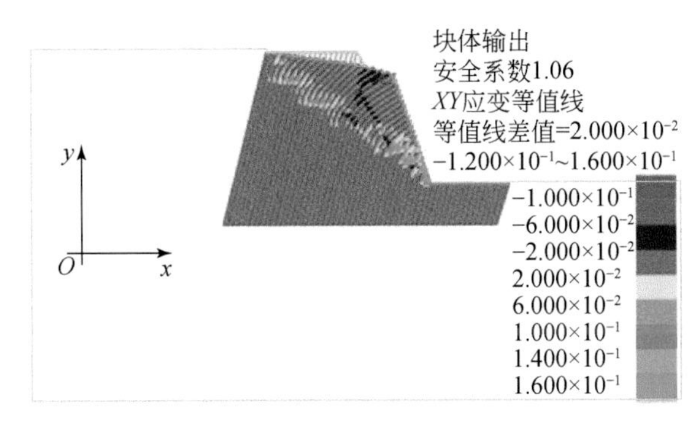

图 6.18　计算模型的稳定系数（10 万时步）

本次破坏选择最深处的弯折面作为潜在滑动面，植入一组 cracks 来实现，在拉破坏范围通过折断深度计算结合原始模型破坏特征，植入折断面，重新建立模型来分析其失稳破坏的后续过程。变形量值与上一阶段的变形破坏相联系，对于其变形的数据进行叠加处理分析，获取柔性弯曲型倾倒变形整个过程的变形规律特征。新建模型见图 6.19 所示。

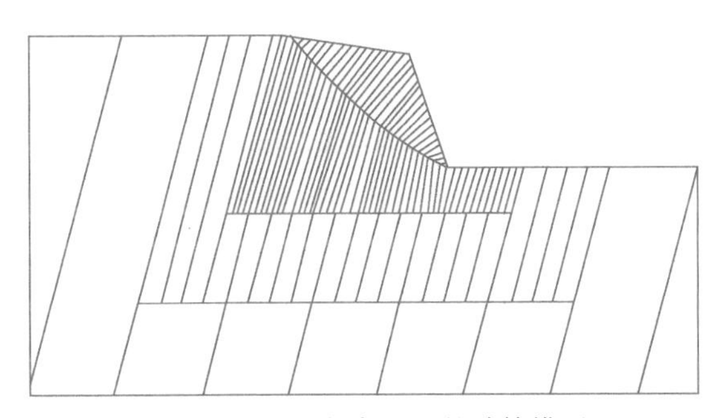

图 6.19　植入折断面后的计算模型

图 6.20、图 6.21 为植入折断面新建模型迭代计算 10 万时步的全过程变形特征。计算结果表明，随着迭代计算时步的增加，最大位移矢量的数值逐渐增大，倾倒变形体开始沿着植入的潜在滑动面滑动失稳。迭代计算 5 万时步的最大位移矢量为 26.46m，10 万时步的最大位移矢量为 37.27m，此时的最大变形位移发生在坡脚。

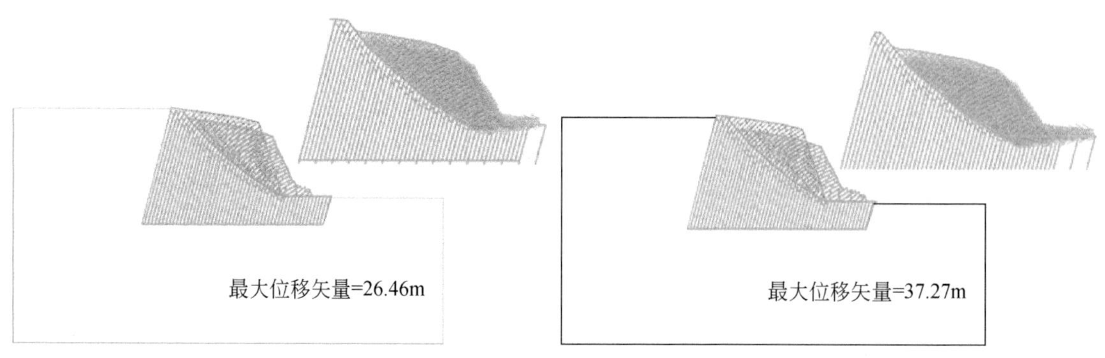

图 6.20 迭代 5 万时步倾倒变形特征

图 6.21 迭代 10 万时步倾倒变形特征

根据设置的坡表监测点监测得到的位移曲线（图 6.22、图 6.23），通过原始模型与新建模型的位移变形数据进行叠加得到倾倒变形发展全过程。

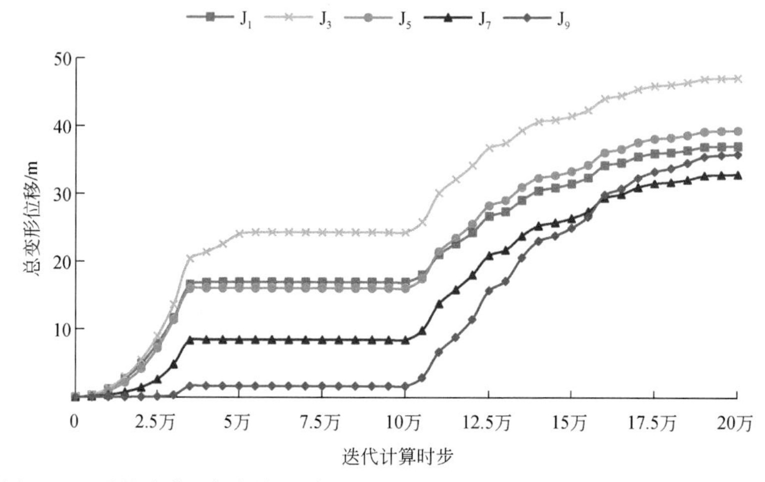

图 6.22 柔性弯曲型倾倒变形全过程监测点（J_1、J_3、J_5、J_7、J_9）位移曲线

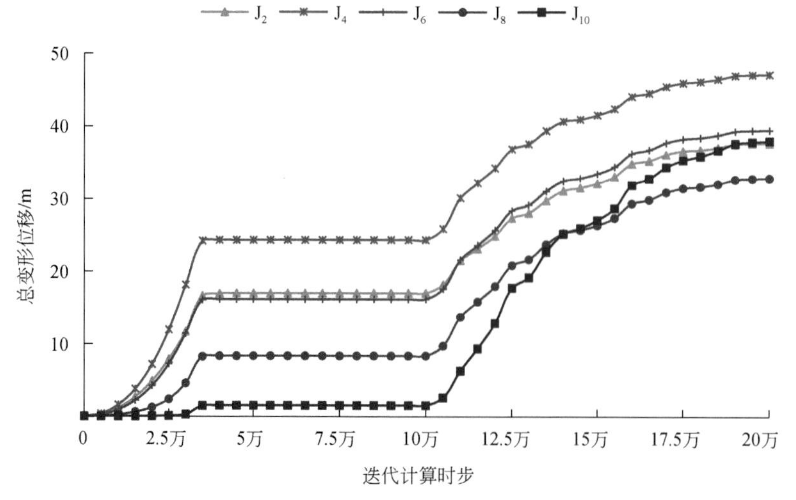

图 6.23 柔性弯曲型倾倒变形全过程监测点（J_2、J_4、J_6、J_8、J_{10}）位移曲线

从监测点获取的倾倒变形发展过程中的变形位移曲线图，通过数据分析发现倾倒变形呈现出阶段性特征，结合柔性弯曲型倾倒变形破坏特征，将其变形破坏过程抽象为如下全过程变形位移曲线概念图（图 6. 24）。

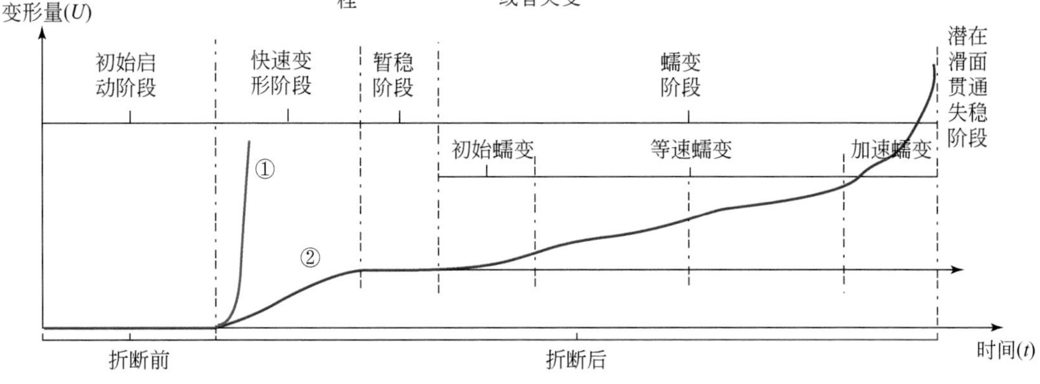

图 6. 24　倾倒变形全过程变形位移曲线概念图

由曲线图分析可将倾倒变形发展过程分为五个阶段，分别为初始启动阶段、快速变形阶段、暂稳阶段、蠕变阶段、潜在滑面贯通失稳阶段。其中，折断后曲线①表示折断后块体失稳崩落；折断后曲线②表示为折断后块体或者岩板，残留在坡体内，进入变形发展阶段。对于倾倒变形的变形阶段分析，应从宏观整体发育过程来把握，结合坡体根据需要设置的监测仪器设备获取的变形位移特征，综合判定倾倒发育的阶段，以便达到经济、合理、有效的设置与选取治理方案及时机。

6. 4. 2　层状倾倒–破坏全过程力学判据研究

对于柔性弯曲型倾倒而言，倾倒发展过程的阶段性力学条件可选取参数组合来判别。从现场调查获取指标便利性的角度出发，可选取倾倒体边坡坡角、岩层倾角与坡面夹角之间的关系，来初步判定倾倒变形发展的阶段性特征。

倾倒弯曲变形发展满足的基本条件分析：①斜坡的层面或似层面较陡且坡角较大，能发生弯曲倾倒变形。②层厚薄，相对于坡体规模为无穷小，可视为小刚度岩板。③斜坡应力场中抽象概化的薄板岩层上的不平衡力，驱动岩层的弯曲倾倒变形发生，岩层自重相对于应力场强度是微不足道的。④不论是自重应力场或者其他综合作用下形成的应力场在坡表均出现最大主应力近似平行于坡表。自重应力形成的应力场，主要作用在板梁上，单元应力可不考虑单元的自重应力。

反倾层状岩体弯曲倾倒变形可以分解为平移变形和转动变形两个部分。本节仅讨论转动变形部分。考虑到弯曲倾倒变形过程中应力变化、调整的复杂性，分析仅考虑瞬时终止时的变形状态。弯曲倾倒变形发展过程划分为初始启动阶段、快速变形阶段、暂稳阶段、蠕变阶段和潜在滑面贯通失稳阶段。各个阶段的力学条件简述如下。

6.4.2.1　柔性弯曲型倾倒–破坏初始启动阶段力学判据研究

关于倾倒发生条件的研究，Goodman 认为弯曲倾倒发生需要满足层间发生错动，且岩层弯曲拉应力超过其抗拉强度。该方法忽略了层间的内聚力，仅考虑了边坡角度、岩层倾角、岩层间的内摩擦角之间的关系，得出岩板发生倾倒的运动学条件（图 6.25）：

$$(180^\circ-\alpha-\beta)\leqslant(90^\circ-\varphi)$$

简化为

$$\beta\geqslant(90^\circ-\alpha)+\varphi \tag{6.2}$$

式中，β 为层面与水平面夹角；φ 为层间内摩擦角；α 为边坡坡面与水平面夹角。

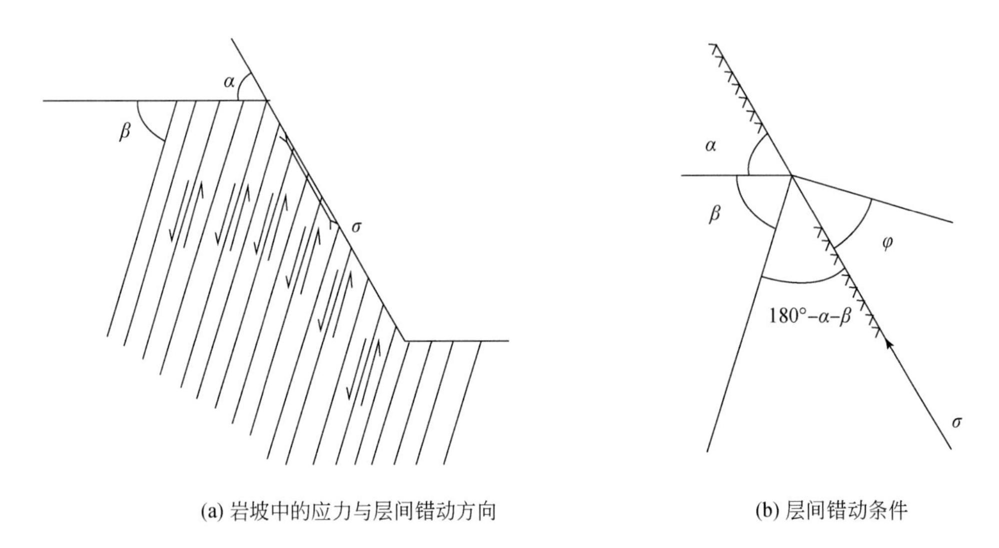

(a) 岩坡中的应力与层间错动方向　　(b) 层间错动条件

图 6.25　倾倒层 σ 平行于坡面间滑动启动的运动条件

由于忽略了岩层间的内聚力，计算结果偏于安全，可考虑采用综合内摩擦角，来综合分析考虑内聚力的层间错动启动条件：

$$\beta\geqslant(90^\circ-\alpha)+\varphi_e \tag{6.3}$$

式中，φ_e 为综合内摩擦角。

结合岩层倾角、坡角与岩层内摩擦角之间的关系，通过假定不同的内摩擦角确定其启动条件的分区（图 6.26）作为岩层层间错动启动条件分析。

6.4.2.2　柔性弯曲型倾倒–破坏暂稳阶段力学判据研究

在基本条件假设基础上，取坡体中某板梁的一部分为微元体（图 6.27），a 面为层理面，b 面为虚拟面。假定层面内摩擦角为 φ，内聚力为 c，取微元体中心点 O 为转动中心。单元体转动暂停的力矩条件为 $M_r\geqslant M_t$，即

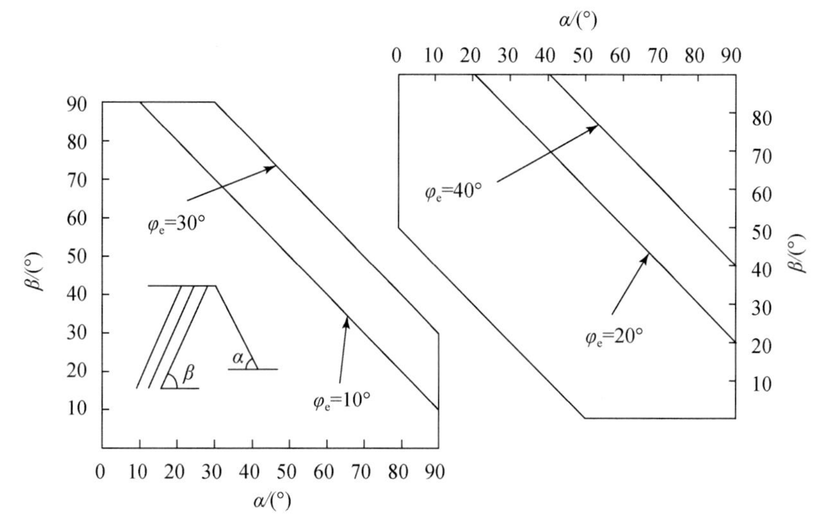

图 6.26　倾倒层间滑动启动条件图标判据

$$0.5b \cdot a \cdot [\tau_r + (\tau_r + \Delta\tau)] \geqslant 0.5a \cdot b \cdot [\tau_t + (\tau_t + \Delta\tau)] \tag{6.4}$$

式中，τ_r 为抗剪强度；τ_t 为剪应力。

同时考虑到

$$\tau_r + (\tau_r + \Delta\tau) \leqslant \sigma_r \cdot \tan\varphi + c + (\sigma_r + \Delta\sigma) \cdot \tan\varphi + c$$

整理得出

$$\tau_t \leqslant \sigma_r \cdot \tan\varphi + c \tag{6.5}$$

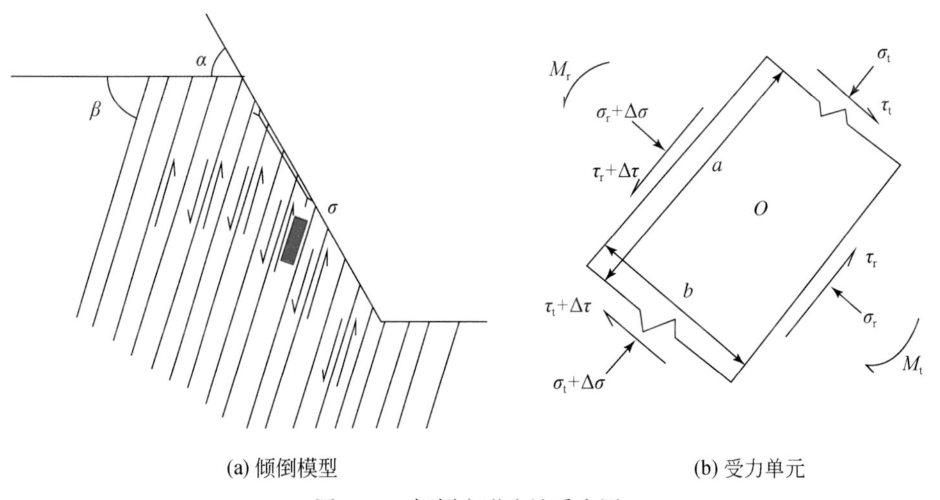

(a) 倾倒模型　　(b) 受力单元

图 6.27　倾倒变形边坡受力图

当转动终止时应力达到平衡状态，处于暂稳状态，有

$$\tau_r = \tau_t$$

$$\tau_r \leqslant \sigma_r \cdot \tan\varphi + c \tag{6.6}$$

层状岩体倾倒弯曲变形通过层面间的相对剪切变形来实现，相对剪切位移方向与倾倒

转动方向相反。逐层累积的剪切位移和板梁转动整体上表现为斜坡岩体的弯曲倾倒变形，变形暂停终止条件主要由层面上的剪应力与抗剪强度关系确定。通过层间应力分析构建应力莫尔圆，其强度包络线与莫尔圆相交确定的阴影区仅揭示倾倒弯曲发生的应力状态区域。

应用莫尔-库仑强度理论图解方法，不满足暂稳状态条件的为图 6.28（a）中阴影区所对应的应力圆弧段。假定 V 为层理面法线与 σ_1 的夹角，则上述弧段对应的不稳定区间上可表述为上界 V_1 和下界 V_2。

$$\sin\omega = \frac{\sigma_1 + \sigma_3 + 2c\tan\varphi}{\sigma_1 - \sigma_3} \cdot \sin\varphi$$

$$2V_1 = \omega + \varphi, \quad 2V_2 = \pi - \omega + \varphi$$

故

$$V_1 = 0.5\left[\varphi + \sin^{-1}\left(\frac{\sigma_1 + \sigma_3 + 2c\cot\varphi}{\sigma_1 - \sigma_3} \cdot \sin\varphi\right)\right] \tag{6.7}$$

$$V_2 = 0.5\left[\pi + \varphi - \sin^{-1}\left(\frac{\sigma_1 + \sigma_3 + 2c\cot\varphi}{\sigma_1 - \sigma_3} \cdot \sin\varphi\right)\right] \tag{6.8}$$

当 $V \in [V_1, V_2]$，板梁将发生倾倒弯曲。

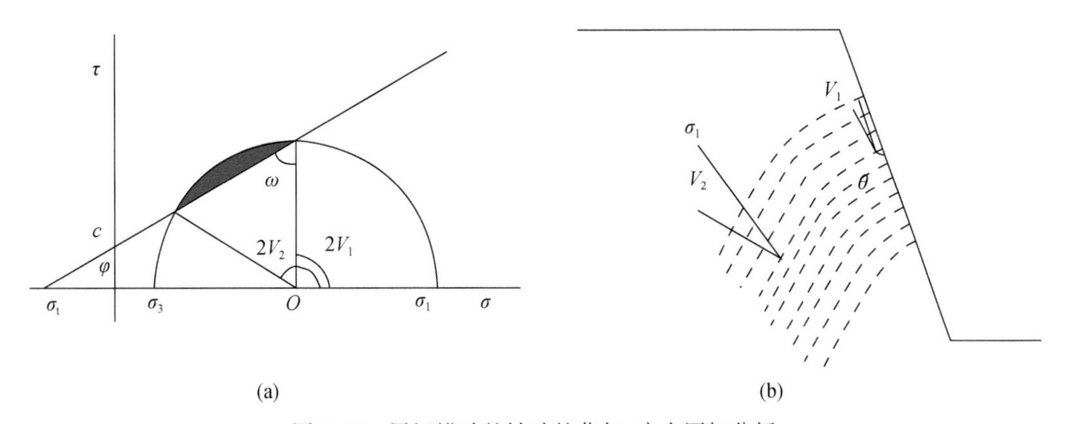

图 6.28　层间错动的转动的莫尔-库仑图解分析

倾倒发展过程中层理面与 σ_1 夹角逐渐增大，V 减小。可通过 V 来表述倾倒发生的条件：

$$V = V_1 = 0.5\left[\varphi + \sin^{-1}\left(\frac{\sigma_1 + \sigma_3 + 2c\cot\varphi}{\sigma_1 - \sigma_3} \cdot \sin\varphi\right)\right] \tag{6.9}$$

假定坡体中应力分布是连续的，则弯曲倾倒变形近似呈现出连续性特征，可应用有限元法计算出斜坡应力状态，并结合试验确定层理面内摩擦角 φ，则倾倒变形体在剖面上的形态即可计算绘制出。斜坡应力场在坡面处，σ_1 与坡面平行，σ_3 趋近于 0，得出

$$V_0 = 0.5\left\{\varphi + \sin^{-1}\left[\left(1 + 2c\frac{\cot\varphi}{\sigma_1}\right)\sin\varphi\right]\right\} \tag{6.10}$$

假定用 θ 为层理面与坡面夹角，则

$$\theta = 0.5\pi - V_0 = 0.5\pi - 0.5\left\{\varphi + \sin^{-1}\left[\left(1 + 2c\frac{\cot\varphi}{\sigma_1}\right)\sin\varphi\right]\right\} \tag{6.11}$$

考虑风化或者其他外营力作用，层理面张开且分离，c 趋近于0，得出

$$V_0 = \varphi$$

$$\theta = 0.5\pi - \varphi \tag{6.12}$$

综上可知，对风化或外营力改造的层状反倾边坡，层理面与坡面夹角 $\theta < 0.5\pi - \varphi$，将发生倾倒变形；而新鲜岩体边坡，$\theta$ 可能小于 $0.5\pi - \varphi$，故式（6.12）可作为层状反倾风化岩体弯曲倾倒变形发生与否的直观判据。

6.4.2.3　柔性弯曲型倾倒–破坏蠕变阶段力学判据研究

暂稳状态时层理面上的剪应力为 $\tau_t = 0.5 \cdot (\sigma_1 - \sigma_3) \cdot \sin 2V$，该剪应力将引起岩板沿层理面方向的剪切蠕变，进一步加剧岩板的弯曲倾倒。层间剪切错动的蠕变特性可用 $\tau_r = \eta \cdot \dot{\varepsilon}$ 来表述（孙广忠，1988），其中，η 为层理面黏滞系数，ε 为剪切应变。由此可得

$$\eta \cdot d\varepsilon = 0.5 \cdot (\sigma_1 - \sigma_3) \cdot \sin 2V \cdot dt\varepsilon \tag{6.13}$$

当变形不大时，由图6.29（b）得

$$d\varepsilon = -dV \tag{6.14}$$

式中，dV 为岩板层理面转角增量。

故

$$dt = -\frac{\eta}{\sigma_1 - \sigma_3} \cdot \frac{d2V}{\sin 2V} \tag{6.15}$$

两边积分得

$$\int_0^t dt = -\frac{\eta}{\sigma_1 - \sigma_3} \cdot \int_{V_1}^{V} \frac{d2V}{\sin 2V} \tag{6.16}$$

即

$$V = \tan^{-1}\left(\tan V_1 \cdot e^{-\frac{\sigma_1 - \sigma_3}{\eta} \cdot t}\right) \tag{6.17}$$

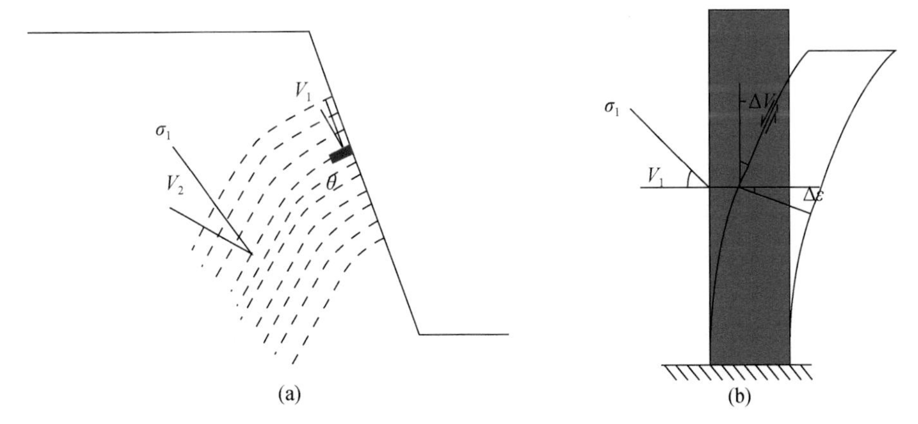

图6.29　层面的剪切蠕变受力模型

其中 V_1 由式（6.9）给出。此时

$$0 \leqslant V \leqslant V_1, \quad t \in [0, \infty) \tag{6.18}$$

当 $t=0$，$V=V_1$；当 $t \to \infty$，$V \to 0$。

在坡面处，内聚力 $c \cong 0$，$\sigma_3 \cong 0$，此时 $V = \tan^{-1}(\tan V_1 \cdot e^{-\frac{\sigma_1}{\eta} \cdot t})$　　(6.19)

由式（6.19）可知：

$$0 \leqslant V \leqslant \varphi, 0.5\pi - \varphi \leqslant \theta \leqslant 0.5\pi, t \in [0, \infty) \tag{6.20}$$

当 $t=0$，$0 \leqslant V \leqslant \varphi$，$0.5\pi - \varphi \leqslant \theta \leqslant 0.5\pi$；当 $t \to \infty$，$V \to 0$，$\theta \to 0.5\pi$。

当有水存在时，根据有效应力基本原理，水压力将致使岩板进一步倾倒发展，此时大主应力与层面法线的夹角变为

$$V_1' = 0.5 \cdot \left[\varphi + \sin^{-1}\left(\frac{\sigma_1 + \sigma_3 + 2c\cot\varphi - 2\mu}{\sigma_1 - \sigma_3} \cdot \sin\varphi\right)\right] \leqslant V_1 \tag{6.21}$$

对宝成铁路阳平关—燕子砭段沿线路堑边坡发育的多处降雨诱发弯曲倾倒变形坡体，其层面与坡面夹角较接近于90°（伍法权，1997）。苗尾水电站站坝区边坡和库岸边坡也发现同样的现象层面与坡面夹角多集中在90°附近。

综上，柔性弯曲型倾倒变形破坏过程阶段性判据条件可归纳为图6.30。

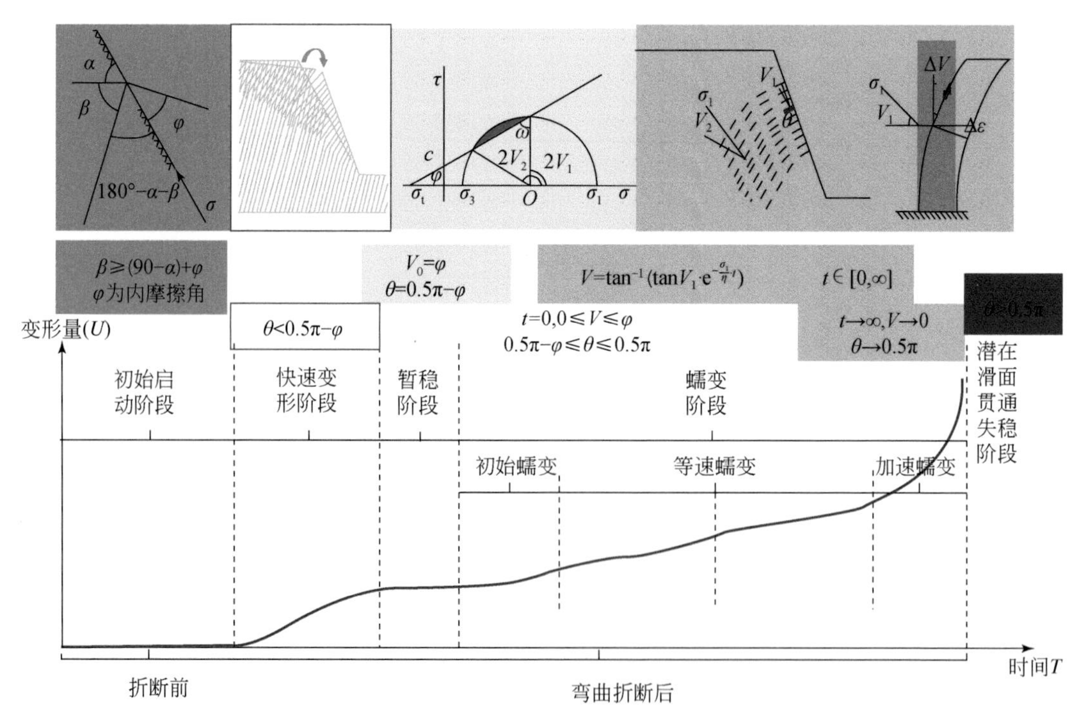

图6.30　柔性弯曲型倾倒变形阶段性判据条件

初始启动阶段条件用来判断发生倾倒变形与否的判据，满足条件的岩板发生倾倒弯曲变形，以岩层的结构性弯曲变形为主。随着岩板发生倾倒弯曲，岩板倾角变小，当岩层倾角逐渐变小至不满足倾倒发生条件，开始进入暂时的稳定条件，即暂稳状态。随着

岩层的结构性弯曲变形减弱，开始进入蠕变阶段，前期以层间剪切蠕变为主，中后期以切层蠕变为主，蠕变阶段发育至极致，岩层弯折面组成的潜在滑动面孕育贯通进而引发失稳破坏。

6.4.3　层状结构深层倾倒-破坏潜在滑面贯通失稳阶段稳定性分析方法

随着倾倒变形体时空演化的发展，不同时期倾倒变形将表现出不同的时空演变特征，如苗尾水电站右坝前边坡内部相继出现倾倒变形 A、B_1、B_2、C 等各区。同一倾倒变形体，鉴于其变形具有明显的时空特征，各阶段不同区域的倾倒变形特征会存在差异。本节拟定从岩层变形的角度来分析其稳定性，岩层发生柔性弯曲之后，建立倾倒弯曲发育到 C 区分界以上岩层弯曲形态，构建该阶段的倾倒岩层的形变函数，形变函数以 C 区、D 区分界为下界，同时下界点作为岩层弯曲变形原点，来分析其岩层发生倾倒弯曲过程中岩层所受到力做的总功，建立能量方程，深层最终阶段采用突变理论来建立稳定性评价方法。

量变与质变是事物发展变化过程中最常见的规律，微积分只能分析连续的、不间断的变化，而突变理论把系统状态变成不可微分，用可数的控制参数表示变量，用变量的逐渐积累到状态改变表示突变过程，实现了间断不连续变化（突变过程）科学的描述。突变理论主要利用参量预测其他参量，因此不需要知道系统内部的其他微分方程。常用的突变模型有七种初等突变模型，根据初等模型进行推导分析可得到描述突变过程的函数。

常用初等突变模型的参数、变量个数及势函数见表 6.7。为了对比分析各类突变函数并找到合适的突变模型，将各突变函数的优缺点以及当前使用情况汇总如表 6.8 所示。综上分析，在本书所研究的柔性弯曲型倾倒变形体发育过程中，仅考虑重力作用，不考虑其他影响因素，因此选取突变理论中尖点模型，该模型有两个控制变量，方程简单易构造，且应用最广（罗红明等，2007；秦四清等，2010a，2010b，2010c，2010d，2010e，2010f，2010g，2010h；胡晋川，2012；庞波，2017）。

表 6.7　突变模型的参数、变量个数及势函数

突变模型类型	参数个数（控制变量）	变量个数（状态变量）	势函数
折叠型	1	1	$f(x) = 1/3(x^3) + ux$
尖点型	2	1	$f(x) = 1/4(x^4) + 1/2(ux^2) + vx$
燕尾型	3	1	$f(x) = 1/5(x^5) + 1/3(ux^3) + 1/2(vx^2) + wx$
蝴蝶型	4	1	$f(x) = 1/6(x^6) + 1/4(tx^4) + 1/3(ux^3) + 1/2(vx^2) + wx$
双曲脐型	3	2	$f(x) = x^3 + y^3 + wxy - ux - vy$
椭圆脐型	3	2	$f(x) = x^3 - xy^2 + w(x^2 + y^2) + ux^2 + vx$
抛物脐型	4	2	$f(x) = x^4 - x^2y + wx^2 + ty^2 + ux + vy$

注：u、v、w 为三个控制变量。

表 6.8　突变模型的优缺点分析

突变模型类型	优缺点与使用情况
折叠型	模型简单容易理解，并且拟合构造也十分容易，不需要掌握复杂的数学手段，但是该方法精度不足，考虑的因素过少不符合实际。目前采用该方法的稳定性分析不多
尖点型	模型可以看作是折叠型的进化，同样有着模型简单、拟合容易、判定易推导的优点。该模型的控制变量为两个，这相对折叠型来说精度将会提升很多，精度基本满足工程需求。目前该方法应用最多，对于岩土体边坡的稳定性分析应用相对较为成熟
燕尾型	模型构造难度明显提升，要求具有一定的数学能力才能够做理论推导，但是该模型考虑因素进一步增多，拟合度及准确性进一步提高，对于复杂岩体结构的边坡可以考虑采用。目前该方法的应用一般，很多学者在考虑多因素影响时会尝试采用此模型
蝴蝶型	模型难度是单状态变量中最高的，但同时也是精度最好的，并且考虑了岩体中最常见的影响因素——水，然而利用该模型进行分析，要求操作者的数学能力很高，该模型的表达式及判定依据的推导需要使用多种数学技巧。目前在分析多重因素作用的岩体，很多学者采用了该方法
双曲脐型	这三种方法比较高级的突变模型，采用这三种方法则需要更高的数学水平，同时还要求掌握很多数学软件辅助研究。这三类方法的精度很高，考虑的因素也很多，分析问题相对较为客观，但是用在边坡分析上的较少
椭圆脐型	
抛物脐型	

从反倾岩层变形角度来建立力学模型，分析岩层变形过程中所受到的受力系统所做的功，通过建立突变力学模型来确定其发生倾倒弯曲失稳的临界变形量值，与当前的变形量值对比来判断当前变形体边坡的稳定性。数值模拟形态和地质调查的地质模型中选取同一岩层来分析，所选取的岩层见图 6.31 中黑线。

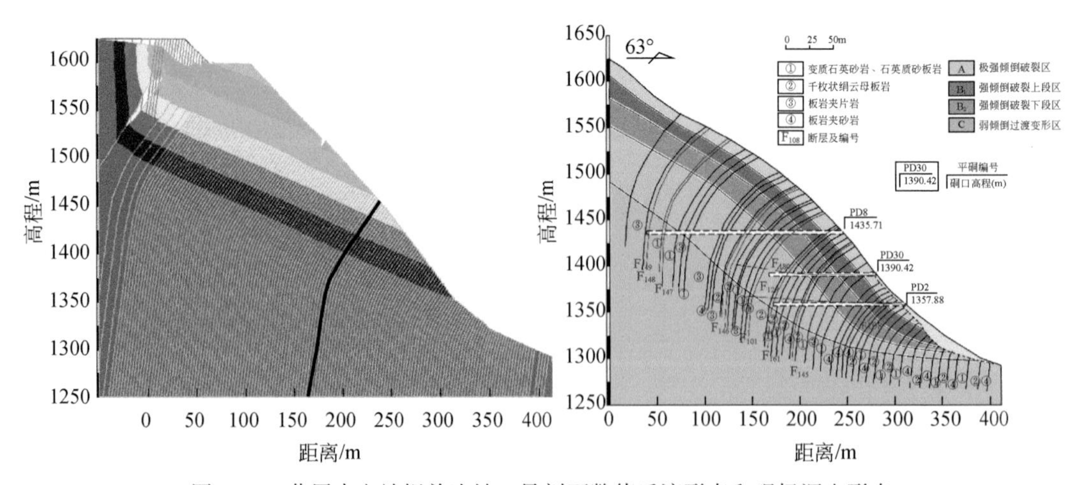

图 6.31　苗尾水电站坝前边坡 2 号剖面数值反演形态和现场调查形态

通过对苗尾水电站坝前边坡倾倒变形后的 2 号剖面，揭露出岩层倾倒弯曲的挠曲形态，以及结合数值模拟获得的倾倒弯曲形态曲线，导入 CAD 中，获取岩层弯曲挠度曲线典型特征点（表6.9、表6.10），将挠曲线典型特征点输出为点图（图6.32、图6.33）。蓝色三角形为获取的岩层挠曲线形态特征点，橘红色正方形为采用正弦函数［式（6.18）］拟合确定的挠曲线上的数据点，图6.32为数值试验获取的倾倒弯曲形态曲线与拟合挠曲线上的典型数据点。图6.33为现场调查平硐编录综合分析确定坝前边坡岩层挠曲形态。通过对比分析可知，正弦函数［式（6.18）］拟合曲线能较好地拟合岩层弯曲的挠曲线，拟合曲线方程为下文突变力学模型分析提供理论基础。

表6.9　坝前边坡2号剖面数值反演形态的岩层弯曲挠曲线与拟合曲线数据表　（单位：m）

倾倒弯曲发育深度	0	19.01	40.96	60.57	72.14	78.43	84.98	96.34	104.65
岩层挠度	45.33	35.07	23.31	13.14	7.70	5.35	3.24	1.15	0.35
拟合挠度	46.00	33.06	19.48	9.72	5.38	3.53	2.00	0.36	0

表6.10　坝前边坡2号剖面当前形态的岩层弯曲挠曲线与拟合曲线数据表　（单位：m）

倾倒弯曲发育深度	0	6.73	20.25	33.34	44.13	56.46	68.73	83.06	95.16
岩层挠度	58.04	51.39	37.69	26.76	17.51	11.34	5.56	2.15	0
拟合挠度	58.00	52.15	40.65	30.18	22.34	14.54	8.24	3.03	0.59

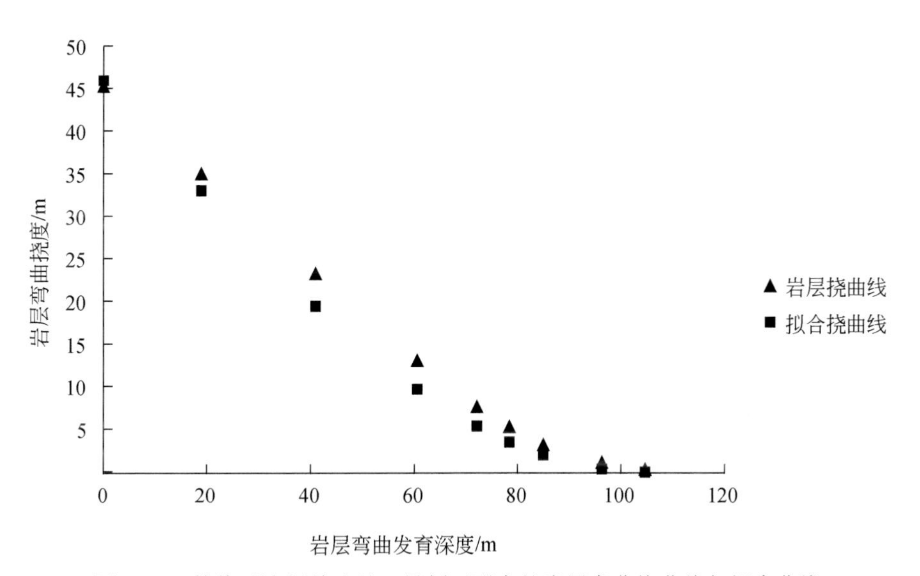

图6.32　数值反演坝前边坡2号剖面形态的岩层弯曲挠曲线与拟合曲线

根据反倾边坡力学分析模型（图6.34），岩层发生倾倒弯曲后，其拟合挠曲线方程为

$$\omega = \Delta_f\left(1 - \sin\frac{\pi}{2d}x\right) \tag{6.22}$$

根据确定已知的岩层弯曲挠度曲线，式（6.22）中 Δ_f 为 $x=0$ 处的挠度，最大挠度 $\omega_{\max} = \Delta_f$；d 为岩层弯曲变形的最大深度。同时弯曲挠度拟合曲线方程明显满足基本边界

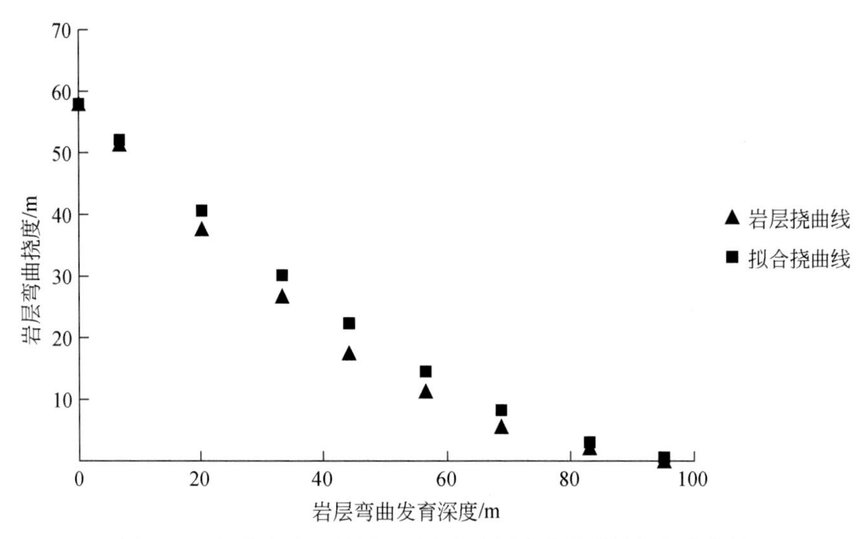

图 6.33　坝前边坡 2 号剖面形态的岩层弯曲挠曲线与拟合曲线

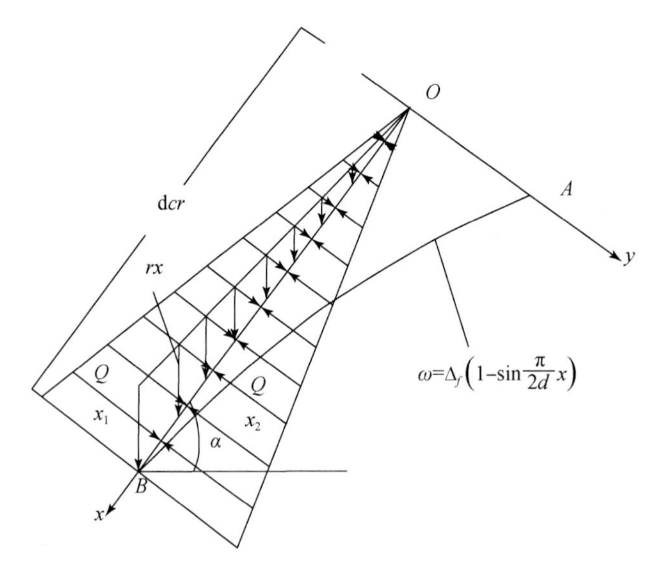

图 6.34　反倾边坡力学分析模型

条件：$\omega(x=d)=0$ 且 $\omega'(x=d)=0$。

假定岩层厚度为 t，单位宽度为 d，根据弹性理论可知岩层内蓄积的应变能为

$$U=\frac{G}{2}\int_0^d\left(\frac{\mathrm{d}^2\omega}{\mathrm{d}x^2}\right)^2\sqrt{1+\left(\frac{\mathrm{d}\omega}{\mathrm{d}x}\right)^2}\mathrm{d}x \tag{6.23}$$

$$G=\frac{Et^3}{12(1-\mu^2)} \tag{6.24}$$

式中，G 为岩层的抗弯曲刚度；E 为岩层的弹性模量；μ 为泊松比。

岩层上受到的力所做的功为

$$W=-0.5\iint\left[N_x\left(\frac{\partial\omega}{\partial x}\right)^2+N_y\left(\frac{\partial\omega}{\partial y}\right)^2+2N_{xy}\frac{\partial\omega}{\partial x}\frac{\partial\omega}{\partial y}\right]\mathrm{d}x\mathrm{d}y \tag{6.25}$$

式中，N_x 、N_y 、N_{xy} 分别为岩层中沿坐标轴分解的正应力和切应力。

由于 y 仅为 x 的函数式，故岩层上所受到的力所做的功（W）可以简化为

$$W=-0.5\int_0^d\left[N_x\left(\frac{\partial\omega}{\partial x}\right)^2\right]\mathrm{d}x \tag{6.26}$$

通过式（6.26）可知岩层自重、上层面压力、下层面压力、层间摩擦力、层间内聚力分别做的功为 W_1 、W_2 、W_3、W_4 、W_5 ，其可确定如下：

$$W_1=-0.5\int_0^d\left[\gamma tx\sin\alpha\left(\frac{\partial\omega}{\partial x}\right)^2\right]\mathrm{d}x \tag{6.27}$$

$$W_2=\int_0^d[Q_1\omega x]\mathrm{d}x \tag{6.28}$$

$$W_3=\int_0^d[Q_2\omega x]\mathrm{d}x \tag{6.29}$$

$$W_4=-0.5\int_0^d\left[t\tan\varphi(Q_1x+\gamma x\cos\alpha-Q_2x)\left(\frac{\partial\omega}{\partial x}\right)^2\right]\mathrm{d}x \tag{6.30}$$

$$W_5=-0.5\int_0^d\left[tcx\left(\frac{\partial\omega}{\partial x}\right)^2\right]\mathrm{d}x \tag{6.31}$$

式中，c 为层间内聚力；φ 为层间内摩擦角；γ 为岩层重度；Q_1、Q_2 为岩层上层面压力和下层面压力。

整个岩层受到的所有受力系统的总势能为

$$V=U-W_1-W_2+W_3+W_4+W_5 \tag{6.32}$$

将各个力所做的功代入式（6.32），并对其作泰勒展开式得

$$V_{\Delta f}=\frac{Gd}{32}\left(\frac{\pi}{2d}\right)^6\Delta_f^4+K\Delta_f^2+\left[d^2\left(0.5-\frac{4}{\pi^2}\right)(Q_2-Q_1)\right]\Delta_f \tag{6.33}$$

$$K=\frac{G\pi}{8}\left(\frac{\pi}{2d}\right)^3-\frac{\pi^2}{16}\left(0.5-\frac{2}{\pi^2}\right)[\gamma t\sin\alpha-t\tan\varphi(\gamma\cos\alpha+Q_1-Q_2)-c] \tag{6.34}$$

对式（6.34）做变量替换，并略去 Δ_f 高阶项，化简为突变模型的标准形式。令

$$x=\left[\frac{Gd}{32}\left(\frac{\pi}{2d}\right)^6\right]^{0.25}\Delta_f \tag{6.35}$$

$$u=K\left[\frac{Gd}{32}\left(\frac{\pi}{2d}\right)^6\right]^{-0.5} \tag{6.36}$$

$$v=\left[d^2\left(0.5-\frac{4}{\pi^2}\right)(Q_2-Q_1)\right]\left[\frac{Gd}{32}\left(\frac{\pi}{2d}\right)^6\right]^{-0.25} \tag{6.37}$$

此时，岩层受力系统的总势能表达式可化简标准形式的突变模型为

$$V(x)=x^4+ux^2+vx \tag{6.38}$$

尖点突变模型的平衡曲面 M 为

$$4x^3+2ux+v=0 \tag{6.39}$$

平衡曲面的奇点集满足：

$$12x^2 + 2u = 0 \tag{6.40}$$

平衡曲面在 u-v 平面的投影为分叉集，则分叉集方程为

$$8u^2 + 27v^3 = 0 \tag{6.41}$$

如图6.35所示，分叉集为半支三次曲线，在 O，O'点存在一尖点，在分叉集上的点对应于受力系统的临界状态。图6.35中的 O 点为尖点，即突变点。

根据建立的反倾层状岩质边坡的尖点突变力学模型，来分析反倾岩质边坡发育为柔性弯曲型倾倒变形体的稳定性。$u \leqslant 0$ 时，控制变量平面内的点才有跨越分叉集的可能，因此得出系统发生突变失稳的必要条件。化简得

$$d_{cr} \geqslant \sqrt[3]{E\pi^2 t^2 \Big/ \left\{48\left(0.5 - \frac{2}{\pi^2}\right)(1 - u^2)\left[\gamma\sin\alpha - \tan\varphi(\gamma\cos\alpha + Q_1 - Q_2) - \frac{c}{t}\right]\right\}} \tag{6.42}$$

根据尖点突变模型确定的倾倒弯曲发育深度，将边坡稳定性系数定义为

$$F_s = \frac{d_{cr}}{d} \tag{6.43}$$

式（6.43）中，稳定系数定义为边坡岩层失稳的临界弯曲深度（d_{cr}）与当前岩层倾倒弯曲变形的实际深度（d）的比值。鉴于实际工程中岩层倾倒弯曲变形的深度容易获得，可用来判断反倾层状岩质边坡柔性弯曲型倾倒变形体失稳与否的判据条件。

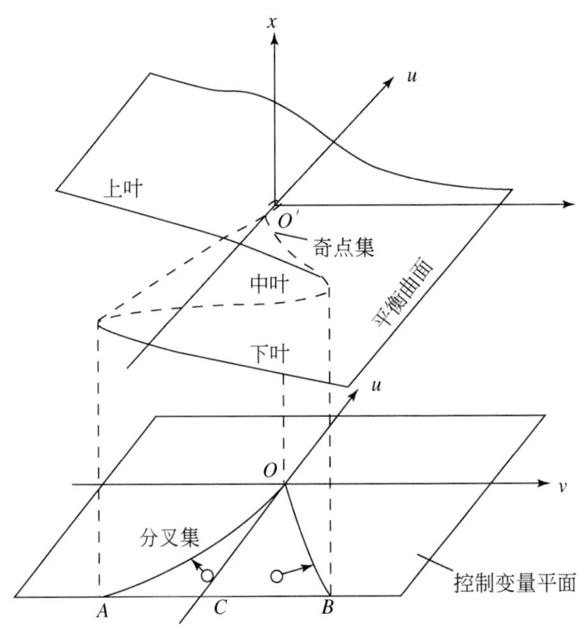

图6.35　尖点突变模型的平衡曲面和控制变量平面

同时可辅助采用倾倒角和最大变形挠度位移来判断稳定性。对其挠曲线求斜率，用来求岩层倾倒弯曲发生的倾倒角：

$$\omega'(x=0)=-\frac{\pi}{2d}\Delta_f\cos\frac{\pi}{2d}x(x=0)=-\frac{\pi}{2d}\Delta_f \tag{6.44}$$

$$\omega'(x=d)=-\frac{\pi}{2d}\Delta_f\cos\frac{\pi}{2d}x(x=d)=0 \tag{6.45}$$

$$\tan\Delta_\theta=\omega'(x=d)-\omega'(x=0)=0-\left(-\frac{\pi}{2d}\Delta_f\right)=\frac{\pi}{2d}\Delta_f \tag{6.46}$$

此时，岩层的最大倾倒角为 $\Delta_\theta=\tan^{-1}\left(\frac{\pi}{2d}\Delta_f\right)$ ；岩层的最大变形位移为 $\omega_{\max}=\Delta_f$。

通过 C#语言编程建立深层最终阶段柔性弯曲型倾倒变形稳定性分析程序，以式（6.42）和式（6.43）为核心，通过可视化编程建立柔性弯曲型倾倒变形稳定性评价程序，实现过程如图 6.36 所示。

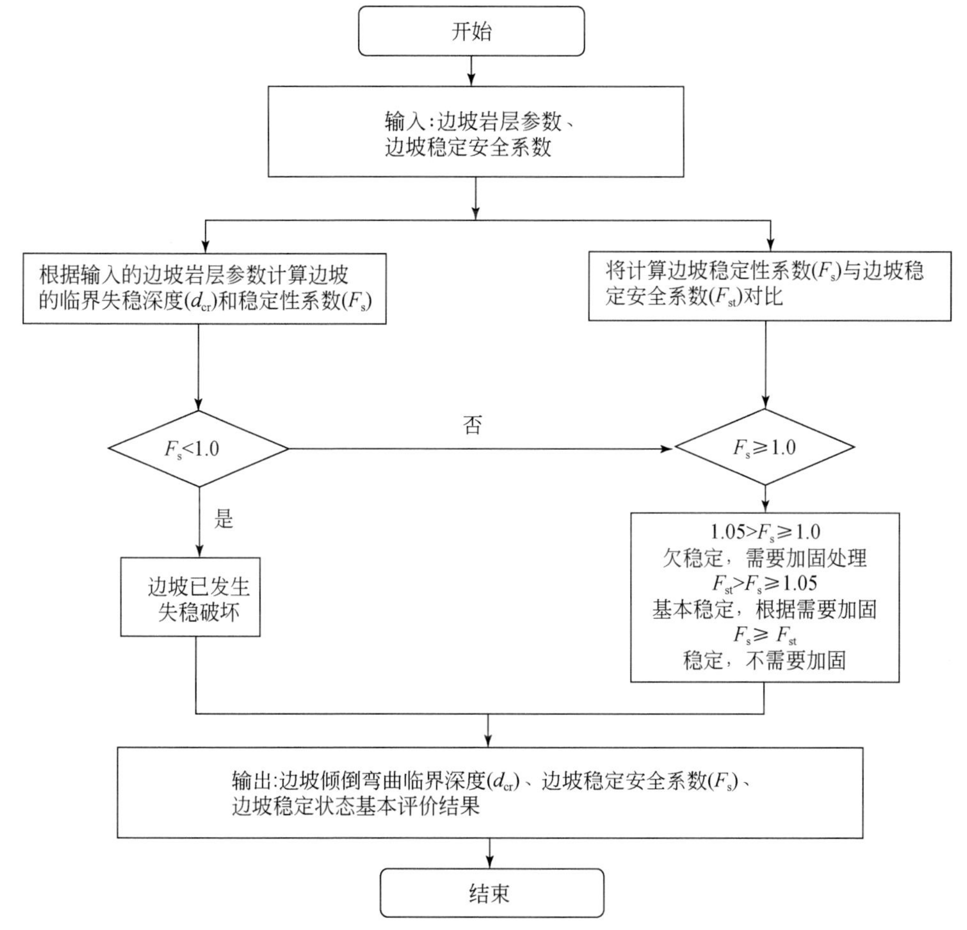

图 6.36　深层最终阶段稳定性评价程序流程图

C#是微软推出的一种基于“. NET”框架、面向对象的高级编程语言，拥有类似于 Visual Basic 的快速开发能力，还具有强类型检查、数组维度检查、未初始化的变量引用检测等功能，使用其编写软件具有强大、持久，且保持较强的编程生产力等特点。在开发工具方面，微软为 C#提供的开发工具 Visual Studio 具有强大的实时语法检查功能，在调试运行之前就可以排除许多错误，大大提高了编程效率。

基于突变理论的柔性弯曲型倾倒体稳定性评价程序的功能主要是利用面向对象语言 C#的特点，只需用户输入边坡的必要参数，则程序会在后台自动运行，结合输入的安全稳定性系数，给出边坡目前的稳定性状态，并将计算结果输出，评价柔性弯曲型倾倒体的稳定性。

稳定性评价时，主要选取岩层弹性模量（E）、厚度（t）、重度、泊松比（μ）、倾角（α）、边坡稳定安全系数（F_{st}）、层间内聚力（c）、内摩擦角（φ）、岩层上层面压力（Q_1）、下层面压力（Q_2）、当前倾倒弯曲变形发育的实际深度（d），其中边坡稳定安全系数由边坡的实际状况结合现有规范取值，其他参数由野外实际调查和室内实验获得。

稳定性评价程序主要由四部分组成：①程序进入模块，主要包括程序的名称、版本和单位；②参数输入模块，提示输入计算所需参数，程序中首先进行参数数据填写完整性检查，如果漏掉一个参数未输入，则程序会自动弹出对话框提醒用户："数据中存在空值"；③分析评价模块，该部分是重点，对边坡的稳定性做出评价；④结果输出模块，主要输出倾倒弯曲临界深度（d_{cr}）、稳定性系数（F_s）以及对边坡的稳定性评价结果。

运用面向对象编程语言 C#设计出的反倾岩质边坡柔性弯曲型倾倒体的稳定性评价的程序。该程序有程序进入界面、参数输入界面和计算结果输出界面，见图 6.37、图 6.38。该程序中，用户只需按照提示依次输入数据和点击开始分析按钮，则程序会迅速完成计算分析，并将分析结果输出来。通过工程实例验证，该程序具有准确、快捷、方便的优点，是用尖点突变理论评价反倾岩质边坡柔性弯曲型倾倒体稳定性的一款较适用的软件。

图 6.37　深层最终阶段稳定性评价程序进入界面

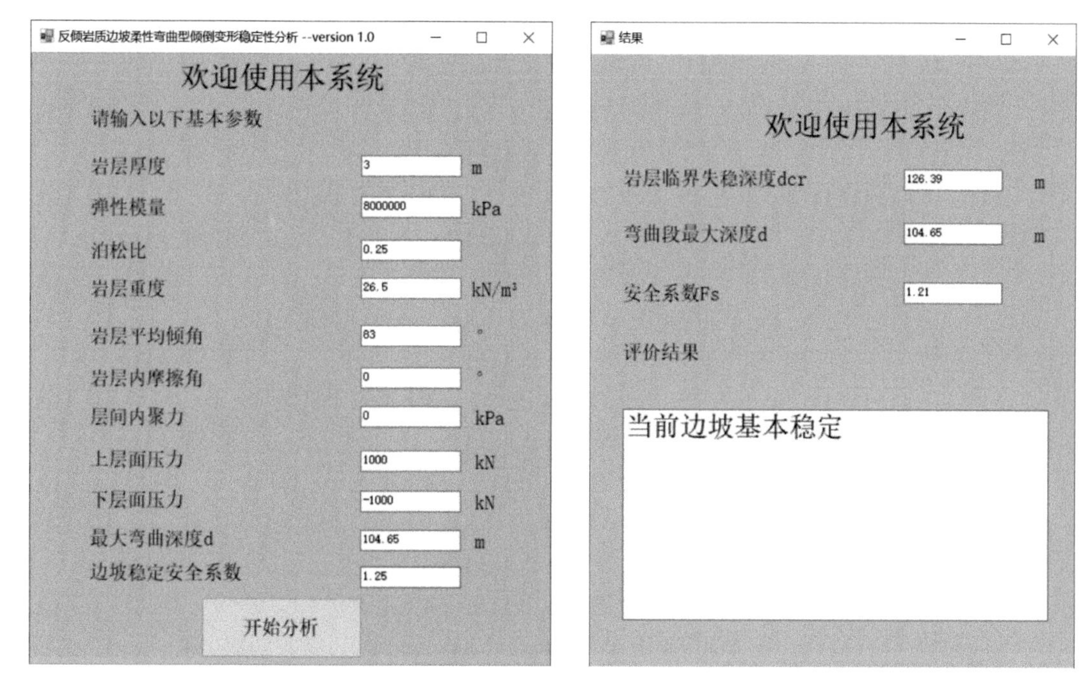

图6.38　深层最终阶段稳定性评价程序参数输入和计算结果界面

6.5　苗尾水电站工程区边坡稳定性评价

由于各边坡工程重要等级、与坝址的距离、对坝体及工程的威胁性以及重要性不同，对不同的边坡选取了不同的方法进行稳定性评价。

右坝肩边坡：开挖高程为1285～1425m，边界处按基覆界面开挖。边坡于2012年8月4日开挖至1312m高程，2013年4月16日发现开口线及坡面出现大量张拉裂缝；2013年5月14日开挖至1285m设计高程，5月27日在1340～1384m高程发生浅层滑动，滑塌体厚度为1～3m，长度约为45m，垂直高度为18m，初估方量为250～300m^3。因此，在建立边坡地质模型基础上，采用离散元方法分析了其变形破坏机制，综合考虑开挖响应监测、变形理论和强度理论评价了现有支护措施在开挖、填筑、蓄水等各种工况下的有效性，对边坡整体和局部稳定性进行了研究。

右坝前边坡：在岩体结构特征和变形破坏模式分析基础上，利用三维有限差分软件FLAC3D预测评价了边坡在筑坝反压、筑坝反压+蓄水两种工况下的变形特征，并提出支护建议；采用流固耦合理论分析了边坡支护处理后在蓄水后库水位作用下的渗流场和应力场特征；利用极限平衡理论，分析蓄水、支护条件下的边坡长期稳定性。

左岸溢洪道进水渠边坡：通过进水渠边坡岩体结构调查、进水渠边坡已有变形破坏现象的调查和监测数据分析，研究边坡变形破坏模式和变形可能发生范围和大小，对边坡整体和局部稳定性进行研究，研究现有支护条件下蓄水及水位变动条件下边坡稳定性。

近坝库岸边坡：倾倒变形的前缘受地形（阶地）、冲沟、岸坡走向等因素的影响，不同地段出露高程存在差异。利用无人机航拍、三维激光扫描等技术手段，辅以必要的现场调查，查明了研究区工程地质条件、潜在崩滑灾害分布特征，在建立的典型岸坡工程地质模型基础上，采用二维离散元、三维有限差分法相结合的方法，研究了近坝库岸两岸坡的变形破坏模式和变形稳定性，采用极限平衡分析方法结合二维流固耦合分析研究了岸坡稳定性状况。根据查明的危岩体分布特征，采用基于运动学原理的落石运动能量分析方法和涌浪评价方法，预测了局部危岩体崩塌产生的涌浪高度，并提出了处理建议。

各工程边坡稳定性的评价方法及结果见表6.11～表6.16。

表6.11　右坝肩边坡稳定性评价模型、方法及结果

边坡	评价方法	工况		评价结果
右坝肩边坡	地质过程机制分析	根据岩体结构特征和变形特征，建立边坡地质模型		将边坡划分为极强倾倒破裂区（A区）、强倾倒破裂上段区（B_1区）、强倾倒破裂下段区（B_2区）、弱倾倒过渡变形区（C区）和原岩区。极强倾倒岩体破裂区岩体折断张裂变形，架空、松弛现象明显，为边坡最不稳定的区域
右坝肩边坡	开挖响应监测分析	开挖支护		坡体中上部裂缝发育，坡脚发生滑塌。 开挖初期，坡表位移明显，但整体量值不大，最大为5mm，开挖过程中，变形较小，开挖高程超过一半时，位移波动明显，开挖至低高程时，整体变形依然较大。 随开挖进行，坡体深部变形响应强烈，变形量与开挖速率成正比
右坝肩边坡	二维离散元数值模拟	天然+开挖不支护		变形主要发生在极强倾倒破裂区与强倾倒破裂区上部交界部位
右坝肩边坡	二维离散元数值模拟	暴雨+开挖不支护		变形主要在极强倾倒底界，变形范围在深度和广度上都比天然工况大得多
右坝肩边坡	二维离散元数值模拟	天然+支护		没有明显位移
右坝肩边坡	二维离散元数值模拟	暴雨+支护		支护后中上部稳定性较好，未见明显变形，但斜坡浅表部局部滑塌
右坝肩边坡	变形稳定性分析的FLAC3D模拟	变形发展过程		倾倒变形发展启动→倾倒-弯曲变形运动发展→开挖-卸荷松弛→溃滑破裂发展阶段
右坝肩边坡	变形稳定性分析的FLAC3D模拟	应力场	开挖上覆堆填体	坡脚有明显应力集中，上部倾倒变形强烈部位拉应力集中
右坝肩边坡	变形稳定性分析的FLAC3D模拟	应力场	开挖至设计高程1285m	岩体弯曲部位的应力集中，在极强倾倒岩体部位存在拉应力，且随开挖进行岩体内部应力集中程度和拉应力分布范围都在增大
右坝肩边坡	变形稳定性分析的FLAC3D模拟	变形特征	直接开挖不支护	岩体变形自坡表向坡体中部扩展，斜坡前缘由于开挖后坡度较陡，表层岩体由于卸荷作用产生一定的变形
右坝肩边坡	变形稳定性分析的FLAC3D模拟	变形特征	中上部支护后开挖	变形并未向深部扩展，塑性区主要出现在B_1区中部岩体中，支护的锚索绝大部分已经穿过B_1区的岩体，起到了支护结构的作用

续表

边坡	评价方法	工况	评价结果
右坝肩边坡	变形稳定性分析的FLAC3D模拟	开挖支护后未筑坝直接蓄水	发生明显变形，变形量极大，在坡体中上部 A 区和 B_1 区变形最为剧烈，岩体在发生倾倒折断后，形成切层的张拉裂缝，这些切层裂缝自上而下逐渐贯通
		筑坝后蓄水	由于坝体的压实和阻挡作用，加上其自身柔性坝的特点，对于边坡变形具有一定的调控作用，边坡在蓄水后较之前未筑坝直接蓄水变形明显减小
	强度折减法	天然	塑性区出现，搜索出边坡的安全系数为 1. 30
		开挖	边坡的安全系数急剧下降，当塑性区扩展至滑动面贯通后，边坡安全系数为 0. 83，当边坡开挖后不进行有效支护，边坡将处于不稳定状态
		现有支护条件	边坡的稳定性系数为 1. 30
		降雨条件	支护后，暴雨条件下，通过强度折减法获得边坡的稳定性系数为 1. 25
	极限平衡理论	已有支护下的天然工况	稳定性系数都大于 1. 4，边坡的稳定性较好
		暴雨	稳定性系数为 1. 3 左右，表明在支护条件下，降雨对边坡的稳定性影响不明显，边坡处于稳定状态
		地震	最小稳定性系数为 1. 18 左右
		蓄水	两滑面的稳定系数较天然工况均降低 0. 3 左右，最小值为 1. 175，说明蓄水对边坡稳定性影响显著
		暴雨+地震	最小稳定性系数为 1. 15 左右
		蓄水+地震	最小稳定性系数为 1. 15 左右
		蓄水+暴雨+地震	计算所得的最小稳定性系数为 1. 062，有可能沿滑面 1 发生滑动，蓄水时加强监测，且蓄水速度不宜太快

表 6. 12　右坝前边坡稳定性评价方法及结果

边坡	评价方法	工况	评价结果
右坝前边坡	地质过程机制分析	根据岩体结构特征和变形特征，建立边坡地质模型	将边坡划分为极强倾倒破裂区（A 区）、强倾倒破裂上段区（B_1 区）、强倾倒破裂下段区（B_2 区）、弱倾倒过渡变形区（C 区）和原岩区。A 区分布在 1350m 高程的 PD6 平硐到小溜槽沟一侧，1436m 高程分布在大、小溜槽沟之间浅表部，张裂变形显著，松弛强烈；B 类为主体部分，总体上呈不同宽度在整个坡内发育，发育较浅；C 类分布广泛，岩体相对完整，稳定性较好

续表

边坡	评价方法	工况		评价结果
右坝前边坡	离散元二维模拟变形破坏模式	不支护	天然	岸坡变形较小
			暴雨	坡脚水平断层带首先压缩变形，导致上部岩体滑移和倾倒，形成局部岩体架空并形成地裂缝。而后降雨入渗，坡体从下部水平断层处开始变形，中上部 1500m 高程处产生拉裂缝，并最终使得坡体 B_1 区产生较大的变形
			蓄水	水位线和浸润线以下的岩体强度参数受到明显弱化，下部岩体的变形随之增大，坡脚水平断层软岩出现塑性挤出鼓胀变形现象
		压脚支护	蓄水+压脚方案 a（1385m 高程）	边坡的稳定性得到有效控制，未产生大规模的滑移，未形成贯通性滑动面，但上部断层部位仍有变形
			蓄水+压脚方案 b（1397m 高程）	岸坡坡脚变形位移得到有效控制，因此岸坡未见明显变形迹象
	变形稳定性分析的 FLAC3D 模拟	坝前填筑	方案 a（1385m 高程）	受坝前堆积体回填阻挡作用，斜坡的变形主要出现在与坝前堆积体接触部位，以竖直的变形为主，斜坡中未出现贯通的塑性区
			方案 b（1397m 高程）	斜坡的变形还是主要受坝前堆积体荷载的影响，但是有所增加，仍以竖直向下的变形为主，较方案 a 塑性区范围有所减小，更利于斜坡稳定
		坝前填筑+蓄水	填筑方案 a（1385m 高程）+蓄水	变形主要集中在下游侧 1390～1470m 高程段，变形水平深度 25m 左右，最大总位移量值达 9. 6cm（位于 1435～1445m 高程附近）
			填筑方案 b（1397m 高程）+蓄水	变形范围跟之前基本相同，但是其最大总位移有所减小，量值为 4. 5cm（仍然位于 1435～1445m 高程附近）
			填筑方案 c（1409m 高程）+蓄水	塑性区范围明显减小，变形主要集中在边坡中下部 F_{128} 出露附近与堆载体接触部位，堆载体顶部坡表岩体局部变形
		坝前堆积体以上坡体支护加固	预应力锚索+锚筋桩框格梁	变形最大处在 1390～1470m 高程，而现有锚固措施并未直接对这一区域进行直接支护，导致斜坡支护加固后变形没有明显减少，提出增加三排 1500kN 预应力锚索的措施，以控制这部分坡体变形
			方案一+三排预应力锚索（1390m 高程以上）	变形得到了较为明显的控制，有利于斜坡在蓄水后的稳定
		库水位上升		变形仍然主要集中在堆积体与坡体表面接触的部位，随库水位上升变形逐渐增大
	基于强度理论的流固耦合分析	应变场	蓄水前 1304m 高程水位	斜坡中下部与堆积体接触的基岩岩体附近，应力集中明显，在锚索支护段及中上部坡体内有拉应力的出现
			水位由 1304m 高程上升至正常蓄水位 1408m 高程	边坡内孔隙水压力随埋深增大而增大，边坡的最大变形量和范围也出现不同程度的增大，变形最大区域出现在边坡压脚区，坡体内部也出现了较大的变形量

续表

<table>
<tr><th>边坡</th><th>评价方法</th><th colspan="2">工况</th><th colspan="2">评价结果</th></tr>
<tr><td rowspan="4">右坝前边坡</td><td rowspan="4">基于强度理论的流固耦合分析</td><td rowspan="2">应变场</td><td>水位由 1408m 高程骤降至死水位 1398m 高程</td><td colspan="2">边坡内孔隙水压力前期下降不明显，后期较明显，边坡沿 Y 方向位移变化不明显，X 方向位移总量值不变，但变化范围不断增加。由于库水位骤降，水位变幅区域饱和岩体中孔隙水压力来不及消散对边坡产生渗透力影响边坡变形</td></tr>
<tr><td>水位由 1398m 高程上升至 1408m 高程</td><td colspan="2">边坡内孔隙水压力随着埋深而增加，地下水位线变化较快，边坡最大变形量值和范围出现轻微波动，变形最大区域仍出现在边坡压脚区，坡体内部出现了较大变形量</td></tr>
<tr><td rowspan="2">稳定性</td><td>蓄水后天然、暴雨、地震工况</td><td>边坡稳定性系数都大于 1. 13，处于稳定状态</td><td rowspan="2">压脚阻挡作用及锚索支护作用对边坡的稳定性的提升是有利的</td></tr>
<tr><td>蓄水后暴雨+地震</td><td>滑面①的稳定性系数偏小，最低为 1. 04，略低于 A 类枢纽工程区偶然状况边坡稳定最低标准</td></tr>
</table>

表 6. 13　左岸溢洪道进水渠边坡稳定性评价方法及结果

<table>
<tr><th>边坡</th><th>评价方法</th><th>工况</th><th>评价结果</th></tr>
<tr><td rowspan="8">左岸溢洪道进水渠边坡</td><td>地质过程机制分析</td><td>根据岩体结构特征和变形特征，建立边坡地质模型</td><td>将边坡划分为极强倾倒破裂区（A 区）、强倾倒破裂区（B 区）、弱倾倒过渡变形区（C 区）和原岩区。大部分 A 区岩体已经发生破坏坠落；B 区整体完整性较差，局部有软弱带或临空条件较好的地方，倾倒变形较严重；C 区岩体完整性较好，倾倒变形不严重，风化程度也较弱，基本分布在高程 1450m 以下。靠近河谷底部边坡岩体变形不明显，整体稳定性好</td></tr>
<tr><td rowspan="2">离散元二维模拟变形破坏模式</td><td>分级开挖不支护</td><td>局部马道部位可能产生小规模坍塌或在破碎岩体部位产生局部滑坡，变形破坏模式为：开挖后倾倒变形启动→倾倒变形继续发展→反坡台坎形成→坡面掉块</td></tr>
<tr><td>分级开挖，边开挖边支护</td><td>支护可有效控制变形</td></tr>
<tr><td rowspan="5">变形稳定性分析的 FLAC3D 模拟</td><td>天然</td><td>稳定性较好</td></tr>
<tr><td>开挖</td><td>出现变形，最大变形部位为坡顶开挖后形成的马道边缘，变形深度较小，约为 0. 5m</td></tr>
<tr><td>开挖+支护</td><td>有效地控制了边坡的变形，仅在开挖面的马道表层出现 1cm 左右的最大位移，且变形深度较小</td></tr>
<tr><td>开挖+支护+蓄水</td><td>蓄水仅淹没坡脚部位 C 类岩体 38m 高的范围，蓄水对边坡稳定性的影响不大</td></tr>
<tr><td>开挖+支护+蓄水+暴雨</td><td>边坡最大位移增大约 0. 42cm，坡顶部位强倾倒岩体对暴雨的响应明显，最大位移发生在 1475m 高程以上，最大变形量值达到 2. 25cm</td></tr>
</table>

续表

边坡	评价方法	工况		评价结果
左岸溢洪道进水渠边坡	变形稳定性分析的FLAC3D模拟	开挖+支护+蓄水+地震		最大变形位置未变化，变形量增大了1mm，C区岩体出现了整体松动，变形量值约为1mm，说明地震可能引起倾倒岩体产生松动变形，若考虑水库蓄水后的多次水库诱发地震效应，可能在局部马道部位产生小范围拉裂，应加强监测
		开挖+支护+蓄水+暴雨+地震		
	二维流固耦合计算分析	边坡开挖后		边坡开挖后地下水位线下降，水位线在溢洪道底部（1370m）高程以上，开挖后由于地形的变化使得水位线下降到溢洪道底部高程以下，并与溢洪道底部近平行，右侧边界水位高程在1344m左右
		蓄水过程		随着边坡前缘的水头不断上升，边坡内孔隙水压力也随着埋深而增加
		水位升降		边坡的浸润线随水位升降快速变化，且前缘浸润线较后缘变幅大，边坡内孔隙水压力前期变化不明显，后期较明显。由于库水变动范围主要位于C类倾倒岩体中，强度较高，引起的边坡变形较小
		长期稳定性	蓄水至设计水位	所有稳定性系数在1.25以上，满足设计要求
			蓄水至设计水位+暴雨	所有潜在滑面的稳定性系数有所降低但在1.15以上，满足设计要求
			蓄水至设计水位+地震	
			蓄水至设计水位+暴雨+地震	所有潜在滑面的稳定性系数有所减小，满足设计要求

表6.14　库岸边坡（大溜槽沟—湾坝河）稳定性评价方法及结果

边坡	评价方法	工况	评价结果
大溜槽沟—湾坝河	工程地质过程机制分析	根据岩体结构特征和变形特征，建立边坡地质模型	建立了边坡工程地质模型，边坡坡表主要是坡残积堆积体，下伏基岩为弱倾倒过渡变形岩体和未倾倒岩体。已有变形现象表现为浅层滑坡，变形破坏模式以蠕滑-拉裂为主，沿强倾倒和弱倾倒的折断面形成潜在蠕滑-拉裂边界，并且有向两侧冲沟的局部崩滑
	变形稳定性分析的FLAC3D模拟	天然	最小主应力的分布在F_{146}附近影响较大，在斜坡表面及内部呈随深度增大而增大趋势
		公路开挖	边坡产生了少量的临空侧向位移及回弹。堆积体产生较大范围的未贯通剪切塑性区，位移云图显示该区域的稳定性良好，局部有少量拉张塑性区发育，说明边坡存在发生局部危岩体变形的可能。采用喷锚防护后边坡稳定性较好

续表

<table>
<tr><th>边坡</th><th>评价方法</th><th>工况</th><th>评价结果</th></tr>
<tr><td rowspan="10">大溜槽沟—湾坝河</td><td rowspan="5">变形稳定性分析的FLAC3D模拟</td><td>开挖+暴雨</td><td>位移主要存在于堆积体上，位移方向主要是河谷临空向及倾干沟内。沿基覆界面局部发育塑性区，但未贯通，剪应变增量主要分布于堆积体后缘，后缘可能产生拉裂</td></tr>
<tr><td>蓄水后</td><td>水位以下岩体因软化产生了少许位移，蓄水引起的塑性区主要分布于蓄水位以下强倾倒岩体中，以剪切变形为主，堆积体上有少许拉张塑性区发育，分布较离散，塑性区未贯通为潜在滑面</td></tr>
<tr><td>蓄水+暴雨</td><td>剪切塑性区主要分布于堆积体下伏强倾倒岩体及F_{146}中，塑性区由堆积体中部表面贯通至公路，塑性区内还有少量拉张塑性区存在，其分布较为离散</td></tr>
<tr><td>蓄水+地震</td><td>位移主要产生于坡表堆积体、蓄水位以上强倾倒岩体，最大总位移产生于堆积体中部表层。附加地震作用后的塑性区范围为开挖面内侧强倾倒岩体和F_{146}，塑性区表现为剪切变形。剪应变增量贯通于第四系堆积体中</td></tr>
<tr><td>库水位上升</td><td rowspan="2">对岸坡的局部稳定性有少量影响，影响区域为公路以下的强倾倒岩体</td></tr>
<tr><td rowspan="5">二维流固耦合计算分析</td><td>库水位下降</td></tr>
<tr><td>蓄水前1306m高程水位</td><td>应力集中不明显</td></tr>
<tr><td>蓄水由1306m高程蓄水至1408m高程（40天）</td><td>蓄水的作用使岸坡前缘公路开挖面及公路以下岩体产生较大位移，位移的分布表明蓄水将影响公路的正常使用</td></tr>
<tr><td>蓄水稳定后附加降雨作用</td><td>坡表孔隙水压力增大，可能随着加速后缘拉裂的发育，岸坡内孔隙水压力也随着埋深而增加，主要影响堆积体浅表层的稳定性，对公路以下浅表层强倾倒岩体有一定影响</td></tr>
<tr><td>蓄水位骤降</td><td>对岸坡的整体稳定性影响不大，由于渗流作用可能出现局部掉块</td></tr>
<tr><td rowspan="5">大溜槽沟—干沟</td><td rowspan="5">二维流固耦合计算稳定性</td><td>未蓄水天然</td><td rowspan="5">各滑面在天然、蓄水、蓄水+暴雨、蓄水+地震、蓄水+暴雨+地震工况下，稳定性系数整体表现为下降趋势，滑面③因其上覆岩体受蓄水软化影响且滑体坡度较陡，不利工况对其稳定性系数的影响较小。仅在蓄水+暴雨+地震工况下，安全系数1.03低于偶然状况1.05的标准，将威胁公路的正常使用。
滑面①及滑面②稳定性相对较高，皆高于设计标准</td></tr>
<tr><td>蓄水</td></tr>
<tr><td>蓄水+暴雨</td></tr>
<tr><td>蓄水+地震</td></tr>
<tr><td>蓄水+暴雨+地震</td></tr>
</table>

表 6.15　库岸边坡（炸药房—三颗石河左岸）稳定性评价方法及结果

<table>
<tr><th>边坡</th><th>评价方法</th><th>工况</th><th>评价结果</th></tr>
<tr><td rowspan="14">炸药房—三颗石河左岸</td><td>工程地质过程机制分析</td><td>根据岩体结构特征和变形特征，建立边坡地质模型</td><td>炸药房至公路锚固段稳定性稍好，水位上升可造成局部崩塌；
三颗石河左岸岸坡岩体的主要变形破坏形式为倾倒变形，上部倾倒后缘近直立，岩体破碎，松弛强烈，坡体表面残存有崩塌产生后的凹腔，陡壁下部多堆积有崩落块石，该段稳定性较差，在蓄水条件下可能失稳形成滑坡</td></tr>
<tr><td rowspan="2">基于 PFC 的变形破坏模式分析</td><td>天然</td><td>岸坡基本无位移产生，岸坡坡脚处有一定的变形，但稳定性较好</td></tr>
<tr><td>蓄水</td><td>长时间的泡水作用对千枚岩强度影响较大，加之倾倒 A 区岩体极为破碎，蓄水后强度急剧降低，产生压缩应变，为上覆岩体变形提供了空间，最终导致倾倒 A 区整体蠕滑下错。三颗石河左岸的主要变形破坏在强烈倾倒变形 A 区之中产生</td></tr>
<tr><td rowspan="5">基于 UDEC 离散元的变形破坏模式</td><td>天然</td><td rowspan="5">左岸回槽子沟—公路锚固段：天然工况下一般处于稳定状态，蓄水后，水位上升入渗坡体及对下部岩体的软化作用，可能引起浅表层岩体变形，破坏方式以局部崩塌为主。
公路锚固段—三颗石河左岸：发育拉裂缝，表明岸坡产生过重力变形，产生了大规模倾倒变形。天然状况一般处于稳定状态，在降雨或地震条件下，岸坡上部地形陡峭部位极强倾倒变形碎裂岩体可能发生局部浅表层滑塌。
蓄水后坡脚部位软弱破碎岩体软化可能引起倾倒变形的继续发展，影响上部岩体产生顺层拉裂、局部错位等变形。这种变形始于坡体下部，通过节理的错动、转动、滑移等方式向上传递，岸坡中上部坡肩（或地形变化处）部位拉应力集中造成地表拉裂缝。这种倾倒变形若不加以控制，在水位变化、降雨或地震等外界营力作用下，极强倾倒变形区与强倾倒变形区上部可能将产生沿陡缓相接的结构面组合形成具有一定深度的阶梯状蠕滑-拉裂式滑坡</td></tr>
<tr><td>暴雨</td></tr>
<tr><td>蓄水</td></tr>
<tr><td>蓄水+地震</td></tr>
<tr><td>暴雨+地震</td></tr>
<tr><td rowspan="5">变形稳定性分析的 FLAC3D 模拟</td><td>天然</td><td>在倾倒岩体与正常岩体底界最小主应力集中</td></tr>
<tr><td>暴雨</td><td>在 Y=474m，约 1480m 高程的山沟处发生了较大位移，塑性区主要产生于边坡中部 A 区与 B 区分界面，可能产生崩塌灾害</td></tr>
<tr><td>蓄水</td><td>剪应变主要集中于中下部的 A 区与 B 区分界面，塑性区主要分布于斜坡中下部并贯通至坡面，沿 A 区、B 区分界面开始向上部发育</td></tr>
<tr><td>蓄水位上升</td><td>塑性区首先产生于斜坡中部 A 区、B 区交界面处，随水位逐渐提升，向坡脚方向发展，中下部剪应变增量集中，最终塑性区贯通至坡面</td></tr>
<tr><td>蓄水位下降</td><td>坡脚公路处剪应变开始有所积累，塑性区逐步向上方发育。斜坡岩体经蓄水软化变形后随着水位线的再次下降有进一步变形的趋势</td></tr>
</table>

续表

<table>
<tr><th>边坡</th><th>评价方法</th><th>工况</th><th>评价结果</th></tr>
<tr><td rowspan="7">炸药房—三颗石河左岸</td><td rowspan="2">变形稳定性分析的FLAC3D模拟</td><td>蓄水+暴雨</td><td>剪应变主要集中于中部的A区与B区分界面，经蓄水及暴雨对岩土体的进一步软化，积累位移量增大，在中部有极大可能形成浅表部的局部滑坡</td></tr>
<tr><td>蓄水+地震</td><td>极端条件下斜坡稳定性极差，极可能发生大规模滑坡而危害库区安全</td></tr>
<tr><td rowspan="5">二维流固耦合的极限平衡稳定性</td><td>蓄水前</td><td rowspan="5">炸药房段岸坡：蓄水后地震工况下稳定性较好，但在蓄水后地震+暴雨极端工况下岸坡稳定性有所降低，可产生局部失稳。
公路锚固段岸坡：蓄水后暴雨工况下处于稳定状态，在蓄水地震工况下岸坡上覆堆积体稳定性系数为1.02，在蓄水后地震+暴雨工况下上覆堆积体稳定性系数为0.96，在1480～1600m高程可能产生沿基覆界面剪出的浅表层滑坡，潜在滑体厚度约20m，预计最大方量8万m^3左右。
三颗石河左岸—公路锚固段岸坡：稳定性最差，在蓄水后由于该岸坡坡脚至河床处岩体极为破碎，当该部分岩体蓄水软化后岸坡易引起岸坡倾倒变形再次发育，在极端工况下岸坡部分区域发生整体性滑动的可能性很大。可能产生的涌浪高度19m，大坝处涌浪可能达到13.6～16m，建议对该段岸坡进行治理</td></tr>
<tr><td>蓄水后天然工况</td></tr>
<tr><td>蓄水+暴雨</td></tr>
<tr><td>蓄水+地震</td></tr>
<tr><td>蓄水+暴雨+地震</td></tr>
</table>

表6.16　库岸边坡（三颗石河—湾坝河对岸）稳定性评价方法及结果

<table>
<tr><th>边坡</th><th>评价方法</th><th>工况</th><th>评价结果</th></tr>
<tr><td rowspan="4">三颗石河—湾坝河对岸</td><td>工程地质过程机制分析</td><td>根据岩体结构特征和变形特征，建立边坡地质模型</td><td>剖面上呈现软硬岩互层现象，浅层倾倒变形现象明显，前缘岩体倾角已近水平，岸坡表层为强风化强卸荷岩体，深部为弱风化弱卸荷岩体。岸坡已有变形破坏类型主要有泥石流、浅表层垮塌、高位危岩体落石、覆盖层拉裂及倾倒变形</td></tr>
<tr><td rowspan="3">基于UDEC的变形破坏模式分析</td><td>天然</td><td>岸坡整体处于稳定状态，局部块体产生2m的位移，存在上部岩体倾倒坠落的风险</td></tr>
<tr><td>暴雨</td><td>Ⅱ区鼻梁山11-11′剖面产生较大位移，坡脚处位移区沿坡面向下扩大，岸坡整体处于稳定状态；
Ⅰ区6#沟坡体变形影响深度加深，坡脚可能产生崩坡积物垮塌现象，整体处于稳定状态；
Ⅲ区9#沟坡体最大位移位于坡体凸型部位下部，松散堆积体产生顺坡向的滚动滑移</td></tr>
<tr><td>蓄水</td><td>坡体变形增大区域主要集中在坡脚下部蓄水位高程附近，变形主要发生在坡脚崩坡积物堆积部位，分析位移图可知，对较陡坡体浅表覆盖层及岩体稳定性有影响</td></tr>
</table>

续表

<table>
<tr><th>边坡</th><th>评价方法</th><th colspan="2">工况</th><th>评价结果</th></tr>
<tr><td rowspan="18">三颗石河—湾坝河对岸</td><td rowspan="2">基于UDEC的变形破坏模式分析</td><td colspan="2">暴雨+地震</td><td>岸坡变形破坏最严重的为14-14′剖面部位，有明显的变形破坏迹象，而13-13′剖面受地形较陡的影响，坡体变形仍较大，但未出现明显的破坏现象，11-11′剖面鼻梁山位移，变形主要集中在表层已发生倾倒变形的岩体中，鼻梁山两侧仍存在崩塌、落石、滚石的极大危险</td></tr>
<tr><td colspan="2">蓄水+地震</td><td>变形破坏最严重的为14-14′剖面部位，中上部有明显的变形破坏迹象，坡脚崩坡积物产生较远距离的滚动；
13-13′剖面受地形较陡的影响，坡体变形仍较大，但未出现明显的破坏现象，仅局部出现岩块滚落；
11-11′剖面鼻梁山变形主要集在表层已发生倾倒变形的岩体中，坡脚变形范围增大，同时岸坡整体位移均有所增大；
12-12′剖面受蓄水和地震作用影响，坡脚崩坡积物覆盖层出现拉裂缝，并有块体滚落滑移至江底</td></tr>
<tr><td rowspan="16">二维流固耦合的极限平衡稳定性</td><td rowspan="4">11 剖面</td><td>蓄水后天然</td><td rowspan="4">蓄水后天然工况、暴雨工况以及天然+地震工况下岸坡稳定性系数都大于1.13，处于稳定状态；只是在暴雨+地震工况下，滑面①的稳定性系数有所偏小，为B类水库偶然状况岸坡稳定最低标准。
五个滑面中，在各个工况下，滑面②的稳定性系数最高</td></tr>
<tr><td>蓄水后暴雨</td></tr>
<tr><td>蓄水后+地震</td></tr>
<tr><td>蓄水后暴雨+地震</td></tr>
<tr><td rowspan="4">12 剖面</td><td>蓄水后天然</td><td rowspan="4">蓄水后滑面①各工况下岸坡稳定性系数小于1.05，基本处于欠稳定状态，而暴雨、地震和暴雨+地震工况下滑面①的稳定性系数都小于1，稳定性较低，处于不稳定状态。在暴雨+地震工况下，滑面①的稳定性系数最低为0.94，远低于B类水库偶然状况岸坡稳定最低标准，处于失稳状态</td></tr>
<tr><td>蓄水后暴雨</td></tr>
<tr><td>蓄水后+地震</td></tr>
<tr><td>蓄水后暴雨+地震</td></tr>
<tr><td rowspan="4">13 剖面</td><td>蓄水后天然</td><td rowspan="4">蓄水后滑面①天然工况下岸坡稳定性系数大于1.15，处于稳定状态，暴雨工况下稳定性系数小于1.15，在地震工况下和暴雨+地震工况下滑面①的稳定性系数都小于1。暴雨+地震工况下，滑面①的稳定性系数最低，远低于B类水库偶然状况岸坡稳定最低标准。
两个滑面中，各个工况下，滑面②的稳定性系数较高，表明坡体倾倒变形深度较浅</td></tr>
<tr><td>蓄水后暴雨</td></tr>
<tr><td>蓄水后+地震</td></tr>
<tr><td>蓄水后暴雨+地震</td></tr>
<tr><td rowspan="4">14 剖面</td><td>蓄水后天然</td><td rowspan="4">蓄水后滑面①天然、暴雨、地震工况下岸坡稳定性系数大于1.15，处于稳定状态，暴雨+地震工况下滑面①的稳定性系数都小于1.15。暴雨+地震工况下，滑面①的稳定性系数最低为1.07，远低于B类水库偶然状况岸坡稳定最低标准。
两个滑面中，在各个工况下，滑面②的稳定性系数较高，表明高位坡体倾倒变形深度较浅蓄水对坡体高位变形岩体影响不大</td></tr>
<tr><td>蓄水后暴雨</td></tr>
<tr><td>蓄水后+地震</td></tr>
<tr><td>蓄水后暴雨+地震</td></tr>
</table>

续表

边坡	评价方法	工况	评价结果
三颗石河—湾坝河对岸	基于运动学的落石运动模拟	根据无人机航拍和三维激光扫描成果，结合现场调查资料，确定了本段 14 处可能产生崩塌的危岩体，选择其中七处典型危岩，采用基于运动学原理的滚石运动特征分析方法，研究了崩塌落石运动路径及能量，结果表明 1#～6#落石源区由于上部倾倒变形发育，节理密集切割，落石以 0.5～5m^3 的大量小块落石为主，7#～9#落石源区由于地形较陡，落石速度较快，可达到 34m/s；而 10#～14#落石源区落石块径较大，最大达到 400m^3，可能形成局部涌浪，危害对岸公路	

6.6　小　结

本章总结了倾倒边坡的变形破坏模式，建立了量化的工程地质模型，基于变形稳定的理论，提出了软硬互层结构倾倒变形边坡稳定性评价和预测评价方法。

（1）提取整合能够体现倾倒变形程度的数据以及能够定量描述倾倒岩体变形特征的控制性指标，建立量化的工程地质模型。

结合苗尾水电站工程边坡特性，根据倾倒的强烈程度和破裂机理不同，倾倒岩体在工程地质模型中被主要划分为 A 区（极强倾倒破裂区）、B 区（强倾倒破裂区）与 C 区（弱倾倒过渡变形区）。

（2）基于变形稳定理论，提出了软硬互层结构倾倒变形边坡稳定性评价和预测评价方法。

通过有限差分数值方法模拟倾倒边坡在不同工况下的应力应变，为失稳模式分析，潜在滑动面的选择和刚体极限稳定性计算提供依据。利用动态强度折减数值方法分析边坡变形破坏趋势，运用极限平衡理论分析渗流场及地应力场耦合倾倒边坡稳定性。基于变形特征的分区评价、变形稳定性数值分析以及传统的极限平衡稳定性评价方法，将倾倒变形的地质现象、定量描述与变形稳定性相结合，建立了软硬互层结构倾倒变形边坡稳定性评价和预测的方法体系。

（3）对比验证了倾倒变形边坡稳定性评价方法体系的适用性。

倾倒变形岩体结构错综复杂，不同部位变形破裂的表现形式及变形机理均有着较大的差异。研究建立的方法体系包含了地质分析、变形稳定性和强度稳定性的概念，综合各方法对边坡稳定性进行评价具有一定的适用性。

倾倒变形作为高陡岩质斜坡变形破坏的一种典型形式，其形成机理比较复杂，它与滑动破坏机理完全不同，没有单一的滑动面，且不像已发生大规模破坏的滑坡具有明显的滑动面形态特征，一个倾倒变形体的破坏也不是一种简单的切层滑坡的力学演化。同时，深层倾倒与研究较多的浅层倾倒也有明显的差异，后者变形的本质是岩层的“脆性”折断，或岩体的“结构变形”，所以可以采用力矩等相关判据进行分析评价，而深层倾倒本质是岩层在长期重力作用下所发生的弯曲蠕变时效变形，是材料变形，它是一个漫长的地质历史过程，在这个过程中，岩层可以长时间弯曲变形而不会折断。因此，针对倾倒变形体稳定性研究没有强调对这类问题采用强度稳定性的评价思路，而采用变形稳定性评价的理念，是对斜坡倾倒变形形成机理与研究方法的理论探索，同时也将对实际工程设计与施工、倾倒变形斜坡的危害性预测和斜坡变形的有效控制与治理具有现实意义。

第7章　层状倾倒岩体稳定性控制措施研究

7.1　引　　言

西南地区具有典型的工程地质问题：河谷深切，岸坡岩体卸荷强烈，大量层状岩质边坡倾倒变形。这些工程地质问题威胁着工程建设，亟须解决，而针对此类边坡的工程治理措施尚不完善。现有工程上的边坡治理措施主要分以下几类：削坡压脚、地表及地下截排水、锚固与支挡。

各种治理措施均具有一定的适用性和局限性，大型复杂倾倒变形岩质边坡的治理应采取综合措施，需要考虑削坡护脚、加固支挡和截排水工程等多方案的组合，结合边坡的发展演化阶段，选择针对性的、科学合理的治理措施。

倾倒变形作为一种复杂的变形模式，其变形过程及成因机制相当复杂，发生—发展—破坏需经历漫长的地质历史进程。从倾倒变形的成因机制、空间展布及稳定性计算的实例分析，不难看出，这种变形模式对水利水电工程的建设具有巨大的威胁。此类变形失稳具有强烈累进性和时间效应特点，不但要考虑强度问题，更要考虑长期稳定问题，所以对该类型变形体的治理不能采用单一的强度分析理论和治理措施，多种分析模拟手段、治理措施以及长期监测手段相结合才是有效的治理手段，才能保证水利水电工程施工和运行安全。各倾倒变形体处理措施汇总于表1.2。

7.2　层状倾倒岩体支护失效现象

7.2.1　苗尾水电站左坝肩边坡

如图7.1所示，苗尾水电站左坝肩边坡开挖范围为1340～1455m高程，其中1365m高程为上下游临时通道。原设计开挖方案为1435～1455m高程开挖坡比为1∶1.5，1415～1435m高程开挖坡比为1∶1.2，1369～1415m高程开挖坡比为1∶1，1369m高程以下开挖坡比为1∶1.2，山体内部设有灌溉取水交通洞。按此方案开挖后，边坡出现大面积变形，为控制变形采取的处理措施如下：削坡减载坡顶高程至1441m，1415m高程由原15m宽马道改为4m宽，1395～1415m高程段开挖坡比为1∶1.3，开挖坡面之间设置两台5m宽斜马道，坡度15%，在1395m和1380m高程分别设置5m宽马道，1380～1395m高程段和1365～1380m高程段开挖坡比为1∶1.4，对1360m高程以下一定范围边坡进行石渣压坡。

(a) 变形处理前

(b) 变形处理后

图 7.1　左坝肩边坡开挖情况

左坝肩边坡开挖过程中支护及时，并没有出现大面积的垮塌破坏现象，主要的破坏现象为地表裂缝和支护措施的失效（图 7.2、图 7.3，表 7.1）。

图 7.2　左坝肩边坡裂缝示意图

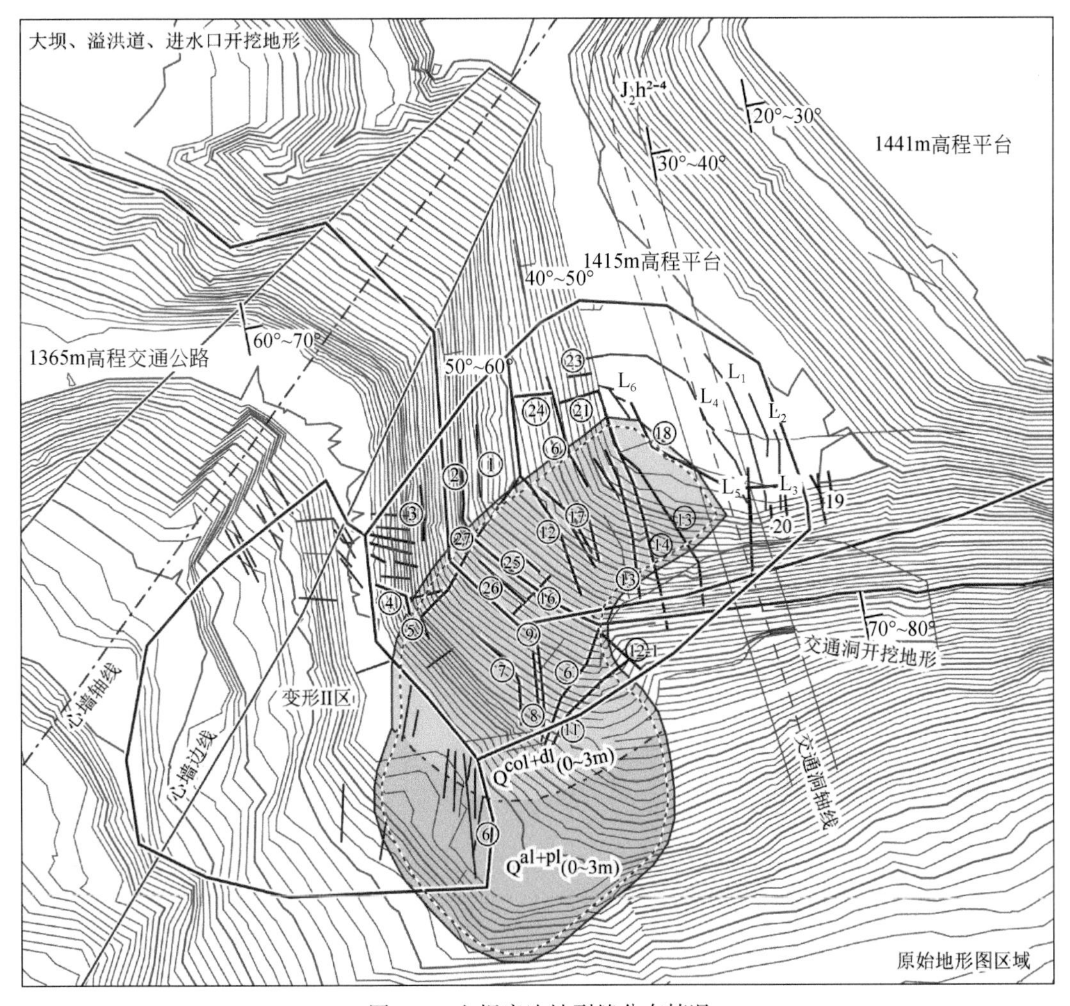

图 7.3　左坝肩边坡裂缝分布情况

表 7.1　左坝肩边坡裂缝统计表

<table>
<tr><th>编号</th><th>长度/m</th><th>宽度/cm</th><th>出露位置</th><th>裂缝性状</th><th>出露时间</th><th>发展趋势</th></tr>
<tr><td>1</td><td>28.0</td><td>0.5 ~ 1.0</td><td rowspan="2">心墙下游侧边坡 1390 ~ 1394m 高程两排锚索之间</td><td rowspan="8">顺层</td><td rowspan="2">2013 年 1 月 2 日出现时宽度小于 0.5cm</td><td rowspan="2">持续增大</td></tr>
<tr><td>2</td><td>16.0</td><td>0.5 ~ 1.0</td></tr>
<tr><td>3</td><td>17.0</td><td>0.5 ~ 0.8</td><td>心墙下游侧边坡 1376 ~ 1381m 高程两排锚索之间</td><td>2013 年 3 月 2 日 1370 ~ 1376m 高程边坡正在固结灌浆时出现</td><td>未见明显增大</td></tr>
<tr><td>4</td><td>5.0</td><td>0.5 ~ 2.0</td><td>下游侧 1371m 高程转弯段</td><td rowspan="2">2013 年 3 月 18 日出现</td><td>未见明显增大</td></tr>
<tr><td>5</td><td>7.0</td><td>1.0 ~ 2.0</td><td>下游侧覆盖层边坡转弯段 1376m 高程框格梁下部</td><td>未见明显增大</td></tr>
<tr><td>6</td><td>10.5 ~ 13.0</td><td>3.0 ~ 5.0</td><td>下游侧覆盖层段、1365m 高程便道上</td><td>2013 年 2 月底出现</td><td>出现后持续增大，目前趋于稳定</td></tr>
<tr><td>7</td><td>10.0</td><td>1.0 ~ 2.0</td><td>下游侧覆盖层边坡 1371 ~ 1381m 高程</td><td rowspan="6">2012 年 10 月 21 日出现</td><td rowspan="6">裂缝出现后的一个月内有缓慢扩展趋势，目前趋于稳定</td></tr>
<tr><td>8</td><td>3.0</td><td>0.5</td><td>下游侧覆盖层边坡 1371 ~ 1374m 高程</td></tr>
<tr><td>9</td><td>9.0</td><td>0.5 ~ 1.0</td><td>下游侧覆盖层边坡 1369 ~ 1380m 高程</td><td rowspan="2">竖向</td></tr>
<tr><td>10</td><td>15.0</td><td>2.0 ~ 3.0</td><td>下游侧覆盖层边坡 1376 ~ 1394m 高程</td></tr>
<tr><td>11</td><td>5.0</td><td>1.0 ~ 2.0</td><td>下游侧覆盖层边坡 1377 ~ 1382m 高程</td><td rowspan="5">顺层</td></tr>
<tr><td>12</td><td>大于 30.0</td><td>1.0 ~ 8.0</td><td>下游侧覆盖层边坡 1394 ~ 1404m 高程</td></tr>
<tr><td>13</td><td>26.0</td><td>1.0 ~ 7.0</td><td>下游侧覆盖层边坡 1406 ~ 1414m 高程</td><td>2012 年 10 月 21 日出现</td><td>裂缝出现时距取水洞边坡开口线有约 3m</td></tr>
<tr><td>14</td><td>13.0</td><td>1.0 ~ 5.0</td><td>下游侧覆盖层边坡、灌溉取水洞上方 1404 ~ 1413m 高程</td><td rowspan="2">2012 年 10 月 21 日出现，10 月 27 日延伸至灌溉取水的边坡 1398m 高程</td><td rowspan="2">取水洞洞脸边坡框格梁施工完毕，至 2013 年 3 月 20 日，裂缝未见向下发展</td></tr>
<tr><td>15</td><td>15.0</td><td>1.0 ~ 12.0</td><td>下游侧覆盖层边坡、灌溉取水洞上方 1402 ~ 1410m 高程</td></tr>
<tr><td>16</td><td>9.0</td><td>0.5 ~ 1.0</td><td>下游侧覆盖层边坡 1385 ~ 1396m 高程</td><td>竖向</td><td rowspan="2">2012 年 10 月 21 日出现</td><td rowspan="2">裂缝出现后的一个月内有缓慢扩展趋势，目前趋于稳定</td></tr>
<tr><td>17</td><td>3.0 ~ 8.0</td><td>1.0 ~ 3.0</td><td>下游侧覆盖层边坡 1400 ~ 1405m 高程</td><td rowspan="2">顺层</td></tr>
<tr><td>18</td><td>21.0</td><td>3.0 ~ 8.0</td><td>1414.8m 高程马道内侧（上部边坡坡脚）</td><td>约在 2013 年 2 月底出现</td><td>一直在增大</td></tr>
</table>

续表

编号	长度/m	宽度/cm	出露位置	裂缝性状	出露时间	发展趋势
19-1	45.0	1.0~5.0	1414.8m 高程马道下游侧覆盖层边坡、灌溉取水洞上方 1411~1435m 高程	顺层	约在 2013 年 2 月底出现	初期只有在 1414~1417m 高程，取水洞开挖至 1376m 高程后缓慢延伸扩展
19-2	17.0	1.0~3.0	1414.8m 高程马道下游侧覆盖层边坡、灌溉取水洞上方 1418~1430m 高程			
19-3	8.0	1.0~3.0	1414.8m 高程马道下游侧覆盖层边坡、灌溉取水洞上方 1422~1428m 高程			
20-1	3.5	0.5~2.0	1414.8m 高程马道下游侧、灌溉取水洞上方 1414.8m 高程马道内侧贴坡挡墙上	竖向	约在 2013 年 2 月底出现	未见明显增大
20-2	11.0	1.0~2.0	1414.8m 高程马道下游侧、灌溉取水洞上方 1408~1414.8m 高程内侧贴坡挡墙顶部			
20-3	6.0	1.0~5.0	1414.8m 高程马道下游侧、灌溉取水洞上方 1412~1414.8m 高程内侧贴坡挡墙顶部			有扩展延伸趋势
20-4	5.0	0.5~1.0	1414.8m 高程马道下游侧、灌溉取水洞上方 1409~1414.8m 高程			未见明显增大
21	6.0	0.5	心墙下游侧边坡 1409~1414m 高程	竖向	2013 年 1 月 2 日出现	期间有扩展，目前稳定
22	16.0	0.5~2.0	心墙下游侧边坡 1409m 高程	顺层	2013 年 1 月 3 日出现	期间有扩展，目前稳定
23	1.8	0.3~0.5	心墙下游侧边坡 1412~1414m 高程	竖向	2013 年 1 月 4 日出现	期间有扩展，目前稳定
24	8.0	1.0~2.0	心墙下游侧边坡 1404~1409m 高程	竖向	2013 年 1 月 5 日出现	初期有扩展，目前稳定
25	8.0	0.3~2.0	下游侧覆盖层边坡 1390m 高程框格梁下部	顺层	2013 年 3 月 2 日出现	未见明显增大
26-1	20.0	0.3~3.5	下游侧边坡 1429~1441m 高程	顺层	约在 2013 年 2 月底出现	缓慢扩展延伸
26-2	22.0					

续表

编号	长度/m	宽度/cm	出露位置	裂缝性状	出露时间	发展趋势
27	35	0.5～3	1415～1435m 高程，框格梁的分缝处	竖向	约在 2013 年 2 月底出现	缓慢扩展延伸
28	10	0.5～1	下游侧边坡 1435～1450m 高程	顺层	约在 2013 年 4 中旬出现	缓慢扩展延伸
29	40	1～3	1415～1435m 高程，框格梁的分缝处	竖向	约在 2013 年 2 月底出现	缓慢扩展延伸
30	35	0.5～2	1415～1435m 高程，框格梁的分缝处，断续延伸	竖向	约在 2013 年 4 中旬出现	缓慢扩展延伸
31	33	0.5～2	1415～1435m 高程，马道内侧	顺层	约在 2013 年 4 中旬出现	缓慢扩展延伸
32	28	0.5～1	1435～1455m 高程，框格梁的分缝处	竖向	约在 2013 年 4 中旬出现	缓慢扩展延伸
33	28	0.5～1	1435～1455m 高程，框格梁的分缝处	竖向	约在 2013 年 4 中旬出现	缓慢扩展延伸
34	30	0.5～1	1455m 高程混凝土喷层及下部框格梁处	顺层	约在 2013 年 4 中旬出现	缓慢扩展延伸
35	22	0.5～0.8	1455m 高程平台，断续延伸	顺层	约在 2013 年 4 中旬出现	缓慢扩展延伸
36	25	0.5～0.8	1455m 高程平台，断续延伸	顺层	约在 2013 年 4 中旬出现	缓慢扩展延伸

注：该统计日期为 2013 年 4 月 28 日，表中裂缝出现日期为现场巡视发现时间。因边坡高陡，部分裂缝无法实测，为现场估计。

左坝肩边坡从2012年4月开始开挖到2013年9月共发生了五次明显的拉裂变形。

1）第一次变形

2012年10月11日，从1390m高程开挖至1370m高程时，在1380～1400m高程、坝下0+040桩号出现裂缝，在1370m高程以上系统支护还未完成的情况下，继续对1365m高程以下边坡进行开挖（1365m高程设置8m宽的道路），10月23日现场发现多处裂缝发展，且往上下游延伸，1400m高程马道内侧裂缝张开度为15cm。裂缝位置及特征详见图7.4～图7.9。

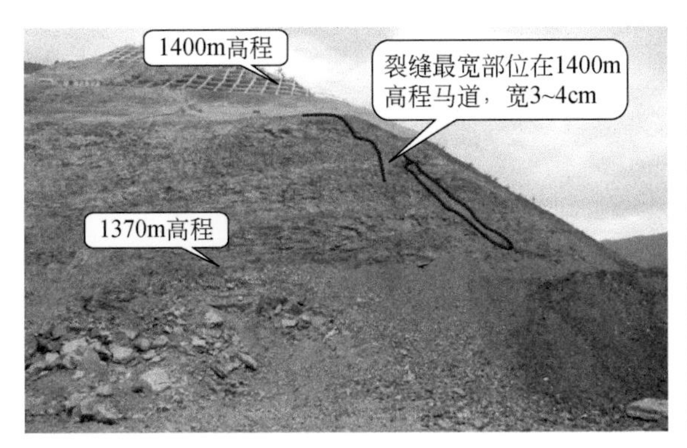

图7.4　1370～1400m高程裂缝

图7.5　边坡竖向裂缝（侧面拍摄）

图7.6　1400m高程马道裂缝

图7.7　1400m高程平台以下裂缝

图7.8　1400m高程马道处裂缝

图7.9　1400m高程马道内侧裂缝

2）第二次变形

2012 年 11 月 29 日 16 点，开挖边坡下游侧 1340m 高程，导致 1340 ~ 1415m 高程段边坡发生倾倒拉裂变形。变形过程如下：于 17 点在 1370m 高程边坡平台附近出现裂缝，至次日上午，1340 ~ 1370m 高程出现多条裂缝，1370m 高程平台裂缝张开 5 ~ 20cm，沉降 10 ~ 20cm，1400m 高程平台裂缝张开 5 ~ 10cm，延伸长度为 10 ~ 30cm。局部变形情况见图 7. 10。

图 7. 10　1365m 高程平台以下变形情况

3）第三次变形

2013 年 3 月 9 ~ 15 日，开挖 1365m 高程以下边坡过程中，1365m 高程以上的边坡处新喷混凝土出现裂缝，1415m 高程马道内侧及以上边坡出现裂缝，见图 7. 11、图 7. 12。

图 7. 11　1415m 高程平台裂缝

图7.12 1415m高程平台裂缝近景

4）第四次变形

2013年4月14日，受左岸灌溉取水交通洞灌浆平硐爆破影响，左坝肩边坡已有变形加剧；2013年4月27日受溢洪道泄槽段施工爆破影响（一次爆破药量约4.5t），4月29日边坡已有裂缝延伸长度有明显增加。

5）第五次变形

2013年7月20日，受暴雨影响1415m高程平台原有裂缝张开，喷锚处有开裂现象，位移监测与应力监测均有明显反应，未形成失稳破坏，裂缝的发展见图7.13。

图7.13 降雨后地表沿已有裂缝张开

7.2.2　苗尾水电站右坝肩边坡

如图 7.14 所示，苗尾水电站右坝肩边坡开挖范围为 1280～1520m 高程，右坝基边坡沿基覆界面开挖，开挖坡比不定，坡度在 45°～56°，不设马道。右坝肩边坡岩体结构复杂且开挖坡度较陡，因此对该边坡的支护方案采用分区支护，开挖后边坡出现大面积变形，对其的处理措施包括：1295～1303m 高程边坡采用半扶壁式贴坡混凝土结合预应力锚索进行加固，预应力锚索张拉吨位为 1000kN；1303～1328m 高程边坡采用预应力锚索与混凝土锚拉板进行加固，预应力锚索张拉吨位为 1500kN；1328～1350m 高程边坡，先修复被损坏的锚索，并补偿张拉，张拉吨位为 750kN，新增系统预应力锚索与混凝土锚拉板进行加固，预应力锚索张拉吨位为 1500kN；1350～1368m 高程采用预应力锚索与混凝土纵梁加固，预应力锚索张拉吨位为 1500kN；1368～1384m 高程采用系统锚筋束进行加固；1384～1415m 高程采用预应力锚索与混凝土框格梁加固，预应力锚索张拉吨位为 1500kN；1415～1458m 高程边坡采用预应力锚索与混凝土框格梁加固，预应力锚索张拉吨位为 1000kN。

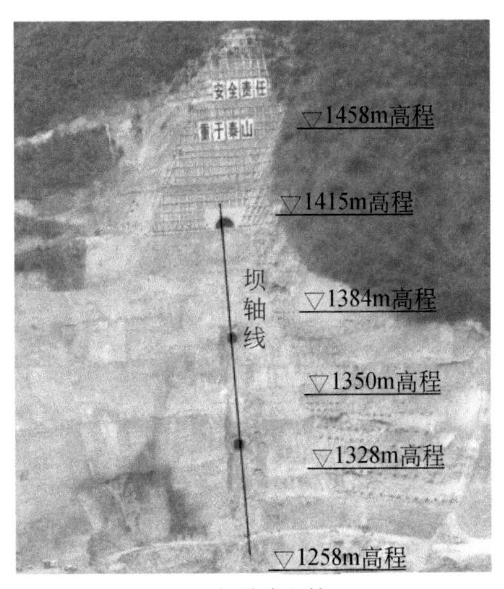

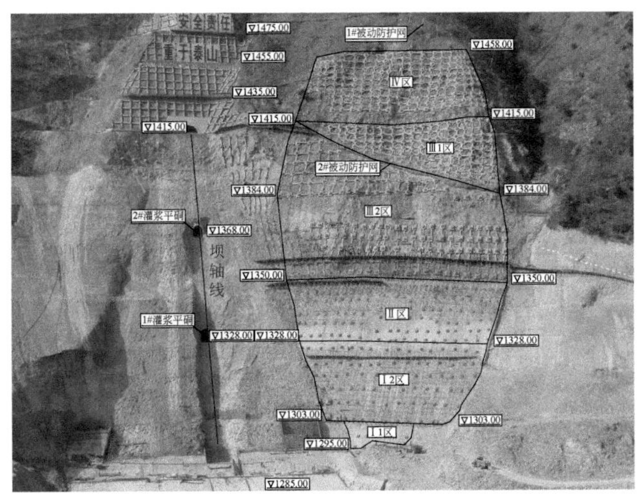

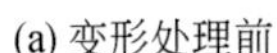
(a) 变形处理前　　　　(b) 变形处理后

图 7.14　右坝肩边坡开挖情况图

1）前缘滑塌

边坡于 2012 年 8 月 4 日起开挖，开挖高程为 1520m。受开挖影响，边坡于 2013 年 4 月中旬在边坡开口线附近和坡面局部出现张裂缝。2013 年 5 月底，1340～1384m 高程处发生浅层滑塌（图 3.13），长度约为 45m，滑塌体厚度为 1～3m，塌滑方量约为 300m^3。破坏的发生形成巨大响声，锚具被甩出，此次滑塌造成了边坡下部局部锚索失效、喷射混凝土脱落、格栅梁断裂现象，并在坡脚形成崩滑堆积体（图 7.15～图 7.18）。

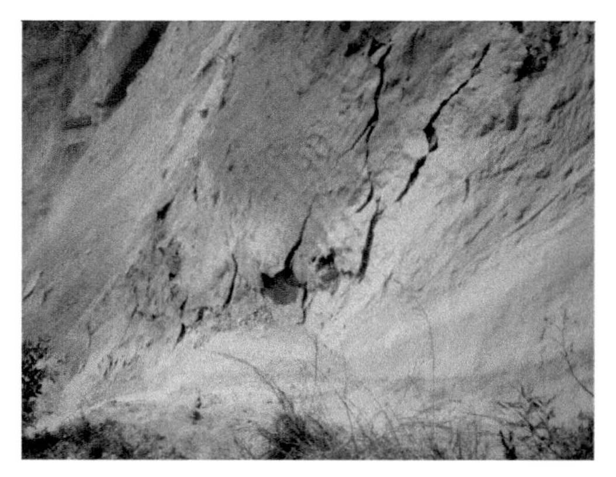
图 7.15　开口线部位混凝土脱空开裂

图 7.16　边坡坡脚垮塌部位

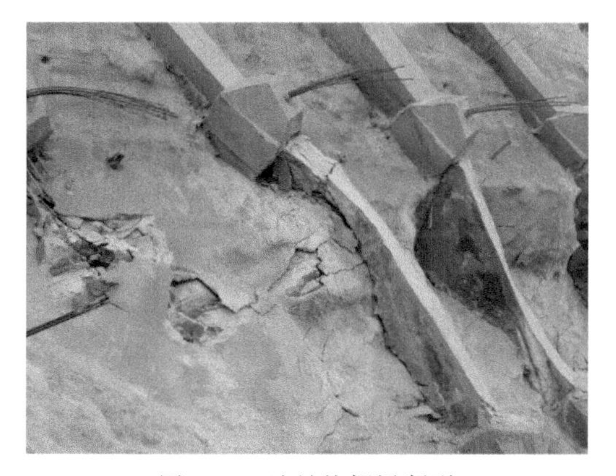
图 7.17　边坡格栅梁断裂

图 7.18　边坡贴坡砼脱空

2）地表裂缝

右坝肩边坡坡度较陡，随着开挖的进行，坡体不断出现裂缝，右坝肩边坡裂缝分布见图 3.16、图 3.17、图 7.19、图 7.20，表 3.3。裂缝主要发育在山梁部位，且裂缝总体延伸、张开均较大，最大延伸长度达 100m、张开宽度达 0.5m。对裂缝发育的走向和特征进

图 7.19　1453m 高程主动防护网附近裂缝形态

图 7.20　1460m 高程附近裂缝情况（已填堵）

行统计，发现裂缝走向大致为北西西向，呈现上宽下窄 V 字形形态，裂缝大多被黏土及碎石充填覆盖，局部某些裂缝还呈现反坡台坎状，即裂缝外侧高于内侧。为防止雨水入渗后缘裂缝，前期对后缘裂缝部位进行了处理。从裂缝产生的时间上来看，右坝肩边坡裂缝产生时间较为集中，呈批量出现。边坡开挖后，在坡顶部位就出现少量裂缝，在崩滑发生后，又出现大量新裂缝，之前的裂缝在张开和延伸上均有增大。

7.3 层状倾倒岩体变形控制措施

7.3.1 支护原则

1. 浅层倾倒变形边坡加固措施

浅层倾倒主要发育于中-厚层、中硬岩层状体斜坡，岩层陡倾内或近似直立，属于弯曲倾倒的范畴，为脆性折断型，特点是硬岩岩层小变形断裂，难以形成深部贯通滑动面。边坡岩体抗弯刚度、坡内缓倾外结构面和水的作用控制变形及其稳定性。从变形控制理论出发，对于倾倒变形岩质边坡浅表位移控制，具有如下建议（表 7.2）。

表 7.2　倾倒变形岩质边坡变形控制标准建议

项目	重要边坡安全控制合位移标准/(mm/月)	重要边坡预警值/(mm/天)
部位	地表	地表
坡脚	3～5	4～6
中部	6～8	8～10
坡顶	8～10	10～15

针对浅层倾倒变形边坡可以选择以削坡减载措施为主，配合锚固措施、截排水工程和相应的监测手段进行综合治理。通过调查分析拉西瓦边坡的工程实例可以发现，浅层倾倒主要发生在较硬岩质边坡，岩层轻微弯曲即折断，表现为“折而立断”的破坏模式，特点为坡表岩层较为破碎，稳定性较低，易出现坠覆甚至浅表滑移破坏，但发生整体失稳可能性很小。削坡减载措施可以有效地减轻下部岩层负重，阻止倾倒变形进一步发展及破坏，从而改善边坡稳定性，达到治理的目的。削坡时还应注意，削坡规模应当与倾倒变形体的空间展布情况相联系，一般说来，对于极强倾倒破裂区（A 区），考虑到岩体破碎、倾倒变形程度剧烈会很大程度上影响边坡的整体稳定性，故需要全部清除；而对于强倾倒破裂区（B 区）则需要结合实际情况，综合考虑支护效果和治理成本，决定是否削坡以及削坡范围。若需要大规模削坡，削坡减载势必会引起边坡应力重分布，针对削坡后出现应力集中现象的部位，可以使用锚固措施及截排水工程进行加固，防止渗流侵蚀，阻止局部变形，同时也要实时监测，及时反映边坡变形状况，防止突发事件的发生。浅层倾倒变形边坡治理措施见图 7.21。

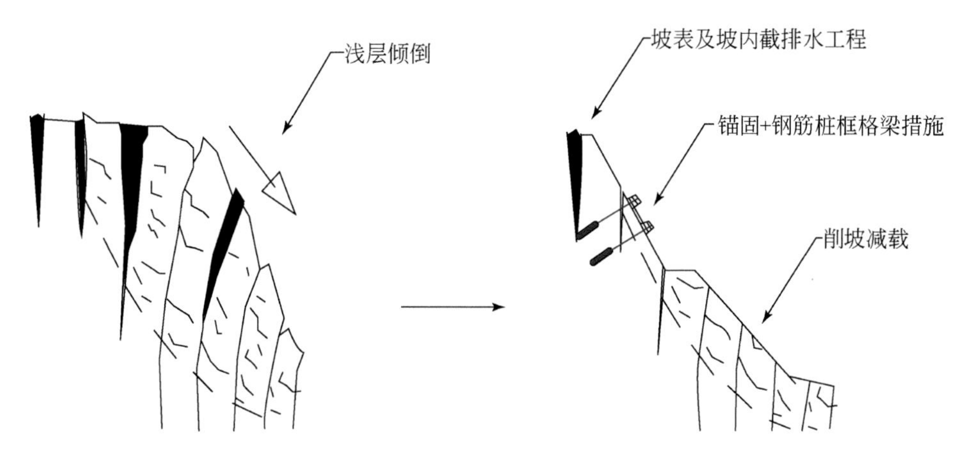

图 7. 21　浅层倾倒变形边坡治理措施示意图

2. 深层倾倒变形边坡加固措施

深层倾倒变形主要发育于陡倾坡内的薄层状碳质板岩、泥质灰岩等软弱地层构成的边坡中，属延性弯曲型，边坡可以发生浅层倾倒，亦可以发生深层倾倒变形并最终演化形成大型滑坡。该类型倾倒变形通常是在较好的临空条件下，岩层在坡体卸荷以后形成的二次应力场的作用下发生弯曲，最终切层结构面发育贯通而形成滑坡，该类型倾倒变形发展的主要影响因素为：岩层抗弯刚度、临空条件、坡体内部结构面组合以及渗水作用。为消除以上因素的影响，应当从提高岩层抗弯刚度、消除坡体变形的临空条件以及水的影响等角度出发，选择适当的处理措施来治理该类型变形体。

针对深层倾倒变形边坡可以选择以坡脚堆载措施为主，配合削坡减载、锚固、灌浆、截排水和相应的监测措施进行综合治理。由于发生倾倒变形的边坡大多为软岩或软硬互层的岩体结构，岩体需要较大弯曲幅度才会产生切层结构面，所以良好的临空条件是该类型倾倒边坡变形的前提，但不能以锚固作为治理的主要措施。适当高程的坡脚堆载可以阻挡坡体前缘岩层弯曲，进而阻止后缘岩体变形的临空条件产生。同时，堆载体需要压住关键结构面在坡体的延伸露头，防止因倾倒变形发展导致坡内结构面贯通形成滑面而产生大型滑坡。坡脚堆载后，通过后续变形模拟或者实时监测情况，选择变形较大部位施加锚固工程。降雨或者水库蓄水以后，地表水入渗以及地下水侵蚀作用会对坡体岩层以及坡内结构面产生软化作用，促进倾倒变形发展，威胁水电工程安全，故需要施加坡表和深层截排水工程，如坡表喷砼防渗，深层纵、横向排水洞等。

同时，由于深层倾倒边坡岩性较软，变形发育较深，若要以削坡减载措施为主进行治理，则削坡规模巨大，治理成本较高，故而削坡减载措施仅作为治理的辅助措施，其削坡范围需要与倾倒变形体空间展布相联系，并且结合坡脚堆载后边坡的变形情况来确定。同样，长期坡体变形监测也是深层倾倒变形边坡的处理中不可或缺的部分。深层倾倒变形边坡处理措施示意图见图 7. 22。

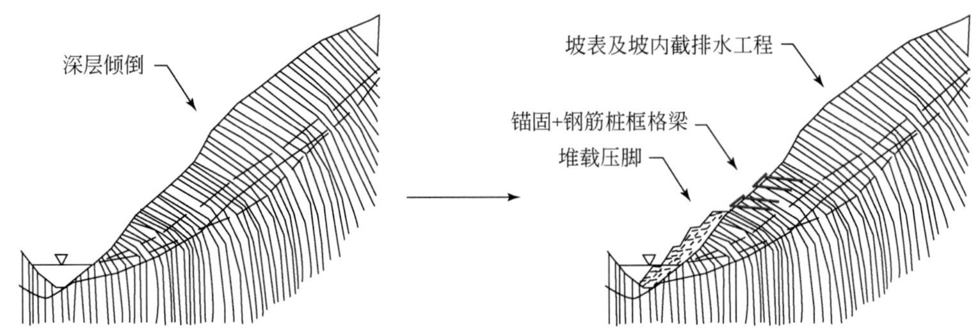

图 7.22　深层倾倒变形边坡处理措施示意图

7.3.2　支护措施

根据苗尾水电站坝址区实际工程特征和边坡倾倒变形程度，合理采用不同支护措施综合加固，并通过稳定性评价及物理模拟、数值模拟等验算及加固效果分析，确定坝址区溢洪道进水口边坡、右坝肩上游侧边坡以及右岸坝前边坡的最终加固方案。

1. 溢洪道进水渠边坡倾倒变形体的加固措施

边坡设计溢洪道底面高程为 1370m，开挖支护过程为边开挖边支护。支护类型由高到低依次为 A、B、C1、C2、C、G1′、G1、G4、G6 九种支护类型（图 7.23）。详细支护情况及加固措施见表 7.3、表 7.4。

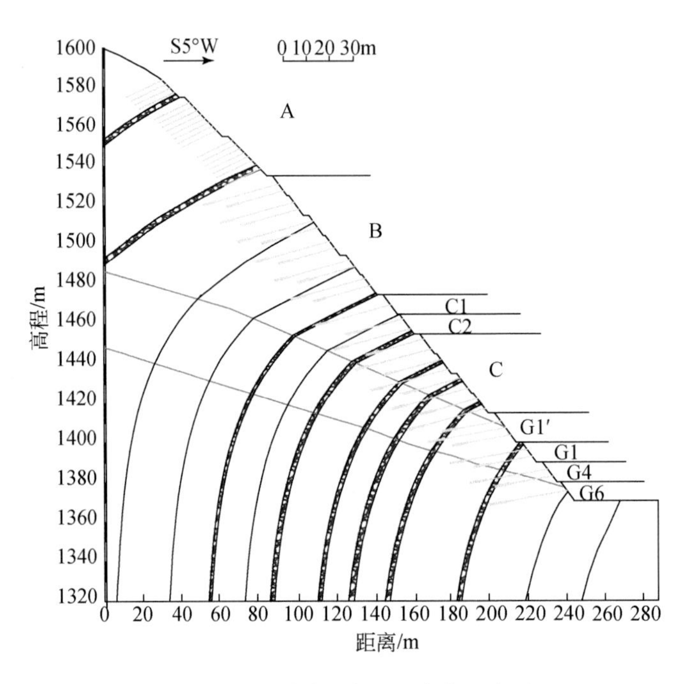

图 7.23　溢洪道进水渠边支护示意图

表7.3　溢洪道进水渠边坡支护方案

支护类型	支护对象位置	支护措施参数
A型支护	进水渠边坡1535m高程以上开挖边坡	锚筋束：八排3Φ28锚筋束，L=15m/20m@3m×3m，矩形布置；系统排水孔：Φ65mm，L=5m@3m×3m，仰角5°，矩形布置
B型支护	进水渠边坡1475～1535m高程岩体开挖边坡	预应力锚索：两排1000kN无黏结型预应力锚索，L=30m/40m@4m×4m，俯角15°，锚固段长度600mm，矩形布置；系统排水孔：Φ65mm，L=5m@5m×5m，仰角5°，矩形布置，3m宽马道布置一排深排水孔，Φ100mm，L=10m@10m，仰角5°
C1型支护	进水渠边坡1465～1475m高程岩体开挖边坡	预应力锚索：一排1000kN无黏结型预应力锚索，L=30m/40m@6m，俯角15°，锚固段长度6m，矩形布置；系统排水孔：Φ65mm，L=5m@5m×5m，仰角5°，矩形布置
C2型支护	进水渠边坡1455～1465m高程岩体开挖边坡	预应力锚索：两排1000kN无黏结型预应力锚索，L=30m/40m@4m×4m，俯角15°，锚固段长度6m，矩形布置；系统排水孔：Φ65mm，L=5m@5m×5m，仰角5°，矩形布置，3m宽马道布置一排深排水孔，Φ100mm，L=15m@4m，仰角5°
C型支护	进水渠边坡1415～1455m高程岩体开挖边坡	预应力锚索：两排无黏结型预应力锚索，L=30m/40m@6m，俯角15°，上排1000kN，锚固段长度6m，下排1500kN，锚固段长度8m；系统排水孔：Φ65mm，L=5m@4m×4m，仰角5°，矩形布置，3m宽马道布置一排深排水孔，Φ100mm，L=15m@4m，仰角5°
G1′型支护	进水渠边坡1400～1415m高程岩体开挖边坡	预应力锚索：三排1500kN无黏结型预应力锚索，L=30m/40m@4m，俯角10°，锚固段长度8m，矩形布置；系统排水孔：两排Φ100mm，L=30m@8m，仰角5°，矩形布置，一排Φ100mm，L=10m/20m@4m，仰角5°
G1型支护	进水渠边坡1390～1400m高程岩体开挖边坡	预应力锚索：两排1500kN无黏结型预应力锚索，L=30m/40m@4m×4m，俯角10°，锚固段长度8m，矩形布置；系统排水孔：一排Φ100mm，L=30m@4m，仰角5°
G4型支护	进水渠边坡1380～1390m高程岩体开挖边坡	预应力锚索：两排1500kN无黏结型预应力锚索，L=30m/40m@4m，俯角10°，锚固段长度8m，矩形布置
G6型支护	进水渠边坡1370～1380m高程岩体开挖边坡	预应力锚索：一排1500kN无黏结型预应力锚索，L=30m/40m@4m，俯角10°，锚固段长度8m

2. 右岸坝前边坡倒变形体的加固措施

苗尾水电站右岸坝前边坡属于典型的高边坡，施工条件恶劣，岩性上软硬互层，且倾倒变形发育范围大，因而其变形治理无法使用常规的减载及支挡措施。因此，根据实际工程特征和边坡倾倒变形程度，确定右岸坝前边坡的最终加固方案。右岸坝前边坡倾倒变形体的加固措施见表7.5。

3. 右坝肩上游侧边坡倒变形体的加固措施

右坝肩边坡岩体结构复杂且开挖坡度较陡，因此对该边坡的支护方案采用分区支护，开挖后边坡出现大规模变形，对其的处理措施见表7.6。

表 7.4　苗尾水电站坝址区溢洪道水渠边坡加固措施

边坡	变形分区	变形特征及稳定性评价	支护措施	边坡倾倒变形范围及加固措施图示
溢洪道进水渠边坡	Ⅰ区 边坡下游侧	岩体完整性好，节理发育程度较低，岩体呈弱风化，锤击音脆，倾倒变形现象不明显	1535m 高程以上，A 型支护：锚筋束+混凝土框格梁+系统排水孔+被动防护网； 1475～1535m 高程以及 1455～1475m 高程，B 型支护：预应力锚索+混凝土框格梁+锚筋束锚杆+挂网喷混凝土+坡面系统排水孔+锁口锚筋桩； 1415～1455m 高程，C 型支护：锚筋束+预应力锚索+挂网喷混凝土+系统排水孔+锁口锚筋桩+混凝土框格梁； 1445～1455m 高程，边坡桩号溢 0-166.00—溢 0-190.82 为 H 型支护，支护措施为锚拉板+预应力锚索+系统排水孔+锚筋束； 1445～1455m 高程，边坡桩号溢 0-136.00—溢 0-166.00 为Ⅰ型支护，支护措施为混凝土锚拉板+预应力锚索+坡面系统排水孔	见图 3.51 和图 3.63
	Ⅱ区 边坡开挖面中上部，折断面以上（1440m 高程以上）	岩体完整性差，呈碎裂结构，倾倒变形严重； 绢云母片岩多以软弱破碎带出现，呈近散体结构。岩体倾倒变形严重，现象明显； 1535m 高程以上为极强倾倒变形，表面为崩坡积体； 1475～1535m 高程段为强倾倒（包括上段和下段）； 1440～1475m 高程表层为弱倾倒变形； 折断面处（1440m 高程）有明显的架空和层间错动现象，层间错动 8～30cm，并有楔形裂缝，裂缝最大张开 8～30cm		
	Ⅲ区 位于边坡开挖面中下部，折断面以下（1440m 高程以下）	岩体完整性较差，呈镶嵌结构，倾倒变形现象较明显。节理发育程度高，软弱带发育较多	1370～1415m 高程，G 型支护：锚筋束+预应力锚索+排水孔+贴坡混凝土	
	Ⅳ区 位于进水渠边坡上游侧，开挖揭露的为第四系堆积体	下部为河流冲洪积堆积形成阶地，上部为浅表层倾倒岩体崩塌形成的崩坡积堆积体	A 型支护：锚筋束+混凝土框格梁+系统排水孔+被动防护网	

表 7.5　苗尾水电站坝址区右岸坝前边坡倾倒变形加固措施

边坡	变形分区	变形特征及稳定性评价	支护措施	边坡倾倒变形范围及加固措施图示
右坝前边坡	1409m 高程以下	两条缓倾断层（F_{128}、F_{180}）（1350 ~ 1400m 高程）是控制边坡中上部倾倒岩体的剪出底界，对岸坡稳定性影响较大	1409m 高程以下采用工程弃碴对右岸坝前边坡进行压坡镇脚。堆碴压坡体铺层厚度为 105cm 一层，每层均采用 20t 或以上重型振动碾碾压六遍。堆碴压坡体表面采用干砌石护坡或者块石进行理砌。右坝前边坡共堆碴 203. 55 万 m^3	见图 3. 50 及
	B 区 1409m 高程以上 小溜槽沟至下游约 120m	堆载后，经模拟计，在 F_{128} 和堆载顶部附近岩体有局部应力集中	1400 ~ 1428m 高程范围内共布置八排锚索，1409m 高程以上设置 1m 厚混凝土锚垫板，1409m 高程以下采用 1m 厚竖梁连接，1414 ~ 1426m 高程范围内坡面布置 Φ100mm 深排水孔	
	A 区 1409m 高程以上 B 区下游至大溜槽沟	堆载后，经模拟计，在 F_{128} 和堆载顶部附近岩体有局部应力集中	在 1400 ~ 1420m 高程范围内共布置六排锚索。1409m 高程以上设置 1m 厚混凝土锚垫板，1409m 以下采用 1m 厚竖梁连接，1414 ~ 1426m 高程范围内坡面布置 Φ100mm 深排水孔	

表 7.6　苗尾水电站坝址区右坝肩上游侧边坡倾倒变形加固措施

边坡	变形分区	变形特征及稳定性评价	支护措施	边坡倾倒变形范围及加固措施图示
右坝肩上游侧边坡	I_1区 1295 ~ 1303m 高程	弱倾倒或微倾倒变形	贴坡混凝土结合预应力锚索	见图 3.27 和图 7.14（b）
	I_2区 1303 ~ 1328m 高程	弱倾倒变形	预应力锚索与混凝土锚拉板进行加固；坡面布置系统排水孔并进行固结灌浆	
	Ⅱ区 1328 ~ 1350m 高程	开挖诱发表层滑塌	被损坏的锚索，修补锚墩头，具备条件的进行补偿张拉；坡面系统锚索与混凝土锚拉板；坡面布置系统排水孔；坡面固结灌浆	
	III_2区 1350m 高程至 2 号被动防护网之间	浅层滑塌，塌滑方量约 300m^3，破坏的发生形成巨大响声，锚具被甩出，此次滑塌造成了边坡下部局部锚索失效、喷射混凝土脱落、格栅梁断裂现象	1350 ~ 1368m 高程采用预应力锚索（5 排）与混凝土纵梁加固； 1368 ~ 1384m 高程采用系统锚筋束进行加固（4 排+6 排）； 1384 ~ 1415m 高程采用预应力锚索与混凝土框格梁加固； 坡面布置系统排水孔	
	III_1区 堆石区坝基以上 2 号被动防护网至约 1415m 高程之间	极强、强倾倒变形，极强倾倒深度小于 10m，强倾倒深度约 70m	预应力锚索（9 排，1000kN）与混凝土框格梁加固； 坡面布置系统排水孔	
	Ⅳ区 堆石区坝基以上 1415 ~ 1458m 高程	倾倒岩体受开挖影响，发育大量坡表裂缝，裂缝前部见少量反坡台坎，地表为碎裂岩体	采用预应力锚索（10 排，2000kN）与混凝土框格梁加固； 坡面布置系统排水孔	
	1475m 高程以上区域 2 号被动防护网上部 1475m 高程以上	强倾倒岩体	采用预应力锚索（3 排，1500kN）和系统锚筋束框格梁加固； 坡面布置系统排水孔	
	其他：1400 ~ 1490m 高程设置主动防护网，清除表层碎裂岩体，坡顶设置截水沟，采用防渗黏土封堵裂缝			

7.3.3　支护效果分析

苗尾水电站建成之后，坝区边坡随库水位变化的变形特征，主要依据边坡坡体设置的监测点及坡体表部的监测仪器监测的变形数据来分析变形特征，结合三维激光扫描方法及航拍手段，通过多期数据对比来综合分析坝区边坡的变形特征，以进一步验证坝区边坡支护措施的有效性。

1. 长期监测分析

坝址区边坡经大规模开挖及支护加固后，其变形状况受到了长期监测。研究区内主要关注三个边坡，分别是溢洪道边坡、右坝前边坡、右坝肩边坡，采用棱镜作为监测手段，进行表面位移监测，并对坝址区范围内影响边坡稳定性的降雨、库水位变化进行动态监测。

坝址区 2017 年 1 ~ 5 月降雨量监测见图 7. 24，2017 年 4 ~ 7 月库水位变化曲线见图 7. 25，各边坡监测点布置如图 7. 26 ~ 图 7. 28 所示。

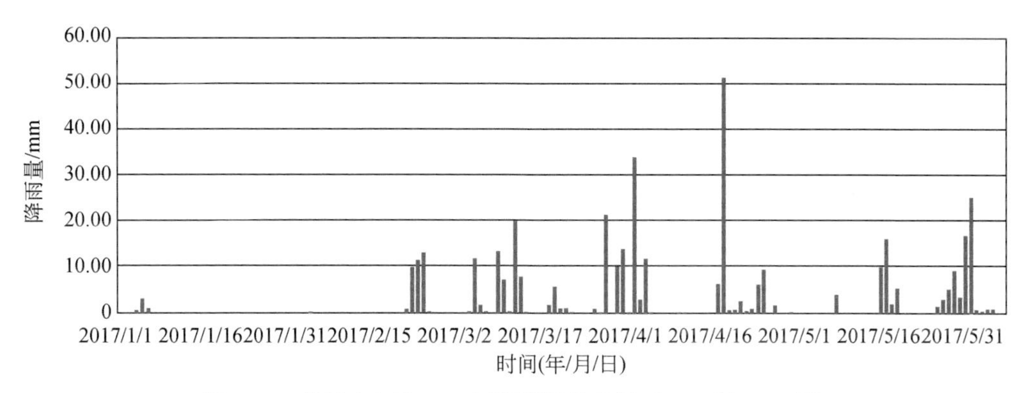

图 7. 24　苗尾水电站 2017 年降雨量柱状图（2017 年 1 ~ 5 月）

图 7. 25　库水位变化曲线

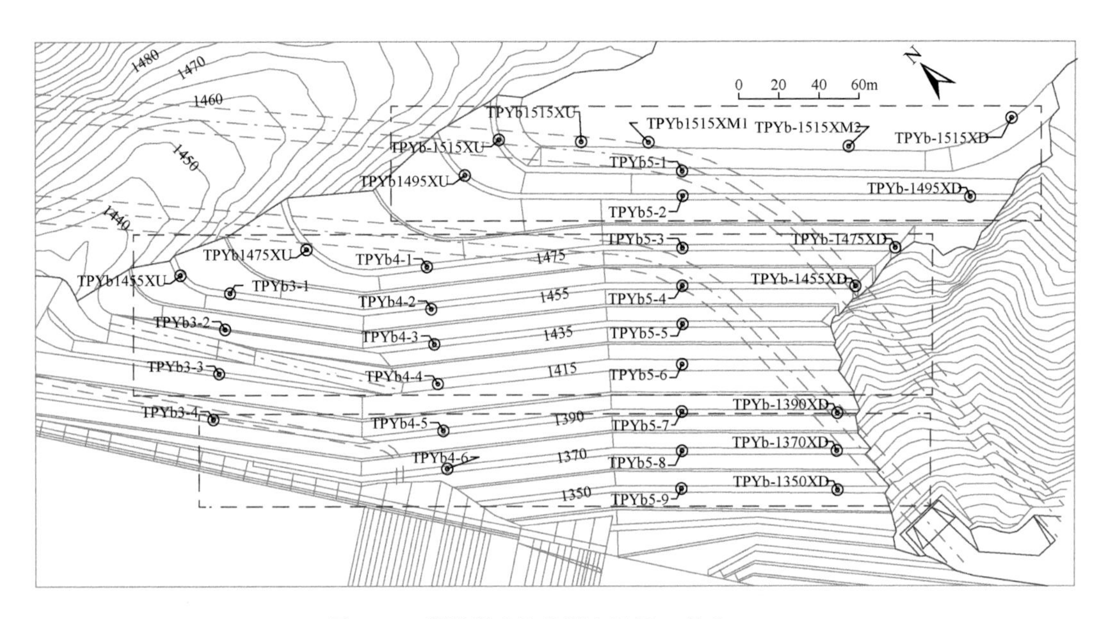

图 7.26　溢洪道边坡监测布置图（单位：m）

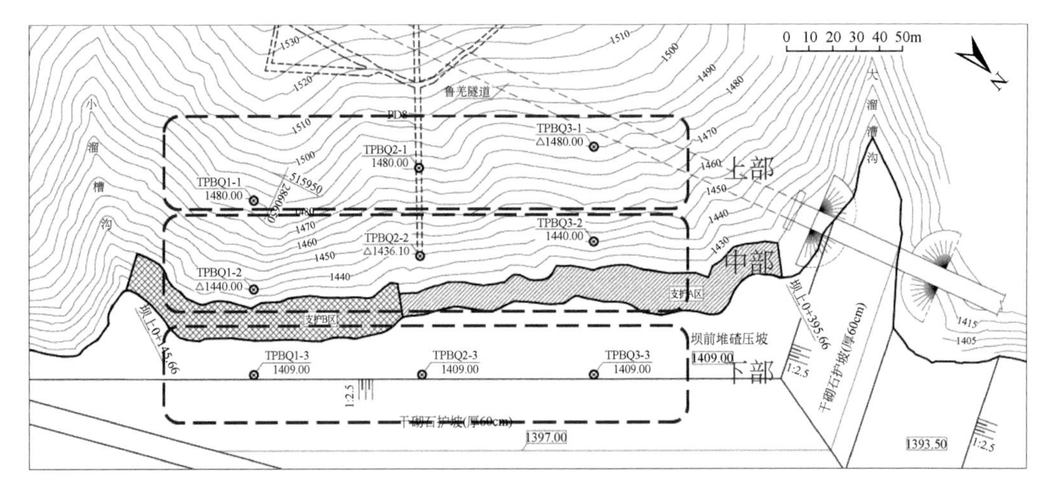

图 7.27　右坝前边坡监测布置图（单位：m）

1）溢洪道边坡变形监测

图 7.29～图 7.31 分别为溢洪道边坡上部、中部和下部的监测点的合位移曲线。在坡体上部，除了 TPYb-1515XD 点位移量较大，达到 14mm，其他监测点位移均在 6mm 的范围内波动，在坡体中部，除了 TPYb4-1、TPYb5-3、TPYb-1475XD 这三个监测点位移量较大，达到 10mm，其他监测点位移均在 5mm 的范围内波动，而在坡体下部，除了监测点 TPYb-1350XD 位移量较大，达到 12mm，其他监测点位移均在 8mm 的范围内波动，量值变化主要集中在 2～4mm 的范围内。

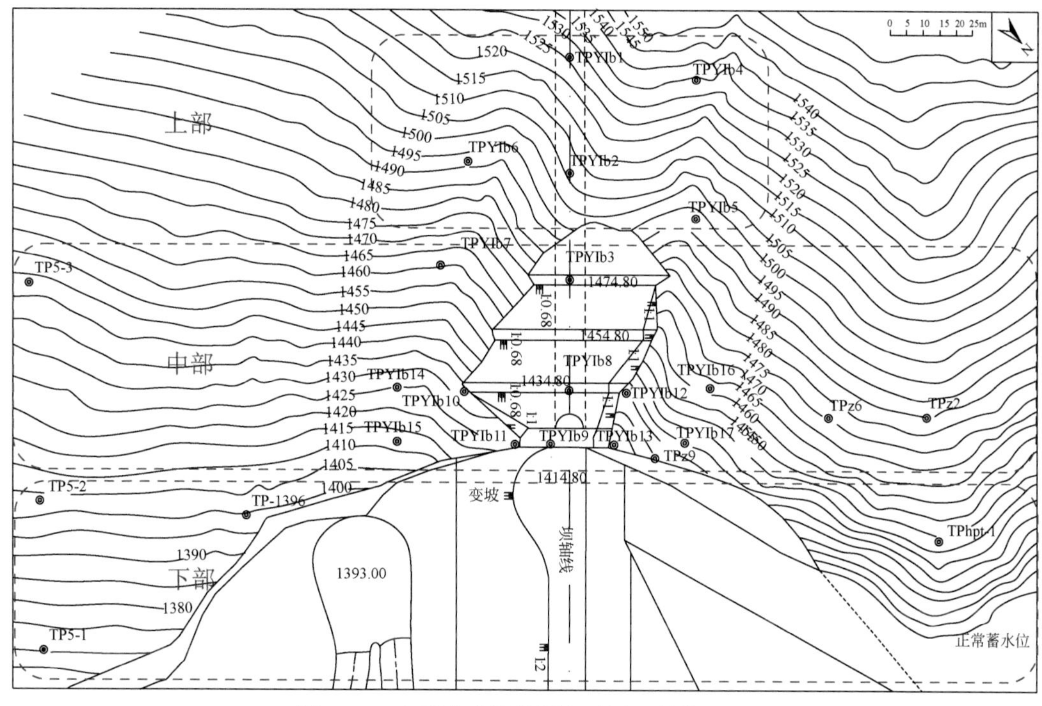

图 7.28　右坝肩边坡监测布置图（单位：m）

苗尾水电站库水位在 2017 年 6 月 2 日左右开始迅速上升，各监测点位移量在 6 月 8 日左右有 2～4mm 的突变。库水位上升速度缓和后，各监测点合位移明显下降，说明库水位迅速上升与边坡变形有一定的相关性。总体来说，溢洪道下部变形量小，处于稳定状态。

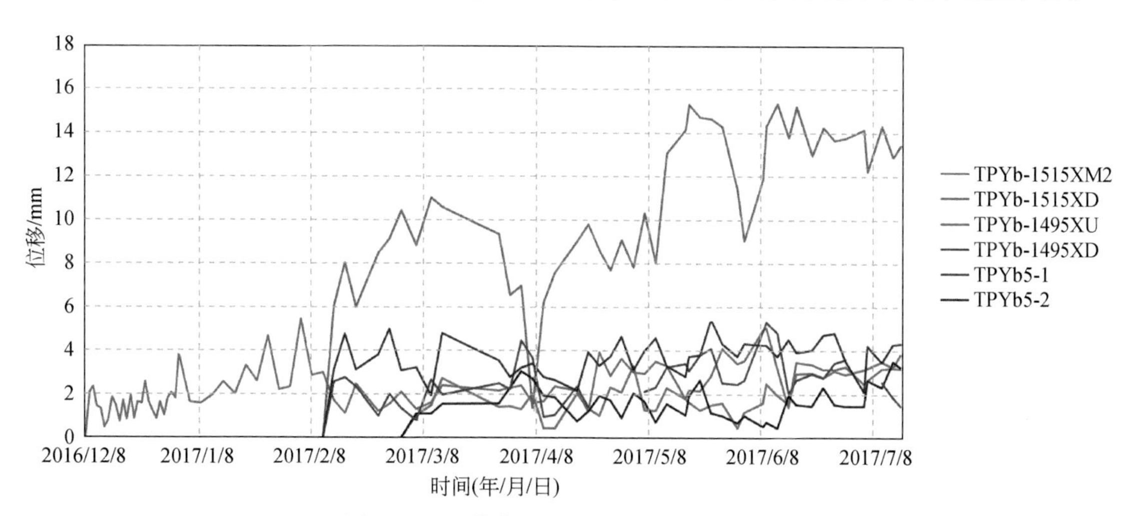

图 7.29　溢洪道边坡上部各测点合位移曲线

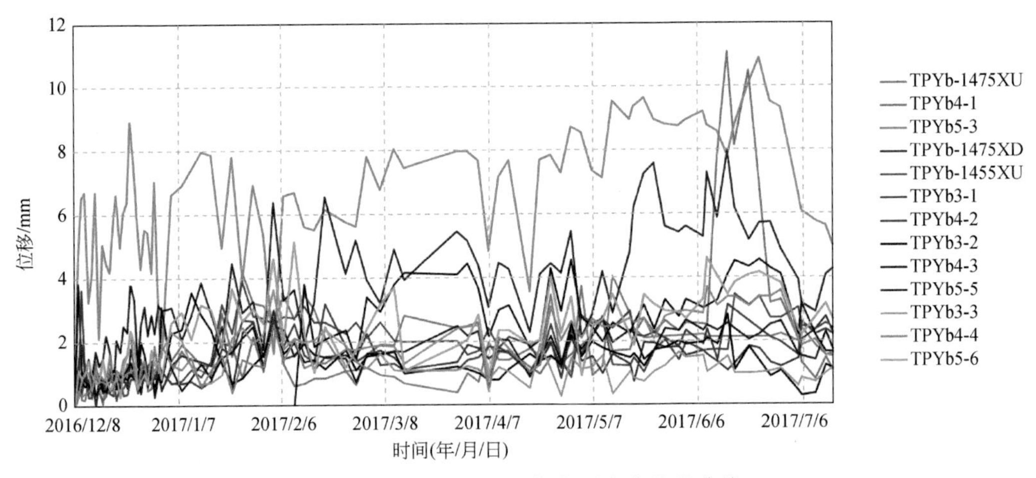

图 7.30　溢洪道边坡中部各测点合位移曲线

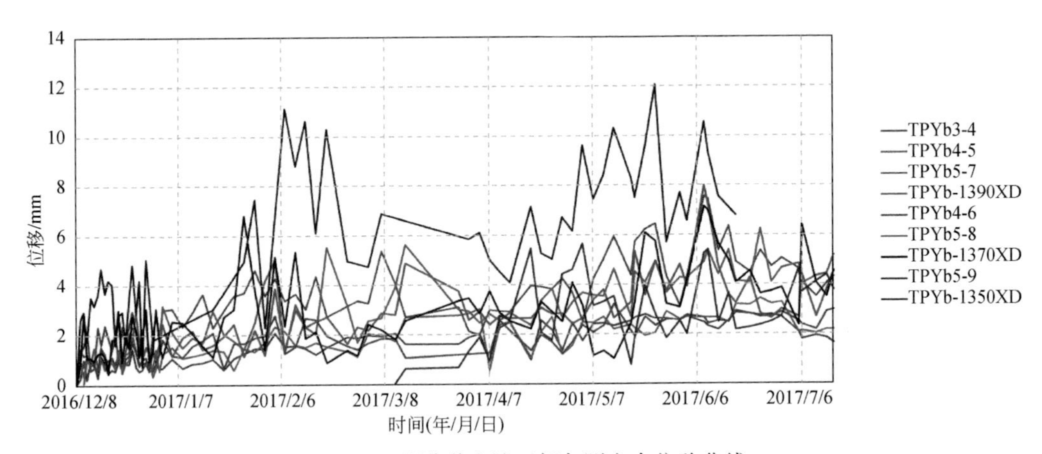

图 7.31　溢洪道边坡下部各测点合位移曲线

2）右坝前边坡变形监测

图 7.32 ~ 图 7.34 分别为右坝前边坡上部、中部和下部的监测点的合位移曲线。

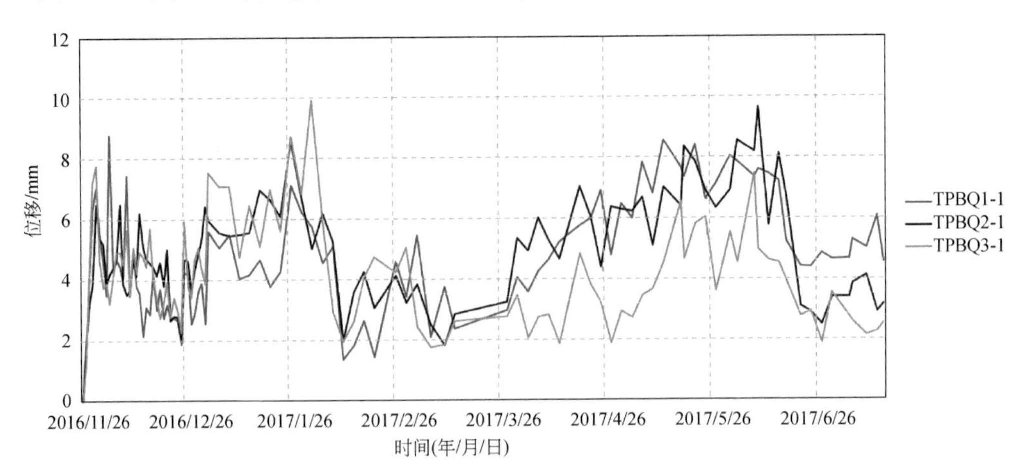

图 7.32　右坝前边坡上部各测点合位移曲线

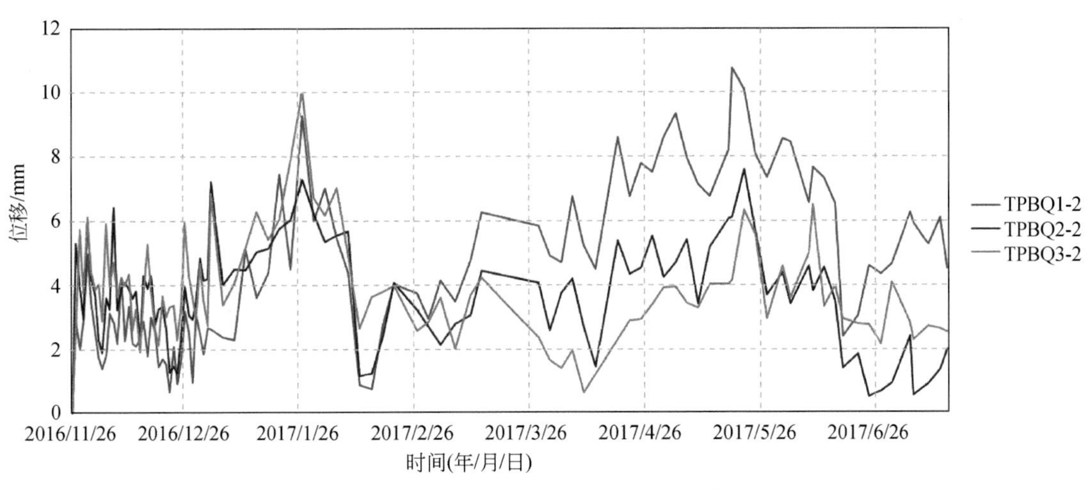

图7.33　右坝前边坡中部各测点合位移曲线

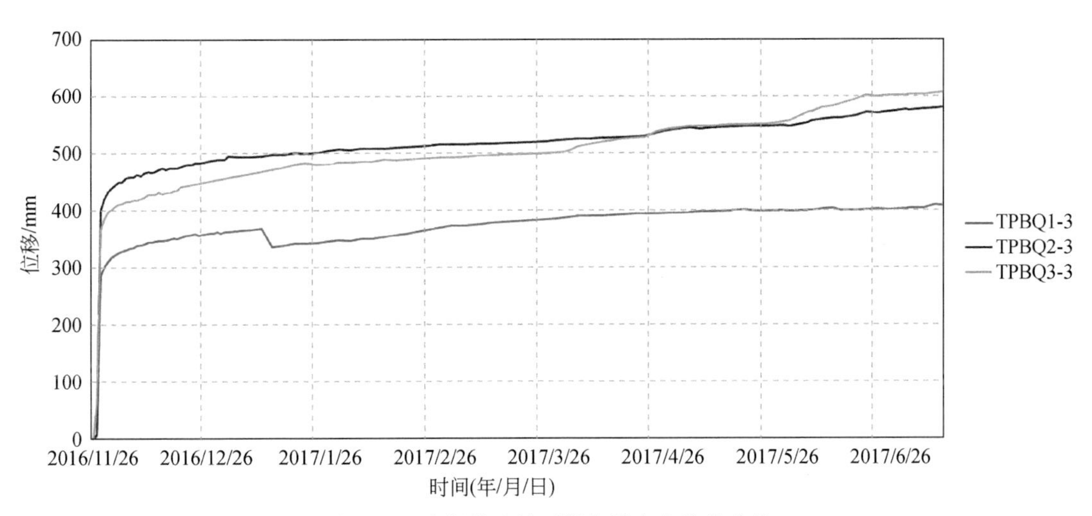

图7.34　右坝前边坡下部各测点合位移曲线

2. 三维激光扫描对比分析

通过快速获取海量的点云数据，三维激光扫描技术可以精确地刻画物体的三维形态。研究中，分别对坝址区边坡各年度进行激光扫描，通过多期监测数据（图7.35）对比分析表明：

（1）溢洪道，左、右岸边坡及右坝前边坡均未见较大变形位移，由于库水位变化，坝区坡体变形累计位移在毫米级，大部分区域在5mm内，小部分区域在5～10mm，仅个别监测点在10mm以上，变形位移最大位置均集中于水位变化后水位高程坡脚附近。

（2）坝区溢洪道、左、右岸边坡不存在整体性的大变形，边坡处于稳定状态；右坝前边坡坡脚有一定的变形，应加强关注。

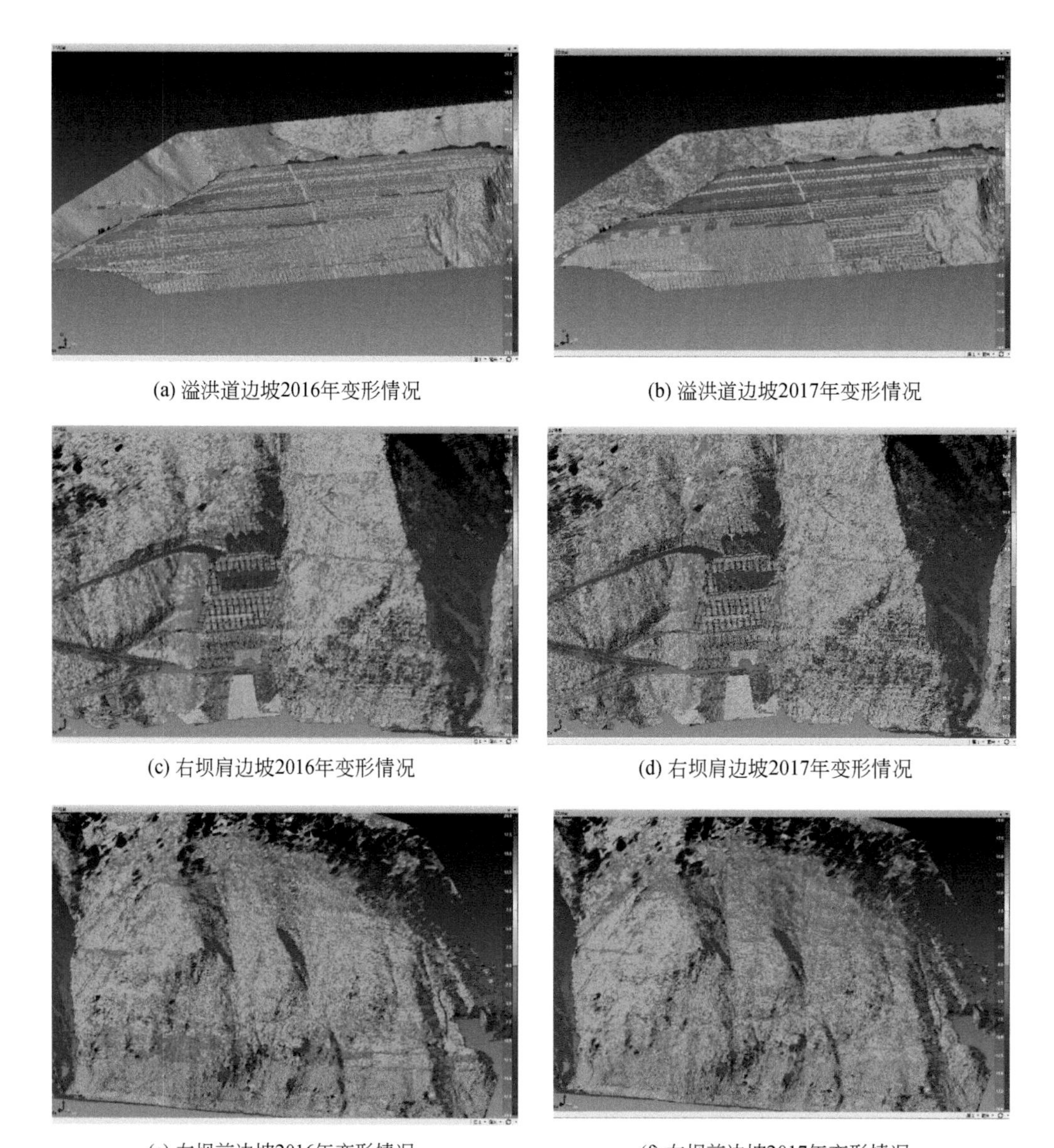

(a) 溢洪道边坡2016年变形情况　(b) 溢洪道边坡2017年变形情况

(c) 右坝肩边坡2016年变形情况　(d) 右坝肩边坡2017年变形情况

(e) 右坝前边坡2016年变形情况　(f) 右坝前边坡2017年变形情况

图 7.35　坝址区三维激光扫描长期监测

7.4　小　　结

针对大型复杂倾倒变形岩质边坡的治理，结合边坡的发展演化阶段，选择针对性的、科学合理的治理措施尤为重要。

以苗尾水电站工程边坡为例，本章通过前文对工程边坡的稳定性评价及物理模拟、数值模拟等验算，结合加固效果分析，提出了针对层状结构岩质边坡倾倒变形边坡的系统性的支护体系以及综合性的治理对策评价方法。考虑坝区库水位变化，结合监测数据、三维激光扫描以及无人机航拍，对比多期数据分析坝区边坡变形效应，评价了坝区边坡支护措施的有效性。

（1）不同结构变形破坏特征分析：软硬岩未压脚边坡模型的主要变形破坏特征为顶部下座+中部膨胀+下部滑出；软硬岩压脚边坡模型的主要变形特征为顶部下座+中部膨胀；硬岩未压脚边坡模型的主要变形破坏特征为顶部下座+中部膨胀+局部失稳；软硬岩压脚+框锚边坡模型的主要变形特征为顶部小幅下沉。

（2）浅层倾倒变形边坡通常发生在硬岩边坡当中，且表现为“折而立断”的破坏模式，可以选择以削坡减载措施为主，配合锚固措施、截排水工程和相应的监测手段进行综合治理，削坡规模应当与倾倒变形体的空间展布情况相联系。

（3）深层倾倒变形属延性弯曲，治理该类型变形体应当从提高岩层抗弯刚度、消除坡体变形的临空条件以及水的影响等角度出发，可选择以坡脚堆载措施为主，配合削坡减载、锚固措施、灌浆加固措施、截排水工程和相应的监测手段进行综合治理。

（4）工程开挖条件下，削坡规模应与倾倒变形体的空间展布情况相联系：一般说来，极强倾倒破裂区（A 区）由于岩体破碎，倾倒变形程度剧烈，对边坡的整体稳定性影响较大，需要全部清除；而对于强倾倒破裂区（B 区）则需要结合实际情况，考虑支护效果以及治理成本问题，决定是否削坡以及削坡范围。

（5）提出了“下部压坡填脚、上部锁头、中上部系统框架锚固”的倾倒变形边坡系统支护体系，揭示了不同支护措施的支护效果：压脚+框锚支护后边坡整体变形显著减小；压脚处理措施有助于防止边坡发生整体失稳现象；压脚+框锚处理措施能有效减少坡体整体变形和坡面裂隙的形成。

（6）从变形控制理论出发，根据倾倒变形“底部小扰动，顶部大变形”的链式效应，提出了层状结构岩质边坡倾倒变形控制标准。边坡治理的基本目标就是通过支、挡、锚、排水等方式将变形长时期地控制在一定范围内，以避免由于过大变形或突发性破坏形成灾害。

参考文献

安伟刚. 2002. 岩性相似材料研究. 长沙：中南大学硕士学位论文.

安晓凡，李宁. 2018. 黄河上游茨哈峡水电站4#倾倒体稳定性研究. 西安理工大学学报，34(1)：29~35.

安晓凡，李宁，孙闻博. 2018. 岩质边坡倾倒变形机理及稳定性研究综述. 中国地质灾害与防治学报，29(3)：1~11.

蔡静森. 2013. 均质等厚反倾层状岩质边坡倾倒变形机理研究. 武汉：中国地质大学硕士学位论文.

蔡静森，晏鄂川，王章琼，等. 2014. 反倾层状岩质边坡悬臂梁极限平衡模型研究. 岩土力学，35(S1)：15~28.

蔡俊超. 2014. 库水抬升作用下岸坡倾倒变形机理与演化发展过程研究——以黄河上游某水电工程库岸边坡为例. 成都：成都理工大学硕士学位论文.

蔡俊超. 2020. 反倾岩质边坡柔性弯曲型倾倒变形全过程力学行为及稳定性研究. 成都：成都理工大学博士学位论文.

蔡跃，三谷泰浩，江琦哲郎. 2008. 反倾层状岩体边坡稳定性的数值分析. 岩石力学与工程学报，27(12)：2517~2522.

曹家源，马凤山，郭捷，等. 2017. 露天开挖条件下顺倾断层倾倒变形特征//王思敬. 2017年全国工程地质学术年会论文集. 北京：科学出版社.

岑夺丰，黄达，黄润秋. 2016. 块裂反倾巨厚层状岩质边坡变形破坏颗粒流模拟及稳定性分析. 中南大学学报(自然科学版)，47(3)：984~993.

陈德金. 1986. 阳离子氯丁胶乳水泥砂浆在防水工程中的应用. 中国建筑防水材料，(3)：30~35.

陈红旗，黄润秋. 2004. 反倾层状边坡弯曲折断的应力及挠度判据. 工程地质学报，(3)：243~246，273.

陈玖泓，朱磊，田军仓. 2016. 农田裂隙分布及其对土壤水分运动影响试验研究. 灌溉排水学报，35(2)：1~6.

陈佩. 2016. 煤矿采空区不同部位岩层裂隙率与其渗透性关系的实验研究. 太原：太原理工大学硕士学位论文.

陈祖煜，张建红，汪小刚. 1996. 岩石边坡倾倒稳定分析的简化方法. 岩土工程学报，(6)：96~99.

成小雨. 2018. 厚煤层综采覆岩破断及裂隙演化机理三维大型物理模拟研究. 西安：西安科技大学博士学位论文.

程东幸，刘大安，丁恩保，等. 2005. 层状反倾岩质边坡影响因素及反倾条件分析. 岩土工程学报，(11)：127~131.

戴峰，姜鹏，徐奴文，等. 2016. 蓄水期坝肩岩质边坡微震活动性及其时频特性研究. 岩土力学，37(S1)：359~370.

邓华锋，肖志勇，李建林，等. 2015. 水岩作用下损伤砂岩强度劣化规律试验研究. 岩石力学与工程学报，34(S1)：2690~2698.

丁军浩，邓辉，吴敬清，等. 2017. 澜沧江某库区滑坡涌浪物理模型试验. 长江科学院院报，34(10)：39~44.

杜永廉. 1979. 岩石边坡弯曲倾倒变形和稳定分析//中国科学院地质研究所. 岩体工程地质力学问题：首届全国工程地质大会论文专辑. 北京：科学出版社.

樊俊青. 2015. 面向滑坡监测的多源异构传感器信息融合方法研究. 武汉：中国地质大学博士学位论文.

高琨鹏. 2018. 露天铁矿端帮开采诱发地表及岩层移动规律研究. 北京：中国地质大学(北京)博士学位论文.
高旭，晏鄂川，张世殊，等. 2017. 弯曲倾倒模式下薄层状反倾岩质边坡锚固力研究. 中南大学学报(自然科学版)，48(10)：2790～2799.
高召宁. 2008. 自组织临界性、分形及灾变理论研究. 西安：西南交通大学博士学位论文.
谷德振，黄鼎成. 1979. 岩体结构的分类及其质量系数的确定. 水文地质工程地质，(2)：8～13.
郭志. 1996. 大跨度采空区软弱破碎岩体加固与利用. 水文地质工程地质，(3)：48～51.
韩贝传，王思敬. 1999. 边坡倾倒变形的形成机制与影响因素分析. 工程地质学报，(3)：213～217.
韩流，舒继森，周伟，等. 2014. 边坡渐进破坏过程中力学机理及稳定性分析. 华中科技大学学报(自然科学版)，42(8)：128～132.
何怡，陈学军，苏丽娜. 2016. 反倾岩质边坡块状倾倒破坏模式研究. 矿业研究与开发，36(12)：51～55.
胡晋川. 2012. 基于突变理论的黄土边坡稳定性分析方法研究. 西安：长安大学博士学位论文.
胡启军. 2008. 长大顺层边坡渐进失稳机理及首段滑移长度确定的研究. 西安：西南交通大学博士学位论文.
黄建安，王思敬. 1986. 岩体倾覆的多块体分析. 地质科学，(1)：64～73.
黄润秋. 2007. 20世纪以来中国的大型滑坡及其发生机制. 岩石力学与工程学报，(3)：433～454.
黄润秋. 2008. 岩石高边坡发育的动力过程及其稳定性控制. 岩石力学与工程学报，(8)：1525～1544.
黄润秋. 2012. 岩石高边坡稳定性工程地质分析. 北京：科学出版社.
黄润秋，许强. 2008. 中国典型灾难性滑坡. 北京：科学出版社.
黄润秋，王峥嵘，许强. 1994. 反倾向岩质边坡变形破坏规律分析//成都理工学院工程地质研究所. 1993～1994年学术年报——工程地质研究进展. 成都：西南交通大学出版社.
黄润秋，许模，陈剑平，等. 2004. 复杂岩体结构精细描述及其工程应用. 北京：科学出版社.
黄润秋，李渝生，严明. 2017. 斜坡倾倒变形的工程地质分析. 工程地质学报，25(5)：1165～1181.
黄兴喜. 2018. 某水电站卸荷倾倒变形体成因和稳定性分析. 水科学与工程技术，(3)：85～88.
蒋良潍，黄润秋. 2006. 反倾层状岩体斜坡弯曲-拉裂两种失稳破坏之判据探讨. 工程地质学报，(3)：289～294，429.
蒋明镜，牛昴懿，廖兆文. 2016. 考虑水软化作用的非贯通共面节理岩体直剪试验的离散元分析. 中国水利水电科学研究院学报，14(5)：321～327.
蒋树，文宝萍，蒋秀姿，等. 2019. 基于非线性损伤理论的改进 CVISC 模型及其在 FLAC3D 中实现. 水文地质工程地质，46(1)：56～63.
蓝淇锋. 1976a. 怎样画野外地质素描图(一). 地质与勘探，(2)：56～64.
蓝淇锋. 1976b. 怎样画野外地质素描图(三). 地质与勘探，(3)：53～56.
蓝淇锋. 1976c. 怎样画野外地质素描图(三). 地质与勘探，(4)：68～73.
蓝淇锋. 1976d. 怎样画野外地质素描图(三、四). 地质与勘探，(5)：62～65.
蓝淇锋. 1976e. 怎样画野外地质素描图(五). 地质与勘探，(6)：67～74.
蓝淇锋. 1976f. 怎样画野外地质素描图(六). 地质与勘探，(7)：51～54.
蓝淇锋. 1976g. 怎样画野外地质素描图(续六). 地质与勘探，(8)：52～55.
雷峥琦. 2018. 水库蓄水诱发岸坡蠕变的 DDA 分析. 北京：中国水利水电科学研究院博士学位论文.
李兵. 2015. 岩石相似材料的试验研究. 重庆：重庆大学硕士学位论文.
李德营. 2010. 三峡库区具台阶状位移特征的滑坡预测预报研究. 武汉：中国地质大学博士学位论文.
李峰. 2012. 胶乳水泥作为相似材料模拟软岩蠕变的实验研究. 青岛：青岛科技大学硕士学位论文.
李苗，张红军，欧阳治华，等. 2014. 突变理论在采空区稳定性综合评判与预测中的应用. 化工矿物与加工，43(1)：25～28.
李树武. 2012. 澜沧江乌弄龙水电站坝址右岸大型倾倒体变形特征、成因机制及稳定性研究. 成都：成都理工大学博士学位论文.
李天斌，徐进，任光明. 1994. 西安地区断裂构造活动性的地质力学模拟研究. 工程地质学报，(3)：34～42.
李毅. 2014. 工程扰动条件下裂隙岩体的渗透特性及其演化规律研究. 武汉：武汉大学博士学位论文.
李玉倩，李渝生，杨晓芳. 2008. 某水电站边坡倾倒变形破坏模式及形成机制探讨. 水利与建筑工程学报，(3)：39～40，46.
李泽，胡政，刘文连，等. 2018. 考虑平动-转动力学效应的露天矿山节理岩质边坡塑性极限分析. 岩石力学与工程学报，37(S2)：4056～4068.
栗东平，王谦源，张增祥，等. 2007. 模拟岩性的相似试验研究. 河北工程大学学报(自然科学版)，(2)：12～14，19.
梁德贤. 2016. 高压渗流作用下裂隙岩体损伤演化机制研究. 北京：中国矿业大学博士学位论文.
林华章. 2015. 二古溪倾倒变形体成因机制分析及稳定性评价. 成都：成都理工大学硕士学位论文.
刘长武，吴鑫，陈泽辉. 2011. 基于光纤微弯传感的三维物理模型应力测量技术. 西安：2011 年中国矿业科技大会.
刘根亮. 2010. 澜沧江黄登水电站近坝库岸 1#倾倒变形体的稳定性及其对大坝安全的影响研究. 成都：成都理工大学硕士学位论文.
刘海军. 2012. 皖南山区反倾板岩边坡倾倒变形机理研究. 成都：成都理工大学硕士学位论文.
刘小珊，罗文强，李飞翱，等. 2014. 基于关联规则的滑坡演化阶段判识指标. 地质科技情报，33(2)：160～164.
刘秀敏，蒋玄苇，陈从新，等. 2017. 天然与饱水状态下石膏岩蠕变试验研究. 岩土力学，38(S1)：277～283.
刘雪梅. 2010. 三峡库区万州区地貌特征及滑坡演化过程研究. 武汉：中国地质大学博士学位论文.
刘艺梁. 2013. 三峡库区库岸滑坡涌浪灾害研究. 武汉：中国地质大学博士学位论文.
卢海峰，刘泉声，陈从新. 2012. 反倾岩质边坡悬臂梁极限平衡模型的改进. 岩土力学，33(2)：577～584.
陆文博，晏鄂川，邹浩，等. 2017. 我国倾倒变形体发育规律研究. 长江科学院院报，34(8)：111～119.
罗红明，唐辉明，胡斌，等. 2007. 基于突变理论的反倾层状岩石边坡稳定性研究. 中国农村水利水电，(10)：58～60，64.
骆波，张发明，单钟锟，等. 2018. 反倾软硬互层边坡倾倒变形影响因素及破坏机制研究. 河南科学，36(8)：1262～1267.
马芳平，李仲奎，罗光福. 2004. NIOS 模型材料及其在地质力学相似模型试验中的应用. 水力发电学报，(1)：48～51.
马俊伟. 渐进式滑坡多场信息演化特征与数据挖掘研究. 武汉：中国地质大学博士学位论文.
马振国. 2014. 胶乳水泥模拟软岩蠕变行为的研究. 青岛：青岛科技大学博士学位论文.
买合木提·巴拉提. 2013. 动水条件下破损岩体边坡变形破坏机理与应用研究. 乌鲁木齐：新疆农业大学博士学位论文.
母剑桥. 2017. 反倾边坡倾倒破裂面优势形态及变形稳定性分析方法研究. 成都：成都理工大学博士学位论文.
潘坤. 2019. 某电厂后边坡岩体倾倒变形特征及失稳破坏模式分析. 水利水电快报，40(1)：23～26.
庞波. 2017. 反倾薄层板岩边坡倾倒变形力学机理及演化特征研究. 成都：成都理工大学硕士学位论文.
庞帅. 2017. 层状岩体边坡失稳研究及突变理论的运用. 邯郸：河北工程大学硕士学位论文.

钱灵杰. 2016. 三峡水库滑坡变形响应规律及机理研究. 成都：成都理工大学硕士学位论文.
秦四清, 薛雷, 黄鑫, 等. 2010a. 西藏地区未来强震预测. 地球物理学进展. 25(6)：1879 ~ 1886.
秦四清, 薛雷, 徐锡伟, 等. 2010b. 川滇地区未来强震预测与汶川 M_W 7.9 级地震孕震过程分析. 地球物理学报, 53(11)：2639 ~ 2650.
秦四清, 薛雷, 黄鑫, 等. 2010c. 山东、河北、河南、山西、辽宁海城与京津地区未来中强地震预测. 地球物理学进展, 25(5)：1539 ~ 1549.
秦四清, 薛雷, 黄鑫, 等. 2010d. 青海、甘肃与宁夏地区未来大地震预测分析. 地球物理学进展, 25(4)：1168 ~ 1174.
秦四清, 薛雷, 王媛媛, 等. 2010e. 对孕震断层多锁固段脆性破裂理论的进一步验证及有关科学问题的讨论. 地球物理学进展, 25(3)：749 ~ 758.
秦四清, 王媛媛, 马平. 2010f. 崩滑灾害临界位移演化的指数律. 岩石力学与工程学报, 29(5)：873 ~ 880.
秦四清, 徐锡伟, 薛雷. 2010g. 运用孕震断层多锁固段脆性破裂理论探讨大同-阳高-张北地区未来地震活动性. 工程地质学报, 18(2)：189 ~ 190, 182.
秦四清, 徐锡伟, 胡平, 等. 2010h. 孕震断层的多锁固段脆性破裂机制与地震预测新方法的探索. 地球物理学报, 53(4)：1001 ~ 1014.
庆祖荫. 1979. 对倾倒体成因及工程地质性质的初步认识//中国地质学会工程地质专业委员会. 全国首届工程地质学术会议论文选集. 北京：科学出版社.
邱俊, 任光明, 王云南. 2016a. 层状反倾-顺倾边坡倾倒变形形成条件及发育规模特征. 岩土力学, 37(S2)：513 ~ 524, 532.
邱俊, 任光明, 吴龙科, 等. 2016b. 金沙江某水电站左坝肩岩体双面倾倒形成机制. 山地学报, 34(1)：77 ~ 83.
曲范柱, 袁彦. 1998. 氯丁胶乳水泥砂浆在耐酸工程中的应用. 硫酸工业, (4)：27 ~ 28.
任光明, 夏敏, 李果, 等. 2009. 陡倾顺层岩质斜坡倾倒变形破坏特征研究. 岩石力学与工程学报, 28(S1)：3193 ~ 3200.
单鹏飞. 2013. 矿山高陡边坡稳定性三维物理模拟实验研究. 西安：西安科技大学硕士学位论文.
申力, 刘晶辉, 江智明, 2000. 倾倒滑移变形体的基本特征及力学模型研究. 水文地质工程地质, (2)：20 ~ 22.
宋丹青, 王丰, 梅明星, 等. 2016. 水库蓄水对库岸边坡稳定性的影响. 郑州大学学报(工学版), 37(1)：60 ~ 64.
宋琨, 晏鄂川, 朱大鹏, 等. 2011. 基于滑体渗透性与库水变动的滑坡稳定性变化规律研究. 岩土力学, 32(9)：2798 ~ 2802.
宋彦辉, 黄民奇, 聂德新, 等. 2009. 茨哈峡水电站消能池高边坡变形特征及稳定性研究. 地质与勘探, 45(2)：107 ~ 111.
孙东亚, 彭一江, 王兴珍. 2002. DDA 数值方法在岩质边坡倾倒破坏分析中的应用. 岩石力学与工程学报, (1)：39,40 ~ 42.
孙广忠, 张文彬. 1985. 一种常见的岩体结构——板裂结构及其力学模型. 地质科学, (3)：275 ~ 282.
孙建明. 2019. 倾倒变形体成因机制及稳定性. 水科学与工程技术, (3)：68 ~ 70.
孙闻博. 2018. 基于离散元的反倾层状岩质边坡倾倒变形分析. 西安：西安理工大学硕士学位论文.
孙义杰. 2015. 库岸边坡多场光纤监测技术与稳定性评价研究. 南京：南京大学博士学位论文.
孙玉科, 牟会宠. 1984. 层状岩体变形与时间效应//中国科学院地质研究所. 岩体工程地质力学问题(五). 北京：科学出版社.
谭福林. 2018. 基于不同演化模式的滑坡—抗滑桩体系动态稳定性评价方法研究. 中国地质大学博士学位

论文.
唐然, 邓韧, 安世泽. 2015. 北川县白什乡老街后山滑坡监测及失稳机制分析. 工程地质学报, 23(4): 760～768.
汪小刚, 张建红, 赵毓芝, 等. 1996. 用离心模型研究岩石边坡的倾倒破坏. 岩土工程学报, (5): 18～25.
汪亦显. 2012. 含水及初始损伤岩体损伤断裂机理与实验研究. 长沙: 中南大学硕士学位论文.
王畅, 蔡敏佩, 王珂. 2018. 水岩作用下岩石力学性能劣化规律研究. 煤炭技术, 37(11): 167～169.
王飞, 唐辉明, 章广成. 等. 2018. 雅砻江上游深层倾倒体发育特征及形成演化机制. 山地学报, 36(3): 411～421.
王耕夫. 1988. 资水敷溪口坝址右岸边坡的蠕变倾倒破坏//中国岩石力学与工程学会地面岩石工程专业委员会, 中国地质学会工程地质专业委员会. 中国典型滑坡. 北京: 科学出版社.
王海军, 冯立, 李光伟. 2018. 倾倒变形体边坡变形监测与预警实例分析. 水电站设计, 34(4): 65～68.
王家臣, 杨胜利, 李良晖. 2018. 急倾斜煤层水平分段综放顶板“倾倒-滑塌”破坏模式. 中国矿业大学学报, 47(6): 1175～1184.
王思敬. 1982. 金川露天矿边坡变形机制及过程. 岩土工程学报, (1): 76～83.
王文学. 2014. 采动裂隙岩体应力恢复及其渗透性演化. 北京: 中国矿业大学博士学位论文.
王秀菊. 2017. 反倾层状边坡变形破坏离散元数值模拟研究. 三峡大学学报(自然科学版), 39(4): 36～40.
王艳丽, 王勇, 许建聪, 等. 2008. 节理岩质边坡地下水渗流的离散元分析. 地下空间与工程学报, (4): 620～624.
王永新. 2006. 水-岩相互作用机理及其对库岸边坡稳定性影响的研究. 重庆: 重庆大学硕士学位论文.
王玉峰, 许强, 程谦恭, 等. 2016. 复杂三维地形条件下滑坡-碎屑流运动与堆积特征物理模拟实验研究. 岩石力学与工程学报, 35(9): 1776～1791.
韦明华. 2015. 反倾层状边坡倾倒变形破坏模式的岩层等厚度特性研究. 科学技术与工程, 15(31): 141～146.
吴关叶, 郑全春, 郑惠峰. 2017. 苗尾水电站边坡倾倒变形机理与加固效果分析. 地下空间与工程学报, 13(2): 538～544.
吴昊, 赵维, 年廷凯, 等. 2018. 反倾层状岩质边坡倾倒破坏的离心模型试验研究. 水利学报, 49(2): 223～231.
吴建川, 张世殊, 邹国庆, 等. 2018. 具有复杂变形特征的倾倒变形岩体分带及稳定性. 人民长江, 49(16): 53～59.
吴磊. 2015. 昔格达地层隧道围岩稳定性相似模型试验研究. 西安: 西南交通大学硕士学位论文.
伍法权. 1997. 云母石英片岩斜坡弯曲倾倒变形的理论分析. 工程地质学报, (4): 19～24.
夏敏, 任光明, 李果, 等. 2009. 陡倾顺层斜坡倾倒变形破坏的数值模拟研究//黄润秋, 许强. 第三届全国岩土与工程学术大会论文集. 成都: 四川科学技术出版社.
向家松, 文宝萍, 陈明, 等. 2017. 结构复杂滑坡活动对库水位变化的响应特征——以三峡库区柴湾滑坡为例. 水文地质工程地质, 44(4): 71～77, 84.
肖杰. 2013. 相似材料模型试验原料选择及配比试验研究. 北京: 北京交通大学硕士学位论文.
肖锐铧, 许强, 冯文凯, 等. 2010. 强震条件下双面坡变形破坏机理的振动台物理模拟试验研究. 工程地质学报, 18(6): 837～843.
肖先煊. 2011. 三峡库区塘角村 1 号滑坡模拟试验及预报判据研究. 成都: 成都理工大学硕士学位论文.
谢瑾荣, 周翠英, 程晔. 2014. 降雨条件下软岩边坡渗流-软化分析方法及其灾变机制. 岩土力学, 35(1): 197～203, 210.
谢莉. 2018. 反倾岩质边坡的受力特征和变形破坏机理分析. 煤炭技术, 37(11): 161～163.

谢良甫, 张佳琪, 谭顺利, 等. 2019. 基于稳定性演化路径的反倾斜坡变形演化特征研究. 水力发电, 45(3): 45 ~ 49.
辛亚军, 姬红英. 2016. 不同配比大尺度相似模拟试件单轴压缩实验研究. 河南理工大学学报(自然科学版), 35(1): 30 ~ 36,54.
熊小波. 2011. 三峡库区五尺坝滑坡物理模拟及预报模型研究. 成都: 成都理工大学硕士学位论文.
许兵, 李毓瑞. 1996. 金川露天矿一区边坡倾倒——滑移破坏的岩体结构分析. 金昌: 第四届全国岩石力学与工程学术大会.
许强, 黄润秋, 王士天. 1993. 反倾层状结构岩体弯曲拉裂变形的 CUSP 型突变分析. 工程地质研究进展. 成都: 西南交通大学出版社.
薛海斌, 党发宁, 尹小涛, 等. 2016. 基于动力学和材料软化特性的边坡渐进破坏特征研究. 岩土力学, 37(8): 2238 ~ 2246.
薛雷, 秦四清, 泮晓华, 等. 2018. 锁固型斜坡失稳机理及其物理预测模型. 工程地质学报, 26(1): 179 ~ 192.
薛永强. 2017. 陡倾顺层岩质边坡倾倒变形机理研究. 青岛: 山东科技大学硕士学位论文.
杨帆, 2017. 西部山区大型滑坡分类及识别图谱初步研究. 成都: 成都理工大学硕士学位论文.
杨根兰, 黄润秋, 严明, 等. 2006. 小湾水电站饮水沟大规模倾倒破坏现象的工程地质研究. 工程地质学报, (2): 165 ~ 171.
杨涛, 孙立娟, 成启航, 等. 2018. 牵引式滑坡后缘破裂面形成机制试验研究. 岩石力学与工程学报, 37(S2): 3842 ~ 3849.
杨小明, 张理平, 吴珺华, 等. 2017. 裂隙和土体软化效应双重影响下膨胀土边坡的稳定性分析. 水利水电技术, 48(2): 138 ~ 142.
游昆骏. 2014. 澜沧江苗尾水电站右坝肩边坡倾倒岩体开挖变形响应及稳定性研究. 成都理工大学硕士学位论文.
曾阳益, 邓辉, 杨啡, 等. 2016. 澜沧江上游某倾倒变形体蓄水作用下演化机制分析及稳定性评价. 科学技术与工程, 16(25): 16 ~ 24.
曾阳益, 邓辉, 张咪, 等. 2017. 库水位变动速率对某水电站坝前倾倒变形体稳定性的影响. 水电能源科学, 35(2): 143 ~ 147.
詹亚辉, 杨国华, 钱建立, 等. 2018. 作龙寺矿山岩质边坡崩塌形成机理研究. 陕西水利, (5): 112 ~ 114.
张丙先. 2018. 西藏玉曲河下游岸坡倾倒变形机制及稳定性分析. 吉林大学学报(地球科学版), 48(5): 1539 ~ 1545.
张春梅, 崔广芹, 鲍先凯. 2018. 砂岩饱水软化效应试验研究. 化工矿物与加工, 47(12): 55 ~ 59.
张国伟. 2018. 河流侵蚀作用下岩体边坡倾倒变形破坏非连续变形分析. 西安: 长安大学硕士学位论文.
张国新, 赵妍, 石根华, 等. 2007. 模拟岩石边坡倾倒破坏的数值流形法. 岩土工程学报, (6): 800 ~ 805.
张海静. 2015. 蓄水条件下怒江桥水电站坝前左岸倾倒变形体稳定性研究. 成都: 成都理工大学硕士学位论文.
张海娜, 陈从新, 郑允, 等. 2018. 地震作用下的层状岩质边坡块状-弯曲倾倒解析分析. 中国公路学报, 31(2): 75 ~ 85.
张海娜, 陈从新, 郑允, 等. 2019. 坡顶荷载作用下岩质边坡弯曲倾倒破坏分析. 岩土力学, 40(8): 2938 ~ 2946,2955.
张虎, 郑宇, 余清涛, 等. 2018. 反倾岩质边坡倾倒自稳特征研究. 科技风, (1): 219.
张亮华, 谢良甫, 李兴明. 2017. 反倾层状岩质边坡倾倒变形时空演化特征研究. 长江科学院院报, 34(11): 112 ~ 115,120.

张宁, 李术才, 李明田, 等. 2009. 新型岩石相似材料的研制. 山东大学学报(工学版), 39(4): 149 ~ 154.
张世殊, 裴向军, 母剑桥, 等. 2015. 溪洛渡水库星光三组倾倒变形体在水库蓄水作用下发展演化机制分析. 岩石力学与工程学报, 34(S2): 4091 ~ 4098.
张小刚, 陈衍, 张栏馨. 2017. 黄登水电站坝前1号倾倒松弛岩体稳定性分析. 西北水电, (6): 23 ~ 26.
张晓光, 夏克勤, 傅荣华. 2007. 新疆G217国道某滑坡三维地质力学物理模型试验研究. 水土保持研究, (6): 33 ~ 36.
张御阳, 裴向军, 唐皓, 等. 2018. 反倾岩坡倾倒变形结构面影响效应研究. 工程地质学报, 26(4): 844 ~ 851.
张泽林, 吴树仁, 唐辉明, 等. 2014. 反倾岩质边坡的时效变形破坏研究. 地质科技情报, 33(5): 181 ~ 187.
张倬元, 王士天, 王兰生, 等. 2016. 工程地质分析原理, 第4版. 北京: 地质出版社.
赵华, 李文龙, 卫俊杰, 等. 2018. 反倾边坡倾倒变形演化过程的模型试验研究. 工程地质学报, 26(3): 749 ~ 757.
赵瑞欣, 殷跃平, 李滨, 等. 2017. 库水波动下堆积层滑坡稳定性研究. 水利学报, 48(4): 435 ~ 445.
赵延林, 2009. 裂隙岩体渗流-损伤-断裂耦合理论及应用研究. 长沙: 中南大学博士学位论文.
赵瑜. 2004. 水库蓄水时块裂岩质边坡稳定性分析. 太原: 太原理工大学硕士学位论文.
郑允, 陈从新, 刘秀敏, 等. 2015. 层状反倾边坡弯曲倾倒破坏计算方法探讨. 岩石力学与工程学报, 34(S2): 4252 ~ 4261.
《中国水力发电工程》编审委员会. 2000. 中国水力发电工程: 工程地质卷. 北京: 中国电力出版社.
钟传贵. 2018. 库水作用下锦屏一级坝区左岸工程边坡稳定性研究. 成都: 成都理工大学硕士学位论文.
周翠英, 朱凤贤, 张磊. 2010. 软岩饱水试验与软化临界现象研究. 岩土力学, 31(6): 1709 ~ 1715.
周勇, 潘兵, 褚卫江, 等. 2018. 水库蓄水作用下倾倒体边坡变形演化特征分析. 人民珠江, 39(11): 106 ~ 110.
朱宏. 2016. 三峡库区台阶状变形滑坡诱发机制及稳定性研究. 重庆: 重庆大学硕士学位论文.
朱继良, 黄润秋. 2005. 某大型水电站水文站滑坡蓄水后的稳定性三维数值模拟研究. 岩石力学与工程学报, (8): 1384 ~ 1389.
朱继良, 严明, 王运生. 2005. 某大型水电站水文站滑坡稳定性三维数值模拟分析. 中国地质灾害与防治学报, (1): 35 ~ 40.
邹浩. 2016. 西部水电工程倾倒变形体岩体质量评价体系与应用研究. 武汉: 中国地质大学博士学位论文.
邹丽芳, 徐卫亚, 宁宇, 等. 2009. 反倾层状岩质边坡倾倒变形破坏机理综述. 长江科学院院报, 26(5): 25 ~ 30.
左保成. 2004. 反倾岩质边坡破坏机理研究. 武汉: 中国科学院研究生院(武汉岩土力学研究所)硕士学位论文.
Adhikary D P, Dyskin A V. 2007. Modelling of progressive and instantaneous failures of foliated rock slopes. Rock Mechanics and Rock Engineering, 40(4): 349 ~ 362.
Adhikary D P, Dyskin A V, Jewell R J. 1996. Numerical modelling of the flexural deformation of foliated rock slopes. International Journal of Rock Mechanics and Mining Science & Geomechanics Abstracts, 33(6): 595 ~ 606.
Adhikary D P, Dyskin A V, Jewell R J, et al. 1997. A study of the mechanism of flexural toppling failure of rock slopes. Rock Mechanics and Rock Engineering, 30(2): 75 ~ 93.
Alejano L R, Gómez-Márquez I, Martínez-Alegría R. 2010. Analysis of a complex toppling-circular slope failure. Engineering Geology, 114(1): 93 ~ 104.

Alejano L R, Carranza-Torres C, Giani G P, et al. 2015. Study of the stability against toppling of rock blocks with rounded edges based on analytical and experimental approaches. Engineering Geology, 195: 172 ~ 184.

Ashby J. 1971. Sliding and toppling modes of failure in model and jointed rock slopes. London: Imperial College, Royal School of Mines.

Aydan O, Kawamoto T. 1987. Toppling failure of discontinuous rock slopes and their stabilization. Journal of the Mining and Metallurgical Institute of Japan, 103: 763 ~ 770.

Aydan O, Kawamoto T. 1992. The stability of slopes and underground openings against flexural toppling and their stabilisation. Rock Mechanics and Rock Engineering, 25(3): 143 ~ 165.

Bovis M J. 1990. Rock-slope deformation at Affliction Creek, southern Coast Mountains, British Columbia. Canadian Journal of Earth Sciences, 27(2): 243 ~ 254.

Brideau M-A, Stead D. 2010. Controls on block toppling using a three-dimensional distinct element approach. Rock Mechanics and Rock Engineering, 43(3): 241 ~ 260.

Choquet P, Tanon D D B. 1985. Nomograms for the assessment of toppling failure in rock slopes//Ashworth E(ed). Proceedings of the 26th US Symposium on Rock Mechanics, Rapid City. Boca Raton: CRC Press, 19 ~ 30.

Craig W H. 1989. Edouard Phillips and the idea of centrifuge modeling. Geotechnique, 39: 679 ~ 700.

Crosta G B, Frattini P, Agliardi F. 2013. Deep seated gravitational slope deformations in the European Alps. Tectonophysics, 605: 13 ~ 33.

Cruden D M, Hu X Q. 1994. Topples on under dip slopes in the Highwood Pass, Alberta, Canada. Quarterly Journal of Engineering Geology, 27: 57 ~ 68.

De Freitas M H, Watters R J. 1973. Some field examples of toppling failure. Geotechnique, 23(4): 495 ~ 513.

Evans S G, de Graff J V. 2002. Catastrophic Landslides: Effects, Occurrence and Mechanisms. Boulder: Geological Society of America.

Goodman R E. 1989. Introduction to Rock Mechanics, 2nd ed. New York: Wiley.

Goodman R E, Bray J W. 1976. Toppling of Rock Slopes. American Society of Civil Engineers, Boulder: Rock Engineering for Foundations & Slopes, 201 ~ 234.

Hittinger M. 1978. Numerical analysis of toppling failures in jointed rock. Berkeley: University of California.

Hoek E, Bray J W. 1977. Rock Slope Engineering. London: The Institution of Mining and Metallurgy.

Hoek E, Bray J W. 1981. Rock Slope Engineering, 3rd ed. London: The Institution of Mining and Metallurgy.

Huang R Q. 2012. Mechanisms of large-scale landslide in China. Bulletin of Engineering Geology and the Environment, 71(1): 161 ~ 170.

Huang R Q. 2013. Engineering Geology Analysis of Stability of Rock High Slope. Beijing: Science Press.

Huang R Q. 2015. Understanding the Mechanism of Large-Scale Landslides//Lollino G, Giordan D, Crosta G B, et al (eds). Engineering Geology for Society and Territory-Volume 2. Switzerland: Springer, 13 ~ 32.

Huang R Q, Li W. 2011. Formation, distribution and risk control of landslides in China. Journal of Rock Mechanics and Geotechnical Engineering, 3: 97 ~ 116.

Huang R Q, Li Y S, Yan M. 2017. The implication and evaluation of toppling failure in engineering geology Practice. Journal of Engineering Geology, 25(5): 1165 ~ 1181.

Hungr O, Leroueil S, Picarelli L. 2014. The Varnes classification of landslide types, an update. Landslides, 11(2): 167 ~ 194.

Ishida T, Chigira M, Hibino S. 1987. Application of the distinct element method for analysis of toppling observed on a fissured rock slope. Rock Mechanics and Rock Engineering, 20(4): 277 ~ 283.

ISRM. 1978. International Society for Rock Mechanics Commission on Standardization of Laboratory and Field

Tests: suggested methods for the quantitative description of discontinuities in rock mass. International Journal of Rock Mechanics and Mining Sciences & Geomechanics Abstracts, 15: 319 ~ 368.

Lee C F, Wang S, Huang Z. 1999. Evaluation of susceptibility of laminated rock to bending-toppling deformation and its application to slope stability study for the Longtan Hydropower Project on the Red Water River, Guangxi, China. Paris: The 9th ISRM Congress.

Lin C W, Tseng C M, Tseng Y H, et al. 2013. Recognition of large scale deep-seated landslide in forest areas of Taiwan using high resolution topography. Journal of Asian Earth Sciences, 62: 389 ~ 400.

Liu M, Liu F Z, Huang R Q, et al. 2016. Deep-seated large-scale toppling failure in metamorphic rocks: a case study of the Erguxi slope in southwest China. Journal of Mountain Science, 13(12): 2094 ~ 2110.

Manuel R C, Guilleermo K L. 1988. Geomechanics for Slope Design at Chuqiucamata Mine, Chile//Li C X, Yamg L (eds). Proceedings of the International Symposium on Engineering in Complex Rock Formations. Beijing: Science Press, 399 ~ 407.

Nichol S L, Hungr O, Evans S G. 2002. Large-scale brittle and ductile toppling of rock slopes. Canadian Geotechnical Journal, 39(4): 773 ~ 788.

Prichard M A, Savigny K W. 1990. Numerical modeling of toppling. Canadian Geotechnical Journal, 27: 823 ~ 834.

Regmi A D, Yoshida K, Nagata H, et al. 2014. Rock toppling assessment at Mugling-Narayanghat road section: "a case study from Mauri Khola landslide", Nepal. Catena, 114: 67 ~ 77.

Smith J V. 2015. Self-stabilization of toppling and hillside creep in layered rocks. Engineering Geology, 196: 139 ~ 149.

Stewart D P, Adhikary D P, Jewell R J. 1994. Studies on the stability of model rock slopes. Singapore: The International Conference Centrifuge' 94.

Tatone B S A, Grasselli G. 2010. Rocktopple: a spreadsheet-based program for probabilistic block-toppling analysis. Computational and Geosciences, 36: 98 ~ 114.

Wang S. 1981. On the mechanism and process of slope deformation in an open pit mine. Rock Mechanics and Rock Engineering, 13(3): 145 ~ 156.

Wang X G, Jia Z X, Cheng Z Y. 1996. The research of stability analysis of toppling failure of jointed rock slopes. Journal of Hydraulic Engineering, (3): 7 ~ 12, 21.

Wong R H C, Chiu M. 2001. A study on failure mechanism of toppling by physical model testing. Washington DC: The 38th US Rock Mechanics Symposium.

Zanbak C. 1984. Design charts for rock slopes susceptible to toppling. Journal of Geotechnical Engineering, 109: 1039 ~ 1062.

Zhang Z, Liu G, Wu S, et al. 2015. Rock slope deformation mechanism in the Cihaxia Hydropower Station, northwest China. Bulletin of Engineering Geology and the Environment, 74(3): 943 ~ 958.

Zheng D, Frost J D, Huang R Q, et al. 2015. Failure process and modes of rockfall induced by underground mining: a case study of Kaiyang Phosphorite Mine rockfalls. Engineering Geology, 197: 145 ~ 157.

Zhou H, Nie D, Li S. 2012. Integrated analysis of formation mechanism for large-scale toppling rock mass of a hydropower station on Lancangjiang River. Advances in Science and Technology of Water Resources, 32(3): 48 ~ 52.